TRAITÉ COMPLET

DE LA

FILATURE DU COTON

Paris. — Typographie HENNUYER ET FILS, rue du Boulevard, 7.

TRAITÉ COMPLET

DE LA

FILATURE DU COTON

ORIGINES — PRODUCTION
CARACTÈRES — PROPRIÉTÉS — CLASSIFICATIONS — TRANSFORMATIONS
DÉVELOPPEMENT COMMERCIAL — SUCCÉDANÉS
PROGRÈS TECHNIQUES — FILATURE — APPRÊTS DES FILS
DÉTERMINATION DES ASSORTIMENTS
INSTALLATION ET ORGANISATION DES FILATURES

PAR M. ALCAN

Professeur de filature et de tissage au Conservatoire impérial des arts et métiers
Membre du jury des expositions internationales
Du conseil de la Société d'encouragement, du Comité de la Société des Ingénieurs civils
Et des principales Sociétés scientifiques et industrielles

Quelques roues dentées, des cylindres cannelés,
des aiguilles, des leviers, etc., le tout combiné
de manière à produire certains effets de torsion,
d'étirage et de tissage, ont répandu plus de
richesses dans le monde que toutes les mines d'or
et d'argent anciennes et récentes.

Louis REYBAUD.

TEXTE

PARIS

NOBLET ET BAUDRY, ÉDITEURS
RUE DES SAINTS-PÈRES, 15
LIÉGE, MÊME MAISON

1865
Tous droits de traduction et de reproduction réservés

1864

PRÉFACE.

Le coton est la substance textile fondamentale la plus récente. Lorsqu'on commença à le filer et à le tisser, la laine, le lin, la soie et même le chanvre se transformaient depuis longtemps en étoffes parfaites ; les résultats étaient à peu de chose près ce qu'ils sont encore, seulement la production lente, souvent irrégulière et limitée de la main a été remplacée par le travail automatique, uniforme et presque illimité des machines. Toutefois, l'emploi de ces dernières n'est pas aussi nouveau qu'on semble l'admettre généralement : elles étaient appliquées depuis longtemps à la transformation et à l'apprêt des fils de soie, c'est-à-dire au filage ou dévidage des cocons, et au moulinage ou retordage des fils gréges élémentaires. Le problème du tissage automatique même était résolu, le métier de Vaucanson, tout à fait pratique, avait près d'un siècle d'existence lors de l'apparition de l'industrie mécanique du coton. Le travail des machines se bornait donc aux fils continus formés naturellement, tandis que la main transformait les filaments de longueur plus ou moins limitée.

L'Angleterre commença à réaliser pour le coton ce que l'Italie et la France avaient obtenu dans le travail de la soie. Le problème présentait une difficulté particulière, car il fallait condenser, juxtaposer régulièrement et lier des filaments d'une finesse extrême, et dont les plus longs ont à peine vingt à trente millimètres. Les machines devaient imiter l'action des doigts dans l'échelonnement et l'entrelacement des fibres. Comme presque toujours, la nécessité eut une grande part dans les découvertes de cette époque; nous ne nous arrêtons dans cet ouvrage qu'à certains détails de ces mémorables inventions, tellement populaires dans leurs généralités, qu'il devient inutile d'y insister. Mais pourquoi la nécessité de la substitution des machines à la main s'est-elle fait sentir plus tôt et a-t-elle été plus facile pour le coton que pour les autres textiles? Les premiers chapitres de ce livre, en traitant de la constitution, des caractères et des propriétés comparés des fibres élémentaires, répondent à cette question; ils donnent aussi les chiffres représentant le développement prodigieux de la nouvelle industrie qui ne cessa de grandir d'année en année, pendant près de trois quarts de siècle, au point de devenir tyrannique et menaçante, surtout pour la contrée dont elle avait le plus augmenté la richesse.

L'ancien monde était devenu tributaire du nouveau pour l'alimentation de l'une de ses principales industries, et l'on commençait à peine à se préoccuper de ce danger pour l'avenir, lorsque, par la circonstance la moins prévue, la production américaine fit subitement défaut; le malaise, la disette, et presque la famine du coton se sont fait sentir coup sur coup. Le *king cotton* disparut sans que l'on pût dire : « Le roi est mort ! Vive le roi ! » De tous côtés cependant surgissent des prétendants, mais, hélas ! ce sont des héritiers dégénérés, dont l'éducation a été imprudemment négligée. Il faudra du temps pour leur faire rendre les services de leur prédécesseur.

Lorsque la crise cotonnière éclata, nous nous occupions de la rédaction d'une série de traités qui nous étaient demandés depuis longtemps sur les arts textiles. Ils devaient paraître simultanément et former une modeste encyclopédie de la fabrication des étoffes. Les préoccupations engendrées par les fâcheux événements de l'Amérique nous déterminèrent à devancer l'époque de la publication du traité spécial au coton, afin d'y envisager avec opportunité les questions qui ont surgi de la crise actuelle.

Nous avons, par suite, consacré plusieurs chapitres à la production et à la consommation du coton dans le monde entier, avant et depuis les événements des Etats-Unis. Cette partie de notre travail a été complétée par la détermination des propriétés des fibres des diverses provenances actuelles, et notamment de celles de l'Inde. Leurs défauts naturels et accidentels et les moyens d'y remédier y sont passés en revue. Nous avons ensuite énuméré les destinations principales des cotons de cette origine, apprécié le parti que l'industrie pourrait tirer de certains mélanges, considéré les moyens pour en obtenir les meilleurs résultats, et les contrées où la culture de ce précieux textile doit se développer ou pourrait s'implanter. Des tableaux résument les nombreuses observations microscopiques et les expériences déterminatives des caractères et qualités des cotons des diverses provenances pour faciliter la fixation de leur valeur relative.

La question des succédanés si souvent agitée et dont on s'occupe plus que jamais, a été examinée avec un soin spécial. Il en résulte qu'un certain nombre de substances nouvelles, tels que le jute, le china grass, etc., dont l'emploi a été développé par la crise, demeureront acquises à l'industrie, sinon comme substituts du coton dans l'acception absolue du mot, du moins comme auxiliaires. Elles formeront un nouvel anneau de la chaîne constituant les industries textiles les plus importantes, et relieront d'une façon insensible le travail du coton à celui du chanvre et du lin. La prospérité de cette dernière industrie, si inattendue et si difficile à prévoir naguère encore, lorsqu'on transformait à Rouen l'une des plus belles filatures de lin en une usine à coton, se maintiendra, au moins en partie, même après la crise, Le développement de la fabrication des toiles et toileries, si longtemps stationnaire, acquerra sans doute une importance de plus en plus considérable, grâce à l'application et à la propagation des principes exposés à l'occasion du traitement des matières nouvelles similaires. L'étude trop négligée de la matière première a donc été l'objet des investigations que le sujet comporte.

Le cadre général que nous avons adopté dans cet ouvrage restant le même pour les divers traités que nous espérons livrer prochainement au public, nous croyons devoir résumer dès à présent la division adoptée pour tous.

Chacun d'eux embrasse deux grandes sections : la PRE-
MIÈRE, outre les points dont il vient d'être question pour
le coton, contient des renseignements historiques et statistiques sur les progrès techniques, des recherches sur la
constitution naturelle des fibres ; sur les modes de traitement à suivre, les genres de produits et les destinations
principales des diverses espèces et qualités, et des documents sur les régimes douaniers appliqués dans les différentes contrées à l'entrée et à la sortie des matières
premières et de leurs produits.

La SECONDE partie renferme la description générale de
toutes les machines dont l'industrie dispose. Elles sont
analysées dans l'ordre de leur emploi, et lorsque divers
systèmes concourent au même résultat, une étude comparative fait ressortir les avantages et les inconvénients
de chacun d'eux, et les cas où l'un ou l'autre doit être
préféré. Vient ensuite la description des machines en
expérimentation avec des appréciations sur leur influence probable dans l'avenir. Cette grande section
des machines est précédée de considérations sur la
filature en général, et d'un tableau synoptique embrassant le travail de toutes espèces de substances textiles, la
série des transformations auxquelles chaque matière est
soumise, les causes des modifications pour chacune d'elles
et leurs conséquences. Cette concentration des diverses
spécialités analogues et leur analyse simultanée essentiellement théorique, en apparence, sont cependant
d'une utilité directe pour les applications pratiques.

Enfin, le dernier chapitre, complément indispensable de l'ouvrage; il aborde et discute toutes les

questions concernant la construction et l'aménagement
des établissements; il traite, par conséquent, du genre
de construction le plus avantageux, du système de machines, de la composition de l'assortiment suivant l'espèce de fils à produire, des prix de revient, tant de l'u-
sine que du produit fabriqué.

Tout en nous efforçant de réaliser une œuvre utile aux
praticiens et aux chercheurs, nous nous sommes donné
la tâche de la rendre didactique, dans l'espoir de combler
une lacune et de venir en aide à l'enseignement profes-
sionnel; car les traités complets et méthodiques sur les
arts textiles sont aussi rares que les chaires destinées à
l'enseignement de cette branche industrielle. Toutes les
autres industries, l'agriculture, la mécanique, les constructions, les arts physiques et chimiques possèdent des
écoles plus ou moins pratiques. L'industrie des arts textiles est à peu près seule déshéritée sous ce rapport. La
belle institution de Lamartinière, de Lyon, citée souvent
et avec raison comme la plus ancienne création de ce
genre, est due à la munificence individuelle, et ne comprend des arts textiles que l'enseignement du tissage à
fils serrés, c'est-à-dire une partie seulement des connaissances nécessaires à la fabrication des étoffes; la
préparation des fils, l'exécution des nombreuses étoffes
à mailles et à hautes lisses, ainsi que des apprêts, n'y
sont pas enseignés. Nous pourrions faire nous ne dirons pas une critique (elle est loin de notre pensée),
mais des observations analogues sur les créations du
même genre dans les autres centres industriels de la
France. A Mulhouse, toutefois, les industriels si compé-

tents ont comblé cette lacune, en créant une école de filature, dont la direction est confiée à M. Weiss, l'habile
professeur de filature et de tissage de Castres, notre ancien préparateur. Les industriels d'Amiens, qui, avec le
concours intelligent et particulièrement dévoué de notre
ami M. E. Gand, ont fait un prodige d'activité dans l'organisation de leur école de tissage, suivront sans doute
l'exemple de Mulhouse, en y joignant l'enseignement de la
filature et des autres transformations indispensables aux
arts textiles. Il en sera probablement de même de la plupart des centres manufacturiers, tels que Rouen, Elbeuf,
Louviers, Lille, Reims, Roubaix, etc. Les études spéciales
s'y propageront peu à peu par la force des choses, mais
les efforts auront presque exclusivement en vue les industries locales. A Mulhouse, on fera surtout des cours concernant la filature du coton; à Elbeuf et à Reims, la
laine formera particulièrement le but des leçons qui, à
Lille, pourront se partager entre le lin et le coton, etc.
Cette manière de procéder a certainement son utilité,
mais elle ne peut, à notre avis, rendre tous les services
dont l'enseignement est susceptible, si, tout en restant
scindé et plus ou moins spécial dans l'apprentissage pratique, il était plus généralisé dans la partie théorique et
embrassait simultanément les diverses matières dont la
grande branche des arts textiles se compose. Il en résulterait pour la filature une étude comparée des caractères
des substances élémentaires, des divers modes de transformation, des causes modificatives des moyens employés pour arriver au même but. Pour les entrelacements du tissage, l'étude comprise de la même façon

envisagerait depuis les étoffes unies les plus communes
jusqu'aux façonnés les plus riches, indépendamment de
la nature des substances et des produits locaux : la valeur et le degré de perfection de ces derniers seraient
appréciés avec plus de précision par la comparaison, qui
serait souvent un stimulant énergique : l'exposé et
l'étude des différents apprêts en usage, variant non-
seulement avec la nature des tissus, mais encore avec
l'effet à obtenir et avec le genre d'étoffe, offrirait, à
son tour, un grand intérêt, en éclairant la partie de
la fabrication encore la moins étudiée, malgré son importance. A ces connaissances particulières à la technologie des arts textiles devrait se joindre l'étude de la
mécanique générale nécessaire à la détermination des
questions concernant la force motrice, l'agencement et la
disposition le plus convenables des machines, le tracé et
le choix des transformations de mouvements, etc.

Ce cadre, malgré son étendue apparente, loin d'affaiblir, fortifierait les aptitudes, en raison même du nombre
de connaissances relatives au même sujet ; généralisées,
elles se prêteraient un mutuel appui, et donneraient
à l'élève qui les posséderait la ressource de passer,
sans un effort trop laborieux, de l'une quelconque à
l'autre des grandes spécialités textiles. Il en résulterait un personnel compétent qui, dans l'état actuel des
choses, ne se trouve qu'exceptionnellement ; les ateliers
se peupleraient de travailleurs pratiques, préparés de
façon à s'intéresser aux progrès de l'art auquel ils
sont préposés. Bien des questions encore à élucider,
qui exigent des constatations et des observations jour-

nalières, réclamant de l'intelligence et de la méthode, seraient enfin abordées grâce au concours de cette génération éclairée. Une *nouvelle manière* industrielle en résulterait évidemment et aurait pour conséquence une série de progrès à peine concevables si on regarde en arrière, et simplement rationnels lorsqu'on cherche à mesurer le chemin qui reste à parcourir.

PREMIÈRE PARTIE.

DU COTON

PREMIÈRE PARTIE.

CHAPITRE I.

INTRODUCTION HISTORIQUE.

§ 1. — Origines et premières mentions historiques.

Il existe dans les régions orientales, entre le 30ᵉ degré de
latitude et la ligne, une plante remarquable par la beauté de
son feuillage et le charme de ses fleurs. Le fruit qui leur succède s'ouvre à sa maturité pour en laisser échapper les graines et leur enveloppe duveteuse. Pendant un nombre inconnu
de siècles ce duvet se dissipait dans l'atmosphère et retournait
au sol sous forme de détritus. Bien des générations se sont
succédé sans se douter de la valeur et de la destinée de cette
dépouille végétale, foulée aux pieds avec indifférence, et qui
n'était autre que le coton. A quelle époque l'idée est-elle
venue de filer avec cet élégant duvet? A quelle partie du globe
et à quelle race appartenait l'homme qui, le premier, sut le
réunir en filaments et le tordre? Il sera toujours impossible de

satisfaire notre juste curiosité à ce sujet. Les arts ont pris naissance bien avant le temps où les moyens d'en perpétuer l'apparition furent connus. Les fables et les légendes des peuples
primitifs sur l'origine de certaines industries, quelque anciennes qu'elles soient, datent évidemment des époques où les
sociétés étaient déjà assez avancées pour apprécier la découverte d'un moyen réalisant ce que nous appelons aujourd'hui *un
produit nouveau*. Puisque toutes les suppositions sont possibles
sur l'origine de la transformation du duvet du cotonnier en fil,
il est permis d'admettre que cette source de prospérité est due
aux ancêtres de ceux-là mêmes contre la liberté desquels on
invoque aujourd'hui la nécessité et les exigences de sa production.

Quoi qu'il en soit, ce duvet, dans son rôle d'enveloppe pré-
servatrice de la graine, semble révéler une aptitude et une
destination industrielles. Sa finesse, sa longueur, sa flexibilité, sa ténacité, l'élasticité, la pureté de ses fibres, leur
affinité relative pour les substances tinctoriales, constituent
un ensemble de caractères recherchés dans les matières premières dont la fabrication des fils et des étoffes fait son profit.
Si les tissus de coton, sous leur immense variété, se sont
fait adopter sous les climats les plus divers, en toutes saisons, et satisfont aux besoins les plus modestes aussi bien
qu'aux exigences du luxe, c'est grâce à la connaissance appro-
fondie de cette constitution intime des fibres et à celle de l'appropriation de moyens spéciaux aux diverses variétés de ce produit
industriel. Elément accessoire longtemps dédaigné d'une plante
dont l'agrément paraissait la destination exclusive, le coton est
ainsi devenu une des denrées commerciales les plus importantes
du globe.

Malgré des propriétés remarquables et la facilité de transformation directe sans préparation manufacturière préalable,
l'usage du duvet du cotonnier ne serait, selon les uns, que

contemporain de celui du lin, et même postérieur, selon d'autres. Il résulte de discussions nombreuses entre les savants orientalistes et hébraïsants, que l'Ancien Testament ne s'exprime pas d'une manière spéciale à ce sujet. Certains auteurs admettent que le mot *bouss*, d'où paraît dériver *byssus*, désignait le coton ; et si plus tard, disent-ils, la *Mischna*, écrit talmudique, mentionne cette même matière sous le nom de *laine de vigne*, à cause de la ressemblance des feuilles de cette plante avec celles de certaines variétés du cotonnier, ce changement de nom de la part des rabbins ne prouve pas que le coton n'ait été mentionné dans la Bible ; les théologiens hébreux ayant souvent donné des noms différents aux choses connues avant eux, dans le but de mieux se faire comprendre, ou par d'autres motifs. Le mot *bouss*, selon l'opinion des orientalistes les plus compétents que nous avons consultés, était réservé au lin. M. Wogue, auteur d'une traduction nouvelle de l'Ancien Testament, enrichie de notes d'un attrait particulier pour tout lecteur désireux de s'initier sérieusement à cette œuvre divine, a bien voulu, sur notre prière, faire quelques recherches sur l'usage du coton chez les Israélites des temps bibliques ; nous ne pouvons mieux faire que de donner sa note tout entière.

« De très-habiles archéologues ont cru trouver le coton soit dans le *schech*, soit au moins dans le *byssus*, des derniers livres de l'Écriture, mais leurs efforts n'ont abouti qu'à des conjectures, et ne peuvent prévaloir contre la tradition immémoriale qui voit dans ces deux mots des fils ou des tissus de lin plus ou moins fins, et dans le dernier particulièrement, le byssus, qui du reste est lui-même assez problématique, je ne vois dans l'Écriture que deux termes qui indiquent avec quelque certitude la matière textile en question. Le premier est le mot אֵטוּן, employé dans le livre des Proverbes, VII, 16 : « J'ai garni mon lit « de couvertures, de tapis faits avec le אֵטוּן d'Egypte. » Les mots *couvertures* et *tapis* sont traduits eux-mêmes par conjecture ;

mais il est certain que ce mot *ayton* désigne un tissu ou une matière textile, et l'on voit que cette matière était surtout employée avec succès en Égypte. Ce mot est identique avec le mot grec ὀθόνη, οθονων, *linge* ou *étoffe*, que l'on croit dérivé par aphérèse de l'arabe *kouttoun*, d'où l'allemand *Kattun*, le français *coton*, etc. Le second indice est plus certain, c'est le mot כְּתֹנֶת, *tunique* ou *chemise*, d'où le grec χιτων, et dont la racine כתן, inusitée en hébreu, existe dans les autres langues sémitiques avec l'acception de *lin*, *coton*, ou étoffes et vêtements faits de ces matières. En arabe, *katthan* désigne le lin, et *kouttoun* ou *koutn*, le coton; en syriaque, *kethono*; en chaldéen, *kethan* et *kithon* ont à peu près le même sens. Si l'on observe d'une part que la forme כְּתֹנֶת (kouttôneth) est unique dans la Bible, conséquemment exotique selon toute apparence; si d'autre part on considère l'étonnante conformité de ce mot avec le *kouttoun* des Arabes, qui est incontestablement le coton, on ne peut se défendre de trouver dans le mot hébreu un vestige frappant du nom de cette matière. Peu importe que la Bible, à propos du costume des prêtres, parle ou semble parler de kouttôneth de lin. D'après son origine, la tunique ou la chemise a pu primitivement, ou dans l'usage commun, être faite de coton, lors même que par la suite on l'aurait faite de lin, ou que le législateur hébreu aurait affecté cette matière, comme plus précieuse et plus propre au costume sacerdotal. »

Cette ingénieuse note du savant professeur nous paraît enfin démontrer la mention du coton dans les Écritures saintes; l'*ayton*, servant à faire alors des couvertures de lit, comme cela a encore généralement lieu dans les pays producteurs du coton, ne peut guère s'appliquer à une autre matière textile; ni le chanvre, ni le lin ne paraissent jamais avoir servi à cette destination; leur odeur et leur manque de souplesse les rendant peu propres à cet usage. Quant au mot *kouttôneth*, d'origine étrangère et d'une si grande analogie avec le mot qui désigne le coton chez les Arabes, comme le fait remarquer le savant traducteur, il devient difficile de conserver un doute sur sa signification réelle. M. Wogue nous paraît avoir définitivement fixé un sujet, objet de bien des dissertations avant lui et sans conclusion jusqu'ici. Nous lui devons un témoignage de gratitude pour avoir bien voulu faire servir son érudition à des recherches destinées à une œuvre si peu en rapport avec ses travaux habituels.

Ezéchiel, traçant le tableau du négoce de Tyr, dit des marchandises reçues de l'Egypte : « Tu suspendis sur tes pavillons des étoffes de coton et des broderies apportées de l'Egypte; et les couvertures du Péloponèse furent d'une pourpre foncée [1]. »

Si des Ecritures saintes nous passons aux œuvres profanes les plus anciennes et les plus estimées, l'ancienneté de l'emploi du coton s'y révélera nettement.

Hérodote, dans le livre II de son *Histoire*, est très-explicite sur l'usage du coton chez les Egyptiens. Parlant des cérémonies de leurs funérailles, il dit : « Ces soixante-dix jours écoulés, ils lavent le corps et l'enveloppent entièrement de *bandes de toile de coton* enduites de gomme, dont les Egyptiens se servent ordinairement comme de colle. » Dans le chapitre III du même ouvrage, il est question du corselet du roi d'Egypte. « Ce *corselet* était de lin, mais orné d'un grand nombre de figures d'animaux *tissus en or et en coton.* » Il semble une étoffe façonnée avec une chaîne en fil de lin tramée en fil d'or et de coton, et plus loin, dans le même chapitre, on lit au nombre des produits de l'Inde : « des arbres sauvages qui, pour fruit, portent une espèce de laine plus belle et meilleure que celle des brebis; les Indiens s'habillent avec la laine qu'ils recueillent sur ces arbres. »

[1] Ezéchiel, **XXVII**, 7, cité par Heeren, t. II, p. 131, *De la politique et du commerce des peuples de l'antiquité.*

Maintenant, si des citations historiques nous passons aux opinions des observateurs qui ont examiné les bandelettes des momies égyptiennes, les avis seront de nouveau partagés sur la nature de ces bandes d'étoffe.

« Toutes les toiles des momies, dit M. Rouelle, qui sont sans matières résineuses, que j'ai eu occasion d'examiner sont toutes de coton; les morceaux de linge dont les oiseaux embaumés sont garnis, afin de leur donner une figure plus élégante, sont également de coton [1]. » MM. Jomard et Costaz, dans leurs beaux travaux publiés en 1811 sur l'expédition d'Egypte, sont du même avis [2]. D'autres observateurs, et entre autres Greaved et Bauër, etc., sont d'une opinion opposée. Si en présence de ces autorités nous pouvions nous permettre d'intervenir, nous dirions qu'il est présumable que la fibre du cotonnier, plus facile à transformer en fil que celle du lin prise à son état naturel, a dû être utilisée aussitôt qu'elle a été connue. On a pu la confondre avec d'autres filaments aux époques reculées où la technologie telle que nous l'entendons n'existât pas, et où les indications aussi explicites que celles d'Hérodote faisaient défaut. D'un autre côté, si les observateurs, aidés des plus puissants microscopes, ne sont pas d'accord sur l'existence du coton dans les bandelettes des momies, faut-il en conclure qu'elles n'en contenaient point? nous ne le pensons pas, car la difficulté d'établir cette distinction des caractères naturels sur des matières qui remontent à plus de vingt-cinq siècles est immense, si l'on songe au rôle que joue le temps sur les produits de ce genre, même dans un état de pureté suffisant, à plus forte raison lorsque ces tissus ont été enduits d'une substance dont la composition et l'influence sur les filaments ne peuvent nous être connues. Le caractère le plus distinctif des fibres du coton, les épaisseurs des bords

----

[1] *Mémoires de l'Académie des sciences,* année 1750, p. 150.
[2] *Description de l'Egypte,* t. I, p. 339.

résultant de sa conformation tubulaire, sa flexibilité particulière, ont bien pu s'effacer par l'action du temps. Les ruptures presque inévitables à l'effilochage auquel il faut se livrer
pour faire ces observations ont dû également contribuer à
dénaturer la substance. Il n'est pas étonnant alors que les
parties rudimentaires des fils de l'étoffe offrent une certaine
translucidité analogue à celle des filaments du lin vus dans un
milieu convenable. Hérodote ne s'est donc pas trompé en parlant du coton, comme quelques auteurs ont voulu l'insinuer;
les termes dont se servent Théophraste, Strabon et Pline permettent de supposer également que de leur temps déjà la confection des étoffes de coton dans certaines contrées, dans l'Inde
et dans l'Egypte surtout, était assez ancienne pour la juger contemporaine des temps bibliques. Mais quelle que soit cette origine, elle a été certainement devancée par celle de la laine et
du lin. Les débris des anciens monuments égyptiens ne laissent aucun doute à ce sujet. L'on y voit figurer des champs
de lin, des balles de laine, tandis qu'ils n'offrent aucune
trace du cotonnier, si remarquable cependant dans le règne
végétal.

La connaissance des arts pratiqués dans l'Inde s'est surtout
propagée en Occident à la suite des guerres d'Alexandre le
Grand. Aussi l'usage du coton fut-il bien connu dans la Grèce
et l'Italie au commencement de l'ère chrétienne; mais ces nations encore peu industrieuses ne paraissent pas avoir acclimaté
chez elles ce précieux arbre. Des tentatives ont dû être faites
en Espagne vers le deuxième siècle, par un Arabe qui habitait
aux environs de Séville. Si l'on s'en rapporte à la traduction
espagnole d'un document arabe cité par M. de Lasteyrie [1],
cette culture n'a pas eu de suite sérieuse dans le pays, et l'usage
des cotonnades ne s'y est propagé que du neuvième au dixième

[1] *Du cotonnier et de sa culture*, par Charles-Philibert de Lasteyrie.
Paris, 1808, p. 209.

siècle, à la suite de l'occupation de l'Espagne par les Sarrasins ; le tissage des étoffes de coton commença dès lors à s'y introduire. La futaine, l'un des plus anciens articles tramés en coton, avec une chaîne en fil de lin, doit tirer son nom de *fustanero*, nom espagnol du tisserand.

§ 2. — Origine de la production du coton en Chine.

Chose étrange, la Chine, où l'importance énorme de la culture du cotonnier et de la fabrication des cotonnades ne peut être mise en doute, ne paraît s'y être sérieusement attachée que depuis le treizième siècle, si l'on s'en rapporte aux témoignages des missionnaires. « A en croire les lettrés, qui trouvent tout dans le King, le cotonnier arbre a été connu en Chine dès la plus grande antiquité ; ils citent force toiles des anciens qui prouvent bien que dès les premiers âges on a fait de la toile avec un duvet tiré chaque année des campagnes, mais ne concluant rien pour le coton arbre et pouvant s'entendre tout au plus du coton herbacé. Un fait certain est que soit que la soie, en faveur chez les anciens Théous, eût fait tomber la culture du coton, soit que la quantité des laines fournies par les troupeaux, fort nombreux, la rendît peu lucrative, il n'est fait aucune mention d'aucune espèce de cotonnier et de coton dans ce qui nous reste sur les tribus et les arts de cette célèbre dynastie, qui a régné environ onze cent vingt-deux ans avant l'ère chrétienne et pendant près de sept siècles. Ce silence prouve très-clairement que la Chine possédait ce trésor sans le connaître, ou que, si quelques districts cultivaient le cotonnier (ce qu'on ne trouve articulé nulle part), cette culture n'était pas assez répandue pour attirer l'attention du gouvernement.

« Dans le dernier cas, il faudrait dire fut anéantie lors de la grande révolution de Tsin-chi-Hong, vers l'an **220** avant Jésus-Christ. Comme cette révolution fut horrible et causa à la

Chine des pertes plus funestes à l'agriculture et aux arts que celle du coton, la supposition n'aurait rien que de vraisemblable. Quoi qu'il en soit, le coton porté en tribut ou offert en présent aux empereurs, sous les dynasties des Han, des Hori, des Tsin orientaux, des Song méridionaux, des Leao, etc., fut regardé comme une chose si singulière que l'empereur Ou-ti, de la petite dynastie de Leang, monté sur le trône l'an 502 de Jésus-Christ, avait une *robe de coton*. Plus connu sous les dynasties suivantes, les relations des pays étrangers, les vers des poëtes, les descriptions des romans en faisaient souvent mention, et l'on trouve que le coton herbacé fut cultivé dans les jardins de la capitale vers la fin du septième siècle. *Toute la ville est pleine de fleurs de coton*, dit un poëte de ce temps-là dans une pièce de vers sur l'été ; ce n'était en effet que pour les fleurs qu'on le faisait croître. Cela est d'autant plus étonnant qu'on faisait grand cas, à la cour, du coton et des toiles de coton offerts aux empereurs par les ambassadeurs des princes étrangers. Rien ne prouve mieux que les nations les plus éclairées sont souvent aveugles sur ce qui touche de près leurs intérêts, et que dans tous les temps il a fallu un génie à part et un zèle ardent pour tirer la multitude de sa langueur, lui faire regarder ce qu'elle voit, et lui donner le courage de tirer parti de son travail et de son industrie. Les faits en ce genre ne se concilient pas avec le génie chinois, que tout le monde sait être naturellement réfléchi et attentif. Enfin il faut descendre jusqu'au onzième siècle pour voir le coton herbacé passer des parterres et des jardins dans les champs ; encore ne fut-ce, à ce qu'il paraît, que dans quelques districts de la province du Kinnan. Pour le cotonnier arbre, il ne fut connu que dans les livres jusqu'à la dynastie des Tartares mongols, nommés *Yuen* en chinois, qui conquirent l'empire de la Chine vers l'an 1280 et y régnèrent environ quatre-vingt-huit ans.

« Nous ne trouvons point articulé dans l'histoire comment

la culture du cotonnier s'est introduite dans les provinces méri-
dionales de Kouang-Thong et Yuen-Nan ; mais, comme les armées des Mongols pénétrèrent jusqu'au Pégu, et forcèrent
tous les pays voisins à leur payer tribut, il est fort vraisemblable que ces expéditions, où périt tant de monde, valurent
à la Chine la culture du cotonnier, bien plus avangeuse que
les tributs qui lui ont coûté tant de sang et qu'elle a été la première à abandonner. Les empereurs de la dynastie des Yuen
se donnèrent toute sorte de soins pour étendre et accréditer
la culture des cotonniers, soit arbres, soit herbacés, et pour
subjuguer tout d'un coup les préjugés et les répugnances
des Chinois, ils imposèrent successivement à plusieurs grands
districts, puis aux provinces entières, un tribut annuel en
coton.

« Mais la dynastie des Yuen avait trop de préjugés à vaincre
pour en bien répandre la culture dans toutes les provinces. On
voit, par quelques livres qui furent faits alors pour l'enseigner
et l'accréditer, que les gens en place, les lettrés et le peuple la
considéraient sous un faux point de vue et prenaient fort mal
tout ce qu'on leur disait pour la leur faire goûter. Bien loin
d'en voir les avantages, ils se récriaient sur sa nouveauté, sur
les soins qu'elle demande, sur les terres à blé et à bois qu'elle
envahirait, sur les tributs des denrées qu'elle augmenterait, et
principalement sur les suites qu'elle aurait par rapport aux
soies et soieries, qui étaient, depuis tant de siècles, une source
si abondante de richesse pour la Chine. Ces objections et difficultés que l'on faisait contre la culture du coton ne restaient
pas sans réponse. La nation se regardait comme offensée par
ceux qui avaient le zèle de vouloir lui ouvrir les yeux sur ses
vrais intérêts. On les traitait de lâches adulateurs qui trahis-
saient la patrie pour faire leur cour, et plus ce qu'ils allé-
guaient en faveur des cotonniers était modéré et plausible,
plus un faux patriotisme allumait de colère contre eux. L'idée

seule que les cotonniers venaient des nations étrangères échauf-
fait les imaginations, et la protection publique que leur accor-
daient les empereurs, étrangers eux-mêmes, les poussait à
bout; mais d'ailleurs on ne manquait pas de raisons spé-
cieuses : 1° Les colons, malgré toute leur simplicité, voyaient
fort bien que les premières tentatives d'une culture si nouvelle
seraient à la fois dispendieuses et casuelles; qu'il leur faudrait
risquer des revenus assurés d'une autre culture dont ils avaient
la pratique, et, supposé qu'ils réussissent à avoir une bonne
récolte de coton, être exposés à ne savoir qu'en faire, faute
de trouver des gens qui sussent le travailler. Ces difficultés
étaient encore plus effrayantes pour les cotonniers arbres, qui
ne devaient être fertiles qu'après un bon nombre d'années :
les colons, disait-on, sont trop près de leurs besoins, soit pour
faire des avances, soit pour courir des risques de cette espèce.
D'un autre côté, le gouvernement fit la faute de s'adresser d'a-
bord à ces c   , au lieu d'engager les citoyens opulents et
zélés à s'en   ger. Les profits qu'ils auraient retirés de
leurs cotonniers en auraient plus accrédité la culture que
toutes les phrases des lettrés et toutes les ordonnances des empereurs. 2° Les marchands, accoutumés à vendre des pellete-
ries, des soieries, des étoffes de laine, des toiles, sentaient à
merveille que l'introduction des cotonniers causerait une variation dans leur commerce, et ils craignaient d'autant plus, qu'ils
étaient plus en fonds et plus accrédités. 3° Les gens aisés, les
officiers publics et un nombre prodigieux d'employés soit à la
cour, soit dans les provinces, craignaient encore une révolution
qui n'allait pas moins qu'à diminuer leurs revenus, ou même
renverser entièrement leur fortune. Mais le ministre méprisa
les vaines clameurs, et toutes les raisons que l'on faisait son-
ner si haut, disparurent devant les soins et les libéralités des
empereurs; toutes les provinces se mirent à cultiver les cotonniers, et aujourd'hui, de dix personnes du peuple, il y en a

neuf qui sont vêtues de coton. C'est à la dynastie des Ming, à laquelle celle d'aujourd'hui a succédé, que l'on doit cette heureuse révolution [1]. »

Quoique l'histoire des progrès de tous les temps et de tous les pays présente des analogies frappantes et que l'exemple du passé influe rarement sur le présent, nous n'avons cependant pu nous empêcher de donner cette relation des vicissitudes éprouvées par la culture du cotonnier dans un pays qui en tire aujourd'hui un si grand profit.

§ 3. — Origine de l'usage des étoffes de coton en Occident.

Si, dans l'extrême Orient, cette culture a été la conséquence d'expéditions militaires qui coûtèrent la vie à tant de gens, la propagation des tissus de coton dans l'Occident est due en partie à un événement semblable, à celui des croisades, qui, si elles n'accomplirent pas le but qu'elles s'étaient proposé, contribuèrent puissamment, entre autres résultats, aux progrès des sciences, des arts, de l'industrie et de la navigation [2]. Les premiers vêtements de coton, signalés en Europe comme des objets précieux, datent à peu près de cette époque. Ils figuraient alors dans les testaments avec les autres valeurs importantes. En 1220, une robe de coton est consignée dans le testament d'un comte de la Marche. Plus tard, les voyageurs du quinzième siècle mentionnent fréquemment l'usage des cotonnades en Orient. Dans la description de la réception de Vasco de Gama au palais du samorin à Calicut en 1498, il est dit : « Le samorin était sur un siége couvert d'étoffe de

---

[1] Deuxième volume des *Mémoires des missionnaires* concernant les Chinois.

[2] Voir l'ouvrage intéressant de Heeren, *Essai sur l'influence des croisades*, et *Histoire de l'économie politique* de Blanqui.

soie brodée d'or ; son habit était une *robe en calicot*[1]. » Marco-Polo, de son côté, dans l'intéressant récit de ses voyages aux îles et aux Indes dans le courant du treizième siècle, parle à plusieurs reprises de la production et de l'usage des cotonnades dans les contrées visitées par lui ; il signale entre autres l'ampleur des vêtements en toile de coton des Persanes. « Hil hi a de tels dames qui en une brac (haut-de-chausse), ce sont les muandes de jambes, mettent bien cent braces de *toile de bausin* (toile de coton), et ce font elle por mostrer ze aient grosse natége, por ce que lor homes se deletant en groses femes. » Plus loin, il dit : « Dans l'île de Scatra (près de Madagascar), ils ont *dras banbasin mout biaus*[2]. » Mais ce sont là plutôt des élé-ments historiques sur l'existence des fabriques de coton en Orient et des indices d'un commencement de mouvement com-mercial, que des preuves de la fondation de l'industrie coton-nière en Europe. Aussi les ordonnances du quatorzième siècle concernant les droits d'entrée dans le royaume et dans les villes de France, mentionnent-elles à peine les toiles de coton[3]. Venise, *directement en rapport avec les pays situés à l'orient et au midi de la Méditerranée*, paraît cependant avoir commencé à tisser les étoffes de cotons dès les premières années du trei-zième siècle. Ces tissus étaient sans doute exécutés avec des fils étrangers, car les quelques balles de coton apportées par Christophe Colomb à son retour en Europe, furent considérées comme une curiosité. Et cependant sous saint Louis, plus de deux siècles auparavant, dans le livre des métiers d'Etienne Boileau, on voit figurer *les chapeliers en coton*[4].

---

[1] *Histoire générale des voyages*, l'an 1745.

[2] *Recueil des voyages et Mémoires de la société de géographie*, t. I. Paris, 1824, in-4°, réproduction du premier mémoire manuscrit.

[3] *Statistique générale et particulière de la France*, p. 108, par Herbin. Paris, 1803.

[4] On désignait alors sous ce nom la bonneterie en coton et en fil de laine lisse.

La cherté du coton et des rares cotonnades que l'on pouvait se
procurer jusqu'à la découverte du cap de Bonne-Espérance, était
néanmoins excessive, et, quoiqu'une première application du
coton fût faite à la fabrication de la futaine en 1534[1], à Lyon
en 1580, et à Troyes[2] en 1582, pour faire du *basin*, ce genre
d'établissement se propageait bien lentement. Environ un
siècle plus tard, sous le règne de Louis XIV, il n'en est pas
même fait mention dans les réclamations adressées au roi par
les marchands, *pour les manufactures de France*, contre l'introduction des soieries, des draps, des toiles de l'étranger. Et si,
comme on peut le supposer, on en introduisait quelque peu, elles
furent sans doute comprises implicitement dans une indication
de six millions de livres de produits venant du Levant[3].

C'est pendant le règne de Louis XIV et sous l'administration de Colbert que l'industrie cotonnière prit une certaine consistance chez nous. Une ordonnance de 1664 fixe les
droits d'entrée à 3 livres le cent pesant, tant en laine qu'en
graine, et à 10 livres pour les cotons filés, et les droits de sortie
à 2 livres 10 sous pour les cotons en graine, 4 livres pour les

---

[1] François Ier accorda, en effet, des lettres patentes en 1534 à une cor-
poration d'ouvriers passementiers de Rouen, par lesquelles il leur est
permis « à faire en leurs maisons et ouvroirs lesdits futaines de coton et
fil, soit frangées, velues ou autres. » C'est probablement à ces tissus
qu'étaient employés les cotons que vendaient les marchands par toute la
France sous Henri IV, d'après les témoignages d'Olivier de Serre.

[2] On trouve à Troyes, dans l'église des Cordeliers, l'épitaphe suivante :
« Cy dedans est le corps de noble homme Ichar Poterat, voyer pour le Roy
« à Troyes, et l'un de ses poursuivants d'armes, naguère receveur des
« tailles en l'élection de Troyes et premier marguillier en l'église Saint-
« Urbain, qui a introduit à ses frais et dépens la manufacture de futaine
« en cette ville en laquelle ne s'en était aùparavant ni fait ni fabriqué et
« fut quérir en Piémont ung m[e] ouvrier femmes et enfants pour commencer
« ladite manufacture, qui décéda le 29 octobre 1625. »

[3] *Advis pour les manufactures de France au Roy et à nos seigneurs de
l'Assemblée des notables.* Manuscrit de la Bibliothèque impériale.

cotons en laine, et 6 livres pour les cotons filés, aussi le cent pesant. Un arrêt du 11 décembre 1694 éleva les droits à 20 livres sur les cotons filés, et diminua de moitié ceux de la matière première, le tout, dit Savary, inspecteur des manufactures, dans son *Dictionnaire du commerce*, dans l'espérance que la ville de Lyon pourrait faire chez elle le filage des cotons ; mais l'expérience ayant fait connaître que les cotons du Levant, les seuls qui soient propres aux manufactures des Lyonnais, ne peuvent pas se filer aussi fin en France qu'ils se filent sur les lieux d'où il provient, Sa Majesté, par un arrêt du 11 septembre 1700, remit les choses sur l'ancien pied.

Malgré ces droits, qui furent même considérablement élevés, moins d'un demi-siècle après, en 1748, il entrait en France plus de trente espèces de cotons venant des échelles du Levant à Marseille, et quelque peu d'extrafin des Antilles. La Grande-Bretagne fut dès lors plus avancée dans ce travail que notre pays, si l'on s'en rapporte aux documents anglais du temps. Ces documents, il faut le reconnaître, sont peu d'accord entre eux sur l'origine et l'importance de cette industrie en Angleterre. Selon les uns, elle serait antérieur à Henri VIII. On lit dans *An essay on the state of England in relations to its trade*, par Cary (dont la première édition remonte à 1695), « que les comtés de Chester, de Lancaster et la principauté de Galles avaient plusieurs manufactures de cotonnerie célèbres sous ce prince ; celles de Manchester, de Bolton en Lancashire, l'emportent sur toutes les autres, » dit-on déjà dès lors. Il s'en est élevé dans d'autres provinces, Kidder-Minster en Yorkshire, ville fameuse par plusieurs sortes de manufactures aussi bien que cette dernière, ne le lui cède guère pour les fabriques de coton. Sous le règne de Philippe et Marie, selon d'autres documents, vers 1558, les habitants du comté de Norfolk s'adonnèrent à la fabrication des basins, on faisait des futaines à Bolton, à Coventry, et des gants de coton à Congleton. Il y avait aussi en Ecosse, dans les environs de Glascow, des manufactures considérables de mousselines, dont une grande partie était envoyée en Angleterre. Enfin une grande autorité fixe ainsi l'origine de la transformation du coton dans son pays :

« Sous Charles II, en 1685, le coton était apporté depuis un demi-siècle de Chypre, de Smyrne à Manchester, mais l'industrie manufacturière y était dans son enfance, la somme totale des importations annuelles ne s'élève pas, à la fin du dix-septième siècle, à deux millions de livres sterling, quantité qui ne suffirait pas de nos jours à la demande de quarante-huit heures[1]. » M. de Rochefort, dans son *Histoire des Antilles de l'Amérique*, publiée en 1747, dit aussi « que les Anglais y ont, en grand, force métiers de coton. »

Les premiers essais remontent peut-être un peu plus haut chez nos voisins que chez nous, mais l'époque du développement industriel du travail du coton paraît être la même dans les deux pays. Les événements politiques extraordinaires du nôtre, survenus vers le même temps, ont dû nécessairement suspendre notre élan industriel pendant la période la plus active peut-être de nos concurrents d'outre-Manche. Nous consommions alors, tant en filaments que filé, deux mille balles par an, Alexandrie en fournissait de quatre qualités différentes, Smyrne neuf, Saïde onze, Alep cinq, et Chypre trois. Ces cotons arrivaient surtout par Marseille. Il en venait également de la Hollande par Nantes, Bordeaux et la Rochelle. Les principaux centres où se consommait le coton en laine ou en fil, pour faire soit des basins, soit des tissus mélangés, tels que futaines, siamoises, etc., étaient le Lyonnais, la Picardie, la Champagne et la Normandie[2]. L'emploi du fil de coton à Rouen,

---

[1] Macaulay, *Histoire d'Angleterre depuis l'avénement de Jacques II.*

[2] Ce qui précède démontre, en effet, que l'usage du coton, du moins dans la passementerie, était connu au commencement du seizième siècle.

dans la toile, est relativement récent, suivant les archives de la chambre du commerce. Jusqu'en 1701, dit un auteur très-compétent, « les toiliers rouennais fabriquent uniquement des toiles de fil, d'étoupes ou de chanvre. Mais à cette époque Delarue, négociant, introduisit à Rouen le filage du coton, ce qui donna naissance peu d'années après aux toiles de coton, nommées d'abord *toileries*, par distinction des toiles de fil, mais ensuite plus généralement connues sous le nom de *rouenneries*.

« On doit s'étonner que, déjà bien connu dans un royaume voisin, le travail des cotonnades n'ait commencé à Rouen qu'avec le dix-huitième siècle. Nous ne pouvons en douter cependant, si nous nous appuyons sur l'autorité du sieur Morel, qui, écrivant un mémoire pour le gouvernement en 1750, affirme positivement que c'est Delarue qui a introduit à Rouen le filage du coton ; encore n'est-ce que fortuitement et par l'effet de la nécessité. Delarue avait acheté des banquiers Legendre-Lecouteux, quarante balles de coton, et, ne trouvant point à les écouler, il imagina de filer ce coton et réussit. Il s'adressa alors aux fabricants de toile, notamment aux passementiers ; mais ceux-ci lui faisant trop de difficultés pour mettre son coton en œuvre, il eut recours aux toiliers.

« Le premier toilier qui entreprit de travailler les cotons filés fut Pégny ; vinrent ensuite Bigot et Cousin, qui en formèrent des petites étoffes nommées *siamoises* [1], dont la chaîne était de soie tramée de coton, pour usage de robe de femme.

« La vente de ces étoffes obtint beaucoup de vogue. On fit en 1718 un règlement spécial pour les toiles de coton ; elles se fabriquaient en si grande quantité dès 1726, que, le 26 mars de cette même année, on ordonna de les apporter à la halle pour y être vendues et visitées.....

[1] Ce nom de *siamoise* paraît venir de l'imitation d'une étoffe dont étaient les vêtements des personnages d'une ambassade du roi de Siam auprès de Louis XIV.

« La voie une fois ouverte, les progrès furent rapides; on en jugera par les chiffres suivants[1] : il fut visité au bureau de Rouen 107,164 pièces de rouenneries en 1732; 181,337 en 1736, 213,717 en 1739, 245,688 en 1744, 309,889 en 1749. A partir de cette époque, l'emploi de la précieuse bourre de coton s'est développé dans des proportions prodigieuses[2]. »

Il résulte de ces faits que l'origine de l'industrie cotonnière à Rouen est antérieure à 1732, époque que les auteurs anglais, et notamment Mann, lui assignent pour cette localité, où, selon eux, elle aurait été importée par un inspecteur général des manufactures de France, nommé Halker, sans doute de Holker, qui aurait trouvé moyen de s'échapper des prisons de Newgate, et se serait rendu à Rouen pour y introduire la filature de coton, s'y serait enrichi et aurait donné l'impulsion à cette spécialité en Normandie. Il est étonnant que nous n'ayons pu trouver aucun document français à l'appui de cette assertion. Dans tous les cas, on ne peut admettre la date de 1782 comme origine de la filature et de l'introduction des machines en France. Nous verrons plus loin, dans l'exposé des progrès techniques réalisés chez nous, que dès 1773 les manufacturiers d'Amiens firent établir dans cette ville les premières machines à filer.

A ectte époque, il y a un peu moins d'un siècle, l'usage des cotonnades et surtout des toiles peintes *indiennes* s'étant introduit dans toutes les classes, des efforts considérables se firent pour en développer la fabrication; des réclamations nombreuses et énergiques s'élevèrent contre les tarifs; les esprits se passionnèrent; des économistes prirent la plume, qui pour combattre, qui pour demander le maintien des tarifs, de la protection et de la prohibition. Ne pouvant reproduire, même par extraits, ces divers écrits, nous nous bornons à transcrire

---

[1] *Archives de la chambre du commerce, recueil des manufactures.*

[2] *Histoire des anciennes corporations d'arts et métiers et des confréries religieuses de la capitale et de la Normandie*, par Ch. Ouin-Lacroix.

les passages les plus essentiels de l'une de ces publications, qu'on ne lira pas sans intérêt, surtout à cause des chiffres et des éléments de la fabrication d'alors qui y sont relatés. Ils démontreront mieux que des discours les progrès réalisés et l'inanité des raisonnements *à priori*, lorsqu'il s'agit d'objets d'un certain ordre.

« Je dis d'abord qu'il sera impossible d'établir la concurrence avec celle des Indes. La preuve s'en tire de ce que notre adversaire, en employant les calculs les plus évidemment faux, n'a pu donner à nos toiles un prix qui fût au-dessous de celui auquel reviennent celles de l'Inde.

« Suivant son calcul, les garats ne doivent revenir en blanc qu'à 22 sols l'aune, et les mousselines, façon de Zurich, fabriquées à Lyon, à 37 sols. Après l'état des dépenses qui, selon lui, suffisent pour la fabrication, il croit trancher toute difficulté en assurant que les entrepreneurs des nouvelles fabriques s'engageaient à donner les garats à 26 ou 27 sols, les guinées à 40 ou 42 sols et les baffetas à 3 livres 2 sols.

« ... Que l'on consulte les différentes ventes de la compagnie des Indes depuis 1749 jusqu'en 1753, on verra qu'elle n'a vendu les garats que 20 et 21 sols l'aune, les guinées que 30 à 35 sols, et les baffetas de 43 à 48 sols. Donc, nulle concurrence à espérer ; et, en ne fixant nos cotons qu'à 200 livres le cent, il est évident que ce qui nous coûte chez nous 300 livres ne coûtera dans l'Inde que 74 livres au plus.

« On avance que les garats n'ont que 3/4 de large, au lieu de 7/8 ; aussi n'y a-t-il jamais eu une pièce de garat qui ne pesât 5 livres ; notre auteur les réduit à 4 livres. Il suppose ensuite que la filature des 4 livres ne coûtera que 4 francs. Or, comme il est démontré par expérience que la meilleure fileuse ne peut filer, pour la fabrication des garats, que trois onces par jour, il faut absolument que les nouveaux entrepreneurs aient des fileuses qui ne gagnent que 2 sols par jour, ce que l'on doit regarder comme impossible, même dans les campagnes. Les fileuses du Puy-en-Vellay gagnent depuis 4 à 5 sols jusqu'à 8 à 10 sols, suivant la nature et la finesse de leur fil.

« Notre auteur réduit encore la main-d'œuvre du tisserand à 10 sols; mais le plus habile ne peut faire par jour que deux aunes de garats à 3/4 de large; donc cet ouvrier, en ne gagnant que 4 livres 10 sols pour la pièce de 16 aunes, ne serait payé qu'à raison de 10 sols 6 deniers par jour, et perdrait encore les dix heures au moins qu'il est obligé à ourdir et à poser sa chaîne dans le rost. Or il est constant que, dans les provinces où les subsistances et la main-d'œuvre coûtent le moins, un tisserand ne peut gagner moins de 12 sols par jour. Rétablissons, d'après ces observations, le véritable prix des garats sur le pied des pièces ordinaires de 16 aunes de 7/8 de large :

1° Par livre de coton à 2 liv. 6 sols le 100, prix courant d'aujourd'hui, non pas plus cher qu'en terre de Prusse!.. 11^l,10^s

2° Filature des 5 livres à 5 sols par jour, ce qui fait 30 sols par livre................................. 7 ,10

3° Façon du tisserand, ourdissage et tramage....... 6 ,12

4° Blanchissage................................... 1 ,10

                                       Total................ 27^l,2^s

Et $\dfrac{27^l,2^s}{16}$ = 34 sols l'aune de garat.

La compagnie des Indes vend bien meilleur marché.

« La fabrique du Puy emploie le coton le plus fin de nos îles à faire des mousselines communes qui se vendent sur les lieux depuis 27 livres jusqu'à 60 livres la pièce de 8 aunes. On se sert des rebuts de coton pour faire des toiles dont on désigne les plus fines par le n° 1, et ainsi, en décroissant, jusqu'au n° 3; mais, jusqu'à présent, on fabrique peu de ces toiles; sur trente-cinq métiers travaillant dans la manufacture, il n'y en avait qu'un seul monté en toile n° 3 ou garat; ces toiles pèsent 5 à 6 livres par pièce. Un métier peut fournir deux pièces du n° 1 par mois, deux et demie n° 2 et trois n° 3. Au reste, les ouvriers suisses que cette manufacture emploie en font beaucoup davantage, et la fourniture augmentera à mesure que les ouvriers s'accoutumeront au travail. Le salaire du tisserand se paye à l'aune; on lui donne depuis 14 jusqu'à 15 sols par aune de mousseline, 4 sols par aune de garat ou n° 3; 6 à 7 sols des baffetas ou n° 2, et 8 à 9 sols des guinées ou n° 1.

« ... La compagnie des Indes fait venir tous les ans 250,000 pièces, tant *garats* que *guinées*, *baffetas*, *salempouris* et *caser* de toutes espèces, dont une grande partie entre dans le royaume, quoiqu'on ait mis sur toutes ces toiles, qui sont achetées par les régnicoles, un droit de 40 livres par cent pesant.

« ... A l'égard de l'Angleterre et de la Hollande, toutes les toiles qui s'y impriment viennent des Indes.

« ... La Suisse emploie ses propres toiles; elle les imprime, elle les teint; elle a raison; ses fabriques la mettent en état de se passer de nos étoffes de soie... L'Etat des Suisses, par rapport aux autres nations, n'est pas un marchand qui gagne, c'est un bourgeois qui vit avec économie, c'est un père de famille qui se procure quelque aisance par le travail et qui se fait faire ses habits par ses enfants.

« Les Suisses n'emploient que du coton du Levant; il est moins beau que celui de nos colonies, mais aussi il coûte beaucoup moins; ils ne l'achètent en laine que 17 sols la livre, au lieu que nous payons celui de nos colonies 50 sols pendant la paix. La main-d'œuvre et les subsistances ne coûtent presque rien. Aussi les Suisses ne payent le filage de leurs cotons pour les toiles communes que 21 sols la livre de 16 onces. La façon de ces toiles est payée au tisserand 3 sols 6 deniers par aune,

et le blanchissage d'une pièce de 16 aunes ne coûte que
17 sols; il faut compter :

Pour le déchet et le dévidage........................	1ˡ,10ˢ
Donc prix par pièce pour façon, 35 sols 6 deniers......	2,16
Blanchissage....................................	0,17
Déchet et dévidage...............................	1,10
Total...........................	6ˡ,13ˢ

Donc la pièce de toile, à raison de 15 livres, produit 26 sols de
bénéfice au fabricant; quant à l'impression, elle peut revenir à
5 sols l'aune, et un dessin de trois à quatre couleurs n'augmente que de 4 livres le prix de la pièce de 16 aunes.

« D'où il suit que la Suisse peut nous envoyer des garats
imprimés qui ne se vendent en France que 26 à 27 sols l'aune.
Or il est impossible que jamais nos manufactures de toiles
peintes, quelque succès qu'on leur suppose, vendent les leurs,
de qualités égales, à si bas prix. Dans les étoffes de soie, la valeur intrinsèque de la matière première et celle que lui ajoute
le travail varient depuis 1 à 2 jusqu'à 1 et 6, soit en moyenne
1 est à 3 et à 4. Dans les étoffes de coton, ce rapport est comme 1
est à 2 et à 3. Donc, en vendant des étoffes de soie à 1 franc,
nous tirons, pour 20 millions de notre sol, 60 à 80 millions, et
quand les soies nous viendraient des pays étrangers, il nous resterait encore 40 à 60 millions de bénéfice.

« Pour le coton, ce bénéfice est comme 1 est à 2.

« Pour les toiles peintes, au contraire, si la toile vient de
l'étranger, elle représente six fois la main-d'œuvre, etc.

« On est forcé de convenir, en effet, que la fabrique et l'u-
sage des toiles peintes enlèveront aux anciennes manufactures
presque tout ce qu'elles fournissaient à l'habillement du
peuple.

« ... Cette diminution sera la ruine de soixante mille familles.

« Dans le fait, est-il vrai que les toiles peintes présentent un si bon marché au commun du peuple? Le prix des petites étoffes nationales surpasse-t-il celui des toiles peintes? 3 aunes 1/2 de siamoise à 50 sols, 10 aunes de toile rayée à 24 sols, habilleront une femme plus solidement que les toiles peintes. Or il n'y a aucune de celles-ci qui soit aussi bon marché. Ce n'est pas la modicité du prix, c'est la mode, c'est une certaine vanité qui rend les femmes du menu peuple si curieuses des toiles peintes. Habillées de siamoise ou de toile de coton, elles ne peuvent se comparer qu'aux femmes de leur état. Ont-elles une robe de toile peinte à Genève ou en Angleterre, elles se croient au-dessus de leur condition, parce que les femmes de qualité portent aussi des toiles peintes; ainsi c'est parmi nous le luxe, vice qui s'oppose à leur richesse[1]. »

Avons-nous besoin de dire que, contrairement à ces prévisions, le développement des toiles peintes n'a pas eu lieu au détriment des autres industries alors relativement florissantes; qu'au contraire elles ont toutes pris une extension inattendue. Nous admettons difficilement aujourd'hui les positions énergiques rencontrées par l'industrie cotonnière à son origine, partout où elle a voulu s'implanter, chez nos voisins d'outre-Manche aussi bien que chez nous. Les plaintes des premiers remontent à 1674 ; elles se traduisaient alors par de nombreux pamphlets, qui aboutirent, en 1722, à un statut du roi George pour empêcher l'emploi des étoffes de coton teintes ou imprimées. Cet acte fut aboli, en 1736, par le *Manchester acte*, et le développement des cotons imprimés reprit son cours. En France, la cause de l'industrie cotonnière paraissait encore

---

[1] Extrait de l'ouvrage intitulé *Examen des effets que doivent produire, dans le commerce de France, l'usage et la fabrication des toiles peintes*, à Genève, et se trouve à Paris, 1759, in-12, sans nom d'auteur, chez la veuve Delaguette, rue Saint-Jacques.

avoir besoin de défenseurs vers le commencement de ce siècle, si nous en jugeons par le passage suivant d'une brochure publiée en 1808 par un homme considérable : « Malgré tous les avantages du coton, on s'est récrié contre l'introduction de cette substance en Europe ; on a prétendu qu'elle ferait tomber la culture du chanvre, du lin, de la soie ; qu'elle nuisait à l'éducation des moutons et qu'elle ruinerait les fabriques les plus importantes. Ces assertions peuvent être vraies sous quelques rapports ; il eût peut-être été avantageux de prohiber les étoffes de coton, dans le cas où ces mesures eussent pu en arrêter l'introduction. Mais l'on connaît toute l'inefficacité de ces sortes de lois. D'ailleurs il est trop tard dans ce moment : les nations de l'Europe ont adopté depuis longtemps l'usage des étoffes de coton, à tel point qu'il n'existe aucun moyen, entre les mains des gouvernements, de les prohiber ; les supprimer toutes serait une grande preuve d'ineptie ; cet acte du despotisme tournerait à son propre détriment et ne serait utile qu'à des voisins. Une nation sage et prévoyante portera ses vues plus loin. Elle encouragera la culture du cotonnier toutes les fois que le climat sous lequel elle se trouve peut la favoriser.

« La manie, ou plutôt la fureur des lois prohibitives, a donné naissance, sous l'ancien gouvernement, à trente-cinq ou trente-six arrêts contre les étoffes de coton. Ces arrêts se sont succédé dans l'espace de quarante ans, et toujours aussi inutilement les uns que les autres, ainsi que le prouve leur multiplicité. La contrebande, qui se joue de la puissance la plus active, a introduit en France des tissus de coton ; et l'habitude en a fait un objet de première nécessité.

« Il serait facile de prouver que l'établissement des manufactures de coton a été favorable à la France ; il suffit pour cela de considérer la valeur de la main-d'œuvre employée dans la fabrication des étoffes consommées dans l'intérieur, sans avoir même égard à ce qui peut faire un objet d'exportation dans ce moment ou par la suite.

« On calcule, en Angleterre, que le coton du plus gros calibre filé par des machines à eau laisse dans le pays 2 shillings 3 deniers par livre pour le travail de la filature. Celui d'un calibre moyen ou d'une certaine finesse laisse de 3 à 4 shillings et demi. Les fils portés au plus grand degrés de finesse produisent un gain de 6 à 8 shillings 3 deniers par livre, et même les beaux fils pour les mousselines donnent jusqu'à 15 shillings. Ainsi la valeur de la matière brute est à peu près doublée dans la filature la plus grossière, elle est doublée avec moitié en sus dans les calibres moyens, et triplée, quadruplée, quintuplée dans les calibres les plus fins. On a même poussé, en Angleterre, la filature à un si haut degré de perfection qu'on a produit des fils qui valaient jusqu'à 15 guinées la livre, ce qui donne un bénéfice de 5,900 pour 100. Si l'on ajoute à ce premier gain les bénéfices du tisserand, du blanchisseur, du teinturier, de l'imprimeur, sans même ajouter celui du brodeur, du marchand, etc., et de cette foule d'ouvriers, tels que mécaniciens, graveurs, serruriers, menuisiers, etc., dont le travail contribue à augmenter la valeur du coton, l'on trouvera une masse de bénéfices qui doit faire considérer ce genre de fabrication comme une source féconde d'industrie et de richesse. On s'est élevé, en Angleterre ainsi qu'en France, contre les machines à filer et à carder le coton, sous prétexte qu'une foule d'ouvriers allaient être réduits à la mendicité par le défaut d'occupation. L'on répète les déclamations en usage chaque fois qu'il s'agit d'une invention qui simplifie et économise la main-d'œuvre[1] ; mais l'expérience a prouvé dans cette occasion,

---

[1] L'auteur paraît faire allusion ici à la polémique vive et ardente qui s'éleva vers le milieu du dix-huitième siècle au sujet de l'emploi des toiles peintes, dont nous avons donné un extrait précédemment. Pour faire comprendre l'importance qu'on attachait alors au sujet, et pour mettre les per-

comme dans toutes les autres, que ces inventions sont toujours utiles à la société et qu'elles tendent même au bénéfice des classes indigentes, puisqu'elles développent l'industrie et qu'elles augmentent les richesses. L'Angleterre offre un exemple frappant de cette vérité. La beauté et le bas prix des étoffes de coton fabriquées par le moyen des machines en ont prodigieusement accru la consommation [1]. »

Ici l'auteur énumère les bras employés dans l'industrie, les produits obtenus par les nouvelles machines, le nombre impossible de personnes que le filage à la main aurait nécessité pour arriver au même résultat.

sonnes curieuses de l'histoire industrielle à même de se renseigner, nous citerons seulement quelques-uns des titres des ouvrages principaux que nous rappelons :

Réflexions sur différents objets de commerce et particulièrement sur les toiles peintes. Genève, 1750. In-12.

Examen des avantages et désavantages de la prohibition des toiles peintes. Paris, 1758. In-12.

Réflexions sur les avantages et désavantages de la libre fabrication et de l'usage des toiles peintes en France. Bruxelles, 1758. In-12.

Lettre aux auteurs du Journal encyclopédique *sur les toiles peintes.* Paris, 1759. In-12.

Réponse à l'ouvrage intitulé Réflexions sur les avantages et les désavantages de la libre fabrication des toiles peintes. Genève, 1759. In-12.

Projets de quatre arrêts du conseil sur les toiles peintes. Avignon, 1759.

Observations sommaires et dernières des marchands de Lyon, etc., sur l'ouvrage intitulé Réflexions sur divers objets du commerce et notamment sur les toiles peintes.

Nous pourrions prolonger encore ces citations, si cela était nécessaire. Mais ces ouvrages, curieux au point de vue historique, ne peuvent avoir d'autre résultat aujourd'hui que de multiplier les preuves de la faillibilité de l'esprit humain, surtout lorsqu'il s'agit de questions où nos passions ou nos intérêts plus ou moins directs sont en jeu.

[1] *Du cotonnier et de sa culture,* par Charles-Philibert de Lasteyrie. Paris, 1808.

§ 4. — Industrie du coton dans l'Inde.

Pendant que l'on discutait en Europe sur les avantages et les inconvénients d'étendre le travail du coton, et sur la question de savoir si cette nouvelle branche industrielle ne nuirait pas à la fabrication de quelques articles de cotonnades unies et mélangées de fils, tels que les futaines et les basins qu'on y produisait déjà, et surtout aux autres branches de tissus, les Indiens étaient arrivés à un degré de perfection remarquable. Ce progrès, insensible sous le rapport de l'outillage et de la variété des étoffes fines, se manifeste au point de vue des nombreuses préparations et des soins minutieux apportés aux détails de leur fabrication, dont l'état attestait une longue expérience, si l'on considère la lenteur avec laquelle les innovations se réalisent dans ces contrées. Les renseignements obtenus en 1718, à Pondichéry, par le P. Turpin, missionnaire, témoignent de ce progrès et renferment certains détails intéressants pour le lecteur. Nous croyons devoir les publier entièrement.

« Puisque vous souhaittez sçavoir la manière dont on appreste le coton et dont on fait la toile aux Indes, il me sera aisé de vous satisfaire, parce qu'avant de vous répondre, j'ai tiré des ouvriers mesmes touttes les connoissances que j'ai cru nécessaires sur ce sujet.

« Le coton naist aux Indes d'un arbrisseau qui a environ 3 à 4 pieds de hauteur; lorsqu'il est grand, il jette un fruit verd de la grosseur d'une noix verte. Quand le fruit commence à mûrir, il s'entr'ouvre en forme de croisée, alors le coton commence à paroistre; lorsqu'il est tout à fait mûr, il se divise en quatre parties égales, qui se séparent entièrement et qui ne se tiennent que par la tige. On cueille aussitôt le coton, mêlé avec la graine. Mais comme cette graine y est fortement attachée, on la sépare par une petite machine assez ingénieuse. » Le P. Turpin

donne ici la description détaillée de la machine indienne à égrener, composée de deux petits cylindres dont on trouvera le dessin plus loin ; elle est d'ailleurs assez connue aujourd'hui pour
que nous puissions supprimer ce passage. L'auteur poursuit :
« On carde ensuite le coton ; cela se fait d'abord avec les doigts,
à peu près comme on fait la charpie. Ensuite, on l'étend sur
une natte, et on achève de le carder avec un arc assez long qu'on
met dessus, et dont on pince la corde, en sorte que les vibrations tombent fortement et fréquemment sur le coton, le fouet-
tent, et le rendent fort rare et fort délié. On le donne ensuite aux
ouvriers, hommes et femmes, pour le filer, ce qui se fait avec un
rouet qui est plus petit que ceux dont on se sert en Europe. La
beauté et la bonté du fil dépendent presque de l'habileté des fileurs et des fileuses. Il y en a de fin et de grossier, et entre
deux extrémitez, il y en a aussi de plusieurs sortes. Au reste,
on ne lave point le fil ; mais après l'avoir mis en écheveau, on
le donne au tisserand. Celui-ci choisit d'abord le plus grossier
pour la trame, et réserve le plus fin pour ourdir la toile ; ce qui
suppose que dans le fil de mesme espèce, il y a toujours de la
différence. On fait bien bouillir dans l'eau chaude le fil réservé
pour la trame, et lorsqu'il est bien chaud, on le plonge dans
l'eau froide ; c'est là toute la préparation qu'on lui donne avant
de le mettre dans la navette. Le fil qui sert à ourdir se prépare
en cette manière : on le fait tremper dans de l'eau froide où l'on
a délayé de la fiente de vache en assez petite quantité. Ensuite,
on exprime l'eau et on laisse ainsi ce fil humide durant trois
jours dans un vase couvert, et enfin, on le fait sécher au soleil.
Quand il est bien sec, on le dévide, ce qui se fait en cette manière ; on plante en ligne droite dans une place bien nette des
petites lattes de bambou de la hauteur de trois pieds, et à la
distance d'une coudée l'une de l'autre, dans une longueur égale
à celle de la toile que l'on veut faire. Ensuite, de jeunes enfants
entrelacent en courant le fil entre les petites lattes de bambou.

Le nombre de fils étant complet, on a soin de faire couler encore
de nouvelles lattes entre les premières pour tenir le fil en sujes-
tion, et pour le mieux préparer. Après quoi, on roule le fil avec
les lattes, qui forment comme une longue claye, et on le porte
ainsi dans un étang où, après l'avoir laissé tremper pendant un
bon quart d'heure, et l'avoir foulé aux pieds, afin que l'eau s'y
imbibe mieux, on l'en tire pour le laisser sécher. Il s'agit de re-
voir après cela les fils pour les mettre en ordre. C'est pour cela
qu'on replante de nouveau cette claye à terre comme ci-devant,
et les tisserands revoyent les fils : ils en ostent le petit coton su-
perflu, ils tordent les fils rompus, et arrangent ceux qui n'et-
toient pas à leur place, ce travail est fort ennuyeux.

« Après ce travail, on pense à donner au fil la préparation
nécessaire pour le mettre en œuvre. Pour cela, on arrache la
claye, et on l'estend sur des chevalets posez d'espace en espace
à hauteur d'appui : puis, on lui donne le *cange*. Le cange n'est
autre chose que de l'eau de riz cuit, mais qui estant gardée depuis longtemps est extrêmement aigre et d'un acide très-fort;
on frotte ce fil de tous cotez avec le cange, jusqu'à ce qu'il soit
pénétré, et ensuite on exprime avec les doigts le *cange qui reste*
sur la superficie du fil. Il faut encore ranger les fils qui se sont
entremêlés; cela se fait avec les doigts, mais ensuite bien mieux
avec une espèce de vergette arrondie par le bas, dont les filaments s'insinuent entre les fils, les nettoient parfaitement, les
unissent en en resserrant toutes les parties. Ce travail dure
longtemps; après quoi on passe sur le fil une colle de riz cuit,
et pour mieux étendre cette colle, on y fait passer une deuxième
fois les vergettes. Enfin on laisse un peu sécher le fil en cet
estat, et pour dernière préparation, on frotte le fil avec de l'huile,
ce qui se fait par le moyen de vergettes qu'on a imbibées de
cette liqueur. Il est à observer que les différents apprêts qu'on
donne au fil se doivent donner des deux costez de la claye,
en sorte qu'après avoir donné l'apprest d'un côté, on tourne

la claye de l'autre costez pour y donner le même apprest.

« Au reste, lorsque le fil ainsi préparé est bien sec, il est si beau, si net, si égal, qu'il ressemble à du fil de soye ; sans le cange et les autres apprest qu'on lui donne, le fil de coton n'auroit à beaucoup près la beauté qu'il a ; car le cange ainsi aigri, resserre et réunit en mesme temps les filaments insensibles qui composent le fil ; et la colle venant par-dessus les tient et les lie dans cet estat, en leur donnant plus de corps et de consistance pour être mis en œuvre. Enfin l'huile sert à adoucir et à rendre plus flexible le même fil ; lorsqu'il est ainsi préparé, on le met sur le métier, on en fait les mousselines, les *salempouris*, et généralement toutes les toiles qu'on voit aux Indes, dont la différence dépend uniquement du fil et de la main du tisserant.

« Le métier dont les Indiens se servent pour faire la toile est, à quelques différences près, assez semblable à celui dont on se sert en Europe, et la manière de la faire est à peu près la même.

« La toile faite, il faut la blanchir et lui donner le beau lustre que le coton porte avec soi. On la met donc entre les mains du blanchisseur, qui d'abord la fait tremper quelque temps dans l'eau froide ; ensuite l'ayant retirée et en ayant exprimé l'eau, il la fait encore tremper dans d'autre eau froide, où l'on a meslé de la fiente de vache ; quand il en a tiré cette eau, il l'étend sur la terre et la laisse quelque temps à l'air, ensuite il la tord et la roule en forme de cylindre concave sur l'ouverture d'une grande cuve d'eau bouillante. La vapeur qui s'élève se répand et se filtre dans la toile imbue des sels les plus subtils de la fiente de vache, et par sa chaleur délaye et fait sortir les ordures de la toile. C'est là la première lessive qu'on lui donne ; on la laisse en cet estat toute la nuit, et le lendemain on la lave et on la bat fortement sur de grosses pierres dures, en sorte qu'une partie de la saleté se détache. Le second jour, on jette la même toile dans une cuve de terre, où l'on délaye de la chaux avec une certaine terre blanche qui est tout à fait stérile, et qui sans doute est remplie de quantité de sels ; on met de cette terre et de la chaux en égale quantité. On fait ensuite tremper et on frotte bien la toile dans cette eau, après quoi on en exprime l'eau, et on laisse la toile quelque temps étendue à l'air. On la tord de nouveau, et l'ayant mise comme ci-devant autour de l'ouverture d'une grande cuve de terre, où l'on a mis de l'eau avec le même mélange, on lui laisse prendre la seconde lessive, qui achève de lui ôter la saleté et rend la toile parfaitement blanche ; on lave et bat la toile, et on la fait sécher au soleil.

« Il y a une autre façon qu'on donne aux *salempauris* et à d'autres toiles semblables : on les plie en dix ou douze doubles, et après les avoir mis sur une planche bien polie, on les bat à grand coups de masse pour les unir davantage et leur donner le dernier lustre [1]. »

Cette lettre précise, à laquelle on ne peut reprocher que quelques termes impropres, n'est peut-être pas assez connue par les industriels. Elle donne des détails sur l'épuration, l'affinage, l'enlevage du duvet des fils, et sur les apprêts des toiles, qui dénotent un degré remarquable d'avancement dans la fabrication, et explique la perfection hors ligne et les apparences si flatteuses de certaines mousselines et autres cotonnades de l'Inde. A la lecture des moyens mis en pratique par les *sauvages*, il y a plusieurs centaines, et probablement plusieurs milliers d'années, on est frappé de leur analogie avec certains apprêts inventés et appliqués à nos tissus fins depuis moins d'un demi-siècle. Nous pensons que, malgré son état de perfection actuelle, notre industrie aurait encore à profiter des moyens si ingénieux et si minutieux par lesquels les Indiens traitent les fils avant le tissage,

---

[1] *Lettres édifiantes*, XV, Recueil 1722.

pour les épurer, les débarrasser du duvet, restituer au coton son éclat naturel, et donner aux toiles les apparences de la soie, selon l'expression du P. Turpin. Que l'industrie moderne se hâte de recueillir et de méditer les intéressants procédés enfantés par le temps, et perpétués dans l'Inde avec une opiniâtreté fanatique, avant la disparition de ces procédés devant la concurrence de plus en plus redoutable qui lui est faite. Cette concurrence grandit chaque jour aussi bien aux Etats-Unis qu'en Europe, et surtout en Angleterre, pays pour lequel la dépossession complète de l'industrie indienne devient une nécessité. Puisse, du moins, cette suppression du travail manufacturier de l'Inde y être compensée par le développement croissant de la production de la matière première, dans laquelle paraît désormais se concentrer la principale ressource des peuples de l'Asie. Elle était naguère un des éléments les plus puissants de la prospérité américaine et reste l'une des plus légitimes espérances de notre colonie d'Afrique. Combien serait grande la nouvelle gloire de la France si, comme on doit l'espérer, elle arrive, avec le concours du travail libre, au plus grand profit des indigènes et des colons d'Afrique, à prendre sa large part dans l'immense production du coton et des autres substances exclusives aux climats chauds; et à prouver pratiquement aux uns que la question de l'esclavage, heureusement condamnée par nos mœurs et nos sentiments, ne peut même invoquer l'excuse de l'utilité; aux autres, qu'il y a autant de profit que de justice pour le conquérant à laisser participer les indigènes aux bénéfices de leur labeur, et aux biens que la Providence dispense à tous, sans distinction de races, d'origines et de croyances!

Malgré la prévision des économistes sur l'importance et le développement de l'industrie du coton, les plus audacieux n'auraient osé rêver, il y a soixante ans, le mouvement dont nous sommes les témoins, et le rôle particulier réservé au travail du coton dans nos sociétés européennes et aux Etats-Unis. Les événements de l'Amérique offrent, certes, un immense intérêt dans leur généralité, par le nombre et la complication des questions qu'ils soulèvent; mais pour nous, et surtout pour nos voisins d'outre-Manche, celle qui touche de la façon la plus directe, celle qui oblige à suivre avec anxiété le résultat de ce terrible conflit entre le Nord et le Sud, c'est, on le sait de reste, la question cotonnière : les chiffres des tableaux statistiques en constateront plus loin l'importance.

CHAPITRE II.

ÉTAT NATUREL, ORIGINES, CLASSIFICATIONS ET RÉCOLTE DU COTON.

§ 1. — Classification botanique.

Le coton ou *baumwolle* (laine d'arbre), comme l'appellent les Allemands, et dont la dénomination arabe, *goz*, indique la douceur ou le toucher soyeux, est le produit d'une plante *dicotylédone*, de la famille des malvacées. Il prospère généralement dans les pays chauds des deux continents, entre le 30° degré de latitude et la ligne. On le récolte sur une échelle plus ou moins vaste en Amérique, dans les Indes, au Brésil, en Egypte, en Grèce, en Perse, dans l'Asie Mineure, les îles de Malte, dans le Levant, en Afrique, etc. Le cotonnier est naturellement vivace. Dans certaines contrées, il est triennal ou biennal; mais l'immense exploitation à laquelle sa bourre donne lieu résulte d'une culture annuelle. Il présente des différences notables dans ses principaux organes et parties essentielles, telles que tiges, feuilles, fleurs, fruits, graines et duvet. La tige est rameuse et la racine fibreuse et pivotante, d'une hauteur variable de 0^m,60 à 2 mètres ; quelques espèces s'élèvent jusqu'à 6 mètres. Ses feuilles sont plus ou moins larges, pétiolées, en trois, cinq ou sept lobes pointus ou arrondis. Les fleurs, qui naissent à l'aisselle des feuilles, portées par de longs pédoncules, sont tantôt rouges et tantôt jaunes. La gousse, cosse, ou fruit, dur à sa maturité, a une forme cloisonnée à quatre diaphragmes. La graine, verte ou noire, de trois à sept par cellule, se détache facilement ou adhère fortement au duvet, suivant l'espèce à laquelle elle appartient. Les fibrilles enfin, ou duvet, sont de petits cylindres aplatis, fermés à leurs extrémités, de nuances, de longueur, de finesse et de ténacité variables. La durée de la végétation de la plante annuelle est comprise entre six et sept mois, selon les climats et les saisons ; elle ne mûrit bien (d'après M. Hardy) que sous l'influence d'une température de 45 à 48 degrés de chaleur.

Les diverses classifications adoptées pour le cotonnier par les naturalistes sont basées sur les différents caractères qu'il présente ; les uns, tels que Linnée, en distinguent cinq espèces. Decandolle en admet seize ; d'autres naturalistes subdivisent encore cette classification Les espèces reposent sur des modifications naturelles de la plante qui sont loin de correspondre toujours à des propriétés caractéristiques du duvet. Malgré l'immense importance commerciale de ce dernier, il n'est cependant pour le naturaliste qu'un faible accessoire de la plante, identique en apparence, quoique variant de fait, suivant les caractères, de 150 francs à 1,200 francs les 100 kilogrammes, dans les temps normaux. Et cependant l'on en est encore à adopter la classification de Linnée ou de Décandolle, ou de quelques autres botanistes, tels que Roxburgh, Rausch, qui en admettent deux ou trois espèces de plus. Une classification générale basée sur l'état du végétal distingue :

1° *Les cotons herbacés annuels*, ou *arbrisseaux ;*

2° *Les cotons ligneux, vivaces, ou en arbres ;*

3° Le *cotonnier de l'Inde* (gossypium Indicum), intermédiaire entre les deux précédentes variétés. Il vient à une hauteur de 3 à 4 mètres ; sa tige, vivace, est ligneuse à sa partie inférieure ; ses fleurs sont jaunes, avec une tache purpurine à la base des pétales. Les capsules, ovales et coniques, offrent quatre loges renfermant des graines arrondies, très-adhérentes au duvet. Le coton surate désignait naguère encore la plupart des cotons de l'Inde dérivés de cette espèce.

4° Le *cotonnier des Barbades* (Barbadensis), dont les tiges ont 2 à 3 mètres de hauteur ; il comprend notamment le géorgie longue soie (*Sea-Island*), les nouvelle-orléans, mobile, demerari, le berbice, les cotons des Indes occidentales et certaines variétés d'Egypte, de Bantam, dont les feuilles supérieures sont divisées en trois lobes pointus, et les inférieures en cinq lobes ; ses fleurs sont jaunes et les graines noires, nettes et lisses à leur surface ; elles adhèrent par conséquent à peine aux filaments ; cette espèce, propagée aux Etats-Unis, a produit les variétés les plus estimées.

5° Le *cotonnier du Pérou* (gossypium Peruvianum) croît à une hauteur de 3 à 5 mètres ; ses feuilles inférieures sont longues, pointues, entières ; les supérieures offrent de trois à cinq lobes. Les fleurs sont jaunes, avec une tache pourpre à la base de chaque pétale ; ses graines, au nombre de huit à dix, adhèrent fortement au duvet ; l'Amérique du Sud a surtout développé cette espèce, qui donne les variétés connues dans le commerce sous les noms de *bahia, maranham, fernambouc,* et autres venant principalement du Brésil.

Il y a enfin une partie de la classification des cotonniers qui repose sur certaines particularités de la plante :

1° Le *cotonnier à feuilles de vigne* (gossypium vitifolium), arbuste de 3 à 4 mètres d'élévation, dont la tige est ligneuse et les feuilles amples, palmées, profondément découpées en cinq lobes ovales très-aigus, glabres en dessus, un peu velus en dessous. Les fleurs sont grandes, jaunes à taches rouges. Le fruit est ovoïde, à trois loges, renfermant chacune six à dix graines noirâtres. Ce cotonnier, que l'on prétend originaire des Indes orientales, est cultivé à l'île Maurice et dans l'Amérique du Sud.

2° Le *cotonnier velu* (gossypium hirsutum), à tige rameuse et à pétioles velus; ses feuilles, larges, divisées en cinq lobes pointus, offrent une glande à nervure médiane. Les fleurs en sont jaunes; cette plante croît dans les parties les plus chaudes de l'Amérique du Sud.

3° Le *cotonnier à larges feuilles* (gossypium latifolium), arbuste de 1^m,30 à 2 mètres. Ses feuilles, grandes, larges, sont glabres et d'un vert un peu foncé ; les inférieures sont ovales, pointues et entières ; les autres sont divisées en trois lobes profonds et pointus et portent une glande sur leur nervure médiane. Ce cotonnier, dont l'origine n'est pas bien déterminée, est cultivé aux Antilles.

4° Le *cotonnier à petites fleurs* (gossypium micranthum) est herbacé, d'une hauteur de 0^m,50 environ; la tige, rougeâtre, est hérissée de points noirâtres, ainsi que ses pétioles et pédoncules ; ses feuilles, divisées en cinq lobes obtus, presque arrondis, sont très-glabres et offrent une glande sur la nervure moyenne. La corolle est jaune, à pétales ovales aigus ; cette espèce est originaire de la Perse.

Depuis que les cotons se sont fait apprécier dans le commerce suivant leurs caractères et qualités, on a également établi des dénominations, en raison de la valeur de leurs produits, dans l'ordre suivant :

§ 2. — Dénominations commerciales.

1° Le *cotonnier géorgie longue soie* (Sea-Island), introduit des Bahama en Amérique vers 1788, est un cotonnier herbacé, à rameaux et à tige glabres, à filaments très-longs, élastiques et brillants, très-soyeux, d'une grande finesse et d'un blanc *beurré*. Ce duvet, le plus beau et le plus estimé de tous, adhère légèrement aux graines, noires, lisses. Les qualités les plus précieuses de cette espèce viennent dans le voisinage de la mer; de là son nom anglais *Sea-Island*. Ce voisinage lui fournit les matières salines qui paraissent nécessaires au parfait développement de son fruit et de ses produits, et contribue grandement, dit-on, aux qualités supérieures qui le font rechercher.

2° Le *cotonnier jumel* est le résultat de la culture de la graine du Sea-Island, introduit en 1821 en Egypte par un Français du nom de Jumel; il est à graines noires, lisses et à filaments d'une longueur et d'une finesse qui approchent de celles de la variété précédente.

3° Le *cotonnier louisiane* est à graines vertes et feutrées, contenues dans de grosses capsules ovales; il donne des filaments fins, courts, soyeux et blancs, obtenus également par la culture de la graine du Géorgie longue soie. Le développement extraordinaire de la production de cette espèce, la plus estimée parmi les courtes soies, remonte à l'époque de la réunion de la Louisiane aux Etats-Unis, il y a un peu plus d'un demi-siècle.

4° Le *cotonnier nankin* ou de *Siam*, à graines rousses, feutrées, donne des filaments roux, courts et adhérants à la graine.

5° Le *cotonnier du Pérou* ou de *Malte* : graines brunes et feutrées, à filaments moins longs et moins fins que ceux du cotonnier louisiane.

A ces dénominations il faudrait ajouter les divers cotons de l'Inde qui, jusqu'à la crise américaine, étaient généralement désignés, comme nous l'avons vu, sous le nom de *surates*, du port d'embarquement le plus habituel. Depuis lors, les lieux d'expédition se sont multipliés avec le développement du commerce de cette denrée, arrivée à un prix inattendu sur les marchés européens. Beaucoup de localités de l'Inde envoient aujourd'hui des cotons. Ils sont loin d'être classés conformément à leurs caractères et à leurs propriétés. Nous sommes convaincu que certains d'entre eux seront recherchés, le dhollerah, par exemple, excellente espèce, lorsqu'il sera trié, conditionné avec plus de soin, et mieux travaillé qu'il ne l'est aujourd'hui dans les premiers traitements. Nous reviendrons sur ce point, en nous occupant spécialement des cotons des Indes.

§ 3. — Catégories commerciales des cotons.

Chacune des espèces précitées renfermant de grandes variétés, une monographie précise des cotons avec leur valeur relative, leurs destinations les plus avantageuses, serait d'une grande utilité pour l'industrie; mais il suffit de s'être occupé du sujet pour en comprendre les difficultés, sinon l'impossibilité absolue. Les classifications commerciales sont en général basées sur les provenances. Les cotons de chacune des contrées principales sont à leur tour *catégorisés*, suivant les sortes, sous les dénominations de *fin*, *très-fin*, *extrafin* pour les plus belles qualités; de *très-bas à bas*, de *très-ordinaire à ordinaire, bon ordinaire à petit courant*, de *courant à bon courant*, de *bon à beau*, etc., pour les cotons de la plus grande consommation; à chacune de ces dénominations correspond nécessairement un prix différent; ainsi, par exemple, lorsque le coton louisiané des très-bas à bas vaut de 95 centimes à 1 fr. 06 c. par 0^k,500, le très-ordinaire à ordinaire vaut 1 fr. 10 c. à 1 fr. 14 c., le bon ordinaire à petit courant 1 fr. 19 c. à 1 fr. 22 c.; le courant à bon courant 1 fr. 25 c. à 1 fr. 27 c., le bon à beau 1 fr. 30 c. La même origine offre donc des produits qui varient, dans leurs limites extrêmes, de 95 centimes à 1 fr. 30 c. et, par conséquent, de 35 centimes par kilogramme, ou 35 francs par 100 kilogrammes.

Quant au coton géorgie longue soie, dont il a été question et dont les prix moyens sont donnés plus loin, il donne lieu également à un très-grand choix; on fait jusqu'à neuf catégories, classées de A jusqu'à F, et chacune de ces catégories peut être à son tour subdivisée en *fin*, *très-fin*, *extrafin*, *extra-superfin* et *nonpareil*. Ce dernier, qui constitue le plus beau choix des plus belles qualités, est très-rare et n'a pas de prix régulier; on en a vendu parfois jusqu'à 26 francs le kilogramme, même dans les temps normaux.

Les prix sont nécessairement en raison des qualités, d'autant plus élevés que les fibres réunissent plus de longueur, de finesse de ténacité, de flexibilité, de pureté et de régularité dans la masse. Les fibres les plus longues et les plus fines réunissent en général les autres caractères naturels les plus recherchés. La constatation des dimensions peut servir comme première appréciation et démonstration des grandes différences qu'elles présentent, mais sont loin de donner des indications suffisantes sur les valeurs relatives.

§ 4. — Insuffisance de la classification botanique et commerciale pour déterminer les qualités des fibres.

La détermination des caractères naturels et des origines du cotonnier, quelque exacte et complète qu'elle soit pour le botaniste, est loin de suffire au technologue et à l'industriel, attendu qu'elle ne donne qu'imparfaitement les rapports entre

la plante et les caractères de son duvet. Celui-ci peut varier
de qualité non-seulement avec les espèces, mais pour les espèces identiques, suivant les contrées, les localités, l'état du
végétal et les fibres de la même cosse. Une même semence,
par exemple, peut donner le cotonnier herbacé, ou arbre variant de hauteur de $0^m,70$ jusqu'à 7 mètres, suivant les climats
où il est cultivé. A Malte, à Naples, en Sicile, dans l'Italie, en
Corse et dans le midi de la France, elle ne produira que l'espèce herbacée, et encore ne mûrira-t-elle pas partout, à cause
des abaissements fréquents de température pendant la saison
de sa maturité. De là l'insuccès des tentatives de la culture du
cotonnier dans nos départements méridionaux. Dans les contrées chaudes et surtout équatoriales, la plante mûrit toujours
et atteint les plus grandes hauteurs. L'exposition des terrains,
dans des climats à peu près semblables, influe aussi bien
sur les produits du cotonnier que sur ceux de la vigne. C'est
à ces expositions diverses des pays cotonniers des Etats-Unis
que l'on en attribue les nombreuses variétés. Il est presque
inutile de noter les influences de la culture, tant elles sont
connues. A ces diverses causes naturelles et agricoles il faut
ajouter les soins de la récolte et de l'épuration; il peut être
plus ou moins propre et plus ou moins conservé, suivant qu'il
aura été épluché, épuré, emballé et transporté dans des conditions convenables ou imparfaites. Les cotons des contrées
qui commencent à se livrer à ce commerce ont souvent perdu
une partie de leur valeur, par suite de la détérioration des
fibres à l'égrenage et à l'épluchage. La conservation doit donc
être prise en considération dans l'estimation de la matière
première.

Ce n'est pas sans motif que l'on indique également pour
chaque espèce la couleur de la graine et son état d'adhérence
au duvet, la facilité de la récolte dépendant en partie de ces
caractères.

En effet, le fruit sec à sa maturité s'ouvre spontanément au sommet, dans la direction des arêtes longitudinales; les filaments duveteux, en vertu de leur élasticité, débordent par les ouvertures et offrent prise à la main ou aux machines destinées à les séparer des cosses. Pour les mettre entièrement en liberté, il est nécessaire, en outre, de les détacher des graines. Or c'est là une opération délicate lorsque l'adhérence est intime, la séparation devant se faire aussi économiquement que possible, et surtout sans détériorer les fibres duveteuses, dont la ténacité doit être ménagée avec soin. Les caractères précédemment énoncés démontrent la graine verte comme plus adhérente et particulière aux plus beaux cotons, tandis que que la graine noire, appartenant aux cotons les plus ordinaires, se détache presque spontanément. Nous verrons bientôt l'influence de ces caractères sur la production et le prix de certaines variétés. Cette circonstance, jointe à la rareté des qualités fines, telle que le géorgie longue soie, explique les causes de l'élévation du prix et de la difficulté de la récolte dans les contrées où la main-d'œuvre n'est pas abondante. Les machines n'ont encore pu se substituer d'une manière générale à la main pour égrener et éplucher les fibres longues, si faciles à détériorer à cause de leur finesse, de leur longueur et de l'adhérence de leurs graines. La description des diverses égreneuses en usage fera d'ailleurs comprendre où en est la question, sous le rapport de l'outillage.

CHAPITRE III.

DE L'INFLUENCE DE LA FLORAISON. — ÉGRENAGE DU COTON.

§ 1. — Floraison.

Pour comprendre l'importance de l'intervention des machines au moment de la récolte, il est nécessaire de se faire une idée nette des conditions à remplir pour l'obtenir propre et sans trop grande dépense. Nous savons qu'à la fleur succède un fruit rond ou ovoïde plus ou moins gros, suivant l'espèce. Cette silique, à sa maturité, s'ouvre en trois ou quatre quartiers et laisse paraître un flocon duveteux qui renferme la graine. La propriété élastique et expansive de ce duvet agit avec d'autant plus d'efficacité sur les parois de la gousse, qu'elles sont plus desséchées, c'est-à-dire plus mûres, plus privées du suc ou de la séve, que les filaments se sont appropriée. Il résulterait de ces deux effets contraires, du dépérissement de l'enveloppe et de la formation du contenu une séparation spontanée et complète, si on ne la prévenait en détachant soigneusement la petite masse de fibres de la gousse [1]. L'époque de cette maturité et de la récolte varie nécessairement avec les contrées ; elle a lieu plus tôt dans l'Inde et en Egypte qu'aux Etats-Unis : la floraison dans ce dernier pays dure de la seconde quinzaine de mai à la fin de juin. La date moyenne est le 5 juin, d'après trente-trois années d'observa-

[1] Nous n'entrons ici dans le domaine de la botanique que sur un point qui peut avoir une grande utilité pour les approvisionnements à faire.

tions. L'on a remarqué également, pendant ce laps de temps, que les récoltes sont d'autant plus abondantes que la floraison est plus précoce ; que, toutes choses égales d'ailleurs, celles de mai, ont été suivies d'excellents résultats. Or, comme les cours commerciaux varient en raison de l'abondance de la production et des besoins de la consommation, on peut prévoir le résultat de la première, en se tenant au courant de l'état de la plante dès le printemps. Il est bien entendu que cet élément ne doit être considéré que comme l'une des influences de la récolte, celle-ci variant par d'autres causes, telles que l'état hygrométrique de l'atmosphère. Une saison trop pluvieuse développe la feuille aux dépens du fruit ; trop sèche, au contraire, la végétation souffre jusqu'à la destruction. Après la maturité même, la pluie a quelquefois l'inconvénient de faire refermer la silique, de jaunir ou d'altérer le coton. Quelquefois aussi la récolte est attaquée, décimée par une nuée d'insectes et de chenilles d'espèce particulière, tellement avides de cette plante qu'elles exercent parfois des ravages considérables en une nuit.

La cueillette a lieu, aux Etats-Unis et dans certaines autres contrées, du 1er octobre au 30 novembre, suivant la plus ou moins grande précocité de la saison. En Egypte la première a lieu de la fin d'août au commencent de septembre. Des femmes et des jeunes filles détachent les houppes du coton, les séparent aussi complétement que possible de la gousse et les serrent dans des sacs en toile qu'elles portent suspendus aux épaules. Dans cet état, le coton contient la graine plus ou moins adhérente, suivant sa nature. Il est indispensable de l'enlever pour ne pas transporter un poids inutile, susceptible de fermenter sous l'action du tassement et de tacher, plus encore d'être détérioré et rongé par les rats et les souris, très-friands de cette semence.

§ 2. — Egrenage. — Roller-gin.

L'opération indispensable pour séparer la graine des filaments, a été pratiquée d'abord à la main, besogne très-lente, un homme pouvant à peine épurer 500 à 600 grammes par jour ; aussi lui a-t-on bientôt substitué l'action des machines. Les plus simples consistent dans des espèces de cylindres cannelés en bois. Elles sont usitées surtout dans l'Inde, la Chine et l'Egypte. On en place parfois plusieurs sur la même ligne ; ayant un arbre commun et offrant de l'analogie dans leur disposition avec des laminoirs de forges. Chaque paire de cylindres égrène en moyenne de 20 à 30 kilogrammes par jour.

Cette machine, nommée *roller-gin*, est si élémentaire qu'il suffit de donner une coupe verticale des organes pour en saisir le jeu (pl. I, fig. 1). *a, b* sont les supports à pression de deux cylindres en bois d'un diamètre d'environ $0^m,2$ et $0^m,12$ de longueur entre les tourillons ; ils se meuvent en sens opposé, comme l'indiquent les flèches, au moyen de roues dentées. Le cylindre inférieur est commandé et le supérieur entraîné dans le mouvement par une pression exercée sur le bras courbe articulé en *t*, réglée par le serrage au degré voulu au moyen de la vis *d*. Le coton à épurer est placé sur la table *c*, ces filaments secs sont attirés entre les cylindres et laissent la graine en deçà. La brosse *e*, placée sous le cylindre inférieur, a pour but d'en détacher complétement les fibres qui pourraient adhérer à la surface. Après l'égrenage aux cylindres le coton est soumis parfois au travail de l'arçonnage pour le nettoyer.

On a depuis longtemps cherché des moyens plus complets, plus expéditifs et plus économiques. La première machine qui ait obtenu un succès durable, puisqu'elle est encore généralement en usage pour le coton à fibres courtes, est celle imaginée en 1793 par l'Américain Elie Whitney.

§ 3. — Saw-gin.

Description du *saw-gin*, d'après l'extrait de la patente originale du 14 mars 1794, publié par le *Patent-Office* des *Etats-
Unis* (pl. I, fig. 2, 3, 4). Cette machine se compose : 1° d'un
cylindre F en bois, avec un axe en fer d'une longueur qui peut
varier de $0^m,70$ à $1^m,60$, et d'un diamètre de $0^m,15$ à $0^m,20$;
sur ce cylindre sont enfilés des disques à dents ou scies circulaires juxtaposées, de manière à former une espèce de hérisson ; l'espacement entre les dents est réglé de façon à être
moindre que celui de la moitié du volume d'une graine de
coton ; les dents, en fer, ont une même inclinaison, à partir du
point tangentiel du rayon, d'environ 55 à 60 degrés ;

2° D'une espèce de grille courbe placée à la partie supérieure
et antérieure du cylindre à scies F; les barreaux de cette partie
à jour sont réglés de façon à permettre le passage des filaments
et à retenir la graine ;

3° D'un cylindre H muni de brosses *c*, de même longueur et
placé dans le même plan que le cylindre F, destiné à nettoyer
celui-ci et à lui enlever toutes les fibres. La figure 4 donne la
disposition en plan, sur une plus grande échelle, du cylindre à
scies et de la brosse circulaire, la figure 3 indique la forme des
dents des scies.

5° Enfin, d'une trémie Q. Le coton à égrener y est placé.
La machine est mue par un moteur quelconque imprimant
le mouvement à une poulie placée sur l'axe du cylindre F;
l'autre extrémité de cet arbre reçoit une seconde poulie qui,
avec une courroie, commande le cylindre-brosse, lequel reçoit
également une poulie à l'une des extrémités de son axe D
(fig. 4). Les gousses, placées en Q, cèdent leurs filaments aux
scies S, qui les détachent de la graine tombant le long du plan
incliné M; d'un autre côté, les parties détachées par les

brosses *cc* se rendent sur la pente O et sont reçues dans un casier P.

La quantité de travail de cette machine varie avec la vitesse des organes et, toutes choses égales d'ailleurs, avec la facilité de l'égrenage. En moyenne, une machine semblable, munie de soixante lames de scies circulaires, marchant avec une vitesse de 250 révolutions à la minute, produit de 700 à 1,000 kilogrammes de fibres égrenées. Quant à la force motrice, un manége conduit par trois mulets suffit en général. Deux personnes sont nécessaires à l'alimentation et aux soins.

Il n'y a qu'une voix sur l'immense service rendu au commerce américain et à l'industrie du monde par l'invention d'Elias Whitney. Un auteur, Robert Baire, déplore que cet ingénieux inventeur, bienfaiteur de son pays, n'ait pu recueillir les fruits de ce progrès. « Il a été obligé, dit-il, de dépenser, pour soutenir ses droits, les 50,000 dollars qui lui ont été donnés par les Etats de la Virginie et de la Caroline pour sa découverte. C'est à dater de cette mémorable découverte, ajoute l'auteur précité, que les cotons des Etats-Unis sont venus remplacer sur le marché anglais ceux de l'Inde et du Levant, qui l'approvisionnaient exclusivement jusqu'alors. » Depuis l'invention du saw-gin de Whitney, bien des brevets ont été pris dans le même but ; nous en connaissons au moins cinquante demandés et publiés en Amérique seulement, et cependant la machine de 1793, sauf de bien légères modifications de détails, est restée généralement en possession, aux Etats-Unis de l'égrenage des courtes soies qui forment la masse des cotons de ce pays. La machine n'est avantageusement applicable qu'aux fibres d'une certaine longueur ; celles des cotons jumel d'Egypte, les belles qualités de nos colonies d'Afrique, et surtout le géorgie longue soie, ne peuvent y être passés sans inconvénient. Des recherches, des essais ont été faits, ont encore lieu pour remplacer avantageusement la main

ou les cylindres cannelés, et travailler les cotons de cette catégorie avec les avantages que les cotons courte soie retirent du
saw-gin.

La figure 5, planche I, donne une disposition dont le but
était l'égrenage par une action progressive; les filaments arrivaient aux cylindres égreneurs après avoir subi une désagrégation par l'action du tambour ventilateur à palettes T, par
l'entremise de la roue dentée, qui les recevait par une trémie
ou toute autre alimentation placée en B. Le canal N, les amenait
aux organes égreneurs GG. Cet appareil, ne paraît pas avoir
été beaucoup employé, mais il a suggéré l'idée de certaines
combinaisons nouvelles. C'est ainsi que l'une des plus récentes
machines à égrener, exécutée par la maison Platt, renferme
également une disposition pour désagréger les fibres avant de
finir l'égrenage; cette seconde partie, celle de l'égrenage proprement dit, rappelle le principe de la machine Mac-Carthy,
inventée il y a une vingtaine d'années. L'appareil en question,
établi par la maison anglaise, se compose donc de deux parties :
l'une, déjà ancienne dans son principe, et l'autre nouvelle.
Toutes deux remarquables par les soins apportés à leur construction.

§ 4. — Égreneuse Platt.

La figure 6 est une coupe verticale représentant le système de
la machine : *a* est le bâti de la toile sans fin qui reçoit le coton à
égrener, *c*, *d*, *e*, trois cylindres armés de dents, de façon à constituer un déméloir de rotation, lorsqu'ils sont mis en mouvement
conformément aux directions désignées par les flèches. Ces directions et celles des dents indiquent que la matière, saisie par le
rouleau à aiguilles *c*, est enlevée par le rouleau *d* pour la fournir
au cylindre *e*. Si les vitesses sont convenablement établies, le
premier peigne *e* prendra la substance ; le second l'étirera sen-

siblement, et le troisième s'en garnira pour se la faire enlever à son tour ; à cet effet, la vitesse du cylindre c sera à peu près celle de la toile sans fin, tandis que celle de d et de e sera augmentée dans une certaine proportion. Les fibres arrivent ainsi, déjà ouvertes et désagrégées contre les aiguilles du cylindre e, d'où elles sont enlevées par les espèces de tringles crochues d'une grille ou peigne h, auquel est imprimé un mouvement de va-et-vient par l'action de l'arbre g, qui forme l'axe d'articulation du peigne ou râteau oscillant.

Les dents du peigne qui complètent la division des filaments et amènent aux cylindres égreneurs fonctionnent donc dans une table courbe, terminée par un grillage horizontal s, indiquant le chemin parcouru par les fibres en se rendant des peignes circulaires au laminoir, et le trajet pendant lequel la graine passe à travers les intervalles qui séparent les barreaux de la grille, s.

Des deux rouleaux égreneurs placés à la suite de la table S ; le plus petit est en fer cannelé et le plus grand en bois. Le grand cylindre m est couvert de cuir ; il a pour but de détacher les fibres du cannelé, de même que le déboureur n les enlève du rouleau en bois. Enfin une espèce de règle p, débarrasse le cylindre m des fibres adhérentes ; un levier double articulé en q, porte celle-ci et une autre placée à l'entrée du rouleau m afin d'empêcher le coton de passer au-dessus du rouleau en fer.

Les diverses parties qui viennent d'être décrites ont leur point d'appui sur le bâti en fonte a, et sont commandées, de proche en proche, par des poulies et des roues d'engrenage indiquées en lignes ponctuées du n° 1 au n° 10.

Un appareil semblable peut égrener une quantité de fibres variable avec la largeur de la machine, la vitesse des organes, l'espèce de filaments à traiter, et selon qu'elle est mue à la main ou automatiquement. Les constructeurs assurent une production de 500 kilogrammes de coton nettoyés par

semaine avec une machine de $0^m,60$ de largeur, qu'ils vendent
500 francs, prise dans leur ateliers [1].

§ 5. — Machine à égrener de M. François Durand.

M. François Durand, qui s'est beaucoup occupé de la question de l'égrenage du coton, est arrivé, de modifications en modifications, à une machine très-ingénieuse, réduite à l'expression la plus simple. Elle se caractérise par trois parties principales : 1° l'appareil alimentaire ; 2° l'organe égreneur ; 3° une paire de cylindres étireurs; les autres éléments de la machine, en petit nombre d'ailleurs, sont accessoires des précédents.

La figure 7, planche I, représente une coupe verticale de l'égreneuse formée par ces trois séries d'organes.

Le coton, avec la graine adhérente, est déposé sur la toile sans fin e, dont l'un des rouleaux forme, avec un second cylindre, une paire de lamineurs ; ces deux cylindres de rotation, dont la direction du mouvement est indiquée par des flèches, sont en caoutchouc, et par conséquent compressibles sous l'action des corps durs et de la graine qui passe entre eux avec les fibres ; à la suite de cette première paire se trouvent les deux autres, plus petites, dont le cylindre supérieur est garni de parchemin, et l'inférieur cannelé en hélice. Chacune des paires reçoit un double mouvement, l'un de rotation continue autour de leur axe respectif, et l'autre de translation curviligne, de va-et-vient alternatif dans la direction des tables inclinées, o et o'. Le premier mouvement circulaire continu est imprimé directement aux cylindres par des commandes, et l'autre, de translation, leur est donné par le tambour interrompu k, qui les supporte,

[1] Nous abrégeons les détails sur cette machine, sur celle de Mac-Carthy proprement dite, et sur ce système modifié. Nos lecteurs trouveront tous les renseignements désirables dans un travail intéressant fait par M. Em. Burnat à la société industrielle de Mulhouse.

et est commandé lui-même en conséquence. Une fraction de crémaillère courbe actionne l'arbre. La dernière paire de cylindres, 5 et 6, est mue par un mouvement différentiel. Le cylindre 5 va moins vite que 6, afin de faire subir un certain étirage aux fibres après les avoir débarrassées de la graine et des corps étrangers, ce qui a lieu par l'action des cylindres précédents, qui ne peuvent attirer et laisser passer que des filaments ; pendant qu'ils les appellent par leur rotation continue, ils en secouent la graine dans leur mouvement de translation et la font tomber alternativement sur les tables o et o'. Quant au duvet nettoyé, il est attiré et redressé entre la paire de cylindres 5 et 6, qui l'abandonne dans la direction de la toile sans fin x, établie autour de l'extrémité du cylindre 6 d'une part, et d'un cylindre y rivé au bâti de l'autre. L'organe 6 est garni d'une bande de parchemin épais, d'une longueur égale à la longueur du cylindre ; cette bande, facile à remplacer, est engagée dans une rainure qui enveloppe le cylindre.

Les circonférences tracées dans la figure 7 indiquent les transmissions de mouvement. 1, 2 et 3 sont les engrenages qui commandent les roues 4, 5 et 6, qui transmettent à leur tour le mouvement à la petite paire de cylindres. Voici d'ailleurs les dimensions et les vitesses de régime des organes de la machine.

	Diamètres.	Tours par seconde.
Arbre moteur		270
Cylindre alimentaire	0,028	67
Cylindre égreneur	0,020	1290
Cylindre délivreur supérieur	0,038	1153
Cylindre délivreur inférieur	0,036	786
Rouleau nettoyeur	0,060	»

Cette machine fort simple, composée en apparence au moyen de cylindres égreneurs, comme toutes les machines de ce genre, est remarquable par des modifications qui en font un appareil original d'une efficacité toute particulière.

Le caoutchouc, dont la paire de cylindres est formée, les rend compressibles et permet le passage de la graine sans endommager ces cylindres. Les modes d'exécution et de garniture des organes égreneurs présentent à leur tour des avantages spéciaux : l'enveloppe en parchemin du rouleau presseur a pour but de donner une pression élastique, moins molle cependant que le cuir, plus efficace et moins dure que le métal, par suite, moins sujette à couper les fibres. Les cannelures obliques aux génératrices des cylindres inférieurs déterminent le dégagement plus assuré des filaments. L'ensemble de ces modifications, plus sérieuses qu'apparentes, fait de la machine de M. Durand une égreneuse susceptible d'un rendement convenable, d'après les expériences faites au Conservatoire des arts et métiers. L'on a opéré sur des cotons géorgie longue soie et sur des cotons courte soie. La machine, marchant à sa vitesse de régime, a rendu $2^k,50$ de coton longue soie d'Algérie écrené par heure, et représentant 10 kilogrammes de coton brut, et près de 4 kilogrammes nettoyé, dans le même temps, en coton courte soie. Le travail consommé a été un peu moins d'un demi-cheval. La machine peut d'ailleurs fonctionner à bras. M. Durand a fait des petits appareils susceptibles d'être manœuvrés par une femme et dont le prix ne dépasse pas 60 francs.

Nous n'insistons pas davantage sur la commande de la machine; un coup d'œil sur la figure suffit pour se rendre compte de la distribution des transmissions, qui n'a d'ailleurs rien d'absolu [1].

M. Fleishmann, ancien consul des Etats-Unis, met également la main à une machine d'une simplicité rustique et

---

[1] Nous ne nous étendons pas plus sur la description de cette machine que sur les précédentes, attendu qu'elle a été décrite en détail dans un rapport de M. Combes, lu dans la séance du 13 janvier 1864 de la Société d'encouragement et inséré au Bulletin de cette société.

d'une grande efficacité si nous en jugeons par les premiers résultats.

CHAPITRE IV.

UTILISATION DE LA GRAINE DU COTONNIER.

La différence entre le poids du coton avant et après l'égrenage peut varier sensiblement; elle est en moyenne, pour le coton ordinaire, comme 4 est à 1, c'est-à-dire que 4 kilogrammes de coton brut contenant sa graine donnent, après la séparation, environ 3 kilogrammes de graine, de déchet, et 1 kilogramme de coton mouliné. Pour les fibres très-fines du géorgie longue soie, le rapport entre le coton en graine et égrené s'élève parfois de 1 à 10. Si cette graine pouvait acquérir une valeur sensible, elle réagirait nécessairement sur celle du coton. Or elle reste sans importance, son emploi le plus avantageux consistant dans sa transformation en engrais. Il est reconnu depuis longtemps, cependant, que cette semence, traitée comme les graines oléagineuses, donne une huile excellente d'après les uns, offrant, au contraire, une odeur désagréable, d'après les autres. Les écrits talmudiques la mentionnent comme servant à l'alimentation des lampes du sabbat. Savary dit, dans son *Dictionnaire du commerce*, que l'on tire de la feuille et de la fleur du cotonnier, cuites ensemble sous la braise, une huile rousse visqueuse propre à la guérison des ulcères; la graine fournit pareillement une huile qui enlève les taches de rousseur et sert, dit-on, à embellir; on lui attribue aussi quelques vertus contre les poisons et le flux de sang. Le P. Labat, dans son *Voyage en Amérique en* 1696, publié en 1722, dit : « La graine du coton contient une substance blanche, oléagineuse, qui n'a ni mauvais goût ni mauvaise odeur; d'autres gens que des Français habitués au climat indolent des îles ne négligeraient pas cet avantage. »

M. de Lasteyrie, dans un travail publié en 1808, déjà cité, s'exprime ainsi : « La graine du cotonnier a des propriétés qui la rendent utile dans un ménage ; comme elle est composée de vésicules remplies d'une substance huileuse, on la soumet à la presse, et l'on obtient une huile qu'on destine particulièrement à l'éclairage. Il paraît qu'elle a l'inconvénient de donner une mauvaise odeur. Tumberg dit qu'on s'en sert au Japon pour la cuisine. On rapporte que les habitants d'Amboine et du Brésil la mangent après l'avoir réduite en une espèce de bouillie; elle est recherchée par les bestiaux, tels que les bœufs, les chevaux et les moutons, et même par la volaille.

« Elle a en Espagne une autre destination. On a remarqué qu'elle formait un engrais excellent; aussi l'achète-t-on assez chèrement pour en composer des fumiers; sa propriété fécondante doit être d'autant plus active que l'huile qu'elle contient a une grande analogie avec les huiles volatiles, ce qui peut expliquer la combustion spontanée des tas de graines de coton que l'on jette auprès des habitations dans les îles de l'Amérique[1]. »

Lorsqu'on emploie la graine comme nourriture des bestiaux, il est important qu'elle soit entièrement débarrassée de filaments, sans quoi il en pourrait résulter, dans les intestins des animaux, un dépôt filamenteux sous forme de boule feutrée, qui compromettrait leur existence.

Le mouvement industriel de notre temps n'a pu rester indifférent à cette intéressante question de l'utilisation de la semence du cotonnier. « A la dernière exposition de New-York il y avait,

---

[1] *Du cotonnier et de sa culture.* Paris, 1808.

dit le commissaire du gouvernement, des échantillons remarquables d'huile. Dans une note publiée au *Moniteur* de l'époque,
il ajoute des détails sur la quantité et le prix de l'huile que
peut fournir la graine. Il estime le rendement de la graine
d'une balle de coton de 182 kilogrammes à 2 hectolitres d'huile,
valant en moyenne 75 francs l'hectolitre. Il démontre enfin
que les États-Unis, ne tirant pas profit de ce déchet, se pri-
vent d'une ressource de plus de 3 *milliards!* Mais ce que
l'auteur a oublié de chiffrer, ce sont les frais pour réaliser ce
produit. Dans l'état actuel la graine n'est payée dans les hui-
leries que 18 francs les 100 kilogrammes, ce qui représente
128 à 130 francs pour celle d'une balle, et pour les 3 millions
de balles récoltées aux États-Unis un peu moins de 400 millions de francs.

L'insuccès de divers essais faits à plusieurs reprises à Marseille, en Angleterre, en Égypte, aux États-Unis, devait faire
supposer des frais de fabrication trop élevés, ou une qualité
d'huile laissant à désirer pour l'éclairage ou la saponification.
Ce qui porterait à croire que les conditions économiques du
traitement de la graine par la manière ordinaire n'étaient pas
avantageuses, ce sont les tentatives faites pour la décomposer
par la distillation, afin d'en extraire non-seulement l'huile,
mais d'autres produits, tels que des hydrocarbures, du bitume,
de la graisse, de la paraffine, etc. Le parti remarquable tiré
de ces sortes de corps peut donner un intérêt tout nouveau à ce
sujet; mais ce traitement par la distillation a-t-il à son tour
rencontré des obstacles sérieux dans l'exploitation, dont il
n'est plus question? Quoi qu'il en soit, l'utilisation de la semence du cotonnier nous paraît digne d'être mentionnée, à
cause de l'influence qu'elle pourrait avoir sur le prix du
coton, si elle était résolue pratiquement sur une grande échelle.
La solution de ce problème a d'ailleurs un intérêt spécial pour
notre colonisation d'Afrique, la culture y étant plus chère que

dans les pays à esclaves; cette huile nouvelle n'y aurait d'ailleurs pas à lutter avec le bas prix de l'huile de ricin, récoltée sur une grande échelle aux Etats-Unis. L'opportunité de ces recherches est dominée en ce moment par la crise des Etats-Unis et la rareté du coton. Avant d'utiliser la graine il faut se procurer le duvet; aussi ces questions semblent-elles avoir fait place à celles qui concernent les moyens de parer aux conséquences désastreuses de la disette du coton. Au nombre des remèdes plusieurs fois annoncés avec confiance et parfois avec enthousiasme, il faut mentionner en première ligne les procédés pour transformer certains végétaux de divers climats en une cellulose susceptible, dit-on, d'être travaillée comme le coton, et employée aux mêmes usages. Ces matières, amenées à l'état de filaments purs plus ou moins textiles, sont en général désignées sous le nom générique de *succédanés* du coton. Plusieurs fois consulté sur leur valeur, nous pensons utile de résumer les considérations que nos observations et recherches nous ont suggérées à ce sujet; lorsque nous aurons mis sous les yeux de nos lecteurs les caractères des cotons, la statistique de la consommation et de la production dans les diverses contrées, on se fera une idée plus exacte de l'importance de la question et des conditions que doivent remplir les matières offertes en concurrence du coton.

Les chapitres qui suivent, indiquant les caractères intimes du duvet du cotonnier, les variétés nombreuses auxquelles il donne lieu, la comparaison de ces caractères à ceux des autres substances textiles, les emplois spéciaux et les destinations des diverses espèces de cotons, et traitant des points les plus importants à connaître, fixeront en même temps la valeur des différences constitutives des divers matériaux organiques.

CHAPITRE V.

CARACTÈRES COMPARÉS DES FIBRES DES DIVERSES ESPÈCES DE COTON.

Pour les filaments de même nature, et par conséquent pour ceux du coton, indépendamment de son origine et de ses provenances, les caractères à considérer sont : la *longueur*, la *finesse*, la *flexibilité* ou l'*élasticité*, la *ténacité*, l'*intégrité*, la *nuance*, la *pureté* et l'*homogénéité de la masse*.

C'est à peine si, d'après ce qui a été dit précédemment, il devient nécessaire de justifier l'intervention et la prise en considération de chacun de ces éléments dans la constatation des qualités des cotons. La longueur, la finesse, la flexibilité, la ténacité et l'intégrité se justifient d'elles-mêmes : plus les filaments sont longs, moins il en faut, toutes choses égales d'ailleurs, pour arriver au résultat ; plus ils sont fins, plus leur nombre et la solidité augmenteront par unité de section, la ténacité du résultat dépendant de la somme de ténacité et d'élasticité des fibres qui le constituent, si elles n'ont pas été altérées et si elles n'ont rien perdu de leur intégrité à l'égrenage et à l'épluchage, etc. Or il suffit de comparer les groupes n°ˢ 1, 2 et 3 de la planche II, représentant au même grossissement (de 125) trois espèces de coton, pour saisir les différences sensibles de finesse. La figure 1 représente des filaments du plus beau coton géorgie longue soie que nous ayons pu nous procurer ; la figure 2 donne du coton louisiane, et le troisième groupe est la reproduction du coton de l'Inde.

L'homogénéité de la masse et surtout la flexibilité des filaments se fait également remarquer à divers degrés dans ces trois groupes. La flexibilité du premier est tellement prononcée, que les filaments se tordent spontanément et se présentent, comme on le voit pour les fibres *a* et *b*, ou s'accolent parallèlement dans l'opération de l'égrenage : les fibres *c* en offrent un exemple. Celles du deuxième groupe sont encore remarquables par leur flexibilité accusée, par les spires et la direction tourmentée. On ne peut cependant plus retrouver ces mariages et liaisons des duvets élémentaires qui caractérisent les qualités extras. Les écarts de finesse des filaments du groupe sont également plus sensibles que dans le précédent. Ces remarques sont encore plus applicables aux duvets du coton de l'Inde, groupé sous le numéro 3, qui offre sensiblement moins de finesse, d'homogénéité et de flexibilité, et par conséquent d'élasticité, que les deux échantillons précédents.

Afin de faire immédiatement ressortir *l'influence de ces deux derniers caractères*, la flexibilité et l'homogénéité de la masse sur les transformations, nous donnons dans le groupe quatre des fibres duveteuses de l'asclépias, si belles en apparence et si brillantes qu'elles sont souvent désignées sous le nom de *cotonsoie*. Malgré les expériences réitérées par les praticiens les plus habiles, il a été impossible de les transformer aux machines. Or un coup d'œil suffit pour constater l'absence de flexibilité de ces fibres. Au lieu de se contourner, de se plier dans tous les sens, elles se ploient en angles vifs, sous les actions qui d'ordinaire font vriller le coton. Ces changements de direction suivant les angles *a a*, reliant les parties droites, sont d'autant plus remarquables que les filaments sont plus gros. Quant aux écarts des dimensions entre les duvets élémentaires, il suffit de comparer entre autres ceux *f f'*, et *f"* pour constater leur importance.

Ainsi donc l'on peut dès à présent établir deux grandes catégories de filaments textiles dans les duvets végétaux, celle des fibres flexibles et élastiques et celles qui ne le sont pas, quoique leur constitution naturelle paraisse la même. En effet, l'une et l'autre sont formées par des tubes d'une finesse plus ou moins remarquable, ne différant entre elles que par la propriété élastique dont le rôle important a été trop négligé jusqu'ici.

Pour nous assurer tout d'abord de la constitution tubulaire de ces substances, nous en avons fait faire des sections qui, grossies à la même échelle et reproduites par la photographie, ne laissent aucun doute sur ce point. La figure 5, planche II, donne celles du coton; les lettres *a*, *b*, *c*, *d*, *e*, *f*, *g*, *h*, *i*, en *k* acusent très-nettément le canal intérieur.

L'irrégularité des contours de ces sections s'explique naturellement par les contournements et les étranglements de la fibre à son état ordinaire, et surtout par la compression que l'on est obligé de lui faire subir pour la couper transversalement. La coupe du coton-soie, offre le même caractère sous ce rapport et donne une nouvelle preuve que sa résistance aux transformations n'est due qu'à son peu d'élasticité. Afin de bien nous assurer du degré de précision du moyen employé pour déterminer ces sections sur des corps aussi délicats et si difficiles à manier, nous avons dû nécessairement opérer sur des fibres de diverse nature et comparer les résultats. Nous avons obtenu de la même façon des coupes du *china grass* (fig. 7); ces sections transversales des fibres, représentées longitudinalement (fig. 8), n'offrent aucune apparence de vide intérieur. Les filaments remarquablement droits sont des faisceaux agglutinés, comme ceux du lin provenant des tiges d'une espèce d'urticée de la Chine et de l'Inde. Les sections si nettes des fibres animales, sur lesquelles nous revenons plus loin ne peuvent d'ailleurs nous laisser aucun doute sur l'exactitude des résultats que nous avons obtenus, grâce au concours des artistes micrographes et photographes les plus distingués, et entre autres de MM. Lackerbauer et Natchet.

L'apparence et le toucher sont également des indices auxiliaires pour déterminer la qualité et la valeur des substances. Les filaments les plus précieux sont d'un blanc mat beurré, doué d'un certain reflet, ou plutôt de la nuance de la crème pure. Le ton des cotons ordinaires a beaucoup plus d'analogie avec le blanc de la farine ou de la neige. On ne peut mieux définir le toucher des beaux cotons qu'en le comparant au cachemire épuré le plus fin ; leurs fibres sont si condensables, si compressibles, qu'elles semblent feutrées, quoiqu'elles ne jouissent pas de la propriété feutrante. Enfin un point très-important à constater dans chaque variété, c'est l'homogénéité de la masse, c'est-à-dire la proportion des filaments de même finesse. Mieux vaut une masse composée de fibres d'une finesse moyenne, régulières, que de fibres plus fines et plus variables. Il faut donc, dans des observations précises, tenir compte de ces divers caractères pour se faire une idée à peu près exacte de la valeur relative des nombreux cotons du commerce. C'est sous l'impression de ces considérations que nous nous sommes livrés aux recherches dont nous donnons les résultats dans le tableau suivant sur les différents caractères du coton. Ils y sont inscrits sous les noms les plus habituels dans les transactions commerciales. L'homogénéité de la masse facilitant les transformations d'une manière sensible et ayant une grande influence sur la limite des résultats possibles, nous avons eu soin de bien préciser cet état, tant par les dimensions certaines des fibres d'une même espèce que par des notes placées en regard dans la colonne des observations.

Dimensions des fibres de diverses espèces de coton.

NUMÉROS D'ORDRE	DÉSIGNATION DES COTONS.	LONGUEURS des fibres en millimètres.	GROSSEURS extrêmes en centièmes de millimètres.	OBSERVATIONS.
1	Géorgie longue soie, extra..	35 à 40	1/75 à 1/150	Remarquablement tourmentée ou contournée, d'une finesse uniforme, et d'une homogénéité sensible dans sa masse.
2	Géorgie longue soie, n° 1...	20 à 40	1/75 à 1/140	Idem.
3	Echantillon de 1859.........	25 à 35	1/60 à 1/140	Cet échantillon, d'une moins grande longueur de fibres, est très-remarquable par l'homogénéité de la masse, qui se composait, au moins pour les 4/5, de filaments d'une finesse uniforme de 1/100.
4	Echantillon de la récolte de 1854, en Algérie.........	34 à 40	1/45 à 1/60	Moins fin que les précédents, paraissait sensiblement détérioré, ses fibres étaient plus ou moins striées et éraillées.
5	Echantillon de la récolte de 1855, en Algérie.........	25 à 30	1/55 à 1/75	Moins long et mieux traité, sans trace sensible de détérioration, grande flexibilité.
6	Echantillon de la récolte de 1856, en Algérie.........	39 à 40	1/60 à 1/100	Idem.
7	Echantillon de la récolte de 1857, en Algérie.........	27 à 33	1/75 à 1/100	Assez flexibles, d'une homogénéité sensible, et cependant peu résistantes.
8	Echantillon de la récolte de 1860, en Algérie.........	36 à 40	1/75 à 1/100	Idem.
9	Cultivé dans l'Inde.........	30 à 35	1/50 à 1/60	Très-régulier de flexibilité.
10	Jumel d'Algérie...........	20 à 35	1/40 à 1/100	Idem.
11	Nankin d'Algérie..........	18 à 25	1/30 à 1/80	Homogénéité et flexibilité remarquables.
12	Jumel de la récolte de 1855..	40 à 45	1/50 à 1/60	Idem.
13	Jumel de la récolte de 1862..	28 à 32	1/50 à 1/60	Idem.
14	Porto-Rico...............	35 à 40	1/45 à 1/100	Faible flexibilité et mal soigné, la présence de bulles d'air démontre l'existence de ruptures.
15	Pérou...................	22 à 30	1/50 à 1/75	Médiocrement élastique.
16	Cayenne longue soie........	30 à 34	1/40 à 1/100	Médiocrement homogène.
17	Cayenne courte soie........	20 à 24	1/30 à 1/100	Hétérogène de masse, mais tenace et très-flexible.
18	Bahia...................	28 à 32	1/50 à 1/60	Sensiblement homogène.
19	Haïti...................	23 à 25	1/37 à 1/75	Flexibilité variable, mais bien propre et bien égrené.
20	Castellamare longue soie...	26 à 30	1/50 à 1/75	Fibres propres, mais flexibilité médiocre.
21	Castellamare longue soie....	24 à 28	1/50 à 1/60	Idem.
22	Surinam longue soie.......	27 à 30	1/60 à 1/75	Assez homogène et flexible.
23	Louisiane longue soie......	21 à 26	1/45 à 1/60	Très-flexible, d'une homogénéité telle que les différences de grosseur font exception dans la masse.
24	Virginie.................	20 à 25	1/35 à 1/60	Moins homogène que le précédent.

NUMÉROS D'ORDRE	DÉSIGNATION DES COTONS.	LONGUEURS des fibres en millimètres.	GROSSEURS moyennes en centièmes de millimètres.	OBSERVATIONS.
25	Virginie ordinaire.........	18 à 25	1/30 à 1/40	D'une flexibilité moyenne, mais d'une homogénéité remarquable.
26	Grèce...................	21 à 25	1/38 à 1/60	Assez propre, mais peu flexible
27	Salonique longue soie.....:.	20 à 24	1/50 à 1/60	D'une flexibilité très-variable, il y a beaucoup de brins presque droits.
28	Malte..................	16 à 21	1/37 à 1/50	Eraillé, peu flexible et mélangé à de la feuille adhérente.
29	Caucase.................	15 à 23	1/38 à 1/90	Aussi variable de flexibilité que de finesse et de longueur, assez bien égrené, mais mal nettoyé.
30	Barcelone..............	1/28	1/37 à 1/50	Hétérogène de dimensions et variable de flexibilité.
31	Chine..................	21 à 25	1/37 à 1/40	D'une faible flexibilité, renferme un nombre sensible de fibres droites et de filaments éraillés, mais d'une homogénéité de masse assez sensible.
32	Japon.................	11 à 19	1/40 à 1/60	Mal préparé et d'une flexibilité très-variable.
33	Duvet de l'asclépias inemployable, figure 4, pl. I...	30 à 35	1/50	Homogénéité parfaite, netteté de la surface, finesse et brillant, mais sans aucune flexibilité.
34	Dhollera...............	27, 35 et 50	1/30 à 1/100	Très-remarquable par ses diverses dimensions et des longueurs plus grandes que celles d'aucune autre espèce, sans excepter le géorgie longue soie, très-peu homogène et d'une flexibilité très-variable.
35	Madras longue soie........	21 à 26	1/60 à 1/90	Flexibilité médiocre.
36	Madras long. soie, Cocanadah	21 à 24	1/45 à 1/60	Couleur nankin, il est très-mal épuré.
37	Bengale................	16 à 25	1/40 à 1/50	Assez homogène, mais peu flexible.
38	Bengalo et Calcutta........	16 à 19	1/37 à 1/65	Moins homogène.
39	Tinevelly..............	16 à 22	1/37 à 1/70	Contenant beaucoup de fibres éraillées et brisées, mais très-propre.
40	Surate...............	18 à 21	1/35 à 1/60	Peu flexible et médiocrement épuré.
41	Harwar Sawgined........	18 à 25	1/45 à 1/75	Propre mais peu élastique
42	Broach.................	20 à 21	1/50 à 1/60	Assez homogène, mal soigné et peu flexible.
43	Scinde...............	16 à 18	1/40 à 1/75	Irrégulier, assez propre, mais souvent éraillé.
44	Oomrawuttee, Hinghaut....	18 à 22	1/50 à 1/75	Très-bonne apparence et assez propre.
45	Oomrawuttee............	17 à 22	1/35 à 1/75	Plus irrégulier et moins bien soigné, contenant beaucoup de feuilles.
46	Comptah................	18 à 20	1/33 à 1/70	Très-sale et irrégulier.
47	Western et northern madras.	18 à 23	1/33 à 1/75	Mal épuré et parfois déchiré.
48	Kurachée..............	18 à 21	1/45 à 1/50	Cet échantillon renfermait des finesses extrêmes.

Remarques générales sur les caractères consignés dans le précédent tableau.

Les échantillons sur lesquels nous avons opéré, avec leurs désignations, viennent des sources les plus respectables, et entre autres de la collection du Conservatoire des arts et métiers, de MM. Dollfus Mieg et Ce, et de M. Reinhart, commissionnaire en coton au Havre. Nous devons des remercîments à ces honorables maisons pour leur empressement à mettre tous leurs échantillons à notre disposition. Il suffit de jeter un coup d'œil sur ce tableau (résultat d'un nombre considérable d'observations, chacune d'elles ayant été vérifiée à plusieurs reprises), pour reconnaître les différences sensibles qu'offrent surtout les cotons des Indes. Personne n'avait signalé encore, à notre connaissance, les particularités de certains d'entre eux, telles par exemple qu'une proportion de filaments de longueurs extraordinaires du *dhollerah*, dont on pourra sans doute obtenir un excellent résultat par un triage spécial.

Les nuances ne sont qu'exceptionnellement indiquées en regard de chaque spécimen; la grande analogie de plusieurs d'entre elles nous a empêché de les différencier. Il nous a semblé préférable de grouper les espèces par fibres semblables et de les désigner par groupes en parlant de leur destination au chapitre qui traite de cet objet. Disons, en attendant, d'une manière générale, que tous les cotons de belle qualité, formés de fibres fines, longues, flexibles et homogènes, ont la nuance de la crème pure dont nous avons déjà parlé. Certaines espèces ont celle, plus caractérisée du nankin, dont elles portent le nom. Les beaux cotons, parmi les sortes ordinaires, des Etats-Unis, sont d'un blanc de farine ou de neige d'un ton mat. Les cotons communs de l'Inde sont, au contraire, d'un blanc gris, c'est-à-dire masqué par les impuretés qu'ils contiennent. L'inspection de ces diverses espèces sera plus efficace que l'indication de nuances parfois difficiles à préciser par la description.

Nos observations du tableau ayant d'abord les cotons de l'Inde en vue, nous avons voulu rechercher les causes des difficultés que présentent leurs transformations. Il suffit de remarquer les chiffres qui les concernent et la figure 3 de la planche II pour s'en rendre compte en partie. Il résulte en effet de la représentation du dessin photographié d'un certain nombre de filaments pris plusieurs fois au hasard dans une grande masse, qu'il s'y rencontre des variations énormes, quoique peu apparentes à l'œil nu. Ces variations forment l'exception dans les beaux et bons cotons, dans ceux de l'Inde elle est la règle; dans les quelques filaments placés sous le microscope, nous avons mesuré les différences suivantes : 1/19, 1/30, 1/33, 1/60, 1/75, et même 1/150 de millimètre. Il y avait presque autant de finesses différentes que de brins, tandis que dans les beaux cotons il faut chercher avec soin pour trouver des brins dont la dimension dépasse la moyenne; pour le beau géorgie, cette moyenne est comprise entre 1/75 à 1/85; pour le jumel, entre 1/40 à 1/50; pour le nankin d'Algérie, 1/50 à 1/60; le louisiane, très-remarquable par son homogénéité, de 1/40 à 1/50 de millimètre.

Les variations de longueur ne suivent pas toujours celles des finesses ; dans les cotons de l'Inde et du Japon se rencontrent les filaments les plus courts; l'on en trouve aussi de presque toutes les dimensions, de 10 à 18 et quelquefois 20 millimètres. A ces inconvénients du coton indien il faut ajouter la roideur, le peu de flexibilité et d'élasticité; le toucher sert à constater ce défaut, mais nous y sommes arrivés plus sûrement par l'examen de la forme plus ou moins réelle.

Les différences énormes de prix du coton font pressentir les résultats divers auxquels les transformations peuvent l'amener, et l'importance de la détermination de caractères et qualités et de leur appropriation spéciale. Ces connaissances sont d'autant plus utiles, qu'il semble *tout d'abord*, à cause des applications relativement variées et étendues dont un même coton est susceptible, qu'elles sont en quelque sorte illimitées, et que la finesse, les propriétés des fils sont indépendantes de celles de la matière première. L'échelle des produits pour chaque sorte de coton semble moins limitée qu'elle ne l'est de fait, précisément parce qu'elle est plus étendue pour certaines de ces sortes que pour la plupart des autres fibres textiles. Aucune d'elles, en effet, ne peut produire une aussi grande variété de finesses que le coton ordinaire, le louisiane des Etats-Unis, par exemple. Mais disons de suite qu'une limite de numéro et de qualités ne peut être dépassée : pour aller au delà, il faut nécessairement avoir recours à un coton plus parfait encore, et d'ailleurs peu dans le commerce présentent l'ensemble des propriétés de cette sorte. Aujourd'hui surtout, les marchés offrent des variétés innombrables dont aucune ne peut lui être comparée sous le rapport des avantages. Il est donc très-important d'être fixé sur le rôle de la forme normale de la fibre élémentaire sur les valeurs relatives des diverses variétés auxquelles elle concourt. Malheureusement c'est la partie des connaissances la moins avancée dans l'industrie cotonnière, parce que c'est, selon nous, la plus difficile et la plus ingrate, qu'elle exige beaucoup de recherches, des observations innombrables, pour arriver à des résultats utiles, mais peu *retentissants*. La conscience de l'utilité de ces recherches doit néanmoins militer en leur faveur. On serait trop heureux si ceux qui les reproduiront voulaient bien ne pas oublier qu'elles ont coûté un temps précieux et beaucoup de labeur à leur auteur.

Pour arriver à déterminer le plus sûrement possible l'appropriation des diverses variétés de fibres des cotons et les causes techniques du développement extraordinaire de l'industrie cotonnière, il est nécessaire d'ajouter aux résultats consignés dans le tableau précédent le complément des caractères intimes d'une fibre considérée isolément. Son état naturel, constaté avec précision, nous permettra de déterminer la facilité plus ou moins grande qu'elle présente à la transformation, l'influence de sa constitution interne sur la variété et les avantages de ses produits, et les modifications qu'ils peuvent subir par l'action des agents naturels et les corps chimiques.

La détermination de la forme du duvet, de son influence sur le travail et ses résultats nous a paru mériter un examen et un chapitre spéciaux, formant le complément et le résumé du précédent.

CHAPITRE VI.

DU RÔLE DE LA FORME NORMALE ET DES CARACTÈRES SPÉCIAUX DES FIBRES ÉLÉMENTAIRES DU COTON.

Pour tirer les conséquences techniques de la constitution intime des duvets du cotonnier, rappelons les observations suivantes :

Examinées isolément au microcope avec un grossissement de 120, par exemple, les fibres élémentaires du coton affectent plus ou moins la forme représentée figure 5, planche II. Chacune d'elles, à son état normal, est un organe bien défini, un tube cylindrique fermé de toutes parts, plus ou moins aplati, très-flexible, doué d'une certaine transparence, surtout sur la partie médiane du brin, si on l'examine dans l'eau ou dans un autre liquide limpide et transparent. Sa surface, débarrassée des corps étrangers, devient nette, lisse, plus ou moins brillante, sensiblement souple et douce au toucher; on remarque parfois sur quelques parties des points sphériques, semblables aux bulles d'air d'un tube contenant du liquide.

La figure 9 de la planche II représente l'un des filaments, et les bulles en *a;* elles ne se manifestent généralement que dans des filaments déchirés au moins à l'une des extrémités; nous sommes parvenus à les produire en agissant sur des fibres arrachées à cet effet, ou percées de petits trous et traitées d'une certaine façon pour faciliter la pénétration de l'air. L'on remarque parfois aussi des stries insolites, des espèces de fentes sur la longueur du brin, que nous supposons être des éraillements produits à l'égrenage.

La longueur des fibres varie, d'après le tableau précédent, de 10 à 50 millimètres, et la grosseur de 1/30 à 1/150 de millimètre. Ces dimensions sont bien en deçà et au delà de ce qui est généralement admis pour cette matière, puisqu'on n'a parlé jusqu'ici que des longueurs de 20 à 30 et des grosseurs de 50 à 60.

Nous avons eu soin de répéter nos observations un grand nombre de fois, pour nous assurer de leur exactitude. Nous avons voulu également nous assurer immédiatement si le volume (longueur et finesse) d'une fibre suffisait à la rendre propre aux transformations en fil ; nous avons en conséquence examiné et comparé d'abord les filaments qui, comme le coton, se composent de duvet, ceux de l'asclépias (fig. 4), de l'arundo (fig. 10, pl. II), qui ne peuvent se filer, malgré leur longueur et leur finesse presque constantes. Cette longueur, cette finesse correspondent cependant à celles des cotons les plus estimés, la première étant comprise entre 15 et 50 millimètres, et la seconde entre 1/30 et 1/150 de millimètre; mais leur forme, constamment rectiligne, sans aucune trace de vrillement, annonce l'absence de toute flexibilité et l'impossibilité de céder à une action de compression, de désagrégation ou d'étirage : elles se briseraient plutôt. Certaines fibres provenant des feuilles ou des tiges de la plante, comme celles du lin (fig. 12), du jute (fig. 13), sont privées en partie de cette précieuse propriété de vriller; mais alors elles sont toujours moins élastiques que le duvet du cotonnier; des sutures ou entre-nœuds les consolident et permettent de leur faire subir les actions mécaniques de la filature : l'apparence particulière au coton qui vient d'être signalée est donc l'indice le plus certain de l'une des propriétés les plus précieuses des matières textiles, celle de l'élasticité.

Elle est d'autant plus importante à prendre en considération, qu'elle est plus ou moins sensible, en raison des qualités des filaments. Pour la déterminer, il suffit d'un peu de soin et d'habitude, et l'on pourra alors, en présence de deux fibres de même dimension, offrant une différence de vrillage, affirmer *à priori* que la plus *tourmentée* sera la meilleure. Chacun des autres caractères du coton contribue à son tour d'une façon avantageuse au résultat final. Le brin élémentaire indivisible, d'une ténuité extrême et d'une régularité relative, dispense des opérations de divisions mécaniques auxquelles les divers autres corps végétaux sont soumis pour en obtenir des filasses *plus ou moins fines*, et d'une constance de forme problématique dans leurs fibres élémentaires. De là, homogénéité relative et facilité à régulariser la masse à l'avantage du coton. Sa ténacité, son élasticité, sa compressibilité et la faible conductibilité de certains de ses produits à surface duveteuse, s'expliquent par la constitution tubulaire et la double paroi close de chaque brin. Sa ténuité, sa flexibilité extrême, jointes à la présence du canal médullaire, le rendent particulièrement condensable et permettent d'en loger une quantité innombrable dans un volume très-réduit, soit sous. forme de surface lisse, ou à poil, à volonté.

Le poli et la netteté de la surface de ces fibres élémentaires leur donnent cette propriété particulière de glissement, et par conséquent d'échelonnement, si précieuse aux transformations. C'est cette faculté très-prononcée des fibrilles de glisser indéfiniment les unes sur les autres, sans subir d'altération, qui permet d'étendre les limites de finesse des fils d'un même coton, en raison de la perfection et des modifications des machines ; c'est-à-dire que l'on peut, avec des filaments identiques et de même provenance, obtenir des produits qui varient de numéros du simple au double au moins ; il suffit à cet effet d'agencer les machines en conséquence. Aucune substance textile ne jouit de cette faculté au même degré et ne peut se mélanger, se lier aux autres avec la même facilité. Les longueurs moyennes des fibres indiquées précédemment constituent à leur tour une condition favorable au travail automatique ; moins longues, elles échapperaient à l'action des machines, témoin certains cotons des Indes et surtout le fromager ; plus longues, au contraire, elles nécessiteraient des moyens préparatoires compliqués, analogues à ceux du chanvre, du lin, de la laine longue, etc. Enfin un certain degré de porosité et de transparence rend compte de la propriété absorbante, de l'éclat du duvet du cotonnier et de son affinité pour les matières tinctoriales. Aussi, dès que ces caractères des fibres sont altérés, comme dans le coton mort, par une espèce d'incrustation siliceuse totale ou partielle du tube élémentaire ou par des altérations accidentelles, ces propriétés remarquables disparaissent. Les filaments viciés doivent, par conséquent, être rejetés, pour éviter les défectuosités graves que leur présence occasionne.

Si aux caractères qui influent avantageusement sur la transformation de la matière, sur la variété et les qualités des tissus, l'on ajoute que, malgré la quasi-insuffisance de sa production dans le monde, elle est encore, de toutes les substances textiles, la moins coûteuse, eu égard surtout à son faible déchet relatif, les causes essentielles du bas prix de ses produits s'expliqueront spontanément. Une dépense de 18 à 20 centimes de matière première, déchet compris, suffit, en temps ordinaire, pour faire 1 mètre carré de bon calicot, livré à la consommation au prix de 40 à 50 centimes. Les 22 à 30 centimes, différence entre le coton et le produit, doivent couvrir les frais de fabrication de toute espèce, et laisser un bénéfice : ceci indique assez les prodiges économiques imposés aux machines. Quant à la précision de leur fonctionnement, il ressort de la perfection avec laquelle elles fournissent les produits les plus délicats, des fils du n° 300 et souvent d'une finesse plus élevée. Le problème résolu consiste donc dans la transformation de 500 grammes de filaments de coton de 3 1/2 à 4 centimètres de longueur élémentaire et juxtaposés, de façon à former une longueur de 300 kilomètres ou 75 lieues de fils parfaits, c'est-à-dire un *cylindre flexible, élastique, d'une ténuité extrême, d'une homogénéité parfaite, d'une section constante sur toute sa longueur, d'une ténacité maxima, par rapport aux qualités de la substance constituante, et parfois invariable sur tous les points de la longueur.*

Pour arriver à ce résultat dans l'état actuel de l'industrie, il suffit de livrer la substance en masse à la première machine d'un assortiment de filature, pour que la dernière, le métier à filer, la rende dans les conditions déterminées *à priori*, sans que la main y touche autrement que pour l'alimentation et les réparations accidentelles et exceptionnelles, qui sont d'autant moins sensibles que l'outillage est mieux exécuté et mieux réglé, toutes choses égales d'ailleurs. L'importance de l'appropriation de la matière première, de l'agencement, de la combinaison des machines, d'un assortiment et surtout de leur réglage, est évidente, lorsqu'on songe que l'on peut, avec les mêmes métiers, obtenir de 500 grammes de filaments des longueurs de fil de 1 à 600 kilomètres[1], d'une valeur de moins de 2 francs à plus de 60 francs le kilogramme, et des tissus doués des aspects les plus divers, mousselines diaphanes et velours, par exemple, dont les poids par mètre carré peuvent varier de 5 à 1,000 grammes et plus. Il n'est pas un climat, une saison, une situation de fortune, un besoin dans l'art vestimentaire auquel les caractères intimes, les apparences, les qualités et les prix de la vaste échelle des produits du coton ne puissent satisfaire.

C'est surtout dans l'ensemble de ses moyens et de ses résultats que réside la puissance de l'industrie cotonnière; on citait bien déjà chez les anciens certains tours de force, imités encore en Orient, par lesquels on fabrique des étoffes si légères qu'on les comparait à du vent tissé. Mais ce produit exceptionnel exigeait alors des doigts de fées et des yeux de lynx, pour me servir du langage du temps. Aujourd'hui ce sont, au contraire, deux agents naturels, parfois les plus brutaux, le feu et l'eau, qui sont chargés de ces travaux aussi délicats que précis.

Pour que les transformations automatiques se généralisent et s'appliquent indistinctement à toute espèce de matières avec le même succès, il est important de bien étudier tous les caractères des fibres qui influent sur les résultats, et les moyens de les ménager pendant les transformations. C'est dans ce but que nous nous sommes livrés aux recherches dont traite la partie suivante.

---

[1] Il y avait des fils du n° 600 métriques à l'exposition à Londres en 1862.

CHAPITRE VII.

DE LA DÉTERMINATION DES QUALITÉS NATURELLES
DES FIBRES ÉLÉMENTAIRES
PAR CELLE DES PROPRIÉTÉS DE LEURS PRODUITS.

§ 1.

Caractères élémentaires à déterminer.

La ténacité, l'extensibilité et l'élasticité plus ou moins prononcées des filaments textiles complétement épurés, conséquences de leurs caractères essentiels, doivent être intégralement transmises aux produits qui en résultent; celles du fil doivent, par conséquent, représenter la somme de celles des fibres qui le composent. Ces résultats sont atteints : 1° si les fibres ont été au préalable complétement débarrassées de toute substance étrangère à laquelle elles sont intimement ou accidentellement mélangées; 2° si elles ont été assemblées progressivement avec les ménagements voulus pour n'être ni détériorées, ni fatiguées; 3° enfin, si la limite du développement de chacune d'elles est atteinte sans qu'elles aient été soumises à un excès de force, et si la direction générale des fibres est tellement uniforme dans le faisceau ou la masse, qu'elles se comportent et résistent comme les parties intégrantes d'un corps parfaitement homogène. Il est du plus grand intérêt, on le sait, de conserver la ténacité et l'élasticité, ces deux propriétés fondamentales dont la réunion est indispensable pour obtenir un résultat avantageux. Une fibre d'une résistance donnée et dénuée de la propriété de ressort, serait bien moins propre à la confection des fils et des étoffes qu'une autre d'une résistance moindre et d'une élasticité sensible. Cette dernière propriété, quoique moins généralement appréciée que la première, est donc tout aussi utile.

Dans les nombreuses fibres nouvelles offertes comme substitut du coton, ce sont surtout l'élasticité et l'homogénéité de la masse qui font défaut et neutralisent le développement de leur emploi, comme nous le faisons remarquer plus loin.

Il serait donc désirable de pouvoir à l'avance déterminer en chiffres la ténacité et l'élasticité des filaments d'une matière première donnée, en tenant compte de leur volume, c'est-à-dire de leurs longueurs et grosseurs. Il est certain, *à priori*, que pour un même poids et un même volume donnés de diverses substances filamenteuses, c'est celui qui renfermera le plus de fibres, c'est-à-dire dont les filaments seront les plus fins et dont le degré de ténacité et d'élasticité sera le plus élevé qui offrira le plus de facilité au travail et donnera les produits les plus parfaits. S'il en était autrement, ce serait une preuve que la matière a été mal ouvrée. Malheureusement la détermination mathématique *à priori* des caractères et des qualités des fibres textiles est délicate et si lente *qu'on ne peut y avoir recours que dans des circonstances exceptionnelles*, lorsqu'il s'agit, par exemple, de se rendre compte des qualités d'un petit échantillon de matière dont l'industrie n'use pas encore, ou d'une destination nouvelle pour une matière déjà employée. Dans la plupart des autres cas de pratique courante, les appréciations préliminaires ne sont pas assez précises pour guider aussi sûrement que le toucher et la vue d'un praticien expérimenté. Est-ce à dire qu'il faille pour cela renoncer d'une manière absolue au concours des instruments de précision pour déterminer les qualités relatives des fibres et la méthode de travail la plus avantageuse pour en obtenir les produits les plus parfaits? Nous ne l'avons pas pensé. Nous croyons, au contraire, que l'on ne tire pas encore, en faveur des industries textiles, tout le parti possible des essais de précision auxquels les matériaux qui y concourent peuvent être soumis. Si les constatations des propriétés des fibres élémentaires du coton, des brins de la laine, etc., sont loin d'être toujours régulières et concluantes, celles de leurs fils, au contraire, sont faciles à établir et pourront servir de guides dans une infinité de cas, dont nous signalerons quelques-uns pour rendre notre raisonnement plus clair.

Il arrive assez fréquemment que des fils de même finesse, d'une même catégorie et d'une même destination sont plus estimés et vendus plus chers, suivant qu'ils viennent de telle ou telle maison, qu'ils portent telle ou telle marque. Plusieurs motifs donnent lieu à cette préférence, que nous supposons méritée. La supériorité peut provenir de la qualité de la matière première ou de la plus ou moins grande perfection du travail. Il faut, pour déterminer les causes, établir d'abord le siége du résultat et sa valeur d'une manière incontestable. A cet effet, il est bon : 1° de déterminer avec précision les titres ou numéros des fils, c'est-à-dire leurs longueurs pour un même poids, afin de s'assurer que l'on agit bien sur des types identiques de titre ; 2° le degré d'extensibilité et d'élasticité que présente le fil avant de rompre ; 3° le poids ou la charge de rupture ; 4° l'angle de torsion du fil ou le nombre de tours de tors par unité de longueur ; 5° si la torsion est uniformément répartie sur une longueur donnée; 6° enfin, autant que possible, le nombre de filaments qui composent les fils comparés.

Si, à titre égal, il y a une supériorité de l'un ou de l'autre caractère, constatée par une moyenne obtenue sur au moins vingt-cinq essais consécutifs, il faut rechercher s'il n'y a pas une différence dans la torsion des types, si elle est en plus ou en moins dans le meilleur échantillon. Si la différence ne résulte pas de cette cause ni d'irrégularité ou de boutons qui pourraient se trouver dans le type le moins parfait, on doit la rechercher dans la qualité de la matière, dont les fibres, à longueur égale, peuvent être plus fines et par conséquent relativement plus fortes dans l'un que dans l'autre type. Il faut alors compter le nombre et mesurer la grosseur des brins élémentaires avec le concours des instruments grossissants, et chercher même dans ce cas à déterminer directement la ténacité et l'élasticité des fibres isolées dont le fil se compose.

Si, au lieu de rechercher le caractère et les qualités d'un fil du commerce et leurs causes, il s'agit de déterminer le meilleur mode de filage pour obtenir le résultat le plus parfait pour un certain nombre de substances différentes, il faut alors au préalable déterminer, dans chaque cas particulier, le nombre de révolutions à imprimer par unité de longueur, ou, en d'autres termes, fixer l'angle de torsion le plus convenable à donner à chaque espèce de fil pour lui conserver toute l'élasticité et la ténacité que comporte la substance dont il est composé. On arrivera ainsi à une série de types ou de points de départ, embrassant le nombre des matières premières différentes et celui des diverses espèces de fils pour chacune des substances. En supposant ces types établis, ils indiqueront la quantité de torsion à donner, par unité de longueur, à un fil d'un numéro déterminé pour chaîne, demi-chaîne ou trame ; il y aura par conséquent au moins trois angles de torsion primitifs à déterminer pour une même variété de filaments. Cette unité varie nécessairement avec la qualité de la matière ; elle n'est pas la même, toutes choses égales d'ailleurs, pour le coton homogène des États-Unis que pour le duvet hétérogène de l'Inde ; ce dernier nécessite une action plus énergique, un plus grand nombre de tours de torsion par unité que le premier. Une fois les points de départ trouvés, on connaîtra le nombre de tours à donner à un numéro quelconque, en appliquant la loi ou la règle admise dans ce cas dans les ateliers, et qui varient un peu avec les pays. En France, on donne généralement une torsion plus forte, toutes choses égales d'ailleurs, qu'en Angleterre. La loi de l'application du tors, en raison des racines carrées du numéro ou finesse, est un peu modifiée par les filateurs anglais, comme nous l'indiquons plus loin.

Quoi qu'il en soit, le point important dans chaque cas est de vérifier les modifications de ténacité, d'élasticité et de qualité résultant des variations de torsion imprimées à un même fil dans des conditions identiques, et de choisir le type ou angle de torsion le plus avantageux pour chaque cas.

§ 2. — Expérimentateur des fils.

Pour atteindre avec toute la précision voulue à ces déterminations des torsions les plus convenables, aussi bien que pour spécifier les qualités physiques d'un fil quelconque, nous avons imaginé un appareil à essayer les fils, auquel nous avons donné le nom d'*expérimentateur phroso-dynamique*, à cause de ses fonctions multiples, que ne remplit aucun appareil de ce genre. Il peut, des fibres étant données, les tordre sur des longueurs variables, et enregistrer l'élasticité et la ténacité correspondantes à chaque angle de torsion, ou bien encore déterminer la ténacité et l'élasticité des fils de différentes natures et de finesses différentes. L'instrument opère sur des longueurs variables de $0^m,01$ à 1 mètre et plus si l'on veut; son principe est applicable aux fibres élémentaires les plus délicates aussi bien qu'aux cordes, cordages, rubans, tresses, etc.; il peut servir aux préparations non tordues aussi bien qu'aux fils les plus tors, enregistre les résultats avec une précision absolue. Il suffit de le faire étaloner et exécuter avec une solidité en rapport des fatigues et des expériences auxquelles on le destine.

La description suivante de l'appareil représenté planche III, figures 1, 2 et 3, va d'ailleurs compléter cet exposé et fera comprendre la facilité de la manœuvre et les services que l'appareil peut rendre.

La figure 1 est une élévation de profil, la figure 2 une coupe verticale dans le sens de la longueur, et la figure 3 le plan de l'instrument. — I. Appareil dynamométrique proprement dit, avec son cadran, son aiguille et sa pince d'attache agissant sur un poids dont l'action, pour de petites forces, nous paraît préférable à celle d'un ressort avec tendeur. Les crochets, tordeurs ou détordeurs à volonté, $r\,p$, sont destinés à recevoir les extrémités du fil ; les transmissions de mouvement entre cet axe et les aiguilles établies sur un cadran vertical R ont pour but d'enregistrer le nombre de tours opérés par l'axe. Chacune des deux parties de l'instrument, dynamomètre et compteur peut être fixe ou mobile, à volonté. L'appareil dynamométrique, monté sur des galets $g\,g$, avancera ou reculera suivant que la vis v sera desserrée ; on le maintiendra en place par le serrage. Le mouvement ou le repos est obtenu d'une manière analogue dans le chariot du compteur de torsion, en serrant ou en desserrant la vis de l'écrou z, et au moyen de l'action sur la manivelle M, qui, par l'entremise d'un pignon, agira sur la crémaillère o fixée au chariot du compteur R ; celui-ci avancera par conséquent.

On peut aussi approcher les deux pinces ou crochets d'attache jusqu'au contact, ou les éloigner d'une quantité quelconque, de 1 mètre par exemple, sur une échelle soigneusement divisée, où la lecture est facilitée par les tiges ou indicateurs $i\,i$. L'échelle est pliante pour rendre l'instrument moins encombrant. Quoique les expériences puissent avoir lieu sur des longueurs de 1 mètre, l'appareil peut néanmoins être placé dans une boîte de $0^m,50$ de longueur.

Points d'attache. — Les points d'attache $r\,r$ sont disposés de façon à ce que la traction ait toujours lieu sur l'axe du fil ; celui-ci est d'abord passé dans une pince ou fente p, puis dans le crochet recourbé r, ou bien encore l'une des deux mâchoires de la pince p est à articulation, susceptible d'être serrée par une petite vis lorsque le fil y est entré. Cette dernière disposition rend la fixation du fil plus facile et plus sûre.

Correspondance entre le poids et l'aiguille du dynamomètre. — Une tige horizontale (fig. 2) porte à l'une des extrémités le crochet ou la pince r, et le poids p à l'autre. Cette tige avance lorsqu'on agit sur le crochet et donne une certaine inclinaison au poids, par suite de son assemblage à articulation avec la tige. Un petit taquet placé sur la tige avance avec celle-ci lorsqu'elle est sollicitée, et agit sur l'extrémité en équerre b de la crémaillère, qui engrène avec le pignon placé sur l'axe du pivot vertical portant l'aiguille indicatrice L du cadran dynamométrique. Il résulte de cette disposition que le taquet n'agit sur l'aiguille que pendant la durée de l'action sur le fil ; si son adhérence et son action cessent à la rupture du fil, l'immobilité de l'aiguille en est la conséquence. Elle n'enregistre donc absolument que la résultante de l'action à laquelle le fil a été soumis, le mouvement de l'aiguille n'étant possible que sous l'influence de la traction. L'observateur n'a donc pas à s'en préoccuper pour saisir au vol la division sur laquelle elle s'arrête lors de la rupture, comme cela a lieu dans la plupart des dynamomètres, où l'action de la force vive se continue sur l'aiguille après la rupture du fil. Afin d'amortir l'effet de la réaction de la tige et de son poids, à leur retour rapide après la rupture, ils agissent sur une crémaillère courbe m assemblée au contre-poids p, dont les dents engrènent avec un petit pignon placé sur l'axe d'un volant V auquel l'action rétrograde du système imprime un mouvement plus ou moins accéléré, sans qu'il y ait de choc ni de danger pour la conservation des pièces qui constituent la précision de l'appareil.

Compteur d'ouvraison. — Nous conservons ce nom plus spécialement en usage dans l'industrie de la soie ; il forme une partie de notre appareil suivant la désignation précédente, tandis que dans l'industrie des soies il constitue toujours un instrument isolé, séparé. Nous l'avons simplifié tout en le réunissant à un sérimètre. Pour les expériences des fils de soie, comme pour les autres matières, le compteur d'ouvraison a toujours pour but, un fil tordu étant donné, d'en compter le nombre de tours pour unité de longueur. Nous ajoutons qu'il doit en outre indiquer la limite de torsion la plus convenable à un produit déterminé. A cet effet, nous avons rendu mobile l'un des points d'attache r du fil ; sa rotation donne le mouvement à une paire de petites roues coniques qui commandent l'axe de l'aiguille s du compteur principal ou des unités ; chaque tour entier de celui-ci correspond à une des divisions du petit cadran et est enregistré par la petite aiguille. Nous n'avons pas à nous étendre davantage sur cette disposition, qui est celle de tous les compteurs de ce genre.

Manière de procéder. — Si l'on veut se servir de l'instrument pour constater seulement l'élasticité et la ténacité, on fixe le dynamomètre I de façon à ce que l'indicateur i corresponde au zéro de l'échelle, et on arrête le compteur à une distance réglée sur la longueur du fil à essayer ; on place l'aiguille du cadran du dynamomètre au zéro et on attache le fil conformément aux indications précédentes. Pour compter le nombre de tours de torsion, l'on amène les aiguilles des compteurs à leurs zéros respectifs et l'on imprime à l'axe de rotation un mouvement dans le sens opposé à celui dans lequel le fil a été tordu, et cela jusqu'à ce qu'il y ait une détorsion complète, indiquée par le parallélisme des fibres. Comme la longueur sur laquelle on opère est donnée et les tours enregistrés par l'une ou l'autre aiguille, suivant leur nombre, on aura directement la quantité de tours par unité de longueur.

S'agit-il au contraire d'imprimer une torsion déterminée, on rendra l'un des deux chariots libre pour faciliter le raccourcissement correspondant à la torsion ; on l'arrête lorsque l'aiguille indique le nombre voulu de tours. L'on peut ensuite essayer la ténacité du fil ainsi obtenu en procédant comme il a été dit précédemment.

Ce mode de recherches pour arriver au degré de torsion le plus convenable pour un fil donné est applicable à tous ; pour les produits composés de fibres discontinues de petites longueurs telles que le coton, les laines, la bourre de soie, on opérera sur les mèches avant de les soumettre au métier à filer ; pour les soies, on agira sur les gréges simples ou multiples avant leur moulinage.

Remarquons toutefois que ces essais ont exclusivement pour but de rechercher les moyens les plus parfaits, sous le rapport de la solidité, mais que souvent dans la fabrication des fils il faut donner une torsion plus ou moins élevée, en vue des apparences et indépendamment de la question de ténacité. L'étoffe doit-elle être à surface lisse ? la torsion des fils sera moindre que dans le cas où elle doit offrir du grain. Dans les cotonnades, par exemple, les articles destinés à l'impression sont tissés avec des fils moins tordus que ceux destinés au linge ou aux vêtements d'homme ; mais dans l'industrie des soieries ces distinctions sont très-marquées, parce qu'il y a une grande différence entre les apparences des principaux articles. Les satins, les grenadines et les crêpes se distinguent à première vue. La différence de torsion des fils qui les composent, aussi bien que les modifications dans les armures ou modes

d'entrelacement, concourt à déterminer les caractères si tran-
chés de ces tissus fondamentaux. L'appareil à essayer, quoique
moins nécessaire dans ce cas, servira à compter non moins
rapidement et avec précision la torsion de l'unité de longueur
des fils dont l'analyse mécanique peut intéresser.

§ 3. — De quelques applications spéciales de l'expérimentateur des fils.

L'instrument sert aussi à mettre en évidence l'influence
exercée sur le résultat par une épuration incomplète, par une
action trop prolongée ou trop énergique dans les préparations premières, et par l'irrégularité dans les étirages et les
torsions.

Les conséquences d'une épuration incomplète ne sont pas
toutes les mêmes ; tantôt les fibres conservent une certaine
quantité de poussière impalpable, résidu de corps étrangers,
qui masque la blancheur et la pureté de la matière, et dont
le principal inconvénient est de rendre l'apparence du produit
moins flatteuse ; tantôt ce sont des grosseurs, petits boutons
sensibles à l'œil nu, qui se perpétuent pendant toutes les
transformations. Ces inégalités peuvent provenir de la nature
même de la matière, ou se manifestent à la suite d'opérations
mal faites, avec des outils mal entretenus, ou sur des machines
dont les organes sont mal réglés. Il est bien plus facile à un
habile praticien de remédier à ces dernières causes qu'aux
premières. La gravité de ces défauts n'est que trop facile à
démontrer au moyen de l'appareil. Ils ont surtout pour conséquence d'amoindrir considérablement la propriété élastique,
si précieuse à ménager pour l'opposer aux diverses actions
que le fil doit subir et surtout aux chocs du tissage. En effet,
supposons un fil d'un mètre de longueur, aussi parfaitement

homogène que possible sur toute son étendue. Divisons-le, faisons-en deux fils de 0ᵐ,50 chacun, essayons-les tous deux au dynanomètre de l'appareil, après avoir fait une petite boucle presque imperceptible dans le milieu de la longueur de l'un d'eux. La propriété élastique de ce dernier sera alors amoindrie de moitié ; le premier, exempt d'irrégularité, s'allongera de 0ᵐ,05 avant de rompre, tandis que l'allongement du second avant la rupture sera de 0ᵐ,025 à peine. Ces chiffres correspondent, bien entendu, à un fil déterminé, à une grége de soie du titre 4/5, par exemple, et varieront avec la nature et les qualités du fil et avec la position du bouton ou de la boucle ; c'est-à-dire que l'amoindrissement de l'élasticité *sera en général en raison inverse de sa distance au point d'application de la force*. La présence de ces inégalités nuit aux fils en général; un fil de coton du n° 50, dont l'extension sera de 0ᵐ,03 sur une longueur de 0ᵐ,50, ne s'allongera plus que de 0ᵐ,015 avant la rupture s'il a une grosseur ou un autre défaut analogue sur le milieu de la longueur. Le fait n'est que trop vérifié en pratique par le tissage des fils de coton de l'Inde, si difficiles à débarrasser des boutons, qui amoindrissent tellement l'élasticité des fils, que les temps d'arrêts et chômages occasionnés par les ruptures sont triples au moins de ceux en bons cotons parfaitement épurés.

Les fils provenant de filaments naturellement boutonneux sont d'autant plus défectueux qu'ils ont été fatigués et énervés aux préparations, dans l'espoir, si généralement déçu, de les séparer des irrégularités qui y adhèrent.

Nous n'avons pas besoin d'invoquer les témoignages et les essais de l'appareil pour affirmer qu'une action mécanique trop brusque ou trop prolongée sur les fils aux premières opérations amoindrit nécessairement leur ténacité, l'effet étant bien constaté pour des corps plus résistants que ne le sont les filaments délicats des arts textiles.

Un effet moins connu est celui résultant de l'inégalité, de l'insuffisance ou de l'excès d'étirage. Lorsqu'on soumet à l'appareil un faisceau de fibres dont une partie seulement est convenablement développée à la traction, le faisceau tout entier ne résiste à la rupture que comme s'il n'était composé que des fibres qui ont reçu un développement uniforme et complet; il y aura inégalité de direction dans les brins lorsqu'on les tordra, et de là inégalité de résistance, et par conséquent diminution de ténacité. Il y a donc un intérêt marqué à ce que l'étirage ait lieu sur des filaments de même longueur et de même finesse, afin de pouvoir arriver à une limite maxima et à une résistance uniforme des brins élémentaires. Il ne faut cependant pas que le glissement soit exagéré, afin de ne pas trop presser, trop laminer et fatiguer les fibres les plus courtes, si elles ne sont pas toutes d'une longueur parfaitement égale, ce qui n'arrive presque jamais.

Quant à la torsion, elle peut être imprimée par l'appareil de deux façons différentes : ou en fixant deux points d'attache d'une mèche de préparation ou d'un fil, lors de la rotation imprimée à l'une des extrémités par le crochet tordeur, en laissant libre le chariot du point d'attache opposé, ou en rendant mobile l'un ou les deux crochets. Dans le premier cas, le nombre de spires sur la longueur comprise entre les deux points d'attache est égal au nombre de révolutions imprimées à l'axe de rotation. Si, par exemple, la longueur est 1 mètre et le nombre de tours mille, il y aura dans ce cas dix tours de tors par centimètre ; si la vitesse de rotation reste la même, et que la longueur diminue de moitié, la torsion sera double, c'est-à-dire 20 tours par centimètre, et ainsi de suite. La torsion est par conséquent directement proportionnelle à la vitesse de rotation imprimée au fil, et en raison inverse de la longueur sur laquelle elle est appliquée. Ces résultats seront encore les mêmes si, au lieu d'opérer sur deux points d'attache fixes, l'un des deux ou tous deux sont mobiles et se déplacent par un mouvement de translation *régulier*. Cette dernière condition est indispensable pour obtenir une répartition égale de la torsion ou un nombre uniforme de tours par unité de longueur. Supposons que, pendant la translation du premier centimètre du point d'attache mobile, la vitesse soit double à celle de sa translation dans le parcours du second centimètre de sa course ; le premier recevra un nombre de spires moitié moindre du second, ou, en d'autres termes, l'étendue des spires sera moitié moindre dans le second que dans le premier centimètre, ou enfin la torsion sera double sur la seconde unité. Mais si, à ce moment, le point d'attache mobile s'arrêtant, la rotation du fil continue, la torsion se régularisera de proche en proche, jusqu'à ce que les spires soient équidistantes sur la longueur totale comprise entre les deux points d'attache, et alors le nombre de tours pourra augmenter sur la longueur si la rotation du fil continue jusqu'à ce que les spires se juxtaposent, si la substance est assez résistante pour ne pas rompre auparavant.

Conséquences et règles à déduire des diverses constatations qui précèdent.

1° *Des inégalités de grosseurs persistantes dans les fibres, désignées sous les noms de* nœuds *ou de* boutons, *quelles que soient leur origine ou leurs causes, ont pour conséquence de diminuer sensiblement l'élasticité et occasionnent par conséquent un amoindrissement dans la qualité du fil.*

Le praticien doit s'efforcer d'éviter ces défauts et les moyens d'y remédier varient avec les causes qui les produisent ; ils sont analysés et étudiés dans les considérations générales dont chaque genre de transformation est précédé.

2° *Une action trop prolongée, trop énergique ou trop souvent répétée pour arriver à l'épuration, lors des premières préparations, affaiblit et énerve la substance. Les moyens doivent, par conséquent, être étudiés de manière à ce qu'une combinaison rationnelle et une application sobre atteignent le but.*

3° La quantité de glissements, d'échelonnements ou d'étirages successifs à faire subir aux fibres dans les diverses transformations n'est pas arbitraire. Il y a pour chaque cas et pour chaque substance une limite moyenne à étudier lorsque la pratique ne la connaît pas d'une façon certaine. En deçà de cette limite, le développement d'un certain nombre de fibres de la masse est insuffisant, et lors de leur réunion par la torsion, elles ne sont pas assez intimement unies pour résister également dans le produit. Si au contraire l'on exagère l'action, les fibres les moins longues de la masse subissent une extension anomale, au détriment de la solidité du résultat.

Le préparations diverses doivent donc être pratiquées de manière à ne pas s'écarter des règles ci-dessus. Il faut également éviter d'outrer les quantités d'étirages dans le but d'opérer rapidement et économiquement, et de trop diminuer ces quantités, sous prétexte d'améliorer le travail. Il nous paraît évident que trop de glissement de la part des fibres en diminue l'élasticité et donne ce que l'on nomme dans le commerce un *fil sec ;* les étirages insuffisants du *sous-filage,* au contraire, ont pour conséquence un fil faible et peu résistant.

4° Le but de la torsion est d'opérer la cohésion, espèce de soudure mécanique des filaments, pour les fixer dans la masse et s'opposer à leur désagrégation ; elle n'ajoute rien à la ténacité de la substance et peut au contraire l'amoindrir si elle est poussée trop loin ; c'est-à-dire qu'une fibre élémentaire, ou une grége non tordue, supportera un poids aussi considérable que si elle l'était modérément, et plus considérable que si cette torsion dépassait une certaine limite. Mais si, comme la pratique l'exige, il faut, avec des filaments de 2 centimètres à peine, former des fils d'une longueur indéfinie, il est nécessaire, après les avoir échelonnés régulièrement, de leur imprimer une torsion pour fixer leurs positions relatives. Les quantités de torsion devront être en raison inverse de la longueur des filaments, car plus ils sont courts, plus le nombre de leur juxta-position en longueur sera considérable, et plus il leur faudra imprimer de spires pour les consolider. Il résulte de cette con-sidération, pour les fibres très-courtes (outre les difficultés de l'exécution de l'outillage, dont les organes doivent être disposés en raison de leur longueur) la nécessité de multiplier le nombre de tours, au point de rendre parfois le travail en quelque sorte impossible, à cause de la dépense supplémentaire et du peu de solidité et de netteté du fil qui en résulte. Si, en effet, on lui suppose un diamètre sensible, c'est à peine si une fibre dans ce cas pourra former une spire complète. Ces difficultés, jointes au manque d'entre-nœuds ou sutures, à la faible densité des fibres duveteuses, en général, s'ajoutent aux causes déjà données pour expliquer comment un certain nombre de ces substances végétales sont encore sans emploi industriel, malgré leur appa-rence flatteuse.

5° L'exécution de la torsion, c'est-à-dire la manière de la pratiquer, a une grande influence sur l'homogénéité et la qua-lité du produit. Si elle est appliquée sur une longueur fixe, le nombre de tours par unité sera proportionnel au nombre de ro-tations imprimées au fil, et en raison inverse de la distance comprise entre les deux points d'attache ; si l'un des points d'attache peut cheminer, la régularité de la torsion dépendra du rapport entre le mouvement de l'organe fournisseur de la matière à tordre et l'organe tordeur mobile. Enfin une inéga-galité dans la répartition des spires peut être corrigée par la continuation de la torsion lorsque la livraison de la substance a cessé.

Ces constatations démontrent la nécessité d'apporter la plus grande précision dans les mouvements des organes d'un métier à filer, où le mécanisme tordeur se déplace toujours plus ou moins, suivant le système employé, et l'urgence de veiller sur cette partie des fonctions lorsque le déplacement est relativement considérable et spontané, comme dans le système *mull-jenny self-acting* surtout. La régularité de la torsion n'est possible que si chaque unité de longueur de la mèche fournie reçoit un même nombre de tours de la broche tordeuse. Il y a malheureusement dans la filature des difficultés inhérentes au système même, qui s'opposent à ce qu'il en soit toujours ainsi. Les moyens connus sous les noms de *torsion* et d'*étirage supplémentaires* ont pour but de corriger ces inconvénients. Les indications de l'expérimentateur des fils font comprendre *à priori* les résultats obtenus par ces actions spéciales, sur lesquelles nous revenons d'ailleurs en traitant du filage. Afin de rechercher jusqu'à quel point les propositions précédentes sont vraies, nous nous sommes livrés à des expériences nombreuses pour constater la résistance et l'élasticité des fils, ainsi que les causes qui peuvent avoir de l'influence sur ces propriétés fondamentales des produits.

Nos expériences ont démontré l'influence des mélanges des fibres et des transformations incomplètes ou outrées, et notamment les conséquences des étirages insuffisants ou trop répétés et d'une torsion trop faible ou trop forte. Le tableau suivant, p. 88 et 89, et les développements ci-contre donneront toute l'évidence voulue à ces démonstrations.

Conséquence des résultats du tableau ci-contre.

Les résultats de ce tableau démontrent : 1° par les écarts considérables entre les minima et maxima d'élasticité et de ténacité d'un même fil fractionné en longueur de $0^m,50$, les difficultés de la réalisation pratique du problème de la filature et l'imperfection sensible des meilleurs produits du commerce ;

2° La mauvaise influence des mélanges sur les résultats; cette conséquence peut se déduire de la comparaison entre les données des expériences 4 et 5 de la première colonne sur des fils de chaîne donnant une solidité plus grande au fil le plus fin, tandis que le contraire serait rationnel et aurait lieu si le plus gros numéro n'était un mélange de deux cotons différents. Les expériences notées sous les n°ˢ 2 et 3 de la deuxième colonne, pour un fil n° 37 en coton mélangé et le n° 50 en jumel pur, présentent la même anomalie; le n° 37, dont l'élasticité et la ténacité devraient être sensiblement supérieures à celles du n° 50, est à peu près identique.

3° Le mode de filage ou système de métier employé pour des finesses ordinaires et intermédiaires ne dépassant pas le n° 40 a également une influence marquée. Le métier continu ordinaire donne un fil plus homogène et plus résistant, toutes choses égales d'ailleurs, que le *self-acting*. A partir de ce titre jusqu'au n° 70, le mull-jenny ordinaire et l'automate paraissent avoir une égale supériorité, au point de vue des caractères du produit. Et si nous pouvions conclure des résultats donnés par des fils provenant du *continu* en expérimentation à la filature de M. Leyherr, consignés sous les n°ˢ 3 et 18 de la première colonne, nous dirions que ce nouveau système, décrit plus loin, paraît devoir lutter avantageusement avec le self-acting le plus estimé. Nous avons regretté de ne pouvoir nous procurer des fils plus fins encore de ce métier, que l'on dit tout

Tableau d'expériences sur la

Numéros d'ordre.	Numéros des fils.	Origine des cotons, genre de fil et mode de filage. CHAÎNE.	Numéros d'ordre.	Numéros des fils.	Origine des cotons, genre de fil et mode de filage. DEMI-CHAÎNE.	Numéros d'ordre.	Numéros des fils.	Origine des cotons, genre de fil et mode de filage. TRAME.
1	20	C. O.						
2	26	C. O.						
3	26	C. Leyherr. . . .						
						1	26	Louisiane S. A
4	28	Surate et Louisiane						
5	30	Louisiane C. O. .						
6	30	Jumel S. A. . . .						
7	36	Jumel S. A. . . .						
			1	36	Jumel S. A. . . .			
8	40	Jumel cardé. . . .						
9	36	Jumel.						
10	40	Jumel cardé. . .						
11	42	Jumel cardé. . .				2	37	Louisiane et Inde. .
12	40	Jumel peigné. . .				3	50	Jumel peigné.
13	53	Continu ordinaire.						
14	60	Continu ordinaire.						
15	60	Continu ordinaire.						
16	60	Jumel peigné. . .				4	60	Jumel peigné.
17	63	Continu ordinaire.						
18	60	C. Leyherr. . . .						
			2	80	Jumel peigné. . .			
			3	100	Jumel peigné. . .	5	100	Jumel peigné.
19	104	Géorg. long peigné						
20	120	Géorg. long peigné	4	120	Géorg. long peigné S.			
			5	120	Géorgie et Inde peigné.			
21	130	G. L. S. peigné...						
22	150	G. L. S. peigné.				6	150	Algérie peigné

ténacité et l'élasticité des fils.

ÉLASTICITÉ.			TÉNACITÉ.			OBSERVATIONS.
Minimum	Maximum	Moyenne.	Minimum.	Maximum.	Moyenne en grammes.	Toutes les expériences ont eu lieu 20 fois sur une longueur de 0m,50. Un plus grand nombre d'essais n'aurait pas changé sensiblement les moyennes.
Mètres.	Mètres.	Mètres.	gr.	gr.		
0,04	0,05	0,045	205	300	236,0	C. O. indique le métier continu ordinaire.
0,03	0,04	0,030	140	200	177,5	
0,035	0,045	0,0306	150	200	189,0	
0,020	0,035	0,0280	130	190	156,0	S. A. désigne le métier self-acting.
0,020	0,035	0,0250	120	160	117,0	Ch. M. indique un fil de chaîne mécanique.
0,025	0,038	0,033	92	210	144,0	Tous ces échantillons présentent une cassure assez nette.
0,020	0,045	0,032	75	130	98,7	
0,030	0,040	0,034	100	148	133,3	
0,020	0,035	0,026	40	98	59,6	Le fil se désagrége plutôt qu'il ne casse.
0,020	0,035	0,026	70	112	89,8	
0,025	0,035	0,030	65	115	92,5	
0,025	0,045	0,034	65	134	90,0	
0,020	0,035	0,026	75	100	85,6	
0,020	0,030	0,024	60	90	68,6	Chaîne mécanique.
0,030	0,045	0,0346	80	115	100,0	
0,020	0,030	0,026	49	85	68,5	
0,025	0,035	0,030	65	75	65,0	
0,020	0,030	0,025	30	60	43,5	
0,020	0,030	0,020	20	65	34,0	
0,022	0,030	0,021	52	82	71,0	
0,020	0,030	0,025	44	70	60,0	
0,020	0,035	0,025	46	62	52,0	
0,025	0,035	0,0243	40	85	62,0	
0,015	0,025	0,021	26	40	35,5	
0,020	0,025	0,021	17	40	26,5	
0,020	0,022	0,0245	25	35	32,3	Remarquablement régulier.
0,015	0,025	0,020	35	45	43,0	
0,015	0,018	0,017	30	55	36,0	
0,015	0,025	0,020	31	60	44,0	
0,015	0,025	0,020	10	20	16,0	
0,015	0,025	0,020	35	47	39,0	
0,015	0,024	0,0173	22	40	28,0	
0,015	0,020	0,021	15	20	14,0	

aussi bons. Jusqu'à ce que ce dernier point soit démontré, la supériorité, lorsque les finesses dépassent le n° 80, reste au métier mull-jenny ordinaire.

Pour nous rendre compte des causes de ces divers résultats, il suffit de rappeler ce qui a été dit sur les caractères des cotons, et de déduire les conséquences des propositions du chapitre précédent.

Les inégalités de qualités d'un fil sur les divers points de sa longueur peuvent provenir de plusieurs causes : de l'irrégularité de caractères des fibres, qui se présente même dans les cotons les plus homogènes, des grosseurs naturelles ou des nœuds accidentels et persistants ; des inégalités de tension exercées sur la matière dans les différentes phases des transformations, et surtout au filage. Cette dernière cause se décèle dans les expériences par des variations de solidité, suivant les points de la bobine où le fil est pris. La partie des sommets des cannettes résiste souvent moins bien que celle du corps de l'organe, et les dernières couches que les premières. Ces variations sont bien moins sensibles, cependant pour les fils d'une grande finesse, produits sur le mull-jenny ordinaire que sur le self-acting. Les considérations présentées dans la recherche des types de torsion feront comprendre que la différence d'homogénéité, peut être indépendante du système de métier, et provenir de la proportion invariable de la torsion elle-même, qui reste identique dans tous les systèmes pour une même espèce de fil.

C'est à peine si nous avons à insister sur l'inconvénient des mélanges de coton, tant il se démontre spontanément et comme conséquence immédiate des considérations précédentes. L'industrie en général a recours aux mélanges pour obtenir une qualité moyenne. Elle espère atteindre ce résultat en réunissant des fibres tenaces et nerveuses à des duvets d'égale dimension, mais moins résistants. Or il n'en peut être ainsi, parce que ces deux sortes de filaments, en raison de la différence sensible de leur élasticité, ne devraient pas être transformées dans des conditions identiques. Les plus souples, les plus flexibles et les plus élastiques, s'étirent plus, se travaillent mieux, et nécessitent moins de torsion, toutes choses égales d'ailleurs, que ceux moins bien doués sous ce rapport. Il s'ensuivra de deux choses l'une, l'on réglera les transformations en vue des premiers ou des seconds. Dans le premier cas, la matière inférieure sera énervée et détériorée ; dans le second, les meilleurs filaments, insuffisamment étirés, ne seront pas assez intimement liés dans la masse. L'inconvénient des faisceaux formés de fibres à tension inégale, dont il a déjà été question, se fera sentir; ils commenceront à résister lorsque la partie la plus tendue aura été atteinte. Beaucoup d'effets de ce genre se présentent dans des cas plus appréciables, et entre autres pour les câbles, et surtout ceux en fil de fer, dont on connaît les inconvénients lorsque la tension des brins qui les composent n'est pas uniforme. Ce qui a lieu sur des traits inégaux d'un attelage soumis à une égale traction simultanée peut donner une idée exacte de l'effet produit dans le cas dont nous nous occupons. Les plus tendus résistent seuls alors aux efforts, les plus longs sont pendant quelque temps sans aucun effet, les premiers supportant seuls toute la traction.

Quant aux causes qui influent sur les qualités des produits dans l'emploi des diverses sortes de machines et de métiers, nous ne pourrions les analyser ici sans revenir sur ce qui est dit dans l'étude des machines, où ce sujet a sa place la plus convenable.

Malgré les nombreuses expériences dont le tableau ne donne que des résumés succincts, nous reconnaissons qu'elles doivent être multipliées encore, pour qu'il soit possible de se prononcer d'un manière irrévocable sur tous les points délicats que le sujet comporte.

Des praticiens habiles, comme l'industrie de la filature en

possède tant aujourd'hui, pourront vérifier et poursuivre nos résultats avec des facilités qui nous font défaut. En présence des nombreuses anomalies apparentes qui se présentent dans ces sortes de recherches, au lieu d'écrire pour avoir de nouveaux échantillons et de se renseigner sur tous les points, comme est obligé de le faire l'expérimentateur sans usine, l'industriel pourra s'édifier instantanément; aussi sommes-nous convaincus que des expériences du genre de celles que nous désirons dans l'intérêt du progrès, se multiplieront lorsqu'on se sera familiarisé avec la manœuvre si simple de l'instrument planche III. La valeur pratique de cet appareil nous est démontrée depuis plusieurs années, non-seulement au profit de nos recherches, mais parfois aussi à celui de l'industrie. Nous avons pu, grâce à son emploi, plusieurs fois déjà renseigner des manufacturiers sur la cause de l'infériorité de certains produits, et leur indiquer les moyens d'y remédier.

Le moment est venu où les opérations nombreuses des arts textiles ne peuvent plus être basées sur des moyens empiriques et des à peu près. Or ce n'est que par des expériences multipliées sur les résultats obtenus dans des conditions diverses, que l'on déterminera la valeur de ces conditions, et qu'on formulera des lois générales d'une manière absolue.

CHAPITRE VIII.

CARACTÈRES NATURELS DU COTON COMPARÉS A CEUX DES PRINCIPALES AUTRES FIBRES TEXTILES.

Pour faire ressortir d'une manière complète les caractères spéciaux des fibres du coton, il est nécessaire de les comparer à ceux des autres principaux filaments textiles en usage. Au point de vue de la forme, une différence tranchée et bien connue existe entre les fibres des diverses origines ; il suffit de se reporter à la planche II pour s'en convaincre. Elle donne les fibres longitudinalement, comme on est dans l'usage de les représenter, et pour la première fois des sections transversales de ces fibres, qui nous ont paru indispensables. La figure 1 est une vue longitudinale ; le groupe donne des sections transversales d'une fibre élémentaire du duvet du cotonnier, d'une longueur de $0^m,03$ et d'une grosseur de $1/50$ de millimètre. Les traitements préparatoires sont destinés à rétablir la forme naturelle si elle est altérée, à la redresser si, comme cela a lieu presque toujours, surtout pour les cotons des Etats-Unis, les influences atmosphériques diverses et contraires l'avaient contourné, et enfin, à la débarrasser complétement des corps étrangers apparents ou cachés auxquels elle a pu être accidentellement mélangée. La nature des impuretés apparentes varie, nous l'avons déjà dit, avec les provenances et les soins pris à la récolte ; mais le mélange *latent* reste le même, sinon en quantité, du moins en nature, car il est dû à l'état hygrométrique du duvet épuré ; chacun des filaments qui le compose est en quelque sorte une espèce de capsule ou membrane allongée, dont la finesse et l'homogénéité de contexture déterminent la flexibilité et l'élasticité, tandis que la double paroi fermée, la forme tubulaire rendent compte de la ténacité. La constitution naturelle du chanvre, du lin, de l'arundo et des substances textiles tirées des tiges, des feuilles et même des écorces diffère sensiblement de celle du coton, et fait comprendre l'influence modificatrice des traitements préparatoires sur l'état de la matière, les différences de facilité dans les transformations et dans les caractères des produits qui en résultent. L'expérience physique la plus simple et l'examen microscopique démontrent que ces dernières fibres, considérées comme élémentaires et traitées comme telle par l'industrie, sont des fibrilles agglutinées par une matière gommo-résineuse, désignée sons le nom de *pectine*, qui se ramollit à l'action de l'eau tiède pure, savonneuse ou alcaline, de manière à diviser ce faisceau en de nouvelles fibrilles. Celles-ci, à leur tour, ne sont probablement pas la dernière expression de la divisibilité de cette substance. Ainsi donc, au lieu de cellules végétales pures dont le coton est formé, le lin le plus fin employé industriellement (fig. 12) et le jute (fig. 13) sont des composés vasculaires dont une matière étrangère *soudante* réunit les cellules élémentaires longitudinalement et transversalement ; de là moins de flexibilité et surtout d'homogénéité dans le lin que dans le coton ; de là aussi une plus faible capacité de glissement dans les substances à fibres agglutinées, la possibilité et la nécessité de les désagréger physiquement pendant les transformations, et l'explication de certaines modifications dans le mode d'opérer, entre autres la cause de l'intervention de l'eau chaude à certaine période de travail du lin et des substances de composition analogue. Ces fibres, une fois convenablement préparées et réunies par la torsion, forment des fils plus résistants que ceux du coton, parce qu'étant plus longues, le nombre de juxtapositions artificielles est en raison inverse de ces longueurs élémentaires, l'interposition d'une couche de pectine les assimile en quelque sorte, au moment de leur production et avant les lessivages, à des cordes microscopiques enduites d'une espèce de goudron. Mais ces fils sont moins flexibles, moins élastiques, et par conséquent susceptibles de donner des articles recherchés pour la ténacité, mais impropres à des produits où la propriété élastique de la substance est spécialement mise à profit pour produire des surfaces transparentes ou duveteuses.

Si nous comparons les dépouilles végétales que nous venons d'examiner aux matières cornées animales représentées dans les dix figures, de 17 à 27, planche II, les différences seront plus caractéristiques et les conséquences de leurs résultats plus tranchées encore. Le brin tubulaire de la laine coupée est ouvert à ses deux extrémités ; il est conique avant la première tonte et va en s'amincissant de la racine à l'extrémité de la mèche. Dans les laines mères il est d'autant plus uniforme de la base au sommet que la laine est plus fine. Mais ce qui caractérise surtout les laines en général, c'est l'état original de la surface. On dirait, comme on l'a fait souvent remarquer, une série de dés à coudre emboîtés les uns dans les autres, donnant lieu, dans leur juxtaposition, à un anneau plus ou moins saillant ou bourrelet légèrement évasé de bas en haut, c'est-à-dire de l'épiderme à l'extrémité libre de la mèche. Cette constitution explique la différence de résistance et de netteté observée dans un brin, selon qu'on le touche dans l'une ou dans l'autre de ses deux directions longitudinales. La netteté du brin des laines est toujours plus ou moins masquée à l'état naturel ; le tube est chargé alors de corps étrangers dont la proportion varie considérablement ; elle s'élève, en raison de la finesse de la toison, parfois jusqu'à plus de 80 pour 100 de son poids ; la présence de ce corps, désigné sous le nom de *suint*, donne aux brins élémentaires un aspect irrégulier ; débarrassé de cet enduit, le tube de la laine prend la forme indiquée dans les figures 17 et 18 [1]. Quant à la forme des autres matières animales, nous nous bornerons à l'indiquer dans les figures précitées ; elles suffisent, quant à présent, à la constatation de leurs particularités et à la détermination des causes modificatives de leur traitement mécanique.

Il est évident que, malgré la différence entre les caractères des poils des divers animaux et ceux de la laine, il y aura néanmoins de l'analogie dans leur transformation ; mais il n'en est plus ainsi pour la soie, que l'insecte rend sous la forme d'une pelote de fil continu ; il suffit de le développer suivant certaine donnée, en ramollissant le cocon, pour mettre ce fil en liberté et le faire servir, au besoin, à l'état cru ou grége, tel qu'il est représenté figures 25 et 26. Les apprêts de la torsion donnés à la grége du bombyx ont surtout pour but de lui faire acquérir assez de cohésion pour le soumettre au décreusage, c'est-à-dire à une ébullition prolongée dans l'eau de savon qui le débarrasse complétement des 24 à 26 pour 100 du corps étranger dont il est naturellement enrobé, afin de le teindre d'une manière plus parfaite et de le rendre plus propre à certains usages, en le consolidant et en en modifiant l'aspect [2].

Ainsi tous les filaments textiles, excepté ceux du coton, contiennent intimement une proportion notable de corps étrangers dont il faut les débarasser presque toujours pour les transformer en fils et en étoffes, par des moyens différents, suivant la nature des fibres, mais qui occasionnent un déchet plus ou moins sensible, compliquent en tout cas les préparations préliminaires et élèvent les dépenses des transformations.

Cette constatation des différences dans les caractères de la

---

[1] Voir, pour tous les détails de la structure de la laine et les détails des principales autres matières animales, notre *Traité de la fabrication des étoffes de laine*. (Sous presse.)

[2] Voir, pour ce qui concerne le travail de la soie, l'*Essai sur l'industrie des matières textiles*, par M. Mel Alcan. Chez Lacroix, 15, quai Malaquais.

matière première nous amène à déterminer les causes pour lesquelles les finesses les plus élevées du travail automatique appartiennent au coton, dont les transformations se réalisent plus économiquement que celles de toute autre substance textile. La finesse extrême de certains cotons, la netteté de surface de toutes les espèces lorsqu'elle sont épurées, et leur compressibilité spéciale, les rend éminemment propres à subir l'action fondamentale de la filature en général, celle des glissements ou étirages successifs, parce qu'elle agit sur une masse qui s'allonge par l'échelonnement progressif et méthodique de ces filaments. De là possibilité de filer certaines sortes au n° 600 métrique, comme nous l'avons déjà dit, c'est-à-dire de transformer un kilogramme de matière en un cylindre régulier et homogène d'une longueur de 300 lieues ! C'est à peine si, pour le lin on peut arriver à une longueur de 60 à 70 lieues, et pour la laine peignée, au maximum, à celle de 75 à 80 lieues dans la filature automatique ; pour le premier, c'est l'état de désagrégation incomplet de la substance, pour la seconde, les aspérités naturelles de la surface des brins, sa tendance à se vriller, qui ne permettent pas d'étendre les transformations aux étirages au delà d'une certaine limite.

Ces différences dans la constitution des fibres donnent également la clef des causes pour lesquelles la dépense exigée par les transformations du coton est moindre que pour les autres substances. Les glissements ou étirages des laines, et surtout du chanvre et du lin, ne s'opèrent que sous des pressions relativement considérables, tandis que pour le coton elles ont lieu avec une facilité remarquable. Quant à la torsion, un des éléments les plus importants de dépense dans la filature, bien qu'elle croisse en général en raison inverse de la longueur des fibres élémentaires, que celles du coton soient les plus courtes, elle est cependant sensiblement moindre, à numéro égal, pour un fil de ce dernier que pour un fil de lin ou de laine, attendu que rien ne s'oppose à la torsion des filaments du coton, naturellement très-flexibles. La rigidité du lin, les aspérités de la laine, jointes à la réaction produite par la tendance qu'ont leurs filaments à se dévriller, nécessitent un degré de tors plus énergique, pour contre-balancer les conséquences de ces caractères et fixer les brins élémentaires d'une manière permanente. Ces faits expliquent en partie les progrès rapides et extraordinaires du travail automatique dans l'industrie cotonnière, et la différence sensible entre les dépenses pour transformer un même poids de filaments en une même longueur de fil de diverses substances.

L'unité de 1,000 mètres de fil du n° 50 métrique au kilogramme coûtera en moyenne, en laine peignée, 3 centimes [1].

L'unité de 1,000 mètres de fil du n° 50 métrique au kilogramme coûtera, en lin peigné. . . . . . 0f,035 à 0f,04

en coton id. . . . . . . 0f,043.

Il en coûte par conséquent à peine la moitié moins pour transformer le coton, que pour filer la substance la plus facile à transformer après lui.

Ce qui démontre de plus la voie progressive et rationnelle de la filature de coton, ce sont les rapports des prix de revient de la fabrication de l'unité pour les différents titres ou numéros. Comme la quantité de matière contenue dans l'unité est en raison inverse de la finesse, le prix de la transformation devrait varier dans la même proportion, si les conditions du travail n'étaient pas modifiées, c'est-à-dire si le fil fin n'était pas plus tordu, à égale longueur, que le gros. C'est là la cause pour laquelle le prix de la fabrication d'un même poids de matière doit être rationnellement moindre pour un gros fil que pour un fin. Plus une substance est propre aux transformations, plus les moyens de les réaliser sont perfectionnés, et

---

[1] Les 0f,03 comprennent 0f,015 pour le dégraissage, le peignage et ses préparations, et 0f,015 pour le filage par échevette de 2,000 mètres.

plus les écarts des prix de la fabrication d'un numéro à l'autre sont faciles à justifier. Si, au contraire, ces prix de filage ne baissent pas dans un certain rapport avec la diminution du prix de l'unité de longueur, nous en tirerons la conséquence que la matière première n'est pas dans les meilleures conditions ouvrables, ou que les moyens techniques laissent à désirer. Nous justifierons ces considérations par la comparaison des prix de revient de la fabrication de l'échevette de fil de coton et de lin pour un certain nombre de titres.

Tableau des prix de façon de 1,000 mètres de fil pour le coton et le lin de numéros correspondants.

Numéros.	Coton.	Lin.	Différences.
18	$0^f,14$	$0^f,17$	$0^f,03$
24	0 ,11	0 ,153	0 ,043
36	0 ,083	0 ,132	0 ,049
60	0 ,066	0 ,136	0 ,070
80	0 ,050	0 ,145	0 ,095
100	0 ,049	0 ,150	0 ,101

Les titres de ces deux matières sont ramenés à la même unité, au kilogramme pour unité de poids et au kilomètre pour unité de longueur. Comme tous les titres ne se produisent pas également pour le lin et le coton, nous nous sommes bornés à comparer les finesses correspondantes dans les deux industries.

Les chiffres de ce tableau sont très-singuliers; ils donnent des résultats opposés dans leurs conséquences. Pendant que le prix de la fabrication de l'unité de longueur diminue avec les finesses dans le rapport de près de 1 à 3 pour le coton, il est presque constant pour le lin. En d'autres termes, il n'y a qu'une différence de 3 centimes entre la fabrication de 1,000 mètres des deux fils du n° 14, et elle s'élève à 10 centimes, ou plus du triple, pour le n° 100. Ces résultats, qui deviennent de plus en plus significatifs et donnent des écarts de plus en plus grands, à mesure qu'on s'élève dans l'échelle des finesses, démontrent : 1° la supériorité du coton, eu égard aux facilités de sa transformation, même dans les finesses peu élevées ; 2° l'imperfection des moyens appliqués au lin par l'anomalie ou le manque de proportion dans les prix de revient des diverses finesses. Si donc l'industrie cotonnière n'est pas encore à l'apogée de ses progrès, l'on peut considérer celle du lin comme laissant bien plus à désirer. Nous ne pouvons revenir ici sur les causes de l'infériorité des moyens industriels appliqués au lin ; on les trouvera consignés dans notre rapport au jury international de l'exposition de 1862 (XIXe classe).

CHAPITRE IX.

INFLUENCE DE L'HUMIDITÉ, DE LA CHALEUR ET DE L'ÉLECTRICITÉ
SUR LE COTON PENDANT LES TRANSFORMATIONS.

La constitution essentiellement poreuse des filaments les rend hygrométriques ; ils peuvent être considérés comme des éléments spongieux susceptibles de se laisser pénétrer d'une certaine quantité d'eau à l'état latent, c'est-à-dire sans qu'il en résulte aucun changement apparent, ni modification sensible à la vue ni au toucher. Cet état se décèle seulement par une augmentation de poids ou par l'exposition à une température supérieure à celle où l'absorption a eu lieu. A cette absorption latente il faut ajouter une quantité plus ou moins sensible d'eau apparente dont les fibres peuvent se charger en vertu de leur constitution, comme toutes les matières susceptibles de se laisser mouiller. En outre de l'augmentation du poids de la masse au détriment de sa valeur exacte, la présence de l'humidité augmente la densité, modifie la flexibilité et l'élasticité des fibres; elles deviennent alors moins susceptibles de réagir et de se séparer par l'action mécanique des corps étrangers auxquels elles sont accidentellement mélangées. Pour éviter cet inconvénient de l'humidité et faciliter leurs préparations premières, l'on fait subir un séchage surtout aux cotons de l'Inde. Ceux des Etats-Unis, fournis dans un parfait conditionnement, sont au contraire plutôt trop secs que pas assez. Si l'humidité trop sensible est nuisible dans l'épuration proprement dite, un état de sécheresse trop grand est contraire aux étirages; en effet, les filaments textiles en général, et ceux du coton comme les autres, sont mauvais conducteurs de la chaleur; soumis à son action, ils ne sont pénétrés que lentement. Le temps nécessaire à sa propagation s'apprécie par les tortillements provenant de la différence de température et de dilatation de la fibre chauffée à une de ses extrémités, pendant que l'autre est restée à une température plus basse. L'élévation de température facilite la torsion, mais elle s'oppose dans une certaine limite aux glissements ou étirages. Or, le travail de la filature se composant surtout de la combinaison de ces deux opérations fondamentales, torsion et étirage, il faut, pour les faciliter, composer une atmosphère chaude et humide. De là, le besoin du chauffage des ateliers, parfois jusqu'à 26 et 28 degrés, lorsque ce sont des rez-de-chaussée; mais, comme la chaleur sèche contrarierait les glissements réguliers, on a soin d'y faire condenser des jets de vapeur, trois à quatre fois par jour l'été, et de prolonger cette condensation plus ou moins de temps, suivant l'état de l'atmosphère et la température extérieure. Cet état intérieur des ateliers devant être constant et indépendant des variations extérieures, l'intérieur des salles doit être disposé de manière à ce que l'on puisse chauffer, ventiler ou humecter l'atmosphère à volonté, suivant les saisons. L'électricité se comporte en général comme la chaleur, elle n'est pas sans influence sur le travail d'une filature, mais jusqu'ici elle ne paraît intervenir que d'une manière fâcheuse, pour entraver les glissements aux étirages. Il n'est pas rare, par un temps sec et orageux de voir une production plus fréquente de *barbes*, les filaments s'amasser autour des cylindres métalliques, entre lesquels ils devraient toujours passer en se développant avec la plus grande facilité. Le remède à cet inconvénient consiste encore à charger l'atmosphère des ateliers d'humidité, afin de lui donner la conductibilité voulue. L'influence de l'électricité est bien plus sensible, dans les transformations des filaments de couleur, sur les foncés que sur les nuances claires ou sur la matière non teinte. Ce fait constitue l'une des principales difficultés de la filature du coton teint destiné à la bonneterie ou aux articles de fantaisie.

Cette difficulté se démontre par la rapide détérioration des machines et surtout des garnitures de cardes ; mais la part qui incombe à l'action électrique dans cette circonstance est assez difficile à déterminer d'une manière exacte. Elle est, en quelque sorte, combinée à l'influence chimique des mordants et des matières tinctoriales ; la conséquence immédiate est en général un durcissement des fibres, un amoindrissement de leur propriété élastique et la nécessité de les attaquer plus énergiquement ou plutôt de multiplier les opérations, pour ne pas énerver la substance. Mais, quoi qu'on fasse, on ne peut éviter une augmentation de travail et une dépense plus grande dans l'entretien des machines, que pour la filature des filaments écrus.

CHAPITRE X.

MODIFICATION PHYSIQUE DES FILAMENTS DU COTON PAR L'ACTION DES ALCALIS CAUSTIQUES.

L'eau, à ses divers états, n'est pas le seul corps qui influence les fibres du coton. Les dissolutions des alcalis caustiques produisent un effet opposé à celui de l'humidité; ils *opèrent une contraction de volume et leur donnent une affinité plus grande pour les matières tinctoriales.* Une partie de fils ou d'étoffe de coton, plongée dans un bain après avoir été divisée, ne présentera plus le même aspect dans ses deux moitiés, si préalablement l'une a été passée dans une dissolution d'alcali caustique : celle-ci, ayant subi une espèce d'affinage et de retrait, acquiert une élévation de ton et une vivacité extraordinaire de nuance. Ce traitement du coton, auquel on a donné le nom de *procédé Mercer* à l'exposition de 1851, avait déjà été indiqué par notre collègue M. Persoz, en 1846. On lit en effet, dans son ouvrage sur *la Teinture et l'impression des tissus*, p. 310, le paragraphe suivant : « Les alcalis, la chaux, la potasse, la soude, les carbonates potassiques et sodiques en contact avec le ligneux, agissent différemment sur ce principe immédiat suivant qu'ils sont étendus ou concentrés, carbonatés ou caustiques, à l'abri ou au contact de l'air. Les alcalis caustiques en dissolution étendue, de même que les alcalis carbonatés en dissolution concentrée, n'ont en général qu'une action très-faible sur le ligneux, qu'ils n'altèrent pas sensiblement; mais ce dernier est au contraire fortement contracté par les alcalis caustiques et concentrés. Pour s'en convaincre, il suffit de verser sur une toile quelques gouttes de potasse ou de soude en solution concentrée, on verra le tissu se crisper par suite du retrait qu'éprouve la fibre sur le point où elle a été touchée par les alcalis. »

Et à la page 71 du troisième volume du même ouvrage, l'auteur dit : « Si la dissolution est étendue, le coulage est presque inévitable, et si, au contraire, elle est concentrée, il n'est pour ainsi dire pas à craindre, attendu que, par un effet qui leur est particulier, les solutions alcalines de potasse jouissent de la propriété de contracter les fibres et de leur faire éprouver un retrait tel que les matières qui se trouvent dans leurs pores s'y enchâssent. »

Quant au procédé de Rahn-Mercer, il est indiqué dans les termes suivants :

« On foule les tissus dans une dissolution de soude ou de potasse caustique à 15 degrés, et marquant 60 à 70 degrés Twadell, puis on lave à l'eau acidulée par de l'acide sulfurique, et à l'eau pure ensuite. Les fibres acquièrent alors de la force, le tissu diminue de surface et prend beaucoup mieux la matière tinctoriale ; au lieu de soude et de potasse, on peut employer le chlorure de zinc à 14 degrés Twadell, et à une température de 65 à 72 degrés centigrades. »

Indication de certains emplois des fibres contractées du coton.

Malgré la propriété remarquable, si nettement indiquée par M. Persoz bien avant la première exposition universelle, et le retentissement obtenu par l'utilisation de cette propriété depuis l'exposition de 1851, elle est restée stérile et sans application industrielle sérieuse. L'on a objecté la dépense, composée d'une part de celle du corps employé, et de l'autre de la diminution de volume ou de surface qu'elle fait éprouver aux fils ou aux étoffes en les contractant et les affinant. Nous avons cependant lieu de supposer que ce moyen de préparation n'a pas été entièrement délaissé, et qu'entre autres usages, l'on a dû s'en servir en Angleterre pour donner une apparence particulièrement flatteuse à certains velours de coton en pièces et en rubans, recherchés et consommés en grande partie par la clientèle française, pour être substitués dans une foule de cas, aux velours de soie. Ces magnifiques imitations des articles de Lyon, de Saint-Etienne et d'Allemagne, obtenues en Angleterre par les transformations du coton, sont-elles le résultat de l'emploi de l'application des alcalis caustiques ? Nous ne saurions nous prononcer à cet égard, attendu que la fabrication en question est concentrée dans un ou deux établissements de la Grande-Bretagne, et tenue très-secrète. Mais ce que nous pouvons affirmer, c'est que nous sommes arrivés au même but sur des échantillons de velours d'Amiens que nous avons soumis, à l'état écru, aux expériences nécessaires, afin de nous édifier sur la valeur de notre hypothèse, d'une vérification pratique très-aisée. Il suffit de bien purger et laver l'étoffe, de la soumettre au traitement de la dissolution alcaline avant de la teindre à la manière ordinaire ; on obtiendra infailliblement des produits d'une beauté remarquable. Il reste à calculer si le perfectionnement du produit augmente suffisamment sa valeur aux yeux des consommateurs pour compenser la dépense qu'il exige.

Nous avons également obtenu des espèces de crêpes de coton en soumettant à ces mêmes bains d'alcali caustique des tissus fond toile à fils très-espacés, comme ceux d'une gaze ou d'un barége. La contraction fait disparaître les vides et produit une ondulation ou crêpage provenant de la différence de retrait des deux systèmes de fils, chaîne et trame. Nous donnons ces résultats à titre d'indications, afin de stimuler de nouvelles recherches pratiques dans cette direction.

CHAPITRE XI.

Les divers caractères physiques des matières filamenteuses suffisent en général pour les distinguer les unes des autres lorsqu'elles sont à l'état naturel, sans préparation, apprêt ni altération sensible. La constatation de la forme normale à l'œil nu, à la loupe, et au besoin au microscope avec un grossissement modéré, soit de la substance sèche, soit humectée d'eau, ou mieux d'un liquide gras, ne peut laisser de doute. Et, s'il ne s'agit que de reconnaître les origines, la combustion, la façon dont elle a lieu, l'odeur qu'elle répand, pourront servir d'indications presque toujours vraies. La matière animale, on le sait, se consume avec boursouflement et dégage l'odeur particulière de la corne brûlée. La substance végétale brûle avec clarté, sans donner de dépôt ni d'odeur ; mais lorsque les filaments textiles, purs ou mélangés entre eux, ont subi les transformations auxquelles la plupart des produits sont soumis, les caractères extérieurs apparents sont souvent effacés. La laine, le coton, le lin et la soie sont aujourd'hui si fréquemment mariés entre eux, qu'il n'est pas toujours aisé de les distinguer. La difficulté augmente avec les substances d'un même règne, et les parties ou organes d'où les filaments sont extraits ; il est par suite plus difficile de distinguer le lin et le jute, tirés tous deux des tiges, que de faire la différence entre ceux-ci et les duvets, et, par conséquent, entre eux et le coton.

Ces distinctions sont d'autant plus délicates à établir qu'au point de vue chimique, presque toutes les matières textiles amenées à l'état de cellulose pure sont un composé de :

Carbone.............................   42,11
Oxygène   52,83
Hydrogène..........................   5,06

Ces proportions varient parfois avec le plus ou moins de pureté de la substance analysée.

Il y a également une grande analogie, si ce n'est une identité, entre la constitution des laines et celle de la soie.

	Carbone.	Oxygène.	Azote.	Hydrogène.
Composition *des laines pures*.	53,70	31,20	12,30	2,80
Soies...........................	50,69	34,04	11,33	3,94

La science indique un certain nombre de moyens différents pour établir la distinction des substances textiles entre elles, quelque intimement qu'elles soient combinées. Voici le résumé de ces moyens.

Lorsque le microscope et la combustion ne suffiront pas, soit parce que la matière aura été mélangée et combinée de façon à se marier intimement, soit parce qu'elle a une grande analogie dans sa composition, l'on a recours à l'un des procédés suivants.

1° On place la matière à déterminer dans une éprouvette avec du papier tournesol bleu, et l'on chauffe. La réaction acide par le passage du papier bleu au rouge indiquera une substance végétale; s'il n'y a pas d'action sur le papier bleu, mais qu'il y en ait sur le papier rouge, qu'il soit ramené au bleu, la matière sera d'origine animale.

2° On fait bouillir la substance à analyser dans un liquide composé de 5 parties de potasse ou de soude et de 100 parties d'eau, le coton est à peine altéré par cette ébullition, tandis que la soie se dissout ; mais cette dissolution est parfois lente lorsque la soie a subi certaines teintures [1].

3° Pour éviter cet inconvénient, MM. Lebaillif et Lassaigne ont proposé de faire bouillir la substance dans une solution d'azotate de protoxyde de mercure, qui teint la soie en une nuance amarante, tandis que le coton reste incolore ; mais ce procédé ne peut convenir que pour la substance non teinte, ou à peine nuancée; la même objection s'applique au procédé de M. Maumené, qui a proposé de substituer le chlorure de zinc à l'azotate de mercure : il n'y a de différence que dans la coloration; le chlorure de zinc, qui ne nuance pas la matière végétale, teint la soie en noir. D'autres ont proposé l'acide azotique étendu, combiné à l'action de la chaleur; les fils d'origine animale sont alors nuancés en jaune, tandis que ceux du règne végétal restent incolores.

4° Pour distinguer la laine de la soie, M. Lassaigne a proposé de se servir d'une dissolution froide d'oxyde de plomb par la potasse ou la soude. Ce réactif noircit la laine, qui contient toujours du soufre, et ne change pas la nuance de la soie. Si les filaments sont teints, il faut détruire la nuance au préalable par un moyen convenable.

5° M. le professeur Stefanelli, après la découverte de M. Schweitzer, de la propriété qu'a l'ammoniure de cuivre de dissoudre la cellulose et la soie, et de M. Sclanberger, qui a constaté que l'ammoniure de nickel la dissout également, mais n'attaque nullement la cellulose, emploie le procédé suivant : « Il verse sur la substance, contenue dans une éprouvette, 10 à 12 centimètres cubes d'ammoniure ordinaire de cuivre, portant un excès d'ammoniaque, et agite le tout. La

---

[1] Pour opérer plus sûrement sur les échantillons teints, il est convenable d'enlever au préalable les matières tinctoriales, les mordants, etc., en les faisant bouillir dans de l'eau étendue d'acide oxalique, les corps étrangers disparaissent et la substance textile reste sans altération.

soie pure se dissout en quatre ou cinq minutes, à moins qu'elle ne soit teinte en noir; le coton, au contraire, est beaucoup moins soluble que la soie dans ce réactif; il en reste une partie, qui se précipite de suite. Mais ce moyen n'est pas très-sûr, car il n'est appréciable que si les quantités sur lesquelles on opère ne sont pas trop petites, et aussi parce que la laine se dissout également dans l'ammoniure de cuivre au moyen d'une agitation prolongée. »

L'auteur, après avoir fait agir la solution pendant quatre ou six minutes sur la substance à analyser, étend la liqueur avec de l'eau; lorsqu'il observe un précipité, il décante, il y verse alors de l'acide azotique du commerce jusqu'à ce qu'il ait fait disparaître la nuance bleu foncé, et ajoute même un petit excès d'acide. On pourrait remplacer l'acide azotique par l'acide chlorhydrique, mais il ne faudrait pas employer une quantité surabondante de ce dernier, qui pourrait redissoudre tout ou partie de la cell   e très-divisée qu'il aurait d'abord précipitée, et rendre ainsi   érience incertaine et même erronée.

Si l'on opère comme il vient d'être dit, il se forme aussitôt, dans le cas où le mélange contient du coton, une certaine quantité de flocons très-légers, blancs ou peu colorés, uniquement composés de cellulose plus ou moins modifiée, ou de cellulose mêlée à de la substance qui la teignait. Si la substance était de la soie pure ou mélangée à de la laine, on n'aurait vu se former, au moins pendant un certain temps après l'addition de l'acide, aucune quantité sensible de précipité. En ajoutant une plus grande proportion de réactif et en prolongeant l'action, on dissoudrait entièrement le coton, que l'on pourrait ensuite précipiter de nouveau par l'acide; la laine formerait un dernier résidu. La dissolution du coton se présente d'ailleurs en masse gélatineuse, tandis que celle de la laine conserve plus longtemps la forme de filaments.

6° Tout récemment M. Persoz fils a découvert un moyen

plus simple et par conséquent plus à la portée de l'industrie courante, pour distinguer la soie, la laine et le coton contenus soit dans un même mélange, soit dans une même étoffe; il consiste dans l'emploi du chlorure du zinc. Ce réactif détruit facilement la soie, et n'a pas d'action sur la laine ni sur les fibres végétales, de telle sorte que, si on a un mélange de ces différentes substances, on pourra dissoudre d'abord la soie dans le chlorure de zinc; puis détruire la laine au moyen de la soude, de manière à ne conserver que les fibres végétales.

7° S'il s'agit de distinguer certaines fibres végétales entre elles, telles que le coton du lin, par exemple; si l'observation microscopique ne pouvait avoir lieu ou était insuffisante, il suffirait de plonger les deux matières dans une huile limpide ou dans la glycérine; le lin deviendrait alors translucide, par suite de l'action capillaire du liquide entre ces faisceaux microscopiques, tandis que le coton resterait relativement opaque.

8° Les mélanges de lin, de phormium et de substances analogues peuvent se distinguer, d'après les recherches de M. Vincent, de la manière suivante : on soumet au chlore liquide, pendant une minute, les matières à reconnaître, on les étend sur une assiette en porcelaine et on les arrose de quelques gouttes d'ammoniaque; il y a coloration en brun foncé du phormium, les nuances déterminées sur le lin et le chanvre sont beaucoup plus claires; ce sont des teintes brun clair, orange et fauve, qui ne peuvent se confondre avec la coloration du brun rougeâtre du phormium. Mais ce procédé n'est à peu près efficace que lorsqu'il s'agit de fibres ou de fils écrus ou imparfaitement blanchis, car à l'état de blanchiment parfait ou de cellulose pure, les différences de teintes sont insensibles à la réaction.

CHAPITRE XII.

CHOIX ET ASSORTIMENT DES COTONS EN RAISON DE LA FINESSE ET DU GENRE DES FILS A PRODUIRE.

Les fils demandés par le commerce varient de finesse ou de titre, du n° 1 à 300 et plus, c'est-à-dire que le filateur doit filer une échelle de produits telle qu'avec un même poids de coton de 500 grammes il atteigne à volonté une longueur de fils de 1,000 à 300,000 mètres, dont les extrêmes présentent, par conséquent, une différence de diamètre de 1 à 300, et de valeur, dans les temps normaux, de 2 francs pour le plus bas titre à 70 à 100 francs pour le numéro le plus élevé ; la limite de finesse atteint jusqu'au n° 600. L'écart des prix de la matière première varie, en moyenne, en temps ordinaire, de 40 centimes à 12 francs le kilogramme. Disons immédiatement que le chiffre le plus bas correspond aux déchets de certains cotons, les filaments neufs valant au moins de 1 fr. 60 c. à 1 fr. 80 c. le kilogramme, vendus aux usines, dans les temps ordinaires ; ces prix ont presque quadruplé depuis la guerre des Etats-Unis. Il s'agit donc, au point de vue absolu, avec des matières premières dont la valeur présente un écart de 1 à 30, d'obtenir une série de produits dont la différence de valeur varie de 1 à 50 et plus. Remarquons toutefois qu'envisagée sous le rapport de la pratique courante et de la grande production, cette échelle peut être resserrée dans des limites comprises entre les n°ˢ 10 et 150 ; ces finesses diverses en renferment d'ailleurs qui sont d'un bien plus grand usage les unes que les autres. La plus grande consommation a lieu sans contredit dans les titres compris entre les n°s 20 et 40, employés d'abord pour les calicots à usage de linge et d'étoffe pour impression, et pour les articles d'habillement, surtout pour vêtements d'homme. De 40 à 130, la plus grande application consiste dans les spécialités pour blanc, les nansouks, jaconas, brillantés, bazins, organdis. Au delà commence l'emploi aux mousselines, de toutes espèces, aux fils à coudre, aux étoffes à mailles, à la bonneteries et autres ; elle comprend depuis les numéros les plus ordinaires jusqu'aux plus élevés, en fils simples, doubles, triples, quadruples et même quintuples, suivant les qualités et les parties des bas auxquels ces fils concourent.

La production des divers articles fabriqués avec des fils du n° 25 au n° 150 est, en général, sous le rapport des quantités, en raison inverse de leur finesse et de leur valeur; c'est-à-dire que la masse des produits ordinaires et surtout des calicots écrus obtenus avec des fils du n° 26 au n° 28 est bien plus importante que celle fournie par les finesses dépassant ce dernier titre.

A côté de ces considérations, qui permettent de condenser en quelque sorte le nombre des variétés de fils, d'autres sont à faire entrer en ligne de compte, lorsqu'il s'agit de se décider sur la nature et la qualité de la matière à employer. Il est nécessaire de caractériser le produit et d'indiquer sa destination, si le fil sera simple, double ou multiple, retordu, gazé ou glacé. Il faut savoir s'il doit former de la chaîne, de la demi-chaîne ou de la trame, être teint en fibres, fils ou tissus, pour linge, toile imprimée, teinte pour articles de nouveauté, en fils rectilignes serrés ou tricots. En d'autres termes, si, pour une même finesse, le fil sera destiné à supporter plus ou moins de fatigue, s'il doit être plus ou moins lisse, si, par conséquent, la matière première, doit être fournie par telle ou telle catégorie de la même variété, et recevoir une torsion forte ou faible par unité de longueur.

Toutes choses égales d'ailleurs, la finesse des fibres ou des lainages, comme l'on dit quelquefois, doit être en rapport avec celle des fils à produire.

Si l'on fait observer que la longueur des plus fines varie de $0^m,020$ à $0^m,045$, et celle des plus courtes entre $0^m,010$ et $0^m,022$, on aura un écart de $0^m,0,035$ entre les qualités extrêmes. A ces différences il faut ajouter celles de la force, de l'élasticité et de la netteté, moins faciles à préciser, quoique leur intervention ait sa part d'influence sur les transformations et sur la valeur des résultats. Mais le degré d'élasticité et de force étant, en général, proportionnel à la finesse et à la longueur des fibres déterminées par des observations directes, nous pouvons nous borner à en indiquer les applications pratiques, dans les cas les plus généraux. Il suffit d'établir, d'une part, l'échelle de la matière première basée sur les principales variétés, et, de l'autre, celle des produits, et faire concourir dans l'ordre de leur valeur les catégories qui constituent la première aux résultats de la seconde.

La perturbation et les modifications considérables dans les approvisionnements du moment nous déterminent à faire précéder le tableau ainsi formé d'un aperçu sur les qualités relatives des cotons employés avant et depuis la crise.

A la tête des contrées productrices se trouvaient naguère encore les Etats-Unis d'Amérique, et au premier rang, sous le rapport de la qualité, le fameux coton *sea island*, dont le géorgie longue soie est le type le plus remarquable. Il est caractérisé par des fibres de longueurs comprises entre $0^m,020$ et $0^m,045$, des finesses de 1/60 à 1/150 de millimètre et par une flexibilité hors ligne. La production de cette qualité, qui, dans les temps normaux, atteint au maximum 60,000 balles, est, en ce moment, considérablement réduite par suite des événements américains. Cette espèce est, en général, divisé en six ou huit catégories, désignées chacune par une lettre, comme nous l'avons indiqué précédemment.

Ces qualités diverses, provenant de triage et de classements les plus soignés faits sur les lieux mêmes par les nègres les plus habiles, renferment à leur tour encore plusieurs choix. La valeur varie nécessairement avec l'abondance des récoltes et les conditions du marché. Depuis près de vingt ans, le prix a été rarement au-dessous de 3 fr. 50 c. pour la moins belle qualité du type A, et s'est élevé parfois au delà de 20 francs pour l'*extra* ou *non pareil* résultant d'une sélection faite avec un soin tout particulier dans les meilleures sortes. Il y a un écart moyen de 1 franc à 1 fr. 50 c. d'une catégorie ordinaire à l'autre. Les plus belles correspondent, bien entendu, aux plus grandes finesses.

Immédiatement après les cotons géorgie longue soie vient, par rang de qualité, le jumel d'Égypte. Les plus beaux choix de cette espèce et les mieux récoltés, considérés en masse, ont cependant des fibres moins fines, moins longues, moins homogènes et moins souples que le précédent. Ses longueurs varient de 0^m,020 à 0^m,040, et ses finesses de 1/40 à 1/100 de millimètre ; il se mélange parfois dans une certaine proportion avec les derniers types du géorgie pour des filés fins, surtout depuis que ces filaments sont préparés au peignage.

Les autres contrées qui fournissent une certaine quantité de longue-soie sont l'Algérie d'abord, dont la qualité riva-liserait avec les plus belles s'il ne manquait d'un peu de ténacité; viennent ensuite Porto-Rico, Cayenne, divers co-tons du Brésil, tels que le *fernamboue*, le *camouchi*, le *bahia*, etc.

La Guadeloupe et la Martinique, la première surtout,

fournissent de beaux longue-soie mais en trop petite quantité.

Les cotons du Pérou, tels que *pisco*, *élias*, *somanco*, *casmao*, etc., présentent de la ténacité, de la netteté, mais sont encore irréguliers et manquent de souplesse et d'homogénéité dans la masse.

Les destinations des diverses catégories dont nous venons de parler sont déterminées d'une façon assez précise par l'expérience ; celles du géorgie sont principalement employées à des filés pour chaînes du n° 100 à 300. Les finesses des nᵒˢ 600 et au delà, qui figurent de temps à autre aux expositions comme des tours de force, sont obtenues avec la qualité dite *non pareille*. Celles comprises entre 70 et 150 sont parfois formées par un mélange du précédent avec 20 à 25 pour 100 de jumel ; celui-ci est employé pur avec succès aux numéros 60 à 85.

Les longue-soie des autres provenances sont plus communément réservés aux fils de trame de grande finesse, et celles du Pérou plus spécialement aux articles de la bonneterie destinés à être teints en laine avant le filage. La force spéciale de ces filaments leur permet de résister avec plus d'énergie à l'action énervante de la teinture préalable.

Les cotons courte soie première qualité, placés immédiatement après les précédentes, étaient le *louisiane*, le *nouvelle-orléans*, le *géorgie*, le *mobile*, le *caroline*, le *tennessee*, etc. Ces sortes, classées en diverses catégories et qualités, étaient surtout employés aux fils de chaîne du n° 26 au n° 40 et aux trames ou tissure jusqu'au n° 65 ; leurs fibres peuvent varier de 0ᵐ,16 à 0ᵐ,021, et leur finesse est à peu près celle de la précédente variété. Ces cotons blancs, légers et réguliers, complètent les principales sortes de l'Amérique, qui font presque entièrement défaut aujourd'hui.

Les cotons de l'Amérique qui continuent à être livrés au

commerce sous les noms de *fernambouc*, *bahia*, *maragnan*, *surinam*, *cayenne*, *carthagène*, etc., se font remarquer par la finesse, la régularité et la propreté des fibres ; leur longueur est d'environ 0ᵐ,028 à 0ᵐ,032. Ceux du Brésil sont trop souvent composés de filaments ternes, irréguliers, mal nettoyés, et, par conséquent, d'une valeur inférieure.

On tire des Indes-Occidentales les variétés connues sous les désignations de *bahama*, *barbades*, *haïti*, *curaçao*, *grenade*, *saint-Vincent*, *guadeloupe*, *tabago*, etc., et caractérisées par des fibres fines, longues et d'une teinte jaunâtre.

Les duvets qui viennent aux derniers rangs, à peu près *ex æquo*, quoique leurs caractères et qualités ne soient pas les mêmes, sont ceux que l'on pourrait désigner, dans une classe à part, sous le nom de cotons à *très-courte soie* que fournissent tous les cotons de l'Inde, sauf des exceptions présentées entre autres par les dhollerah, composés d'une quantité notable de fibres très-longues. Les cotons du Levant et de la Chine, caractérisés également par leur peu de longueur, présentent des finesses sensiblement variables. Ceux de l'Inde contiennent depuis les plus grosses fibres jusqu'aux plus fines ; la présence de ces dernières, triées et transformées à part, explique les magnifiques produits du travail à la main des indigènes. Si leur substitution aux filaments les plus ordinaires des Etats-Unis est désavantageux, c'est d'abord parce que le règlement des organes des machines à filer présente certaines difficultés et ne permet pas de travailler simultanément et également bien des longueurs variant de 0ᵐ,010 à 0ᵐ,050 (voir le tableau chap. v), ensuite à cause de l'état impur et mélangé dans lequel ces cotons arrivent sur les marchés de nos contrées. Ils contiennent encore une quantité notable de graines, de feuilles et, ce qui est plus extraordinaire, une foule d'autres corps, tels que chiffons, ficelles, poussière, pierres, etc. De plus, les balles, extrêmement dures et condensées par la pression, sèches en apparence, laissent dégager au déballage une quantité d'humidité telle, qu'il est indispensable de procéder, avant toute autre opération, à un séchage préalable. Cette humidité anomale et constante provient sans doute de ce que le coton a été très-mouillé au pressage.

§ 1. — Considérations spéciales aux cotons de l'Inde.

Les cotons de l'Inde, qui attirent surtout l'attention aujourd'hui, nous arrivent sous les noms de *surate*, *bengale* et autres dénominations, telles que *tinevelly*, *oomrowuttee*, *broach*, etc. Ils sont loin d'être parfaitement classés ; on les emploie faute de mieux à des destinations courantes où l'on faisait naguère usage des cotons des États-Unis précités et surtout du *louisiane*.

La première conséquence de l'emploi des cotons de l'Inde est un déchet préalable et moyen de 15 à 22 pour 100, qu'ils auraient dû subir sur les lieux de la récolte. Une fois qu'ils sont ainsi débarrassés des impuretés, leur infériorité résulte de leur nature et de ce qu'ils sont en général cultivés dans des sols et des expositions moins favorables qu'aux États-Unis, et par des cultivateurs qui n'ont pas encore l'expérience de ceux de l'Amérique[1].

Les climats de l'Inde où se cultive le coton sont d'ailleurs très-variables, puisque les époques des semailles et des récoltes diffèrent sensiblement suivant les localités. Les *broach*, *dhol-*

[1] Un savant anglais, le docteur J.-W. Mallet, a cherché à déterminer les conditions atmosphériques, climatériques et géologiques les plus favorables pour la culture du coton. Dans un ouvrage publié en 1862 sous le titre de *Cotton ; the chemical geological and meteorological conditions involved, in its successful cultivation*.

lerah, oomrawuttee, etc., semés en juillet, après le détrempage des terres par les pluies et les moussons, récoltés, suivant les saisons, à partir de décembre à janvier, arrivent alors à Bombay de janvier et février à juin, et le reste, après la mousson, de septembre à janvier. Les *dharwar* et les *compta*, semés en septembre et octobre, parviennent en petite quantité à Bombay, avant la mousson (juin); le reste de la récolte se rend ensuite à cette capitale de septembre à février. Nous devons ces renseignements et ceux qui vont suivre sur l'intéressante question de la production des cotons dans l'Inde, à divers négociants anglais et français de Bombay. Il en résulte que c'est la présidence de Bombay qui correspond au plus grand nombre de districts cotonniers; ces districts sont Guzérati et Kattiawar, dont les cotons sont désignés sous les noms de *broach, dhollerah, berar, oomrawuttee, kandisch, bassee, dharwar* (sawgined dharwar[1], compta, vingola), *cutch, scinde.*

L'ensemble de ces divers districts a fourni environ 1,200,000 balles en 1861 et 1,350,000 en 1862, de 180 kilogrammes. La récolte de 1863, à cause des conditions atmosphériques défavorables, n'a pas tout à fait atteint ces quantités.

Le quart de ces cotons est en général consommé à l'intérieur, et les trois quarts restants sont dirigés sur les ports; mais l'élévation du prix amène une diminution de consommation à l'intérieur et une élévation dans l'exportation : elle a été pour 1862 de 960,000 et de 900,000 environ pour 1863. En outre des principales localités indiennes que nous venons d'indiquer, Bombay a reçu de Chine et du Japon 5,000 balles en 1862, plus de 30,000 en 1863, et de 20,000 à 25,000 de divers autres points.

---

[1] Ce coton est appelé *sawgined*, parce qu'au lieu d'être épluché à la façon indienne il l'est par le *sawgin* américain.

Parmi les cotons provenant de graines indigènes, le commerce considère le *breach* comme le meilleur, et le *jamloosear* est la sorte la plus estimée des *breach*. L'*hingenkaut* vient ensuite ; c'est la meilleure variété des *oomrawuttee* ; la soie en est longue et très-fine, et le classement en est beau. L'*akate*, également du district de Bérau, est loin de valoir le précédent, mais il est meilleur que l'*oomrawuttee* ; ces deux sortes, souvent mélangées, donnent une moyenne ordinaire. Les *kandisch* et les *bassee*, livrés en général pour des oomrawuttee, sont courts et d'une qualité inférieure.

La famille des dhollerah est nombreuse ; elle comprend : les *bhownuggur*, les *mowa*, *vrawul*, *mangarol* et *parebemder ;* c'est probablement à ces divers mélanges qu'il faut attribuer les différences extraordinaires dans les dimensions des fibres livrées sous le nom uniforme de *dhollerah*.

Les *cutch* ressemblent beaucoup au dhollerah et sont vendus sous son nom.

Les *compta* sont bons ; leurs fibres tenaces et longues, mais un peu rudes et grossières ; manquent de soins dans leur classement.

Le *vignola* est de la même nature que le précédent, mais il est plus net et un peu jaunâtre.

L'infériorité des cotons de l'Inde, provenant, comme nous l'avons dit déjà, du climat, de l'insuffisance des soins apportés à la culture, à l'égrenage et aux classements, se modifie chaque jour, par l'emploi, sur les lieux mêmes de la récolte, de meilleures machines à éplucher et à épurer, de façon que les brins ne nécessitent plus qu'une espèce de désagrégation ou ouvrage pour être transformées ensuite à la carde. Nous ne serions pas si affirmatif si nous n'avions vu expérimenter avec succès une machine destinée à ces résultats.

Si, de plus, les appareils à préparer parviennent à traiter les filaments de façon à les trier par longueurs et finesses, alors les cotons de l'Inde seront à leur tour peut-être aussi recherchés qu'ils ont été dédaignés pour le travail automatique, et la production de cette contrée atteindra une place tout à fait remarquable dans l'approvisionnement des usines européennes.

Le tableau suivant donne, en attendant, les destinations des diverses espèces de coton, d'après les errements les plus généralement suivis, et les moyennes des prix courants de ces dernières années.

Tableau résumant les prix et destinations des divers cotons du commerce.

ORIGINES DES Cotons.	PRIX DES TROIS DERNIÈRES ANNÉES.	FINESSES EXTRÊMES DES FILS.	DESTINATIONS DIVERSES des Fils.	PRINCIPAUX SIÈGES DE LEUR CONSOMMATION.
Déchet des déchets.	0f,30 à 0f,50	No 1 à 4	Articles pour doublures et vêtements d'homme........	Laval et Flers.
Premier déchet...	0f,40 à 1f,00	No 4 à 10		
Cotons du Levant, de l'Inde, purs ou mélangés à des déchets.	6 classements valant en 1860 de 1f,44 à 2f,50, en 1861 de 2f,22 à 4f,40, en 1862 de 3f,54 à 4f,10, 1863 à 5 francs, mars 1864, 4f,40.	No 10 à 20	Articles pour doublures et vêtements d'homme en qualité supérieure.... Velours de coton.... Cretonne écrue...... Toiles de ménage et articles pour postillons............ Literie............ Bonneterie............	Laval et Flers. Amiens. Saint-Quentin. Mayenne. Evreux. Troyes, Saint-Just. Paris, Falaise.
Etats-Unis, courte-soie, tels que louisiane, mobile, géorgie, floride, et, à défaut, les meilleures variétés de l'Inde........	9 classements, 1861 de 1f,98 à 2f,16, 1862 de 3f,20 à 3f,42, 1863 de 5f,80 à 6f,50.	No 20 à 40	Calicots écrus........ Pour mouchoirs et robes............ Chaîne nansouk et jaconas............	Alsace, Vosges et Normandie. Rouen, Bolbecq, Bretagne et Vendée. Saint-Quentin et Alsace.
Jumel pur, jumel et louisiane....	7 classements, 1861 de 2f,30 à 3f,60, 1862 de 3f,70 à 6f,80, 1861 de 1f,77 à 2f,26, 1862 de 2f,46 à 3f,18, 1863 de 4f,46 à 5f,36, mars 1864 5f.,90.		Chaîne pour les tissus tramés laine et le linge damassé.... Doublés et retordus pour vêtements d'homme.......... Pour bonneterie..... Tulle ordinaire,...... Pour trames de jaconas, nansouk, brillantés, organdis..	Roubaix, Sainte-Marie, Picardie. Lyon et le département du Rhône. Laval et Mayenne. Troyes, Saint-Just, Falaise, etc. Calais et Saint-Pierre. Saint-Quentin, Alsace, Tarare.
Pérou, mer du Sud.				
Jumel purs ou mélangés avec une certaine proportion de géorgie, L.S. pour les plus grandes finesses de cette catégorie............		No 40 à 60	Pour tulles, filets.... Guipures en fils multiples et retords pour bonneterie..	Lille, Calais, Roubaix et le Nord. Paris, Troyes, Saint-Just, la Normandie et le département de l'Oise.
Géorgie, longue-soie non compris les choix extra.	6 classements ordinaires, 1861 de 3 à 4 francs, 1862 de 3f,70 à 6 francs, 1863 de 8 à 10 francs.	No 150 à 300 simples pour chaîne et trame, blanc, retors gazés, écrus ou blanchis.	Mousselines unies ou façonnées, gazes diverses, broderies, lingeries........ Tulles, imitations, fils à coudre, filets....	Tarare, Alsace. Lille, Calais, Saint-Pierre.
L'Algérie en petite quantité se vend à peu près aux mêmes prix. Ces cotons sont employés purs ou mélangés, suivant les finesses			Broderies.......... Bonneterie supérieure Dentelles..........	Le Nord et la Lorraine. Paris, Troyes, département de l'Oise. Bayeux, Mirecourt, Cherbourg, Valenciennes, le Puy, etc.

§ 2. — Remarques générales sur les indications du tableau.

Le tableau donne seulement des indications sommaires, car nous sommes loin, nous le reconnaissons, d'avoir épuisé la liste des divers cotons et celle de leurs destinations.

Il faudrait pouvoir spécifier davantage celles des différentes provenances de l'Inde, qui jouent actuellement un si grand rôle et dont l'usage n'est en quelque sorte jusqu'ici qu'un pis aller. Nous sommes obligé de nous borner à dire que l'emploi de ces sortes, à la place des cotons ordinaires des États-Unis, donne des résultats très-variables, selon l'habileté, l'expérience des industriels et l'outillage plus ou moins bien approprié à ces lainages. Enfin, pour avoir une destination à peu près complète des fils divers, il faudrait ajouter au tableau précédent les applications si nombreuses et si variées de l'industrie parisienne, de la Picardie et du Nord. Elles emploient le coton pour en faire des chaînes en fils simples, retors, gazées et glacées de presque toute espèce de finesses et dont les trames sont tantôt en laine cardée, peignée, simple, double ou retorse, tantôt en alpaca ou en soie, fantaisie ou bourres, pour faire ces nombreux articles qui font la réputation dans le monde de ces trois importants centres de la fabrication française.

Nos indications sur les destinations sont encore moins absolues que complètes; elles disent ce qui se fait et peut se faire, elles donnent des limites d'applications que le praticien expérimenté modifie souvent. Celui-ci fait des mélanges dans lesquels il cherche à équilibrer les défauts et les qualités, à obtenir de l'homogénéité; il combine en conséquence des cotons de diverses provenances, de même longueur de fibres, mais dont les volumes et les ténacités varient ; on réunit en effet parfois les cotons fins et courts de l'Inde, par exemple, avec les duvets courts et gros du Levant.

C'est là une pratique trop ordinaire pour ne pas la mentionner, ne fût-ce que pour la critiquer et pour recommander d'y avoir recours le moins possible. Nous avons démontré, en effet, par les observations microscopiques d'une part, que les cotons en apparence les plus homogènes laissent à désirer sous le rapport de l'identité des caractères ; de l'autre part, par des expériences sur les qualités des produits, que les mélanges donnent presque toujours de mauvais résultats. Les fils offrent plus de ténacité avec une matière commune homogène, sans mélange, que lorsqu'elle est combinée, même à une espèce supérieure. (Voir chap. VII, § 3.)

Il y a là un fait sur lequel nous ne saurions trop appeler l'attention des praticiens intelligents, précisément parce que la tendance est de plus en plus aux mélanges. On espère souvent corriger l'infériorité d'une espèce en la transformant avec une espèce meilleure. Nous craignons qu'il n'y ait là une erreur technique et économique.

C'est tout au plus si les mélanges de cette sorte sont tolérables pour des fils doublés et retors. Il est possible alors, par la réunion intime des deux, assemblés et fixés par la torsion, d'obtenir une qualité moyenne, résultante de celles combinées mécaniquement de la façon la plus étroite.

CHAPITRE XIII.

STATISTIQUE DE L'INDUSTRIE DU COTON.

§ 1. — France.

L'importance du mouvement commercial et industriel peut s'apprécier par les documents officiels de la France et de l'étranger. Ils démontrent une progression constante dans l'importation et la transformation du coton à partir du commencement du dix-huitième siècle jusqu'à la crise américaine. Les chiffres suivants donnent les quantités introduites, et transformées, à diverses périodes de ces cent soixante années.

1700 environ	250,000 kilogrammes.	
1770 —	1,600,000	—
1787 —	4,000,000	—
1813 —	8,000,000	—
1820 —	20,000,000	—
1825 —	27,000,000	—
1836 —	34,000,000	—
1846 —	48,500,000	—
1856 —	86,000,000	—
1859 —	91,337,453	—

Ces derniers chiffres représentent, à la date qui leur correspond, une valeur de 173,575,110 francs pour la ma-

tière première, dont les produits peuvent être estimés au moins à. . . . . 400,000,000 fr.
auxquels on doit ajouter 4,713,226 kilo-
grammes de tissus et de passementerie en
coton achetés à l'étranger pour . . . . 42,285,000 fr.

la valeur des cotonnades de toutes espèces
s'élevait donc en 1859 à. . . . . 442,285,000 fr.
dont l'industrie française a vendu à l'étranger toute espèce de tissus pour une somme de 121,600,000 francs.

Le mouvement en 1862 a été réduit à peu près des deux tiers par suite des événements des États-Unis. L'importation du coton en laine, qui s'est maintenue à une somme de 149 millions de francs au commerce général, et de 126 pour le commerce spécial, représente cependant à peine une quantité de 34 millions de kilogrammes, les prix ayant augmenté en raison inverse de la production.

Il est à remarquer que le chiffre de l'exportation des cotonnades est de fait supérieur à celui compris dans l'article *tissus*, celui-ci ne mentionnant pas la lingerie et les objets d'habillement en général contenant une notable proportion de coton; leur ensemble s'est élevé, en 1859, à 123 millions de francs. Ce débouché était, en 1854, de 46 millions; il a atteint en 1855 61 millions; en 1856 69 millions; en 1859 123 millions; en 1862 il s'est abaissé à 103 millions, quoiqu'il paraisse devoir s'accroître sensiblement d'année en année, grâce à notre goût et à l'influence des modes françaises dans les pays les plus lointains. Notre commerce doit trouver sous cette forme une moindre concurrence que sous celle de produits en pièces.

Presque toute la matière première mise en œuvre en France dans l'industrie cotonnière lui était fournie naguère par les Etats-Unis. Les chiffres suivants donnent les répartitions par contrées avant la crise américaine.

Importation du coton en laine en France, en 1859 :

Etats-Unis.....................	82,110,564 kil.	156,500,000 francs.
Egypte........................	4,187,951 —	6,910,119 —
Angleterre....................	2,894,650 —	5,066,038 —
Indes anglaises...............	921,908 —	1,521,000 —
Turquie.......................	615,711 —	1,018,925 —
Brésil........................	299,703 —	629,000 —
Pérou et Bolivie..............	168,456 —	336,000 —
Suisse........................	85,738 —	150,042 —
Haïti et République dominicaine.	44,059 —	86,000 —
Indes françaises..............	8,715 —	17,430 —
Totaux.....	91,335,355 kil. à	172,231,152 francs.

La matière première a donc coûté en moyenne 1 fr. 90 c.
le kilogramme. Elle vaut aujourd'hui 6 francs environ.

Les pays qui nous fournissent le plus de tissus de coton sont :
la Suisse, l'Angleterre et la Belgique ; ils se sont réparti les
fournitures, dans cette même année, de la manière suivante :

Tissus, passementeries et rubans.		
Suisse.........	2,123,233 kil.	23,497,397 francs.
Angleterre....	1,298,455 —	9,702,306 —
Belgique......	561,831 —	4,253,308 —
Etats-Sardes..	886,032 —	2,138,382 —
Pays-Bas......	57,303 —	342,516 —
Totaux...	4,976,854 kil.	39,950,969 francs.

La valeur moyenne du kilogramme acheté ressort à 9 fr.
017 c. Pour avoir l'importation complète à la même période il
faut ajouter :

324,866 kil. fils évalués à	2,227,382 francs d'Angleterre.
32,486 —	101,407 — de la Suisse.
Totaux... 357,352 kil.	2,325,789 francs.

Les fils anglais exprotés en France sont surtout d'une certaine

finesse, valant en moyenne 6 fr. 80 c. le kilogramme, tandis
que les fils suisses, de 3 fr. 60 c., sont de qualité ordinaire;
les quantités sont d'ailleurs insignifiantes.

Les pays auxquels nous revendions la matière première
étaient les suivants :

Exportations en 1859 :

	Coton en laine.			
Suisse................	12,160,067 kil.	évalués à	21,888,121	francs
Pays-Bas.............	1,793,551	—	3,228,446	—
Russie..............	253,004	—	455,407	—
Belgique (déchet compris).	243,818	—	661,156	—
Toscane et Lucques......	38,860	—	69,588	—
Villes anséatiques.......	501,785	—	902,212	—
Totaux....	15,191,085 kil.		27,204,930	francs.

Nos tissus en coton sont exportés dans presque tous les pays
du monde, mais sur une échelle relativement peu importante;
le tableau suivant donne ces contrées et les chiffres d'affaires
qui y ont été faits, toujours dans l'année 1859.

Exportations en 1859 :

	Tissus, passementeries, rubans de coton.			
Algérie...............	3,301,958 k.	évalués à	17,095,584	fr.
Angleterre............	1,072,119	—	14,366,290	—
Suisse...............	1,518,187	—	13,505,500	—
Etats-Unis............	917,529	—	11,303,067	—
Espagne..............	740,880	—	7,958,092	—
Etats-Sardes..........	515,874	—	4,993,634	—
Belgique.............	344,560	—	4,520,323	—
Turquie..............	872,670	—	7,771,510	—
Brésil...............	627,653	—	6,690,614	—
Ass. Allemandes.......	279,116	—	3,727,223	—
Deux-Siciles..........	167,857	—	1,890,407	—
Toscane et Lucques.....	143,793	—	1,541,397	—
A reporter ...	10,499,196 k.		95,363,643	fr.

Tissus, passementeries,
rubans de coton.

Report.	10,499,196 k. évalués à		95,363,643 fr.
Mexique	138,083	—	1,412,714 —
Egypte	108,928	—	947,820 —
Portugal	127,668	—	961,419 —
Russie	77,603	—	702,748 —
Etats-Romains	41,204	—	589,331 —
Nouvelle-Grenade	28,388	—	205,580 —
Venezuela	29,475	—	265,542 —
Guatemala, Costa-Rica, Honduras	24,422	—	184,875 —
Grèce	31,739	—	286,393 —
Chili	243,105	—	2,054,009 —
Ile de la Réunion	294,664	—	1,943,706 —
Sénégal	284,707	—	1,724,759 —
Cuba, Porto-Rico	198,409	—	2,481,171 —
Pérou et Bolivie	182,878	—	1,515,950 —
Guadeloupe	229,270	—	1,653,725 —
Martinique	207,720	—	1,510,886 —
Rio de la Plata	124,368	—	1,304,831 —
Uruguay	122,947	—	1,016,720 —
Haïti, République dominicaine	148,355	—	1,061,110 —
Guyane française	36,810	—	248,007 —
Océan Pacifique	16,976	—	167,991 —
Etats-Barbaresques	25,696	—	234,121 —
Indes anglaises	11,629	—	109,330 —
Autriche	9,300	—	105,125 —
Pays-Bas	13,134	—	111,682 —
Villes hanséatiques	12,609	—	105,754 —
Divers	398,905	—	3,551,458 —
Totaux	14,668,185 kilogram.		123,032,622 fr.

La moyenne des prix du kilogramme de ces tissus était donc de 8 fr. 97 c.; les exportations des trois années précédentes à 1859 s'élevait à 129 millions; *au commerce général*, et à 59 6/10 *au commerce spécial.*

Depuis 1859 jusqu'à cette année, malgré les souffrances de l'industrie cotonnière et la disette du coton, la diminution dans l'exportation des cotonnades françaises n'a pas été aussi considérable qu'on aurait pu le supposer. On trouve, en effet, dans les tableaux du commerce de la France publiés par l'administration, les chiffres suivants :

	Exportation, Commerce général.	Exportation, Commerce spécial.
1860.....	123,500,000	69,600,000
1861.....	115,000,000	56,400,000
1862.....	149,400,000	63,300,000

La crise a produit moins d'effet chez nous que chez nos voisins d'outre-Manche, à cause de nos approvisionnements anticipés, d'autant plus efficaces, que la consommation est moins importante.

§ 2. — Angleterre.

Le développement si connu de l'industrie cotonnière en Angleterre était arrivé à un état pléthorique tel, qu'il constituait une sorte de monstruosité sociale. Ses conditions d'existence, les exigences qui en étaient la conséquence et les influences que la question cotonnière exerçait sur tous les rouages de l'organisation politique et sociale anglaise, avaient déterminé depuis quelques années une situation anomale. Elle avait de l'analogie avec celle de ces êtres phénoménaux dont la constitution est à chaque instant en danger par suite du développement de l'un des organes au détriment de l'équilibre général de la constitution du sujet.

Malgré la substitution de la vapeur à la force musculaire et les perfectionnements continuels apportés à l'outillage pour diminuer de plus en plus le nombre de bras, la transformation du coton réclamait des armées de travailleurs et des flottes en permanence entre Liverpool et New-York pour le transport de la matière première. L'Angleterre à elle seule consommait autant de coton que toutes les autres contrées manufacturières réunies, y compris les Etats-Unis ; les chiffres suivants, extraits dès documents officiels, en font foi et démontrent la rapidité du développement de cette industrie chez nos voisins.

Années.		
1700.....	886,000	kilogrammes.
1770.....	2,400,000	—
1787.....	11,350,000	—
1813.....	45,000,000	—
1820.....	68,768,383	—
1825.....	73,377,599	—
1836.....	161,688,850	—
1846.....	296,000,000	—
1856.....	460,000,000	—
1859.....	555,373,049	—

La quantité transformée à cette dernière époque dans ses manufactures était de 442,399,300 kilogrammes.

Restait pour l'exportation, 112,973,749 kilogrammes.

En supposant une valeur moyenne de 1 fr. 40 c. par kilogramme de coton amené sur le marché anglais, le chiffre de l'importation s'élevait par conséquent à :

$$555,373,049,616^k \times 1^r,40 = 777,522,269^r.$$

et celui de la quantité transformée dans le Royaume-Uni, à :

$$442,399,300^k \times 1^r40 = 619,359,020^r.$$

L'on peut admettre sans erreur sensible que les produits résultant de la matière première, qui représente en moyenne une valeur triple de celle-ci, s'élèvent à une somme de :

$$442,399,800,000^k \times 4^r,20 = 1,858,077,060^r.$$

Sur ce chiffre de près de 2 milliards de cotonnades, l'industrie anglaise a vendu, en 1859, dans tous les pays du monde, une quantité de produits de :

$$353,953,433^k, \text{ à } 4^r,2 = 1,486,684,418^r,$$

dans lesquels la valeur des filés entrait pour une somme de 237,500,000 francs.

La population de la Grande-Bretagne tout entière ne suffirait pas aux manufactures de coton actuelles, si les transformations automatiques ne s'étaient substituées au travail à la main.

La puissance envahissante et prédominante de l'industrie cotonnière en Angleterre se démontre d'une façon plus saisissante encore en comparant la valeur de l'exportation à laquelle elle donne lieu à celles résultant de ses autres produits.

Or le Royaume-Uni a exporté en 1859, dans tous les pays du monde, une quantité de marchandises évaluée par les documents officiels à une somme d'environ *trois milliards et un tiers* (3,264,010,675 francs), qui se décompose de la manière suivante :

Fils et tissus de toute nature, coton, laine, lin, soie, purs et mélangés, ensemble.. 1,799,128,850 fr. ou 53 % du mouvement général.

Produits autres que les textiles, ensemble.... 1,461,181,825 fr. ou 47 %

Ces produits textiles se décomposent à leur tour de la manière suivante :

En fils et tissus de coton....................... 1,252,111,100 fr. ou 35 %
Lainages... 377,828,425 fr. ⎫
Fils et tissus de lin et de chanvre.............. 157,293,350 fr. ⎬ ou 18 %
Soieries de toutes sortes........................ 58,795,975 fr. ⎭

Ces chiffres ont leur signification bien nette, ils font ressortir spontanément la situation industrielle de l'Angleterre et justifient la qualification de *the king Cotton* (le roi Coton) et celle de *the lord of the Cotton;* que sont les exigences et les priviléges d'un roi et d'un lord auprès des nécessités du *king Cotton?*

Cette situation de l'industrie cotonnière anglaise a souvent été signalée comme un danger par les observateurs impartiaux. Nous ne nous sommes pas fait faute nous-même de faire ressortir dans notre enseignement public les fâcheuses conséquences à craindre à ce sujet, sans prévoir néanmoins que les faits nous donneraient sitôt raison ; car si tous les pays industriels souffrent de la crise cotonnière du moment, ces souffrances sont loin de celles éprouvées par le Royaume-Uni, où elles touchent à des questions d'avenir de la plus grande gravité[1]. Une transformation générale des rapports commerciaux des diverses contrées en sera évidemment la conséquence.

§ 3.— Etat des quantités de coton consommées de 1858 à 1859 dans les différents pays industriels autres que l'Angleterre et la France.

Etats-Unis	112,000,000
Allemagne, en y comprenant ce qui passe par Trieste	52,000,000
Hollande	9,800,000
Belgique	12,000,000
Gênes, Naples, etc	20,000,000
Espagne	16,000,000

Il résulte de ces chiffres que la Grande-Bretagne à elle seule fait un commerce de coton trois fois aussi considérable que tout le continent européen et si on y ajoute les États-Unis, il est encore le double de celui des autres pays.

§ 4. — Consommation générale du coton par semaine en Europe dans les temps normaux.

Ces quantités, comme nous venons de le faire remarquer, ne portent que sur les importations de chaque contrée ; pour avoir la consommation propre à chacune d'elles, il faudrait en défalquer les quantités exportées et le stock restant de l'année, ces détails offrent peu d'intérêt au lecteur ; nous nous bornerons à

---

[1] La nécessité de payer en numéraire les cotons, qui se soldaient par l'échange d'objets manufacturés, a contribué pour sa part, à la crise monétaire dont l'influence sur les affaires en général n'est que trop manifeste.

donner, d'après plusieurs documents, ce que la consommation pour chacune des contrées susmentionnées avait été par semaine dans les dernières années qui ont précédé la crise :

Grande-Bretagne....	39,065	balles [1].
France..............	8,596	—
Belgique............	1,096	—
Hollande...........	1,883	—
Allemagne	4,142	—
Trieste	1,442	—
Gênes, Naples, etc...	1,730	—
Espagne............	1,730	—
Russie, Norwége, etc.	3,846	—
Total	63,530	balles.

Dont 24,465 pour le continent.

Les quantités correspondantes en 1856 avaient même atteint des chiffres plus élevés; d'après les mêmes documents, elles représentaient :

	Par semaine.
Pour le continent....................	29,055 balles.
Pour l'Angleterre (les trois royaumes).	41,987 —
	71,042 balles.
Et pour l'Amérique du Nord.........	14,271 —

La totalité du coton consommé pour l'approvisionnement hebdomadaire des filatures automatiques était donc de 85,313 ou 4,265,650 balles par an; en retranchant 15 pour 100 pour le déchet, on arrive à la consommation annuelle du monde, non compris les Indes et la Chine. Les États-Unis en fournissaient en moyenne 3 millions de balles, le reste était obtenu par les Indes, le Brésil, l'Égypte et le Levant, encore pour une trop faible quantité; nos colonies d'Afrique ne peuvent figurer que pour mémoire. Les faibles inexactitudes de détail qui pour-

---

[1] Le poids de ces balles est variable; on peut le supposer, en moyenne, de 185 kilogrammes.

raient exister dans ces chiffres, sont sans importance sur l'appréciation de l'ensemble des transactions colossales dont nous voulons donner une idée.

§ 5. — Résumé des quantités produites et fournies par les divers pays en 1859 :

Etats-Unis........................	720,000,000 k.
Indes orientales.................	1,050,000,000 k.
Indes occidentales, les îles et la Guyane	7,000,000 k,
Amérique du Sud et Brésil.....	14,000,000 k., exportés seulement.
Afrique { Egypte...............	32,000,000 k., total de la production
{ Algérie.................	3,600,000 k.
Contrées méditerranéennes, Naples, Sicile, Malte et Turquie d'Asie, ensemble.............	18,300,000 k.

Ces chiffres ont besoin de quelques explications justificatives. Ceux concernant la production des États-Unis sont peu discutables, ils résultent des documents statistiques d'Amérique, corroborés par les états d'exportation dans les diverses contrées, complétés par les quantités consommées par l'industrie américaine elle-même.

Il n'en est pas de même de la production énorme indiquée pour les Indes, on n'a pu l'établir ici que par approximation hypothétique, en prenant pour base la population et la quantité moyenne annuelle de coton à l'usage de vêtement consommée par individu; on y a ajouté celle employée pour d'autres destinations, et enfin les quantités officielles constatées pour l'exportation. L'Inde anglaise, peuplée par 150 millions d'individus dont les vêtements sont exclusivement en coton et en jute, doit consommer à cette destination au moins 3 kilogrammes par individu et par an. (Un Anglais consomme cette quantité, non compris les vêtements de toile et de laine, dont l'Indien use à peine.)

Ainsi donc, pour cet emploi seulement, $3 \times 150{,}000{,}000 = 450{,}000{,}000$ kilogrammes. On estime, de plus, d'après T. Ellison, une consommation au moins égale de 450 millions de kilogrammes pour objet de literie, tentes, tapis, tentures, harnachements pour chevaux et une foule d'autres objets faits en chanvre, lin ou en laine dans nos contrées et auxquels les Indiens emploient exclusivement le coton. En ajoutant à ces quantités 150 millions de kilogrammes exportés en Europe et en Chine, on reproduit le chiffre du tableau ci-dessus[1]. C'est là la source la plus prochaine et la plus directe où l'industrie anglaise puise pour combler le déficit résultant de la situation des États-Unis. Avec l'intervention des moyens de transport auxquels l'Angleterre travaille avec activité et le percement de l'isthme de Suez qu'elle voit cependant avec chagrin, elle pourra maintenir et augmenter son approvisionnement colossal. Les chiffres concernant les Indes occidentales et le Brésil ne portent que sur les quantités exportées de ces pays. L'insignifiance relative dans la production de la première de ces contrées est à remarquer,

[1] Le partage entre la consommation *intérieure* de l'Inde et les exportations s'est naturellement modifié en présence des circonstances qui ont augmenté la valeur des cotons de ce pays. Sur ses productions, l'Inde a expédié en Angleterre les quantités suivantes :

Années.		
1855	64,108,000	kilogrammes.
1856	82,190,000	—
1857	113,993,000	—
1858	60,436,000	—
1859	87,579,000	—
1860	92,937,000	—
1861	168,045,000	—

Ce qui constitue une augmentation d'importation de 162 pour 100 en sept ans, et de plus des 4/5 si l'on compare 1860 à 1861. Ces exportations sont néanmoins insignifiantes relativement à la supputation des auteurs anglais qui ont donné les chiffres ci-dessus, peu en rapport avec les nôtres. (§ 2.)

surtout en présence de son ancienne importance; il résulte en effet des documents statistiques que, dès 1786, ces contrées fournissaient plus de 10 millions de kilogrammes de coton à l'Europe [1]. On attribue la décroissance de la production à l'insuffisance des bras et à la cherté de la main-d'œuvre dans le pays. Les conditions de la culture y paraissent on ne peut plus avantageuses. Quoique la récolte du Brésil n'ait pas été en diminuant dans les mêmes proportions, elle est loin cependant d'avoir pris une extension en raison de celle des autres pays cotonniers, et surtout des Etats-Unis.

En chiffrant avec l'exactitude voulue les fournitures cotonnières actuelles d'après ce qui précède, on trouve que sur les quantités totales la part des Etats-Unis était de 71 pour 100, celle des Indes de 19 1/2, du Brésil 5 pour 100 et de l'Egypte 4 1/2, tandis qu'il résulte de divers documents que, vers le commencement de ce siècle, ces rapports étaient pour les Etats-Unis 47 pour 100, le Brésil 20, les Indes 33 et l'Egypte 0.

Le mouvement d'un demi-siècle a donc presque doublé pour les Etats-Unis; il est dû en grande partie à l'invention de la machine à égrener de Whitney, qui a permis de traiter le coton sur une grande échelle. Les chiffres du paragraphe suivant démontrent cette progression ascendante.

§ 6. — Progression de la culture du coton aux Etats-Unis.

Les Américains ont en effet marché à pas de géant dans le développement de cette denrée. Les premières traces officielles de l'expédition du nouveau monde en Europe remontent de 1747 à 1748, et s'élevaient à sept balles. La seconde expédition, de 1770, s'élevait à 1,000 kilogrammes. Chacun sait que

---

[1] Article Coton Manufacturé, *Encyclopedia britannica*, 8e édition; Hand-book, the cotton trade.

la troisième, faite en 1784, de 14,000 kilogrammes, suscita des doutes de la part des Anglais, ils ne pouvaient admettre que les Amériques pussent en fournir une si grande quantité.

L'exportation de	1791 s'éleva à	94,658 kilogrammes[1].	
—	1793 —	243,800	—
—	1794 —	800,380	—
—	1795 —	3,133,150	—
—	1800 —	8,844,912	—
—	1810 —	46,680,731	—
—	1820 —	62,446,202	—
—	1830 —	138,439,842	—
—	1840 —	265,102,550	—
—	1850 —	463,663,545	—
—	1857 —	400,000,000	—
—	1859 —	550,000,000	—

§ 7. — Coton d'Afrique.

Quoique l'Afrique soit un des pays où le coton paraît avoir été le plus anciennement connu, sa culture y a été sans développement appréciable jusqu'à ces derniers temps. Ce n'est que vers 1820 que Méhémet-Ali a cherché à propager la fructueuse plante en Egypte. Elle s'y est progressivement étendue au point de fournir jusqu'à 32 millions de kilogrammes au moment de la crise des Etats-Unis. Et grâce au stimulant des prix actuels, la récolte courante atteindra au moins 40 millions de kilogrammes et pourra facilement être doublée dans un temps plus ou moins rapproché. Elle est susceptible d'un développement gigantesque si l'on s'en rapporte à une pétition récente de l'Association de Manchester pour l'approvisionnement du coton adressée au vice-roi d'Egypte pour l'extension de cette culture. Le document dit qu'il existe actuellement, dans la basse Egypte, 3 millions de feddahs de terre cultivés, admi-

[1] *American polytechnie Journal Washington, 1853.*

rablement adaptés à la production du cotonnier, dont une irrigation suffisante et des moyens perfectionnés d'exploitation pourraient donner, par an, 3 millions de balles dont la valeur au plus bas prix ne peut pas être estimée à moins de 30 à 35 millions sterling. Presque toute cette production est destinée au commerce extérieur, la consommation de l'industrie du pays, ou plutôt du pacha, en transforme annuellement de 6 à 8 millions à peine.

L'exemple de l'Egypte doit être un encouragement pour nos producteurs de l'Algérie et de notre colonie d'Afrique. Les 3 ou 4 millions de coton de cette source démontrent qu'on peut arriver aux plus belles qualités comparables à celles du géorgie longue soie. Les conditions économiques, l'organisation locale, l'inexpérience inséparable à toute nouvelle culture, peuvent seules donner les motifs de la lenteur avec laquelle cette production s'y développe. Mais on ne saurait trop rappeler qu'il en a été de même dans toutes les contrées qui occupent aujourd'hui le premier rang dans l'exploitation du cotonnier. La comparaison du point de départ à l'état actuel de l'Amérique doit être un stimulant pour toutes les contrées où les conditions climatériques rendent cette culture possible.

Nous n'entendons pas dire que la situation de l'Afrique, et principalement de nos colonies, puisse être assimilée dès à présent, sous le rapport de l'objet qui nous occupe, à celle des Etats-Unis. Les conditions sont toutes différentes ; la main-d'œuvre et la constitution physique des travailleurs jouent un rôle important dans les questions agricoles ; nous ne pouvons cependant admettre que le maintien de l'esclavage, cette honte des sociétés anciennes, soit indispensable à la prospérité actuelle d'un pays. L'Amérique a d'ailleurs démontré une des premières que les machines, ces esclaves légitimes et infatigables, peuvent non-seulement faire une concurrence avantageuse à la main-d'œuvre taxée au plus bas, mais qu'elles résolvent des questions économiques d'une solution impossible sans leur intervention. L'histoire de l'épluchage entre autres est là pour l'attester; jusqu'en 1792, un esclave produisait à peine 4 à 500 grammes par jour, le commerce du coton était dès lors insignifiant, il n'a pu prendre son essor qu'à partir de l'époque où Whitney a imaginé la machine avec laquelle un homme et un enfant peuvent égrener de 800 à 1,000 kilogrammes dans le même temps. Aussi les Américains déclarent leur pays aussi redevable à Whitney que l'Angleterre l'est aux inventeurs de la filature automatique. Si on se reporte d'ailleurs à deux siècles en arrière, on aura la preuve que le travail agricole des climats chauds peut se faire aussi bien par des travailleurs blancs, des engagés volontaires, que par des nègres. Au dix-septième siècle, en effet, des armateurs de nos ports de Dieppe, Saint-Malo, du Havre, entreprenaient le recrutement d'ouvriers pour les colonies; ceux-ci s'engageaient en général pour trois ans; leur temps fini, ils devenaient libres et souvent propriétaires. (*Revue des Deux Mondes*, 30ᵉ année, 2ᵉ période, 1ᵉʳ septembre 1861.)

Le progrès mécanique obtenu dans l'égrenage ne peut-il être réalisé dans les différents travaux que réclame la terre? Malgré la lenteur relative de l'introduction des machines dans l'agriculture en général, il ne nous est plus permis cependant de douter de la part qui leur est réservée dans cette voie. Les conséquences de cette révolution dans le travail agricole sont incalculables, surtout pour des contrées divisées en grandes propriétés qui manquent de bras, comme nos possessions d'Afrique. Nous en disons autant de l'*Australie*, qui est, sous ce rapport, à l'Angleterre ce que l'Afrique devrait être à la France, et, par conséquent, aux espérances du monde industriel. Les prolétaires indiens et chinois commencent à comprendre tout ce que le beau climat de la première de ces contrées et son régime libéral leur offrent de ressources. Le gouvernement et les associations privées de l'Angleterre, sentant la nécessité d'échapper à la dépendance dans laquelle les a tenu leur grande pourvoyeuse de coton, saisissent avec empressement toutes les occasions et ne reculent devant aucun sacrifice pour s'affranchir au moins en partie de la domination indirecte des Etats-Unis.

La crise américaine a mûri cette question de l'esclavage aussi bien au point de vue matériel et technique que sous le rapport moral. Il est *démontré* d'une manière incontestable que le prix du travail esclave va en croissant en raison de la diminution de la population nègre, qui est loin de se reproduire dans les conditions normales.

La valeur de ces bêtes de somme humaines augmente donc chaque jour, en présence d'un rendement tout au plus stationnaire et destiné à devenir de plus en plus irrégulier et insuffisant. L'activité du travail libre n'admet, au contraire, ni obstacle ni limite, elle est expansive et féconde, lors même que la tâche du travailleur est ingrate, son foyer lui est une consolation permanente et un stimulant énergique, les progrès qui l'entourent lui signalent un prochain triomphe. Aucun ne peut lui être indifférent, quelque humble que soit sa position.

L'esclave, lui, reste complétement désintéressé aux progrès sociaux et à la marche de l'humanité. Si on voulait comparer l'état de l'esclave romain avant l'avénement du christianisme à celui de l'esclave américain d'aujourd'hui, vivant au sein d'une population et sous le joug de maîtres se disant chrétiens, le parallèle serait au profit de l'esclavage ancien. Il avait la compensation de fournir des artistes, des poëtes, des lettrés et même des philosophes et des moralistes. Aujourd'hui, c'est à la manifestation d'un malheureux Brown que se borne de temps à autre, la preuve que certains d'entre eux savent encore mesurer le degré de leur abjection! Les progrès de la civilisation sont tels dans les pays libres, qu'ils n'ont rien à envier même sous le rapport de la production économique, au travail forcé. Nous avons la conviction que ce fait se démontrera de plus en plus par la culture du coton trop souvent invoquée en faveur du maintien de l'esclavage.

Notre colonie de l'Algérie surtout prouvera que ce n'est pas parce que le régime de l'esclavage y est banni que la production du coton y est restée stationnaire, mais bien au contraire parce que la liberté y était insuffisante. Celle-ci aidant, la manifestation des progrès de toutes sortes amènera infailliblement des résultats tellement éloquents, qu'ils feront plus pour la destruction de cette exploitation réprouvée que n'ont pu faire jusqu'ici les raisonnements inspirés par les meilleurs sentiments, et même les catastrophes dont le nouveau monde offre de si malheureux exemples.

L'Égypte et l'Algérie ne sont pas les seules contrées africaines destinées à devenir des pourvoyeuses de coton. Le Sénégal et le Gabon, d'après les affirmations d'un officier du génie distingué qui a fait une étude spéciale de ces pays, seraient susceptibles de développer bientôt la culture du cotonnier [1].

De toutes les variétés, celle dont la production s'était plutôt amoindrie que développée depuis un siècle et demi jusqu'à la crise américaine est celle du Levant, comprenant Smyrne, Chypre, Salonique et la Turquie. Les fibres de cette provenance sont irrégulières dans la masse, généralement peu propres. Les sortes les plus ordinaires sont employées aux produits les plus communs et surtout à la fabrication des mèches, dont la combustion est facilitée par l'inflammabilité particulière de ce coton.

L'état des choses s'améliore tellement à son tour dans ces

---

[1] *De la production du coton dans nos colonies*, par M. Poulain. Paris, 1863.

contrées, que les localités sous la juridiction de Salonique ont produit à elles seules environ 100,000 balles en 1863.

§ 8. — Coton de la Chine.

A ces ressources très-sérieuses offertes dès à présent il faut ajouter celles à espérer de la Chine. Elle demandait elle-même, naguère encore, des cotons de la presqu'île du Gange, et ses exportations sur nos marchés étaient nulles. Cependant l'Angleterre a reçu près de 20 millions de kilogrammes de cette provenance en 1863, venant directement de Chang-Haï et de Ningpo ; ces cotons ont été vendus 1 fr. 86 c. à 1 fr. 93 c.; qui sait si, malgré son infériorité relative, d'ici à quelques années la Chine n'aura pas contribué largement à combler le vide résultant de la crise cotonnière, comme elle est parvenue à le faire pour les *soies*, depuis qu'une épidémie frappe le *bombyx mori* dans les diverses contrées occidentales.

§ 9. — Valeur des établissements qui filent le coton dans les divers pays.

Pour arriver à ces évaluations, il suffit de connaître la quantité de coton filé par une broche dans un temps donné, et le prix de cette broche avec toutes les dépenses qu'entraîne sa mise en action. Ce rendement varie, il est vrai, dans l'unité de temps, en raison inverse de la finesse du produit. Dans les numéros courants ordinaires, 27/28 pour chaîne, et 36/38 pour trame bien conditionnés, elle peut produire, 60 grammes de fil en douze heures de travail; en numéro 100, c'est à peine 7 grammes ; et de 5 à 6 grammes si c'est du numéro 150 à 160, etc. L'on arrive approximativement à une appréciation moyenne, en supputant les proportions entre la matière première dans les qualités diverses; pour le géorgie longue soie et le jumel, particulièrement réservés aux numéros élevés, le rapport ne dépasse pas 5 pour 100 de la masse du coton récolté; nous pouvons donc supposer tout d'abord que les filés au delà du numéro 150 n'entrent pas pour plus de 1/20 dans la production totale. Au-dessus et au-dessous des titres ci-dessus, il y a encore, il est vrai, une série de finesses. Mais la grande production a surtout les numéros moyens pour base. Elle peut être estimée, sans notables chances d'erreur, en tenant compte des déchets, à 40 grammes en moyenne par broche et par jour. Or, d'après les tableaux officiels publiés par les différentes contrées, nous avons vu que le travail automatique dans le monde absorbe par semaine 85,313 balles représentant environ 2,650,400 kilogrammes par jour.

Le nombre de broches nécessaires pour filer cette quantité, sera donc :

$$\frac{2,650,484,16}{0,040} = 66,262,104 \text{ broches.}$$

Pour arriver à la somme représentative de ce nombre d'organes, il faut tenir compte des pays où ils fonctionnent, attendu qu'ils coûtent moins cher en Angleterre et en Amérique que sur le continent. On compte, en général, qu'une filature complète, immeuble, moteur et machines, établie avec tous les progrès réalisés jusqu'ici, et les bâtiments aussi soignés que possible, en briques ou en pierre, suivant les localités, et même avec charpente en fer pour certains autres, telles que la Belgique et l'Angleterre, revient à son propriétaire, *clef en main*, de 50 à 55 francs la broche[1]. En Angleterre, l'on peut

---

[1] Ce prix de la broche concerne les établissements existant depuis un certain nombre d'années. Aujourd'hui une filature complète peut être établie à raison de 31 francs la broche, conformément aux calculs du chapitre traitant de l'établissement de l'usine.

obtenir le même établissement au maximum à 35 francs. Nous avons lieu de supposer cette dépense, pour l'Amérique, de 40 à 50 francs ; soit en moyenne 45 francs.

Comme la consommation de l'Amérique et du continent réunis est à peu près égale à celle des trois royaumes de la Grande-Bretagne, l'on est amené à une valeur moyenne de 40 francs par broche; celle des filatures automatiques réunies sera par conséquent $66,262,104 \times 40 = 2,650,484,160$ francs.

§ 10. — Nombre de personnes qu'il faudrait pour filer la quantité produite par ces broches.

Le nombre d'ouvriers, hommes et femmes, nécessaire pour le service de ces usines, en calculant une personne pour 130 broches seulement, serait évidemment trop bas, car il suppose les établissements fonctionnant avec tous les progrès du jour et ayant réduit le personnel à un minimum; or il n'en est pas encore ainsi : dans beaucoup d'usines il faut au moins une personne par 120 broches, et, dans d'autres, une par 100. L'on peut donc avancer, avec un certain degré de certitude, l'emploi au minimum de 2,650,484,6 individus. Si l'on voulait se rendre compte des hommes que représente la force motrice employée, on y arriverait en en supposant en moyenne 7 pour la force d'un cheval, menant 110 broches, celui des chevaux de 75 kilogrammètres étant de $\frac{2,650,484,6}{110} = 602,882$, représentant 4,216,674 hommes, qui ajoutés au nombre ci-dessus donnent près de 7 millions de personnes, seulement pour la force motrice des établissements automatiques qui filent le coton.

Mais, pour arriver exactement à évaluer le personnel nécessaire aux filatures actuelles, il est bon de faire remarquer que les broches mécaniques tournent avec une vitesse de

6,000 tours en moyenne à la minute, et la fileuse en fait faire à peine 60 à la sienne d'une manière régulière. Il faudrait donc cent fois autant de rouets que de broches ; ce serait plus de *soixante-six millions* de personnes pour le filage, non compris les préparations, qui en exigeraient davantage.

Mais à ce nombre il faudrait ajouter l'état-major administratif, les employés de toutes sortes, tels que charretiers, hommes de peine, ouvriers mécaniciens pour les réparations, graisseurs, portiers, veilleurs de nuit, etc. Et encore n'aurait-on ainsi que des forces comparées, indépendamment des résultats. Si l'on voulait chercher le nombre de rouets nécessaires à la consommation des deux millions et demi de kilogrammes filés par jour dans le monde industriel, en faisant entrer en ligne de compte les conditions de finesse et de régularité obtenues par les moyens en usage, la solution deviendrait tellement complexe, qu'elle serait impossible, réduite à la transformation de la matière en fil ; que serait-ce si on la suivait *sous toutes ses formes* à l'état de tissus écru, blanchi, teint, imprimé et apprêté ?

§ 11. — Les conséquences de la crise sur le travail du coton depuis 1862.

Si, grâce à notre situation industrielle, à la prudence et à l'énergie des manufacturiers français, la crise cotonnière a eu des conséquences moins désastreuses qu'on ne pouvait le craindre, il n'en a pas été de même chez nos voisins d'outre-Manche.

Sur 1,678 filatures, occupant 349,316 personnes lorsqu'elles sont en activité, 278, représentant le travail de 57,861 personnes, sont entièrement fermées ; dans celles qui n'ont pas cessé de fonctionner, un quart seulement des ouvriers reçoivent un salaire entier. La plupart ne travaillent que de deux à cinq jours la semaine.

Cet état de choses représente une diminution de plus de *deux millions* de francs de salaire direct par semaine pour la filature seulement qui occupe le moins de bras. Le tissage, dont le chômage est proportionnel, nécessite une population à peu près double, il reste à ajouter les bras inoccupés dans la teinture, l'impression, les apprêts, et parmi le personnel indirectement employé au service de ces diverses branches manufacturières. La décroissance de la consommation moyenne du coton par semaine, en 1861 et 1862, qui a produit cette perturbation résulte des chiffres suivants :

Années.	Balles.	Consommation moyenne par semaine. Espèces de coton.		
		Américain.	Surate.	Autres.
1861	43,655	37,760	2,755	3,145 balles.
1862	27,360	8,240	15,040	5,080 —

Ce tableau démontre la diminution des arrivages d'Amérique et l'augmentation de ceux de l'Inde.

Les stocks varient de la même façon d'après les constatations suivantes :

	Mai 1861.	Mai 1862.
Stock des cotons de Surate. . .	303,700	314,300 balles.
— de provenances diverses .	102,800	104,400 —
— total à Liverpool.	1,624,700	547,330 —
— à Londres et à Glascow. .	72,400	62,900 —
— sur le continent	370,400	77,700 —
— total en Europe	2,067,500	687,930 — [1]

L'Europe se trouvait donc en présence d'un déficit d'approvisionnement de 1,399,570 balles, dont 110,000 balles pour l'industrie de la Grande-Bretagne.

Ce vide, joint aux élévations successives des cours qui en sont la conséquence, compliquent la crise. Les prix des produits deviennent tels, que la masse des consommateurs ordi-

---

[1] Ce tableau est extrait des documents des *Annales du commerce extérieur*.

naires diminue en raison inverse de ces accroissements. Le tableau suivant des consommations et des prix moyens en Angleterre dans les quatorzes dernières années est une nouvelle preuve de l'appui de cette loi élémentaire à laquelle les transactions sont soumises.

	Stock au 31 décembre. Cotons de toute sorte. Balles.	Consommation moyenne par semaine pendant l'année. Balles.	Nombre de semaines de travail assuré par le stock.	Prix moyen au kilog. du coton new-orléans au 31 décembre.
1848	496,030	26,828	15	0 fr. 86 c.
1849	557,760	28,330	20	1 36
1850	521,120	28,649	20	1 64
1851	494,600	30,171	16	1 60
1852	657,521	35,120	19	1 36
1853	717,580	33,646	21	1 30
1854	624,450	36,208	17	1 04
1855	486,470	39,007	12 1/2	1 30
1856	332,740	42,075	8	1 50
1857	452,500	36,290	12 1/2	1 26
1858	371,990	40,314	9	1 40
1859	470,499	42,942	11	1 50
1860	594,500	47,434	12 1/2	1 58
1861	622,560	45,648	14	2 52
1862	392,450	22,097	18	5 78
1863	514,000	26,492	19	5

Enfin, le relevé des cours au 31 décembre des sept dernières années, pour des cotons des Etats-unis et de l'Inde, et le chiffre actuel des exportations compléteront les moyens de comparaison et établiront nettement l'importance de la perturbation.

	1857 kilog.	1858 kilog.	1859 kilog.	1860 kilog.	1861 kilog.	1862 kilog.	1863 kilog.	Mars 1864 kilog.
Nouvelle-orléans..	1f,43	1f,60	1f,57	1f,72	2f,72	5f,78	7f,70	6f,40
Dhollerah.	1 ,03	1 ,32	1 ,09	1 ,23	1 ,69	4 ,07	5 ,80	5 ,00[1]

Quant à l'exportation, qui s'était élevée à près de 2 milliards, c'est à peine si elle a atteint 114,000,000 de francs en 1863 !

[1] Ces prix sont des moyennes concernant autant que possible des qualités intermédiaires et identiques; ils semblent indiquer une réaction si les prix actuels ne sont pas la conséquence de la spéculation et du jeu.

Cet état de choses ne justifie que trop les nombreux efforts faits pour augmenter la production de la matière première et pour trouver des substances identiques ou similaires, susceptibles de faire des fils qui puissent remplacer ceux du coton, sinon dans toutes leurs destinations, du moins pour certains usages. Ce sont les résultats de ces recherches pour arriver à des succédanés de ce genre dont nous allons nous occuper.

CHAPITRE XIV.

SUCCÉDANÉS DU COTON.

§ 1. — Origines des divers succédanés.

Les interstices vasculaires et les spires des parois des tiges, les nervures des feuilles, les duvets des gousses et les chatons d'une quantité innombrable de plantes sont des agrégations de filaments plus ou moins fins, élastiques, résistants, abondants, faciles à isoler et à épurer, et propres en apparence à être transformés en fils et en étoffes.

La plupart des végétaux supposés susceptibles de fournir des matières textiles avantageuses ont été l'objet de recherches et d'essais industriels plus nombreux qu'on ne pourrait le croire à la vue des annonces réitérées de prétendues découvertes de substances filamenteuses destinées à rivaliser avec celles en usage, et surtout avec le coton. Lorsque celui-ci fit son apparition dans l'industrie, on essayait déjà une foule d'autres fibres végétales dans le même but. Le développement extraordinaire de la culture du cotonnier dans le nouveau monde et la fortune industrielle de sa dépouille dans l'ancien continuèrent à stimuler les recherches et les essais dans le but de lui trouver sinon un rival, on ne l'espérait déjà plus, au moins une *doublure* ou substitut au besoin.

Les investigations et expérimentations qui remontaient à plus de deux siècles [1] ont été reprises avec une nouvelle énergie depuis le commencement de la crise cotonnière à laquelle nous assistons. Si les recherches faites jusqu'ici n'ont pu faire découvrir une substance dont les avantages économiques, les caractères et les propriétés soient susceptibles de rivaliser avec le coton, elles ont du moins contribué à apporter récemment et à transformer en Europe des matières exotiques, tels que le *china-grass* et surtout le *jute*, dont l'emploi se développe chaque jour au profit des arts textiles. L'importance de la fabrication de la dernière de ces matières, considérée sous le rapport du poids manufacturé, dépasse déjà en Angleterre celle du chanvre et n'est pas éloignée de celle du lin, avec les produits desquels les siens peuvent se confondre en apparence. Les fibres analogues, plus flatteuses même à l'œil, telles que celles du phormium, des agaves, des yucas, des ananas, etc., bien antérieurement connues et essayées en Europe, n'ont pu jusqu'ici devenir l'objet d'une fabrication sérieuse. Leur transformation a encore généralement lieu par le travail à la main, et leur usage se borne à quelques objets de vannerie, de passementerie et de corderie.

Cependant, des filaments à première vue moins susceptibles d'une exploitation pratique, tels que ceux du genêt d'Espagne, de l'écorce des noix de coco, du palmier nain, des feuilles du

---

[1] Olivier de Serres, entre autres, indique l'écorce du mûrier, pour en retirer des filaments propres à faire des cordages et des toiles.

pin, etc., donnent lieu, dans diverses contrées, à des industries intéressantes par les caractères des produits qui en résultent, si ce n'est par une grande importance. Le bas prix de ces matières premières, leur ténacité et certaines propriétés spéciales développées par la transformation, permettent d'en faire à l'état pur ou mélangé des produits économiques, tels que des tapis, du crin végétal, des couvertures et autres produits communs.

Mais ce ne sont pas les fibres telles qu'elles existent naturellement dans les tiges, les feuilles et les écorces, lors même qu'elles seraient isolées et épurées avec le plus grand soin, qui paraissent devoir fournir une substance offrant les caractères si remarquables du coton. C'est dans les duvets des plantes qu'il est rationnel de lui chercher un substitut, c'est là que les botanistes et les technologues les ont tout d'abord signalés aux industriels.

Diverses sortes de duvets végétaux dont les arts textiles ont essayé la transformation. — Plusieurs espèces de chardons ordinaires, dont fait partie le *chardon aux ânes* (carduus), qui fleurissent l'été presque partout dans nos climats, au bord des chemins, se terminent par des aigrettes plumeuses ou sont couvertes sur leurs diverses parties d'un duvet cotonneux imitant une toile d'araignée que l'on a cherché depuis longtemps à utiliser, soit pur, soit mélangé de coton ou de laine, pour en faire des fils. Les technologues et les industriels allemands se sont surtout occupés de cette application vers la fin du siècle dernier. On lit dans un ouvrage allemand [1], publié à Leipzig en 1794 : « Quatre mille trois cents houppes sèches de chardons, pesant un peu plus de 3 livres, donnent 1 livre de duvet épuré qui peut produire autant de résultat au feutrage que 2 livres de poils de lièvre d'hiver. »

[1] *Technische Geschiete der pflanzen,* t. I, p. 172.

L'auteur ajoute, d'après divers recueils, « que ce duvet et d'autres analogues, tirés de différentes plantes, ont été également mélangés à de la laine, à du coton, à de la soie, et transformés en fils lisses pour trame et même pour chaîne, en les tordant et en les encollant convenablement. »

Différentes espèces de plantes marécageuses et de roseaux, et entre autres l'*arundo* et le *typha, massette* vulgaire ou masse-d'eau, qui végètent, les premiers dans le midi de la France, en Espagne, en Italie et dans tout le midi de l'Europe, les seconds aux bords des rivières et dans les étangs et terrains boueux, voient succéder à leurs fleurs des filaments longs, soyeux, très-fins, fort légers. Leurs transformations ont été également depuis plus d'un siècle l'objet de recherches abandonnées et reprises de temps à autre. Le peu de longueur de certains d'entre eux, leur faible densité et surtout l'absence d'élasticité sensible les rendent peu propres aux opérations de la filature et surtout aux étirages, si on les emploie purs ; mais il n'est pas impossible d'en faire des fils, en les mélangeant à certaines autres substances textiles, et principalement à la laine vrillée, attendu que leur caractère le plus remarquable réside dans leur propriété feutrante. Les duvets de l'arundo offrent cette faculté d'une manière inattendue pour une substance végétale. Il résulte, en effet, d'expériences auxquelles nous nous sommes livré, que l'on peut obtenir un bon feutre pour chapeau avec un mélange de poils de lapin où l'arundo entre pour près des deux tiers en poids. Si l'application pratique de cette matière n'a pas le succès auquel son aptitude spéciale semble la destiner, c'est sans doute à cause de la difficulté de séparer économiquement les nombreuses paillettes corticales auxquelles elles adhèrent intimement dans l'aigrette, le travail à la main de cette épuration élevant considérablement le prix de revient ; cet inconvénient était bien moindre à une époque où la valeur de la main-d'œuvre était insignifiante. Cette circonstance ex-

plique, ce nous semble, comment l'usage de ce genre de filaments a pu pour un moment se développer plus sérieusement
avant l'ère du travail automatique qu'aujourd'hui.

L'osier fleuri (*epiliorium*), le peuplier (*populus*), le saule
(*salix*), les asclépias et plusieurs espèces d'arbres et de plantes
indigènes, dont les semences sont accompagnées ou enveloppées
à leur maturité d'un duvet plus ou moins fin, lisse, brillant et
soyeux, ont été à leur tour l'objet d'investigations et d'essais de
même genre, qui n'ont pu avoir de suite à cause de l'insuffisance de longueur, de l'absence d'élasticité et souvent de la
légèreté extraordinaire de ces fibres qui se dispersent dans tous
les sens au moindre souffle de vent ou sous l'action de la plus
petite agitation dans leur voisinage.

Nous pourrions multiplier l'énumération des végétaux à duvet, surtout si nous abordions les nombreuses plantes des régions tropicales, où le genre des malvacées, auquel appartient le
cotonnier, donne tant d'espèces à filaments courts et légers, et
entre autres le *bombax*, que les naturels du pays n'ont pu faire
servir jusqu'ici qu'aux objets de couchage. Certains duvets
végétaux de nos contrées servent aux mêmes usages, dans
quelques localités du nord de l'Europe, et entre autres dans
la Suède, la Norwége et la Russie.

Existe-t-il quelque autre végétal fournisseur de duvets présentant l'ensemble des propriétés remarquables de celui du cotonnier, comme on l'a fait espérer récemment à la Société d'ac-
climatation? Serait-il possible, par une modification agricole,
d'améliorer également les caractères des plantes à duvets qui
n'ont pu être employées jusqu'à présent? Parviendra-t-on par
quelque heureuse invention soit à épurer économiquement
ceux qui, dès à présent au moins, peuvent devenir un auxiliaire des substances employées au feutrage, et à créer des machines permettant de filer et de tisser les filaments de ce genre
actuellement rebelles à ce travail?

Ce n'est pas par la solution de ces diverses questions que la plupart des chercheurs pensent arriver à un succédané du coton, et nous pensons comme eux, aussi s'efforcent-ils à tourner la difficulté en transformant les organes les plus répandus de la respiration et de la nutrition des plantes en une cellulose pure, leur supposant des propriétés textiles analogues ou équivalentes à celles du coton.

§ 2. — Cotonisation des filasses en général.

La prétention de tirer des tiges, des feuilles et des écorces d'une foule de plantes une espèce de filament susceptible d'être transformé comme le coton, et de pouvoir donner les mêmes résultats, est loin d'être nouvelle, avons-nous dit. Olivier de Serres n'est pas le seul qui ait songé à la possibilité de tirer une matière propre à faire du beau linge des fibres de l'écorce du mûrier. Des voyageurs, et entre autres Forster, parlent de l'emploi des fibres de cette écorce, de celle de l'arbre à pain et du figuier, par les naturels des contrées qui produisent ces végétaux. Mais les renseignements qu'ils donnent sur les modes d'extraction et de préparation prouvent qu'il s'agit plutôt de l'usage d'une espèce de filasse dans le genre de celle du lin, de l'ortie, de la guimauve, du houblon, etc., dont on a fait quelques applications, que d'un filament offrant de l'analogie avec le duvet du cotonnier, et pouvant être transformé par les mêmes moyens et destiné aux mêmes usages. Les procédés de *cotonisation* ont au contraire en vue la production d'une matière pouvant servir aux mêmes fins que le coton. Ils avaient déjà été essayés dans le dernier siècle. Les transactions suédoises de 1747, les essais de lady Moira en 1775, du baron Meiding en 1777, etc., en témoignent. Berthollet, qui a repris cette idée au commencement de celui-ci, le dit lui-même en

indiquant la manière d'opérer et les résultats qu'il a obtenus.
Ce point de départ nouveau offrant un double intérêt, celui
qui s'attache au nom de l'auteur et aux circonstances actuelles,
nous donnons dans son entier la note du célèbre chimiste,
telle qu'elle est reproduite tome I, page 67, du *Bulletin de la
Société d'encouragement pour l'industrie nationale.*

*Notice sur une méthode de donner au lin et au chanvre les apparences
du coton,* par le comte BERTHOLLET.

(Extraite du *Journal de l'École polytechnique.*)

« Lorsque je m'occupais de l'application de l'acide muriatique
oxygéné à l'art du blanchiment, je fis des épreuves sur la filasse, et j'en ai aussi parlé dans le tome Ier des *Éléments de teinture,* page 258 : « J'ai essayé de blanchir complétement de la
« filasse par la méthode que j'ai employée pour les fils, mais
« quoique ces filaments doivent par là perdre un peu de leur
« solidité, ils prennent cependant une si grande disposition à se
« séparer et à se diviser, qu'ils seraient beaucoup plus difficiles
« à filer, et qu'ils feraient un fil beaucoup moins solide. »

« Depuis lors, différents artistes se sont occupés avec plus ou
moins de succès des moyens de tirer de la filasse une matière
analogue au coton. Un Helvétien, le comte Clavs, a même fait
depuis assez longtemps un établissement dans lequel il exécute
cette espèce de préparation.

« J'ignore quels sont les procédés qui ont été employés jusqu'à
présent, mais je suis parvenu, par le moyen de l'acide muriatique oxygéné, à obtenir une matière plus belle qu'aucune de
celles dont la connaissance me soit parvenue.

« Le procédé tout simple que je vais décrire a été exécuté
dans un laboratoire de l'École polytechnique, par le comte
Gay-Lussac, alors élève de cette école.

« On coupe la filasse en fragments d'environ $0^m,06$ de longueur; on la recouvre d'eau, dans laquelle on la laisse trois ou quatre jours; après cela on lui fait subir une ébullition dans l'eau simple, on la lave avec soin, on la lessive, on la passe à l'acide muriatique oxygéné : quatre immersions dans l'acide muriatique oxygéné et quatre lessives suffisent ordinairement; on finit par la passer dans un bain d'eau chargé de deux centièmes d'acide sulfurique. Au sortir de ce bain tiède dans lequel on l'a laissée près d'une demi-heure, on la lave avec beaucoup de soin et on la plonge dans une eau chargée de savon; on l'étend ensuite, sans l'exprimer, sur des claies, et on la laisse sécher, sans cependant qu'elle parvienne à une trop forte dessiccation. Toutes ces opérations, depuis la première immersion jusqu'à la dessiccation, n'ont exigé que cinq ou six heures, lorsqu'on agit sur de petites quantités.

« La filasse ainsi préparée a été remise au comte Molard, qui a bien voulu se charger des opérations mécaniques : il a fait passer la filasse blanchie par un peigne, et ensuite par une carde. Il a éprouvé quelques difficultés à raison des nœuds qui étaient parsemés dans la filasse, mais ce savant mécanicien a bientôt surmonté cet inconvénient.

« J'ai présenté à la classe des sciences physiques et mathématiques de l'Institut, le 6 prairial an VIII, un échantillon de la matière préparée qui égalait le coton par sa blancheur et ses autres qualités apparentes. Cependant le comte Molard a reproché à la matière cotonneuse d'être trop courte.

« Le comte Bawens a aussi mis en œuvre la matière cotonneuse préparée dans le laboratoire de l'école au moyen de belles machines qu'il possède à sa manufacture de Chaillot. Il n'a pas rencontré de difficultés d'exécution, mais il a également trouvé les filaments trop courts, quoiqu'il en ait fait faire un fil très-fin et d'une consistance satisfaisante.

« C'est donc l'inconvénient d'être réduit en filaments trop

courts qu'il faut corriger dans la première préparation, et je crois qu'un moyen assuré de le faire est de ne pas achever le blanchiment, mais de s'arrêter à la troisième opération ; s'il en faut quatre pour compléter le blanchiment, alors on l'achèverait sur les fils ou sûr le tissu.

« Dans l'opération du blanchiment il faut éviter les lessives trop fortes, mais il faut les employer bouillantes. Nous nous sommes convaincu que tous les moyens qui diminuent l'odeur de l'acide muriatique oxygéné affaiblissent l'action, de sorte qu'il faut l'employer dans sa pureté et ne chercher à se préserver de l'odeur que par la construction de l'appareil et par le mode de l'application, objets que l'usage a rendus faciles ; il faut même l'employer dans un état de concentration, sinon l'on est obligé de multiplier beaucoup plus les opérations.

« On a terminé le procédé par une immersion dans l'eau chargée de savon, qu'on n'a pas exprimée, pour que les filaments ne contractassent pas trop d'adhésion par la dessiccation, et cédassent facilement à la séparation qui devrait être opérée pour la carde ; mais il y a apparence qu'en prévenant une trop forte dessiccation cet inconvénient qu'on a éprouvé dans le premier essai n'aura pas lieu, et qu'alors on pourra supprimer cette immersion.

« Il est remarquable que, soit qu'on emploie le plus beau lin ou la grossière étoupe de chanvre, on parvienne à des filaments égaux par la finesse et la blancheur.

« Cette indication suffira aux artistes assez habitués aux manipulations chimiques, pour les guider dans le blanchiment, mais je n'ai rien à dire sur les dispositions mécaniques du cardage et de la filature, parce que ce n'est pas moi qui les aie exécutées.

« Si je ne me fais pas illusion, cette application du procédé, déjà ancien, peut offrir de grands avantages, puisqu'elle peut changer la filature, qui jusqu'à présent exige le rouet, en celle beaucoup moins dispendieuse qui s'exécute par le moyen des machines, et qu'elle peut convertir un produit grossier de notre agriculture, même des rebuts, tels que ceux des corderies, en une substance précieuse pour les arts.

«C'est ce motif qui m'a déterminé à insérer cette notice dans le journal d'un établissement particulièrement consacré à l'utilité publique, quoiqu'elle ne présente rien de nouveau comme objet scientifique. »

Cette note confirme ce que nous disions précédemment sur les essais tentés bien avant ce siècle sur la transformation des filasses et des déchets de filasse de toute espèce en une matière filamenteuse beaucoup plus divisée et plus blanche que celle qui la fournit. Mais, ainsi préparée, la substance est loin de présenter les caractères du coton ; si elle est également blanche, sa masse manque d'homogénéité, et ses fibres varient considérablement de longueur et même de finesse. Ces inégalités, jointes aux nœuds signalés par M. Molard, ont toujours été les défauts de ces sortes de produits. Leurs déchets aux préparations, ajoutés aux frais des transformations, élèvent le prix de ces matières à celui du coton ordinaire dans les circonstances normales, quoiqu'elles soient loin d'être aussi propres à la fabrication des fils et des tissus.

Le *flax-cotton*, qui a fait tant de bruit il y a une douzaine d'années, était, à son tour, une cellulose extraite des végétaux, et entre autres du chanvre et du lin, au moyen de divers alcalis dont les dissolutions servaient à chaud ou à froid, suivant le plus ou moins de rapidité à imprimer au traitement ; ce résultat n'était pas plus à l'abri de reproche que celui obtenu par Berthollet, les défauts du produit et les inconvénients du procédé étaient à peu près les mêmes que ceux que nous venons de signaler.

§ 3. — Reprise du traitement de l'écorce du mûrier.

Ces insuccès et les recherches continuant, l'on a eu l'idée de reprendre bien des fois l'écorce du mûrier, signalée et traitée au seizième siècle, pour en tirer une matière filamenteuse. De nombreux brevets ont été pris récemment dans ce but en France et en Italie. L'auteur de l'un de ces brevets demandé en 1855 débute en disant : « L'écorce du mûrier renferme une quantité de matières textiles dont les inventeurs ne croient pas qu'on ait jamais signalé ni l'existence ni la nature, et que, dans tous les cas, on n'était pas parvenu à isoler complétement. »

La base du traitement proposé par ces inventeurs est encore l'emploi successif des lessives alcalines caustiques, de bains de chlore et d'acide chlorhydrique, d'après une méthode progressive et graduée ; on lave la substance à l'eau courante entre chacun de ces traitements. Enfin, les auteurs ajoutent que les fibres du mûrier ainsi obtenues jouissent de la propriété de feutrer aussi bien et mieux que les poils et autres matières employées dans la chapellerie.

§ 4. — Le fibrilia.

Il a paru tout récemment, en 1861, une brochure ayant pour titre : *Le Fibrilia, substitut pratique et économique du coton,* comprenant, dit encore le titre, *la description complète du procédé de* COTONISATION *du lin, du chanvre, du jute, de l'herbe de Chine et des autres fibres de même nature, traduit de l'américain par Hippolyte Vattemare.* Cette brochure fut envoyée à la plupart des gouvernements européens, à l'académie des sciences et aux diverses sociétés scientifiques et industrielles.

En outre de la spécification, la patente américaine de *Jona-*

than Knoweles, inventeur des procédés de cotonisation, la brochure contient l'histoire naturelle du lin, des considérations sur la culture en vue de la fabrication du fibrilia ; des observations sur le rouissage, la description du procédé Claussen sur le blanchiment, la teinture, etc. Nous ne nous arrêterons un instant qu'au procédé de l'inventeur, résumé par lui-même dans les termes suivants :

« L'invention que je réclame est la méthode ci-dessus décrite, ayant pour objet la préparation de la fibre végétale pour l'épluchage, le cardage, le filage et le tissage par les moyens mécaniques actuellement employés pour accomplir les opérations correspondantes sur le coton et la laine : 1° En immergeant ou faisant bouillir la fibre dans une solution alcaline ; 2° en la lavant dans de l'eau ; 3° en l'immergeant dans un mélange de chlorine de sel, afin de la blanchir et de la diviser simultanément ; 4° en la lavant dans l'eau et en la séchant, ainsi que je l'ai expliqué ci-dessus. »

Ce résumé ne peut laisser aucun doute sur les termes de notre appréciation adressée à M. Wattemare et insérée en tête de sa brochure ; nous répondîmes en effet à ses bienveillantes sollicitations d'ajouter quelques notes à son travail, « qu'il nous paraissait assez clair pour pouvoir se passer de tout commentaire. » En dire davantage dans le moment, comme nous l'avons fait vis-à-vis de l'administration supérieure qui a bien voulu nous consulter, eût laissé supposer que nos appréciations étaient celles d'un théoricien dans la mauvaise acception du mot, ou d'un *routinier,* selon certains novateurs dont on n'accepte pas les idées avec assez d'enthousiasme ou d'empressement ; sachant d'ailleurs que des expériences prochaines devaient être tentées, il nous a paru plus impartial d'en attendre les résultats.

§ 5. — Considérations générales sur les divers procédés de cotonisation et leurs conséquences.

Nous n'avons pas à revenir sur l'analogie, pour ne pas dire l'identité des divers moyens et méthodes pour extraire les filaments textiles purs des nombreuses plantes qui en contiennent; toutes sont des applications plus ou moins intelligemment faites des connaissances de la chimie élémentaire, et de l'action des diverses bases sur les végétaux. Les acides n'interviennent que pour faire disparaître les traces d'alcalis, parfois aussi pour hâter ou augmenter la désagrégation, et obtenir plus facilement la cellulose pure. Ces corps donnent, il est vrai, des résultats très-séduisants à l'œil, mais au détriment de la ténacité de la substance; une trace même assez faible pour n'être pas appréciable aux réactifs *mine* les filaments après un séjour plus ou moins long, les rend friables, et les attaque de façon à leur faire perdre leur ténacité; c'est précisément cette propriété des acides qui facilite la désagrégation, mais bien souvent on ne l'obtient qu'au détriment de la qualité. Les lavages très-abondants ne suffisent pas toujours pour éviter l'inconvénient. Reste donc pour les industriels prudents l'emploi des dissolutions alcalines chaudes ou froides et l'épuration à l'eau pure, de façon à arriver aux fibres aussi divisées que possible de la cellulose, blanchie ou non. Le blanchiment peut toujours être obtenu par les moyens ordinaires appliqués aux substances végétales en général.

Mais cette cellulose est composée d'organes ou débris d'organes dont les fonctions et le siége varient, non-seulement d'une plante à l'autre, d'un lieu au voisin, mais encore dans la même plante, suivant la partie qui la fournit. Qu'elle provienne de la racine ou du sommet, de vaisseaux qui charient un liquide, ou de spires des canaux conducteurs de l'air et des parties plus ou moins internes de la tige ou tube, il résulte de ces circonstances naturelles des inégalités relativement très-considérables dans les filaments, et une masse hétérogène. Lorsque, pour amoindrir ce dernier inconvénient, si grave au point de vue du traitement mécanique, on étend les limites de la transformation jusqu'à une divisibilité où ces différences semblent disparaître, on ne peut l'atteindre sans énerver la matière et la rendre friable. De là les défauts que nous avons pu constater dans les nombreuses substances de ce genre provenant d'origines diverses et obtenues par des expérimentateurs parfois très-habiles. Ces défauts se résument presque *toujours* dans l'inégalité considérable des longueurs et des finesses des fibres, et surtout dans la faible élasticité amoindrie souvent par la présence de nœuds ou de grosseurs.

Quelle différence entre une substance filamenteuse de ce genre et le coton même le plus mauvais, le plus difficile à traiter, le coton de l'Inde ou du Levant ! La nature le fournit à peu près pur, toutes les fibres d'une gousse ont la même fonction, chacune d'elles est un organe d'une constitution définie et inaltérable. La maturité met sa propriété particulièrement élastique en évidence, le tube dont chaque fibrille se compose, se dilate et tend alors à se projeter au dehors de sa gousse, en vertu de cette propriété précieuse. Et si certains cotons, comme ceux dont nous venons de parler, offrent des difficultés aux transformations, il faut en grande partie les attribuer au mauvais conditionnement de la récolte et des expéditions. L'humidité contenue dans les balles, les impuretés de toute espèce que contiennent les envois de l'Inde ne peuvent, en effet, être attribuées aux caractères intimes ni à la constitution de la matière.

Il est néanmoins inutile de dire que nous établissons des différences tranchées entre les diverses variétés de cotons de même nature dont les prix varient, dans les temps normaux, de 2 à 12 francs le kilogramme, et que nous ne mettons pas le tinevelly ou le surate, par exemple, sur la même ligne que le géorgie longue soie. Nos observations ne portent que sur la constitution, les caractères et les propriétés de l'ensemble des variétés d'un même genre, afin d'en tirer les conséquences applicables au sujet qui nous occupe.

Jusqu'ici nous n'avons envisagé que les résultats; indépendamment des conditions de la production, nous avons parlé seulement des ressemblances et des dissemblances entre les végétaux cotonisés et le coton, sans nous préoccuper de la possibilité d'un approvisionnement important à des conditions économiques. Envisagée sous ce point de vue, la question se complique singulièrement, si c'est le chanvre et le lin, par exemple, dont la culture est déjà insuffisante dans les contrées industrielles où ils sont filés et tissés, qu'il s'agit de métamorphoser en coton, comme on l'a proposé parfois. En supposant, contrairement aux résultats obtenus dans le passé, la possibilité d'un développement de leur culture dans un assez bref délai, on se trouvera néanmoins en présence d'une filasse aussi chère que le coton ordinaire, à laquelle il faudra ajouter les frais résultant de la cotonisation et des déchets qu'elle occasionne. On arriverait ainsi, après bien des difficultés, à un filament d'une qualité très-inférieure à celle du coton le plus commun et d'un prix de revient probablement plus élevé.

Des objections analogues, et peut-être plus sérieuses, peuvent être faites à l'emploi de la plupart des autres plantes proposées. Quelques-unes, sans usage et sans valeur aujourd'hui, occasionneraient bientôt une dépense notable lorsqu'il faudrait les cultiver en grand pour des besoins courants, et ne fourniraient pas comme le chanvre et le lin une première rémunération dans la récolte de leurs graines.

On est frappé de ces faits lorsqu'on cherche à se rendre un compte positif des chances d'exploitation de la plupart des espèces de filaments de ce genre, et c'est alors que tous les élements de la supériorité du coton et les conditions avantageuses auxquelles il peut être produit dans les contrées de l'Orient se manifestent avec plus d'éclat.

L'industrie ne peut-elle néanmoins utiliser plus sérieusement la plupart des végétaux dont nous avons parlé? Nous sommes convaincu, au contraire, de la possibilité d'employer certains d'entre eux à des usages spéciaux. Le palmier nain, le sparte ou genêt d'Espagne, connus depuis si longtemps et employés jusqu'ici à des applications presque insignifiantes, sont à la veille de servir, sur une échelle considérable, à un objet particulièrement intéressant, à former une bonne enveloppe de câble pour la transmission des dépêches transatlantiques. Les moindres sources de filaments sont l'objet de recherches en ce moment. les nattes en roseaux exotiques dont sont formés les sacs à sucre et à café des colonies, sont parfois détissées et effilochées pour en faire la base de certains tapis communs.

Qui n'a admiré, à l'exposition dernière à Londres, les magnifiques tissus et tentures unis et façonnés, formés par des mélanges de fils de jute et de coco? Et ce n'est là qu'un emploi secondaire de la première de ces matières, dont nous avons déjà signalé l'importance industrielle, acquise avec une rapidité surprenante.

La fortune de ces diverses applications, dont les exemples pourraient être multipliés, tient précisément à la connaissance de leurs caractères, à l'entente judicieuse des transformations et à leur appropriation convenable. Si, au lieu d'avoir cherché des usages spéciaux, l'on avait tenté de les *cotoniser*, il est certain que leur rôle industriel eût été aussi éphémère que celui des matières analogues auxquelles on a vainement cherché à donner la destination du coton.

§ 6. — Soies sauvages.

L'auxiliaire le plus inattendu du coton sera peut-être l'une ou plusieurs des sortes de soies, inférieures sous le rapport des apparences et du brillant, désignées sous les diverses dénominations de soie du ver de l'ailante, du ricin, du chêne, etc., confondues souvent sous le nom unique de *soie sauvage*, à cause de la nature rustique de l'insecte qui peut la produire en plein air et de son aspect beaucoup moins séduisant à l'œil que la soie en filament continu du bombyx.

Pour que les soies de cette nature deviennent, nous ne dirons pas des substituts, mais des auxiliaires du coton, susceptibles d'être employées comme lui dans une foule de cas, et même par fois avec un plus grand avantage, parce que certains de ces fils, simples ou gréges, pourront être substitués aux fils doublés et retordus, il faudra que leurs prix ne dépassent pas sensiblement ceux du bon coton. C'est là un point que les producteurs des fils du cocon de l'ailante, ou autres soies analogues, ne doivent pas perdre de vue. En supposant les moyens du dévidage des cocons tout à fait pratiques, il n'est guère possible d'estimer la dépense de cette transformation au-dessous de celle du dévidage des cocons ordinaires, c'est-à-dire en moyenne de 7 à 8 francs le kilogramme de la grége obtenue. Supposons-la seulement à 5 francs, il faudra y ajouter lé prix de la matière première, on arriverait alors à très-peu près au coût des plus beaux cotons qui font le moins défaut et dont la consommation est assez limitée. Pour que ces soies nouvelles viennent en aide à la grande consommation, il ne faut songer qu'aux substances transformées directement en bourre destinée à être peignée et au *frison*, et réserver la grége ou fil continu des cocons sauvages à certaines destinations qui peuvent employer des matières d'un prix assez élevé. Si cependant on parvenait à faire avec ces soies dévidées des titres aussi réguliers et aussi fins que ceux des gréges ordinaires, elles trouveraient sans doute des applications inattendues. La longueur extrême fournie au kilogramme pourrait compenser l'élévation du prix de la transformation. Les matières soyeuses actuellement à meilleur marché et qui commencent à être employées sont les déchets de fils tordus, du tissage et même des chiffons de soie effilochés, grâce à l'application d'une machine inventée tout récemment.

§ 7. — Le plus sûr substitut du coton des Etats-Unis se réalisera par l'accroissement de la culture du cotonnier dans les autres contrées.

Mais en attendant les services des divers auxiliaires dont il vient d'être question, il faut chercher le vrai substitut du coton des Etats-Unis dans le coton des autres contrées, qui le produisent déjà sur une échelle relativement considérable. Il faut revenir aujourd'hui aux contrées citées autrefois en première ligne comme les pourvoyeuses du monde, et entre autres à l'Inde, au Levant et aux colonies. Sans la concurrence écrasante et imprévue faite à l'univers entier par les États-Unis depuis une soixantaine d'années, ces localités paralysées dans leur développement eussent sans doute pris une plus grande part à l'approvisionnement de l'industrie européenne. Il est triste de voir ce que sont devenues nos colonies françaises, par exemple, si florissantes alors sous ce rapport.

Nous avons déjà cité à ce sujet (chap. 1er) les renseignements fournis par le *Dictionnaire du commerce* de J. Savary. Voici maintenant le témoignage d'une autre autorité.

M. Quatremère Disjonval, dans un mémoire couronné par l'académie des sciences le 21 avril 1784, disait : « Je ne parlerai plus des cotonniers du royaume de Naples et de la Calabre, puisque ce végétal paraît plutôt s'y anéantir peu à peu qu'y mériter nos regards [1] ; c'est en Amérique qu'il faut passer pour le voir se relever avec presque tous les avantages que nous lui avons reconnus dans l'Inde ; et j'avoue que c'est dans cette partie du monde que je me complais vraiment à le considérer, moins encore parce qu'il est partout le fruit de la culture et de l'art que parce que c'est la France.

« Le *coton de Siam*. On nomme ainsi aux Antilles une sorte de coton soyeux dont la graine a été apportée de Siam. Ce coton est d'une finesse extraordinaire, en sorte qu'il passe même la soie pour la douceur, ce qui en rend le filage plus beau et plus facile ; sa couleur naturelle est la couleur café clair ; on en fait aux îles des bas qui sont préférables aux bas de soie, par leur état et leur beauté, ils s'y vendent jusqu'à 10, 12 et 15 écus la paire. Il s'en fabrique pourtant très-peu, à cause que cet ouvrage consomme beaucoup de temps. »

Suivent ensuite des raisonnements sur les variétés et les prix des cotons vendus sur le marché d'Amsterdam, sur les droits des cotons en laine et sur les cotons filés à leur rentrée en France. Les cotons filés de Damas étaient connus sous le nom de *cotons d'once*, et ceux de Jérusalem se vendaient sous celui de *bazacs* ; cette contrée possède les plus beaux cotonniers de l'Amérique, par la position de ses îles. Ses ennemis mêmes seront toujours ses tributaires pour cette marchandise précieuse.

« Ce sont les Espagnols qui possèdent les cotonniers les plus méridionaux de l'Amérique, ceux du Brésil et de Maragnan. On trouve peu après, en remontant vers le nord, ceux de Cayenne, colonie française qui existait à peine il y a vingt ans, et qui fournit aujourd'hui à l'Europe les plus beaux cotons qu'elle emploie ; on trouve enfin plus haut encore dans cette région, ceux de Surinam, colonie hollandaise, qui en produit également une très-grande quantité. Ces trois possessions ayant à peu près la même latitude que le Bengale, c'est la partie de

[1] Il n'en est plus ainsi, l'Italie reprend cette culture avec énergie.

l'Amérique où le cotonnier se rapproche le plus du cotonnier de l'Inde; mais il est annuel dans le nouveau continent, et vivace dans l'ancien [1]. »

Les cotons de l'Inde et de notre colonie de Cayenne étaient par conséquent les plus recherchés alors; malheureusement ces cotons, surtout ceux des Indes orientales et des colonies anglaises, comme nous l'avons vu, sont aujourd'hui les moins estimés sur les marchés européens; ont-ils dégénéré ou ceux des États-Unis se sont-ils perfectionnés depuis Quatremère Disjonval? Les deux hypothèses nous paraissent exactes : pendant que les Indiens apathiques, soumis aux misères d'un pays conquis, restaient au moins stationnaires dans la culture, les soins apportés aux récoltes, etc., les Américains ont, au contraire, progressé à pas de géant dans ces diverses directions. Que restera-t-il de cette prospérité, et quelles nations seront le plus promptement héritières de la clientèle cotonnière délaissée par les Etats-Unis? Malgré le temps perdu par les Anglais dans l'Inde, ce pays contribue davantage chaque jour à combler le déficit. L'Égypte, le Brésil, les colonies françaises, l'Afrique et quelques autres contrées développent de leur côté de plus en plus la production du précieux textile. De nombreuses explorations, les publications de l'Association de Manchester pour le développement de la culture du coton dans le monde, et des chiffres des tableaux précédemment cités prouvent que l'élan est énergiquement imprimé; il se maintiendra sans doute et ne saurait manquer de produire bientôt une réaction complète dans les prix.

Les qualités des cotons de ces pays, en s'améliorant infailliblement, se perfectionneront dans les divers points qui laissent à désirer; les moyens techniques sont déjà modifiés pour arriver plus sûrement aux résultats. Lorsque les divers pays cotonniers qui se sont laissé si longtemps primer par la con-

---

[1] Essais sur les caractères qui distinguent les cotons des diverses parties du monde, Paris, 1784.

currence des États-Unis, seront pourvus de capitaux et des bras que l'on cherche à leur fournir, le coton reviendra aux bras et aux capitaux de l'Europe, et la grande crise de l'industrie européenne aura au moins servi à rétablir un équilibre menacé depuis trop longtemps.

Que deviendra l'Algérie dans ce mouvement extraordinaire, l'Algérie, dont la production quoique restreinte démontre cependant l'aptitude, et qui, au dire des hommes les plus compétents, est susceptible de produire les diverses variétés de coton à des prix rémunérateurs? Faisons des vœux pour la réalisation loyale de certains projets dont il est question, et pour que la destinée de cette nouvelle colonisation soit plus heureuse, sous le rapport de la production du coton, que ne l'a été celle de nos établissements d'Amérique.

CHAPITRE XV.

REVUE DES PROGRÈS TECHNIQUES RÉALISÉS DANS LA TRANSFORMATION DU COTON.

§ 1. — Depuis l'origine jusqu'à la dernière exposition universelle.

Il résulte de nos recherches et des indications précédentes que les Orientaux et les Levantins restèrent seuls en possession des moyens de travailler le coton jusqu'au quatorzième siècle, les tentatives faites antérieurement en Espagne sont dues aux Maures. Celles des Génois paraissent également remonter à cette époque, son premier emploi dans nos contrées et en Angleterre semble avoir été appliqué à la production des mèches de chandelles et à la bonneterie ; l'on trouve des débuts timides dans la tisseranderie seulement un siècle après, quelques ouvriers anglais en firent des fils pour former la trame des futaines, tissus grossiers, dont la chaîne était en lin. Les outils employés au filage se bornaient au fuseau et au rouet, relégués aujourd'hui dans quelques campagnes et chez les peuples asiatiques. Malgré les progrès que l'on put apporter à la transformation, les procédés restèrent les mêmes pendant près de deux siècles encore jusqu'à l'époque de l'application des moyens nouveaux, qui, tout en amenant le développement prodigieux précédemment constaté, contribua à changer la face des industries textiles en général.

Quoique cette révolution économique remonte à un siècle à peine, il est néanmoins difficile d'assigner avec toute la précision voulue la part de chacun des auteurs et promoteurs qui y ont contribué, les progrès se sont succédé avec une telle rapidité, qu'il devient difficile de les fixer. L'histoire industrielle des inventions les plus importantes dans cette direction est demeurée, sauf quelques légères rectifications, ce que l'a faite, à tort ou à raison, la notoriété publique basée sur la tradition et quelques documents incomplets. Il ne pouvait en être autrement avec un état civil des inventions dont l'origine en France a soixante-neuf ans à peine. Certaines publications antérieures, tels que le *Journal des savants,* les Mémoires de l'ancienne académie des sciences, quelques dictionnaires technologiques, et surtout l'*Encyclopédie des Arts et Métiers*, s'en étaient occupées, il est vrai ; mais à l'exception de cette dernière grande œuvre, critiquable sans contredit sous le rapport historique, mais très-intéressante par sa classification méthodique, la clarté de ses descriptions et la précision des indications générales sur les moyens en usage alors dans les arts, on ne retrouve aucun plan ni aucune suite, concernant le même sujet, dans les autres ouvrages qui s'occupaient parfois de l'application des sciences à l'industrie. Les travaux les plus importants du temps y sont souvent passés sous silence. Pour prouver le fait, il suffit de dire, que le fameux métier de Vaucanson, qui causa une si grande sensation de curiosité dans son temps, et dont il a été si justement question de nouveau depuis quelques années, n'avait été publié nulle part avant 1847[1]. Il eût été perdu si le Conservatoire des arts et métiers n'avait fait religieusement restaurer le seul modèle existant et légué par le célèbre savant à son pays. Des lacunes aussi regrettables s'expliquent cependant lorsqu'on songe que les inventions sont souvent le résultat d'un bon sens trop prématuré pour être justement apprécié par leurs contemporains.

Nous croyons en avoir dit assez pour justifier les motifs pour lesquels nous ne citerons qu'incidemment des noms devenus populaires, et sur lesquels de nouvelles dissertations ne pourraient rien apprendre au lecteur.

L'histoire des progrès industriels que nous voulons plus particulièrement envisager ne prend, d'ailleurs, d'importance qu'à partir de la fin du dernier siècle. Jusque-là le travail du filage en général n'avait à sa disposition que quelques ustensiles des plus simples : des baguettes élastiques, une claie ou un filet pour épousseter la substance et la débarrasser des corps étrangers, l'arçon sous l'action duquel les filaments reprennent la flexibilité primitive, la carde à la main de la matelassière pour les épurer complétement, les redresser et les ranger en nappe, enfin le fuseau ou le rouet, qui les tord, les renvide sous forme de fil obtenu par une série de glissements successifs entre les doigts. Tels sont les appareils élémentaires dont l'origine est inconnue. L'on assigne cependant une date et un nom à l'invention du rouet ; on l'attribue généralement à un nommé *Burgens*, de Wattenmut, près de Brunswick, qui l'aurait

---

[1] Cette description se trouve pour la première fois dans l'*Essai des industries textiles*, chez M. Lacroix, libraire, 15, quai Malaquais.

imaginé en 1530. M. le général Poncelet fait justement remarquer qu'il s'agit « des prétentions absolues à ce sujet comme de celles qui concernent l'invention de beaucoup d'autres machines dues aux progrès lents des arts mécaniques, et dont plusieurs pays s'attribuent à la fois, mais à tort et très-souvent par pure ignorance, le mérite exclusif[1]. » Quoi qu'il en soit, c'est bien à partir de la première moitié du seizième siècle que le rouet commença à se propager et à se substituer presque complétement au fuseau primitif. Il resta depuis lors jusqu'en 1789 presque exclusivement en possession de la transformation des substances textiles, même en Angleterre, quoique l'invention première du métier à filer dans ce pays remonte à 1738. L'on trouve en effet dans un document du temps que le nombre de rouets encore en usage pour filer le coton dans la Grande-Bretagne était de 5,000, vers l'époque désignée par la première date ci-dessus[2]. Divers documents statistiques, tant anglais que français, estiment à 2,400,000 kilogrammes le coton transformé par ces rouets. En France la consommation de la même matière s'élevait alors à 600,000 kilogrammes environ. Quelques années suffirent pour que l'influence des machines nouvelles produisît un résultat significatif et élevât vers 1787 la consommation anglaise à 12 millions de kilogrammes et celle de la France à 4 millions par an. « Cette énorme quantité, dit encore M. de Canteleu, en parlant de la production anglaise, provient, dans les proportions suivantes :

Des îles anglaises.	6,000,000 liv. angl.
Des colonies françaises et espagnoles.	6,000,000 —
A reporter.	12,000,000 liv. angl.

[1] Travaux de la commission française de l'Exposition universelle de 1851, t. III, p. 6.

[2] Mémoire sur la filature et la fabrication du coton en Angleterre, par M. Lecouteulx de Canteleu, député de Rouen. Paris, 1790, Imprimerie nationale.

Report.	12,000,000	liv. angl.
Des colonies hollandaises.	1,700,000	—
Des colonies portugaises	2,500,000	—
Des Indes orientales, par voie d'Ostende . . .	100,000	—
De Smyrne et Turquie	5,700,000	—
	22,000,000	liv. angl.

« L'on estime que cette quantité sera employée, ajoute-t-il :

Pour les mèches de bougies et de chandelles.	1,500,000	livres.
Pour la bonneterie	1,500,000	—
Pour les étoffes mélangées soie et fil	2,000,000	—
Pour la partie des futaines	6,000,000	—
Pour les calicots, mousselines, etc.	11,000,000	—
	22,000,000	livres [1]. »

Les premières machines cylindriques à carder le coton et les plus anciens métiers à filer, à broches multiples, construits en France, paraissent remonter à 1775. Quoique l'on cardât encore généralement à la main et que l'on filât au grand rouet, il n'en est pas moins démontré, d'une manière incontestable, que Roland de la Platière avait fait construire, dès lors, des cardes mues par une manivelle et dont les dispositions principales méritent une mention succincte. Sur un bâti en bois se trouvait une toile sans fin, qui recevait le coton pour l'amener à une paire de cylindres alimentaires dont le premier était cannelé et le second garni de dents, et par conséquent sans pression. Des alimentaires les filaments passaient à un grand cylindre travailleur, auquel ils étaient enlevés par un tambour

---

[1] Le nouveau monde, les États-Unis d'aujourd'hui, qui, dans ces dernières années, ont fourni plus de 500 millions de kilogrammes de coton à l'Europe, comptaient si peu alors, que les Anglais doutèrent, comme nous l'avons déjà dit, si les 14,000 kilogrammes de coton américain annoncés pour 1784 avaient bien cette origine, tant l'envoi parut considérable auprès des *premières* 7 *balles* de 1748 et des 1,000 kilogrammes envoyés en 1770 de cette contrée en Europe.

dépouilleur plus petit, qui les fournissait enfin au grand tambour cardeur. (Cette disposition paraît devoir être reprise avec avantage.) Sur la demi-circonférence supérieure du grand tambour se trouvait une série de cylindres travailleurs, de même diamètre; enfin le coton était détaché du grand rouleau par un cylindre d'un diamètre moindre correspondant au volant des cardes actuelles, et celui-ci en était dépouillé et fournissait des *loquettes* par l'action d'une espèce de petit moulinet à palettes. Une carde semblable pouvait carder, dit l'auteur, de 50 à 60 livres de coton de 16 onces par jour. L'on remarquera cette quantité, aussi considérable que celle que peut faire aujourd'hui une carde de même dimension. Mais il suffira de jeter un coup d'œil sur la machine publiée en 1780, dans *l'Art du fabricant de velours de coton*, par Roland de la Platière, pour comprendre que ce rendement tenait au mauvais règlement de la machine, qui permettait de faire passer des nappes d'une épaisseur telle, que la production avait évidemment lieu aux dépens de la perfection. Il y avait d'ailleurs d'autres motifs qui s'opposaient à un bon travail; les signaler aujourd'hui serait sans intérêt. Le même auteur a fait exécuter des métiers à filer de 30 broches d'abord, de 50 ensuite, en déclarant que l'on pourrait arriver avec la même facilité à en avoir une centaine comme dans les métiers à retordre. Ce genre de machine à filer produisait l'étirage par une barre à pince qui caractérise par conséquent le système connu sous le nom de *bely* ou *jeannette*, dont l'usage n'est pas encore entièrement aban-ïné par quelques *filatures* dans le travail en gros de la laine cardée.

Roland de la Platière déclare avoir fait construire, sous sa direction et sur ses plans, une vingtaine de métiers semblables pour produire le fil employé au velours de coton. Et quoiqu'il dise qu'ils ont l'avantage de rendre les produits plus réguliers et d'en faire davantage, il ajoute néanmoins qu'au delà d'une certaine finesse il n'y a plus d'économie, et que d'ailleurs il n'y a pas d'utilité de dépasser le n° 50 (42 actuel). L'exécution des machines dont il vient d'être question est attestée, le 31 juillet 1779, par de Montigny, Fougeroux de Bondaroy, et le marquis de Condorcet, nommés par l'académie des sciences pour examiner l'ouvrage cité plus haut. « L'auteur, disent les commissaires, a ajouté des perfections à cette machine, dont il ne se donne pas pour l'inventeur, mais qu'il a fait exécuter et rendue publique le premier au mois d'août 1775. »

Ainsi donc, ce que nous appelons aujourd'hui *un assortiment* de machines à filer le coton se composait en 1775 du battage à la main, d'une machine à carder, mise en action par une manivelle, et d'un métier de 30 à 50 broches, également mû à la main, pour filer en gros et en fin.

Il est juste de faire remarquer que ce premier métier à broches multiples, quelque imparfait qu'il fût, a été cependant le point de départ de la filature automatique, évidemment empruntée aux Anglais. Deux documents au moins le prouvent.

D'abord Roland de la Platière dit, page 8 de son *Traité de la fabrication des velours de coton :* « Cette mécanique, quoique très-répandue en Angleterre, ne l'est point du tout en France ; elle y est depuis plusieurs années un objet de mystère, et la première connue et publiquement mise en usage est celle que j'ai entrepris de faire exécuter en août 1775, sans en avoir vu jamais moi-même. » D'un autre côté, on lit dans un document adressé par la Chambre du commerce d'Amiens au ministre de l'intérieur, en 1806, et déposé au Conservatoire des arts et métiers : « En 1773, des négociants d'Amiens sont parvenus à se procurer le modèle d'une petite mécanique de 18 broches, propre à filer en fin le coton ; ils en ont fait exécuter un bon nombre, et petit à petit ils ont augmenté celui des broches, en le portant à 36 et 40.

« En 1788, ils ont obtenu d'ouvriers anglais des moyens de

perfectionnement dans la construction de ces mécaniques et d'augmentation dans le nombre des broches; leurs mécaniques ont alors été de 100 broches; c'est à cette époque qu'ils ont fait construire chez eux, par ces mêmes ouvriers, la première mule-jenny de 180 broches et des mécaniques à cardes [1]. »

La propagation du nouveau système de filage en Angleterre vers la même époque (1787) est d'ailleurs démontrée, comme nous l'avons déjà vu, par une consommation annuelle de 10 millions de kilogrammes de coton.

Les machines employées dès lors dans le Royaume-Uni et qu'on commençait à construire en France s'étaient sérieusement modifiées. L'important organe formé de couples de cylindres tournant, à vitesse progressivement accélérée, inventé en 1738 par Paul Louis, destiné à remplacer les doigts de l'ouvrière ou la pince du petit métier à filer nommé jeannette pour faire glisser les fibres, s'était définitivement fait adopter, grâce à l'habile et intelligente application d'Arkwright. L'état de la filature du coton, depuis l'origine de l'introduction des machines jusqu'au commencement de ce siècle, est d'ailleurs parfaitement résumé dans un rapport fait au ministre de l'intérieur le 29 fructidor de l'an XI, et inséré dans *le Moniteur* du 3 brumaire suivant, par MM. Bardel, Bellangé, Lancelevé, Conté et Molard, commissaires d'un concours ouvert par le gouvernement pour juger les meilleures machines à filer le coton. Leur rapport est précédé de considérations préliminaires, dont nous extrayons les faits suivants :

Le 18 mai 1784, M. Martin, fabricant de velours de coton à Amiens, obtint un privilège exclusif de douze années pour la construction et l'usage de machines au moyen desquelles on pouvait préparer le coton et la laine, carder en ruban, étirer,

---

[1] Carte générale industrielle du département de la Somme, adressée en 1806 au ministre de l'intérieur par la Chambre de commerce d'Amiens. Documents manuscrits du Conservatoire des arts et métiers.

filer en gros, filer en fin, doubler et retordre en même temps.

Ces machines, les plus parfaites qui avaient été présentées jusqu'alors au gouvernement, furent établies à l'Epine, près d'Arpajon ; elles donnèrent naissance à la première filature continue établie en France ; et cet établissement tient encore le premier rang parmi ceux du même genre. Le citoyen Delaitre, l'un des propriétaires actuels de cette manufacture, présenta à l'exposition de l'an IX des cotons filés aux mécaniques continues jusqu'au n° 160 (par 700 aunes à l'écheveau), qui obtinrent la première distinction.

Le 8 octobre 1785, le gouvernement, dans la vue de faire jouir promptement les manufactures de France des nouvelles mécanique à filature continue, accorda au sieur Miln, mécanicien, qui s'était déjà fait connaître par la construction de plusieurs machines propres à la filature du coton, une somme de 60,000 livres à titre d'encouragement, un local, un traitement annuel de 6,000 livres et une prime de 1,200 livres par chaque assortiment de ces machines qu'il justifierait avoir fourni aux manufacturiers, à la charge par lui : 1° de déposer au cabinet des machines du gouvernement un assortiment complet de ses mécaniques ; 2° de diriger personnellement et de tenir en activité un atelier pour la construction des machines dont il s'agit.

Les commissaires passent ensuite à la description des machines des quatre constructeurs qui se présentèrent au concours qui eut lieu au Conservatoire, où ces métiers fonctionnèrent pendant plusieurs mois. Nous nous bornons à donner la désignation de l'assortiment de MM. Bauwens et James Farrar qui remporta le prix, et constata par conséquent les progrès du temps. Ces machines se composaient :

1° D'une mécanique simple à carder à nappes, composée d'une paire de cylindres cannelés alimentaires de 33 millimètres (15 lignes) de diamètre ; d'un grand tambour de 8 décimètres 65 millimètres (32 pouces) de diamètre, couvert de cardes ;

surmonté de 9 chapeaux; d'un autre tambour de 3 décimètres 25 millimètres (12 pouces), courvert de rubans, de cardes, sur lequel agit le peigne. Le coton, détaché sous forme de nappes, se roule autour d'un tambour uni, de 5 décimètres 42 millimètres (20 pouces) de diamètre, d'où il est enlevé chaque fois que la charge de la carde est entièrement transformée.

2° D'une mécanique double à carder en rubans, construite sur le principe de la précédente : son objet est de carder de nouveau les nappes de coton préparées par la première machine, de les transformer en rubans qui, en sortant de la carde, passent dans les entonnoirs de cuivre poli, et entre des rouleaux de bois, d'où on les reçoit dans de très-grands cylindres de fer-blanc.

Dans l'une et dans l'autre de ces deux mécaniques à carder, la vitesse du grand tambour est à celle du cylindre, couvert de cardes en rubans, comme 25 est à 1, et à celle des cylindres cannelés alimentaires comme 70 est à 1. Ces derniers cylindres ont un diamètre de 33 millimètres (15 lignes).

Le produit de la carde à nappes est de $14^k,674,380$ (30 livres), quantité moyenne par journée de douze heures, avec une vitesse, au grand tambour, d'environ 100 révolutions par minute.

La charge de la carde est de $122^{gr},287$ (14 onces) de coton en laine, étendu le plus également possible sur une longueur de $0^m,81$ (30 pouces) de toile, qui les transmet aux cylindres alimentaires.

3° Une machine composée de 7 laminoirs à 2 paires de cylindres dont on peut varier à volonté la distance qui les sépare. Le diamètre du premier cylindre cannelé est de 22 millimètres (10 lignes); celui du second, de 31 millimètres (14 lignes).

Chacun de ces laminoirs augmente la longueur des rubans sortant de la carde dans le rapport de 1 à 4.

Trois de ces laminoirs sont munis de 6 lanternes qui, au moyen du mouvement de rotation qui leur est imprimé, donnent aux rubans un léger degré de tors. Cette machine suffit à la préparation de toute la quantité de coton cardé par les deux premières.

4° Un mule-jenny de 72 broches, pour filer en gros, par aiguillées de 1^m,299 (4 pieds) de longueur.

Le laminoir est composé de 3 paires de cylindres à étirer. Le diamètre des premier et second cylindres cannelés est de 22 millimètres (10 lignes); celui du troisième, de 28 millimètres (12 lignes et demie).

La seconde paire peut s'écarter de la troisième à volonté.

Le coton, tel qu'il sort des lanternes de la mécanique précédente, est déposé dans des cases pratiquées derrière ce mule-jenny, sur lequel il éprouve une augmentation de longueur de la première à la seconde paire de cylindres dans le rapport de 9 à 16, et de la seconde à la troisième, de 16 à 51. Le chariot qui porte les broches de cette machine opère lui-même un étirage qui augmente la longueur de chaque aiguillée dans le rapport de 5 à 6.

Ce mule-jenny produit 11^k,739,504 (25 livres) de fil en gros, en douze heures de travail, propre à former un fil en fin au n° 40. Cette quantité varie suivant le degré de finesse qu'on se propose d'obtenir.

5° Un mule-jenny de 300 broches, pour filer en fin, par aiguillées de 1^m,380 (4 pieds 3 pouces) de longueur. La roue qui imprime le mouvement aux laminoirs et aux broches est placée vers le milieu du bâti. Cette disposition permet à un même fileur de soigner deux mécaniques semblables placées en face l'une de l'autre, qui reçoivent le mouvement d'un moteur commun.

Le laminoir de ce mule-jenny est composé de 3 paires de cylindres. La distance de la deuxième à la troisième paire peut varier à volonté. Le diamètre des premier et deuxième cylindres cannelés est de 22 millimètres (10 lignes; celui du troisième, de 29 millimètres (13 lignes).

Le fil en gros éprouve un étirage de la première paire à la seconde dans le rapport de 3 à 4, et de la seconde à la troisième, de 4 à 17. On peut varier ce dernier étirage au moyen de pignons de rechange.

Le chariot des broches opère aussi un étirage qui augmente la longueur des fils de chaque aiguillée dans le rapport de 7 à 8. Cet allongement varie suivant la finesse du fil.

Ce mule-jenny, conduit à la main par un fileur aidé de deux rattacheurs, a produit, dans une première expérience, 10^k,272,066 (21 livres) de fil n° 40 en douze heures de travail; et dans plusieurs expériences successives, recevant le mouvement d'un moteur particulier, il a produit 7^k,337,190 (15 livres) de fil n° 74, dans le même espace de temps.

Ces différentes machines, qui composent le système entier de la filature par mule-jenny, sont disposées pour recevoir le mouvement d'un moteur hydraulique ou de tout autre qu'on voudrait employer.

Il résulte de cette description que le progrès réalisé dans une quinzaine d'années, de 1785 à 1801, était relativement immense [1]. L'assortiment partait alors de la carde (il n'était pas question encore des machines préparatoires qui la précèdent actuellement); mais celle-ci s'est considérablement améliorée; elle fait, à dimensions égales, autant de travail que celles d'aujourd'hui; mais probablement ce résultat déjà amélioré ne valait pas celui que l'on obtient maintenant. Après la carde, on

---

[1] Cette appréciation faite sur l'état industriel des choses en France est également exacte pour l'Angleterre. En 1782, le coton du n° 30 des filatures d'Arkwright laissait 20 shillings par livre anglaise pour la filature, et dans les premières années de ce siècle cet écart n'est déjà plus que de 11 shillings.

voit pour la première fois apparaître des machines spéciales à étirer dont les dernières rendent leurs rubans dans des pots tournants. Elles sont certes loin de ce qu'elles sont devenues depuis, mais elles devaient déjà avoir une influence considérable sur la perfection du produit. Enfin les métiers à filer ont à leur tour comme organe fondamental les fameux cylindres à étirer qui devaient désormais changer la face de l'industrie du filage. La production de ces métiers est remarquable, puisqu'elle correspond à 34 grammes par broche et par jour en numéro 33 titrage actuel, c'est-à-dire à une production égale à la moitié de ce qu'elle est devenue depuis. Nous avons des motifs, qui seraient trop longs à détailler ici, pour supposer, ou que ce rendement était exceptionnel, ou que le fil recevait alors une torsion insuffisante. La première hypothèse doit être la vraie, attendu que les échantillons de cotons filés de cette époque déposés au Conservatoire attestent une qualité très-convenable. Ces mêmes échantillons peuvent également nous servir à fixer les prix des produits les plus courants transformés en numéros du titrage actuel.

Ils étaient, pour la chaîne aux métiers continus mus par une usine hydraulique, les suivants :

N° 30 . . . . . 17 fr. 25 c.	N° 55 . . . . . 38 fr. »
36 . . . . . 22 »	65 . . . . . 47 »
44 . . . . . 29 »	73 . . . . . 53 »

Ce tableau démontre : 1° que l'on demandait alors au continu des finesses bien plus élevées qu'aujourd'hui; 2° qu'il y avait une différence d'environ 83 centimes par numéro et par 500 grammes. Cette différence était déjà toute à l'avantage du mule-jenny, car les mêmes documents ci-dessus cotent le n° 30 à 13 fr. 50 c. et le n° 64, le plus élevé des échantillons, à 27 fr. 75 c. le kilogramme; la différence d'un numéro à l'autre obtenue à ce système n'était donc que de 25 centimes.

Le coton employé pour faire les fils continus, disent encore les membres de la Chambre de commerce d'Amiens, venait du Brésil et coûtait de 6 francs à 7 fr. 60 c. le kilogramme, soit 6 fr. 60 c. à 8 fr. 36 c. avec le déchet; il s'ensuit un écart de 10 fr. 77 c. pour la fabrication d'un kilogramme de fil du numéro 29 à 30 en chaîne. Aussi les 3/4 de la consommation étaient-ils encore produits à la main. Cette concurrence entre le rouet et la filature mécanique a dû se prolonger en France jusque vers 1813, si nous en jugeons par la consommation annuelle, qui s'éleva à 8 millions de kilogrammes [1] environ, et surtout par le prix élevé de la façon. Il résulte en effet des documents conservés à Mulhouse que le prix du kilogramme de fil du numéro 27/29 chaîne valait alors 25 fr. 22 c.; et comme il y entrait pour 14 fr. 87 c. de coton brut, 10 fr. 35 c. représentaient le prix de la façon et du bénéfice.

C'est surtout à partir de 1814 que l'industrie cotonnière prit son élan chez nous; il fut tel que, vers 1819, on était arrivé, exceptionnellement, il est vrai, à filer du numéro 100, et la consommation s'élevait à 20 millions de kilogrammes [2] ne valant plus dans le numéro et la destination ci-dessus que 12 fr. 79 c., contenant pour 4 fr. 82 c. de matière première, et laissant par conséquent 6 fr. 97 c. de façon. Aussi l'outillage mécanique s'était-il à peu près complété; une série d'opérations automatiques avant le cardage, s'était substituée au travail manuel lent, imparfait, nuisible à la substance filamenteuse et à la santé des ouvriers. L'assortiment se composait alors, d'après un filateur du temps [3], des machines suivantes :

1° La machine à battre;

2° La machine à ouvrir;

3° Le ventilateur;

---

[1] L'Angleterre consommait à la même époque 46 millions de kilogrammes.
[2] Elle était alors de 62 millions de kilogrammes en Angleterre.
[3] F. Vautier, *l'Art du Filateur de coton.* Paris, 1824, p. 11.

4° La carde en gros ou brisoir ;

5° La carde en fin ou finissante ;

6° Le laminoir ;

7° Le doubloir, c'était une espèce de réunisseuse ;

8° Le boudinoir, c'était l'étirage à pot tournant ;

9° Le bobinoir destiné à former les bobines pour alimenter le métier en gros ;

10° Machine à étendre ;

11° Le double expéditeur ;

Nous ne savons quelle était la destination de ces deux dernières machines dont il n'est d'ailleurs pas autrement question dans l'ouvrage.

12° La machine à courant d'eau ou de filage à l'eau était une machine à préparer à ailette et à bobine, une espèce de banc à broches imparfait ;

13° La grive était un métier continu ;

14° Le mule-jenny ;

15° Le dévidoir ;

16° Machine à tordre ;

17° Machine à pelotonner.

La première machine de la liste faisait agir automatiquement des baguettes pour battre les filaments. On en retrouve le modèle dans la galerie des filatures du Conservatoire des arts et métiers. Toutes les autres, conservées en principe, ont été en général considérablement modifiées et améliorées dans leurs détails. Les métiers à filer, de 260 broches au maximum, tournaient avec une vitesse d'environ 2,400 tours à la minute.

Les perfectionnements du matériel se poursuivaient toujours avec ardeur. On commença dès lors à chercher des moyens de débourrer automatiquement, l'on perfectionna les tambours des cardes, les couloirs réunisseurs furent inventés, les étirages se perfectionnent, les premiers bancs à broches commencèrent à se substituer aux boudinoirs et aux métiers en gros. Des appareils à aiguiser les garnitures des cardes furent créés, les machines américaines à bouter se propagèrent, le métier continu fut soumis à de nouvelles investigations et devint l'objet d'améliorations rationnelles. Les tentatives faites vers la fin du dernier siècle pour arriver au métier mule-jenny complétement self-acting furent reprises, etc., etc. Nous ne citons ces faits que pour donner une idée du mouvement extraordinaire qui allait toujours en grandissant.

Il n'est pas sans intérêt maintenant de chercher dans quelle situation économique se trouvait la production au milieu de cette évolution du progrès, arrêtée pendant un instant lors de la révolution de 1830. Un rapport publié en 1829 par une commission de manufacturiers et de négociants de Paris, à l'occasion d'une enquête relative à l'état de l'industrie du coton en France, donne nettement l'état des choses. Il ressort de l'ensemble de ce travail, et notamment de la déposition de l'un des fabricants les plus compétents, M. Feray, d'Essonne, qu'une filature à vapeur de 30 chevaux, toute montée, *clef en main*, revenait à 40 francs la broche, un cheval dynamique faisait mouvoir 500 broches avec les machines préparatoires ; la production par broche et par jour en fil du n° 30 à 40 métrique était de 20 grammes. Le prix de la façon par kilogramme était de 2, fr. 45 c., se répartissant de la manière suivante :

```
Frais généraux, loyer compris , . . . .   0 fr. 75 c.
Intérêts et dépréciation du mobilier.   0      50
Main-d'œuvre . . . . . . . . . . . . .    1      20
                                          ─────────────
                Ensemble. . . .   2 fr. 45 c.[1]
```

Ces principaux faits ont été reproduits, sauf quelques va-

---

[1] Ces mêmes prix de revient atteignaient à peine 1 fr. 50 c. en Angleterre à la même époque. (Rapport de la commission libre nommée par les manufacturiers et négociants. Paris, 1829, p. 52.)

riantes et additions que nous allons signaler, lors de la grande enquête administrative de 1833.

Il a été démontré alors que l'industrie française, après avoir lutté contre les difficultés de la filature *extra-fine*, présentait des progrès sensibles ; les maisons Schlumberger et Hartmann filaient couramment des numéro 200 métrique, et produisaient même exceptionnellement jusqu'à des numéro 300.

La production, basée sur les numéros ordinaires de 30 à 33, s'était sensiblement élevée : elle était, d'après MM. Mimerel, Fauquet-Lemaître, Sanson-Davillier, etc., de 30 grammes par broche et par jour de treize à quatorze heures. Un seul manufacturier, M. Nicolas Kœchlin, portait cette production en moyenne à 41 grammes [1]. Il ressort également des diverses dépositions de ces manufacturiers sur le nombre d'ouvriers et de broches de leurs filatures, qu'on employait en moyenne un ouvrier par 50 broches [2], tandis qu'en Angleterre, d'après nos recherches, une personne suffisait alors à 66 broches.

La vitesse des broches, limitée dans des métiers d'une exécution médiocre et pour des machines préparatoires peu soignées, peut, toutes choses égales d'ailleurs, être considérée comme l'un des éléments les plus caractéristiques du progrès. Il est donc regrettable qu'elle n'ait pas été indiquée dans les enquêtes de 1829. Mais la production de ces broches et le nombre attribué à la force de cheval nous permettent de supposer qu'elle ne dépassait pas 3,500 tours ; quoique modérée encore, elle avait néanmoins grandement contribué à l'amélioration des conditions économiques précédemment exposées.

A partir de l'époque dont nous venons de constater les résul-

[1] Mémoires et extraits des délibérations des Chambres de commerce, par MM. Cochard et de Moléon. Paris, 1834.

[2] Ce nombre de broches comprend implicitement les machines nécessaires à la préparation.

tats, la perfection du travail devint plus générale, grâce à l'invention de nouvelles machines à préparer, à celle du banc à broches devenue fondamentale dans l'assortiment, et du *rota frotteur* qui le remplace parfois (la création de ces machines remonte en effet vers 1824), quoique leur application ne devînt générale que plusieurs années après. Leur emploi joint à des progrès moins faciles à préciser, ceux obtenus par une diffusion plus grande des sciences positives, et par conséquent d'une étude plus attentive et mieux raisonnée de l'établissement, du réglage et de la conduite des machines, ainsi que l'appréciation de jour en jour plus précise des caractères et des qualités de la matière première, déterminèrent un progrès que le rapport du jury de l'Exposition de 1844 fit ressortir en disant que les 58 millions de kilogrammes de coton qui se filaient alors avec 3,600,000 broches en eussent nécessité 4,500,000 dix ans plus tôt, et que les produits eussent été moins parfaits, moins réguliers et plus chers néanmoins [1].

Le kilogramme de fil que nous avons pris pour type de comparaison ne valait en effet alors que 2 fr. 83 c. et la façon 1 fr. 29 c., car le coton coûtait 1 fr. 54 c.

Si de ces concours de 1844 nous passons à la grande épreuve internationale de l'Exposition universelle de 1851 à Londres, nous y remarquerons, comme une preuve des progrès toujours ascendants dans la filature, des fils de coton amenés à une longueur de 600 kilomètres par 500 grammes. Trois filateurs avaient exposé de ces produits, deux anglais et un français. Pour démontrer la bonne application de ces fils extra-fins, l'un des exposants anglais en avait fait faire de la mousseline, le filateur français les avait transformés en tulle à la mécanique d'une exécution irréprochable. Il était donc prouvé que, sous le rapport de l'avancement des connaissances industrielles, la

____

[1] Tome I, p. 377. Rapport du jury de l'Exposition de 1844.

France n'avait rien à envier à l'Angleterre. La mention faite à cet égard par le jury international, composé en majorité de membres anglais, est d'ailleurs trop significative pour que nous ne la reproduisions comme l'a fait la commission française dans le tome IV, page 50, de ses travaux sur cette même exposition ; on y lit : « Les cotons filés exposés par l'Angleterre et l'Ecosse sont presque exclusivement de qualité secondaire, propre à mettre en évidence le caractère de la fabrication qui donne l'habillement à une partie si considérable de la population ouvrière du monde.

« Les cotons filés français et suisses sont généralement de qualité supérieure, convenables à la production qui réclame à la fois de la souplesse dans le tissu, de l'éclat dans la couleur ; la préparation dans les filatures a été conduite avec autant de talent que de succès. »

Cette appréciation résume bien les tendances industrielles des nations qui y sont mentionnées, trop généralement démontrées par les faits et le génie de ces peuples pour que nous ayons à y insister autrement. Si de l'examen des produits nous passons à celui des moyens et à l'outillage des filatures, nous remarquerons que les progrès les plus signalés alors furent : 1° L'invention d'une machine française, de l'*épurateur*, distinguée par une médaille du conseil, *concil medal ;* 2° la propagation presque générale en Angleterre du métier mule-jenny renvideur, c'est-à-dire entièrement automate, qui supprimait un homme par métier à filer de 500 broches, et le remplaçait par la force d'environ un cheval dynamique, permettant aux prix relatifs de la force motrice et de la main-d'œuvre de faire une économie de près de 700 francs par an et par métier. Cette économie n'étant pas aussi grande pour la France, par suite du prix du combustible et des machines, la propagation de ce système y était moins avancée. Il ne s'est fait adopter sur une assez large échelle que du jour où ces métiers ont été assez parfaits, d'un nombre de broches assez élevé et d'une vitesse assez grande pour que leur usage apportât également un avantage marqué à notre industrie. Quoique le prix du kilogramme de fil fût de 3 fr. 81 c., le prix de la façon était tombé à 1 fr. 18 c. La différence de la valeur vénale tenait au prix du coton, qui valait alors 2 francs.

Le concours universel de 1855 nous a démontré la continuation de ce mouvement assez lent, mais cependant sensiblement ascensionnel, de l'emploi des métiers à filer self-acting ; ils avaient alors au maximum 500 broches, il y en avait plusieurs d'un nombre moindre. Depuis lors on s'est *lancé*, nous dirons presque avec témérité, dans cette voie, puisqu'on est arrivé à faire des métiers de 1,200 broches. L'on remarquait surtout à l'exposition de 1855 des résultats qui indiquaient un ensemble général de progrès dans tous les détails de la construction, plus de solidité dans les pièces servant au point d'appui des machines, plus de légèreté dans les organes en mouvement, une certaine harmonie de formes qui satisfaisait et charmait parfois l'œil. On constatait, en un mot, surtout dans les machines exposées par nos principales maisons, que les tâtonnements avaient cessé et que la construction des machines à filer avait ses lois précises et un outillage spécial opérant avec une régularité mathématique.

Cette grande solennité industrielle a démontré de plus que l'on reprenait avec ardeur des questions secondaires en apparence ; celles du débourrage automatique, de l'aiguisage des garnitures de cardes, de la commande des broches par engrenages, des transmissions de mouvement dans les bancs à broches afin d'augmenter la précision de leur action et de leur donner plus de légèreté, etc. Mais le fait saillant et considérable de la spécialité fut l'exposition, par MM. Nicolas Schlumberger et Cⁱᵉ, d'une peigneuse à coton, de leur construction et de l'invention de Josué Heilmann, comme spécimen des machines semblables que cette maison livrait, depuis quelques années, à tous les pays industriels.

Pour faire comprendre l'importance de cette grande invention, nous croyons devoir donner ici un extrait du rapport que nous avons eu l'honneur de faire à la Société d'encouragement pour l'industrie nationale, lorsqu'elle accorda aux héritiers Heilmann le prix de 12,000 francs fondé par feu le marquis d'Argenteuil, et destiné aux auteurs de la découverte la plus importante pour l'industrie française :

« La transformation automatique des matières textiles, qui a si puissamment contribué à modifier les relations internationales et les conditions d'existence intérieure des peuples, repose sur un ensemble de découvertes dont quelques-unes seulement ont été mises en lumière jusqu'ici.

« La mémorable invention du métier à filer, dont il ne serait pas juste d'amoindrir la valeur, a été assez heureuse pour ouvrir la voie ; elle est due à l'un des rares inventeurs favorisés de la fortune, et dont la part est si belle, que l'opinion ajoute encore à leurs mérites. Ainsi l'on fait honneur à l'obscur barbier ambulant qui s'éleva si haut par son génie, non-seulement de l'admirable conception qui constitue en quelque sorte la pierre angulaire du *filage automatique*, mais encore des moyens antérieurs qui l'ont provoqué et de ceux qui l'ont complété.

« Personne n'ignore le nom du célèbre Arkwrigt ; des monuments attestent sa gloire ; une riche et noble descendance témoigne de sa prospérité, et l'on conteste encore le nom de l'inventeur de la jenny, qui n'a cependant pas moins contribué aux progrès que nous rappelons.

« Cette espèce d'empiétement est surtout manifeste dans la réalisation de moyens considérés comme accessoires, lors même qu'ils fécondent les créations les plus brillantes qui sans leur secours seraient demeurées stériles. Tel eût été le sort du métier à filer, si une série de magnifiques machines préparatoires ne lui fussent venues en aide.

« Nous ne pourrions sans trop nous écarter du cadre qu'exige notre sujet, retracer ce qu'il a fallu de labeur et de génie pour amener à bien cette seconde partie de la tâche. Cependant l'histoire des progrès industriels mentionne à peine, et au hasard, quelques-uns des collaborateurs de l'œuvre entière ; cette manière de présenter les faits les simplifierait sans doute, si la vérité et la justice n'en devaient souffrir.

« Grâce à la noble tâche que la Société d'encouragement s'est imposée et aux libérales dispositions de feu M. le marquis d'Argenteuil, des confusions et des lacunes aussi regrettables deviendront de plus en plus rares.

« L'invention de la machine à peigner par Josué Heilmann, placée par vos suffrages unanimes au premier rang dans le concours qui vient de se terminer, est au nombre de ces machines auxiliaires et préparatoires qui changent la face des spécialités par l'importance et l'étendue de améliorations qu'elles y apportent.

« Cette découverte, d'autant plus remarquable, qu'elle s'est produite dans une direction et à une époque où le génie seul pouvait entrevoir de nouveaux progrès, a été conçue avec une hardiesse, une science de combinaisons et de moyens dont la réunion paraissait indispensable pour atteindre le but auquel Heilmann est arrivé par ses savantes et laborieuses recherches.

« L'énonciation des données du problème démontrera l'exactitude de cette appréciation.

« Les substances textiles se présentent avec des caractères variés et dans divers états.

« Tantôt ce sont des organes définis, indivisibles, formant un duvet épais composé de fibrilles éminemment flexibles comme celui du cotonnier. Tantôt ce sont des fibres longues, peu élastiques, divisibles à l'infini, comme la filasse du chanvre, du lin, etc. Dans les matières animales, les unes ont les brins rugueux, vrillés, de longueurs variables et tellement tassés et adhérents, qu'ils présentent une résistance considérable à la pénétrabilité ; les laines, en général, sont dans ce cas. La bourre de soie et les duvets animaux possèdent, au contraire, une propriété de glissement très-remarquable.

« Quelle que soit, d'ailleurs, la nature de la substance, elle se compose d'une masse de fibres noueuses d'inégales longueurs, se croisant dans toutes les directions. Trier ces filaments, les redresser, les épurer, enlever les nœuds et boutons apparents ou microscopiques, réunir parallèlement entre eux ceux d'égale longueur, enfin les diviser et les affiner lorsque la matière le comporte, telle est la tâche réservée au peignage.

« Le travail à la main est resté en possession exclusive de cette opération délicate jusque vers 1830: Ce n'est qu'à partir de cette époque que des applications sérieuses de peignage automatique ont eu lieu. Près de vingt années s'écoulèrent en essais plus ou moins heureux, dont les résultats ne purent rivaliser avec ceux obtenus à la main.

« Les auteurs des nombreux systèmes de peigneuses produits depuis un demi-siècle n'ont eu en vue que l'imitation du travail à la main de la laine (nul ne supposait la possibilité du peignage du coton) et la création de machines spéciales à chaque espèce de filaments. La supériorité du peignage manuel et la diversité des caractères des matières premières expliquent l'opiniâtreté avec laquelle les plus habiles et les plus compétents ont suivi cette voie.

« Avant Heilmann nul n'aurait supposé qu'un même système pouvait être indistinctement appliqué aux diverses fibres, et bien moins encore que l'opération automatique distancerait bientôt les résultats les plus perfectionnés, exceptionnellement fournis par l'ouvrier le plus habile.

« C'est en abandonnant les errements du passé que le célèbre inventeur a si remarquablement réussi. Il a imaginé deux machines : l'une ébauche le travail par un démêlage, et l'autre reçoit le produit de la première sous forme de ruban : celle-ci le fractionne, en redresse et épure les fibres presque une à une, réunit celles d'égale longueur, les parallélise, et les soude par juxtaposition pour reformer un ruban peigné dans tous les sens. Remarquons incidemment que c'est en opérant sur les filaments en quelque sorte isolés, que l'auteur a pu se passer de l'intervention de certains éléments auxiliaires, indispensables à tous les autres procédés, et peigner la laine, par exemple, sans le secours de la chaleur.

« Les propriétés de la machine sont telles, que les fibrilles les plus courtes, mêlées aux impuretés constituant les étoupes, les blouses, ou les déchets du coton réservés jusqu'ici à l'action de la carde, peuvent être peignées désormais.

« Cette faculté toute nouvelle de travailler, avec un égal succès, des filaments d'une longueur quelconque, non-seulement des matières usuellement peignées, mais aussi celles qui n'avaient été transformées de la sorte avant l'invention Heilmann, a eu des conséquences inespérées pour l'industrie. Des rebuts sont devenus ainsi propres aux fils les plus estimés.

« L'inventeur range, par le fait, toutes les substances textiles en un certain nombre de catégories basées sur les longueurs, et pour lesquelles il établit autant de types ou formats de démêloir et de peigneuse. Le volume des organes, le règlement et l'amplitude des mouvements sont nécessairement en rapport avec les dimensions des fibres à ouvrer.

« La supériorité du système nouveau sur ceux qui l'ont précédé est si tranchée, que son emploi a été le point de départ d'une phase nouvelle de progrès dans les arts textiles en général.

« Le génie de Heilmann paraît s'être résumé dans cette dernière œuvre de sa vie. Des démonstrations géométriques aussi neuves qu'ingénieuses en exposent le principe ; plusieurs solutions élégantes et sûres et des combinaisons de détails d'une précision mathématique en assurent la réalisation.

« Le succès inouï de la nouvelle méthode de peignage a provoqué les recherches et fait surgir de nombreux essais ; mais jusqu'ici, ou leurs résultats sont moins parfaits et moins généraux, ou les moyens participent de ceux de Heilmann.

« Par le caractère de sa dernière invention comme par l'ensemble du progrès que l'industrie lui doit, Josué Heilmann est le digne continuateur des Vaucanson, des Jacquard et des de Girard.

« Son œuvre, après avoir traversé les phases plus ou moins pénibles réservées surtout aux grandes découvertes, fait aujourd'hui le profit de toutes les nations industrielles du monde. Il fut plus heureux cependant que la plupart de ses devanciers. A peine la contrefaçon crut-elle pouvoir se produire au loin, que les tribunaux en furent saisis. La justice anglaise n'hésita pas entre le devoir et un faux amour-propre national ; elle constata d'une manière éclatante les droits de l'inventeur français à l'œuvre qu'on voulait lui ravir. Ce jugement, célèbre dans les annales industrielles, restera comme une preuve de l'impartialité des magistrats anglais et de la constatation irrécusable de l'originalité de l'invention de notre compatriote.

« L'exploitation de la nouvelle peigneuse remonte à quelques années seulement ; cependant il serait difficile de se rendre compte de l'importance des résultats obtenus, si nous n'exposions un certain nombre de faits constatant les progrès dont les diverses spécialités de la filature lui sont redevables.

« *Application à l'industrie des laines.* Notre importante industrie des laines lisses eût été sérieusement menacée par l'élévation croissante des cours de la matière première, si le procédé nouveau ne lui fût venu en aide en augmentant d'une manière notable la quantité et la qualité du rendement, et en diminuant les frais de plus de 100 pour 100. De 2 fr. 50 c. que coûtait, en moyenne, précédemment, le peignage imparfait de 1 kilogramme de laine, il est descendu à 1 franc pour un travail d'une rare perfection sans que les salaires en aient souffert. Nous devons signaler aussi la facilité nouvelle d'approvisionnement, grâce à l'extraction, dans toute espèce de laines, des brins propres au peigne. Les laines rares et chères aujourd'hui eussent été inabordables s'il eût fallu d'aussi considérables emmagasinages qu'autrefois.

« L'usage des nouvelles machines s'est donc répandu avec une rapidité sans exemple dans tous les États de l'Europe. L'industrie française en possède plus de huit cents, transformant, en moyenne, 40,000 kilogrammes par jour, représentant une valeur de près de 100 millions de francs par an. L'importance de cette application est peut-être plus grande encore dans le Royaume-Uni. Les États de l'Allemagne en font mouvoir trois cents environ, et la Russie plus de cinquante.

« *Application à l'industrie du coton.* Si favorable que soit cette invention à l'industrie des laines, elle le sera peut-être davantage encore à celle du coton. Restée à peu près stationnaire depuis quelques années, ses perfectionnements se bornaient à des détails; on la croyait en possession d'elle-même et à l'apogée du progrès, lorsque la machine Heilmann est venue lui donner une impulsion inattendue. Les plus beaux cotons de la Géorgie et d'Égypte ne pouvaient être triés, épluchés et battus qu'à la main; ces opérations insalubres réservées aux ouvrières étaient une protestation contre l'art mécanique et un reproche bien plus grave à l'humanité ; ce sera pour Heilmann un éternel honneur d'avoir simultanément affranchi les femmes d'un travail pénible, et d'avoir substitué au cardage et à ses préparations incomplètes un peignage si parfait, qu'il imprime au coton une pureté, une netteté, un brillant et, en un mot, un caractère nouveau. La limite de la finesse et de la solidité a été reculée d'une manière remarquable. On fabrique avec une matière première donnée, non-seulement des fils plus fins et plus résistants, mais les déchets qui tombent des machines, mélangés à toutes sortes d'impuretés et vendus jusqu'ici de 1 fr. 50 c. à 2 francs, subissent une telle métamorphose, qu'ils remplacent des matières premières de 6 à 8 francs le kilogramme.

« Des progrès de cette importance ont bientôt frappé les industriels de tous les pays. Ceux de la terre classique de la filature du coton, à qui nous accordions si libéralement l'initiative dans cette branche d'industrie, se sont empressés de faire leur profit du nouveau système de peignage. Nos voisins possèdent, en effet, plus de deux mille quatre cents peigneuses, et notre industrie du coton, cinq fois moins importante, plus de sept cent cinquante ; les autres contrées manufacturières entrent dans cette voie avec la même activité.

« *Application à la filature du lin.* Les services rendus à la filature du lin seront bientôt aussi importants. Les étoupes qui forment à peu près moitié de la matière, tant en quantité qu'en valeur, traitées à la machine Heilmann, donnent des fils plus beaux que ceux du long brin et d'un prix aussi élevé.

« Nous n'avons pu nous procurer les chiffres exacts sur le nombre de peigneuses en usage dans cette industrie ; mais nous savons qu'elles fonctionnent dans beaucoup d'établissements, qu'un seul du Yorkshire en fait travailler cent cinquante au moins.

« *Application à la bourre de soie.* Enfin le travail de la bourre de soie, frison, galette, chappe, etc., particulièrement insalubre, imparfait, perdant des déchets d'un grand prix, a subi une transformation économique et hygiénique des plus heureuses ; les ouvriers sont désormais à l'abri des dégagements nuisibles, et des déchets d'une valeur de 10 à 75 centimes se vendent aujourd'hui de 2 à 9 francs. Plus de cinquante peigneuses fonctionnent en France, où le travail de la bourre est assez restreint. La Suisse, renommée dans cette spécialité et si positive dans ses appréciations industrielles, en emploie le double.

« Cette régénération de matières, d'un rapport insignifiant, est, selon nous, bien plus encore que les résultats principaux de la machine, le criterium de l'étendue du progrès. Presque toujours, en effet, l'avancement d'une industrie est en raison inverse des débris qui en résultent; n'est-ce pas en donnant à ces débris sans emploi et souvent même nuisibles une valeur sérieuse, que la nature particulière des services rendus par l'inventeur devient évidente et que sa faculté créatrice doit le placer au premier rang de l'humanité ?

« La découverte de Heilmann réalise donc plus qu'on ne lui demandait tout d'abord ; elle donne une impulsion nouvelle aux arts mécaniques, provoque une foule de recherches, alimente d'importants ateliers de construction, et substituera bientôt, pour tous les produits ras, une méthode parfaite de peignage au travail incomplet de la carde. Elle crée, régénère et transforme, en un mot, les spécialités qui lui doivent leur prospérité. Sous quelque aspect qu'on l'envisage, elle commande à un égal degré l'estime de la société, l'admiration de la science et la reconnaissance de l'industrie.

« Le jury international de l'exposition de 1855 a considéré cette découverte comme la plus importante qui ait eu lieu depuis quarante ans dans l'art de la filature.

« Josué Heilmann, avec une persévérance et un courage inouïs, consacra la fin de son existence, si courte par les années et si remplie par les travaux, au perfectionnement de sa peigneuse. Que de travaux intéressants ne devait-on pas espérer du célèbre ingénieur, qui, à une époque où l'industrie des tissus était dans l'enfance, même en Alsace, ne se contenta pas de créer et de diriger un établissement important, mais inventa un système de métier à tisser des plus appréciés encore, malgré les innombrables recherches et les perfectionnements survenus depuis ;

de l'auteur de cette fameuse machine à broder, dont la décora-
tion de la Légion d'honneur fut la récompense à l'exposition de
1844, qui ne fut pas moins appréciée à celle de 1855 ; de l'inventeur de la machine à plier et à métrer et de tant d'autres
créations ingénieuses ; de cet esprit synthétique par excellence,
à qui nulle réforme utile, nulle amélioration pratique n'échappaient ; de l'observateur qui, l'un des premiers, comprit la
nécessité de bien préciser les caractères des matières textiles ;
de l'homme arrivé si haut avec les seules connaissances puisées
dans la fréquentation passagère des cours publics du Conservatoire des arts et métiers de Paris, lorsqu'il menait de front
son instruction théorique et pratique. Les préoccupations de
toute nature dont fut assiégé Josué Heilmann ne l'empêchèrent
pas d'être l'un des fondateurs et des membres les plus actifs de
la Société industrielle de Mulhouse, qui a acquis une position si
honorable parmi les compagnies qui stimulent le progrès des
arts et de l'industrie. Aussi eut-il le rare bonheur de se voir
entouré de la sympathie générale.

« Sa peigneuse ne fut exploitée commercialement qu'en 1849,
mais appréciée, dès sa conception en 1844, par l'une des
maisons les plus importantes dont notre industrie s'honore.
Sans le puissant patronage de MM. N. Schlumberger et Cⁱᵉ,
cette découverte aurait peut-être eu le sort de tant d'autres qui,
nées sur notre sol, n'ont pu s'y implanter qu'après avoir fructifié
entre les mains de nos rivaux. La coopération de constructeurs
aussi distingués n'a pas été sans influence sur le succès d'une
machine dont l'exécution devait être parfaite, et l'exploitation
précédée des expériences pratiques les plus précises.

« La Société d'encouragement constate avec bonheur la fécon-
dité d'inventions dont est doué notre pays, et tout ce que le
progrès industriel du monde lui doit.

« En accordant le prix fondé par M. le marquis d'Argenteuil à
la peigneuse de Heilmann et aux enfants de l'inventeur, dont

l'aîné, ancien élève de l'École centrale, collabora plusieurs années avec son père et le seconda puissamment dans ses derniers travaux, la Société a la conviction que son jugement sera aussi unanimement approuvé que l'ont été dans les mêmes circonstances ses précédentes décisions.

« Puisse l'hommage qu'elle rend à la mémoire et aux découvertes de Heilmann servir de stimulant à ceux qui, comme lui, se vouent à la recherche du progrès toujours lent et difficile, à ceux-là surtout dont le temps constitue le seul patrimoine, l'unique ressource ! Puisse le vœu exprimé par notre illustre président, lors du dernier concours, se réaliser dans six ans d'une manière aussi éclatante qu'aujourd'hui ! »

Nous avons à peine besoin d'ajouter que l'usage de la peigneuse dont il est question dans le rapport s'est propagé de plus en plus depuis lors, que son application prend chaque jour plus d'importance.

Si des progrès dont nous venons de faire une revue succincte, nous passons à l'examen de ceux révélés par le concours de 1862, nous reconnaîtrons que des essais, à peine tentés en 1855, sont devenus des faits acquis. Pour les constater et pour désigner sommairement la part de chacune des nations industrielles aux progrès réalisés, nous croyons utile de reproduire ici nos appréciations sur l'outillage de l'industrie cotonnière insérées dans les travaux du jury de la dix-huitième classe.

§ 2. L'industrie cotonnière à l'exposition de Londres en 1862.

Considérations générales. — « Les progrès considérables réalisés depuis soixante ans dans l'industrie cotonnière ont amené dans l'outillage des manufactures environ dix transformations successives.

« La remarquable exposition des machines anglaises pour le coton, et l'absence complète des mêmes machines dans les expositions des autres nations, pourraient faire supposer que l'Angleterre, à elle seule, est en état d'en pourvoir le monde, et que tous les progrès obtenus lui sont dus exclusivement. La fâcheuse abstention de l'industrie française dans cette partie pourrait nuire aux intérêts de nos producteurs et voiler la part que nous avons le droit de revendiquer dans le mouvement extraordinaire que le travail du coton a développé.

« Ne pas parler des progrès déjà obtenus, ou qui sont en voie de se réaliser chez nous, ce serait commettre à notre tour ce que nous ne craignons pas d'appeler la faute des abstentions à l'exposition.

« Au nombre des premières transformations dans l'industrie cotonnière il faut placer d'abord la substitution du peignage au cardage, adoptée quant à présent pour certaines sortes de coton seulement, mais qui le sera pour presque toutes dans l'avenir, comme nous le dirons plus loin. Ce grand fait industriel, dont toutes les conséquences avantageuses ne sont pas encore atteintes, est dû exclusivement au génie français. Quoique l'industrie anglaise profite de cette belle invention sur une large échelle, les peigneuses construites en France sont plus soignées dans leur ensemble et leur détails que celle des ateliers anglais, si nous en jugeons surtout par la seule peigneuse à coton qui ait figuré à l'exposition, où elle était presque cachée. Les services rendus par le métier *mule-jenny self-acting* doivent le ranger de fait au nombre des grandes inventions de ces derniers temps, et il est juste de laisser l'honneur de sa réalisation pratique à l'Angleterre. Toutefois, il faut reconnaître que les efforts faits par la plupart des nations industrielles, et surtout par la France, pour automatiser ce métier ont considérablement aidé à la solution. La collection de nos brevets d'invention témoigne de l'ardeur et de la science dépensée chez nous pour résoudre ce problème.

« C'est encore à l'industrie française que l'on doit la création de l'une des machines les mieux appropriées au travail du coton à courte soie de l'Inde, sur lequel tant d'espérances se fondent en ce moment : nous voulons parler de la machine dite *épurateur Risler*, distinguée à l'Exposition de Londres de 1851. C'est la première machine qui ait fait bien comprendre la possibilité de préparer automatiquement les fibres courtes. Si nous sommes bien informé, elle a été le point de départ du succès obtenu dans cette direction par une importante maison française. Il est vrai que de nouvelles combinaisons plus économiques la rendent peut-être moins indispensable aujourd'hui.

« Les divers mécanismes à débourrer et à nettoyer les cardes dont le fonctionnement excite tant d'intérêt à l'exposition, sont tous d'invention française et remontent à une date déjà ancienne ; le plus admiré est la reproduction à peu près identique d'un système imaginé par un contre-maître de Rouen, dans les ateliers duquel il fonctionne depuis un grand nombre d'années. Plusieurs sociétés industrielles ont couronné cet ingénieux appareil, et l'Académie des sciences l'a approuvé en lui accordant l'un des prix qu'elle décerne pour les améliorations apportées aux arts insalubres.

« A ces innovations principales dans le matériel de la filature nous avons à ajouter des modifications dans la disposition des organes de certaines machines, un accroissement de vitesse dans presque toutes, des soins particuliers apportés dans tous les détails des commandes, et des transmissions perfectionnées.

« Une certaine élégance unie à la solidité distingue les parties apparentes et les points d'appui des organes des machines anglaises. L'œil de l'acheteur est séduit par des surfaces métalliques polies ou tournées, par le bois du·plus bel acajou verni. C'est peut-être sous ce rapport que certains de nos constructeurs décèlent une infériorité de soins ou des économies qui leur sont imposées par l'élévation relative du prix des matériaux à leur disposition.

« Les progrès de l'industrie réalisés par les Anglais dans les machines pour le tissage des étoffes unies et des petits façonnés leur appartiennent d'une manière plus indiscutable ; ils consistent principalement dans les modifications, les perfectionnements et les soins apportés aux appareils préparatoires, aux dévidoirs, ourdissoirs, aux pareuses, aux cannetières. L'amélioration dans la construction de ces machines prouve toute l'importance qu'on y attache avec raison ; la facilité du tissage augmente d'autant, toutes choses égales d'ailleurs. C'est grâce à l'excellence des résultats de ces machines et à quelques modifications de détail dans les métiers à tisser que la vitesse, si non toujours la production, a pu être constamment élevée, et que les frais généraux ont baissé sans que les salaires en aient été affectés. Cette perfection dans l'outillage des opérations préparatoires a eu également sa large part d'influence dans la propagation des métiers à navettes changeantes, pour le tissage des étoffes à carreaux et autres dispositions variées par des trames de couleurs diverses.

« Les nombreux métiers de ce genre, en activité principalement dans la section anglaise, montrent que c'est l'Angleterre qui profite le plus de cette invention due un peu à tous les pays industriels. La France, la Suisse, la Belgique et l'Allemagne ont créé et commencé cette application à peu près en même temps que le Royaume-Uni, mais c'est chez nos voisins d'outre-Manche qu'elle s'est fait adopter le plus rapidement.

« Il manquait cependant dans le département des machines anglaises pour le coton une catégorie entière de métiers, celle de la spécialité des tissus réticulaires, des métiers à tricots droits simples, et à pièces multiples, des tricots circulaires, à fonture intérieure et extérieure, à tulle de chaîne, à tulle bobin, unis et façonnés, à faire le filet, etc., qui fabriquent annuellement pour des centaines de millions de produits. Leur absence de l'exposition est d'autant plus fâcheuse, qu'il y a peu d'œuvres mécaniques plus curieuses et plus dignes d'étude. L'usage, sur une échelle étendue, de la plupart de ces machines, est due à l'énergie et à la persévérance industrielle des Anglais.

« Mais de nombreux et importants perfectionnements ont été réalisés en France, dans les machines à faire le filet et les bas, surtout dans les métiers à faire les tricots circulaires, pour lesquels Troyes et ses environs excellent. L'invention la plus récente et la plus remarquable de ce genre est un métier à tisser la dentelle, dont les produits figurent à l'exposition et offrent une telle identité avec la dentelle à la main, que l'expert le plus compétent ne peut les distinguer. Nous n'oserions attester l'origine parisienne de cet article si nous ne l'avions vu exécuter sous nos yeux. Au point de vue de la difficulté vaincue, c'est là une des plus grandes conquêtes de la mécanique ; elle prouve incontestablement la possibilité de substituer le système automatique à toute espèce de main-d'œuvre. Quant aux conséquences sociales de cette substitution, elles doivent devenir aussi salutaires, dans un temps donné, que l'ont été, depuis l'origine du monde, les transformations successives dont l'espèce humaine a fait son profit.

« Nous regrettons également l'absence d'un nouveau métier continu dont nous avons sous les yeux des cannettes en fils du n° 100. La qualité du fil ne laisse rien à désirer, elle est par conséquent supérieure à celle des produits du self-acting. Ce métier peut produire des finesses plus élevées encore : il file la trame aussi bien que la chaîne, et la livre en cannettes ou cônes aussi facilement qu'en bobines cylindriques. Sa vitesse étant aussi grande que la moyenne des vitesses du mule-jenny, sa production est, par cela même, augmentée de tout le travail correspondant au temps employé à opérer le renvidage dans le métier·automate, dont la complication, par rapport au nouveau système, est celle de l'ancienne machine de Marly comparée aux récepteurs hydrauliques actuels. Plusieurs tentatives ont eu lieu dans le même but; nous annonçons la plus avancée et la plus parfaite, susceptible d'applications pratiques étendues, avantageuses dès à présent, quoique perfectibles encore. Il est fâcheux que, pour des motifs plus rationnels que ceux qui ont en général causé les abstentions, les quelques inventions capitales dont il vient d'être question n'aient pu se produire à l'exposition. Elles eussent montré d'une manière évidente quelle est la part du progrès due aux recherches de l'industrie française dans une voie que l'on pourrait supposer n'être suivie que par nos voisins d'outre-Manche, si l'on s'en rapportait exclusivement aux apparences du grand concours international actuel.

« Quoi qu'il en soit, analysons la composition des divers assortiments qui attirent les regards du public. »

§ 3. Outillage des usines à coton[1].

« Les assortiments qui fonctionnent dans la section anglaise produisent des fils courants d'une finesse relativement peu élevée, dépassant à peine le n° 60 métrique, ou 1/3 seulement de la finesse du n° 800 dont les vitrines offrent des spécimens. Il est vrai de dire que cette longueur de 800 kilomètres pour un demi-kilogramme de matière est l'un de ces prodiges qui,

---

[1] Toutes les machines mentionnées dans cette partie du rapport sont décrites dans la deuxième partie concernant les opérations techniques.

d'ordinaire, ne se manifestent qu'aux expositions. Si ces articles ne peuvent être considérés comme des produits industriels, ils mettent du moins en évidence les propriétés filables par excellence du duvet du cotonnier, la puissance de l'outillage actuel et l'habileté du manufacturier qui a su en tirer un résultat aussi remarquable. La limite extrême de la finesse employée ne dépasse pas en général le n° 400, elle est même rarement atteinte.

« Abaissons encore la limite pratique de cent numéros, et accordons à l'outillage présenté à l'exposition la possibilité de produire des numéro 100, il n'en restera pas moins vrai que l'industrie anglaise n'a exposé qu'un matériel propre à filer les numéros les plus ordinaires et les plus faciles, puisqu'elle s'est arrêtée à moins d'un tiers du chemin parcouru. L'absence d'un assortiment de machines propres à faire les filés fins, dont la consommation s'étend journellement, nous paraît, de la part des constructeurs anglais, si forts dans leur spécialité, un aveu de l'état insuffisant dans lequel se trouve encore l'outillage en question. Malgré les progrès réalisés et la continuité des recherches, bien des points laissent à désirer : les deux opérations extrêmes, la première et la dernière des transformations, ne sont pas entièrement automatiques. Pour le travail du coton géorgie longue soie, par exemple, le battage à la main, ou une opération mécanique équivalente, peut être moins satisfaisant, précède le peignage et fait partie des préparations du premier degré ; le filage ne peut se faire que sur le métier mule-jenny ordinaire. Au delà de la production du n° 60 environ, on est obligé de renoncer à l'usage du métier self-acting par des motifs divers dont nous dirons quelques mots plus loin.

« Il est donc constaté que ces nombreux métiers de la belle exposition anglaise sont loin de représenter l'outillage complet, nécessaire à la confection des divers articles exposés par les producteurs. Mais telle qu'elle est, la section des machines anglaises, pour le coton, offre encore une série de points intéressants que nous allons passer successivement en revue. »

§ 4. — Machines préparatoires du premier degré.

« Les machines de cette section se composent d'appareils à ouvrir, à battre, à carder et à peigner. Elles ont une grande importance. Elles doivent mettre des filaments comprimés dans la balle progressivement en état d'être transformée en une nappe homogène et régulière, susceptible d'être à son tour plus ou moins allongée, sous forme de rubans, destinée à recevoir l'étirage et la torsion finale au métier à filer. Les ouvreuses et les batteuses ont surtout été perfectionnées par la maison Platt, qui a imaginé une machine plus particulièrement destinée aux cotons sales et aux courte-soie de l'Inde. Elle repose sur la combinaison et la réunion d'un élément de l'ouvreuse et l'organe frappeur des batteurs ordinaires. A cet effet, les filaments placés sur la toile sans fin sont apportés par un appareil alimentaire à un cylindre armé de dents et disposé comme dans les ouvreuses ordinaires, ce cylindre les porte à son tour à un frappeur qui tourne avec rapidité autour de son axe. Des grilles convenablement disposées à la partie inférieure laissent échapper les impuretés, les feuilles et les autres corps étrangers, tandis qu'un appareil délivreur transforme les filaments en nappe. On a cherché, on le voit, à diviser l'action trop brusque du battage automatique ordinaire, et à disposer les fibres plus convenablement, en commençant à les ouvrir d'une manière progressive. La masse se présente désagrégée au frappeur, et l'effort de celui-ci peut être diminué pour arriver au résultat, d'autant plus facilement atteint, que le règlement de la machine est mieux entendu, c'est-à-dire que les vitesses relatives des organes mobiles sont plus rationnellement établies.

« Il est évident que ces machines à préparer sont bien plus propres au nettoyage des cotons communs chargés d'impuretés particulières, telles que des feuilles et autres substances, que ne le sont les batteurs ou ouvreuses ordinairement en usage. Elles fatiguent moins la substance que les appareils basées exclusivement sur l'action du choc. Mais ces machines sont-elles entièrement à l'abri du reproche, les fibres sortent-elles complétement intactes ? C'est ce que des essais plus décisifs que ceux d'un fonctionnement dans une exposition pourraient seuls démontrer.

« Peut-être serait-ce le moment pour les filateurs de reprendre l'expérimentation d'appareils imaginés et employés en France et en Belgique, et entre autres le système dit *batteur-cardeur*, dont l'appareil alimentaire est particulièrement propre à la préparation des filaments courts, et dont l'organe travailleur consiste dans un cylindre à aiguilles rectilignes ; ces aiguilles, au nombre de cinquante mille environ, font de mille à douze cents rotations à la minute, divisent la masse des fibres, se les répartissent, les enlèvent isolées, les agitent et facilitent le départ des corps étrangers, des nœuds et des substances lourdes, que leur densité fait tomber dans une caisse quelconque, dont l'ouverture est pratiquée à la suite de l'appareil alimentaire. Cette partie antérieure de la machine communique à l'intérieur, par un canal incliné, avec un tambour en toile métallique, à la sortie duquel la nappe est formée comme à l'ordinaire. L'efficacité de ce système dépend évidemment du règlement des organes, qui doit être modifié en raison des dimensions des filaments à traiter et de leur degré de pureté plus ou moins grand. L'opinion très-partagée sur la valeur de cette machine préparatoire tient, pensons-nous, au règlement plus ou moins habile des divers éléments, et des vitesses rela-

tive des organes. Bien combinée, les effets en sont très-bons;
dans le cas contraire, l'appareil est impossible. Nous avons
pu constater expérimentalement la vérité de ces faits.

« L'*épurateur* que nous avons déjà eu l'occasion de mentionner, est une machine préparatoire de la même catégorie. Elle
est basée sur des principes rationnels. A son origine, il y a
déjà une dizaine d'années, elle a eu un grand succès et a
rendu des services ; mais sa complication, et par conséquent
son prix, ont fait rechercher des moyens plus simples et aussi
efficaces. On y est arrivé : d'une part, par des améliorations
apportées aux ouvreuses et aux batteuses, dont nous venons de
dire quelques mots, et de l'autre, par certaines modifications
aux cardes, dont la description sera comprise dans l'exposé
qui suit. »

§ 5. — Cardes et machines à réunir.

« Toutes les cardes se ressemblent en apparence ; peu de machines ont cependant été l'objet de plus de recherches et de modifications, a tel point qu'il en est résulté divers systèmes, dont
chacun a ses avantages, ses inconvénients et sa destination
spéciale.

« L'exposition anglaise offre à peu près tous les types, presque
tous possèdent quelques perfectionnements de détail dignes d'intérêt. Quels qu'ils soient, d'ailleurs, le but de la carde reste
invariable. Elle doit redresser les fibres d'une masse donnée,
en enlever les nœuds, les boucles et les inégalités quelconques,
en éliminer les dernières traces d'impureté, et disposer ces filaments aussi parallèlement que possible sous la forme d'un ruban parfaitement homogène. Sa partie fondamentale reste également la même dans tous les systèmes : un tambour principal,
hérissé à sa surface d'aiguilles crochues, plus ou moins fines,
auquel un appareil alimentaire amène des couches de filaments

à préparer. A la partie supérieure de ce grand tambour sont adaptés tantôt une série de cylindres plus petits, mobiles, tantôt des chapeaux fixes sous forme de douves, tantôt enfin une combinaison de cylindres et de chapeaux. Ces organes, quelle que soit leur disposition, sont à leur tour garnis d'aiguilles dont les crochets ont une direction opposée à celle des aiguilles du grand tambour; c'est le transport des filaments entre ces deux parties hérissées de pointes par le mouvement des organes cardeurs, convenablement réglés, qui produit une espèce de peignage plus ou moins bien réussi.

« L'une des conditions essentielles pour qu'un outil de ce genre fonctionne bien et donne de bons résultats, c'est qu'il reste constamment dans un parfait état de propreté. Les impuretés qui se dégagent de la matière et se fixent plus ou moins entre les nombreuses aiguilles de l'appareil doivent être aussitôt enlevées. Jusqu'à ces derniers temps, le nettoyage avait lieu presque excl   ment à la main; c'est encore ainsi qu'il se pratique géné   ent. Cependant, presque toutes les cardes de l'exposition sont munies d'appareils débourreurs, nécessairement modifiés suivant le système auquel ils s'appliquent, ils réalisent pratiquement des mécanismes décrits, publiés et essayés en partie depuis longtemps.

« Lorsque tous les organes de la carde, grands cylindres et chapeaux cylindriques, sont doués de mouvements de rotation, ils se débourrent en quelque sorte spontanément par l'action de la force centrifuge, au lieu d'un débourrage toutes les dix minutes; deux opérations par jour suffisent alors. Cet avantage des cardes à chapeaux cylindriques mobiles, dites cardes à hérissons, et leur production en général supérieure, les feraient adopter généralement si leur travail était aussi parfait que celui des cardes à chapeaux fixes. Or la combinaison des mouvements rotatoires en sens opposés des organes très-propres au nettoyage des fibres, ne permet pas de les ranger parallèlement dans la nappe; celle-ci se trouve alors formée par une masse de filaments qui se croisent dans toutes les directions, au lieu d'être rangés méthodiquement. Aussi, les cardes à hérissons, quelque bien établies qu'elles soient, ne sont-elles employées qu'au cardage du coton inférieur ou des déchets pour des numéros très-ordinaires ; ou bien encore comme première machine préparatoire, dite carde briseuse, d'un assortiment, lorsqu'il est formé, comme presque toujours, de deux ou trois cardes. Ce dernier cas est plus ordinaire en Angleterre, lorsqu'il s'agit de produire des finesses moyennes, jusqu'au numéro 60, par exemple.

« L'un des assortiments exposés par la maison Platt est composé de cette façon.

« La carde briseuse est formée d'une série de cinq paires de cylindres travailleurs et nettoyeurs, précédés de quatre autres d'un plus grand diamètre. La nappe est détachée à sa sortie par un peigne ordinaire à mouvement de va-et-vient; un pot tournant le reçoit sous forme de ruban. Un certain nombre de ces pots, quarante environ, sont réunis pour former une nouvelle nappe disposée sous forme de rouleau pour être travaillée une seconde fois à la carde suivante. Remarquons en passant que cet ingénieux système des pots tournants pour recevoir les rubans à la sortie des cardes, généralement en usage avec succès en Angleterre, n'est pas toujours applicable en France, parce que, malgré tous les efforts, on ne peut, dans certains moments, faire tenir le coton dans ces pots ronds. Cet inconvénient se manifeste surtout dans les ateliers très-secs et dans la saison chaude. La matière, éminemment élastique et influençable par l'électricité, réagit alors de telle façon, qu'une pression, même énergique, ne peut la maintenir convenablement dans les récipients; nos constructeurs ont imaginé des caisses rectangulaires à mouvement de va-et-vient, dans lesquelles les rubans sont distribués en zigzags, et superposés par couches allant d'un angle à l'autre. Ce système, inutile avec le climat et la disposition des ateliers du Royaume-Uni, a rendu des services aux nôtres.

« Les machines à réunir anglaises sont parfaitement disposées pour obtenir un résultat homogène et d'une épaisseur égale sur toute la surface de la nappe des quarante rubans, plus ou moins. L'élégant appareil réunisseur consiste dans une espèce de table en éventail. Les pots, qui contiennent un ruban chacun, sont disposés en un nombre égal de chaque côté de la table. Les rubans se déroulent un à un, en passant entre une paire de cylindres-guides, ils arrivent ainsi côte à côte jusqu'à l'extrémité la plus large de la table, où ils sont reçus simultanément dans un appareil à nappe. L'un d'eux vient-il à se briser pour une cause quelconque, la machine s'arrête d'elle-même. Cet effet est obtenu par le changement de position d'une espèce de levier articulé dans la tête duquel passe la préparation ; l'extrémité opposée de ce levier est disposée en crochet et remplit les fonctions d'un cliquet. Dans le cas d'une rupture, le levier cesse d'être maintenu dans sa direction, il vient alors présenter son cliquet dans les dents d'une came ou rochet d'un arbre tournant correspondant à la transmission de mouvement, et fait débrayer. L'ouvrier rattache et remet en train. Ces machines, d'un fonctionnement sûr, d'une surveillance facile, commencent à se faire adopter dans les filatures françaises, et à remplacer les couloirs placés sous les planchers, susceptibles de plus de déchet et plus exposés à laisser continuer le mouvement en cas de rupture. Les réunisseuses anglaises sont donc préférables, sous ce rapport et aussi parce qu'il est plus facile avec elles d'obtenir une grande régularité et de vérifier les numéros au début des opérations, au moyen d'un compteur qui leur est ordinairement appliqué. Si elles n'ont pas été appréciées chez nous comme elles devraient l'être, c'est que l'on n'a pas toujours su bien les régler. Le levier articulé débrayeur doit être parfaitement équilibré pour produire son effet. Dans le cas contraire, le débrayage ne se fait pas. La nappe, à la sortie de la machine à réunir, est ordinairement portée à une carde intermédiaire d'une construction à peu près identique à la précédente, et les rubans fournis par celle-ci dans des pots sont réunis en un nombre double du précédent, c'est-à-dire que l'on dispose une seconde machine de quatre-vingts à quatre-vingt-dix pots dont la réunion forme la nappe alimentaire de la carde finisseuse. Arrivé à cette dernière, le coton doit être parfaitement épuré, il est par conséquent important que le travail participe davantage du peignage que du nettoyage. A cet effet, MM. Platt ont adopté une disposition spéciale ; elle consiste surtout dans la forme des chapeaux. Afin de réaliser les conditions recherchées, ces chapeaux sont des douves qui se placent concentriquement à la partie supérieure de la circonférence du gros tambour ; mais au lieu d'être immobiles comme les chapeaux à douves ordinaires que l'on enlève à la main pour être nettoyés, ceux-ci sont tous solidaires, et assemblés de chaque côté par une chaîne sans fin qui tourne autour de rouleaux, de façon que la moitié de cette chaîne présente ses chapeaux à l'action du gros tambour, tandis que la moitié opposée présente ses aiguilles libres. Chacun des chapeaux se présente dans sa marche en regard d'un cylindre de rotation débourreur armé de dents, chargées d'enlever systématiquement la bourre restée au fond des aiguilles. Cette carde a, nous le répétons, tous les avantages des cardes à chapeaux ou cardes peigneuses, lorsque le débourrage automatique est bien réglé. On pourrait craindre *à priori*, que ce système ne soit susceptible de se déranger ou de ne pas travailler avec précision, à cause du mouvement articulé d'un grand nombre d'éléments. Cependant, la construction de tous les détails de cette machine est exécutée avec tant de soins, que l'appareil ne semble rien laisser à désirer dans sa marche. Pour qu'il en soit ainsi et que les organes travailleurs se présentent aussi près que possible les uns des autres, sans cependant jamais se toucher, il faut une précision toute particulière dans l'ajustage. Il devient indispensable, dans ce cas surtout, de substituer le métal au bois dans presque toutes les parties de la machine.

« L'assortiment de cardes de MM. Dobson et Barlow est plus spécialement combiné pour augmenter la production, surtout dans le cardage des cotons communs. Leur carde briseuse se distingue par une disposition de quatre rouleaux à carder, tournant dans le même sens à la partie supérieure, et aussi près que possible les uns des autres, et de la garniture du grand tambour. L'alimentation du grand tambour se trouve ainsi divisée sur une très-grande surface, et la quantité de filaments livrée dans l'unité de temps peut être augmentée, et par conséquent élever la production, ce qui est surtout important lorsqu'il s'agit de filer des numéros bas. Les constructeurs ont conservé cet appareil à quatre-cylindres, même dans la carde finisseuse ; il précède douze chapeaux fixes, disposés absolument comme dans les bonnes cardes ordinaires. Ils ont adopté un mécanisme débourreur des chapeaux, identique, quant au fonctionnement et aux principales dispositions, à celui de Rouen, dont nous avons déjà parlé ; il se compose d'un châssis mobile, composé de deux bras, dont chacun a pour son centre de mouvement l'axe du gros tambour. Ce châssis porte à son extrémité supérieure, au-dessus des chapeaux, l'appareil débourreur ; l'extrémité opposée est équilibrée convenablement ; dans un mouvement ascensionnel, le châssis soulève un premier chapeau et, par un mouvement de translation, y fait passer la plaque débourreuse avec une certaine pression qui produit l'effet voulu. Par un mouvement descensionnel, il le remet à sa place, puis s'avance, prend le chapeau suivant, opère de la même manière, et ainsi de suite jusqu'à l'extrémité de la course qui embrasse les douze chapeaux.

« Il faut trois minutes à peine pour opérer le débourrage complet de la garniture entière. C'est l'un des mécanismes qui attirent le plus l'attention du public et qui intéressent le plus le praticien. Quoique accessoire, l'opération du débourrage est importante au triple point de vue de la perfection, de l'économie et de la salubrité de l'opération.

« MM. Higgins, de Manchester, exposent une carde qui, outre le débourrage automatique des chapeaux par un moyen analogue à celui qu'exposent de leur côté MM. Platt, débourre également le grand tambour d'une manière si ingénieuse et si efficace, que nous ne pouvons la passer sous silence. L'appareil additionnel de MM. Higgins a une double fonction : 1° il débourre le grand tambour ; 2° il opère un cardage préliminaire et préparatoire qui avance, améliore sensiblement le travail et ménage la garniture, ce qui est un point important. A cet effet, le coton, au lieu de passer directement de l'appareil alimentaire au grand tambour, s'y rend en passant par deux cylindres cardeurs intermédiaires placés en contre-bas de la toile sans fin. Ces cylindres sont en contact tangentiel entre eux et avec l'alimentaire d'une part, et le gros tambour de l'autre ; ils tournent dans le même sens et transportent progressivement les fibres au gros tambour, qui, par une vitesse angulaire plus grande que celle du cylindre avec lequel il est en rapport, lui enlève ses filaments déjà cardés par les cylindres précédents. Si, au contraire, la vitesse angulaire de ce grand tambour était moindre que celle du cylindre qui lui fournit le coton, ce serait lui qui serait dépouillé, et par conséquent débourré. Or c'est précisément ce qui arrive, grâce à une transmission de mouvement différentiel très-simple. Au moyen de la translation alternative de la courroie de commande sur les diamètres variables d'un cône placé sur l'axe de rotation du cylindre ou hérisson débourreur, douze à quinze changements de vitesses semblables sont réalisés en une minute. Le gros tambour est donc débourré toutes les quatre secondes et débourre, à son tour, son voisin autant de fois. Cette disposition, que nous croyons d'origine américaine, a besoin d'être signalée pour ne pas échapper à la vue, étant presque entièrement cachée à la partie inférieure de la carde. On assure que, grâce à l'économie de temps réalisée par cette application et au parfait état dans lequel les garnitures sont conservées, il est possible d'augmenter la production des cardes de près du double ; ce serait là un bien grand résultat pour une modification peu importante en apparence.

« Nous ne pouvons passer sous silence le plus original système à débourrer, imaginé par l'inventeur de l'épurateur, système qui fonctionne dans les ateliers de cet industriel à Cernay ; il consiste dans l'emploi du mécanisme Jacquart pour enlever, débourrer et replacer les chapeaux de la carde. Le célèbre Lyonnais était loin de prévoir cette nouvelle application de son mécanisme. »

§ 6. — Préparations du deuxième degré. — Étirages, doublages et laminages.

« Les machines de cette section, qui doivent, par l'addition successive des rubans et les glissements progressifs des fibres (dits étirages), les transformer en mèches fines propres au filage, sont celles qui ont reçu le moins de modification. Elles paraissent depuis longtemps déjà ne plus rien laisser à désirer. Elles se divisent en deux catégories : en laminoirs étireurs ou étirages sans torsion, et en bancs à broches, ou étirages auxquels on a ajouté une broche et une bobine pour donner une faible torsion, afin de pouvoir en même temps renvider la préparation ou fil rudimentaire. Sauf la combinaison numérique des organes pour une même machine et l'addition de l'appareil casse-mèches pour opérer le débrayage spontané lorsqu'un ruban vient à casser, dont nous avons parlé à l'occasion des réunisseuses, il n'y a rien de particulier à signaler dans la première catégorie de ces machines.

« Quant au banc à broches, c'est l'une des plus belles machines de la filature et celle qui opère avec le plus de précision; elle serait sans reproche, si elle n'était la plus chère et la plus compliquée après le self-acting. Elle est surtout onéreuse par la double cause de l'élévation de son prix et de sa faible production, la vitesse des broches étant en général très-limitée, à cause des vibrations et des ruptures de rubans qui résulteraient d'une rotation dépassant de huit cents à mille tours au maximum. La maison Higgins a cherché à faire disparaître cette objection par des modifications apportées aux broches de ces machines. Chacune d'elles tourne dans un tube fixe, ou espèce de long collet vertical, établi depuis la partie inférieure de l'ailette jusqu'au porte-broche; ce tube-collet est attaché par des articulations au porte-broche d'en bas d'une part, et à la bascule par l'un de ses points supérieurs. Les irrégularités de mouvement par l'action de la bascule, se faisant sentir seulement aux joints articulés, n'affecteront plus la broche qui tourne dans l'intérieur de son enveloppe. Désormais à l'abri des forces de torsion auxquelles elle était exposée, il devient possible de lui imprimer une vitesse plus grande, presque double de l'ordinaire; car les constructeurs prétendent que le premier banc à broches peut marcher à mille tours, le deuxième à seize cent cinquante, et le troisième à deux mille tours à la minute. Ce serait là un résultat très-intéressant; car, tout en faisant faire le double de travail à ces machines, la dépense du matériel de ce chef important serait diminuée de moitié. Reste une objection qui nous paraît la seule sérieuse, la qualité de la préparation; les mèches obtenues sous l'action d'une aussi grande force centrifuge ne sont-elles pas trop duveteuses, et le fil lui-même ne présenterait-il pas, plus qu'à l'ordinaire encore, ce fâcheux caractère que l'on cherche tant à combattre? Quoique nous n'ayons pas remarqué de défectuosités de ce genre dans le produit, nous croyons néanmoins devoir appeler l'attention des praticiens sur ce point assez délicat à déterminer dans des visites à l'exposition.

« Nous avons regretté de ne pas voir figurer deux sortes de machines employées parfois pour remplir les fonctions des bancs à broches, l'une en Normandie et l'autre en Suisse ; nous voulons parler du rota frotteur et du banc Abbeg. Nous connaissons les reproches qu'on leur adresse, surtout à la première, où le frottement remplacé la torsion pour donner la cohésion à la mèche ; elle fait moins bien, moins régulièrement, et cause des déchets que n'occasionne pas le banc à broches, mais elle est plus simple et coûte moins cher que ce dernier. Elle a été utilisée jusqu'ici par les petits industriels, au moins pour remplacer le premier banc à broches de l'assortiment, lorsqu'ils préparent des produits de basses qualités. Cet appareil mérite encore une mention à un autre point de vue. Il paraît avoir donné l'idée du métier à faire les fils de laine feutrée qui figure à l'exposition.

« Le banc Abbeg suisse, dont les fonctions sont identiques à celles du banc à broches, n'en diffère que par le mode de renvidage de la mèche légèrement tordue. Le mécanisme récepteur est disposé de façon que la tension exercée sur la matière à son enroulement reste constante. Les couches, au lieu de se former du bas en haut, par superpositions successives du centre à la circonférence de la bobine pleine, ont lieu par superposition horizontale. Or l'établissement d'un tel mécanisme et les conditions qui en sont les conséquences compliquent la construction de ces sortes de métiers, dont l'exécution réclame des soins particuliers. Le mécanisme différentiel n'a plus de raison d'être dans le banc à broches suisse, toutes les couches du même plan horizontal étant formées avant de passer à la la suivante, et ainsi de suite. Dans ce système, lorsque la mèche est enroulée sur la base inférieure, du centre à la circonférence, on en enroule une seconde immédiatement au-dessus, et toujours de même jusqu'au haut. La bobine se forme entre deux disques horizontaux. Celui de la partie inférieure est fixe, le mobile supérieur s'élève parallèlement à lui-même, à mesure que la hauteur des couches augmente. Cette machine s'est peu propagée, quoiqu'elle ait été l'objet d'un rapport très-favorable à la Société industrielle de Mulhouse.

« M. Beugger, de Winterthur, a exposé un appareil où il a cherché à réaliser les conditions du banc Abbeg sous une autre forme. Nous n'avons malheureusement pu le voir fonctionner. »

§ 7. — Métiers à filer.

Depuis l'origine du travail automatique du coton, il y aura bientôt un siècle, l'on n'a connu que deux systèmes de métiers à filer : le continu ou *throstle* des Anglais, et le mule-jenny. Leur invention est à peu près contemporaine ; elle a précédé celle des machines que nous venons de passer en revue. Malgré les nombreuses recherches dont ces métiers ont été et sont encore l'objet, rien absolument n'a été changé dans leur organisation fondamentale depuis leur découverte. Ils sont composés, en principe, aujourd'hui comme vers la fin du siècle dernier, des mêmes organes : étireurs, tordeurs et renvideurs. Les métiers les plus perfectionnés de l'exposition du palais de Kensington, comme les modèles presque séculaires de son voisin le musée de Kensington, possèdent ces organes identiquement disposés dans les uns et les autres. Il n'y a de différence entre eux que dans des améliorations de construction et dans les modifications des transmissions du mule-jenny.

« Le premier en date de ces deux systèmes est, on le sait, le continu ; comme il est entièrement automatique ou self-acting, il consomme une force motrice en rapport avec ses fonctions multiples. Afin de le rendre plus léger, plus facile à mener, à une époque où la machine à vapeur était à peine connue, et dans un pays où les chutes hydrauliques sont rares, on eut l'idée de diviser ses fonctions, d'en faire exécuter une partie automatiquement et l'autre à la main ; on continua à faire marcher les cylindres étireurs à la mécanique et à disposer les broches ou organes tordeurs sur un chariot mû à la main. Par l'entraînement du chariot dans un sens, on opère la torsion, et en imprimant le mouvement dans une direction opposée, le fil s'envide autour de ces mêmes fuseaux, qui, par conséquent, remplissent alternativement les fonctions de broches et de bobines. Si donc le métier mule-jenny, fonctionnant à la main ou mécaniquement, est un bon métier, il est impossible que le continu ait moins de valeur, et s'il y a une différence entre la qualité des produits, elle est au contraire en faveur de ceux des continus.

« On sait, en effet, que le même numéro de fil pour chaîne est meilleur et se vend plus cher lorsqu'il est filé sur le continu que s'il avait été fait au mule-jenny. Nous citons ce fait incontestable pour abréger notre argumentation et pour nous dispenser de produire des démonstrations théoriques ; seulement l'emploi du continu comme celui du mule-jenny self-acting, est limité à une certaine finesse ; au delà du n° 60 à 70 il y a des motifs divers pour que ni l'un ni l'autre ne soient d'un usage aussi avantageux que l'ancien métier mule-jenny demi-self-acting. Telle est la situation vraie qui ressort de l'exposition la plus complète que l'on ait vue jusqu'ici en self-acting. Il y a, il est vrai, des essais et des expérimentations pour faire produire des numéros plus élevés aux self-actings. Certains constructeurs pensent arriver à y filer du n° 80 et même du n° 100, de même qu'il y a des continus à l'essai, en dehors de l'exposition, qui produisent des finesses plus grandes encore. Si nous ne faisons connaître leur nature, on pourrait supposer, d'après ces considérations, que le métier mule-jenny n'a pas subi de perfectionnements. Ils sont de deux sortes et consistent : 1° dans un accroissement de vitesse qui a plus que doublé depuis environ trente ans, grâce au progrès réalisé dans les constructions mécaniques en général et l'emploi de machines à préparer de plus en plus perfectionnées ; 2° dans la transformation du demi-automate en self-acting, pour les besoins du filage des articles de la grande consommation.

« Cette transformation a été l'objet de nombreuses recherches, depuis que la filature automatique existe. Il s'agissait, en effet, de l'un des problèmes les plus compliqués de la cinématique. En voici les conditions :

« 1° Faire mouvoir simultanément avec leurs vitesses relatives les cylindres ; le chariot et les broches qu'il porte, dépassant parfois plus de mille ; 2° arrêter tous les mouvements, excepté celui des broches, sur le chariot au repos ; 3° donner à tous les fils des broches la position la plus convenable pour commencer à les envider autour de la broche ; 4° imprimer de nouveau un mouvement de translation au chariot pour le faire revenir à son point de départ, pendant que les broches continuent à tourner pour produire le renvidage et la cannette du fil. Si l'on ajoute que certains de ces mouvements doivent varier pour maintenir l'uniformité de tension ; que cette tension, pour ne pas énerver le fil ni faire des cannettes molles et trop peu fournies, doit avoir lieu dans des conditions déterminées, on comprendra une partie seulement des complications du problème dont on ne saurait se bien rendre compte que par une étude qui serait évidemment déplacée ici. Nous n'en parlons que pour chercher à faire ressortir la difficulté de la solution du problème du métier automate et comment, une fois le problème résolu, on a voulu étendre son application à l'extrême. Il semblerait, en effet, que le progrès est en raison du nombre de broches que l'on peut faire mouvoir par un seul métier. Il y a là une première erreur pouvant devenir préjudiciable à la pratique par divers motifs : d'abord le temps nécessaire pour produire l'unité de fil, l'aiguillée, est en raison du nombre de broches par métier. Il faut par exemple vingt-quatre secondes pour faire une course avec un métier de 1,000 broches, dix-huit pour un de 500, et quinze seulement pour 360, donc, en faisant abstraction pour un instant de toute autre considération, supposons qu'il s'agisse d'obtenir la production de 1,000 broches : si un seul métier les fait mouvoir, il produira en une minute deux courses et demie ou $1,000$ mètres $\times 2,5 = 2,500$ mètres (nous supposons l'aiguillée de 1 mètre pour simplifier le raisonnement).

« Si nous divisons les mille broches en trois métiers, chacun faisant sa course en quinze minutes, nous aurons par conséquent un produit de $1 \times 1,000 = 1,000$ mètres.

« Ce premier calcul montre que tout n'est pas profit dans les grands métiers. Ajoutons que lorsqu'il y a une cause d'arrêt, ce qui arrive assez fréquemment, la perte de temps est proportionnelle au nombre de broches.

« D'ailleurs la grande étendue des métiers d'un trop grand nombre d'organes rend le parallélisme du chariot en marche difficile à maintenir, et expose certaines pièces, tels que les tambours, à une flexibilité presque inévitable et à des réparations fréquentes. Enfin la grosseur des cordes allant du scroll au chariot doit augmenter avec le nombre de broches du métier. Or, passé une certaine grosseur, l'inégalité de flexion des brins enroulés augmente en raison du diamètre de la corde, les brins extérieurs travaillent seuls ; aussi le câble est-il bientôt hors de service. Ces considérations indiquent une partie seulement des causes qui doivent faire limiter l'emploi des métiers monstres, et la cause de l'infériorité vraie de leurs produits; elles justifient, ce nous semble, notre peu d'engouement pour le *self-acting*, et expliquent l'énergie avec laquelle nous encourageons les tentatives sérieuses faites pour perfectionner le système continu, qui, lui aussi, est complétement automatique. Nous avons tout lieu d'espérer que l'industrie française de la construction rendra bientôt dans cette direction un nouveau service à la filature en général, car les systèmes continus anglais exposés sont loin d'être aussi avancés que ceux que nous connaissons en France.

« Quoiqu'il nous soit impossible d'entrer dans un examen détaillé des intéressantes combinaisons mécaniques dont le mule-jenny automate a été l'objet, nous ne pouvons passer sous silence une modification des plus simples pour obtenir les cannettes adaptées aux broches des métiers de MM. Platt. Jusqu'à présent on plaçait sur chaque broche un cône en papier fort, ouvert à sa base et fermé au sommet. C'est sur ce cône que le fil s'enroule pour former la cannette conique destinée à garnir la navette du métier à tisser. MM. Platt suppriment parfois le cône en papier et le remplacent par une rondelle qui entre à frottement doux dans la base dela broche; le fil vient s'enrouler sur cette rondelle directement autour de la broche. Le cône ou cannette étant arrivée au volume voulu, il suffit de faire glisser la rondelle cylindrique parallèlement à elle-même, de la base au sommet de la broche, pour enlever le fil, et le placer dans la navette sans éboulement des couches, tant le produit est serré. Le nombre des cônes en papier étant égal à celui des cannettes, on a recours à des machines spéciales pour les faire; leur suppression a pour conséquence une simplification dans les manipulations et une économie dans les frais généraux.

« Il résulte de l'ensemble des perfectionnements apportés à l'outillage de la filature du coton une augmentation notable dans la production, une diminution du prix de revient précédemment constatée, et une amélioration dans les produits dont l'art du tissage profite à son tour. »

§ 8. — Tissage.

« Les considérations générales sur les métiers à tisser présentées dans le rapport de la classe VII, et notre propre rapport sur les machines de l'une des sections de cette classe concernant la fabrication des étoffes de soie, nous permettent d'abréger beaucoup nos appréciations sur les métiers à tisser plus spécialement appliqués au coton, à cause de leur emploi indistinct à des fils d'une nature quelconque. Nous rappellerons seulement les soins tout particuliers apportés avec raison par l'industrie anglaise aux machines à préparer les fils pour le tissage. Selon nous, l'avance de nos voisins sur nous, dans tous les genres de tissage automatique, tient en grande partie à la perfection de leurs machines préparatoires de toutes sortes ; leurs dévidoirs, ourdissoirs, colleuses, pareuses et cannetières automatiques. Toutes les machines exposées présentent les résultats des recherches les plus habiles. Le transport des fils de l'écheveau à la bobine se fait sur des dévidoirs combinés de telle façon, que la tension du fil reste constante, malgré la variation de son point d'application sur la circonférence de la bobine. Si l'un quelconque des fils se brise, l'appareil s'arrête spontanément. Les ourdissoirs ont des dispositions simples et ingénieuses qui permettent de retrouver instantanément, au besoin, l'un des milliers de fils, entraînés cependant avec une vitesse prodigieuse, pour pouvoir desservir le plus grand nombre possible de métiers à tisser. Les *sizing-machines*, ou machines à encoller et à sécher les fils de la chaîne, qui se substituent partout en Angleterre aux anciennes pareuses, parce qu'elles font au moins aussi bien que celles-ci, et environ cinq ou six fois plus, ont rencontré des obstacles à leur propagation en France, malgré leurs avantages. On leur reprochait de faire adhérer les fils. Cet inconvénient grave, dont quelques industriels ne se sont peut-être pas entièrement débarrassés, ne tient nullement au système, mais à la manière de faire la colle. Avec les anciennes pareuses, une cuisson de trente à quarante minutes suffisait, parce que les fils collés étaient ventilés et ne s'appliquaient sur aucune surface avant d'arriver secs à l'ensouple destinée au métier à tisser. Dans la colleuse, où le séchage s'effectue par le contact du fil humide autour de cylindres chauds, il peut y avoir adhérence entre eux, s'ils ne sont enduits d'une colle beaucoup plus faite et plus limpide ; il faut, à cet effet, la faire cuire pendant une heure et demie au moins. Ce sont les bonnes préparations des fils pour le tissage qui expliquent en grande partie les vitesses considérables imprimées aux métiers automatiques à faire les tissus unis, les rayés, les carreaux et les façonnés, et qui ont contribué au développement de l'emploi des métiers automates à navettes multiples et des métiers Jacquart. Cette condition et une modification heureuse dans la commande du battant sont, nous le répétons, les principales causes de l'élan pris par le tissage automatique à grande vitesse, car nous avons vainement cherché à l'Exposition une disposition originale qui n'ait été depuis longtemps décrite et proposée, sans en excepter même le métier gigantesque à faire les tapis exposé par l'Amérique. A défaut d'inventions de toutes pièces, nous espérions voir quelques modifications ingénieuses dans les organes des métiers, ou l'application de quelques mécanismes additionnels qui rendent parfois autant de services que des découvertes plus importantes en apparence. Nous avons vainement cherché des perfectionnements sérieux dans la composition et la confection des lames ou lisses, pour diminuer la fatigue et les ruptures qu'elles font éprouver aux fils et auxquels elles impriment parfois jusqu'à trois cents mouvements en sens inverse à la minute. Nous eussions voulu trouver un appareil simple et sûr pour faire arrêter spontanément et instantanément le métier lors de la rupture d'un fil de la chaîne, ainsi que cela arrive pour celle de la trame. Ce dernier perfectionnement devenant de plus en plus urgent avec l'augmentation de vitesse des métiers à tisser, si l'on ne veut perdre par la malfaçon ou le temps dépensé au détissage et aux réparations les avantages de l'accélération du mouvement. Enfin nous désirerions voir disparaître ou au moins amoindrir les chocs si fâcheux du battant et les ruptures de la trame occasionnées par l'impulsion brusque imprimée à la navette. Il reste donc, on le voit, des progrès sérieux à réaliser, même dans la spécialité sans contredit la plus avancée. »

§ 9. — Résumé.

« L'exposition anglaise prouve un mouvement considérable dans la construction des machines à coton, principalement dans celles applicables au travail des produits ordinaires. Le matériel pour filer de grandes finesses n'y est pas représenté.

« L'industrie française a le droit de revendiquer sa part des progrès réalisés; elle est loin de déserter le terrain des recherches, comme pourrait le faire supposer son abstention fâcheuse. Bien des modifications avantageuses, qui n'existaient qu'en projet ou à l'état de tentatives timides, ont passé de la théorie dans la pratique journalière, ainsi que le prouve, entre autres, l'application du débourrage automatique dans ses diverses formes. La carde elle-même, dont les mécanismes débourreurs ne sont que des accessoires; la carde, que l'on supposait naguère encore fixée dans tous ses éléments, a été modifiée plus ou moins heureusement dans certains détails et dans le groupement de ses organes, de façon que le filateur habile puisse désormais arriver à une combinaison qui concilie, autant que faire se peut, la quantité à la qualité du rendement. Les modifications qui ont permis d'augmenter d'une manière inattendue les vitesses des bancs à broches peuvent avoir pour conséquence de diminuer de moitié le nombre des machines les plus chères de la filature. Les métiers self-acting sont loin de pouvoir être appliqués à toute espèce de finesses ; ils sont limités, quant à présent, au n° 60, et ne sont particulièrement avantageux qu'aux fils les moins tordus, à ceux de la trame.

« Les machines préparatoires anglaises pour le tissage sont à l'abri de toute critique ; les métiers à tisser automatiquement toute espèce d'articles ont reçu des perfectionnements dans l'exécution des détails, mais ils laissent néanmoins encore à désirer pour pouvoir servir de modèles, quoique leurs résultats réunissent déjà un rendement relativement favorable à la bonne confection.

« Après l'appréciation de l'état de choses, tel qu'il existe dans le travail du coton du pays le plus avancé, cherchons à nous rendre compte des progrès à réaliser dans un avenir plus ou moins rapproché, ou à indiquer quelques desiderata de l'industrie cotonnière, tels qu'ils nous sont suggérés par l'étude des caractères naturels de la matière première, et des conditions rationnelles à réaliser dans chacune des transformations successives qui concourent au résultat final.

« Il serait avantageux, ce nous semble :

« 1° De faire subir un lavage, une épuration et un blanchiment préalable au coton en filaments de certaines provenances, et à ceux dont les produits ne sont pas destinés à être vendus en écrus;

« 2° De perfectionner encore les machines des premières préparations, jusqu'à ce que toute action brutale, produite par le choc, ait disparu et que l'on soit parvenu à traiter les fibres de toutes les espèces aussi rationnellement que le sont les poils plus ou moins précieux en usage dans la chapellerie;

« 3° D'arriver à la combinaison de peigneuses qui, par le bas prix de leur travail, permissent de substituer de plus en plus l'action du peignage au traitement bâtard et imparfait de la carde ;

4° De persévérer dans la direction des perfectionnements de détails apportés aux étirages et aux bancs à broches, afin d'obtenir de ces machines les résultats que les principes rationnels sur lesquels elles reposent et la précision rigoureuse de leur exécution permettent d'en espérer ;

5° De réaliser un système de métier à filer qui offre la simplicité et les avantages du continu ordinaire [1], une production supérieure par broche à celle du self-acting et une application au moins aussi étendue que celle du mule-jenny ordinaire demi-automate, sans occasionner plus de frais de réparation que ce dernier.

Dans le tissage, qui paraît si peu laisser à désirer, tant sous le rapport des opérations préparatoires que sous celui de l'exécution des entrelacements des fils sur le métier, nous voudrions néanmoins qu'il fût possible de perfectionner les lames ou lisses, de trouver un casse-fil débrayeur pour les fils de la chaîne, et enfin de substituer une pression à l'action du choc du battant. Nous ne nous dissimulons pas les difficultés de cette substitution si simple en apparence ; mais les conséquences importantes qui pourraient en résulter devraient compenser les efforts réclamés pour atteindre le but. Nous voudrions également voir reprendre l'étude de la coupe mécanique du velours de coton, dont la solution amènerait d'autres applications analogues.

---

[1] Nous donnons plus loin diverses améliorations, avec les dessins nécessaires à la description.

Conclusions du rapport.

On se méprendrait sur notre pensée si l'on supposait qu'en présence des améliorations et des progrès que nous entrevoyons et espérons, nous supposons qu'il faille attendre leur réalisation pour agir, et ne pas appliquer le bien, parce que l'on peut espérer mieux ; ce serait aussi raisonnable que si on ne voulait plus se servir des voies de communication ordinaires là où les chemins de fer manquent encore. Quelque rapide que soit le progrès industriel, il ne se généralise jamais assez promptement pour ne pas laisser le temps d'amortir les frais de l'établissement des moyens que ce progrès est appelé à faire disparaître. L'industrie en France ne doit donc pas hésiter par ce motif ; elle a le temps de se développer, et elle peut le faire avec sécurité si elle sait réunir et s'assimiler les éléments les plus favorables dès à présent à sa disposition. Que l'industriel fasse ses calculs à l'avance, de façon à pouvoir arriver à des produits relativement parfaits, et dont l'ensemble des frais de fabrication, dans la filature, ne dépasse pas au maximum 1 centime 1/2 par écheyette ou unité de 1,000 mètres. Il nous paraît difficile qu'un établissement puisse durer en travaillant à des conditions moins avantageuses. Il se soutiendra au contraire d'autant mieux, qu'il pourra tisser ses fils lui-même. Les motifs commerciaux né sont pas les seuls à faire valoir, il y a aussi des raisons techniques. Lorsque le filateur transforme ses fils et les prépare lui-même pour le tissage avec la perfection voulue, il peut, surtout pour les articles de la grande consommation, les employer sensiblement moins tordus que s'il les vendait sur le marché. Or, une diminution dans la torsion par unité de longueur correspond à une augmentation de production. C'est de cette façon que l'on peut expliquer certains rendements de la filature qui paraissent anomaux *à priori*.

Si de cet ordre d'idées nous passons à l'examen de la crise de l'industrie cotonnière, dont la cause et les conséquences sont si déplorables, nous sommes tenté de dire : « A quelque chose malheur est bon, » car cette crise, qui a plus que ralenti la production surmenée de l'Angleterre, laisse du temps pour réaliser la transformation de l'outillage là où elle était devenue indispensable chez nous. Le monde agricole et industriel va réaliser en quelques années plus de progrès dans le développement de la culture du coton qu'il n'en aurait obtenu en dix fois plus de temps sans la guerre des États-Unis. Le nouveau monde semble vouloir devenir protectionniste forcené et développer de plus en plus sa production intérieure ; de telle manière qu'à l'avénement de la paix, la puissance productrice du Nord pourra être suffisante pour consommer, en grande partie du moins, les récoltes du coton du Sud, lors même qu'elles remonteraient à leur état normal. Il ne serait donc pas impossible que dans un temps donné l'Amérique nous apportât des cotonnades, au lieu de nous fournir du coton, et qu'elle fût obligée d'abandonner alors à l'Inde, à la Chine, à l'Afrique, à l'Australie, à l'Italie, etc., notre approvisionnement de matières premières. Si cette nouvelle concurrence devait se réaliser, elle ne porterait probablement que sur les produits à très-bas prix. C'est une raison de plus pour nous de chercher à la prévenir en ajoutant aux meilleures conditions économiques possibles la qualité et le goût qui distinguent en général nos ouvrages mis en évidence et propagés de plus en plus par les expositions internationnales. Loin de décourager les industriels français, l'étude de ces expositions doit stimuler leur zèle et leur activité. Avec la réalisation des améliorations générales à l'ordre du jour, et l'un de ces élans qui distinguent le génie de notre nation, soutenu par la persévérance dont nos voisins d'outre-Manche donnent si souvent l'exemple, notre industrie doit se développer et grandir d'une façon inattendue, même aux yeux des plus prévoyants.

Pour résumer, en un mot, les conséquences des progrès successifs susmentionnés, nous dirons que les frais de fabrication d'un kilogramme de fil, qui s'élevaient à 2 fr. 45 c. il y a une vingtaine d'années, et à 10 francs environ, il y a moins de trente ans, sont aujourd'hui au-dessous de 1 franc. Les éléments de ce progrès sont complexes et appartiennent en partie aux améliorations considérables apportées aux moteurs hydrauliques et à vapeur, et en partie à celles introduites dans le mobilier industriel. Les roues hydrauliques ont été modifiées de façon que de 25 pour 100 d'effet utile fourni à peine, elles sont arrivées à en rendre 65 et 70 en moyenne.

Les bonnes machines à vapeur, de 500 à 600 francs la force de cheval, brûlant au maximum $1^k,50$ de charbon de terre, dès qu'elles dépassent 15 chevaux, coûtaient alors de 2,000 à 2,500 francs pour la même unité dynamique, et brûlaient en moyenne de 5 à 6 kilogrammes. Quant aux machines spéciales, elles ont été améliorées au point d'avoir des métiers dont les broches tournent avec une vitesse prodigieuse de six mille tours et plus à la minute.

Il en est résulté, toutes choses égales d'ailleurs, une augmentation de production et une diminution considérable dans les frais de toute espèce : la proportion entre le nombre d'ouvriers et celui des broches d'une filature en témoigne suffisamment. Nous avons déjà vu que l'on comptait en moyenne une personne pour 50 broches, et un rendement de 30 grammes par broche et par jour, tandis qu'il ressort de nos recherches sur de nombreux établissements montés avec l'outillage le plus perfectionné, qu'un ouvrier suffit actuellement pour 140 broches ; et la production par broche et par jour peut s'évaluer de 55 à 65 grammes, toujours pour les numéros de fils précédemment désignés.

Il s'ensuit que dans une période de moins de trente années, les résultats très-sensiblement améliorés ont doublé, et la coopération de la main-d'œuvre a été réduite des trois quarts au moins dans notre pays. L'industrie anglaise est généralement plus avancée encore dans la voie automatique : elle est arrivée à n'avoir besoin que d'un ouvrier pour 170 broches. Ce résultat est surtout la conséquence de la grande habileté du personnel anglais, qui lui permet de surveiller plus de machines, et de certaines modifications dans le groupement des machines formant l'assortiment.

Quoi qu'il en soit, envisagée en France ou en Angleterre, l'industrie cotonnière offre le type par excellence du travail automatique le plus avancé. Elle indique dès à présent l'état vers lequel toutes les autres s'acheminent et démontre, si nous ne nous trompons, l'approche du terme des perturbations transitoires occasionnées par chaque laborieuse étape dans la voie automatique, qui transforme le travail musculaire et abrutissant de l'ouvrier en une direction et une surveillance intellectuelles plus productives. Et cela, grâce précisément à ces perfectionnements si souvent le sujet de l'affliction et de la colère du travailleur. Ne peut-on l'excuser en songeant à l'horreur éprouvée par le patient à la vue de l'instrument qui doit l'opérer pour son salut ?...

CHAPITRE XVI.

PROGRÈS RÉALISÉS DANS LES CONDITIONS HYGIÉNIQUES
DES MANUFACTURES DES MATIÈRES TEXTILES.

Notre intention n'est pas de faire ressortir ici l'importance de cette question, bien qu'elle soit aussi industrielle et économique que philanthropique. Un personnel sain, vigoureux, énergique et dispos physiquement et moralement, est aussi nécessaire, au point de vue des résultats, que le choix des machines des meilleurs systèmes et que leur conservation dans le plus excellent état d'entretien. La conscience, les sentiments et l'intérêt se trouvent donc d'accord à ce sujet.

La plupart des hommes éminents qui ont traité cette délicate question de l'état hygiénique des ateliers, avec autant de talent que de cœur, l'ont peut être envisagée un peu trop exclusivement sous le rapport humanitaire. Ils n'ont pas assez démontré l'influence d'un atelier sain sur les conditions économiques et sur la perfection de la production, ni toutes les conséquences avantageuses produites sous ce rapport par les perfectionnements les plus récents apportés à l'outillage en général. Pour les faire ressortir, résumons d'abord la réunion des conditions à satisfaire pour qu'un travail d'atelier soit non-seulement sans inconvénient sur la santé de ceux qui y séjournent, mais encore pour qu'il maintienne un certain équilibre entre les diverses facultés des travailleurs.

Nous verrons ensuite combien la plupart des progrès industriels successivement obtenus tendent vers ce but.

L'air indispensable à la respiration doit être fourni en quantité abondante et proportionnelle au personnel : il doit être pur et par conséquent renouvelé, de manière que le fluide vicié par la respiration ou chargé d'impuretés résultant du travail soit constamment enlevé par une ventilation suffisante pour faire disparaître les impuretés accidentelles, et substituer l'air sain à celui expulsé par les poumons ou transformé par quelques autres éléments de combustion ou d'altération parfois inhérents à l'industrie elle-même. La température doit être, autant que possible, à peu près celle d'une habitation confortable, chaude en hiver et fraîche en été. Lorsque l'exigence du travail demande qu'elle soit un peu plus élevée, comme pour les ateliers du filage surtout des produits fins, cette surélévation de température doit être atténuée par un petit excès de ventilation et d'humidité.

La lumière doit être égale, nette et diffuse ; elle ne doit être ni masquée, ni éclatante : un jour tamisé par des verres fins dépolis serait le meilleur à notre avis, si elle ne privait trop, dans certaines situations, de la vue de l'atmosphère extérieure et de la végétation.

Si des conditions que les hygiénistes nomment *circumfusa* nous passons aux manœuvres et exercices directs qui peuvent avoir tant d'influence sur la constitution et la santé de l'homme, lorsqu'ils sont incessants du matin au soir, nous dirons qu'ils doivent être tels, qu'aucun des membres chargés des efforts musculaires ne fatigue d'une manière anomale. Leurs efforts doivent s'équilibrer d'une façon simultanée ou alternative; c'est-à-dire s'exercer ensemble, également ou successivement, afin que le travail ait lieu par une action générale du corps ou par des impulsions imprimées alternativement par les bras et les jambes.

La fatigue ne doit dans aucun cas devenir assez forte pour amoindrir les facultés de l'intelligence, blesser certaines parties du corps et affaiblir l'action de la surveillance. Il ne faut pas non plus, d'un autre côté, que le travail exige une préoccupation anomale continue ou trop forte de l'esprit, ni une tension de la vue. Enfin, il serait désirable que les opérations pussent se pratiquer sans occasionner un bruit parfois intolérable pour celui qui n'y est pas habitué, et avec lequel la plupart des ouvriers ne se familiarisent pas toujours sans inconvénient. Si on avait résumé dans ces termes, il y a une trentaine d'années seulement, les conditions hygiéniques à réaliser dans les établissements industriels, on aurait pu être accusé de demander l'impossible, de vouloir réunir des éléments inconciliables entre eux et de réclamer la modification d'un état de choses indispensable aux résultats auxquels ils concourent. Comment éplucher et carder le coton, pouvait-on dire alors, sans que l'atmosphère soit imprégnée des fibrilles et de la poussière qui s'en échappent? comment en préserver, par conséquent, les poumons des travailleurs?

Si quelque hygiéniste philanthrope, en parcourant les ateliers exigus dans lesquels une population considérable s'agitait à cette époque, avait fait remarquer que l'air en était vicié et la ventilation insuffisante, que la mauvaise santé des ouvriers, révélée par divers symptômes extérieurs non-seulement aux gens de l'art, mais à un observateur ordinaire, pouvait être corrigée, il se serait probablement fait considérer comme un idéologue, un rêveur. Il lui aurait tout au moins été répondu qu'un atelier n'était pas un salon, et que chaque état avait ses exigences et ses conséquences fatales auxquelles il fallait se soumettre. Et cependant les choses en sont arrivées à un tel état aujourd'hui pour la ventilation, le chauffage et l'éclairage des usines en général, que beaucoup de salons sont moins bien partagés sous ce rapport.

Les causes de cet heureux changement sont multiples, elles sont en général des conséquences des perfectionnements apportés à l'outillage, et des conditions techniques dans lesquelles le travail doit s'exercer pour ne rien laisser à désirer.

En effet, l'épluchage de la matière filamenteuse, qui avait lieu autrefois par des machines imparfaites, laissant échapper des petits filaments et la poussière dans l'atmosphère de l'atelier, ne peut pas plus se manifester aujourd'hui à l'extérieur des appareils, que la fumée dans un appartement. Cette source si grave de malaise a donc disparu, grâce à la construction et à la disposition actuelles des premières machines à préparer, si elles sont conformes à celles indiquées et étudiées au chapitre qui les concerne. Il en est de même du débourrage et du cardage, classés parmi les opérations insalubres, comme nous l'avons vu précédemment, en mentionnant l'automatisation de cette opération et les couvertures qui renferment ces sortes de machines. De plus, le personnel nécessaire à une production déterminée a été réduit des 7/8 en une trentaine d'années, puisque, d'après les appréciations précédentes, 1,000 broches, qui exigeaient alors de vingt à vingt-quatre personnes, peuvent être desservies par cinq à six, et que 500 broches aujourd'hui, toutes choses égales d'ailleurs, font autant que les 1,000 d'il y a trente ans. Et partout la hauteur des ateliers se trouve augmentée pour faciliter l'établissement des transmissions et gagner de la lumière. Une seule salle de 10,000 broches de métiers à filer, qui contenait autrefois en moyenne deux cents personnes, n'en exige plus que cinquante à soixante, pour produire un travail au moins double.

L'emplacement nécessaire aux machines principales, aux métiers à filer, dont les dimensions déterminent la fixation des largeurs et des longueurs de l'établissement, a pour conséquence forcée la construction de ces sortes de hangars dont le chauffage, pendant l'hiver, et le rafraîchissement, pendant la saison chaude, sont de rigueur, non-seulement dans l'intérêt du personnel, mais pour arriver à des conditions de production normales et convenables, et ont contribué pour leur part à la réalisation des meilleures conditions hygiéniques.

L'amélioration a porté non-seulement sur les points qui viennent d'être indiqués, mais également sur la tenue, l'état de propreté de l'usine et de son personnel. Il est de règle, en effet, aujourd'hui d'établir à l'une des extrémités de ces grands ateliers un vaste vestiaire divisé pour le service des deux sexes. Les ouvrières y déposent certaines parties de leurs vêtements et se recouvrent d'une espèce de blouse ou grand tablier à bavette, avant de se livrer au travail. Elles y rentrent pour faire leur toilette et des ablutions à la fontaine établie à cet effet dans le vestiaire, avant de changer de vêtements pour sortir. À ces détails, il faut ajouter que la force des choses nécessité aujourd'hui presque partout la séparation des sexes ; les surveillances qui incombent aux femmes et aux enfants concernent en général des machines établies soit dans des salles séparées, soit dans des divisions de la même salle.

Diverses conséquences indirectes résultent donc du développement du travail automatique et des progrès mécaniques : moins d'agglomération d'individus dans les usines, la possibilité d'élever les salaires, tout en baissant les prix des produits, de séparer les sexes, de les faire vivre dans des conditions hygiéniques et de propreté, dont l'influence avantageuse au point de vue de la morale et des liens de la famille est indiscutable.

Il paraît par conséquent en être du progrès mécanique comme de bien d'autres ; son avantage, à tous les points de vue, est proportionnel à son degré d'avancement ; incomplet, il est parfois plus nuisible qu'utile. L'on n'a tant et si justement parlé du funeste effet des machines que parce qu'elles n'étaient qu'en partie automatiques, que l'ouvrier à leur service était obligé de les remorquer péniblement pendant une partie du temps.

Or la question, spéculative en apparence, de la pondération

des forces physiques et intellectuelles des ouvriers fait également des progrès marqués à mesure que le travail automatique se propage. *L'homme moteur*, dont le corps était constamment courbé, les muscles en action pour manœuvrer de lourdes machines, et la vue tendue du matin au soir pour surveiller et réparer les ruptures fréquentes, est remplacé dans le travail complétement automatique par l'*homme surveillant*. La fatigue n'est plus que celle d'un piéton ordinaire, et l'attention se trouve considérablement soulagée, le nombre et la fréquence des ruptures étant diminués par les soins particuliers et l'augmentation de ténacité donnés aux préparations obtenues par les transformations actuelles. La combinaison de l'intelligence et de la force a permis aux progrès économiques et moraux de marcher de front.

Reste cependant l'inconvénient très-sérieux, selon nous, du bruit considérable de certaines machines nouvelles ; il a été amoindri d'une part, et augmenté de l'autre. Il a diminué au point de disparaître pour presque toutes les machines à préparer à mesure que leur construction a progressé ; mais pour les métiers à filer, avec l'élévation du nombre des broches, leur transmission de mouvement par engrenages, il y a eu augmentation de bruit dans une proportion notable d'abord, qui se faisait surtout désagréablement sentir, et par à coups, lors des embrayages et des débrayages ; ces chocs et les frottements ont été sensiblement atténués dans les métiers récemment améliorés. Si les considérations que nous présentons plus loin sur la construction de ces genres de machines sont exactes, ce ne serait là encore que des commencements de modifications: au nombre des plus importantes à espérer, se trouverait l'amoindrissement considérable, sinon l'annulation complète des inconvénients que présente le roulement continuel de ces masses mobiles portant et faisant mouvoir chacune un millier d'éléments à la fois. Certaines causes d'accidents, parfois très-fréquents, ont été à leur tour considérablement atténuées, nous voulons parler des blessures produites par les transmissions, tels que volant, roues d'engrenage, courroies, etc., qui malheureusement occasionnent souvent des sinistres dont un travailleur, un moment distrait, peut être la victime. Ces accidents sont presque toujours la conséquence de l'absence de couvertures solides dans lesquelles les industriels prudents et prévoyants renferment maintenant ces sortes de mécanismes et les surfaces qui laissent dégager des filaments. Cette précaution se propage de jour en jour ; la faible augmentation de dépense qu'elle nécessite est bien plus que compensée sous tous les rapports.

La prévoyance a été plus loin : l'on a imaginé des mécanismes débrayeurs qui, sous la moindre résistance anomale dans une partie quelconque d'un atelier, arrêtent spontanément le mouvement général. Ces moyens, d'une efficacité incontestable, sont cependant peu répandus, précisément à cause de l'emploi plus fréquent des couvertures dont nous venons de parler.

Si aux perfectionnements que nous entrevoyons et qui sont sur le point de se réaliser, nous ajoutons ceux dont la prévision nous échappe probablement, on comprendra tout ce que l'avenir réserve encore à une spécialité souvent signalée comme à l'apogée de ses progrès [1].

---

[1] *Nous devons faire remarquer que nous nous bornons, dans ce chapitre, à signaler les progrès hygiéniques et moraux réalisés déjà, ou à réaliser par suite des perfectionnements techniques. Nous n'avons, par conséquent, pas à examiner ce qui a été fait et est en voie d'exécution dans l'intérêt de la classe ouvrière dans la direction purement philanthropique. Il nous faudrait parler des cités ouvrières, des établissements alimentaires spéciaux, des salles de bain et des lavoirs publics, des caisses particulières de secours et de retraites, des cours publics, des bibliothèques populaires, etc., etc. Nous mentionnons ces nombreux et importants sujets pour faire ressortir une fois de plus l'heureuse tendance de notre temps. Lors même que la place ne nous ferait pas défaut pour traiter comme il convient des questions de cette nature, nous n'oserions les aborder après les penseurs profonds,*

A l'appui de ces considérations sur les améliorations désirables, et d'une réalisation plus ou moins prochaine, nous pouvons signaler divers problèmes mis au concours par les sociétés les plus compétentes à ce sujet. Voici ceux dont la Société industrielle de Mulhouse, particulièrement autorisée, demande la solution :

Médaille d'or de la valeur 'de 2,000 francs *pour l'invention et l'application avec avantage sur les procédés connus, d'une machine ou d'une série de machines disposant toute espèce de coton longue soie, d'une manière plus convenable qu'avec les procédés actuels, pour être soumis à l'action du peignage.* — La machine ou les machines dont il s'agit devront avoir fonctionné pendant une année et pour 10,000 broches au moins. Elles devront ouvrir suffisamment le coton, en enlever la poussière et les grosses impuretés, puis le former en nappes ou rubans convenables pour être soumis à l'action de la peigneuse. Elles ne doivent ni briser, ni affaiblir ou détériorer les filaments de coton ; ne pas produire de boutons ou étoiles, et leur travail devra coûter moins et ne pas produire plus de déchet que les opérations connues. Leur produit devra être assez considérable et en même temps assez avantageux pour que les filateurs trouvent économie à adopter la nouvelle invention.

Médaille d'or de la valeur de 1,000 francs *pour l'invention et l'application avec avantage sur les procédés connus, d'une machine ou d'une série de machines propres à ouvrir et nettoyer toute espèce de coton courte soie, de manière à le disposer convenablement pour être soumis à l'action des cardes, des épurateurs, des peigneuses, s'il en existe pour les courte-soie à l'époque de l'invention, ou de toutes autres machines préparatoires analogues.* — La machine ou les machines dont il s'agit de-

les écrivains célèbres et éloquents dont les œuvres sur la matière sont si répandues. Qui n'a lu, entre autres, les publications récentes de M. Jules Simon et de M. Louis Reybaud?

vront avoir fonctionné pendant un an et pour 10,000 broches au moins. Elles devront entièrement purger le coton de la poussière et des matières nuisibles à la filature, sans le briser, le détériorer ou le fatiguer, rouler, corder, ou en former des nœuds ou étoiles. Il faudra, en outre, qu'elles divisent convenablement les filaments, et en forment une nappe ou un ruban propre à être soumis aux machines préparatoires subséquentes, dont le travail devra ainsi être rendu plus facile.

Le produit de la machine ou des machines nouvelles devra être considérable, et présenter, en un mot, des avantages suffisants pour que les filateurs trouvent convenance à adopter celles-ci.

La Société d'encouragement pour l'industrie nationale s'est préoccupée, à son tour, de l'état de la filature et des points susceptibles d'amélioration. Elle a pensé qu'entre le métier à filer, *système continu*, si simple, si complet, mais forcément limité dans son emploi, et le métier *self-acting* compliqué, dont les résultats sont également limités, et le métier mule ordinaire, qui amène le fil à des finesses extrêmes, il ne devait pas être impossible d'arriver à un système qui cumulerait, jusqu'à un certain point, les avantages des précédents, sans en présenter les inconvénients ; son conseil avait adopté le programme suivant :

« Un prix de 3,000 francs pour l'invention et l'application
« d'un métier à filer complétement automatique, notablement
« plus simple dans ses combinaisons mécaniques et nécessitant
« moins de place que le métier mule-jenny self-acting. Ce
« métier devra produire des fils d'une finesse du n° 100 métrique
« au moins, et en quantité et qualité aussi avantageuses que
« celles du meilleur système en usage [1]. »

---

[1] La publication de ce programme ayant été accidentellement ajournée, et les progrès qui y sont stimulés réalisés en partie depuis, la valeur du prix a été transformée en médailles ; l'une de ces médailles a été accordée dernièrement à M. Leyherr, pour un métier continu décrit plus loin.

CHAPITRE XVII.

TARIF DES DOUANES CONCERNANT L'INDUSTRIE COTONNIÈRE.

Afin d'épargner les recherches concernant les documents qui fixent les droits protecteurs auxquels sont soumis les cotons en laine, les fils et tissus du coton à leur entrée dans les diverses contrées en rapport avec nous, et ceux des machines anglaises concernant les industries textiles à leur introduction en France, nous les avons réunis et résumés aussi succinctement que possible. Les appréciations jointes à certains de ces documents sont extraites de diverses livraisons des *Annales du commerce extérieur*, publiées avec un soin remarquable par l'administration supérieure.

RÉGIME DOUANIER DU COTON EN LAINE.

§ 1. — Entrée.

Nous avons donné précédemment (chap. I, § 3) les diverses modifications de tarifs qui réglaient l'entrée et la sortie du coton chez nous depuis l'origine de son emploi jusqu'à la Révolution. Depuis 1791 jusqu'aujourd'hui, le coton à l'entrée a été soumis à cinq régimes différents, savoir :

1° De 1791 à 1806. Admission en franchise ou moyennant des droits minimes;

2° De 1806 à 1814. Les droits ont été successivement de 60, 200, 400, 600 et 800 francs par 100 kilogrammes ;

3° De 1814 à 1816. Retour à l'admission en franchise;

4° De 1816 à 1860. Rétablissement des droits. Ces droits étaient les suivants :

Des colonies françaises, sans distinction d'espèce.....	10 fr. les 100 kil.	
Cotons étrangers. Longue-soie, par navires français..	40	—
— Courte-soie, par navires français...	20	—
Cotons de Turquie..................................	15	—
Cotons de l'Inde..................................	15	—

Ces mêmes cotons, importés par navires étrangers, payaient un supplément de droit de 5 à 10 fr., suivant leur origine.

§ 2. — Sortie.

Les droits à payer à la sortie des cotons, c'est-à-dire à la ré-exportation, ont également varié depuis la même époque jusqu'à leur suppression en 1857 :

1° De 1791 à 1792. Ils payaient 12 livres le 100 pesant;

2° De 1792 à 1803. Prohibition à la sortie ou un droit équivalent de 102 francs les 100 kilogrammes ;

3° De 1803 à 1808. Liberté de sortie moyennant 1 franc des 100 kilogrammes ;

4° De 1808 à 1814. Prohibition de sorties ;

5° De 1814 à 1857. Liberté de sortie moyennant des droits insignifiants, qui furent successivement de 1 franc, 0ʳ,50 et 0ʳ,25 par 100 kilogrammes ;

6° 1857. Suppression de tout droit.

Depuis 1816, le coton en laine, exempt aujourd'hui de droit d'entrée en France, entre également sans payer aucun droit dans les principaux pays manufacturiers de l'Europe, tels que l'*Angleterre*, l'*Association allemande*, l'*Autriche*, la *Belgique*, le *Danemark*, l'*Italie*, les *Pays-Bas*, la *Suisse*.

Les contrées où il paye encore un droit d'entrée sont les suivantes :

```
La Norwége, où il est  insignifiant..............   0ᶠ,05 par 100 kil.
En Russie et en Pologne......................,.....   6 ,10      —
En Espagne, 1/2 pour 100 de la valeur.........
La valeur est fixée à......   117ᶠ,40, c'est donc.  38 ,70      —
        ⎧ en gousse........    1 ,20 ⎫
Grèce   ⎨ sans gousse......,..  2 ,40 ⎬   —
        ⎨ non  égrené.....   8 ,00 ⎬
        ⎩ égrené .........    8 ,00 ⎭
Coton en feuille cardée  ou gommée (ouate)....   0 ,10 le  kilogr. à
                                                 l'entrée en France.
```

§ 3. — Fils.

Les droits sur les fils étrangers à leur entrée en France ont également subi un grand nombre de variations. Nous résumons ces droits pour les fils du numéro 27/29, type ordinaire, après avoir donné le régime qui régit actuellement les divers espèces de fils de coton.

Les primes de sortie accordées pendant longtemps pour encourager l'exportation des produits nationaux étant abolies, nous n'avons pas à nous y arrêter.

Droits à payer par les fils de coton anglais à leur entrée en France,
d'après les traités de 1860 et 1861 [1].

Fils de coton simple mesurant au demi-kilogramme

Écrus.

	De	20,000 au moins	0f,15
	De	21,000 à 30,000	0 ,20
		31,000 40,000	0 ,30
		41,000 50,000	0 ,40
		51,000 60,000	0 ,50
		61,000 70,000	0 ,60
		71,000 80,000	0 ,70
		81,000 90,000	0 ,90
		91,000 100,000	1 ,00
		101,000 110,000	1 ,20
		111,000 120,000	1 ,40
		121,000 130,000	1 ,60
		131,000 140,000	2 ,00
		141,000 170,000	2 ,50
		171,000 et au-dessus	3 ,00

au kilogramme.

Blanchis, le droit sur le fil simple augmenté de 15 pour 100.

Teints, le droit sur le fil simple augmenté de 25 centimes par kilogramme.

Fils de coton retors en deux bouts.

Écrus, le droit afférent au fil simple employé au retordage augmenté de 50 pour 100.

Blanchis, le droit sur le fil écru, retors en deux bouts, augmenté de 15 pour 100.

Teint, le droit sur le fil écru, retors en deux bouts, augmenté de 25 pour 100 par kilogramme.

Chaînes ourdies.

Écrues, le droit sur le fil simple augmenté de 30 pour 100.

Blanchies, le droit sur les chaînes ourdies écrues augmenté de 15 pour 100.

Teintes, le droit sur les chaînes ourdies écrues augmenté de 25 centimes par kilogramme.

Fils écrus blanchis ou teints en trois bouts ou plus.

| à simple torsion...... | 0f,06 |
| à plusieurs torsions ou câbles............ | 0 ,12 |

par 100 mètres.

[1] Jusqu'alors les fils d'une certaine finesse étaient prohibés. Cette prohibition a été levée avec celle de toutes les autres marchandises anglaises par la convention diplomatique du 23 janvier 1860, entre la France et l'Angleterre.

Les fils de coton mélangés payent les mêmes droits que les fils de coton pur, lorsque le coton domine dans le mélange.

Le 1er mai 1861, une convention de même nature, passée entre la France et la Belgique, adoptait le même tarif pour les fils de coton fabriqués dans ce dernier pays, avec modification, applicable dès lors à l'Angleterre, que le droit supplémentaire, sur les fils retors, au lieu de 50 pour 100, était réduit à 30 pour 100.

§ 4. — Comparaison du régime actuel existant dans les principaux pays de l'Europe.

ROYAUME D'ITALIE.

le kilogramme.

Fils écrus	simples	Inférieurs au n° 20..	0f,20	Tarif français	0f,15
		du n° 20 à 32..	0 ,30	—	0 ,15 à 0f,30
		n° 33 à 45..	0 ,40	—	0 ,30 à 0 ,40
		n° 46 à 60..	0 ,50	—	0 ,40 à 0 ,50
		Numéros supérieurs.	0 ,60	—	0 ,50 à 3 ,00
	retors	Jusqu'au n° 32.....	0 ,50		
		Numéros supérieurs.	0 ,70		
		Blanchis ou teints de tour, n°.........	0 ,80		

BELGIQUE.

Filés de coton	non tors et non teints...........	101f,80	les 100 kilogr.
	tors et teints...................	127 ,20	
	retors à faire le tulle du n° 140 mèt. et au-dessus...................	6 ,00	

CONFÉDÉRATION SUISSE.

Tarif du 27 août 1851 confirmant la disposition qui en 1849 avait supprimé les tarifs particuliers de canton.

Cotons filés	Simples et retors, écrus.........	4f,00	les 100 kilogr.
	retors et fil à coudre en coton blanchi ou teint...............	7 ,00	

ASSOCIATION ALLEMANDE DU ZOLLVEREIN.

(Royaume de Prusse, Bavière, Saxe, Hanovre, Wurtemberg, grand-duché de Bade, de Hesse, électorat de Hesse, association de Thuringe, duché de Brunswick, de Oldenbourg, Nassau, ville de Francfort.)

Importation

	LE SCHIFFLAS DE 90 PIEDS.		Les 100 kilogrammes.
	Thalers.	Florins.	
Coton filé, pur ou mélangé de laine, non blanchi, à 1 et 2 bouts, non retors et ouate.....	3	5 15	fr. c. 22 50
Coton non blanchi, à 3 bouts et plus, non retors, blanchi et teint, de toute sorte............	8	14 »	60 »

AUTRICHE.

Tarif promulgué par un ordre souverain du 5 décembre 1853, en vigueur depuis le 1ᵉʳ janvier 1854.

FILS DE COTON.	QUINTAL.		LES 100 KILOGRAMMES.	
	Entrée.	Transit.	Entrée.	Transit.
	flor. kr.	flor. kr.	fr. c.	fr. c.
Purs ou mélangés à laine, écrus, non teints et autres que retors......	5 »	» 15	26 10	1 31
Blanchis, retors, mais non teints, mèches cirées ou non...........	10 »	» 15	52 20	
Teints, retors ou non retors......	12 30	» 15	65 25	

Sont traités comme non retors les fils à deux bouts, de matières différentes, par exemple de coton et de lin.

DALMATIE.

Tarif du 18 février 1837 différent du tarif de 1829 pour les sorties.

FILS ET TISSUS DE COTON.	LE QUINTAL	Les 100 kilogrammes.
	flor. kr.	fr. c.
Fils simples et retors...	2 20	11 65

RUSSIE.

Tarif approuvé par un ukase du 9 juin 1857.

COTON FILÉ.	EMPIRE ET POLOGNE. — Les 100 kil.	PORTS de la mer Noire et provinces transcaucasiennes. Les 100 kil.
	fr. c.	fr. c.
Blanc...	85 47	85 47
De couleur, ou mélangé de fils blancs et de couleur, tordus ensemble.......................................	122 10	122 10
Mèche de coton pur............................	85 47	85 47

SUÈDE.

Tarif sanctionné le 4 décembre 1854.

FILS DE COTON.	LE SKALPUND.	LE kilogramme.
	rixdal. skill.	fr. c.
Simples ou retors...............................	» 05	» 32
Teints rouge, dits de Turquie...................	» 08	» 85
Tous les autres fils............................	» 12	1 27

NORWÉGE.

Loi du 11 juillet votée par le Sthorting.

FILS DE COTON.	LE PUND.	LE kilogramme.
	rixdal. skill.	fr. c.
Non teints, non tors............................	» 06	» 56
Non teints, mais tors..........................	» 10	» 94
Teints...	» 12	1 13

DANEMARK.

FILS DE COTON.	LES 100 livres.	Les 100 kil. en balles pressées avec des cercles en fer
	rixdal. skill.	fr. c.
Tordus ou non........ { blancs........................	2 48	14 20
{ teints........................	5 20	29 58

PAYS-BAS.

Tarif voté, loi du 9 juin 1845, modifié depuis.

FILS DE COTON.	LES 100 livres.	LES 100 kilogr.
	flor. kr.	fr. c.
Non tors et non teints..............................	1 »	12 72
Tors ou teints....................................	6 »	16 96

CHINE.

Importation.

Coton filé, retors ou non, les 100 kilogrammes . . . 12f,60

Ajoutons aux tarifs précédents les deux suivants, qui n'ont d'intérêt qu'au point de vue du commerce des fils du Levant.

EMPIRE OTTOMAN.

Sortie.

		Le kilogr.
	de Bey-Bazar...............................	0f,16
	d'Arghatch.................................	0 ,07
Coton filé..	de Kattambal...............................	
	de Guiné...................................	0 ,14
	de Lalaya..................................	
	de Smyrne, blanc et de couleur...........	0 ,16

GRÈCE.

Tarif et loi de 1857.

			Les 100 kilogr.
Fils de coton sur bobines	pour embobiner.....	blancs.........	98f,43
		teints.........	112 ,49
	en pelotes, à broder.	blancs.........	35 ,15
		teints.........	42 ,18
	teints à l'huile		52 ,75

Ces droits sont avec les droits français dans les proportions suivantes, pour les numéros ordinaires :

Angleterre ; Etats-Unis.................... 0

Dalmatie et Chine......................... 6/10

```
France........................................    1
Italie ........................................    1
Zollverein....................................    1 1/10
Autriche......................................    1 3/10
Suède.........................................    1 7/10
Suisse .......................................    2
Espagne.......................................    2 1/2
Russie .......................................    4 1/2
Belgique......................................    5
```

§ 5. — La valeur.

La valeur peut être réglée par des chiffres officiels ou par la déclaration du négociant. Ce premier système était celui du traité de 1786. C'est encore celui de l'Espagne.

Dans l'ordonnance générale des douanes d'Espagne, publiée en 1857, en vertu d'un ordre royal du 10 décembre, les fils sont taxés 1/2 pour 100 de la valeur.

La valeur est fixée comme suit :

		Les 100 kilogr.
	non blanchis............	105f,65
Fils non retors	blanchis	117 ,40
	teints.................	129 ,14
Fils retors....	non blanchis..........	176 ,10
	blanchis ou teints......	352 ,20

Le second système est celui des États-Unis, où, en vertu de l'acte du 25 juillet 1864, modifié par l'acte du 3 mars 1857, les marchandises sont imposées *ad valorem*..... sur facture, mais les fils sont dispensés de droits.

C'est à peu près celui des villes Anséatiques :

Hambourg, où les marchandises payent un droit d'entrée de 1/2 pour 100 de la valeur constatée par le correspondant de la Banque.

Brême, où le droit à l'entrée est 2/3 pour 100 du prix d'achat constaté par les acquits.

Lubeck, où le droit est de 1/2 pour 100 de la valeur au lieu d'expédition.

On le voit, à l'exception de l'Angleterre qui, expédiant aux divers marchés étrangers environ 200 millions de livres de filés, représentant près de 10 millions de livres sterling (250 millions de francs), maîtresse de ce commerce, a pu abolir à son aise ses anciens droits sur les fils étrangers et ses anciennes prohibitions, les divers Etats de l'Europe ont maintenu, à l'entrée, les droits protecteurs principalement destinés à prévenir l'envahissement de leur marché contre les produits anglais.

Ces droits donnent pour la chaîne 27/29, prise comme type des numéros courants, l'échelle suivante :

	Le kilogr.
Angleterre.	0f,00
Etats-Unis	0 ,00
Dalmatie.	0 ,12
Chine	0 ,12
Hollande.	0 ,13
Danemark	0 ,14
France	0 ,20
Italie.	0 ,20
Zollverein	0 ,22
Autriche.	0 ,26
Suède.	0 ,32
Suisse.	0 ,40
Espagne	0 ,50
Norwége.	0 ,56
Russie.	0 ,85
Belgique.	1 ,01

Les droits, en France, dans l'intervalle des prohibitions, ont suivi la marche suivante, depuis un siècle :

	Le kilogr.
Nº 27/29 — Tarif du 12 mai 1761	4f,80
Id. Traité de 1786	3 ,60
Id. Tarif de 1791	4 ,59
Id. Tarif du 22 ventôse an XII..	4 ,00
Id. Tarif du 30 avril 1806	7 ,00
Nº 143 et au-dessus. Tarif du 5 juillet 1836,	7 ,00
Nº 27/29. — Tarif du 16 novembre 1860.	0 ,20

§ 6. — Tissus.

*Droits d'entrée en France des tissus anglais et belges
d'après les traités de 1860 et 1861.*

Ces tissus comprennent quatorze classes principales, subdi-
visées en un certain nombre de catégories, conformément aux
indications du tableau p. 250 et 251.

Régime d'entrée dans les principaux pays étrangers.

La connaissance des droits à payer à l'entrée dans les pays
étrangers des produits venant du dehors intéressant notre industrie, nous croyons devoir les indiquer également.

ANGLETERRE.

L'Angleterre fabrique toute espèce de tissus de coton. Sa supériorité n'est pas dans la qualité ni dans l'aspect de la marchandise, mais dans le procédé de fabrication et le bon marché.

Tandis que les Français affinent le tissu, les Anglais savent
que ce résultat ne peut s'obtenir qu'aux dépens du prix de revient, et ils considèrent le tissu de coton comme le tissu bon
marché par excellence.

Les tissus de coton étrangers entrent librement en Angleterre
sans payer aucun droit.

ÉTATS-UNIS.

Ce fut en 1824 et 1828 qu'on établit aux Etats-Unis des droits
sérieusement protecteurs.

Le développement de l'industrie fut très-grand.

L'Amérique fabrique pour la Chine, l'Inde, l'Amérique anglaise, la côte d'Afrique et l'Amérique méridionale. Elle fait des
tissus grossiers. Cependant certains de ses produits atteignent

Prohibés, sauf les exceptions ci-dessus, pour certains nankins, les dentelles de coton fabriquées

TISSUS DE COTON ÉCRUS, UNIS, CROISÉS, COUTILS.

	1re CLASSE pesant 11 kilogrammes et plus les 100 mètres carrés.		2e CLASSE pesant 7 à 11 kilogrammes exclusivement les 100 mètres carrés.			3e CLASSE pesant de 3 à 7 kilogrammes exclusivement les 100 mètres carrés.			
	De 35 fils et au-dessous avec 5 millim. carrés.	De 30 fils et au-dessus.	De 35 fils et au-dessous.	De 36 fils à 43 fils.	De 44 fils et au-dessus.	De 27 fils et au-dessous.	De 28 fils à 35 fils.	De 36 fils à 43 fils.	De 44 fils et au-dessus.
1860. — 23 janvier-16 novembre 1860. Traité avec l'Angleterre et convention complémentaire. — Levée des prohibitions et établissement des droits suivants à partir du 1er octobre 1861................	Le kilogr. — fr. c. 0 50	fr. c. 0 80	fr. c. 0 60	fr. c. 1 00	fr. c. 2 00	fr. c. 0 80	fr. c. 1 25	fr. c. 1 90	fr. c. 3 00
27 mai 1861. — Traité avec la Belgique déclaré applicable à l'Angleterre par un décret du 29 mai 1861.	Id.	Id.	Id.	Id.	Id.	Id.	Id.	Id.	Id.
13 février 1861. Décret.. 25 août 1861. Id.... 29 octobre 1862. Id....	Autorisation d'importer en franchise temporaire les tissus étrangers, à charge de réexportation après impression ou teinture.								

de coton.

à la main et au fuseau, et les applications sur tulle d'ouvrages en dentelles de fil.

TISSUS DE COTON.			VELOURS DE COTON.				TISSUS DE COTON écrus, unis ou croisés pesant moins de 3 kilogrammes par 100 mètres carrés, piqués, basins, façonnés, damassés ou brillantés, couvertures de coton, tulles unis ou brodés, gazes, et mousselines brodées pour ameublements et tentures. — Articles confectionnés en tout ou en partie, articles non dénommés.	BRODERIES A LA MAIN.	DENTELLES ET BLONDES DE COTON.
			Façon soie dits velvets.		Autres, cordés, molesquines.				
Blanchis.	Teints.	Imprimés	Ecrus.	Teints ou imprimés	Ecrus.	Teints ou imprimés			
15 p. 0/0 en sus du droit sur l'écru.	fr. c. 0 25 par kilogr. en sus du droit sur l'écru.	15 p. 0/0 de la valeur.	Le kilogr. — fr. c. 0 85	fr. c. 1 10	fr. c. 0 60	fr. c. 0 85	15 p. 0/0 de la valeur.	10 p. 0/0 de la valeur.	5 p. 0/0 de la valeur.

Nota. — Les fils et tissus de coton mélangés payeront le même droit que ceux en coton pur, pourvu que le coton domine en poids dans le mélange.

Id.	Id.	Id.

la finesse de ceux d'Europe. Elle travaille surtout pour sa consommation, qui est immense à cause de l'abondance de l'argent, et de la façon large dont on paye la main-d'œuvre.

Elle imprime depuis assez longtemps.

Les droits d'entrée, depuis 1857, sont fixés à 24 pour 100 *ad valorem*.

ZOLLVEREIN.

La fabrication des tissus de coton existait déjà à la fin du siècle dernier dans les provinces rhénanes, en Westphalie, en Saxe et en Silésie.

Le système continental leur donna une impulsion considérable.

Mais en 1815 l'invasion des produits anglais vint l'arrêter.

En 1819 commença à se former dans les Etats de l'Allemagne une association destinée à protéger l'industrie par une législation pareille à celle que possédait déjà la Prusse. Cette association devint en 1834 le Zollverein. Le but était de protéger les divers Etats contre la concurrence étrangère, tout en établissant la liberté des échanges entre les pays amis.

L'industrie prit un nouvel essor, et la filature ne suffisant plus aux besoins du tissage, l'importation des filés devint considérable.

Les parties de l'Allemagne où le tissage s'est le plus développé sont : les provinces rhénanes, le grand-duché de Bade et la Westphalie pour les tissus ordinaires, la Silésie et la Saxe pour les tissus fins.

Le tissage à bras tend à disparaître tous les jours.

Le droit d'entrée est de 375 francs par 100 kilogrammes.

Ce droit est considérable ; mais le Zollverein a toujours eu pour principe de favoriser l'importation de la matière première, y compris les filés, mais de frapper les objets fabriqués.

AUTRICHE.

Le tissage mécanique est peu important dans ce pays. Le tissage à bras y existe sur une grande échelle.

Le droit sur les tissus écrus est de 208 francs par 100 kilogrammes.

Les tissus teints d'une ou plusieurs couleurs, non imprimés, velours, passementerie, bonneterie, 381 francs les 100 kilogrammes.

Les tissus fins, tissus épais imprimés, 522 francs les 100 kilogrammes.

Les tulles, dentelles, broderies, tissus mélangés d'or, d'argent, 1,305 francs les 100 kilogrammes.

SUISSE.

Le tissage mécanique y prend un développement considérable, surtout pour les tissus ordinaires.

Les mousselines unies et brochées, dont la production est très-importante, se font encore à la main.

La Suisse, mais très-rarement, importe des tissus pour les imprimer.

Le droit d'entrée n'est que de 4 francs par 100 kilogrammes.

BELGIQUE.

Ne produit en général que des tissus communs.

Les calicots et les tissus écrus sont tous fabriqués à la mécanique. Les cotonnades, cotonnettes, guingans, articles de pantalon se fabriquent à la main.

Gand est le siége principal du tissage mécanique ; Lokeren, Saint-Nicolas, Renain, Tournay, du tissage à la main.

La Belgique est dans une situation excellente pour fabriquer, mais le débouché lui manque.

Le droit d'entrée est de 208 fr. 80 c. par 100 kilogrammes pour les tissus écrus ; mais en ce qui concerne la France, ces droits ont été modifiés par le traité mentionné plus haut.

PAYS-BAS.

Les établissements sont surtout destinés à pourvoir aux besoins des Indes néerlandaises, où ils ont exporté en 1860 environ pour 25 millions.

Le droit sur les tissus est de 4 pour 100 *ad valorem* [1].

SUÈDE ET NORWÉGE.

Le tissage commence à y progresser, mais le tissage mécanique ne figure que pour 1/4 dans la production.

Les droits d'entrée sur les tissus écrus sont en Suède de 254 francs par 100 kilogrammes, en Norwége de 150 francs par 100 kilogrammes.

	Le kilogr.
En Suède, on paye en outre pour les mêmes toiles, teintes	2f,96
Imprimées	3 ,29
Pour les châles, mouchoirs façonnés, imprimés, unis, linge de table damassé......	3 ,81
Pour le linge de table ouvragé...........	2 ,54
En Norwége, la gaze paye................	11 ,29
La bonneterie :.........................	3 ,76
Le tissu imprimé.......................	3 ,76

RUSSIE.

Les principales productions sont les velours de coton, qui font une concurrence redoutable aux Anglais en Chine.

Le tissage mécanique est très-peu développé. Les tisserands sont en général des paysans qui tissent en hiver.

[1] Il est question en ce moment de la conclusion d'un traité de commerce avec la Hollande.

La Russie importe beaucoup de tissus ; en 1857, ces importations se sont élevées à 29,096,000 francs.

Les droits sont de 391 francs par 100 kilogrammes de tissus écrus importés par mer, — par terre, 341 francs.

Les mêmes tissus imprimés, brodés, velours, rubans, acquittent par mer 683 francs, — par terre, 635 francs ; les tissus légers blancs teints, brochés, brodés, 977 francs ; les mêmes tissus imprimés, 1,368 francs les 100 kilogrammes.

ESPAGNE.

L'industrie cotonnière y est importante ; elle se concentre surtout à Barcelone et aux environs. Les tissus sont estimés, mais cependant peu perfectionnés.

L'importation des tissus communs est interdite.

Les tissus écrus ou demi-blancs qui présentent au moins 26 fils en chaîne et en trame au quart de pouce espagnol, payent 339 francs par 100 kilogrammes. Les mouchoirs depuis 20 fils en chaîne et au-dessus, 654 francs les 100 kilogrammes.

PORTUGAL.

Tissage peu développé ; cependant la filature ne peut lui fournir un élément suffisant.

Les tissus se dirigent sur l'Espagne par contrebande, et sur les colonies portugaises.

Lisbonne et Porto ont des fabriques d'indienne, mais de médiocre qualité.

Les droits d'entrée sur les tissus varient de 60 centimes à 15 francs, suivant la qualité.

ITALIE.

Dans le nord se trouvent de grands établissements de tissage mécanique. Dans le sud, on exploite le tissage à bras ; ce sont les Suisses qui tiennent les établissements.

Le droit sur les tissus écrus était de 75 centimes par kilogramme.

EMPIRE OTTOMAN.

Le tarif porte :

Indiennes de 12 c., à..........	75 c.	la pièce, suivant le nombre des couleurs, la qualité et la largeur.
Les mousselines de 28 c. à.....	93	la pièce.
Les calicots blancs et écrus, larges et étroits...............	3	le kilogramme.
Batiste de coton..............	22	la pièce.
Printanières	1	le mètre.
Mouchoirs de coton bleu......	9	la douzaine.
En couleur de 5 c. jusqu'à....	13	suivant la dimension.
Châles en coton imprimés.....	30	la douzaine.
Basins de couleur............	25	la pièce.
Mousselines de 8 c. à.........	26	*Id.*
Tulle	16	le mètre.
Velours de coton.............	2	*Id.*
Imprimé.....................	3	*Id.*
Bonneterie de 11 c. à........	23	la douzaine.

§ 7. — Machines et mécaniques.

Enfin, il peut être utile de connaître le prix de revient des machines venant de l'étranger, dont l'achat doit être chargé des frais d'emballage, de transport et d'entrée en France. Ces derniers, depuis le traité récent (1861), sont les suivants :

	Les 100 kilogr.
Machines à vapeur avec ou sans chaudière, avec ou sans volant................................	6f,00
Machines pour la filature...................	10,00
Machines pour le tissage	6,00
Machines pour le tulle....................	10,00
Cardes non garnies.......................	10,00
Plaques et rubans de cardes sur cuir, caoutchouc ou tissus...............................	50,00

Les mêmes, spécialement destinés pour cardes. . . . 20 ,00
Dents de rots en fer ou en cuivre.. . . . . 30 ,00
Rots, ferrures en peignes à tisser, à dents de fer
   ou cuivre. . . . . 30 ,00

Machines, outils et / 75 pour 100 de fonte et plus. . .   6 ,00
  machines non \ 50 à 75 pour 100 exclusivement
  dénommés, con-{   de leur poids en fonte. . . . . 10 ,00
  tenant.. . . . . / moins de 50 pour 100 de leur
        \   poids en fonte. . . . . 15 ,00

Afin d'éviter certains malentendus dans la classification des machines diverses, l'administration l'a arrêté de la façon suivante :

Font partie des machines à nettoyer et à ouvrir :

Les batteurs étaleurs et éplucheurs ;

Les épurateurs ;

Les peigneuses.

Dans la classe des machines à filer :

Les métiers mule-jenny et self-acting, et les métiers continus.

Dans la classe des machines pour le tissage :

Les bobinoirs ;

Les machines à encoller ;

Les ourdissoirs ;

Les machines à lire les dessins ;

Les machines à mouiller les trames ;

Les métiers à tisser ;

Les plieuses mécaniques.

Dans la classe des appareils non dénommés :

Les métiers à doubler et retordeurs ;

Les métiers à gazer et à glacer les fils ;

Les dévidoirs ;

Les machines à faire les trames.

DEUXIÈME PARTIE.

ÉTUDE COMPARÉE DES MACHINES ET DES MOYENS TECHNIQUES DE LA FILATURE.

DEUXIÈME PARTIE.

ÉTUDE COMPARÉE DES MACHINES ET DES MOYENS TECHNIQUES DE LA FILATURE.

CHAPITRE XVIII.

CONSIDÉRATIONS PRÉLIMINAIRES SUR LA FILATURE EN GÉNÉRAL.

Les différents règnes de la nature offrent des substances susceptibles d'être transformées en fils et en étoffes. Quelques-unes d'entre elles seulement sont utilisées à l'état de fil ou de cordonnet pour la couture, pour des objets d'ornementation dans la passementerie et autres applications analogues. Les traitements des diverses matières varient tantôt en raison de leur composition intime et de leurs caractères chimiques, tantôt avec leur état physique, enfin suivant le degré de désagrégation et de pureté qu'ils présentent avant toute espèce de transformation manufacturière. Le nombre des opérations diverses et leurs répétitions dans la filature sont en général en raison de la différence entre la constitution primitive du corps et l'état auquel l'industrie doit l'amener; ainsi, par exemple, elles sont plus ou moins nombreuses pour les filaments courts, irréguliers, de la plupart des fibres végétales et animales, et pour les matières concrètes, telles que le caoutchouc, les métaux, etc., que pour les fils faits, plus convenablement disposés, comme le sont les diverses espèces de soies filées par les insectes sous la forme de cocons. L'industrie n'a qu'à développer le produit de ces derniers pour en tirer le fil le plus parfait et le plus précieux à l'art du tissage.

Les transformations de toutes les autres substances pour les amener à un état similaire, si elles étaient pures, se borneraient exclusivement à des superpositions de fibres par des glissements ou à des échelonnements successifs et à leur fixation définitive par la torsion. Les longueurs quelconques et indéfinies obtenues avec des éléments de quelques centimètres, sont surtout la conséquence de ces traitements fondamentaux, des étirages et de la torsion. Mais comme les substances de la pureté même la plus parfaite laissent généralement à désirer sous ce rapport, les premiers travaux ont surtout en vue des résultats d'épuration. Les premières transformations varient nécessairement avec la nature du corps et l'état dans lequel il arrive à l'industrie. Il résulte de là que, dans l'ensemble des opérations qui concourent à la transformation des fibres plus ou moins courtes en fils de longueurs illimitées, certaines d'entre elles sont à peu près communes à toutes. Les étirages et la torsion ne varient pas, ils restent identiques en principe et indépendants de la nature des matières. Celles-ci peuvent les subir facilement ou leur opposer une résistance, elles sont modifiées en conséquence et appliquées d'une façon plus ou moins énergique. De là les variations de traitement de la matière brute, en raison de son origine et de sa nature, et des modifications dans les opérations identiques suivant les caractères. Les différences entre les premières opérations que l'on fait subir aux filaments du coton, du lin et de la laine, par exemple, s'expliquent en conséquence par celles de leur origine, de leur nature et de leur degré d'épuration. Les modifications dans les quantités d'étirage et de torsion sont au contraire nécessitées par des différences entre leurs caractères physiques, c'est-à-dire par les ténuités, les longueurs, la flexibilité et la netteté variables de leurs fibres élémentaires. Les finesses extrêmes auxquelles elles peuvent être amenées par la filature automatique indiquent assez exactement le degré relatif des qualités de chacune d'elles et leurs propriétés filables. Les transformations varient parfois aussi en vue du but à atteindre, de là, par exemple, le mode spécial de préparation, des fils de la laine courte vrillée, destinée à des produits en général profondément transformés par l'action du feutrage.

A côté des causes principales des modifications apportées dans des traitements dont le but reste constant et dont les résultats sont toujours des cylindres ténus, de longueurs qui varient dans des limites considérables pour un même poids de matières, l'on peut constater des changements accessoires dans l'outillage, le règlement des organes de chaque machine, et la manière de grouper les opérations les unes par rapport aux autres pour transformer une même matière. Nous faisons surtout allusion ici aux changements qui peuvent se faire remarquer, bien entendu, dans des assortiments déterminés à la même époque pour arriver aux mêmes résultats, et considérés par leurs auteurs comme étant également l'expression du progrès le plus avancé. Ces différences dans l'outillage peuvent être la conséquence de la manière d'en user et de la rapidité imprimée aux organes; le nombre des mêmes machines variera en effet en raison inverse de cette vitesse; celle-ci elle-même doit être comprise pour chacune d'elles dans une certaine limite, afin de ménager toutes les qualités du produit. Les modifications de ce genre sont parfois aussi la conséquence d'appréciations plus ou moins rationnelles de la part de l'industriel. Parmi les divers appareils ou machines destinés à chacune des préparations fondamentales, il en est évidemment de plus propres les uns que les autres au but visé, et lorsque, avec des moyens dissemblables en apparence, l'on arrive à des résultats identiques, c'est parce que les soins apportés au travail, à l'habileté de la combinaison des opérations entre elles, peuvent compenser parfois le plus ou moins d'infériorité du système adopté. Il n'en reste pas moins vrai néanmoins que dans le choix de l'outillage, de la méthode à adopter dans le groupement et la répétition des opérations il ne faut jamais perdre de vue l'ensemble des éléments principaux et les causes accessoires qui influencent les résultats ; c'est-à-dire la nature, l'état et les caractères de la matière première, le genre de produit auquel elle est destinée, les limites d'action pour chaque opération, en raison de la substance traitée, etc. Malgré les progrès réalisés dans les spécialités même les plus avancées, on est loin d'être fixé d'une façon absolue sur la meilleure manière de procéder pour tous les cas déterminés. Un exemple actuel très-connu et très-important prouve ce fait. Nous voulons parler de l'emploi des cotons de l'Inde, dont la difficulté du traitement, si grande à l'origine, diminue chaque jour. Si les principes généraux d'après lesquels l'industriel doit se diriger avaient été plus répandus, les tâtonnements et les essais pratiques dans cette voie eussent pu être abrégés.

Le meilleur moyen, à notre avis, de progresser dans une branche spéciale, c'est la possession des connaissances qui concourent au même but dans les spécialités similaires. On arrive alors plus aisément à en raisonner, à les appliquer d'après les règles fondamentales, à se rendre compte de la cause des exceptions qui peuvent se présenter à l'usage de ces règles et des anomalies que l'on peut rencontrer dans chaque cas particulier. L'industriel accompli doit donc, selon nous, lorsqu'il s'agit de l'art de la filature, par exemple, posséder au même degré la théorie des transformations de toutes espèces de substances textiles, et le praticien habile dans l'une d'elles doit surtout étudier les similaires. Ne pouvant dans un seul ouvrage embrasser simultanément et en détail les filatures de toutes espèces, nous avons pensé qu'il y aurait néanmoins utilité, en raison des considérations qui précèdent, de réunir dans un tableau synoptique les opérations embrassant les transformations des diverses substances dans l'ordre de leur application pratique. De la comparaison du genre et du nombre d'opérations pour arriver à un même but avec des matières plus ou moins semblables ressortira un enseignement spontané des causes modificatives basées sur les caractères qui les ont nécessitées. L'on pourra aussi se rendre compte de l'efficacité des moyens et de leurs degrés plus ou moins favorables aux transformations par les limites de finesses auxquelles leurs fils ont pu atteindre jusqu'ici. Nous avons réuni dans ce tableau, comme nous le faisons dans notre enseignement public, des colonnes relatives aux déchets utilisés ou qui pourraient l'être, ainsi que des indications concernant le travail à la main ou automatique. Enfin nous y avons réservé une place aux matières qui ne sont encore employées que sur une échelle plus ou moins restreinte ou à l'état d'essais.

Remarque sur le tableau.

En faisant abstraction des industries comprises dans les trois dernières colonnes, concernant, d'une part, le caoutchouc, la gutta-percha, etc., dont l'emploi pour une foule d'applications prend chaque jour plus de développement; d'autre part, de la paille, qui n'est guère qu'une branche accessoire de l'art de la fabrication des chapeaux, dont les principaux centres industriels sont en Italie, en Suisse et aux environs de Panama, et enfin des métaux précieux dont les fils sont spécialement utilisés par la passementerie et la broderie, il reste huit grandes filatures textiles proprement dites. En suivant exactement les divisions industrielles telles qu'elles sont pratiquées, nous eussions pu en compter davantage encore. Au lieu d'une seule industrie pour la laine peignée par exemple il en existe en effet deux : celle des fils mérinos obtenus par nos laines dont la Bourgogne produit le type par excellence et dont Reims est le centre manufacturier le plus important, et celle qui transforme les belles laines brillantes de l'Angleterre dite *laines longues*, principalement pratiquée à Roubaix et dans le Nord. Quoique ces deux genres de filatures diffèrent au point que les produits de l'une ne pourraient s'obtenir aux machines de l'autre, nous avons cependant cru devoir les réunir dans le tableau, attendu que la modification de l'outillage n'est nécessitée que par celles des longueurs des filaments. Le but de chacune des opérations et les fonctions des machines qui les réalisent restent identiques. Des observations analogues sont applicables à certaines autres industries, telles que celles du cachemire et du poil de chèvre, des laines et de l'alpaca, etc. Les remarques à faire concerneraient plus principalement les modifications ou les additions à certaines transformations, ainsi, par exemple, l'emploi de l'alpaca et du cachemire doit être précédé d'un triage tout particulier, basé sur les différentes longueurs et couleurs des brins de la masse. Le poil de chèvre, roide et élastique, acquiert par la torsion un vrillement analogue à celui du crin, et deviendrait d'une empaquetage et d'une transformation ultérieure très-difficile si on ne faisait subir à ses fils un apprêt consistant dans une ébullition appliquée aux écheveaux tendus sur les dévidoirs et dont les matières molles comme le cachemire n'ont nul besoin. Mais celui-ci, à cause du jarre et surtout des boutons qui y adhèrent, doit être soumis à une machine spéciale dont l'action est sans objet sur les premiers. Ces modifications partielles dans le traitement ne nous ont pas paru assez importantes pour motiver une division spéciale à chacune de ces matières.

Si donc nous nous bornons à comparer les industries textiles proprement dites du tableau, c'est-à-dire les huit premières, nous remarquerons que les différences des traitements ont plutôt lieu en raison de la constitution de la matière et de la longueur des fibres que de leur composition intime.

MOYENS [D'ÉP]URATION.	DÉCHETS UTILISÉS OU A UTILISER.	LONGUEUR DES FIBRES ÉLÉMENTAIRES SOUMISES AUX TRANSFORMATIONS.	PRÉPARATIONS DU PREMIER DEGRÉ.		PRÉPARATIONS DU DEUXIÈME DEGRÉ.		FILAGE.	MODES DES TRANSFORMA[TIONS] ET LIMITES DES FINESS[ES]
			PREMIÈRE PÉRIODE.	DEUXIÈME PÉRIODE.	PREMIÈRE PÉRIODE.	DEUXIÈME PÉRIODE.		
[...]age et bat-ge.	La graine comme la plupart des corps oléa-gineux.	De 0,010 à 0,045	Enlevage des gousses, ouvrage, battage et démêlage	Cardage ou peignage, suivant les longueurs.	Etirages progressifs sans torsion ni friction.	Etirage et faible torsion transitoire ou friction.	Etirage et torsion finale.	Entièrement [...]matique, [...]ment. ju[...] 600 kilog[...] au kilogr[...] (2).
[...]age ou opé-[...]ons équi-[...]entes pour [...]uir la fi-[...]e (3[...]	Graine de lin et chènevis utilisée, mucilage à utiliser.	De 0,20 à 1,00	Teillage broyage et assouplissage.	Peignage et cardage (4)	Idem, entre des aiguilles.	Idem, entre des aiguilles.	Idem, avec l'intervention de l'eau.	Partiellemen[t] [...]tomatique [...]qu'à la lon[...] de 200-k., [...]vail à la [...]arrive ju[...] 1800 kilon[...] (5.
[...]ntage, dé-[...]lssage et la-[...]e.	Corps gras et autres, propres au gaz d'éclairage, aux engrais. etc.	De 0,06 à 0 30	Faible graissage et préparation avant peignage	Peignage.	Idem.	Idem.	Idem à sec.	Entièrement [...]matique ju[...] 240 kilon[...] par kilogr[...] et exceptic[...] lement au
[...]ge et bat-[...].	0	De 0,06 à 0,10	0	Idem.	Idem.	Idem.	Idem.	Idem, jusqu'[...] kilomètre[...] kilogramm[...]
[...]ion dans [...]u de savon.	Substance gommo-savonneuse propre à divers usages et surtout au gaz d'éclairage	Idem	0	Idem.	Idem.	Idem.	Idem	Automatique [...]qu'à 200 [...]mètres au [...]gramme.
[...]après un [...]page préa-[...]le.	Idem.	Idem	0	Idem.	Idem.	Idem.	Idem.	Idem.
[...]ntage, dé-[...]lssage et la-[...]e.	Corps gras utilisés conformément à la colonne n° 3.	De 0,03 à 0,06	Ouvrage, égratronnage et louvetage.	Cardage.	0	0	Idem ou feutrage.	Idem jus[...] 50 kilomèt[...] exceptionr[...] ment à u[...] nesse plu[...] vée.
[...]e, ébulli-[...]t et purge [...]fils élé-[...]ntaires.	A utiliser comme au n° 5.	De 500 à 1000 mètres	Dévidage des cocons à l'eau chaude.	0	0	0	0	Jusqu'à 200 [...]lomètres a[...] logramme [...]concours [...]main pou[...] partie du [...]vail est e[...] indispens[...]
[...]olution ou [...]agrégation.	Déchets de même nature à utiliser en les régénérant.		Coupage, trituration et me[...]ge.	0	0	0	Dévidage et étirage	Les finesses [...]fils dépe[...] de celle de[...] duits ave[...] quels on [...]combine.
0	0	De 0,25 à 0 30	Division parfaite du tube suivant ses génératrices.	0	0	0	0	En longueu[...] 0,25 à [...]noués ho[...]hout.
[...]tation et [...]ssion ou fu-n	0		Etirage et tréfilage.					

jue pour certains cas suivant leurs destinations.
lls de coton d'une finesse double, mais ce sont des tours de force

(5) Finesse ne concernant que le lin. Le chanvre e[t]
grosses toiles, sont filés en général à des numéros peu él[...]
(6) Cette finesse considérable d'une grége 3/4 repré[...]
3 à 4 brins de cocons, qui eux-mêmes sont formés [...]

Nous pourrions condenser davantage encore la classification et grouper toutes les filatures en trois catégories principales, savoir : 1° celle qui travaille les filaments dont la longueur ne dépasse pas 0^m,06 ; 2° celle dont les longueurs peuvent varier de 0^m,06 à 0^m,30, et subdiviser celle-ci à son tour en deux grandes spécialités ; 3° enfin, celle qui s'exerce sur les fils tout formés et notamment sur celle des cocons de soie, dont les procédés n'ont de rapport avec ceux des industries précédentes que dans l'application des apprêts des doublages et des retordages.

En éliminant la spécialité des soies, celles qui restent ne se différencient plus, en principe du moins, que par les premières préparations de la matière brute pour l'amener à l'état de filaments épurés. Quoi qu'il en soit, les transformations qui suivent immédiatement les précédentes pourraient en quelque sorte se diviser en deux grandes catégories, basées sur les modes spéciaux d'opérer, sur le *peignage* et le *cardage* ; leur application étant la conséquence des caractères et surtout de la longueur des filaments élémentaires, les modifications ultérieures des opérations dépendent elles-mêmes de ces caractères.

Les différences entre les moyens s'effacent de plus en plus à mesure que les transformations avancent, les étirages et le filage proprement dit étant à peu près identiques pour toutes les matières. On pourrait donc, pour le moment, se borner à la distinction de deux genres essentiels de filature, celle des substances cardées et celle des substances peignées. Nous disons *pour le moment*, car ce qui est exact aujourd'hui dans cette classification pourrait ne plus l'être demain, attendu que des brins trop courts pour être peignés avantageusement actuellement, pourront devenir susceptibles d'un peignage, avec des moyens plus perfectionnés ; l'exemple du travail de certains cotons par le peigne offre la preuve la plus récente et la plus importante de la possibilité de la réalisation des modifications de ce genre.

pour toutes les substances filamenteuses, si ce n'est pour celles destinées à recevoir ultérieurement l'action du feutrage.

La marche du progrès paraît donc devoir suivre désormais une voie différente de celle qui a amené les résultats acquis. En effet, à l'origine de l'application des transformations automatiques, les perfectionnements furent la conséquence de l'application de plus en plus complète de la division du travail, de l'augmentation du nombre des opérations et de la création de moyens particuliers à chaque spécialité. L'on a échoué dans la filature des laines mérinos, et dans celle du lin par exemple, toutes les fois qu'on a voulu servilement imiter la manière de procéder pour le coton. Ce n'est qu'au moment où l'on a ajouté aux machines à coton un élément nouveau, les gills ou les hérissons pour l'étirage, que les difficultés se sont aplanies et les résultats améliorés pour la laine et le lin. Aujourd'hui que la multiplicité des opérations paraît à sa limite, et les organes de chaque appareil parfaitement appropriés, le moment est venu de rendre certaines opérations plus efficaces et d'en réduire le nombre. L'industrie cotonnière, à laquelle on a tant emprunté naguère, va peut-être se simplifier en empruntant, à son tour, des moyens précieux, et entre autres le travail du peignage. Si celui-ci pouvait se propager à presque toutes les sortes de fils, aux moyens comme aux fins, il en résulterait non-seulement un perfectionnement dans les résultats, mais la possibilité de réduire les passages, ce qui serait probablement plus qu'une compensation à l'augmentation de la dépense occasionnée dans l'état actuel des choses pour le peignage.

L'examen et la comparaison des changements apportés aux machines et aux opérations pour obtenir le même résultat avec les diverses substances, offrent en tout cas les éléments les plus propres à éclairer la marche rationnelle à suivre, non-seulement dans les cas les plus ordinaires, mais encore si une circonstance particulière venait à se présenter ou s'il s'agissait d'étudier le meilleur mode de transformation à adopter pour une substance nouvelle. On chercherait alors celle avec laquelle elle a le plus de rapport dans le tableau, pour déterminer avec le plus de précision possible leurs similitudes et leurs différences, afin d'arriver à fixer par approximation le mode de traitement le plus convenable et le plus propre à épargner de longs tâtonnements pratiques.

Toutes les opérations de la *filature*, quels que soient d'ailleurs leur nombre, la nature ou l'espèce de filaments sur lesquels elles sont appliquées peuvent, pour la facilité des études comparatives, être divisées en quatre catégories principales, qui comprennent :

1° LES PRÉPARATIONS DU PREMIER DEGRÉ, PREMIÈRE ET DEUXIÈME PÉRIODE ;

2° LES PRÉPARATIONS DU DEUXIÈME DEGRÉ, PREMIÈRE ET DEUXIÈME PÉRIODE ;

3° LE FILAGE ;

4° LES APPRÊTS DES FILS.

Les *premières préparations*, qui ont l'épuration de la matière pour but, sont caractérisées par leur action tendant à agir autant que possible sur les filaments plus ou moins isolés. Les organes qui ouvrent et divisent la masse ont ce résultat en vue. La carde ou la peigneuse, en continuant le même effet, commencent cependant à agir sur les fibres réunies, c'est pour ce motif que nous avons divisé ces transformations en deux périodes. Les battages ou démêlages appartiennent à la première, et le cardage ou le peignage rentrent dans la seconde.

Les *préparations du second degré* sont, au contraire, caractérisées par des actions de condensations successives des filaments et la formation progressive d'une mèche ou fil rudimentaire. Les opérations d'étirage et de laminage sans torsion forment la première période, et les mêmes transformations avec torsion ou une addition de friction constituent la seconde période de cette division.

Le *filage* se résume dans l'étirage combiné à la torsion finale.

Enfin les transformations que le produit subit après le filage, dans le but de les disposer sous une forme nouvelle, soit de modifier et de rendre son apparence plus flatteuse, justifient, ce nous semble, la dénomination d'*apprêts des fils*.

Une longue application de cette classification dans l'enseignement nous a démontré son utilité pour arriver à apprécier et à comparer les degrés de complications relatives des opérations qui constituent les diverses spécialités de filature.

CHAPITRE XIX.

OPÉRATIONS TECHNIQUES POUR LES FILS ORDINAIRES.

§ 1. — Ensemble des opérations d'une filature de coton courte-soie pour produire des fils simples jusqu'aux n°° 70, 80.

1° Déballage, emmagasinage et conditionnement convenables du coton ;

2° Choix, disposition, assortiment et mélange de la matière ;

3° Ouvrage et battage ;

4° Préparations mixtes ;

5° Cardage et réunissage ;

6° Étirage, laminage et doublage sans torsion ni friction ;

7° Étirage, laminage et doublage avec torsion ou friction ;

8° Filage ;

9° Dévidage ;

10° Application de la vapeur ;

11° Titrage ;

12° Empaquetage.

Pour produire les fils à coudre, certains fils de chaîne, et pour les tissus à mailles, il faut ajouter :

13° Des doublages ;

14° Le retordage.

Les opérations 13 et 14 peuvent avoir lieu successivement ou simultanément, à sec, ou par l'entremise d'un liquide convenable.

15° Lustrage et transport des fils sur des petites bobines.

§ 2. — Nécessité et but de chacune de ces transformations.

1° *Déballage, emmagasinage et conditionnement convenables*. — L'état dans lequel le coton arrive aux usines varie considérablement suivant son origine, ceux d'Amérique et surtout des Etats-Unis sont plutôt en général trop secs que pas assez, et leurs magasins n'ont pas besoin d'être chauffés. Les balles de l'Inde, plus comprimées encore que celles du nouveau monde, et d'une apparence sèche, contiennent au contraire une quantité d'humidité notable, parce que le coton a été mouillé extraordinairement avant l'emballage pour pouvoir réduire le volume des balles ; l'humidité est telle, qu'il serait presque impossible de transformer ces fibres si on ne les soumettait au préalable à un séchage. Cette précaution préliminaire du séchage, embarrassante pour certaines sortes, inutile pour les produits bien récoltés et bien conditionnés, peut par conséquent être considérée comme transitoire, et disparaîtra sans doute bientôt devant les réclamations énergiques formulées par les consommateurs [1].

---

[1] L'imperfection de l'égrenage, déjà signalée pour certains cotons, devant être considérée comme un défaut passager, nous n'y revenons pas ici.

2° *Choix de la matière en vue du produit à obtenir*. — Les filaments les plus homogènes et les plus uniformes de qualités en apparence, présentent néanmoins, comme nous l'avons démontré, chap. v, des variations considérables, non-seulement d'une espèce à une autre, mais dans une même variété. Le praticien doit savoir apprécier avec précision les caractères de la matière et le rendement le plus favorable à en obtenir. Il doit pouvoir l'assortir à l'avance pour arriver à des prix et à des qualités avantageux. Une partie des succès d'un établissement dépend parfois des connaissances et du mode d'emploi des substances. Diverses méthodes sont adoptées pour arriver à un même but ; tel industriel préfère une matière première d'une qualité plus élevée que celle absolument nécessaire pour pouvoir économiser certains frais de préparations. Tel autre, au contraire, trouve avantageux de compenser l'infériorité des filaments par plus de soins dans leurs transformations. Quoique la première voie paraisse en général préférable, l'une et l'autre, habilement suivies, peuvent également aboutir au résultat. La description de la manière générale de procéder dans divers cas qui peuvent se présenter, servira d'ailleurs de développement et de justification à ces considérations.

3° *Ouvrage*. — Ouvrir le coton est un terme impropre, il désigne une espèce d'agitation imprimée mécaniquement aux fibres, pour faire foisonner la masse comprimée à l'emballage, et pour la débarrasser, en partie du moins, des corps durs ou lourds et de la poussière. Cette opération, tout à fait préliminaire, ne se pratique d'ordinaire que sur des cotons exceptionnellement sales.

Battage. — La désignation de cette préparation est au contraire caractéristique, les filaments y sont en effet soumis à une action mécanique très-énergique pour leur restituer le ressort naturel que la compression avait neutralisée, et pour les débarrasser autant que possible de toute espèce de matière étrangère mélangée. Deux ou un plus grand nombre de battages sont en général appliqués à la substance, quelquefois c'est par une répétition d'action imprimée par autant d'organes semblables dans la même machine; mais dans la plupart des cas, elle est répétée deux fois dans deux machines différentes. Dans ce dernier cas, le premier batteur prend le nom d'*éplucheur*, et le second, celui d'*étaleur*, à cause de la forme sous laquelle le coton est rendu.

4° *Préparations mixtes.* — Nous résumons sous ce titre les diverses tentatives plus ou moins réussies qui ont pour but de substituer aux battages des actions aussi efficaces et moins brutales. Comme ces divers moyens participent du battage, du cardage et surtout d'une ventilation puissante ou *soufflage*, la dénomination ci-dessus leur convient. L'*épurateur* de M. Risler, le *batteur cardeur* de M. Leyherr, la machine nouvelle de M. Lewandowski, rentrent dans cette catégorie d'appareils.

5° *Cardage.* — Le cardage, tout en continuant le travail d'épuration commencé par les opérations précédentes, est destiné en outre à développer les fibres, à les disposer aussi parallèlement que possible et à leur imprimer un commencement d'étirage ou d'échelonnage par une action de glissement progressif imprimée à la masse.

6° *Étirage, laminage et doublage sans torsion.* — A la sortie des cardes, les nappes ou rubans volumineux doivent être amenés peu à peu à l'état de rubans fins ou de mèches, à l'aide de nouveaux glissements, obtenus par leur passage entre des couples de cylindres lamineurs, doués de vitesses angulaires qui augmentent la rapidité de la translation de la substance de l'entrée à la sortie de l'appareil;

7° *Étirage, laminage et doublage avec torsion ou friction.* — Arrivé à un certain degré d'allongement et de finesse, la cohésion entre les fibres serait insuffisante pour continuer le travail des étirages, si on ne parvenait à consolider les rubans.

Un des moyens le plus généralement en usage pour atteindre ce but, consiste dans un léger degré de torsion ou de friction appliqué simultanément avec l'action de glissement qui leur est imprimé. Dans certaines localités, l'on remplace parfois la torsion par une condensation des filaments au moyen d'un frottement de roulement ; cette dernière préparation ne s'applique d'ailleurs jusqu'ici qu'aux fils de gros numéros ne dépassant pas une finesse de 30 kilomètres par 500 grammes.

Nota. — Chacune des opérations dont il vient d'être question est appliquée plusieurs fois à la matière. Elles sont en général pratiquées (sauf les exceptions que nous aurons soin de signaler) de la manière suivante :

Résumé de l'ensemble des transformations d'une filature.

De l'ouvreuse on fait passer : 1° au *batteur éplucheur ;* 2° au *batteur étaleur* ou dans une machine dont le nombre d'organes batteurs équivaut aux deux passages ; 3° à l'*épurateur* ou au *cardage en gros ;* 4° au *cardage en fin ;* lorsque la finesse des fils ne dépasse pas le n° 40, la matière n'est en général cardée qu'une fois ; 5° à une *première machine à étirer ;* 6° à une *seconde machine* semblable ; 7° à un *troisième banc d'étirage ;* 8° à l'*étirage avec torsion* ou au *frotteur en gros ;* 9° à un *deuxième degré d'étirage avec torsion* ou friction pour finir ; quelquefois, ici encore, au lieu de deux il y a trois passages.

A partir du travail des dernières machines à battre ou à éplucher, on réunit les produits d'un certain nombre de machines en un, soit directement, soit au moyen d'un appareil spécial à réunir, afin de condenser les nappes et les rubans et de pouvoir, par cette condensation, arriver à l'étirage progressif, qui ne pourrait avoir lieu sans solution de continuité, si on n'avait recours à cette opération des doublages compensateurs.

10° C'est ainsi préparée que la matière est seulement propre à être soumise au *filage* proprement dit. Toutes les opérations qui précèdent, réglées avec une précision mathématique, remplacent en quelque sorte les manipulations préparatoires de la quenouille dans l'ancien système, et les métiers à filer, un rouet gigantesque dont le nombre de broches varie de trois à douze cents. Le filage n'est lui-même qu'un étirage combiné avec la torsion, dans des proportions relatives bien plus grandes que dans les opérations précédentes.

11° Une partie des fils, celle destinée à la chaîne ou à être doublée, a besoin d'être transformée en écheveaux par le *dévidage;*

12° Certaines catégories de fils sont soumis à la vapeur, pour fixer le tors et empêcher le vrillement ;

13° *Essai ou titrage.* — C'est une opération accessoire pour constater le rapport de la longueur au poids ;

14° Enfin, les fils sont généralement disposés en paquet, par une pression convenable.

CHAPITRE XX.

OPÉRATIONS TECHNIQUES DES FILS FINS.

§ 1. — **Ensemble des opérations d'une filature de coton longue-soie, à partir du n° 70 jusqu'au n° 800 et au delà.**

1° Déballage, emmagasinage ;
2° Choix et mélange des cotons ;
3° Démêlage ;
4° Peignage ;

5° Etirage, laminage, doublage sans torsion ;

6°   —   —   —   avec une faible torsion ;

7° Filage ;

8° Titrage ou échantillonage ;

9° Application de la vapeur ;

10° Empaquetage.

Pour produire les fils à coudre, les opérations sont à peu près identiques à celles des mêmes produits faits avec les fils simples à courtes soies.

Déballage, emmagasinage, choix et mélanges. — Les cotons employés pour les fils fins étant en général du géorgie longue-soie pur, ou mélangé avec le jumel, ou autres de notre colonie algérienne, lorsque la finesse du fil à produire n'est pas trop élevée, il n'y a plus pour l'industriel qu'à savoir choisir parmi les diverses catégories de ces filaments et à les approprier en raison des titres à produire. Cette matière première, soignée sous tous les rapports et parfaitement classée à cause de l'élévation de son prix, permet d'apprécier plus facilement et avec plus de précision *à priori* sa valeur et son rendement pratique.

La finesse, la longueur et la délicatesse de ces fibres exigent, dans leur transformation, des ménagements particuliers qui n'étaient pas possibles avant l'application des peigneuses Heilmann par la maison Schlumberger. C'est depuis l'introduction de ces ingénieuses machines dans le travail du coton qu'il a été possible de modifier les transformations des cotons longue-soie, conformément au tableau précédent.

Démêlage. — Cette opération a pour but de remplacer les battages par des moyens plus doux et qui ménagent mieux les caractères précieux des filaments longs. Elle est pratiquée tantôt par un cardage particulièrement réglé, tantôt par une machine spéciale dite *nappeuse.* Elle a en effet pour but de démêler, de désagréger les brins de la masse et les disposer sous forme de nappe.

Peignage. — Cette transformation se définit d'elle-même. Elle agit sur le coton comme sur toute autre espèce de filaments : elle les redresse, les développe, les trie par longueur, et les range parallèlement entre eux dans la masse. Jusqu'à l'application des peigneuses Heilmann, on ne pouvait admettre la possibilité de la réalisation de ces conditions, et l'on était loin d'en prévoir les résultats. Ce traitement a, en effet, amené une perfection telle dans le produit, qu'il sera désormais plus facile de remplacer le cardage des fils communs par un peignage que de se passer de cette dernière préparation pour les fils fins.

Les opérations qui suivent sont en principe les mêmes que celles par lesquelles l'on fait passer les cotons courte-soie, mais les règlements de la plupart de ces machines doivent être modifiés. La nature et les causes de ces modifications sont expliquées en traitant de chacune des opérations en détail.

CHAPITRE XXI.

PRÉPARATIONS DU PREMIER DEGRÉ, PREMIÈRE PÉRIODE, DES FILAMENTS COURTS.

§ 1. — Considérations générales.

Le coton, naturellement comprimé dans sa gousse, en général imparfaitement divisé dans sa masse, est bien incomplétement purgé, à la machine à égrener, des corps étrangers qui y adhèrent ; de nouveau énergiquement condensé à l'emballage, il présente l'apparence d'une masse feutrée à l'arrivée à la filature, et contient alors les impuretés de toutes sortes que la nature et des causes accidentelles ont pu y mélanger. Mettre la masse de chaque balle en liberté, la secouer suffisamment pour en séparer les substances étrangères, en chasser la poussière, et rendre aux fibres leur flexibilité et leur élasticité primitives, tel est le but déjà indiqué des préparations premières, vers lequel tend avec plus ou moins d'efficacité le travail des diverses machines imaginées jusqu'ici. La réalisation de ce résultat serait sans difficulté sérieuse, s'il ne fallait en même temps ménager particulièrement les fibres, qui, nous ne disons pas, détériorées, mais seulement trop fatiguées, dès l'origine, ne résisteraient plus avec toutes leurs propriétés aux nombreuses transformations par lesquelles elles passent, et ne donneraient qu'un produit énervé, et, par conséquent, amoindri dans son élasticité et sa ténacité. Les moyens dont on se servait autrefois, avant l'ère de la filature mécanique et même encore assez longtemps depuis, surtout pour les fibres les plus précieuses, consistaient dans un battage imparfait. Le coton, étalé à la main sur une toile ou une claie, était battu au moyen de baguettes placées dans chaque main de l'ouvrier, ou plutôt de l'ouvrière. Des femmes presque nues jusqu'à la ceinture s'agitaient dans une sombre atmosphère de poussière à la façon usitée encore en Chine et dans l'Inde. On imagina bientôt un mécanisme consistant en un arbre *à cames* mû par un moteur, chacune des cames correspondait à l'extrémité d'une baguette, qu'elle soulevait pour la laisser retomber brusquement. La galerie du Conservatoire renferme un modèle de ce batteur primitif, qui eut peu de succès, et cela se conçoit; il présentait des inconvénients graves en compensation de quelques avantages. Aucune disposition ne réglant la marche des filaments par rapport aux baguettes, ils échappaient en partie à l'action du battage, ou en étaient maltraités jusqu'à l'altération. Il n'est donc pas nécessaire de s'arrêter sérieusement à cette machine, dont il n'est cependant pas inutile de connaître

l'existence, ne fût-ce que pour ne pas être tenté de la reproduire.

On supposa bientôt qu'un résultat du genre de celui qui
nous occupe ne pouvait être obtenu *de plano* par une seule
machine, et qu'il fallait opérer progressivement et diviser le
travail pour conserver les propriétés les plus précieuses de la
matière. En conséquence de ce principe, on imagina tout d'abord
des *espèces de machines à diviser la masse et à secouer les fibres*,
sans leur faire subir de chocs, jusqu'à ce que les corps d'une
densité sensiblement supérieure à celle de la substance textile
en fussent séparés, pour ne pas l'exposer à être détériorée.
Ces machines, fort simples d'abord, consistent en une espèce
de caisse à claire-voie, dans laquelle tourne plus ou moins rapidement un arbre incliné, armé de dents augmentant progressivement de longueur en allant du milieu de l'axe aux deux
extrémités ; l'ensemble de ces dents affecte par conséquent la
forme d'une hélice sur l'arbre. La partie supérieure de la caisse
présente un canal vertical ouvert pour recevoir le coton à traiter,
une ouverture semblable correspond à la partie la plus basse de la
caisse pour laisser échapper les filaments arrivés en ce point.
Ils ont subi alors l'action de toutes les dents de la machine.
Elle offre une combinaison fondamentale fort rationnelle, souvent reproduite, dans des appareils plus compliqués et plus
répandus. La partie la plus élevée du plan incliné qui passerait par les dents dont l'arbre est garni, se trouve du côté de
l'entrée du coton, il s'ensuit qu'à l'origine, là où les fibres son
le moins divisées et où elles ont besoin de l'action la plus énergique, elles se trouvent en présence de la force centrifuge en-
gendrée par le rayon le plus long, mais en même temps elles
sont sollicitées par l'action de la pesanteur qui les fait descendre le long de la pente formée par l'inclinaison de l'arbre et la
diminution de hauteur des dents allant en décroissant depuis
l'entrée jusqu'au milieu de la machine. A partir de ce point la

disposition est inverse, l'augmentation de hauteur des dents va en sens opposé, il s'ensuit donc que les filaments, arrivés au milieu de leur course, sont reportés de proche en proche d'une dent à l'autre, suivant un plan incliné qui passerait par l'extrémité des dents, et reçoivent ainsi le maximum d'action. Si les ouvertures d'entrée et de sortie et les distances entre les dents sont convenablement combinées, il y a de grandes probabilités pour que toutes les parties de la masse soient uniformément soumises à l'effet des broches en fer, et que ce premier travail soit aussi bon qu'on peut le désirer dans un appareil de ce genre.

Malgré la simplicité de cette machine, elle est rarement en usage, l'on critique avec raison son mode irrégulier d'alimentation à la main, et surtout la masse de poussière dégagée dans toutes les directions à travers l'enveloppe, pendant que les corps pesants tombent naturellement sur le sol.

C'est pour remédier à ces inconvénients, que l'on a imaginé depuis longtemps une machine à désagréger fermée de toutes parts, sauf à sa partie inférieure, où une grille laisse échapper les impuretés. Les dents ou chevilles sont placées aux quatre angles d'un tambour quadrangulaire, et rencontrent dans leur rotation des dents fixes disposées en sens opposé des premières à la partie supérieure et inférieure de la machine; les fibres agitées par la force centrifuge des dents mobiles sont projetées en tous sens et vont se fixer en partie aux dents fixes, desquelles elles sont successivement enlevées par la continuité du mouvement des premières. Les filaments confiés en masse à l'appareil se trouvent pour ainsi dire désagrégés comme avec les doigts. Il est à remarquer que pour ce système, c'est non-seulement l'alimentation de la machine qui est intermittente comme dans la précédente, mais encore l'enlèvement de la matière après son traitement. Une porte mobile sert à la première, et une articulation à la grille inférieure, qui permet de l'ouvrir par son milieu, du haut en bas, satisfait au second.

Enfin, un troisième système de machine à ouvrir, bien mieux étudié, plus complet et entièrement automatique, est en usage dans la pratique depuis de longues années, sous la désignation de *panier conique de Lelly*, nom de son inventeur. Ces appareils, qui ne sont plus guère en usage aujourd'hui, ont été décrits dans notre ouvrage publié en 1847 [1].

Pour les petits établissements et pour certains beaux filaments de coton faisant des fils ordinaires du n° 20 à 60, l'on emploie une machine à *secouer*, établie à peu près sur les mêmes bases que la précédente, mais plus simple dans sa conception et occupant moins d'espace, attendu que son développement principal est dirigé dans le sens vertical. Cette machine conserve l'ancienne désignation de *velow* ou *perroquet*.

§ 2. — Velow vertical, perfectionné.

La figure 2, pl. IV, donne une coupe verticale de cette machine à désagréger et à ouvrir les fibres en masse. Elle est munie d'un appareil alimentaire et délivreur, pour introduire les filaments et les extraire sous la forme d'une nappe, dans l'appareil clos de toutes parts. L'organe ouvreur, qui constitue la partie fondamentale de la machine, est formé par un arbre armé de dents, allant en augmentant de longueur, du milieu aux extrémités de l'arbre. Au lieu d'être horizontal, comme dans les ouvreuses précédemment indiquées, cet arbre est vertical; il repose par son pivot ou tourillon inférieur dans une crapaudine huilée, et l'extrémité supérieure opposée est tenue dans un collet venu de fonte au bâti, près de la partie sur laquelle est assemblée la poulie motrice. *ll*, sont les bras ou dents fixées à leur axe de rotation et tournant, dans les intervalles des

[1] *Essais sur l'industrie des matières textiles.*

dents fixes *dd*, qui garnissent l'intérieur d'une caisse cylindrique A, comprise dans un compartiment concentrique E.
A cette première partie de l'ouvreuse sont ajoutés : un tambour
à toile métallique B, avec son canal central d'aspiration, sa cheminée d'appel et la toile sans fin T, sur laquelle le coton, dés-
agrégé et nettoyé au préalable, vient se transformer en nappe.
Cette dernière partie de la machine, tambour en toile métallique ou tôle perforée, toile sans fin, ventilateur et sa cheminée,
est identique aux éléments qui se retrouvent dans des machines préparatoires plus complètes décrites plus loin. Nous
ne nous y arrêterons pas davantage pour le moment, nous nous
bornons à indiquer le fonctionnement de la machine. La poulie
motrice principale placée à gauche de la figure et juxtaposée à la
poulie folle étant mise en mouvement, elle transmet l'action aux
cannelés alimentaires C. Ceux-ci livrent le coton à une ouverture du tambour A, où il rencontre l'action des bras *ll*, qui
tournent avec l'arbre vertical, mis en mouvement par une couronne dentée placée au-dessus des bras *ll*, et dont la coupe
montre bien l'engrènement avec les dents fixées en sens opposé
sur une couronne intérieure du bâti.

La masse des filaments, traversant le cylindre de haut en bas,
se trouve progressivement agitée, de l'entrée à la sortie, entre
les bras *ll* et les dents *d*.

Une ventilation énergique est exercée par un ventilateur dont
l'ouverture du canal est indiquée en section par le rectangle
figuré sous la toile sans fin T, et par l'orifice central du cylindre métallique B. Ce tirage, en appelant la poussière de la
masse dans la cheminée placée au-dessus de l'appareil, du côté
de l'organe B, attire en même temps les fibres sur la toile
sans fin T, où elles sont en quelque sorte moulées par une
rotation lente du cylindre B.

Sans entrer dans plus de détails, nous nous bornerons à dire
qu'une machine semblable, réglée de façon à donner à l'arbre

central une vitesse de 700 à 1,000 tours à la minute, peut ouvrir de 200 à 300 kilogrammes de fibres à l'heure.

L'ouvreuse dont nous venons de donner la description est généralement remplacée par la suivante.

§ 3. — Ouvreuses Platt, pl. IV.

La première machine par laquelle on fait généralement passer le coton, surtout si c'est du coton des États-Unis, et si la filature est montée avec l'outillage considéré par les praticiens comme le plus perfectionné, est l'ouvreuse connue sous le nom d'*ouvreuse Platt*, exécutée aujourd'hui par la plupart des constructeurs estimés qui s'occupent de ces sortes de machines. Le but principal de l'ouvreuse est de désagréger la masse, d'isoler, de nettoyer les fibres, de les disposer ensuite sous une forme convenable pour passer aux transformations suivantes. Cette machine se compose : 1° de l'organe ouvreur et isolant des tambours à dents ; 2° de l'organe nettoyeur, ou ventilateur aspirateur de la poussière ; 3° de l'appareil nappeur ou tambour en tôle perforée ou en toile métallique, pour former la nappe ; 4° enfin, de deux toiles sans fin, l'une à l'entrée pour alimenter, et l'autre à la sortie pour délivrer la machine des filaments régulièrement condensés. L'appareil alimentaire est modifié par l'addition d'un cylindre à grandes cannelures, placé devant le cylindre supérieur pour le débarrasser des fibres qui pourraient le bourrer ; celui-ci livre successivement les fibres à une série de quatre tambours ouvreurs, animés d'une vitesse progressive du premier au dernier. Ces tambours étant garnis de dents disposées autour de leur circonférence suivant une hélice, et enfermés de toutes parts, sauf les passages de l'un à l'autre, ont chacun à leur partie inférieure une grille terminée par une toile métallique. La direction du mouvement des tambours a lieu en sens inverse de la marche des fibres à leur entrée. Ce changement subit de direction des mèches a pour but de les mieux ouvrir. A la suite du dernier organe ouvreur se trouve un canal pour amener le coton vers deux cylindres à toile métallique, qui ne diffèrent de ceux précédemment décrits que par leurs dimensions et dispositions. Sous le passage qui conduit des ouvreurs aux rouleaux en toile métallique, est placée une boîte inclinée à ouverture mobile à la partie inférieure et fermée à sa partie supérieure par une grille qui laisse passer les poussières lourdes et les filaments qu'elles entraînent. Le ventilateur qui est adapté à ces sortes de machines, comme nous l'avons déjà dit, est placé ici sous les tambours à toile métallique. Enfin, le coton, à sa sortie de l'ouvreuse, est amené sur la toile sans fin inclinée, disposée à cet effet à la suite de l'appareil. L'analyse de cette ouvreuse démontre que l'action y est progressive et ménagée et que les dispositions pour le nettoyage, la ventilation et le départ du produit ont été étudiées avec soin, comme on pourra d'ailleurs en juger mieux par la description suivante, de la coupe verticale de la machine, figure 1, pl. IV. Le coton est disposé aussi régulièrement que possible sur une toile sans fin T, formée de baguettes en bois un peu arrondies, clouées sur trois courroies tendues sur deux rouleaux en bois. Cette toile amène le coton sous les cylindres E et CC, le premier à plus forte cannelure tasse et égalise la masse des fibres à leur entrée dans les cannelés CC, qui les livrent aux tambours B, armés de dents d et tournant avec une vitesse de 1,000 à 1,200 tours à la minute. Ces cylindres, commandés par des poulies placées sur chaque tambour, leur transmettent le mouvement d'une plus grande désignée sous le nom de *volant* et disposée sur la transmission générale de l'atelier. Les boutons et autres ordures détachées dans l'action tombent dans une grande caisse en fonte, formée par les deux montants verticaux A du bâti de la machine, à travers des grilles fixes g, placées à la partie inférieure de chaque organe B. Des portes H permettent le nettoyage nécessaire de temps en temps. Les tambours sont formés de trois croisillons en fonte montés sur un arbre métallique, sur lesquels sont vissées quatre plaques de fonte munies des dents d, soit fondues avec les plaques, soit rivées sur elles. Comme ces dents sont exposées à se casser souvent, il est préférable de les river. L'intervalle entre chaque plaque est fermé par une feuille de tôle; un fil de fer à trois brins, contourné en hélice sur toute la longueur du tambour, consolide l'assemblage des plaques avec leurs croisillons. Le coton est lancé par les tambours entre les deux cylindres en toile métallique M, N; un ventilateur V, marchant avec une vitesse de 1,200 tours par minute, le force à adhérer contre ces tambours et le débarrasse de sa poussière. Dans le trajet, beaucoup de petites ordures, et principalement les feuilles, tombent par une grille i dans une caisse D. Une porte P, qu'on ouvre au moyen de la genouillière S, permet de vider cette caisse. Ce dernier déchet doit être séparé de celui fourni par les grilles g comme contenant peu de filaments de quelque valeur. Le coton, au sortir des tambours M, N, est pris par les cannelés F, puis par une toile sans fin L, semblable à la première, qui le fait tomber sur le sol ou dans une caisse en bois disposée près du *batteur étaleur*.

Cette machine a, dit-on, l'inconvénient de rouler le coton; on la croit par conséquent plus propre aux cotons à filaments courts qu'aux fibres un peu longues; cela est vrai pour les filaments courts d'Amérique. L'ouvreuse à dents est en effet plus efficace pour ceux de la Louisiane et autres de même caractère que pour les fibres plus longues. Cependant, lorsqu'on veut appliquer ce système à des fibres trop courtes, comme celles du coton de l'Inde, il en résulte un déchet vraiment anomal de 12 à 15 pour 100 aux premiers battages; l'on attribue cette fâcheuse circonstance à la nature et aux impuretés de la matière première, au lieu d'en attribuer une partie au moins à l'action de l'ouvreuse à dents, peu propre en général à cette épuration. Ces dents, en effet, sont loin de pouvoir désagréger et séparer convenablement les filaments. L'action mécanique qu'elles exercent ayant lieu par un corps rigide manquant d'élasticité, une partie des fibres sont en quelque sorte râpées, et, comme elles sont fort courtes, elles passent en déchet. On peut arriver, selon nous, à un résultat sensiblement meilleur en modifiant le traitement des cotons de l'Inde, conformément à ce que nous dirons plus loin après avoir décrit les battages.

La grosseur et l'élasticité des filaments doivent être prises en considération pour régler le point essentiel de la machine, sinon l'on serait amené à rapprocher l'extrémité du frappeur de plus en plus, à mesure qu'il agit sur des fibres plus courtes, ce qui présenterait un inconvénient grave sur les fibres fortes et peu élastiques : *au lieu de plier, elles rompraient,* et causeraient une proportion de déchet plus que nécessaire. Il faut, au contraire, augmenter la distance, toutes choses égales d'ailleurs, en raison de la grosseur et de la diminution d'extensibilité du duvet. C'est ainsi que si pour des cotons Louisiane, par exemple, l'on met $0^m,005$ entre l'extrémité des dents et les cylindres alimentaires, on n'aura de *résultat* convenable avec les cotons de l'Inde plus gros de fibres et moins élastiques qu'en augmentant cette distance de $0^m,002$, soit 7 millimètres de séparation. On pourrait encore atteindre le même résultat en conservant le règlement ordinaire de $0^m,005$, et en diminuant l'épaisseur de la nappe, mais alors on diminuerait aussi le produit de la machine. Elle peut ouvrir jusqu'à 3,000 kilogrammes de coton brut en un jour de travail de douze heures effectives.

Nous avons été témoin de battages donnant pour la même matière de l'Inde des déchets variant du simple au double, par suite de l'ignorance des réglages convenables des organes de la machine. De là aussi les opinions contradictoires sur l'efficacité de l'emploi des ouvreuses dans telle ou telle circonstance. Les uns les disent complétement impropres au premier traitement des cotons de l'Inde et les réservent exclusivement à ceux des États-Unis; d'autres, au contraire, n'ont jamais pu se servir avec avantage de l'ouvreuse à dents pour ces dernières sortes de cotons, et la remplacent par un batteur à volant et à quatre frappeurs, qu'ils désignent toujours sous le nom d'*ouvreuse* et qui n'est cependant autre chose qu'un batteur simplifié dont nous allons décrire le type le plus complet, après l'exposé de quelques considérations générales concernant ces sortes de machines.

§ 4. — Appareils à battre.

Les moyens mécaniques décrits jusqu'ici peuvent bien enlever les plus grosses impuretés, toutes celles qui offrent une différence de densité avec celle du coton, mais leur action n'est pas assez énergique pour restituer aux filaments le ressort que les compressions précédemment signalées leur ont momentanément enlevé. On a longtemps pensé que le meilleur moyen pour leur restituer cette propriété était de les soumettre à des battages réitérés, de là l'invention de divers genres de batteurs qui se sont successivement transformés, et finalement l'adoption, pendant bien des années, d'un système unique qui pouvait présenter quelques modifications dans les détails, mais dont le principe est resté invariable. Cette machine fondamentale, par laquelle le travail commence communément, sauf les exceptions déjà signalées, était généralement en usage, surtout pour la préparation des cotons ordinaires destinés aux fils des numéros bas et moyens. Nous devons par conséquent la faire connaître, avant de passer à la description de celles que nous croyons appelées à lui succéder dans les opérations si importantes des premières préparations. Le batteur, auquel on fait tout d'abord passer la matière lorsqu'on ne se sert pas de la machine précédente, a, dans l'ensemble de sa disposition, beaucoup d'analogie avec celle-ci ; sauf les dimensions et une double paire de cylindres pour opérer un peu de tirage, l'appareil alimentaire est le même que dans l'ouvreuse. Les cylindres à dents de celle-ci sont remplacés par un appareil batteur à trois et parfois à quatre bras, autrefois on se bornait à deux bras ; un canal avec une grille à fond mobile est disposé comme dans le cas précédent pour amener le coton aux tambours à toile métallique, ou à tôle perforée, placés au-dessus du ventilateur. Une répétition identique des mêmes organes se trouve à la suite de la première série pour continuer et parfaire le travail. La machine est terminée par un jeu de rouleaux pleins compresseurs ayant leurs axes dans le même plan vertical, afin de condenser la nappe sur le rouleau définitif, et de lui donner un poids plus considérable de matière. Ce batteur double, à triples frappeurs, opère l'épluchage d'abord, l'étalage ensuite ; il a, comme l'ouvreuse, de bonnes dispositions d'épuration et d'aérage, et livre des rouleaux plus denses dont les avantages sont appréciés depuis plusieurs années déjà. Ce qui caractérise surtout ces sortes de machines à préparer, c'est l'organe frappeur ou volant à mouvement de rotation continue, les autres éléments de cette machine ont été déjà définis ou se retrouvent comme accessoires dans divers appareils. L'organe essentiel consiste dans une espèce de croisillon métallique suffisamment lourd et traversé au milieu de sa longueur par un axe qui lui est perpendiculaire et autour duquel il tourne avec une rapidité de 1,200 à 1,500 tours à la minute. Sa révolution a lieu dans une enveloppe métallique fermée de toutes parts, excepté aux points nécessaires à l'alimentation, au départ des filaments battus et aux corps lourds. Un appareil alimentaire et une grille semblable, sauf les dimensions et quelques modifications de détails, à ceux décrits précédemment, se retrouvent ici. Quant à la disposition pour opérer le départ de la matière, elle consiste dans un canal plus ou moins incliné, qui se dirige vers un tambour à toile métallique dont les fonctions se comprennent, si on se rapporte à la description précédente. Les filaments livrés par la double paire de cylindres alimentaires sont enlevés par l'action du frappeur, qui les entraîne dans sa rotation et les chasse devant lui dans le conduit disposé à cet effet. Celui-ci les amène sous le tambour à toile métallique ou en tôle perforée, auquel communique un système de ventilation énergique, qui, tout en facilitant le départ de la poussière, produit un vide partiel dans l'intérieur du tambour, afin de faire adhérer la nappe à l'extérieur par la différence de pression atmosphérique sur les deux surfaces. On se sert assez ordinairement de deux machines semblables, avec cette différence que la première n'a qu'un organe frappeur et rend la matière soit en masse confuse, soit en nappe grossière ; et la seconde a ordinairement au moins deux séries d'organes élémentaires, batteurs et tambours métalliques, à la suite desquels se trouvent un système de rouleau à mouvement progressivement accéléré, dans une limite assez restreinte pour donner un très-léger redressage à la nappe, et enfin un système spécial pour former celle-ci en rouleau. Ces divers organes sont suffisamment détaillés par la planche de l'atlas pour que nous n'ayons qu'à bien faire saisir ici les points essentiels de cette machine. Rappelons que la première des deux est employée sous le nom de *batteur éplucheur* et la seconde sous celui de *batteur étaleur*. Dans le commencement de son emploi, et avant que l'on ait pu se rendre compte du vice inhérent à son principe, l'on s'est principalement préoccupé de la meilleure combinaison des organes entre eux, du nombre de répétitions le plus avantageux de ces organes, des rapports de vitesse les plus convenables, des espacements relatifs des divers éléments pour en obtenir un bon fonctionnement, de l'établissement des points d'appui suffisants, et d'un système de ventilation assez énergique, car tous ces détails ont leur importance. Si, par exemple, le frappeur n'a pas une certaine vitesse, son action est insuffisante ; si elle est trop grande, les fibres pourront en être fatiguées et énervées. Pour rester dans une limite convenable, on a préféré opérer progressivement en répétant l'action au moyen d'une série d'organes dans la même machine ; cependant, un trop grand nombre d'organes dans la même machine équivaudrait à une trop grande vitesse et ne permettrait pas de doubler convenablement ; aussi ce nombre des batteurs et des organes correspondants dépasse-t-il rarement deux. Le règlement de la distance entre l'extrémité de ces frappeurs et les cylindres alimentaires a également son importance, elle doit être aussi petite que possible, sans cependant qu'il y ait contact, car alors les filaments pourraient être fatigués, et l'appareil élémentaire serait bientôt hors de service ; d'un autre côté, sans un rapprochement suffisant, des filaments peu longs se soustrairaient, en grande partie, à l'action du levier tournant. Il résulte de leur peu de longueur qu'une de leurs extrémités est à peine livrée au battage que l'autre est déjà libre ; si ces fibres avaient au contraire une plus grande longueur, elles pourraient recevoir le choc à une de leurs pointes pendant que l'autre serait encore engagée, et de là des ruptures et des détériorations fâcheuses. Cette considération, jointe à la finesse des cotons longue-soie, explique pourquoi ce genre de préparation ne peut leur être appliqué. Il suffit d'ailleurs de la description suivante du batteur le plus perfectionné pour s'en convaincre.

§ 5. — Batteur étaleur (fig. 3, pl. IV).

La figure représente un batteur à deux volants de trois frappeurs chacun. Le bâti AA de la machine se compose de deux montants verticaux en fonte formés de plusieurs pièces boulonnées ensemble et entre-toisées, de place en place, de manière à présenter la forme d'une caisse à plusieurs compartiments.

Le coton est jeté par pesées sur une toile sans fin OO, et étalé avec soin de manière à former une couche aussi égale que possible. La toile est mise en mouvement par des rouleaux R, qui se composent chacun de trois petites poulies en fonte fixées sur un arbre en fer, et destinées à recevoir les courroies des transmissions. Ces arbres sont mis en mouvement par des commandes placées sur les cylindres cannelés au moyen de roues d'engrenage.

Le coton, pressé et régularisé par le cylindre d'appel N, est pris par la double paire des cannelés cc où il reçoit un étirage, ou plutôt un dressage ordinairement de 1 à 2 pour le préparer à mieux subir l'action du volant V. Celui-ci l'ouvre et le débarrasse des impuretés, qui tombent dans la première caisse formée par le bâti AA, après avoir traversé la grille I. Puis, attiré par le ventilateur L, il arrive contre les deux tambours en toile métallique MM. En passant, une partie des petites ordures et du duvet tombent par la grille dans la caisse Z fermée par une porte, que l'on peut ouvrir à volonté au moyen d'une genouillère S. Dans cette caisse, des lames de tôle très-minces coupent le vent et empêchent les filaments de sortir. Le ventilateur L continue l'appel et le nettoyage. A la suite des tambours M, la substance subit les mêmes opérations que précédemment et arrive à deux autres tambours en toile métallique M', d'où elle est amenée, par les cylindres cannelés E, aux rouleaux de pression $P^1P^2P^3P^4$. La nappe, fortement comprimée par ces rouleaux qui la rendent plus solide, est enroulée sur un cylindre B au moyen des enrouleurs cannelés UU. Le cylindre en fonte creux F guide le coton à sa sortie des compresseurs.

Le renfileur ou axe B se compose ordinairement d'un cylindre en fonte sur lequel on emmanche un tube en fer-blanc ou en zinc. Lorsque le rouleau de coton est formé, un compteur arrête la machine, on retire alors le cylindre de fonte, on enlève le rouleau de coton et on remet sur le cylindre un nouveau tube en fer-blanc.

Il arrive souvent qu'on passe le coton deux fois à cette machine. Dans ce cas, les rouleaux formés par la première opération sont placés sur la toile sans fin T au nombre de trois, on introduit dans le tube en fer-blanc de chaque rouleau une baguette en fer, dont les extrémités, dépassant le tube de chaque côté, sont mises dans les coulisses du bâti.

Par cette disposition, les rouleaux ne peuvent être entraînés par la toile qui les fait tourner et qui déroule la nappe de coton pour l'amener avec la plus grande régularité aux cylindres cannelés.

Le volant, dont la vitesse varie entre 1,200 et 1,500 tours à la minute, doit être construit très-solidement. Les règles qui terminent les bras sont en fer, rivées chacune sur les bras d'un croisillon assemblé sur un arbre en fonte.

§ 6. — Commandes du batteur.

Les transmissions du batteur présentant une certaine complication et donnant le mouvement à des organes dont quelques-uns, tels que les volants ou frappeurs et les ventilateurs, réclament une force motrice bien supérieure à celle dépensée par les autres, l'on établit généralement deux séries de commandes prises sur l'arbre moteur; la première imprime le mouvement aux organes les plus lourds, et la seconde, à tous les autres. Les tracés de ces nombreux rouages et poulies, pour être bien saisis, auraient demandé une grande échelle et plusieurs planches. Nous avons préféré en donner un tableau descriptif, qui les mentionne d'une façon suffisamment exacte à ceux qui auraient besoin de ces détails.

Dimensions et vitesse des organes de rotation du batteur, pl. IV.

Transmissions des volants et ventilateurs.

ORGANES.	DIAMÈTRES		NOMBRE DE TOURS par minute.
	Commandeur.	Commandé.	
Arbre de transmission......	v	»	150,00
Premier renvoi.............	0,820	0,55	351,42
Volant V.................	0,780	0,225	1218,30
Deuxième renvoi...........	0,195	0,195	351,42
Arbre moteur du batteur.....	0,150	0,600	87,857
Ventilateur L.............	0,170	0,170	1218,30

Suite des transmissions du batteur.

ORGANES.	Diamètres	COMMANDE.	Nombre de tours par minute.	Développement par minute.
Toile sans fin, cylin. R	0,160	$87,857 \dfrac{13\times13\times28\times18\times24\times11}{50\times25\times21\times54\times14\times32}$	3,111	1,56373 m
Rouleau presseur N..	0,096	$87,857 \dfrac{13\times13\times28\times18\times24\times11\times42}{50\times25\times21\times54\times14\times32\times27}$	4,839	1,45849
1ers cylin. cannelés CC	0,055	$87,857 \dfrac{13\times13\times28\times18\times24}{50\times25\times21\times54\times14}$	9,480	1,63795
1er petit tambour M..	0,380	$87,857 \dfrac{13\times13\times28\times20\times24\times17\times46}{50\times25\times21\times40\times22\times30\times130}$	1,732	2,06790
1er grand tambour M'	0,580	$87,857 \dfrac{13\times13\times28\times20\times24\times17\times46}{50\times25\times21\times40\times22\times30\times196}$	1,149	2,09341
1ers délivreurs E....	0,076	$87,857 \dfrac{13\times13\times28\times20\times24}{50\times25\times21\times40\times22}$	8,639	2,06257
2es cylin. cannelés CC'	0,055	$87,857 \dfrac{13\times13\times28\times20\times24}{50\times25\times21\times40\times14}$	13,575	2,34552
2e petit tambour M...	0,380	$87,857 \dfrac{13\times13\times35\times57}{50\times42\times49\times130}$	2,214	2,64350
2e grand tambour M'.	0,580	$87,857 \dfrac{13\times13\times95\times57}{50\times42\times49\times196}$	1,469	2,67616
2es délivreurs E.....	0,076	$87,857 \dfrac{13\times13\times35}{50\times42\times22}$	11,248	2,68566
Calandres P'........	0,140	$87,857 \dfrac{13\times13\times27}{50\times42\times23}$	8,300	3,65050
Idem P''...........	0,140	$87,857 \dfrac{13\times13\times27}{50\times42\times22}$	8,677	3,82525
Idem P'''..........	0,140	$87,857 \dfrac{13\times13\times27}{50\times42\times21}$	9,091	3,99819
Idem P4............	0,180	$87,857 \dfrac{13\times13}{50\times42}$	7,070	3,99817
Enrouleurs UU......	0,230	$87,857 \dfrac{13\times13}{50\times54}$	5,499	3,97350

ÉTIRAGE TOTAL : 2,55

§ 7. — Batteurs modifiés.

On a cherché à modifier les batteurs d'une foule de manières différentes, mais la plupart de ces modifications reposent sur des améliorations ou des changements de dispositions des organes du batteur que nous venons de décrire. La figure 4, pl. IV, donne une coupe verticale passant par les parties essentielles de l'une de ces machines modifiées. On retrouve dans cet appareil les organes qui viennent d'être décrits, nous n'avons par conséquent qu'à faire remarquer le changement de leurs positions relatives. A la sortie de la double paire de cylindres cannelés cc, les fibres passent dans une ouverture du couvercle E, pour recevoir l'action des frappeurs du volant V, d'où les filaments ouverts sont projetés au-dessus d'un tambour à toile métallique ordinaire M. Dans leur trajet, à partir du dessous de l'organe alimentaire, ils rencontrent des grilles droites horizontales G pour laisser échapper les corps durs et la poussière appelée par un ventilateur que la figure ne représente pas, attendu qu'il n'y a là rien de particulier. Par suite du vide partiel obtenu dans l'intérieur du tambour en tôle perforée M, toujours par les moyens ordinaires, la nappe vient s'appliquer sur la partie supérieure de la circonférence et se régulariser sur l'épaisseur voulue, entre le cercle et l'enveloppe du tambour, au point où elle doit sortir par l'attraction d'une série de paires de cylindres de rotation 1, 2 et 3, entre lesquels elle passe avant de former le rouleau R autour de l'axe i. Cette partie de la machine n'offre rien dont il ne soit facile de se rendre compte à l'inspection de la figure ; il est bien évident en effet que la formation successive du rouleau R est obtenue par le déplacement successif du petit axe i dans des coulisses, et que la tension de la nappe a lieu par l'action des cylindres presseurs 3, qui rappellent le système de pression généralement usité.

Si de ces points nous revenons à la disposition du tambour M, nous remarquons une partie additionnelle *l* qui n'existe pas dans les autres organes de ce genre ; cette surface ou palette courbe *l*, est une espèce de porte en fer-blanc, faite pour s'appliquer contre les vides du tambour à la partie où la nappe doit s'en détacher. Elle a pour but de supprimer le vide en ce point et par conséquent l'obstacle qui pourrait s'opposer à l'action des cylindres délivreurs. La palette est fixée à l'extrémité d'un bras de levier *m*, adapté à une espèce de courbe ou coussinet qui embrasse la partie inférieure de l'axe du tambour. Le système est mis en équilibre au point voulu par un contrepoids *n* placé à l'extrémité du bras.

Nous avons cru devoir donner cette disposition à cause de son originalité, quoique la pratique l'emploie rarement, et qu'elle ne paraisse pas avoir d'avantages sur les batteurs usuels. Nous donnons également la description du batteur suivant, quoique la même observation lui soit applicable.

§ 8. — Batteur allemand.

Les figures 1 et 2 de la planche V sont : la première une coupe verticale sur la longueur, et la seconde un plan horizontal vue par-dessus, d'un batteur imaginé en Allemagne et construit à Chemnitz.

Les particularités de ce frappeur consistent dans l'adoption de l'alimentation à auge, imaginée par Bodmer il y a plus de trente ans ; quant à la construction et à l'assemblage des frappeurs au volant, et à la disposition spéciale de celui-ci, nous ne ferons que mentionner les organes et les dispositions ordinaires.

Le coton pesé ou en nappe, à la sortie d'une ouvreuse précédente, est étalé sur la toile sans fin A, commandée par les cylindres B et les rouleaux F, d'où les fibres sont attirées par la paire de cylindres cannelés H, à la suite desquels se trouve l'alimentation à auge, c'est-à-dire un hérisson K à rubans de cardes ou mieux encore à dents, tournant dans une cavité cylindrique, placée elle-même au sommet d'un plan incliné L.

Cette disposition permet, d'une part, d'agir sur des fibres de longueurs variables, parce qu'elles peuvent glisser en s'échelonnant jusqu'au contact de l'organe frappeur ; de l'autre, de rejeter, dès le commencement du travail, les ordures les plus grossières, qui peuvent s'échapper tant par le plan incliné L, qu'à travers les barreaux d'une première grille placée tout près et concentriquement à la circonférence du volant MN. Les frappeurs FF', etc., sont des règles assemblées au volant par des vis. Des vides sont pratiqués à cet effet pour faciliter le serrage des écrous représentés dans la figure 1.

Les filaments, projetés dans le canal évasé qui se trouve à la suite du premier volant, sont débarrassés d'une partie des impuretés et de la poussière qui passent à travers les barreaux de la grille P placée au fond du canal. A la suite de ce canal, les filaments sont formés en nappe par le tambour à toile métallique R, au-dessous duquel se trouve aussi un réservoir d'impuretés s, disposition qui diffère avec celle des batteurs ordinaires.

Ce premier tambour à toile métallique est suivi d'une double paire de cannelés alimentaires V, H, toujours pour mieux saisir la nappe, surtout pour lui faire subir un faible étirage et bien la dresser. Cette alimentation est suivie à son tour d'une alimentation à auge comme la première, d'un second volant et d'un second tambour en toile métallique, identiques aux premiers dans leur exécution et disposition. Enfin, à la fin de la machine se trouvent les cylindres délivreurs uV, les presseurs zz, l'axe enrouleur c, les rouleaux compresseurs et renvideurs ab et enfin le système de levier à pression qui agit sur l'axe du rouleau de la nappe, par l'intermédiaire de la crémaillère d et de son pignon. Le levier à contre-poids K est chargé d'exercer la pression pendant l'enroulement. On peut neutraliser son action lors de l'enlèvement du rouleau en appuyant sur la pédale i du levier, dont l'effet est de relâcher une courroie de tension qui agit sur la groge d'une poulie g.

La figure 3 de la planche V donne en détail les parties principales de ce système de pression :

d, la crémaillère de l'axe du rouleau de coton ;

e, galet de roulette pour amoindrir le frottement ;

f, pignon de la crémaillère ; il y en a un de chaque côté de la machine ;

g, poulie de tension, espèce de frein ;

h, courroie de tension ;

lm, points d'attaches de la courroie ;

i, levier articulé ;

k, contre-poids presseur.

La machine est disposée comme toutes celles de ce genre, pour opérer progressivement et effectuer deux fois de suite le battage sur la même nappe, qui abandonne chaque fois une partie des corps étrangers que contiennent les filaments, chaque organe ayant à sa partie postérieure un réservoir de poussière placé sous la grille respective, et communiquant en outre, comme à l'ordinaire, avec un système énergique de ventilation correspondant aux cheminées TT. La machine est fermée de toutes parts ; on y place des carreaux en glace à des ouvertures W, afin de pouvoir se rendre compte de ce qui se passe à l'intérieur et si l'opération marche dans les conditions voulues. Les transmissions de mouvements sont indiquées dans le plan, fig. 2. Sans entrer dans les détails de toutes les transmissions intermédiaires, qui sont à peu près les mêmes que celles données au paragraphe 6, nous ferons remarquer leur point de départ. La poulie s reçoit la courroie de l'arbre moteur, elle commande en même temps le premier volant M, à une vitesse de 1,400 à 1,500 tours à la minute, elle actionne la seconde poulie t, dont une courroie transmet le mouvement à la poulie u du second volant, qui a une vitesse de 1,600 à 1,700 tours dans le même temps. L'on fait passer une nappe de 0^m,70 de largeur sur 1^m,40 de longueur, pesant en moyenne 700 grammes.

Le nombre de passages à faire subir à la matière varie, toutes choses égales, avec ses caractères et son état de pureté. Pour les cotons des Etats-Unis, plus faciles à traiter que ceux de l'Inde, un passage à l'ouvreuse et deux aux batteurs suffisent; il est presque toujours nécessaire de doubler le nombre des passages pour ceux-ci, mais on est loin d'être fixé et d'avoir une méthode générale. Elle varie en quelque sorte avec les fila-teurs. Les déchets sont également très-différents, ils sont tou-jours proportionnels au nombre des passages; pour la même ma-tière, les uns en font au maximum de 5 à 7 pour 100, d'autres en accusent plus du double, et cela se conçoit, les déchets résul-tant, d'une part, de la nature et de l'état de pureté de la matière, et de l'autre, des ruptures occasionnées dans son traitement. Un règlement imparfait des organes et la prolongation anomale de l'action augmente évidemment la perte occasionnée par les chocs insolites. Nous avons déjà fait remarquer l'importance de la dis-tance entre l'extrémité des frappeurs et des cylindres cannelés. Il est bon également que la marche de la nappe ne soit pas trop lente, afin de ne pas trop fatiguer le coton, en prolongeant l'ac-tion sur les mêmes points. Les doublages doivent avoir le même but. La méthode qui nous a paru donner les meilleurs résultats pour le coton de l'Inde avec l'outillage actuel, est la suivante :

§ 9. — Combinaison des battages pour le coton de l'Inde.

Les fibres sorties du local des mélanges sont successivement soumises aux opérations suivantes :

1° A une *ouvreuse*, composée d'un volant à quatre frappeurs, à la suite duquel sont placés deux tambours métalliques;

2° A un deuxième passage de la même nappe à la même ouvreuse ;

3° Au *batteur étaleur* à deux volants, de trois frappeurs chacun ;

4° A un *batteur doubleur*, composé d'un volant à trois frappeurs, etc., sur la toile sans fin duquel on superpose trois nappes. Il est, par conséquent, alimenté par trois nappes de la précédente machine, mais dont le poids par unité de longueur reste constant, puisqu'il y a un étirage de trois environ, dans chaque batteur.

Nombre de chocs imprimés par l'ensemble des battages.

La vitesse des volants des frappeurs est la même de...... 1500 tours.
Au premier passage de l'ouvreuse à quatre frappeurs leur nombre est de... $15 \times 4 =$ 6,000
Au deuxième .... $15 \times 4 =$ 6,000
Au batteur étaleur...................................... $15 \times 3 \times 2 =$ 9,000
Au batteur doubleur .... $15 \times 3 =$ 4,500

Total des chocs reçus par une même partie 25,500

Ces 25,500 coups sont appliqués sur l'étendue de la nappe qui passe en une minute, 1,563 millimètres d'après le tableau précédent. Ces 1,563 millimètres pèsent en moyenne $0^k,780$ grammes ; il s'ensuit que chaque gramme de filaments reçoit près de 20 chocs d'une règle d'un poids sensible, agissant au bout d'un bras de levier de $0^m,25$. Une des matières les plus délicates supporte, par conséquent, une action à laquelle des corps bien plus solides ne pourraient résister ; il suffit de se rappeler la fable du *Chêne et le Roseau* pour s'expliquer cette anomalie apparente.

Mais, quoique ces filaments, plus ténus encore que le roseau, plient et ne rompent pas toujours, il est évident qu'ils ne peuvent supporter cette action des battages sans fatiguer considérablement et sans occasionner un déchet dont une fraction est la conséquence du mode d'opérer.

§ 10. — Production du batteur.

Connaissant le poids de la nappe par unité de longueur, il suffira de multiplier ce poids par la vitesse de livraison : soit p, le poids d'un mètre à la sortie, soit v la vitesse, $p \times v =$ la production par minute ; admettons la moyenne de 700 grammes comme poids du mètre, soit $4^m,00$ la vitesse à la sortie, le rendement par minute sera $4^m,00 \times 0^k,700 = 2^k,800 = 168$ kilogrammes à l'heure, en un passage, ou 68 kilogrammes, si le coton est passé deux fois, comme cela a lieu généralement ; ce calcul donne par conséquent 1,080 kilogrammes par jour de douze heures. La pratique compte en moyenne sur un produit de 1,000 kilogrammes.

§ 11. — Inconvénients des battages, et moyens proposés pour les atténuer. — Préparations mixtes.

Nous venons de démontrer que la petite surface du coton qui passe à chaque instant dans les batteurs reçoit, dans les diverses passages qu'on lui fait subir, en moyenne 25,000 coups de règle. Vingt-cinq mille chocs à une matière aussi susceptible, lorsqu'il serait rationnel de pouvoir la désagréger sans le concours de la force brutale pour conserver l'intégrité de ces qualités ; est-ce là un mal indispensable et inévitable ? Remarquons d'abord qu'une filature, établie sur les lieux de la récolte, pourrait l'éviter en grande partie. Il suffirait d'égrener des filaments sans les comprimer, pour faciliter leur désagrégation d'autant.

Quoi qu'il en soit, les inconvénients du battage actuel sont hors de doute, aussi les praticiens les plus habiles se sont-ils efforcés de trouver des moyens de les remplacer en totalité ou en partie. Le démêlage et le peignage de Josué Heilmann ont atteint le but dans la préparation des filaments longs des cotons de la Géorgie, d'Egypte, d'Algérie, etc. Parmi les divers moyens imaginés dans la même direction pour les filaments courts, il faut citer, entre autres, l'*épurateur* de M. G. Risler, de Cernay, et le *batteur cardeur* de M. Leyherr, filateur à Laval, imaginés, le premier, il y a une douzaine d'années, et le second, en 1856 ; tous deux ayant rendu des services réels, et renfermant des points dignes d'être appréciés, nous allons les décrire successivement.

§ 12. — Epurateur Risler, pl. VII.

L'apparition de l'épurateur à l'Exposition universelle de Londres en 1851, a produit une véritable sensation dans le monde des f⋯⋯rs, surtout en Angleterre. Il a été distingué par une gra⋯⋯. édaille (*council medal*). Or, une machine française pour le coton, accueillie sur le sol natal de l'industrie cotonnière, qui fonctionne depuis lors à la satisfaction de la plupart de ceux qui l'emploient et qui a été l'objet d'un rapport flatteur et d'un prix de la part de la Société industrielle de Mulhouse, mérite d'être connue, ne fût-ce qu'au point de vue de l'histoire de l'industrie.

Le but de la machine dite *épurateur* est de se substituer en partie et avantageusement aux battages, tant sous le rapport de la conservation des qualités de la matière première que sous celui de l'économie du travail.

Le principe de la machine consiste en un tambour travailleur principal, et en un grand nombre d'organes alimentaires et délivreurs chargés de fournir et d'enlever les fibres. Ce tambour, d'un diamètre de $1^m,20$, est garni à sa circonférence, alternativement d'une plaque d'aiguilles droites d'une

certaine longueur et finesse, formant des espèces de brosses
métalliques flexibles et élastiques, et d'aiguilles en crochets
comme celles des rubans de cardes. Ce tambour est alimenté
par quatre ou cinq organes, et autant de paires de cylindres
cannelés placés sur la demi-circonférence qui doit recevoir
cette alimentation, par les rouleaux préparés à une machine
précédente, à un batteur ordinaire. Au-dessous de chaque organe alimentaire, se trouve une espèce de grille ou récepteur
des corps étrangers. Le tambour à aiguilles et la partie supérieure se réunissent par une règle droite à angle aigu, qui
reçoit les ordures projetées par la force centrifuge du grand
cylindre et facilite leur départ. Le coton travaillé est enlevé de
ce tambour par trois organes déchargeurs, dont les rubans se
réunissent en un seul rouleau.

M. Risler a cherché à utiliser l'action énergique de la force
centrifuge des brosses pour nettoyer les fibres sans les détériorer par le choc. Il a, de plus, dès ces premières préparations,
fait subir un commencement de changement de direction aux
filaments, par la combinaison des deux sortes de dents. Les
alimentations et les organes délivreurs multiples, qui ont pour
but de diviser et de fractionner l'action des organes, sont également une heureuse innovation : elle permet d'agir sur une
masse plus forte, sans amoindrir l'effet de la désagrégation.

La figure de la planche VII est une coupe longitudinale passant
par un plan vertical, mettant en évidence tous les organes de
la machine, commandée comme le sont ces machines en général. Nous nous bornons, par conséquent, à donner les dimensions et les vitesses des parties principales, sans entrer dans les
détails des transmissions, qui demanderaient plusieurs figures
et compliqueraient la description sans utilité :

T, grand tambour démêleur et cardeur, d'un diamètre de
1^m,20, tournant avec une vitesse d'environ 260 tours à la minute.

La garniture de ce tambour consiste dans des rubans de cardes ordinaires *a* et des espèces de brosses métalliques à aiguilles droites *b*. Huit brosses semblables sont placées équidistantes entre les garnitures de cardes *a* autour de la circonférence du tambour T.

0, 0, 0, 0, quatre paires doubles de cylindres alimentaires fournissant le coton au grand tambour. Chacun de ces cylindres a un diamètre de $0^m,04$ et fait deux tours à la minute, leur développement est par conséquent $0^m,251$ dans le même temps pour chaque alimentation, et $1^m,004$ à la minute pour les quatre. Si on admet un poids de $0^k,156$ par mètre[1], la machine travaillera 156 grammes de coton par minute, ou $9^k,360$ l'heure, représentant un résultat théorique de $112^k,320$ en douze heures effectives.

Chaque groupe de cylindres alimentaires est précédé d'un système de rouleaux développeurs *a'* de la nappe, pour faciliter son déroulement et sa livraison aux cylindres. Une auge courbe *g* en fer-blanc, placée sous chaque système d'alimentation, reçoit la poussière et les corps étrangers détachés par des lames *l*, superposées aux garnitures du grand tambour.

HH, cylindres délivreurs complétement garnis de rubans de cardes, dont l'inclinaison a la même direction que celle des dents des rubans du tambour T. Ces cylindres H ont un diamètre de $0^m,320$ chacun, et font 4 tours 1/2 par minute.

h, troisième dépouilleur plus petit, placé à la suite des deux précédents.

B, toile sans fin, servant à recueillir une certaine partie des filaments du grand tambour, pour les livrer aux organes cardeurs placés à la suite.

n et *l*, cylindres cardeurs, dont il vient d'être question.

---

[1] Ce poids correspond à la moyenne d'un ruban simple sans doublage préparé pour passer à l'épurateur.

y et y', cylindres déboureurs des organes n et t.

$p, p, p, p,$ peignes délivreurs, à mouvement alternatif de va-et-vient pour détacher les filaments des cylindres cardeurs.

K, rouleau en bois qui reçoit les nappes cardées détachées par les peignes, et qui se réunissent entre les délivreurs x, x', x'', par des dispositions qui n'ont rien de particulier.

Le mécanisme pour former la nappe uniforme autour du rouleau K, par l'action des cylindres F, ayant été décrit pour les batteurs, nous n'avons pas à y revenir.

Nous ferons seulement remarquer, dès à présent, que cette machine présente de l'analogie, dans sa forme générale et certaines de ses parties, avec les cardes décrites plus loin, chap. xxii. Elle en diffère néanmoins : 1° par l'absence de chapeaux, l'un des caractères des cardes ; 2° par la combinaison d'une garniture spéciale, formée alternativement par des cardes et des espèces de brosses métalliques signalées précédemment ; 3° par une inclinaison spéciale des dents de cardes, pour favoriser l'action ; 4° par la multiplicité des alimentations, le fractionnement de la masse, qui permet de faire rendre la quantité considérable de travail indiquée ci-dessus, sans nuire à la qualité de la matière préparée.

Les autres détails de cette machine se retrouvant dans les cardes décrites plus loin, nous n'avons pas à y insister.

§ 13. — Batteur Leyherr.

L'appareil auquel M. Leyherr donne le nom de *batteur cardeur* a également pour but de nettoyer et ouvrir le coton de manière à lui faire éprouver le moins de fatigue possible. Chargé par la Société d'encouragement pour l'industrie nationale de lui rendre compte de la valeur de cette invention, nous l'avons fait dans les termes suivants :

« Les machines à chocs dont on se sert pour nettoyer et éplucher toutes les espèces de cotons, sauf les longue-soie, sont critiquées avec raison, quoique généralement en usage. Comment l'action des frappeurs, qui fait vibrer toutes les parties de la machine et ébranle les ateliers où elle agit, ne détériorerait-elle pas *plus ou moins les fibres déliées qui y sont directement* exposées?

« M. Leyherr s'est proposé de modifier ces premières préparations du coton au moyen d'une machine de son invention, qu'il soumet à votre appréciation.

« Il substitue l'action délicate d'une espèce de démêlage au travail brutal des frappeurs. Ce démêlage ou ébauche de peignage s'obtient par une quantité considérable d'aiguilles (50,000 environ) qui rayonnent autour d'un cylindre fermé de toute part et animé d'une rotation de 1,000 à 1,100 révolutions à la minute. Comme ces nombreuses pointes seraient bientôt détériorées par l'emploi d'un appareil alimentaire ordinaire, l'inventeur a également modifié cet organe. Au lieu d'une paire de cylindres cannelés lamineurs, il n'emploie qu'un seul rouleau tournant dans une auge pour faire glisser les filaments amenés par une toile sans fin et les offrir à la prise des dents ou aiguilles. La distance entre les extrémités de celles-ci et l'appareil alimentaire peut varier, afin de pouvoir être réglée sur la longueur des brins. Les aiguilles, dans leur rotation, divisent la masse duveteuse, se la répartissent, l'enlèvent ainsi isolée, l'agitent et facilitent le départ des corps étrangers, des nœuds, des boutons, etc., que leur plus grande densité entraîne et fait tomber dans une cavité ou caisse correspondant à une ouverture pratiquée à la suite de l'appareil alimentaire. Le coton, ainsi dispersé sur les aiguilles doit, à chaque révolution, être recueilli, condensé et transformé en nappe ; *cette seconde partie* de l'opération a lieu dans la machine Leyherr identiquement comme dans les batteurs ordinaires. Une aspiration intérieure a lieu par un ventilateur agissant dans le sens de l'axe d'un cy-

lindre creux fermé de toute part par une toile métallique et placé
à la suite du cylindre à aiguilles. Ce courant appelle les fibres
sous le tambour métallique, qui les moule à son extérieur par
une rotation lente, pendant que la poussière se dégage au
moyen d'un tube ou canal spécial. Contrairement aux dispositions en usage dans ces sortes d'appareils, le courant d'air forcé
n'agit que sur le coton débarrassé en grande partie des substances étrangères, l'aspiration du ventilateur ne commençant
à exercer son influence sur le cylindre à aiguilles qu'au point
opposé à celui où la séparation des fibres et des substances
étrangères s'effectue. Cette ingénieuse division de l'aspiration
en deux temps n'existe pas en effet dans les batteurs ordinaires;
le courant d'air y exerce son action sur la masse de la matière
et l'entraîne plus ou moins mélangée d'impuretés.

« Les divers organes qui composent la machine de M. Leyheer,
examinés isolément, ne sont pas absolument nouveaux; même
le cylindre à aiguilles et son mode alimentaire particulier
avaient déjà été proposés, il y a une vingtaine d'années au
moins, par M. Bodmer, auquel la filature de coton doit bien
d'autres perfectionnements plus ou moins appliqués. Mais la
manière dont M. Leyherr a groupé et fait communiquer les
organes entre eux et dont il a séparé l'action de la force centrifuge de celle du courant d'air forcé constitue une nouveauté rationnelle dans une direction de ce travail qui laisse encore à
désirer. Ces explications nous paraissent suffisantes pour faire
comprendre les caractères et les tendances de la nouvelle machine, qui marche sans efforts brusques, sans grande consommation de force motrice, et donne des produits mieux et plus
économiquement préparés qu'aux batteurs; aussi est-elle déjà
en usage dans un certain nombre de filatures, quoique son origine remonte à deux ans à peine. »

Légende de la planche VIII, figures 1 et 2, représentant la machine dite batteur cardeur de M. Leyherr.

Fig. 1. Vue de profil de la machine.

Fig. 2. Section longitudinale.

A, cylindre portant les aiguilles.

B, toile sans fin amenant les filaments au cylindre A.

1 et 2. Rouleaux entre lesquels passent les filaments au sortir de la toile sans fin.

3. Cylindre *sous lequel* passent les filaments amenés dans une auge circulaire et qui livre la matière aux aiguilles.

C et D, cavités qui reçoivent les corps étrangers, nœuds, boutons, etc., séparés par l'action du cylindre à aiguilles.

E, toile sans fin sur laquelle arrivent les fibres au sortir du cardage; ils sont aspirés par un ventilateur agissant dans le sens de l'axe du tambour creux F.

F, tambour creux en toile métallique, qui lamine les fibres sur la toile et les rassemble en nappe.

Nous ne décrivons pas les autres organes de la machine, qui ne présentent rien de particulier et ressemblent à ceux des machines ordinaires à réunir ou à des batteurs déjà décrits.

§ 14. — Batteur Edward Lord, construit en France, par M. Sthelin.

Les modifications proposées par M. Lord, constructeur de machines dans le Yorkshire, ont pour but d'améliorer l'appareil alimentaire, de façon que les quantités de matières livrées aux frappeurs, ou tout autre organe, soient constantes dès leur premier passage aux machines. Dans l'état actuel des choses, la pesée de coton à la sortie du magasin est étalée à la main sur la toile sans fin. L'épaisseur de la couche ainsi formée peut varier, malgré tous les soins de l'ouvrier. Il en résultera évidemment des irrégularités dans la nappe, formée d'ordinaire à la sortie des premières machines à préparer. Ces irrégularités influent à leur tour sur les résultats des opérations suivantes. L'homogénéité dans les préparations, recherchée avec tant de raison, devient plus difficile à atteindre. Afin d'obtenir une masse alimentaire régulière dès le début, M. Lord a imaginé un mécanisme différentiel placé sur l'axe du cylindre alimentaire, qui imprime à celui-ci une accélération ou une diminution de vitesse lorsque la partie de la couche qui passe a un poids moindre ou supérieur au poids normal déterminé à l'avance. Il y a par conséquent une relation entre l'appareil alimentaire et sa commande. La description suivante fera comprendre cette ingénieuse disposition.

Les figures 1 et 2, pl. VI, donnent des coupes verticales d'une ouvreuse et d'un étaleur auxquels l'on a adapté le mécanisme régulateur d'alimentation. Les figures 3 et 4 sont des détails de ce mécanisme. Il suffit de rappeler en quelques mots l'ensemble des organes qui composent ces machines munies d'une alimentation spéciale. Le cylindre ouvreur O, fig. 1, reçoit le coton en couche plus ou moins mince livrée entre une paire de cylindres cannelés gg. Ceux-ci le prennent à la toile sans fin T, commandée d'une façon quelconque. La vitesse de ces cylindres gg variera conformément à l'indication précédente pour maintenir une alimentation à poids constant. A la suite du compartiment dans lequel se meut l'ouvreur O se trouve le canal N avec une grille l', semblable à celle l placée à la partie inférieure du cylindre O. Le coton ouvert est appelé entre les tambours en toile métallique ou tôle perforée MM', sous lesquels agit le ventilateur V, dont les fonctions, déjà décrites dans l'exposé des batteurs ordinaires, sont les mêmes ici. Enfin une paire de délivreurs nn' rendent les fibres en nappes sur une toile sans fin inclinée de sortie T.

La figure 2 montre un appareil alimentaire du même principe, et modifié dans sa disposition appliquée à un batteur-étaleur à compression et à un frappeur à trois règles, identique dans ses organes à celui déjà décrit et représenté fig. 3, pl. IV. Nous pouvons par conséquent nous borner à décrire l'appareil alimentaire nouveau.

La disposition de l'appareil alimentaire pouvant être modifiée, nous nous arrêterons à celle de la figure 2 pour exposer l'application du principe.

Les filaments amenés par la toile sans fin T passent sous un petit rouleau g pour se rendre sur le levier concave ou auge e et sous le cylindre cannelé alimentaire b. C'est par conséquent la distance entre ces deux organes b et c et la vitesse du premier qui règlent la quantité de substance fournie. Elle variera d'une part avec l'intervalle entre ces deux éléments, et de l'autre avec la vitesse plus ou moins grande du cannelé. Il y a un cannelé unique sur toute la largeur de la machine. Mais l'auge c est formée d'une série de barres concaves juxtaposées c et enfilées toutes dans l'arbre d. La vue de face de l'appareil alimentaire (fig. 4) indique clairement cet agencement des barres concaves c sur l'arbre d. Chacune de ces barres c est assemblée à un levier recourbé c' qui forme une espèce de queue chargée par un poids ou réglée en équilibre de toute autre façon. La figure 3 donne la disposition générale de cette partie dans une coupe verticale passant par l'appareil alimentaire ; f et h sont des cônes mus par la poulie f' recevant l'action du moteur et la transmettant à la courroie h' par l'entremise des cônes. La vitesse du cône h augmente ou diminue suivant la position de la courroie sur la circonférence. Cette variation de vitesse est transmise au cylindre alimentaire b par une vis sans fin g' placée sur l'arbre du cône h engrenant avec la roue différentielle b' portant sur sa joue la roue b^2 engrenant avec la roue b^1 (¹). La

(¹) Cette partie de la disposition étant identique au mouvement diffé-

variation de vitesse de l'arbre des cônes hh se transmettra par conséquent au cylindre alimentaire b. Il reste à expliquer les conditions de ce changement de vitesse, et par conséquent les causes des déplacements de la courroie h' sur les diamètres des différentes grandeurs des cônes.

Mécanisme régulateur de la vitesse du cylindre alimentaire. — Voir les détails, fig. 3 et 4. La courroie h', directrice intermédiaire du mouvement, est guidée par la fourchette i, assemblée au levier, articulé aux points j^i. L'extrémité ou la queue c' de l'auge c est terminée par une entaille, comme celle du levier d'une romaine. Chacune de ces prolongations c' reçoit une tige verticale ou un barreau l, dont l'extrémité, évasée en palette, forme un contre-poids. Entre ces barreaux ll' des tiges m sont suspendues à une traverse ou rail supérieur n. Ces tiges m, arrondies à leur extrémité inférieure m', sont maintenues dans leurs positions respectives entre les barreaux l par le rail n'. Le dernier barreau l, sur la gauche, fig. 4, est maintenu fixe à sa position au moyen d'une vis de pression m^2, passant à travers du cadre sur toute la largeur. Et la dernière m, de chaque côté de cette espèce de grille, reçoit une rainure dans laquelle est assemblé le galet o^2, o', faisant partie d'une traverse horizontale o', o^2 relié au levier coudé p, dont le bras horizontal supérieur porte la fourche i, embrassant la courroie h' du cône.

Fonctionnement de l'appareil. — La position de la courroie h' est celle correspondant à l'alimentation normale d'un poids constant pour chaque instant, lors même que certaines fractions c de l'auge seraient plus ou moins chargées, la courroie ne bougera pas si le poids de la couche sur toute la largeur reste invariable. Il y aura, dans ce cas, certains leviers c' abaissés, et d'autres élevés ; les parties déprimées et surélevées se compen-

rentiel des bancs à broches, nous nous bornons à l'indiquer ici, en renvoyant pour les explications de détails à la description de ces machines.

seront par conséquent. Mais, si le coton arrive en trop grande quantité, de façon à influencer l'alimentation et à augmenter le poids normal, le débit doit être instantanément réduit. Il l'est, en effet, par le ralentissement du mouvement du cylindre alimentaire b, par suite de la translation de la courroie h' sur un plus grand diamètre du cône commandeur h. Ce déplacement a lieu de la manière suivante : l'augmentation du poids du coton entre les cylindres b et les auges c a lieu par une surélévation d'épaisseur dans la couche qui fait élever le levier c' autour de l'articulation d. Ce mouvement, en soulevant les extrémités pesantes l', agit sur le barreau pour le faire incliner légèrement vers la droite, fig. 4 (l'inclinaison dans le sens opposé étant empêchée par le serrage de la vis m^2). L'action combinée des contre-poids l' et de la dernière tige m agit sur le galet o' et le levier coudé p fait monter ce levier, porteur de la fourche et de la courroie h' ; celle-ci vient, par conséquent, embrasser un diamètre plus grand du cône et ralentir le mouvement de proche en proche, et par conséquent celui du cylindre b. Lorsque, au contraire, le poids du coton devient trop faible dans l'appareil alimentaire, les leviers c', au lieu de s'élever, s'abaissent : ils agissent alors en sens opposé du précédent sur les barreaux ; ceux-ci, au lieu de s'incliner à droite, prennent la direction opposée vers la gauche. Le levier p, avec sa fourche et sa courroie, au lieu de se déplacer de haut en bas, marche dans le sens opposé et amène la courroie sur un diamètre plus petit, dans le but d'accélérer la rotation du rouleau alimentaire b.

Le même principe du mécanisme peut affecter diverses dispositions ; dans la figure 1, les transmissions sont indiquées par des lignes ponctuées et des chiffres, de 1 à 7. Le système opère simultanément sur l'appareil alimentaire et la nappe de sortie.

Au lieu de disposer l'auge de façon à donner aux leviers c'

une direction horizontale, on peut également disposer l'appareil de manière qu'ils agissent verticalement, l'action devient alors plus directe.

Nous n'avons pas vu fonctionner cet ingénieux appareil, qui commence à peine à être appliqué en France ; mais MM. Sthelin, constructeurs de ces machines, nous ont assuré que les premières applications ont parfaitement réussi, et qu'ils n'avaient traité de la patente anglaise qu'après s'être assurés de l'efficacité de ce mécanisme.

§ 15. — Appareil à préparer dit à triple effet, par Lewandowski.

M. Lewandowski, qui s'est occupé avec beaucoup de succès de machines à détordre les déchets de fils et de l'éfilochage des chiffons de soie, vient de faire breveter une machine de son invention pour préparer le coton en un seul passage et remplacer, par une seule opération, celle de l'ouvrage et des battages, de façon à conserver intégralement les propriétés des fibres. Si nous n'avions vu fonctionner le premier modèle de cette invention et pu apprécier les résultats d'essais plus qu'encourageants, nous n'eussions osé parler de ce nouveau progrès, de crainte d'être taxé d'exagération. Afin que nos lecteurs puissent se faire eux-mêmes une idée exacte de la valeur du principe sur lequel repose la nouvelle machine, nous donnons, pl. IX, une coupe verticale dans une direction longitudinale du nouveau système, cette figure suffisant pour en faire apprécier l'originalité. Le bâti A, en bois ou en fonte, reçoit une espèce de coffre ou conduit contourné B en tôle de fer, étamé à l'intérieur pour diminuer l'action électrique qui ordinairement tend à se développer par le frottement des fibres.

Un tablier en toile sans fin est tendu à ses extrémités par

deux rouleaux qui lui impriment un mouvement continu horizontal et rectiligne dans la direction de l'alimentation, comme pour toutes les machines de ce genre. Ce tablier reçoit le coton brut et le conduit aux quatre cylindres alimentaires, qui le délivrent à leur tour à l'action d'un cylindre travailleur T, doué d'une vitesse de 500 révolutions par minute, et armé à sa surface d'un grand nombre de pointes inclinées formant avec la tangente un angle de 65° environ.

A la suite de ce tambour T, est disposé un ventilateur-brosse V, dont les quatre ailes sont terminées par des brosses qui viennent friser les pointes dudit cylindre.

La vitesse du ventilateur V est supérieure à celle du cylindre T, afin de nettoyer continuellement ce dernier, et de projeter les brins de coton qu'il entraîne sur une toile sans fin à baguettes C'; là, le coton se dépose sous forme de nappe pressée par le rouleau de pression (ou conducteur L), puis se trouve dirigé par le tablier dans la direction horizontale, sur la deuxième série de rouleaux alimentaires $n'n'$, qui le délivrent de nouveau à l'action d'un peigneur batteur et ventilateur P, principal organe de l'appareil, destiné au rôle le plus efficace ; il se compose de quatre ailes, dont les deux diamétrales aa' sont terminées par une série de petites pointes ou peignes droits destinés à démêler la matière, tandis que les deux autres dd' se terminent en forme de tampons destinés à battre la matière après sa désagrégation obtenue par les peignes. Le coton est alternativement démêlé et redressé, les palettes remplissant chacune les fonctions alternatives d'ouvreur et de batteur. La grande vitesse, soit 1,000 tours à la minute, de ce ventilateur projette ensuite les fibres déjà préparées et désagrégées, dans la direction courbe du conduit B, jusqu'à l'extrémité où le coton vient se masser autour d'un cylindre en toile métallique R appelé par un ventilateur auxiliaire S, disposé au milieu du conduit B. A partir du tambour R, l'appareil a la disposition ordinaire des organes délivreurs des batteurs à nappe comprimée pour faire le rouleau condensé Q, mis en place et enlevé au moyen d'un mécanisme à bascule déjà décrit pour les batteurs en usage (nous ne l'avons pas fait figurer sur le dessin de la planche).

Fonctionnement.

Le coton brut, conduit par le premier tablier, est livré par les alimentaires à l'action du cylindre travailleur T, qui le désagrége et commence à extraire les corps étrangers, ainsi que la graine qui y est restée, comme cela n'arrive que trop souvent pour le coton de l'Inde.

Pendant la rotation du ventilateur-brosse V, les plus grosses impuretés sont projetées sur le tablier C', duquel elles tombent à travers les baguettes dans le compartiment n° 1. La séparation de ces corps étrangers est facilitée par des ventilateurs d'appel N et des espèces de taquets secoueurs qq qui, suivant un mouvement de va-et-vient très-rapide, frappent alternativement les baguettes du tablier C'. Le coton continue à se diriger en nappe au deuxième alimentaire nn', qui le livre à l'organe principal P, où il est de nouveau soumis à une espèce de désagrégation plus complète et à un nouvel effet de démêlage et de ventilation. Les impuretés sont extraites par les palettes à peigne, et précipitées dans le deuxième compartiment n° 2, à travers la grille métallique O ; les fibres sont appelées au contraire dans la direction du canal courbe jusqu'à son extrémité, où elles viennent se masser brin à brin autour du cylindre à toile métallique R, pour se transformer en un rouleau Q.

Dans tout le trajet parcouru, les impuretés et les corps étrangers restent en arrière et se déposent à travers des grilles de plus en plus réduites OO¹O² dans les compartiments du canal au-dessus des n⁰ˢ 1, 2, 3 et 4, suivant leur densité et leur volume.

Si nous pouvions nous prononcer sur les résultats de quelques essais, nous dirions que nous avons vu préparer des cotons de l'Inde admirablement conservés et plus complétement épurés en un seul passage que ne le sont ces mêmes cotons par les trois et quatre passages qu'on leur fait subir aux batteurs ordinaires. Le modèle en question faisait peu, il est vrai, mais celui dont nous donnons le dessin à l'échelle, pl. IX, a ses organes et ses vitesses calculés pour produire sensiblement davantage.

Quel que soit l'avenir réservé à cette invention, nous ne craignons pas de dire qu'elle paraît en tous points digne d'essais sérieux et persistants. Les expérimentations indiqueront peut-être la nécessité de quelques perfectionnements nouveaux à apporter à la machine. Peut-être préférera-t-on, par exemple, un canal droit au tuyau courbe adopté pour économiser l'espace. Ce qui caractérise pour nous cet appareil, c'est l'intervention énergique de la ventilation, non plus seulement comme agent mécanique pour séparer les filaments des corps étrangers, mais encore comme *trieur* des fibres. Celles-ci, projetées par l'impulsion du ventilateur P, sont lancées à une distance d'autant plus grande dans le canal fermé de toutes parts, qu'elles sont moins denses et par conséquent plus fines. Il s'ensuit qu'elles sont d'autant plus grosses, qu'elles sont plus rapprochées du ventilateur. Cette espèce de triage permettra, si la pratique en montre l'avantage, de faire plusieurs nappes venant de divers points du canal B, et qui chacune seront composées de fibres de qualités différentes. Il suffit de citer ce résultat pour en faire apprécier la valeur.

CHAPITRE XXII.

PRÉPARATIONS DU PREMIER DEGRÉ, DEUXIÈME PÉRIODE, DES FILAMENTS COURTS.

§ 1. — Cardage. — Considérations générales.

Les fibres provenant des opérations pratiquées jusqu'ici restent plus ou moins vrillées et présentent pour la plupart des inégalités, des boutons ou des nœuds sur leur longueur; leur disposition est irrégulière, elles retiennent encore une notable quantité d'impuretés et laissent à désirer sous le rapport de l'homogénéité de la masse, quelle que soit d'ailleurs l'excellence des moyens dont on s'est servi et les soins apportés aux préparations précédentes.

Développer les fibres, les redresser complétement, faire disparaître les inégalités, les nœuds, les boutons, etc., les ranger parallèlement entre elles, les échelonner par une première action de glissement, les nettoyer, les épurer complétement, enfin les condenser, pour continuer à les transformer en un ruban homogène continu, tel est le but du cardage. Pour que le résultat soit convenable, il faut : opérer avec la plus grande régularité, d'une manière identique et uniforme, atteindre tous les filaments dans les mêmes conditions, sans amoindrir en aucune façon ni leur ténacité ni leur élasticité. Les moyens employés pour atteindre ce résultat consistent, en principe, à faire passer la nappe préparée entre deux surfaces hérissées de pointes plus ou moins fines, d'une égale hauteur et également espacées entre elles. Ces aiguilles font un certain angle avec la verticale qui passerait par le point où elles sont implantées dans la surface, afin de leur donner plus de résistance à l'action.

Soit A, fig. 2 et 3, pl. IX, une surface en bois sur laquelle se trouve clouée une bande de cuir ou de toile garnie d'aiguilles (de là le nom de *garniture* donnée à la bande), alimentée d'une couche de filaments *c* uniformément répartie entre les aiguilles *a;* soit B une seconde surface, entièrement semblable à la première, les aiguilles de l'une se présentent en face des intervalles laissés entre celles de l'autre, et leur inclinaison est en sens opposé (fig. 3); si l'une d'elles, la surface supérieure par exemple, se meut, elle agit comme un peigne en action, force une quantité plus ou moins considérable de filaments à cheminer entre les rangées d'aiguilles des deux garnitures. A peine le mouvement est-il commencé, que la substance se partage entre le double jeu de pointes où elle est progressivement désagrégée, épurée et ses fibres redressées, d'une façon d'autant plus complète, que les aiguilles sont plus fines, plus rapprochées et animées de la vitesse la mieux appropriée aux caractères de la matière sur laquelle elles agissent. Au commencement du cardage, les fibres ne sont pas régulières, elles présentent, au contraire, des directions en tous sens; les unes sont libres entre les aiguilles, les autres y sont fixées par des croisements simples ou des boucles; ce n'est qu'après une série de courses, ou mouvements réitérés de la surface cardante, qu'il est possible de les amener toutes à un certain parallélisme entre elles, après avoir subi un redressement plus ou moins complet, dans leurs entraînements et déplacements successifs. Les contacts multipliés, les vibrations fréquentes et les frottements continuels éprouvés par les filaments, de l'entrée à la sortie de la machine, leur font subir, en outre, une action analogue à celles du van et de la fourbissure combinées, pour les redresser et les séparer des corps étrangers qui y adhèrent mécaniquement.

La nature de ces moyens et les caractères délicats du produit disent assez les soins et les ménagements à apporter dans la transformation, et la convenance de ne la faire subir à la substance qu'après un premier degré de préparation, moins susceptible dans les éléments mis en œuvre. Les aiguilles seraient, en effet, bientôt hors de service, et les nappes très-imparfaitement cardées si le coton, en leur arrivant, n'était pas déjà ouvert et sensiblement débarrassé des principales impuretés qu'il contient toujours à l'état brut, et tel qu'il est livré aux ateliers.

La direction relative des aiguilles des deux surfaces est loin d'être indifférente pour l'action à produire. Afin d'atteindre les résultats voulus, il est indispensable que les pointes des aiguilles des deux surfaces agissent en sens opposé; ces directions inverses facilitent les échanges, les déplacements et le tirage des fibres de la masse. Leur transport dans un même sens les fait, au contraire, cheminer en masse dans une direction unique, et de là un moyen simple pour enlever la matière cardée. La figure 2, pl. IX, indique une disposition susceptible de produire cet effet, la direction des aiguilles des deux surfaces et leur mouvement ayant le même sens, la couche ne rencontrant plus d'obstacle, sort progressivement sous la forme d'une nappe parallèlement à l'action.

Il est également important que les fibres de cette nappe soient aussi bien nettoyées que parfaitement dressées, attendu qu'il devient désormais difficile de remédier à une épuration imparfaite dans les préparations suivantes. Il faut donc que, dès cette opération du cardage, les filaments soient complétement nettoyés, égalisés, redressés, rangés et enlevés en masse homogène, sans cependant être fatigués ni altérés en aucune façon par l'action réitérée des pointes métalliques aiguës. La réalisation de l'ensemble de ces conditions rend le problème du cardage l'un des plus difficiles de la filature. Le mode d'exécution des surfaces cardantes, la finesse des aiguilles, leur rapprochement, leur nombre par unité de surface, leur qualité, la manière de les fixer, leur disposition réciproque, leurs vitesses relatives, la forme la plus convenable de chacun des organes pour atteindre sûrement et économiquement le but, sont autant de points à considérer. Pendant longtemps on se préoccupa principalement de la disposition la plus convenable de l'outil, pour l'amener de l'état manuel à l'état automatique, et de la substitution d'une nappe continue et indéfinie au fractionnement du produit. C'est ainsi que le cardage à la main, encore usité par les matelassières, s'est exercé à la *carde à bloc*, ou *stock carde*, qui diffère des premières par des surfaces au moins doubles et par l'immobilité de la carde inférieure, fixée sur un bloc ou point d'appui, pour laisser la possibilité à l'ouvrier de manœuvrer des deux mains l'outil supérieur mobile. Malgré l'augmentation de surface et la facilité de la manœuvre, ce système devint bientôt insuffisant. On eut alors l'idée de faire des cylindres ou tambours en bois, garnis d'aiguilles, et tournant sur un axe horizontal sous une couverture concave, également garnie de dents ; celles du tambour et de la couverture, placées dans des directions opposées, se touchent presque par leurs pointes. Le coton était distribué à la main sur le premier, et transmis par lui aux dents de la couverture des chapeaux ; l'échange des filaments a lieu dans ce cas avec une efficacité d'autant plus grande, que la force centrifuge développée par le cylindre tournant aide sensiblement au nettoyage. Le double avantage de l'économie de la place et de la facilité de l'épuration obtenu par la substitution du cylindre cardeur à la surface plane se démontre spontanément. L'enlevage de la matière travaillée se faisait dans les premiers temps à la main au moyen d'une carde, avec laquelle on dépouillait le cylindre. On eut bientôt l'idée de la détacher par un hérisson suivi d'une paire de cylindres. A qui appartient cette idée féconde? on ne le sait. L'on est plus heureux pour l'appareil élémentaire dit *toile sans fin*, les Anglais le font remonter à 1772 et l'attribuent à John Lees. Le peigne détacheur de la nappe est attribué à Hargrave, et date de la même année. Ce mécanisme est venu heureusement se substituer au cylindre dépouilleur, qui devenait impossible, à cause de son action sur les garnitures et de l'intermittence du travail résultant de son application. La carde ainsi composée, avec les appareils alimentaire et dépouilleur, donnait des petits rouleaux de coton; le tambour étant garni de plaques espacées, la nappe se trouvait divisée entre chaque plaque, roulée et détachée par le peigne sous la forme de petits cylindres de coton de $0^m,025$ de diamètre sur $0^m,50$ de longueur, désignés sous le nom de *loquettes*. On obtient un boudin sans fin continu en substituant des rubans continus de cardes cloués circulairement et juxtaposés au tambour aux plaques espacées et fixées suivant des génératrices. A l'époque où l'on commença à appliquer ce moyen, il était d'autant plus important de bien carder, que le boudin passait directement de la carde au métier à filer.

Dès la fin du siècle dernier, la carde possédait donc l'appareil alimentaire à toile sans fin, les cylindres cannelés, le grand tambour, les chapeaux, le petit tambour, le peigne détacheur et les rouleaux délivreurs[1]. Les progrès apportés depuis lors aux machines à carder ont eu principalement en vue des modifications de détails, des améliorations dans la construction, une étude plus complète du réglage des diverses parties et des moyens d'entretien de la machine. Les perfectionnements

---

[1] Voir, à cet égard, un programme de prix proposé par le ministre de l'intérieur Chaptal, le 22 messidor an IX; on y trouve le dessin d'une machine à carder construite par Richard Varlet.

de ces divers points, secondaires en apparence, ont néanmoins une très-grande importance.

Quels que soient d'ailleurs les progrès réalisés, une carde se compose toujours de cylindres tournant seulement, ou de cylindres et de chapeaux fixes, garnis de rubans de cardes à aiguilles ajustées sur la circonférence des cylindres et sur la surface concave des chapeaux. La figure 4, pl. IX, représente une coupe verticale des organes fondamentaux d'une carde de ce genre débarrassée de l'appareil alimentaire et dépouilleur. L'organe cardeur principal est un grand tambour T, dont la direction du mouvement et des dents d est indiquée par une flèche.

Autour de ce tambour sont groupés, d'abord les cylindres hérissons A, B, C, c'est-à-dire garnis d'aiguilles de cardes, dont la direction des flèches indique celle des mouvements. A la suite de ces hérissons se trouve un certain nombre de chapeaux H, dont le sens des dents est opposé à celui des dents du cylindre T, enfin le dernier cylindre D est placé un peu plus loin, à peu près vers le milieu de la circonférence de l'organe T. Supposons les dents du hérisson A garnies de filaments, tous les cylindres doués d'un mouvement de rotation autour de leurs axes respectifs, et placés à des distances convenables, il en résultera, par suite des directions relatives des dents, que celles du grand tambour T dépouilleront celles des hérissons A. Une fois garni de ces fibres, le cylindre T les offre au cylindre C, qui les lui enlève en les étirant plus ou moins, si leur vitesse est convenablement établie. Celui-ci en sera dépouillé à son tour par le même motif, et les restituera au grand tambour T. La continuité du mouvement et la force centrifuge développée du grand tambour projettent les filaments dans les aiguilles des quatre organes et en reprennent à ceux-ci une portion qui s'y est engagée dès que l'action a commencé. L'effet se continue jusqu'au petit tambour D, dont les dents se garnissent de fibres à leur tour. La forme parfois plus droite et plus longue des aiguilles de ce dernier et surtout la rapidité de son mouvement facilitent le détachement de la matière cardée placée entre leurs extrémités; la nappe sera ainsi plus ou moins bien cardée, en raison de l'état de toutes les parties de la machine et du règlement des divers organes, c'est-à-dire suivant que les surfaces cardantes seront combinées de manière à réaliser toutes les conditions qui leur sont imposées.

Une lacune dans l'une de ces conditions laissera infailliblement des traces dans la masse des fibres. La garniture surtout, c'est-à-dire le revêtement des organes par les rubans cardeurs, doit être constamment en parfait état. Il est à peine nécessaire d'insister également sur la nécessité d'équilibrer avec soin les cylindres de rotation, afin que tous les points de leurs masses tournent mathématiquement ronds. Les distances entre les divers organes devant être aussi rapprochées que possible, un défaut d'équilibre les expose à des contacts qui déforment ou abîment les dents. Cette condition exige à son tour un parallélisme parfait entre les génératrices correspondantes des cylindres sur toute leur longueur, c'est-à-dire entre leurs tourillons, sur la largeur de la carde. Plus les garnitures, en général, seront rapprochées, et plus le travail sera facilité. Il est bon en outre de donner aux chapeaux une légère inclinaison dans la direction de la marche des fibres, de manière que le lieu de leur sortie de chaque chapeau représente l'ouverture la plus étroite d'une espèce de trémie. La condensation ou formation progressive de la nappe, et le redressage ou espèce de peignage des filaments, par un glissement convenable, dépend surtout du moulage entre ces espèces d'entonnoirs formés par la disposition inclinée des chapeaux et des vitesses relatives imprimées aux corps tournants. Cette dernière doit se reproduire dans une certaine limite : exagérée, l'action deviendrait trop énergique sans nécessité, et la force de projection pourrait occasionner un déchet préjudiciable et de l'irrégularité dans la marche de l'opération; insuffisante, le nettoyage serait imparfait et la projection des fibres incomplète. La rotation du grand tambour doit servir de point de départ; une fois celle-ci réglée, d'après les considérations qui viennent d'être exposées et les données de l'expérience, celles des autres organes se détermineront d'après le degré d'étirage à faire subir aux filaments; si les vitesses angulaires entre le grand et les petits cylindres sont les mêmes, il ne se produira qu'un échange de fibres entre ces organes, une espèce de démêlage tout au plus; si la vitesse angulaire du principal organe cardeur est moindre que celle des cylindres A, B, C, ceux-ci ne seront qu'imparfaitement dépouillés, les dents se bourreront bientôt, et le cardage sera en quelque sorte impossible. Si, au contraire, la vitesse du grand tambour est sensiblement supérieure à celle des organes avec lesquels il est en rapport, et c'est toujours ce qui arrive, le travail se fera progressivement et dans les meilleures conditions. L'organe principal se garnit à chacune de ses rotations d'une couche mince qui sera attaquée, et alternativement restituée, enlevée d'abord par les organes tournants B, C, et ensuite par les chapeaux. Il en résultera un nettoyage préalable de la masse fractionnée entre les cylindres tournants, et une prise et reprise des fibres isolées depuis l'entrée jusqu'à la sortie de la carde. Les différences de vitesse déterminent l'échelonnement de ces fibres et réalisent ainsi l'effet final de la carde à main. Lorsque les cylindres hérissons n'existent pas, ce qui se présente assez fréquemment, le nombre des chapeaux doit être plus grand, et leur garniture variable de finesse; c'est-à-dire que les réductions des aiguilles vont en augmentant du premier au dernier, afin de faciliter l'extraction des corps étrangers, et de ne pas abîmer les dents, ce qui arriverait si les garnitures des premiers étaient trop fines. L'absence de ces hérissons auxiliaires nécessite également une préparation plus soignée de la matière avant de la soumettre à la carde.

Quand le coton est cardé deux fois de suite, le premier passage a le plus généralement lieu sur des cardes à hérissons cylindriques, sans additions de chapeaux. Ce système permet de bien nettoyer la matière, mais il ne range pas parfaitement les fibres de la masse. La combinaison de la carde mixte, exposée plus loin, satisfait mieux aux deux exigences.

§ 2. — Machines à carder.

La carde est peut-être, de toutes les machines de la filature, la plus étudiée, sinon la plus efficace. Sa forme générale, les matériaux dont elle se compose, ses organes principaux, leur groupement, leurs vitesses relatives, l'exécution et l'application des garnitures, le mode d'entretien, etc., sont constamment l'objet de modifications plus ou moins perfectionnées. Vouloir examiner toutes les espèces serait un travail aussi fastidieux qu'inutile, car elles peuvent se résumer en un petit nombre de dispositions fondamentales, ayant chacune des raisons d'être et des cas spéciaux où elles s'emploient avantageusement. Les principaux systèmes ou genres de cardes sont : 1° la carde à chapeaux fixes, la plus anciennement en usage pour le coton; 2° la carde à hérissons, où les cylindres de rotation garnis de rubans de carde tiennent les places des chapeaux fixes; 3° la carde mixte à chapeaux et à hérissons; 4° la carde à rubans multiples; 5° la carde à chapeaux cylindriques d'un mouvement à peine sensible; 6° les cardes avec addition d'un mécanisme débourreur.

Nous n'établissons pas de distinction entre les cardes simples et doubles, qui ne diffèrent entre elles que parce qu'elles n'ont pas la même largeur, ni entre les cardes en gros et en fin, qui ne se distinguent l'une de l'autre que par la finesse des garnitures et la vitesse des organes en mouvement.

§ 3. — Carde mixte, pl. XI.

Les figures de la planche XI représentent une carde mixte, à hérissons tournants et à chapeaux fixes ; c'est l'un des systèmes les plus employés et les plus efficaces ; il peut à lui seul servir à faire comprendre les trois premières variétés : la carde à chapeaux fixes, celle à hérissons et enfin celle formée par la combinaison des deux éléments, dont elle a reçu le nom.

La figure 1 de la planche donne une coupe verticale et la figure 2 un plan horizontal vu par-dessus. Si on suppose à la place des cylindres cardeurs FG une continuation de chapeaux fixes, on aura une carde dite *à chapeaux ;* si, au contraire, l'on substitue à ces derniers une nouvelle série de cylindres FG à garnitures d'aiguilles sur la demi-circonférence supérieure, on la transformera en une carde à hérissons. L'exposé suivant leur est par conséquent applicable, dans certaines limites, à toutes trois.

Les parties à distinguer dans cette carde sont : 1° l'appareil alimentaire ; 2° le grand tambour ; 3° un cylindre briseur placé entre les deux organes précédents et leur servant d'intermédiaire ; 4° un certain nombre de paires de cylindres, un grand et un petit ; 5° une série de chapeaux fixes ; 6° un cylindre peigneur ; 7° un peigne délivreur ; 8° les rouleaux d'appel avec leur entonnoir-guide ; 9° un pot tournant lentement pour recevoir le ruban cardé ; 10° des cylindres débourreurs XX.

Description générale.

L'appareil d'alimentation qui reçoit la nappe d'un rouleau E formé à la machine précédente, est composé soit de cylindres cannelés, soit comme ici d'un hérisson D tournant dans une auge courbe; il développe la nappe du rouleau E, la dirige sous le cylindre H, dit *briseur*, garni de dents de cardes. Son nom lui vient d'un travail préparatoire de nettoyage de la masse qui se rend au grand tambour A. Celui-ci, en tournant, présente la couche de filaments dont il est garni au cylindre cardeur G, désigné sous le nom de *travailleur*. Il en est dépouillé par le petit hérisson F dit *dépouilleur, nettoyeur, coureur*, ou *hérisson*, dont les filaments retournent au grand tambour, mais à un point différent de celui d'où il a été enlevé, puisque le grand cylindre est animé d'un mouvement circulaire continu. Les fibres, ainsi enlevées et restituées par le premier jeu de cylindres, sont de nouveau travaillées de la même manière par la seconde paire de hérissons. L'échange de la substance entre ces divers organes s'effectue en vertu de la direction relative des dents et des mouvements, conformément aux principes exposés précédemment. Remarquons en outre que ce cardage, sous l'influence de la force centrifuge développée par la rotation des organes tournants, facilite singulièrement l'entier nettoyage des filaments, mais il laisse à désirer sous le rapport de leur rangement et de leur parallélisme, attendu qu'ils sont en quelque sorte agités dans tous les sens; c'est pour arriver plus sûrement au second but (au parallélisme) qu'on a disposé les chapeaux fixes à la suite des hérissons. Ces chapeaux sont parfois garnis de dents de plus en plus fines et de plus en plus serrées, à partir du premier jusqu'au dernier; cependant, en adoptant quatre paires de cylindres tournant, au lieu de deux, la matière peut être assez épurée pour que les garnitures des chapeaux soient toutes du même numéro. La direction des dents des chapeaux en sens opposé à celle des dents du gros tambour n'est pas indiquée, le vide laissé entre le tambour et les douves marque leur place. Lorsque l'organe A travaille, il arrive donc aux chapeaux constamment garni de fibres qui ont reçu un commencement de cardage par les hérissons antérieurs. La force centrifuge chasse ses filaments vers les chapeaux dont les dents en retiennent une partie, l'autre est reprise par les points suivants du tambour, dont le passage continu opère un échange continuel du premier au dernier chapeau. La couche de fibres, ainsi sillonnée par des aiguilles d'une direction mathématiquement régulière, est actionnée sur des points de plus en plus rapprochés. Les fibres qui la composent sont, à la sortie du dernier chapeau, plus ou moins droites et d'un parallélisme déjà remarquable. Le cylindre peigneur B s'approprie alors cette nappe ; il l'enlève sur une garniture dont les aiguilles sont plus longues et plus droites que celles des autres organes, afin qu'elle s'engage plus facilement à l'extrémité libre des dents, d'où elle est détachée par le peigne oscillant e, à lame de scie sous forme d'un ruban dans un entonnoir qui la livre aux cannelés délivreurs à mouvement uniforme kk, pendant qu'un reste de poussière, que le coton pourrait contenir encore, est secoué par l'action de ce peigne, auquel la poulie r transmet le mouvement de va-et-vient par une petite manivelle et une bielle. Enfin à la sortie des rouleaux délivreurs kk, le ruban est dirigé dans un pot o et s'y range symétriquement, grâce à un léger mouvement de rotation [1].

La couche, presque translucide, considérablement amincie et allongée, telle qu'elle sort de la carde, est surtout la conséquence des glissements obtenus par la différence des vitesses relatives des divers organes de la machine. La nappe détachée par le peigne, transformée en ruban x par l'entonnoir R, se dirige sur un couvercle, passe dans un cannelé-guide y, et arrive dans le pot tournant o après avoir traversé un canal incliné z. Vue sur une plus grande échelle : figure 4. Ce canal est

---

[1] Les deux petits cylindres XX placés à la partie de la circonférence inférieure du briseur H sont destinés à le débourrer, nous y reviendrons en parlant des mécanismes débourreurs.

pratiqué excentriquement dans un couvercle concentrique au récipient O. Les deux parties, pot et couvercle, reçoivent, chacun séparément, un mouvement de rotation autour de leur circonférence respective. Il s'ensuit que le ruban est distribué excentriquement dans le cylindre, suivant des courbes à rayons variables dont la figure 3 donne une section horizontale.

Cette disposition du ruban rend son développement, aux opérations ultérieures, aussi facile que possible, sans occasionner de déchets sensibles. Les figures 4, 5 et 6 sont des détails de la transmission de mouvement de ce pot. La figure 4 est une coupe verticale de la partie supérieure du couvercle donnant la direction inclinée du canal z. Le couvercle dans lequel ce canal est pratiqué reçoit son mouvement de rotation par une roue d'engrenage droite d, d, clavetée sur l'arbre vertical V (fig. 4 et 5). Cet arbre donne également le mouvement à la partie inférieure du cylindre o par des transmissions droites, la circonférence à rebord D de la base extérieurement denté recevant son mouvement du pignon V′, actionné par quelques intermédiaires convenablement disposés pour arriver à la vitesse voulue du cylindre tournant et indiqué dans le tableau des règlements de la carde. La figure 6 donne une vue horizontale des transmissions.

Cet arbre vertical V, point de départ des diverses transmissions du pot et du ruban, est commandé lui-même par un pignon-cône a (fig. 1), placé sur l'arbre à une certaine hauteur, à peu près aux deux tiers à partir de sa base. Ce pignon a reçoit le mouvement d'une autre roue-cône mue par les commandes générales. L'on a indiqué l'ordre dans lequel les diverses transmissions sont en relation par des numéros, de 1 à 21; dans le plan, fig. 2, pl. XI, 1 et 2 présentant les poulies motrices fixes et folles, on pourra faire les transmissions par engrenages; quant aux roues à lanterne m, commandées par des chaînes sans fin, elles sont destinées à faire mouvoir les cylindres G.

Les dimensions et vitesses des organes de la carde, indiquées dans le tableau suivant, sans être absolues, serviront à expliquer l'étendue et les caractères de l'action de la carde.

§4. — Tableau des dimensions et des vitesses des organes de la carde, pl. XI.

ORGANES.	Diamètres.	Nombre de tours à la minute.	Vitesse à la circonférence.
	m.		m.
Rouleau alimentaire E..................	0,151	0.20	0.94
Cylindre alimentaire D.................	0,058	0,700	0,105
Cylindre briseur H....................	0,223	280,00	195,200
Grand tambour A.....................	1,200	120,00	453,160
Travailleurs ou grands hérissons G....	0,153	12,00	6,000
Dépouilleurs, coureurs ou petit hérisson F.	0,083	320,00	83,200
Tambour peigneur B..................	0,600	6,00	11,10
Peigne détacheur P...................	»	480,00	»
Rouleau d'appel K....................	0,032	90.00	9,00
Rouleau d'appel K....................	0,032	127.00	12,70
Pot tournant D.......................	0,255	2,20	»
Poulies motrices, 1 et 2	0,380	»	»
Largeur de la carde..................	1,000	»	»

Conséquences résultant des mouvements relatifs des divers organes de la carde.

Les chiffres du tableau donnent les rapports des différents mouvements des organes dont les fonctions ont été déterminées en principe (§ 1). Ils indiquent qu'une longueur de $0^m,105$ fournie chaque minute à la carde se trouve tout d'abord étendue sur une surface de $193^m,200$, divisée en 280 couches successives embrassant la circonférence du cylindre briseur. Il en résulte une désagrégation ou division proportionnelle de la substance en passant de l'appareil alimentaire à l'organe H. L'action se continue de celui-ci au grand tambour A, avec une augmentation dans le rapport de leurs vitesses relatives. La surface cardante développée par ce dernier étant de $453^m,160$ de la même

manière. Après cette désagrégation, les fibres en partie nettoyées et échelonnées, sont condensées de nouveau et ramenées à une surface de 6 mètres développés par le premier travailleur; cette couche reformée est désagrégée à son tour par le premier coureur F, qui prend la substance au travailleur G, pour la restituer au grand tambour avec une vitesse représentée par un développement de 83^m,200. Ces actions réciproques ont lieu identiquement, autant de fois qu'il y a de paires de travailleurs et de nettoyeurs. Ils ne sont qu'au nombre de deux dans la carde de la planche XI, mais on en adapte souvent quatre pour multiplier davantage encore l'action et arriver à une épuration plus complète.

L'organe principal, le tambour A, se présente aux chapeaux garni d'une couche de filaments assez nets au point de vue du nettoyage, mais laissant à désirer sous le rapport du rangement et du parallélisme, plus particulièrement réalisés par leur passage entre les aiguilles fixes des chapeaux, auxquelles le grand tambour les livre par l'action de sa force centrifuge, et les reprend par celle du contact de ses propres aiguilles avec les extrémités flottantes des filaments. L'organe principal arrive ainsi chargé de la substance préparée en présence du cylindre-peigneur ou détacheur B. La direction des aiguilles et du mouvement de celui-ci lui permet de s'approprier la couche cardée, avec une vitesse ralentie de 11 mètres environ, la couche sur sa périphérie se trouve par conséquent formée sous une épaisseur suffisante pour être détachée d'une façon continue. Le peigne à mouvement circulaire de va-et-vient produit ce détachement de la manière la plus complète, grâce à la rapidité de son action. La nappe qu'il extrait vient se condenser dans un entonnoir, elle est dirigée sous forme de ruban entre les rouleaux d'appel, en fournissant une longueur de 12^m,70. Ainsi donc, la longueur de 105 millimètres, après avoir été échelonnée successivement jusqu'à fournir un développement de 453^m,16, a été ramenée à une longueur finale de 12ᵐ,70 représentant encore un étirage de cent vingt fois la longueur initiale.

§ 5. — Considérations sur l'alimentation de la carde.

Pour des vitesses déterminées de la machine, la désagrégation sera d'autant plus complète, que la quantité passée dans l'unité de temps sera moindre ; et, pour un poids constant, l'action sera proportionnelle aux vitesses des cylindres cardeurs. Celles-ci devant être comprises dans une certaine limite conformément aux principes énoncés (§ 1), l'on peut admettre que le degré de perfection obtenu est, toutes choses égales d'ailleurs, proportionnel à la vitesse des organes et en raison inverse de la quantité de substance fournie dans l'unité de temps. Il est important de ne pas perdre cette considération de vue, afin de ne pas outrer les charges sur la toile sans fin, dans le but d'obtenir un rendement plus fort au détriment de la qualité du travail.

L'on peut souvent appliquer aux machines l'adage si connu, que l'on ne vit pas de ce que l'on mange, mais de ce que l'on digère. Il ne suffit pas en effet de les bourrer le plus possible pour en obtenir un bon résultat. L'alimentation de la carde doit d'ailleurs varier en raison des caractères des substances et de leur degré de préparation préalable. Naguère encore, lorsqu'on opérait exclusivement d'après des errements que nous pourrions appeler ceux de l'*école française*, l'alimentation était bien moindre de ce qu'elle est devenue depuis les progrès de ces dernières années et les nécessités récentes d'augmenter les productions. On appliquait alors les règles suivantes :

Pour des fils du n° 20 à 50 obtenus avec des cotons du Levant, de Souboujac, de Macédoine, etc., le poids de coton pour 1 mètre courant de toile sans fin était...   175 grammes.

Pour du n° 30 à 50 en coton Louisiane, Géorgie,
courte-soie Caroline.. 156 grammes.
Pour du n° 50 à 70 en coton Louisiane, Géorgie, courte-
soie Caroline et Castellamare..................... 132 —
Pour du n° 50 à 90, Fernambouc, Baïa, Bourbon,
Martinique... 95 —
Pour du n° 70 à 90, Jumel, Géorgie, longue-soie..... 80 —

C'est-à-dire que le poids et la production sont en raison inverse de la longueur des fibres et des finesses des fils à produire. Il est d'ailleurs bon de faire remarquer, en passant, que le peignage tend à se substituer de plus en plus au cardage, surtout à partir des préparations destinées à des fils au delà du numéro 70.

On peut néanmoins opérer sur une alimentation constante, en modifiant les rapports des vitesses entre les divers organes, entre les alimentaires, le grand et le petit tambour. Ainsi, au lieu de faire varier les poids sur la toile sans fin conformément aux indications qui précèdent, on alimente alors toujours avec la même quantité, et l'on fait varier les vitesses dans les rapports suivants :

1er cas, vitesse de l'alimentaire 1, du gros tambour 121, du petit 5.
2e   id.   1,   id.   99,   id. 4,5.
3e   id.   1,   id.   81,   id. 4,25.
4e et 5e id.   1,   id.   68,67 id. 3,75.

Ces modifications s'obtiennent par le changement du pignon placé sur l'axe du grand tambour, dont le nombre de dents sera successivement de 18, 20, 22 et 24.

Avec les quantités d'alimentation et les vitesses qui viennent d'être indiquées, la production est faible, le matériel considérable et le prix de revient du travail trop élevé. Pour arriver à augmenter le rendement de la carde sans trop nuire à la perfection du résultat, l'on a amélioré les préparations préalables, augmenté les vitesses relatives, comme le démontrent les chiffres du tableau. Mais ces dernières modifications ne sont possibles qu'à la condition de faire précéder les chapeaux fixes de hérissons cardeurs et nettoyeurs, et surtout en maintenant les garnitures dans un parfait état de propreté, par les moyens automatiques décrits plus loin.

Ces diverses modifications ont permis d'augmenter les rendements de la carde dans une proportion notable.

§.6. — Production de la carde.

La détermination du poids travaillé par une carde dans l'unité de temps, résulte évidemment de celui qui est fourni et rendu par elle ; c'est donc la longueur indiquée par le tableau, multipliée par son poids. Si l'on considère celle des rouleaux délivreurs, la production de la carde, représentée planche XI, est donc $12^m,70$ multiplié par le poids du mètre ; or, théoriquement, ce poids est égal à celui de l'entrée, divisé par la différence de longueur. En admettant 700 grammes pour le poids du mètre à l'entrée, il sera, à la sortie, $\frac{700}{12,70}=0^k,545$ à la minute, $3^k,240$ grammes à l'heure ou $38^k,88$ théoriques, 12 heures effectives de travail, dont il faut défalquer le déchet variant de 6,5 à 9 pour 100, suivant l'espèce de coton ; au lieu de $38^k,88$, le rendement sera de $36^k,02$ à $35^k,06$, suivant la qualité de la matière cardée.

Numéros des garnitures.

Les garnitures, plaques ou rubans, portent des numéros en rapport avec les finesses et le nombre des aiguilles par unité de surface, qui croissent en raison de l'élévation du numéro ; les titres les plus courants de ces garnitures sont les numéros 18,

24, 26, 28, contenant par décimètre carré depuis 2,600 jusqu'à 4,600 aiguilles, conformément aux réductions suivantes :

N°s 18 contiennent par centimètre carré 26 aiguilles.

20	—	30 —
22	—	37 —
24	—	42 —
26	—	46 —
28	—	50 —

Dans le système dit *à chapeau*, la garniture des gros et petits tambours est en numéro 24, et celle des chapeaux va en augmentant du premier jusqu'au dernier, c'est-à-dire que les premiers qui reçoivent le coton du gros tambour sont en numéro 18, et les derniers en numéro 24.

Lorsqu'on carde deux fois, la garniture du numéro 24 est remplacée par celle du numéro 26. La garniture 18 reste invariable pour les mêmes organes des deux cardes.

Cette progression dans les numéros des garnitures est également observée dans les cardes à hérissons, dont la finesse et le nombre des aiguilles vont en augmentant du premier jusqu'au dernier hérisson.

Dans les cardes mixtes, tous les chapeaux pouvant être considérés comme des organes finisseurs, et les hérissons qui les précèdent comme remplissant les fonctions de la carde en gros, on se borne à faire seulement la différence précédemment indiquée (§ 1) entre la garniture des différentes espèces d'organes.

La durée des garnitures, également bonnes et bien appliquées, peut varier considérablement, suivant les soins dont elles sont l'objet et la nature des matières qui leur sont soumises. La durée moyenne, pour le cardage ordinaire des cotons écrus, est de quatre à cinq ans; elle est à peine de quinze mois lorsqu'elles cardent des cotons teints qui les fatiguent considérablement.

§ 7. — Combinaisons diverses des organes de la carde.

Les fonctions des chapeaux et des hérissons ont été suffisamment spécifiées dans ce qui précède, pour que l'on puisse apprécier *à priori* les avantages et les inconvénients d'une carde, à laquelle concourt exclusivement l'un ou l'autre de ces sortes d'organes. Le travail de la carde à chapeaux est nécessairement lent, et comme l'action de l'étirage et du *parallélisage* prédomine sensiblement sur celle du nettoyage, les fibres ont besoin d'être préalablement soumises à une préparation particulièrement soignée. La carde à chapeaux, telle qu'elle était presque exclusivement employée pendant longtemps, et telle qu'on la retrouve encore dans les ateliers établis depuis plus de cinq ou six ans, est donc une excellente machine, à la condition qu'on l'alimentera avec une substance dans un état de pureté presque parfait, que l'on pourra se contenter d'un rendement relativement faible, et qu'enfin on aura le soin de nettoyer, de débourrer les chapeaux d'une façon constante et le grand tambour le plus souvent possible, pour les débarrasser des impuretés et de la bourre, dont ils sont le réceptacle forcé; sans ce soin indispensable, l'action des surfaces cardantes serait bientôt neutralisée et détériorée.

Lorsqu'aux chapeaux fixes on substitue entièrement les hérissons, l'inconvénient précédent du bourrage des organes s'amoindrit sensiblement, la rotation les dégageant, le départ des corps étrangers et, par conséquent, le nettoyage se font alors facilement. Mais l'action du dressage, et surtout du *parallélisage*, laisse à désirer. La carde mixte, qui vient d'être analysée, a donc l'avantage de combiner les bons effets des deux systèmes; pendant la première période du travail, ce sont les hérissons, et dans la dernière les chapeaux, qui opèrent, l'on peut ainsi réunir le résultat des deux systèmes, si le nombre des éléments hérissons et chapeaux est convenablement combiné. La carde de la planche XI donne deux paires de hérissons et quatorze chapeaux, cette disposition est convenable pour de bons cotons ordinaires d'Amérique bien préparés, dans la période précédente; mais pour des cotons de l'Inde, par exemple, si difficiles à nettoyer, que l'on ne peut presque pas les débarrasser des boutons qui y adhèrent, il vaut mieux augmenter le nombre des paires de hérissons, les porter à quatre, et diminuer celui des chapeaux de quatorze à douze, par exemple. Il est bon également, toutes choses égales d'ailleurs, de diminuer d'un quart environ l'épaisseur de la nappe d'alimentation que l'on donne à de bons cotons courts. Remarquons que cette combinaison des hérissons et des chapeaux est loin d'être nouvelle en principe; une des plus anciennes filatures de France, celle d'Ourscamp, avait des machines à carder ainsi disposées, si ce n'est que les hérissons n'étaient pas recouverts comme dans les cardes actuelles. Il est probable que l'on avait renoncé à cette disposition plutôt parce que l'on attribuait à un vice du système quelques imperfections dans les résultats qui provenaient d'un défaut dans l'exécution ou du réglage des organes. Elles doivent, en effet, être exécutées avec un grand soin, de façon à réaliser avec une précision parfaite les conditions indiquées précédemment. On est parvenu aujourd'hui à une exécution si précise, que les cardes entièrement à hérissons, marchent assez bien pour pouvoir être exclusivement employées pour le cardage destiné aux numéros bas, c'est du moins là le système généralement préféré, au point de vue de l'économie, surtout en Angleterre. La carde mixte, tout en produisant un peu moins, paraît préférable, surtout pour la préparation des cotons destinés aux numéros moyens jusqu'au n° 50, parce que ses résultats sont plus parfaits. Ils sont en général assez bons, lorsque l'outillage est en bon état, pour qu'un seul cardage suffise; l'on paraît renoncer presque généralement au double cardage, non-seulement par économie, mais surtout parce que la prolongation de l'action des aiguilles, lorsque le travail a atteint une certaine limite, est plus fâcheuse qu'utile. Cette remarque est surtout vraie pour le coton de l'Inde, dont on poursuit en vain parfois le cardage outre mesure, dans l'espoir d'enlever des boutons microscopiques et des débris de feuilles sèches qui s'attachent si intimement aux fibres, qu'ils y restent. Les fils en conservent souvent des traces et permettent de reconnaître, à première vue, la matière première qui les compose.

§ 8. — Carde mixte de M. Peynaud.

M. Peynaud père, filateur dans la vallée de l'Andelle (Eure), a imaginé, en 1852, une carde que nous avons vue fonctionner récemment encore dans son établissement, et qui mérite d'être signalée sous le rapport de sa simplicité et de ses bons résultats. C'est une carde mixte à trois paires de hérissons, c'est-à-dire trois paires de travailleurs et de débourreurs. Le grand tambour, de $0^m,70$ de diamètre seulement, décrit un chemin de 351 mètres à la minute, celui du petit est de 16 mètres. Cette petite carde produit un rendement considérable, près de 60 kilogrammes par jour, d'un produit excellent, sans que la machine soit plus fatiguée qu'à l'ordinaire. Ces résultats sont principalement attribués au parfait état dans lequel sont maintenues les garnitures du gros cylindre par un hérisson débourreur, placé à la partie inférieure de cet organe. Ce débourreur entretient la surface cardante constamment en parfait état, quoique les quantités produites soient relativement considérables.

§ 9. — Carde à double ruban.

M. Risler, qui s'occupe avec tant de persévérance et de succès de la préparation des matières textiles, a imaginé une carde à hérissons à double alimentation et à double ruban, dont le mode d'opérer participe par conséquent de l'épurateur et de la carde ordinaire, en évitant les inconvénients signalés d'une trop forte alimentation. Au lieu des quatre nappes d'alimentation de l'épurateur, la nouvelle carde n'en a que deux, l'un sort à l'état de matière préparée dans les conditions d'un cardage ordinaire, et l'autre, à l'état de cardage en fin, les deux produits peuvent être réunis en un seul ruban ou séparés à volonté. La préparation combinée donne une qualité moyenne; séparée, elle fournit deux qualités plus tranchées. Dans le premier cas, et en supposant la carde alimentée par les nappes directes du batteur, l'un des cardages est propre à concourir à des fils du n° 10 au n° 25, et l'autre du n° 25 au n° 40; dans le second, du n° 25 au n° 80. Si l'on voulait s'en servir comme d'une carde en fin ordinaire, et l'alimenter, par conséquent, avec un rouleau du premier cardage, le premier produit serait propre à des n°ᵉ 30 à 50 et le second à des n°ᵉ 40 à 60. Outre l'avantage ci-dessus signalé, offert par cette disposition, il peut y en avoir, dans certains cas, à diviser les qualités et à fractionner la masse. Comme la carde en question est d'ailleurs très-simple dans sa disposition, nous nous bornons à à en donner une coupe verticale, fig. 1, pl. XII.

Deux appareils alimentaires, formés chacun d'une double paire de cylindres cannelés C, B, reçoivent les rubans des rouleaux placés en avant comme à l'ordinaire, au-dessus des deux cylindres développeurs D, D. Ces deux systèmes d'alimentation fournissent directement le coton au grand tambour T, muni d'une grille g à sa partie inférieure; à la demi-circonférence supérieure de celui-ci sont placés les cylindres hérissons E, E', F, F', G, H, H' : ce sont des espèces de chapeaux tournants convenablement emboîtés. A leur suite sont disposés deux peigneurs d'égale dimension, dont deux peignes P, P, à mouvement de va-et-vient, détachent deux nappes R, qui se rendent entre deux rouleaux délivreurs r, r, après avoir passé chacun dans un entonnoir, pour se réunir dans un même pot O, ou être reçus séparément dans deux récipients tournants. Les noms de chacun de ces organes suffisent pour se rendre compte de leurs fonctions; leurs dimensions et leurs vitesses sont indiquées dans le tableau suivant :

Tableau des dimensions et des vitesses de la carde à double alimentation et à deux peigneurs.

ORGANES.	Diamètres.	Nombre de tours à la minute.	Vitesses à la circonférence.	OBSERVATIONS.
	m.		m.	* L'étirage de 0ᵐ,07 à 0ᵐ,14
Rouleau alimentaire D.	0,15	0,18	0,07	n'a pour but que d'assurer
Cannelés C.	0,052	0,70	0,07 *	le dressage des fibres, et
Cannelés B.	0,032	1,40	0,14	d'empêcher l'accumula-
Grand tambour.	1,00	150,00	471,00	tion de la matière entre
Chapeaux FF'.	0,15	0,50 par h.		les cannelés.
— FF'.	0,15	0,65		La rotation lente de ces chapeaux cylin-
— G.	0,15	0,85		driques n'a lieu que pour présenter les par-
— H et H'.	»	1,00		ties embourrées à l'action du débourrage.
Peigneur A.	0,40	4,90	6,154	

Le règlement des autres éléments, l'étirage et la production, reste ce qu'il est d'ordinaire; on le trouve dans les tableaux concernant la carde mixte (§ 4).

§ 10. — Conséquences des rencontres des organes de révolution des cardes.

S'il est vrai que, malgré tous les soins apportés à l'exécution et à l'entretien des garnitures, il est impossible d'éviter certaines imperfections, telles que les bavures microscopiques par exemple, que celles-ci à leur tour sont l'origine d'un cardage imparfait, il faut au moins chercher à atténuer ces inconvénients. Or il est évident que, si une ou plusieurs dents travaillent mal, il faut, autant que possible, que ces aiguilles imparfaites ne multiplient pas leur action aux mêmes points sur la même masse, plus ou moins considérable, des fibres. L'opération du cardage se résumant dans le fractionnement et dans la désagrégation progressive des couches, par les moyens déjà décrits, les filaments, toutes choses égales d'ailleurs, seront d'autant plus fatigués, que l'action des aiguilles aura été plus multipliée, c'est-à-dire qu'elles passent un plus grand nombre de fois dans la même couche ou que leur vitesse est plus grande. Si toutes les aiguilles étaient toujours en parfait état, il suffirait de bien régler l'opération pour arriver à un résultat au moins convenable. Mais si, comme cela est malheureusement inévitable, les pointes des garnitures présentent certains défauts déjà signalés, le seul moyen d'atténuer leur fâcheuse action est d'ordonner la marche des organes de façon que les aiguilles détériorées agissent le moins possible sur les mêmes points.

Pour rendre notre pensée d'une façon plus complète, supposons deux hérissons cardeurs de même diamètre et de même vitesse angulaire, tournant en sens opposé, pour agir sur une nappe de fibres dont on les aurait alimentés, et supposons encore une zone plus ou moins grande de la garniture abîmée d'une façon quelconque. Si ces points viennent se présenter plusieurs fois à la même partie de filaments, au lieu de les épurer et de les préparer convenablement, ils les détérioreront. Si, au lieu de deux hérissons de même diamètre et d'une égale vitesse, leurs dimensions, vitesses et développements sont tels que les chiffres représentant ces quantités pour le grand soient exactement divisibles par ceux du petit, les inconvénients resteront encore les mêmes. Ils seront, au contraire, bien moins sensibles si la vitesse de la circonférence est représentée par un nombre premier. Il sera toujours facile de satisfaire à cette condition pour le développement du grand tambour. La vitesse à laquelle on le fait généralement tourner aujourd'hui produit de 450 à 500 mètres. Et 401, 409, 419, 421, 431, 433, 439, 443, 449, 457, 461, 467, 479, 487, 491, 499, etc., sont des nombres premiers. Or, $2 \pi r n$ représente ce développement, dans lequel r égale le rayon, n le nombre de tours à la minute ; il sera par conséquent facile, en déterminant l'un ou l'autre à volonté, de résoudre la question de façon que le produit de $2 \pi r n$ soit un nombre premier. Dans les cardes sans hérissons et à chapeaux fixes, lors même que le développement du grand tambour est un nombre premier, il est impossible d'éviter de multiplier les points de rencontre, puisqu'ils résultent de la rotation d'un corps contre une surface immobile. C'est là une des causes principales pour lesquelles les fibres sont en général plus fatiguées par le travail de la carde à chapeaux que par celui des autres systèmes, et surtout que par celui à hérissons, qui a malheureusement l'inconvénient de ne pas pouvoir ranger les filaments et de faire des rubans d'inégale grosseur, c'est pour atténuer ces inconvénients, et profiter autant que faire se peut des avantages des deux modes, que l'on a imaginé la carde mixte. On arrive, par conséquent, à son emploi de préférence aux autres par des considérations diverses.

§ 11. — Cardage double.

Deux passages successifs du coton aux cardes deviennent de plus en plus rares, à cause de l'augmentation de la dépense, et surtout de la fatigue que l'opération fait éprouver aux fibres. Cependant, lorsque la préparation est destinée à des fils d'une certaine finesse, dépassant par exemple le n° 40, et pour des produits dont la pureté passe avant la ténacité, comme pour les fils de trame par exemple, on carde encore deux fois; le premier passage est dit *cardage en gros*, et le deuxième *cardage en fin*. Les vitesses imprimées alors aux organes varient un peu pour les deux cardes. Elles sont naturellement plus élevées pour la première que pour la seconde, puisque cette dernière a besoin de développer moins de force centrifuge, sur des filaments déjà épurés, que celle qui commence le nettoyage. L'étirage est également supérieur dans la première, les garnitures de la seconde sont au contraire deux numéros plus élevés. Voici, d'ailleurs, les limites dans lesquelles sont comprises les vitesses de ces deux cardes :

	Diamètre,	Nombre de tours à la minute,		
Grand tambour	0m,95	137,50	à	124,30
Petit tambour	0 ,32	4,53	à	4,35
1er cylindre alimentaire	0 ,032	1,24	à	1,11
2e cylindre alimentaire	0 ,032	1,84	à	0,87
Rouleau d'appel	0 ,061	27,00	à	26,10

Les numéros des garnitures sont : 18 et 24 pour la carde en gros, 18 et 26 pour celle en fin.

En effectuant les calculs des étirages conformément aux exemples précédemment donnés, on trouve un étirage de 82,24 pour le premier cardage, et de 59 à 60 pour le second.

Avec ce système, où la vitesse à la circonférence du grand tambour de la première est de 405m,62 et celle de la seconde de 366m,68 seulement, pour faire moins de bourre dans les chapeaux, moins de déchet, et ménager la matière, la production pratique de chacune de ces cardes atteint, au maximum 25 kilogrammes en douze heures de travail.

Excepté le cas que nous venons de signaler, on se contente rarement aujourd'hui d'une semblable production, elle est cependant la moyenne pour des établissements qui n'ont pas dix années d'existence; mais pour des filatures montées d'après le systéme mixte, 35 à 40 kilogrammes sont les productions moyennes ainsi qu'il résulte du paragraphe 5.

§ 12. — Débourrage automatique.

Il suffit d'avoir suivi le mode de fonctionnement d'une carde quelconque, pour comprendre que le nettoyage des garnitures, leur débourrage ou enlèvement de la bourre qui se fixe dans ces milliers d'aiguilles, doit être placé au nombre des soins les plus impérieux pour maintenir la machine en bon fonctionnement. Les aiguilles des chapeaux surtout, ne pouvant donner aucune issue aux corps étrangers, ou petites fibrilles, qui se dégagent dans le travail et se fixent à leurs racines, ont besoin d'être nettoyées si souvent, qu'une personne est spécialement préposée à ce soin. La netteté des garnitures des cylindres tournants n'est pas moins indispensable, mais la force centrifuge développée par leur rotation, en dégage une partie des impuretés, et leur débourrage à fond n'a pas besoin d'être pratiqué aussi fréquemment. Cependant on s'est parfaitement trouvé d'appliquer, depuis quelque temps, des hérissons débourreurs supplémentaires (on l'a vu pour la carde Peynaud, § 8), à la partie inférieure du grand tambour, semblables aux hérissons XX, placés sous le briseur H, fig. 1, pl. XI, et dont la fonction consiste dans le nettoyage du cylindre cardeur. Le gros tambour, à cause de sa forme et de sa surface étendue, s'encrasse moins et peut être également débourré, en partie du moins, par un hérisson. Il suffit, pour le nettoyer complétement, de l'arrêter deux ou trois fois par jour pour du coton d'Amérique, mais le coton des Indes exige de six à huit débourrages. Afin d'éviter cet arrêt et de maintenir la surface cardante de cet agent fondamental en parfait état, MM. Higgins ont à leur tour imaginé un mécanisme des plus simples, des plus ingénieux et des plus efficaces, qui se propage chaque jour. Il consiste dans la disposition, d'un cylindre hérisson cardeur à la partie inférieure du gros tambour. Ce hérisson a une double fonction, il doit agir comme travailleur et nettoyeur; à cet effet, son mouvement change alternativement de sens et de vitesse angulaire; lorsqu'elle est plus grande que celle du gros tambour, et s'effectue dans la direction voulue, ce cylindre se trouve entièrement débarrassé de ses fibres sur la surface en contact avec le hérisson. Dans le cas contraire, lorsque la vitesse du petit cylindre est moindre, c'est le gros tambour qui reprend les fibres en les travaillant.

Ces changements de mouvements du hérisson sont obtenus par le déplacement automatique d'une courroie de commande, sur deux cônes disposés en sens inverse dont l'un est calé sur l'axe du hérisson. La commande est celle généralement en usage pour obtenir un mouvement différentiel. L'application spéciale que les auteurs en ont faite à une carde déjà munie d'un mécanisme débourreur des chapeaux rend le travail de l'entretien complétement automatique ; il en résulte un produit et un rendement avantageux.

§ 13. — Débourrage des chapeaux fixes.

La difficulté et l'importance du problème du débourrage consistent surtout dans l'épuration complète et parfaite de la garniture des chapeaux par des moyens automatiques simples. Compliqués, ils deviennent trop coûteux et fonctionnent rarement avec toute la régularité désirable. La solution de ce problème présente surtout de l'intérêt au point de vue de la perfection du cardage, qui reste constante avec les outils en bon état. Le résultat devient médiocre ou mauvais dès que les surfaces cardantes sont plus ou moins obstruées ; l'état hygiénique et l'état économique ne viennent qu'après, attendu que dans les ateliers largement ventilés, comme ils le sont aujourd'hui, les impuretés résultant des débourrages sont bientôt enlevées. Quant au prix de revient de cette partie de l'entretien de la machine, il représente le douzième d'un homme par carde, un seul ouvrier suffisant au débourrage de cent vingt chapeaux formant en moyenne douze cardes.

Les premiers mécanismes débourreurs remontent à plus de trente ans. Depuis, le problème n'a pas été abandonné ; et l'on a proposé plusieurs systèmes qui sont actuellement en présence. Ce n'est que depuis quelques années que l'industrie applique certains de ces mécanismes d'une façon continue et pratique. Ils peuvent se résumer en trois catégories fondamentales : 1° les débourreurs, agissant sur les chapeaux de la carde sans rien changer aux organes de celle-ci, et caractérisés par l'addition des moyens automatiques remplissant exactement les fonctions de la main, c'est-à-dire enlevant, au moment voulu, le chapeau à débourrer pour le faire passer sur une surface garnie d'aiguilles, le replacer ; avancer pour reprendre un nouveau chapeau et opérer sur celui-ci comme sur le premier, et ainsi de suite sur la série complète des chapeaux fixes ; 2° les appareils dans lesquels un mécanisme nouveau est substitué à la garniture ordinaire formée par les chapeaux fixes ; 3° les débourreurs automatiques, composés de chapeaux modifiés dans leur forme.

Le premier système, celui qui agit sur la carde telle qu'elle existe au moyen d'un mécanisme additionnel, est le plus ancien. M. Bodmer d'abord, en 1824, M. Dannery ensuite, en 1844, ont envisagé le problème de la même manière. La solution pratique est due à ce dernier inventeur, son appareil étant appliqué depuis plusieurs années. Les résultats obtenus par cet habile directeur de filature ayant été assez efficaces pour que l'Académie des sciences lui ait décerné l'un de ses prix pour une amélioration apportée aux arts insalubres, nous avons pensé que nous devions le donner dans son ensemble et ses détails.

§ 14. — Carde débourreuse Dannery, pl. XIII.

La figure 1 est une vue de profil de l'un des côtés de la carde munie du mécanisme débourreur.

La figure 2 la représente suivant un plan vertical passant parallèlement aux génératrices du grand tambour.

Les figures 3 à 11 donnent divers détails du mécanisme débourreur. Ce mécanisme remplit les fonctions suivantes :

1° Il soulève successivement chacun des chapeaux à des périodes déterminées, éloigne ces chapeaux des garnitures du grand tambour, dans la direction du rayon de celui-ci qui passerait par le milieu du chapeau actionné.

2° Il fait passer, sous la garniture du chapeau soulevé, une surface débourreuse qui opère dans un sens sur tous les chapeaux pairs, et sur les chapeaux impairs en sens opposé. C'est ainsi que tous se trouvent débourrés dans une allée et une venue.

3° Arrivé à l'extrémité de sa course, le mécanisme revient spontanément et automatiquement à sa position initiale.

Point de départ du mouvement. — Sur l'arbre du grand tambour se trouve une petite poulie *l* commandant par une corde en croix la poulie *l'* (fig. 5) recevant une rotation en sens contraire. Une disposition particulière les rend alternativement fixes et folles sur leur axe commun. Evidées à leur intérieur, comme l'indique la coupe horizontale (fig. 7), elles renferment un manchon cylindrique, denté sur les deux bases opposées, et fixé sur l'axe de manière à pouvoir y glisser sur sa longueur. Le moyeu de ces poulies est lui-même denté comme le manchon, de sorte que celui-ci, embrayé avec l'une, l'entraîne dans sa rotation et par suite l'axe et le pignon droit fixé à son extrémité ; l'autre poulie devient libre pendant ce temps et ne

fait que tourner en sens contraire de la première sans produire d'action.

Or, ce pignon engrène avec la roue droite K (fig. 1), et lui
transmet un mouvement de rotation très-lent qui a pour objet
de faire marcher les divers organes principaux du mécanisme.

L'axe o^1 de cette roue (fig. 10 et 11) est porté par un support
de fonte, $J^1 J^2$, prolongé en col de cygne jusqu'à la partie supérieure de la carde et mobile avec tout le système autour de
l'arbre du tambour. Pour que le mouvement se répète bien
exactement des deux côtés, une roue K^1, engrenant avec la première, porte un arbre qui reçoit à l'autre bout une roue semblable (fig. 2), engrenant avec une seconde roue K du même
diamètre que la première, et portée comme elle par un support
analogue $j^1 j^2$, mobile également sur l'arbre du tambour et
relié par sa partie supérieure avec le premier par une traverse
en fonte y (fig. 2 et 6). Ces supports ont chacun une branche
inférieure J qui est munie d'un contre-poids à lentille retenu
à la place convenable par une vis de pression.

Les deux roues K portent chacune, vers leur circonférence
dentée, un petit galet cylindrique qui, au moment où il passe
au-dessus de leur centre, soulève les cintres de fonte M
(fig. 3, 5 et 9), auxquels sont attachées les tiges verticales p et
avec eux, par suite, le chapeau de carde D. Tant que les galets
sont en contact avec la surface intérieure de ces cintres, il
est évident que le chapeau reste soulevé ; c'est pendant ce temps
que son nettoyage doit s'effectuer. A cet effet, sur la seconde
roue K, l'auteur a ménagé une rainure courbe (fig. 4), dans
laquelle se promène un galet qui fait partie d'une bride ou patte
en fer à coulisse qui, du côté opposé à la face apparente, forme
crémaillère droite, engrenant avec le pignon u (fig. 2). L'axe
de celui-ci se prolonge sur toute la largeur de la machine,
afin de porter deux autres crémaillères v couchées horizontalement.

Ces crémaillères sont solidaires avec le débourreur destiné à effectuer le nettoyage, et qui pour cela est armé de rubans de carde dont les dents sont inclinées en sens contraire de celles des chapeaux. On peut aisément comprendre que, suivant la forme donnée à la rainure excentrique, qui se compose de deux portions circulaires et concentriques à l'axe de la roue, et de deux portions courbes qui raccordent les premières, le galet, et par suite les pignons et les crémaillères, resteront en repos pendant un certain temps, puis se remettront en marche, et ainsi de suite.

Or, quand le chapeau est soulevé, comme nous l'avons supposé sur le dessin, le débourreur doit marcher, par conséquent, les pignons et les crémaillères agissent ; dès que le nettoyage est effectué, le chapeau doit commencer à redescendre, et alors le débourreur et les pièces qui le font agir doivent s'arrêter, ce qui a lieu naturellement par la rotation continue des roues K. Des ressorts à boudin p' (fig. 2) tendent à presser sur les chapeaux pour que le mouvement de tension ne s'opère pas trop rapidement ; les tiges de ces ressorts se terminent par de petits galets r qui ne laissent aucune empreinte. Mais lorsque ce changement a lieu, c'est-à-dire que le chapeau descend, il faut nécessairement que tout le mécanisme change de place, afin d'aller chercher un autre chapeau, le soulever comme le précédent et le débourrer de même. Ce résultat est obtenu par l'application d'une espèce de pignon à deux dents o (fig. 8), fixé sur l'axe de la première roue K, et qui engrène de temps à autre avec la denture z d'un croissant fixe en fonte L, rapporté et vissé sur la face extérieure de la carde. Il est facile de concevoir que lorsque ce pignon tourne, entraîné par la rotation de la roue K, et tant que l'une ou l'autre de ses dents ne sont pas en contact avec celles du croissant, le mécanisme est immobile, la roue et tout le système qui la porte ne changent pas de position ; mais dès qu'une dent commence à s'engager entre deux dents consécutives du croissant, de ce que celui-ci est fixe, le pignon est nécessairement forcé de marcher et d'entraîner avec lui les roues, son support et tout ce qui en dépend ; il en résulte que tout le système se transporte en pivotant autour du centre commun A.

Si le pignon ne portait qu'une seule dent, il est évident que le mécanisme ne marcherait alors que d'une quantité égale à la graduation du croissant, c'est-à-dire d'une quantité correspondante à l'espace qui existe d'un chapeau à l'autre ; mais comme il en porte deux, la seconde dent suivante, s'engageant à son tour dans deux autres dents du croissant, force le pignon, la roue et tout le mécanisme à continuer leur marche ; de sorte qu'ils se transportent réellement à une distance déterminée par la largeur des deux chapeaux.

De cette façon, une moitié des chapeaux est nettoyée en faisant marcher ce mécanisme dans un sens, et une seconde moitié quand il revient sur lui-même. Pour obtenir le résultat avec plus de certitude, on applique d'une part, contre le pignon o un disque o' de même épaisseur que lui, et servant à guider le système lorsque la dent de ce pignon est en prise avec celles du croissant, en restant pour cela en contact avec les portions circulaires évidées de celui-ci, et de l'autre, à la face opposée de la carde un disque analogue porté par l'axe de la seconde roue K, et mis en contact avec les parties circulaires et également évidées d'un second croissant fixe L, qui ne diffère du précédent qu'en ce qu'il ne porte pas de dentures saillantes.

Après avoir atteint l'extrémité de sa course, le mécanisme revient sur lui-même. A cet effet, l'un des supports à col de cygne reçoit une fourchette courbe P (fig. 1 et 7), qui permet de pousser l'axe du manchon et du pignon d'une certaine quantité, dans le sens de la longueur. Cette fourchette est soutenue par un levier J', dont le centre est également sur l'arbre A, comme le col de cygne, et retenu dans sa position par un goujon fixe sur celui-ci (fig. 11) ; mais lorsque l'appareil est transporté à une position extrême, ce goujon rencontre une patte demi-circulaire à coulisse q (fig. 1), rapportée à chaque extrémité du croissant L, il force alors le levier J' à faire marcher la fourchette et par conséquent à changer la position de l'axe du pignon l^2; il en résulte naturellement que le manchon (fig. 7) se débraye de l'une des poulies l, et s'embraye immédiatement avec l'autre, parce que le changement est facilité par l'action des contre-poids suspendus au bout des tiges j. Aussitôt que cette opération est effectuée, les roues tournent en sens contraire, les deux poulies l, l' ne marchant pas dans le même sens.

La carde connue maintenant sous le nom de *débourreuse américaine* réalise le débourrage des chapeaux à peu près d'après les mêmes principes, mais son mécanisme a été simplifié, le constructeur a nécessairement profité des recherches antérieures faites dans la même voie.

§ 15. — Carde débourreuse Platt, pl. XII.

La figure 2 donne une coupe verticale de la carde débourreuse à chapeaux mobiles exposée par MM. Platt, en 1862. La partie caractéristique du mécanisme consiste dans une chaîne sans fin articulée e, dont chaque anneau forme un chapeau garni de rubans de cardes. Des rouleaux-guides à encoches g et h pour recevoir les maillons de la chaîne la font cheminer avec la vitesse voulue.

La portion inférieure de la chaîne, en contact avec la circonférence supérieure du gros tambour, travaille comme à l'ordinaire, pendant que la partie opposée, dont les dents sont naturellement dirigées de bas en haut, rencontre le hérisson débourreur animé d'un mouvement de rotation. Une fois nettoyée, l'extrémité des aiguilles rencontre une planche à émeri n, destinée à aviver et à égaliser leurs pointes. Pour fonctionner avec la précision voulue, le système est maintenu et dirigé de chaque côté du bâti dans des rainures ou coulisses où viennent s'appuyer les tourillons des rouleaux de la chaîne. Des vis de réglage K sont indispensables pour rajuster les surfaces qui doivent rester en contact lorsque l'usure ou toute autre cause vient à les déranger.

A la suite des chapeaux mobiles sont placés un plus ou moins grand nombre de hérissons cardeurs et débourreurs du gros tambour opq, puis le peigneur cylindrique r, le peigne détacheur, et enfin les rouleaux d'appel Ro, dirigeant le ruban dans un pot tournant ou tout autre récepteur. Cette carde, plus particulièrement proposée par les constructeurs comme finisseuse dans le cas d'un double passage, se fait remarquer, en outre de l'appareil débourreur, par la place des hérissons pqr. Leur disposition à la suite des chapeaux est spécialement destinée au débourrage du grand tambour. Ils sont réglés en conséquence, leurs tourillons peuvent se déplacer dans des guides et se rapprocher plus ou moins des garnitures. Jusqu'à quel point cette disposition est-elle avantageuse? ne vient-elle pas brouiller les filaments, dont la direction a été régularisée par leur passage aux garnitures des chapeaux?

La figure 3 est un détail de l'un des côtés du bâti, pour guider la chaîne sans fin portant les chapeaux articulés. La figure 4 donne sur une plus grande échelle l'un de ces chapeaux. Les vis K des figures 2 et 3 sont destinées au réglage dont il a été question précédemment.

Nous devons mentionner en passant l'emploi d'une chaîne à chapeaux de cardes identique à celle de la figure 2, pl. XII, mais placée à la circonférence du gros tambour, et fonctionnant par conséquent pour débourrer l'organe principal ; ce mécanisme doit être efficace dans ce cas, mais les hérissons débourreurs, plus généralement employés, arrivent bien plus sûrement au même résultat, et sont par conséquent préférables.

§ 16. — Carde débourreuse à chapeaux cylindriques, pl. XIV.

Les cardes à hérissons, d'un emploi exclusif et parfait pour le travail de la laine, ont dû être essayés depuis longtemps dans le cardage du coton, surtout à une époque où l'on se rendait moins bien compte de la différence des caractères des fibres textiles, et de la nécessité de modifier les moyens de les transformer.

De la disposition de la carde à hérissons proprement dite, se débourrant en partie elle-même, à celle des chapeaux cylindres à mouvement lent, il n'y avait qu'un pas, aussi a-t-on essayé à plusieurs reprises en France et en Angleterre, de substituer d'une part aux hérissons travailleurs et débourreurs, marchant à grandes vitesses, et aux chapeaux fixes de l'autre, un système qui, par la forme circulaire des chapeaux, offre de l'analogie avec les premiers, quoique leur rotation excessivement lente puisse faire considérer la carde comme munie de chapeaux fixes, le mouvement de ces cylindres-chapeaux n'ayant d'autre but que de présenter successivement une partie nouvelle au mécanisme débourreur automatique. Il y a diverses modifications de ce système. M. Noufflard, un directeur de filature à Rouen, s'est fait breveter pour une disposition de deux cardes sur le même bâti, réunissant par conséquent le cardage en gros et en fin, comme cela se pratique souvent pour le cardage de la laine, surtout dans les filatures anglaises.

Un assortiment complet de ce système fonctionne depuis plusieurs années sous les yeux de son auteur; nous le reproduisons comme un type de ce genre de carde, qui a été également établi avec des variantes par divers constructeurs, notamment par la maison Schlumblerger, de Guebwiller, Platt, de Oldam, etc.

La carde spéciale de M. Noufflard, breveté en 1856, est caractérisée par un débourrage automatique et une augmentation de production, dont il sera facile de comprendre les principes et les moyens après la description des figures 1 et 2 de la planche XIV, représentant : la première, une coupe verticale longitudinale, et la seconde, un plan des machines que nous avons vues fonctionner d'une manière régulière et satisfaisante.

Cette carde en représente deux de fait, placées l'une à la suite de l'autre sur un même bâti, les garnitures de la première sont celles d'une carde en gros, et celles de la seconde d'une carde en fin. Nous retrouverons d'ailleurs, dans chacune d'elles, les organes qui composent les cardes en général :

Un système alimentaire composé d'un cannelé tournant dans une auge et recevant le ruban du rouleau E, pour le faire désagréger par un briseur ou hérisson D, organes intermédiaires entre l'alimentation et le grand tambour C. La partie de la demi-circonférence supérieure est garnie de dix hérissons remplissant les fonctions de chapeaux ordinaires. Entre les chapeaux circulaires tournants, sont placées des traverses courbes L, sur toute la longueur de la carde. Ces traverses supérieures reposent simplement entre les chapeaux et sont enlevées pour le nettoyage du tambour ; les traverses inférieures sont convenablement arrondies pour laisser passer les fibres et dégager les corps étrangers. Le coton, à la sortie de la première carde, se rend directement à la seconde par un appareil alimentaire spécial composé de deux hérissons G et H qui remplissent les fonctions des travailleurs et dépouilleurs ordinaires. Les directions relatives des dents des garnitures et celles des mouvements sont telles que, d'après les principes du paragraphe 1, les fibres sont tirées et divisées dans leur transport du grand tambour C ou travailleur G, puis ramassées et enlevées par le nettoyeur H, auquel le second grand tambour C' les reprend, où elles sont cardées de nouveau sur une machine identique à la première, sauf quelques modifications dans les garnitures et les vitesses des organes de rotation. Le ruban est d'ailleurs cueilli et reçu dans un pot tournant, comme cela se pratique généralement aujourd'hui, conformément à la description précédente (§ 3).

Mécanisme débourreur. — Le débourreur est une espèce de chapeau garni d'une plaque de carde, commandé de façon à lui faire décrire un mouvement circulaire de va-et-vient. L'arc décrit a une amplitude égale à l'étendue de la courbe formée par l'ensemble des chapeaux. Le mouvement du débourreur M, tangentiel aux arêtes supérieures des chapeaux circulaires, le charge de bourre et d'impuretés dont il se débarrasse à son tour, par son contact avec une surface fixe m, garnie de rubans de carde. Le déchet extrait par ce débourrage tombe sur les couvertures circulaires des hérissons G et H, dont la partie extérieure des douves forme une espèce de plancher. Une même transmission actionne simultanément les mécanismes débourreurs des deux cardes du bâti. Deux bielles méplates en fer M^2 relient les bras M' (fig. 2); ils sont indiqués en lignes ponctuées (fig. 1). Ces bras sont équilibrés par des contre-poids ou lentilles. Le mouvement circulaire de va-et-vient imprimé lentement aux débourreurs est réalisé de la manière suivante : sur les deux extrémités de l'axe du grand tambour C est montée, sur chaque bout, une roue folle (fig. 2), contre laquelle est fixé le bras M' correspondant, cette roue commande, par une chaîne à la Vaucanson, un pignon n calé sur un arbre en fer placé à une petite distance du sol et régnant sur toute la largeur de la carde pour recevoir de l'autre côté du bâti un pignon semblable commandé de la même manière. L'arbre sur lequel est fixé le pignon n est prolongé pour recevoir un autre pignon engrenant avec la crémaillère O, reliée par une bielle O' à un bouton de manivelle placé sur la roue d'engrenage O''. Celle-ci reçoit un mouvement circulaire continu très-lent de l'axe du tambour par l'intermédiaire du petit pignon o', de la poulie placée sur son axe, commandée par une plus petite d placée sur l'axe du tambour C (fig. 2).

Ces combinaisons démontrent que la rotation de la roue O'' donne, au moyen de la bielle O', un mouvement alternatif à la crémaillère O. Celle-ci fait donc tourner, tantôt dans un sens, tantôt dans le sens opposé, l'arbre du pignon n. Ce dernier, par la chaîne déjà indiquée, transmet son action à la roue et enfin aux bras de leviers des débourreurs M (fig. 1 et 2).

Commande générale. — La courroie motrice embrasse le petit diamètre de la poulie P, placée sur l'arbre du tambour C, celui-ci, par une courroie allant de P en P', actionne le second tambour C'. La poulie à gorge J placée sur l'arbre de la poulie P' transmet, d'une part, le mouvement à la poulie J', qui commande le peigne-détacheur, et de l'autre, d'abord le peigneur circulaire H', et ensuite les rouleaux d'appel ou délivreur IK, le cannelé alimentaire et les chapeaux circulaires, par une série de roues droites et d'angles disposées ainsi qu'il suit : sur l'axe du tambour C', du côté opposé à celui de la poulie P', se trouve un pignon d'angle engrenant avec la roue conique g placée sur le petit arbre Q, dont l'extrémité du côté du peigneur reçoit un pignon-cône g'. Une petite roue droite, placée sur l'axe de l'une des deux roues coniques, transmet le mouvement à une autre roue droite Q', engrenant avec celles r et r', celle-ci commandant l'arbre des rouleaux d'appel K.

Cette roue Q' commande encore le cylindre cannelé et les chapeaux circulaires L. A cet effet, elle engrène avec une roue droite folle placée à l'extérieur sur le côté du bâti, qui n'est pas représentée dans les figures : elle est placée parallèlement à la roue conique qui engrène avec le pignon d'angle $r^2 r^3$. Le premier engrène avec un pignon d'angle claveté à l'extrémité de l'arbre R' incliné diagonalement au bâti. L'extrémité opposée de cet arbre reçoit un pignon d'angle qui engrène avec la roue conique S, fixée sur le prolongement du cylindre cannelé alimentaire. Celui-ci porte en dehors du bâti, du côté opposé à la roue S, un pignon f qui par l'intermédiaire des roues g et g' donne le mouvement au rouleau F', qui développe la nappe du rouleau E.

Le cylindre alimentaire est encore muni d'une vis sans fin s qui engrène avec une petite roue droite à denture hélicoïde fixée sur l'axe S'; cet axe, par l'intermédiaire d'une paire de roues d'angle, donne le mouvement au premier chapeau du tambour C. Celui-ci le transmet à tous les autres chapeaux avec une vitesse graduée de plus en plus lente au moyen de la série des petites roues l^1 et l^2, montées de l'autre côté du bâti.

La commande des chapeaux du second tambour est obtenue d'une manière analogue au moyen du second pignon r^3, fixé au moyeu de la roue R. Ce pignon met en mouvement, par une chaîne sans fin que les figures n'indiquent pas, un pignon semblable dont l'axe est muni d'une vis sans fin qui engrène avec une roue à denture hélicoïde fixée à la partie inférieure d'un arbre vertical placé sur l'un des côtés extérieurs du bâti. L'extrémité supérieure de cet arbre reçoit une vis sans fin qui commande le pignon placé sur l'un des bouts de l'arbre du premier chapeau, et dont l'autre bout est muni du pignon droit l^1, qui par l'intermédiaire des pignons l^2 donne le mouvement à tous les chapeaux circulaires L du second tambour C'. Ces diverses transmissions sont calculées de façon à réaliser les vitesses consignées dans le tableau suivant :

**Tableau des dimensions et des vitesses de révolution
de la double carde à chapeaux circulaires.**

DÉSIGNATION des ORGANES TRAVAILLEURS.	Diamètre en mètre.	Circon-férence en mètre.	Vitesse de rotation par minute.	Vitesse à la circonférence par minute.
	m.	m.	tours.	m.
Rouleau alimentaire F.........	0,140	0,439	0,750	0,330
Cylindre cannelé E..........	0,060	0,188	2,000	0,376
Hérisson D...............	0,240	0,754	420,000	516,680
Premier tambour C...........	1,040	3,267	150,000	490,050
Chapeaux circul. { 1er chapeau L.	0,116	0,564	0,030	0,018
10e — L.	0,116	0,564	0,025	0,009
Petit tambour G............	0,300	0,942	45,000	42,390
Fournisseur H.............	0,115	0,361	156,000	56,316
Deuxième tambour C'........	1,040	3,267	158,000	515,986
Chapeaux circ. { 1er chapeau L.	0,116	0,564	0,017	0,006
7e — L.	0,116	0,364	0,013	0,004
Volant-peigneur H'..........	0,430	1,550	9,000	13,750
Rouleau d'appel K..........	0,084	0,263	50,000	13,750
Débourreurs...................... 30, aller et retour, par minute.				

Ce qui frappe dans les données de ce tableau, c'est, d'une part, l'activité de l'appareil alimentaire introduisant et travaillant par conséquent $0^m,33$ de nappe à la minute. Si on lui suppose un poids moyen de $0^k,350$ au mètre courant, la production théorique de la carde sera par conséquent $0,350 \times 0,33 \times 60 = 6^k,930$ à l'heure, qui doit être réduite pratiquement de $5^k,50$ à 6 kilogrammes. Mais, d'un autre côté, l'étirage et la désagrégation y sont poussés moins loin que dans le cardage habituel, la mesure de cette action étant donnée par le rapport de $\frac{13,750}{0,33}$ ou $41^m,71$, différence de longueur entre l'unité de poids de la nappe à l'entrée et à la sortie de la carde. Le ralentissement de la vitesse entre le premier et le dernier chapeau est rationnellement établie en raison de la diminution d'embourrage à mesure que l'opération avance ; les modifications apportées aux cardes ordinaires depuis l'exécution de celle dont nous nous occupons et l'élévation de son prix, ont probablement empêché la propagation de celle-ci.

§ 17.—Débourreur automatique mû par un mécanisme Jacquart par M. G. Risler.

Le mode de débourrage que nous allons décrire est l'un des plus récents et des plus originaux que nous ayons vus; nous le plaçons après le précédent, parce qu'il a également pour but d'agir sur les chapeaux de la carde par un mécanisme additionnel; mais là s'arrête l'analogie entre les deux appareils. Dans la débourreuse nouvelle imaginée par M. G. Risler, de Cernay, auteur de l'épurateur, les chapeaux à douves changent de place, ils occupent celle ordinairement réservée au peigneur cylindrique. L'inventeur a eu l'ingénieuse idée d'utiliser le mécanisme Jacquart, pour déplacer, débourrer et replacer les chapeaux. C'est la première fois que le célèbre mécanisme est appelé à des fonctions autres que celles de sa destination primitive et spéciale; d'autres modifications, encore empruntées à l'épurateur pour les appliquer à la carde ordinaire, font de celle-ci, exécutée par M. Risler, une machine toute nouvelle et fort originale. La figure 1re de la planche XV en représente une section verticale; les applications nouvelles sont : 1° plusieurs alimentations avec règle à auge pour sortir les feuilles et boutons, comme à l'épurateur ; 2° deux paires de hérissons cardeurs ; la disposition au-dessous du tambour permet à ces hérissons de laisser tomber beaucoup de feuilles et de boutons, tandis qu'aux cardes ordinaires ils sont placés au-dessus et ne rejettent pas les feuilles, qui retombent parfois sur le grand tambour.

Ces hérissons sont entourés d'un couvercle que l'on peut ouvrir à volonté pour enlever les impuretés.

La grille cintrée affecte à peu près la disposition de celle des batteurs nouveaux.

Le coton, après avoir subi un nettoyage aux alimentations, passe aux deux paires de hérissons A et B ; de là sur la nouvelle grille CC', composée de règles en fer poli et plus rapprochées en C à droite qu'à l'extrémité gauche, et cela progressivement suivant le sens indiqué par la flèche. La ventilation produite par le grand tambour fait passer le coton sur ces règles et laisse tomber feuilles, boutons et duvet court dans le récipient circulaire dd' placé directement au-dessous, avant d'aller aux chapeaux. Ce récipient est muni d'une porte sd' que l'on ouvre plusieurs fois dans la journée à l'aide d'un levier f, afin de retirer les déchets et ordures qui y sont enfermés.

Après cette grille viennent huit chapeaux D, placés concentriquement à la circonférence du grand tambour.

Ce nombre de huit peut être augmenté ou diminué à volonté.

Ces chapeaux sont maintenus aux deux extrémités par des tringles en fer E, leur servant de guides, directrices parallèlement à elles-mêmes. Chacun des chapeaux peut être retiré en arrière pour être débourré, et peut revenir à la place qu'il occupait avant de se déplacer, au moyen des ressorts à boudin u, qui les repoussent à leur position initiale.

L'appareil Jacquart ou *ratière*, en terme de tissage, qui commande en temps opportun le déplacement de ces chapeaux, est adapté à la partie inférieure, entre les deux flasques du bâti, moyennant l'addition d'une traverse g.

Les chapeaux sont réglés comme aux cardes ordinaires et peuvent s'enlever très-facilement. Pour chacun d'eux il y a un crochet de Jacquart H. A ce crochet est attachée l'extrémité d'une chaîne de Gall h, ou autre, dont l'extrémité opposée est fixée à un chapeau correspondant en passant sur un des galets b, pour que la traction du chapeau se fasse bien directement et facilite son voyage sur les traîneaux ou tringles E.

Le chariot g du Jacquart est animé d'un mouvement ascensionnel et descensionnel par la bielle I. Au mécanisme est fixé un couteau K, qui dans le mouvement de ce dernier peut agir sur les crochets H en présence, par l'effet des cartons percés b, agissant sur les aiguilles m, pour repousser les crochets ou les présenter suivant un certain ordre au couteau, d'après la disposition combinée à l'avance des trous ou chevilles placés dans le carton en face des aiguilles *m*. Les chapeaux voyagent donc à volonté et tous d'une quantité égale et à une même distance du tambour, puisque le chariot fait toujours la même course.

Pendant qu'un ou plusieurs chapeaux sont retirés, le peigne ou plaque P cintré, garni de rubans, servant à les débourrer, monte jusqu'à la hauteur du dernier chapeau, en passant entre ceux retirés en arrière et ceux restés en place, et redescendant, débourre les chapeaux que la mécanique Jacquart a éloignés, comme l'indique la position ponctuée du dernier chapeau, et ainsi de suite pour tous les autres.

Le mécanisme est combiné pour que les chapeaux restent retirés et immobiles en arrière quelques secondes, afin de laisser à la plaque à débourrer P le temps de faire sa course, aller et retour et d'accomplir son travail.

Pour guider le mouvement de va-et-vient concentrique au tambour de la plaque débourreuse, il y a, de chaque côté du bâti, deux rainures cintrées *p*, qui la maintiennent toujours bien parallèlement en lui servant de coursier.

Aux deux limites du peigne débourreur et sur une certaine étendue, sont fixées deux crémaillères cintrées O, engrenant avec deux pignons R fixés sur les deux extrémités d'un même arbre.

Cet arbre reçoit son mouvement de l'arbre principal T, qui actionne également le peigne débourreur.

La plaque débourreuse reçoit son mouvement d'embrayage par un mécanisme placé sur l'arbre 1. Arrivée à la hauteur voulue qui limite sa course, le mécanisme débraye, et le peigne redescend par son propre poids. Afin de prévenir le choc que la descente de la plaque pourrait occasionner, elle porte deux nervures en caoutchouc à ses extrémités. En descendant, la plaque débourre un contre-peigne disposé lui-même comme débourreur de la plaque, et agissant sur elle avant chacun de ses mouvements ascensionnels.

Le mécanisme d'embrayage et de débrayage, pour donner et suspendre le mouvement de la plaque, est analogue à celui des chapeaux.

La figure 2, pl. XV, donne les détails de mouvements au moyen desquels les chapeaux sont manœuvrés pour être débourrés aux moments voulus. L'effet est obtenu par l'impulsion des cames M, placées et mues par un arbre recevant son action calculée sur un arbre commandé d'une manière quelconque à la vitesse voulue, par l'intermédiaire de la vis sans fin V et de la roue R. Ces cames ont pour fonction d'agir sur les saillies ou équerres *e* d'une pièce, dont l'une des extrémités tourillonne dans une petite glissière, assemblée à une fourche agissant sur le collet *ou congé d'un demi-manchon* d'embrayage O', pour le faire engrener avec sa moitié correspondante. L'embrayage effectué, le mouvement est transmis de proche en proche par des roues d'angle à la roue J. Celle-ci actionne la bielle I du mécanisme Jacquart, conformément à l'analyse précédente.

Il résulte de cette disposition que l'on est maître de faire varier les instants du débourrage, d'opérer des changements à volonté, soit par les rapports entre la vis sans fin V et la la roue R, et encore en changeant les cartons du mécanisme.

§ 18. — Des grilles et de leur influence sur le cardage.

La disposition d'une plaque de tôle perforée ou grille à la partie inférieure de la carde concentriquement au grand tambour est plus ou moins appréciée : les uns la trouvent avantageuse, les autres la repoussent énergiquement. On admet cependant en général qu'elle profite au rendement et amoindrit le déchet. Ce

résultat même peut être critiqué avec raison, si l'augmentation
du produit est la conséquence de l'incorporation dans la masse
de fibres qui auraient dû en être expulsées à cause de leur infériorité et défectuosités. La grille retient en effet et permet au
tambour de reprendre une partie des filaments ordinairement
rejetés avec les impuretés, suivant qu'elle est plus ou moins
rapprochée et percée de trous plus ou moins grands.

Mais parmi les filaments repris, se trouvent en général ceux
désignés sous le nom de *coton mort*, auxquels M. Daniel
Kœchlin a le premier attribué certains accidents dans la teinture, et entre autres des points restés blancs, n'ayant pas l'affinité voulue pour les matières tinctoriales. Pour profiter des
avantages des grilles et éviter les accidents résultant d'une épuration incomplète au cardage, il faudrait pouvoir déterminer *à
priori* le rapport des vides et des pleins de cette espèce de tamis,
ainsi que la distance la plus convenable à observer entre les
organes de rotation et cette grille. Or une telle détermination
est essentiellement variable avec la qualité, la nature de coton,
le degré d'épuration préalable, etc. L'espace laissé entre la grille
et le grand tambour varie entre $0^m,010$ et $0^m,015$, et les trous,
espacés de centimètre en centimètre, ont également $0^m,01$ de
diamètre. Ces considérations démontrent l'importance d'établir
la grille à crémaillère, de manière à pouvoir faire varier au besoin
son rapprochement des cylindres suivant la nature des filaments
en travail, des tâtonnements dans les distances à établir peuvent seuls permettre de les déterminer de la manière la plus
avantageuse dans chaque cas.

§ 19. — Aiguisage.

L'aiguisage a pour but d'égaliser et de donner le *feu* aux
aiguilles des garnitures neuves et de le rendre à celles qui l'ont
perdu au travail. Elles s'émoussent comme des tranchants, mais

il est bien plus difficile d'entretenir ces milliers de pointes de façon à leur restituer à chacune leur faculté primitive que d'aiguiser tout autre outil, comment en effet pratiquer cette opération sans émousser au moins un certain nombre de pointes ou sans faire des bavures? Les bolitons, dont la présence est si fâcheuse dans le produit cardé, sont souvent le résultat de fibres accrochées et pelotonnées aux extrémités des garnitures imparfaitement aiguisées. Pour diminuer le nombre des bavures inévitables, il est bon d'aiguiser souvent et peu à la fois. Mais comment opérer avec la précision voulue sur ces milliers de petits biseaux? Le moyen le plus usité consiste à les faire passer au contact d'une surface recouverte d'émeri. Il suffit d'examiner à la loupe les deux organes aiguiseur et aiguisé, après l'opération, pour remarquer l'inégalité de l'usure, l'irrégularité de la surface garnie d'émeri, et le peu de netteté que présente souvent le chanfrein des pointes. L'inconvénient inévitable du mode d'aiguisage, considéré comme le meilleur jusqu'ici, démontre tout ce que le cardage, même pratiqué avec le plus de soin, doit encore laisser à désirer. Quoi qu'il en soit, nous donnons, pl. XXXVIII, la disposition la plus généralement usitée. La figure 1 donne une machine à aiguiser les chapeaux, et trois cylindres de diamètres variables, les supports de ces cylindres pouvant s'éloigner ou se rapprocher de la circonférence du tambour à émeri. Afin d'atteindre plus sûrement le but, d'obtenir des pointes aussi fines que possible à l'extrémité des aiguilles, on donne au grand tambour à émeri un double mouvement, une translation de va-et-vient, dans le sens de l'axe, en même temps qu'une rotation continue autour du même axe. Pour que l'action soit convenable, il faut encore que la vitesse de l'organe aiguiseur soit bien plus grande que celle des garnitures à repasser. Voici d'ailleurs la description de la disposition générale par laquelle ces divers résultats sont atteints :

Le grand tambour à émeri présenté en ligne ponctuée parce qu'il est caché par l'un des montants du bâti, *t,t,t* sont les trois supports à coulisse, dont l'un seulement montre un hérisson *h* à aiguiser; en faisant varier la position de ce support par la vis de rappel *v*, le centre du hérisson se rapproche ou s'éloigne. Les supports des chapeaux sont fixés au moyen de réglage *xx'*. C,D, deux tiges articulées en *i*, reçoivent un mouvement de va-et-vient vertical. Contre la circonférence du tambour sont des coulisses du support *s* ou chariot *mn* des chapeaux, ces guides sont assemblés au bâti par leur extrémité supérieure, et vissés à l'autre extrémité par un balancier qui imprime le mouvement de va-et-vient aux tiges C,D, qui y sont assemblées aux points A et B.

Transmissions de mouvements. — Le tambour reçoit sa commande principale par une poulie placée sur une extrémité de son arbre, elle est transmise de là à un pignon calé sur l'autre extrémité de cet arbre. Ce pignon engrène avec la roue *b*, sur l'axe de laquelle se trouve monté, en tête de cheval, le pignon *c*, dont la rotation est transmise à la roue *g'* portant une manivelle. *f* et une bielle *g*, qui transforment le mouvement et impriment le va-et-vient au balancier L autour de son axe ou arbre O. Cet arbre règne sur toute la longueur de la machine, d'un bâti à l'autre ; il porte à l'autre extrémité un balancier identique au premier, qui transmet, au moyen d'une seconde manivelle et bielle, le mouvement alternatif des transmissions *f* et *g* au second chariot S' symétrique au premier, dirigé et guidé par conséquent par la tige articulée C, et celle à coulisse *m*.

Mouvement de translation alternatif dans le sens de l'axe. — Le point de départ de cette commande est le pignon *c*, il engrène avec la roue *d* (fig. 1, 2). Cette roue *d* porte sur l'une de ses surfaces latérales une rainure hélicoïdale *e*, qui reçoit un disque *e'*, placé sur l'arbre du tambour à émeri T.

Cette disposition nécessite : 1° les collets d'arbres plus longs que les coussinets, ils doivent avoir un prolongement calculé sur la course ou pas de l'hélice ; 2° il faut au pignon moteur a une largeur également mesurée sur le pas de l'hélice, afin de ne pas le laisser dégrener pendant la course.

Voici d'ailleurs les rapports des engrenages : pignon a, 26 dents, roues d et d', 90 dents, roue b, 110, et pignon i, 30.

Il existe plusieurs modèles de machines à aiguiser, ne différant entre eux que par la forme et la solidité de la construction, toutes sont basées sur le même principe. Le point important est de savoir s'en servir et de bien juger si le tambour à émeri est en bon état, si la machine est bien équilibrée, si elle tourne régulièrement, si les organes portent assez et pas trop, si la durée de l'action est suffisante et n'est pas trop prolongée. Une opération aussi délicate et aussi importante que celle de l'aiguisage devrait toujours être dirigée et surveillée par le contre-maître de la carderie, et n'être pas abandonnée à un surveillant ordinaire, comme cela a souvent lieu.

§ 20. — Machine à aiguiser modifiée.

Au lieu d'un grand tambour à émeri d'une longueur égale à la largeur de la carde, l'on emploie de préférence maintenant, et avec raison, une molette à émeri placée sur les cylindres à repasser. Cette molette a une longueur d'un cinquième à un sixième de celle des tambours à aiguiser, et reçoit simultanément un double mouvement, l'un de rotation autour de son axe, et l'autre de va-et-vient dans le sens des génératrices des cylindres à aiguiser. Ce cylindre étant en contact tangentiel avec ces cylindres, tout en tournant contre les aiguilles des garnitures, se déplace en décrivant un mouvement de va-et-vient alternatif, dans le sens des génératrices en contact. L'aiguisage est par conséquent opéré par un triple mouvement, par la rotation des organes à aiguiser et la double action de rotation et de translation de la molette. L'effet successif de celle-ci offre la garantie d'un résultat que ne donne pas au même point un cylindre à émeri à grand diamètre, qui ne fait que toucher les dents et ne peut que leur donner un faible mordant, et dont l'action a lieu simultanément sur toute la longueur du cylindre à aiguiser et fatigue par conséquent les garnitures ; quant au double mouvement de la molette, il est obtenu de la manière la plus simple, et d'une façon analogue à celle employée dans les bobinoirs à laine. Le moyeu de la molette a un appendice qui s'engage dans une rainure en filet de vis de l'arbre qui lui sert d'axe. Deux rainures semblables, à directions opposées, déterminent alternativement le mouvement de droite à gauche, et *vice versa*, pendant sa rotation continue, obtenue par une courroie placée sur une poulie calée à l'une des extrémités de ce même arbre à double filet de vis. Il est à peine nécessaire de faire remarquer que cette disposition, excellente pour l'aiguisage des cylindres, n'est pas applicable à celui des chapeaux, c'est pour ce motif que nous avons donné de préférence la description de l'appareil le plus complet (pl. XXXVIII).

§ 24. — Défauts que peuvent présenter les fibres cardées, leurs causes et moyens de les atténuer.

Le défaut le plus grave, le plus facile à constater, le plus difficile à éviter dans certains cas, est celui des boutons. La nappe, au lieu d'être complétement transparente et homogène sur toute sa surface, présente alors un plus ou moins grand nombre de petits boutons variables de volume, surtout entre le peigneur et l'entonnoir ; ces boutons sont généralement très nombreux dans le coton de l'Inde ; ils sont tantôt le résultat des caractères des fibres, tantôt ils proviennent d'un mauvais réglage, et surtout de garnitures en mauvais état et mal débourrées ; si, en effet, les fibres sont fines et courtes, elles se brisent parfois dans le trajet, se pelotonnent et se roulent d'autant plus que l'action est plus persistante. Ces petites boules, ainsi charriées pendant une partie du transport des filaments, se logent presque toujours définitivement dans le ruban et dans le fil. L'inconvénient peut encore se présenter si les surfaces des garnitures sont plus ou moins bourrées, au lieu de développer et de faire glisser les fibres, les aiguilles les retiennent et les roulent alors ; si certaines parties présentent des lacunes ou des aiguilles en mauvais état, le coton peut se mouler dans ces cavités et être transporté *par petits paquets*.

Le cardage imparfait est parfois aussi le résultat d'une alimentation inégale du grand tambour, provenant d'un défaut de parallélisme entre son axe et celui des alimentaires, ou d'une pression inégale sur ces derniers, ou enfin d'un trop grand étirage, c'est-à-dire d'une trop grande vitesse des organes de révolution. Vérifier les cardes, les aiguiser au besoin, s'assurer que le réglage de toutes les parties est convenable, que les vitesses relatives des organes sont bien conformes aux principes précédemment développés, ralentir au besoin la marche des organes principaux, tels sont les moyens employés en général pour remédier à ce vice, le plus à redouter dans le cardage.

Lorsqu'on carde deux fois, il est bon d'examiner à quelle période du travail le défaut surgit, car il peut aussi avoir quelquefois pour cause une action trop prolongée ; l'on a vu des boutons ne se manifester qu'à la fin du cardage en gros, et même dans le travail de la carde en fin. Les *coupures*, ou étranglements partiels, sont d'autant plus rares que l'alimentation de la carde a lieu avec plus de sûreté, de régularité et de continuité. Un ralentissement ou un arrêt dans les rouleaux alimentaires les déterminent presque toujours, et produisent le déchet sensible qui en est la conséquence.

Les alimentations par des hérissons dans des coursiers courbes, la commande des cylindres par des engrenages et des courroies de proportions convenables sur les poulies motrices, sont les meilleurs moyens de prévenir ce genre d'accident.

Les *grosseurs*, ou points insuffisamment étirés, peuvent provenir d'une inégalité dans l'épaisseur de la nappe, résultant des rouleaux alimentaires de la carde ou des *barbes* qui s'attachent aux cylindres cannelés, parce que leur distance du grand cylindre ne serait pas assez rapprochée, ou encore parce que l'état d'entretien de cet organe laisserait à désirer, ou enfin parce que les organes de rotation seraient mal équilibrés, présenteraient du *faux-rond*, comme on dit dans les ateliers.

Ces observations succinctes démontrent l'importance de se bien pénétrer de tous les points concernant l'établissement et la marche de la carde dont il a été question précédemment, et de n'en négliger aucun si l'on veut atteindre un travail convenable.

<h3 align="center">§ 22. — Divers matériaux employés à la construction des cardes.</h3>

La construction de la carde comprend le bâti et les organes auxquels il sert de point d'appui. Le premier est généralement aujourd'hui en fonte de fer. Il présente alors les avantages de la solidité, de la facilité de l'ajustage, de la durée, sans être notablement plus cher que le bois employé autrefois à cette destination. Il n'en est pas de même des cylindres : ils sont encore tantôt en bois, en tôle, en fonte, ou en métal recouvert de stuc, en une composition formée par un mélange où la sciure de bois domine; ils pourraient être en bois durci; l'on a également cherché à les faire en papier-pâte comprimé et établis à la façon des rouleaux des machines à apprêter, etc. Chacun de ces modes, bien soigné, peut donner de bons résultats. Il suffit que les corps de révolution soient parfaitement cylindriques, bien équilibrés, présentent un maximum de solidité sous un minimum de poids, demeurent absolument insensibles à l'influence des variations atmosphériques et surtout des changements de température des ateliers; qu'ils permettent enfin d'appliquer facilement et de changer à volonté les garnitures.

Pour une même matière, il y a plusieurs genres de construction en présence : si c'est du bois, il est en général assemblé sur des croisillons en fer ou en fonte. Pour présenter les garanties voulues, le cylindre, au lieu d'être formé par des douves dont les fibres du bois restent parallèles, doit l'être par des petites pièces de bois debout dont le sens des veines se croise pour constituer une espèce de marqueterie ou de mosaïque, quant au genre d'assemblage. L'on avait également proposé de former les tambours par la réunion de plusieurs poulies légères montées sur un axe, en contact l'une avec l'autre, et assemblées entre elles par des entretoises en petit fer rond ayant un écrou à chaque extrémité pour effectuer le serrage sur l'ensemble de ces poulies. Une disposition fort simple permet dans ce cas de clouer les plaques ou les rubans de la garniture.

L'exécution des tambours en sciure de bois, imaginée par M. Dubus aîné, étant plus récente, quoiqu'elle ait déjà rendu des services, résumons succinctement sa manière d'opérer.

Le procédé de M. Dubus consiste dans la formation de cylindres au moyen de l'application successive et superposée d'une couche d'huile de lin, de ficelle ou de potasse, et de sciure de bois imprégnée de colle; ces premières couches forment un composé au-dessus duquel l'on applique une toile tendue, qui reçoit à son tour une dernière couche plus ou moins épaisse de sciure de bois imprégnée de colle forte. La surface cylindrique ainsi obtenue, une fois sèche, peut être tournée comme à l'ordinaire.

Les cardes en sciure de bois nous paraissent d'un usage excellent. Le *bois durci*, si remarquable par la finesse du grain, le poli, la dureté et la légèreté, dont on fait des médailles et une foule d'objets mobiliers et d'ornementation, nous paraît également destiné à faire d'excellents cylindres de cardes. Les tambours formés de cette façon seraient légers, durables, permettraient le clouage des garnitures avec facilité, et ne seraient nullement influencés par les changements de température.

L'on reprochait autrefois aux cylindres métalliques d'être compliqués dans leurs divers modes d'assemblage, d'être d'un grand poids, et, par conséquent, lourds à faire mouvoir, et d'un prix élevé. Ces objections ont bien perdu de leur valeur avec les progrès apportés dans la fonderie, le travail du fer et l'abaissement des prix, qui permet de livrer aujourd'hui les machines pour filatures au-dessous de 100 francs les 100 kilogrammes. Il s'ensuit que l'emploi des métaux domine en tous cas, lors même que la partie cylindrique est formée de l'une ou l'autre des substances susmentionnées. Chaque localité paraît d'ailleurs avoir sa préférence à ce sujet. Le revêtement en stuc est plus répandu en Alsace qu'ailleurs; le bois et la sciure sont plus communément employés en Normandie; c'est à Reims et dans les environs que l'on a mis le plus de persévérance à la confection des tambours en fer. La construction du Nord a plus d'analogie avec celle des Anglais, la fonte y est préférée. La fixation des garnitures a lieu dans ce dernier cas au moyen de clous chassés dans des chevilles en bois placées dans des rangées de trous réservées dans la fonte. Six à huit de ces rangées suivant les génératrices suffisent. Les rubans ont en moyenne une largeur de 2 centimètres. Une étoffe armure satin, faite avec un fil dont l'*âme* est en caoutchouc, présente une élasticité et une régularité dans l'épaisseur et, par conséquent, des avantages que le cuir, exclusivement employé autrefois, ne pouvait offrir.

Vides des garnitures du grand tambour. — Depuis quelque temps on laisse de place en place dans les garnitures du grand cylindre des lacunes, ou places sans aiguilles : elles ont pour but de former autant de petits réservoirs destinés à recevoir les grosseurs, les nœuds, les boutons, qui sans cela pourraient détériorer la garniture. A cet effet, ces petits vides rectangulaires sont disposés de manière que leur ensemble offre des rangées de spirales équidistantes autour de la circonférence. L'idée de cette pratique est ingénieuse, est-elle vraiment efficace ? l'on ne paraît pas bien fixé encore à cet égard.

§ 23. — Réunissage et doublages.

Le réunissage est une opération en quelque sorte accessoire, et cependant fondamentale, eu égard à la fréquence de son application et à ses résultats. Elle a pour but, comme son nom l'indique, de réunir par juxta ou surperposition un certain nombre de nappes, rubans ou mèches, suivant la période des transformations, et de continuer celles-ci d'une façon identique sur ces nappes, rubans ou mèches, après chaque passage, à partir des premières jusqu'au filage. Le but essentiel de ces doublages est d'arriver plus sûrement à l'homogénéité et au titre voulu. Les étirages successifs par lesquels s'obtiennent les finesses ou la longueur assignée à l'unité du poids, ne sont possibles que par la transformation progressive d'une masse constituée par des éléments préparés isolément avec tout le soin voulu. Si chacune des couches préparées est parfaite avant la réunion, leur ensemble, condensées et étirées, participera naturellement de leur perfection. Dans le cas, au contraire, où elles laisseraient à désirer, les défectuosités partielles seront atténuées par leur répartition dans une masse dont les condensations et étirages successifs par de véritables laminages, entre autres résultats, compensent les inégalités et les irrégularités des éléments au profit de la perfection du résultat.

Il est bon de faire remarquer, cependant, que ces opérations du réunissage ne peuvent remédier qu'à certains défauts des préparations. Elles sont sans efficacité, par exemple, contre la présence des petites grosseurs, des boutons. Ceux-ci persistent dans la masse pendant toutes les opérations subséquentes et nuisent sensiblement aux qualités des préparations; leur extirpation incombe principalement au travail du cardage ou du peignage.

Le réunissage n'en conserve pas moins un rôle important. Aussi la manière de l'opérer a-t-elle été le but de recherches nombreuses. Elles ont amené des modifications successives et abouti aux divers systèmes en présence.

Depuis l'origine de l'emploi des machines à carder jusque vers 1817, la nappe cardée, détachée à la sortie par le peigne, s'enroulait autour d'un rouleau en bois, dit *tambour à nappes*. Après un certain nombre de tours, vingt environ, l'on coupait cette nappe pour l'étaler; elle avait alors une longueur égale au développement du rouleau, de même que le nombre de superpositions était égal à celui de ses rotations. La réunion de ces couches en une seule surface servait à alimenter la carde en fin. Ce n'est qu'à la sortie de celle-ci que commençait la formation des rubans reçus dans des pots cylindriques fixes.

Il serait hors de saison de critiquer aujourd'hui ce système d'alimentation à nappes multiples, qui constituait un progrès dans son temps. Il suffit de faire remarquer que les nombreuses soudures ou superpositions bout à bout, nécessitées par la longueur limitée de chaque nappe, les tensions variables subies par la couche d'un diamètre différent à son enroulement, enfin la nécessité de transporter les rouleaux d'une carde à l'autre, et de les manier souvent à la main, laissaient à désirer. Un industriel de Senlis, Daniel Lajude, chercha à remédier à ces inconvénients, et se fit breveter en 1817, pour un système de réunissage mieux entendu, qui mérite une mention spéciale. Par sa méthode, la première carde transformait le coton cardé en ruban, qui tombait dans un pot cylindrique ou un panier. Un certain nombre de ceux-ci, quarante environ, venaient se réunir entre les deux rouleaux d'un espèce de laminoir compresseur sans étirage, il en résultait une nappe comprimée, qu'on recevait sur une tablette inclinée et dirigeait dans une caisse à mouvement de va-et-vient, placée au-dessous de la tablette. Un fouloir venait comprimer les nappes superposées dans la caisse afin de condenser le produit, ces récipients contenaient chacun 2 kilogrammes. Une paire servait à l'alimentation d'une carde finisseuse.

Le récepteur rectangulaire à mouvement de va-et-vient, encore employé dans certaines filatures et préféré au pot cylindrique par un assez grand nombre d'industriels, est donc moins récent qu'on ne le suppose généralement.

L'idée de faire rendre chacun des rubans d'une même rangée de cardes les uns à côté des autres, de les faire cheminer parrallèlement entre des rouleaux placés dans un couloir sous ou sur le plancher de l'atelier, pour se rendre à une machine à réunir, est due à M. Bodmer ; elle remonte à 1825. La disposition spéciale imaginée par l'auteur pour réaliser son système fait partie d'un ensemble de perfectionnements portant sur presque toutes les machines de la filature. Cet ensemble n'a pas été appliqué, que nous sachions, d'une manière complète ; mais l'industrie a profité d'un certain nombre de ses détails aussi originaux qu'efficaces. L'on peut indiquer entre autres les cardes débourreuses imaginées sans doute trop tôt, attendu qu'elles différaient peu, dès lors, de certains types qui commencent à se faire adopter. Il en est de même des alimentations au moyen de hérissons ou d'un cylindre cannelé tournant dans une auge, et d'un certain nombre de modifications, tels que les couloirs presque exclusivement employés pendant un grand nombre d'années, sans que cependant l'auteur ait eu la satisfaction de les faire adopter lui-même. Le système de doublage Bodmer consiste, on le sait, à former un rouleau par tous les rubans d'une même série de machines, ils cheminent automatiquement et régulièrement les uns à côté des autres pour se rendre à une machine à réunir. Ce mode d'opérer est peut-être encore le plus répandu, surtout dans les filatures qui remontent à une dizaine d'années. Quoiqu'on paraisse lui préférer généralement aujourd'hui les pots tournants, décrits précédemment, chap. xxii, § 3, les avis sur les avantages réciproques des deux systèmes sont cependant partagés, surtout en Normandie ; nous donnons par conséquent la machine à réunir la plus usitée dans cette localité.

§ 24. — Machine à réunir, pl. X.

La figure 1 donne une vue de côté de la machine, dont la figure 2 est un plan horizontal. La figure 3 représente une section verticale, et la figure 4, un profil, du côté opposé à celui donné par la figure 1.

Les rubans Y, dirigés les uns à côté des autres au nombre voulu, sont amenés par une toile sans fin D, dans un anneau G, sur une plaque courbe ou espèce de tablier fixe B. La largeur de la nappe formée par l'ensemble des rubans parallèles est réglée par deux guides t, t, vissés sur la plaque B. La nappe laminée entre les cylindres cannelés G R, subit ordinairement un faible étirage dans le rapport de 1 1/2 ou 2 à 1. Elle s'enroule sur un rouleau H, après avoir été comprimée et condensée entre les cylindres de pression L et régularisée par les enrouleurs E_1E_1.

Transmission de mouvements.—L'arbre de la poulie motrice P porte la roue a, dont l'action se transmet par les intermédiaires $b\ d\ c$ au pignon droit, placé sur l'arbre de la toile sans fin D (fig. 1). La commande des premiers cannelés est transmise par la roue e, qui reçoit directement le mouvement du pignon a (fig. 2 et 3).

Le deuxième rang de cylindres est commandé par la roue m (fig 4), placé sur l'arbre moteur et les roues $n\ r\ s$.

Cette dernière roue S est fixée sur l'arbre des cannelés du deuxième rang. Ces trois roues n, et les deux placées à ses côtés, à droite et à gauche, sont portées sur un secteur V, qui a la faculté de tourner autour du centre de rotation de la roue m. Un levier à poignet X, est disposé à cet effet, et permet de faire engrener à volonté la roue S, avec son pignon de droite ou de gauche. Le rapport de la quantité d'étirage n'est pas le même dans les deux cas. L'engrènement de l'une des deux roues donne l'étirage convenable au passage de tous les rubans qui doivent constituer la nappe, l'engrènement de l'autre donne un étirage correspondant à la quantité totale de rubans moins 1. Si donc l'étirage normal est établi pour n rubans, la modification dans le rapport d'engrenages sera calculée de 1 à n. Une vis v sert à maintenir le levier X dans la position convenable, une fois qu'il a mis en communication les roues pour obtenir l'étirage dans la marche normale, ou celle nécessitée par le manque d'un ruban. Les rouleaux compresseurs L et les enrouleurs E sont commandés par le deuxième rang de cannelés, les premiers au moyen des roues fg, $h\,i$, les seconds par celles fg, $h\,i\,k\,l$.

Dispositions accessoires de la machine. — Sur les rouleaux de cuir R, et sous les cylindres cannelés G sont disposés les chapeaux FF, destinés à nettoyer ces organes et à empêcher la nappe Y de s'enrouler autour d'eux.

Chaque chapeau (fig. 5) se compose d'une pièce rectangulaire en bois, souvent plaquée d'acajou à l'extérieur et dont l'intérieur a été creusé afin de recevoir une pièce de drap d^2 tendue sur deux petits rouleaux mobiles r_2r_2. Cette disposition permet au drap de se déplacer et de donner un meilleur nettoyage.

Le chapeau, mobile autour d'un axe fixé au bâti, est appuyé contre les cylindres G' au moyen d'un poids M.

Les rouleaux de cuir R sont pressés contre les cylindres C par un poids I agissant à l'extrémité d'un levier K. La pression du poids est communiquée aux rouleaux par deux tringles t et des sellettes en bronze ou en fonte placées à chaque extrémité.

Lorsqu'un rouleau de coton est terminé, on soulève le plateau T et le rouleau par conséquent, au moyen des tiges U, placées à chaque extrémité et articulées en i^2 des bielles Q et de la pédale N sur laquelle on appuie avec le pied. On fait alors basculer les deux plateaux T et T', de manière à mettre l'un à la place de l'autre ; on laisse ensuite retomber le système, jusqu'à ce que le nouveau rouleau en bois H, disposé à l'avance entre les deux plateaux T, vienne reposer sur les enrouleurs EE et dont le mouvement produit la formation d'un nouveau rouleau.

La figure 6 montre le rouleau H maintenu au centre des deux plateaux par un arbre f sur lequel il est mobile.

Lorsqu'on veut changer un rouleau plein de coton pour un rouleau vide, on retire l'axe f, on enlève le rouleau plein, pour substituer le vide entre les deux plateaux de manière que son trou se trouve en regard de ceux des plateaux.

Malgré le fréquent emploi de la machine à réunir qui vient d'être décrite, on peut lui reprocher une assez grande complication, et *surtout de ne pas donner l'uniformité de préparation* que l'on recherche avant tout. Elle présente en effet plusieurs causes principales d'irrégularité, des rubans isolés peuvent se rompre dans des canaux, cesser de fournir pendant que la masse continue à cheminer ; la tension des fibres varie avec les différents diamètres du rouleau de la machine ; elle est évidemment plus forte pour la partie extérieure que pour la surface intérieure de chaque circonférence, elle n'est pas non plus la même pour les premières que pour les dernières couches du rouleau ; enfin *les reprises ou juxtapositions à chaque extrémité* du rouleau développé, pour passer à la machine suivante, déterminent, à leur tour, des parties manquant d'homogénéité.

§ 25. — Appareil réunisseur perfectionné.

On a cherché à remédier aux principaux vices qui viennent d'être signalés, et *surtout à la cause d'irrégularité provenant de la rupture de l'un des rubans des doublages*, en les faisant passer dans un mécanisme débrayeur, à mouvement d'arrêt spontané, lorsque l'un des rubans vient à manquer. Des pots contenant les rubans sont disposés symétriquement au nombre voulu de chaque côté d'une table métallique sur la surface de laquelle ces rubans sont juxtaposés pour se réunir autour d'un axe et former un rouleau comme dans la machine précédente. Seulement, à la différence de la forme des deux appareils, il faut ajouter l'addition du mécanisme *casse-mèche* décrit plus loin en détails, qui ne permet aucune solution de continuité.

Ce mode de réunissage est encore aussi répandu en Angleterre que le précédent l'est dans les filatures françaises.

Réunissage à pots et à casse-mèche. — Parfois ces rubans, au lieu de se réunir en un rouleau, sont doublés dans un pot unique. Dans ce cas, les pots à rubans isolés sont placés à l'extrémité d'une table, ils se rendent deux à deux entre deux paires de rouleaux cannelés à mouvement de rotation placés sur cette table et doués d'une très-légère augmentation de vitesse pour dresser plutôt que pour étirer. Les rubans ainsi dirigés sont tous réunis dans un entonnoir pour passer ensuite entre des rouleaux délivreurs, d'où ils tombent en un ruban unique dans un pot placé à l'autre bout de la table. Chacun des rubans isolés est également guidé ici par un appareil débrayeur. Ce mode d'opérer présente donc l'avantage d'éviter les irrégularités provenant des causes indiquées précédemment, mais on lui reproche d'occasionner des déchets. Aussi le doublage direct obtenu par la réunion des pots de la carde aux machines suivantes est-il généralement préféré, tant à cause de sa simplicité que de la sûreté des résultats lorsque les machines sont à casse-mèche débrayeur.

En résumé, quel que soit le système de cardes et de réunissage employé, il s'agit toujours de faire passer aux préparations suivantes, aux étirages par conséquent, un certain nombre plus ou moins considérable de rubans fournis par les cardes. Ce nombre peut varier, et il varie en effet, avec la nature et les qualités des cotons, les systèmes d'appareil adopté, le degré de finesse en vue. Tantôt dans l'emploi des couloirs, par exemple, ce sont tous les rubans d'une rangée de cardes qui vont s'assembler et se doubler sur l'appareil à rouleaux placé à l'extrémité de l'atelier. Tantôt c'est le même nombre de pots dont les rubans vont se réunir, soit dans un pot, soit sur un rouleau. Aujourd'hui, ce sont en général six ou huit pots provenant d'autant de cardes qui vont se placer devant les étirages suivants. Quel que soit d'ailleurs le mode de procéder, il doit toujours tendre au même résultat : former aussi économiquement que possible un produit homogène et régulier du numéro déterminé *à priori*, sans altérer ni même fatiguer la substance. Les préparations précédentes, celles du cardage, et les suivantes des doublages et des étirages, ont chacune leur influence sur la perfection des résultats. Les étirages seront d'autant plus faciles et plus parfaits que la matière leur arrivera mieux disposée et conservée. Il y a donc une importance capitale à perfectionner autant que possible les préparations du premier degré. Or, l'un des progrès les plus marqués dans cette direction étant la substitution du peignage au cardage, nous devons mentionner ce nouveau mode de préparation du coton avant d'aborder la description du travail des étirages.

CHAPITRE XXIII.

PRÉPARATIONS DU PREMIER DEGRÉ, PREMIÈRE PÉRIODE, DES FILAMENTS LONGS.

§ 1. — Considérations préliminaires.

Notre prétention n'est pas d'avoir indiqué toutes les recherches dont les cardes ont été l'objet, mais d'en avoir dit assez pour faire connaître les principales et pouvoir faire apprécier même celles dont nous n'aurions pas parlé directement, les différences ne portant que sur des modifications de détails, dans les dimensions, les vitesses, le nombre et le groupement des organes, pour ainsi dire immuables dans leurs formes et fonctions.

Nous croyons aussi avoir fait ressortir tout ce qu'il y a encore de délicat dans le maniement et l'établissement de la carde, ce qu'elle a d'incertain en principe, et toutes les difficultés que rencontre son efficacité pratique. Néanmoins, la persistance des recherches pour la perfectionner, ce qui a été dit, répété et écrit sur son côté ingénieux, explique comment elle est restée long-temps exclusivement chargée de l'une des préparations les plus importantes de la filature. Il y a à peine vingt ans, en effet, que l'on a osé songer à un moyen de peigner le coton, et il y en a à peine dix que la machine nouvelle s'est fait adopter pratique-ment. Nous n'avons pas à revenir sur l'importance de cette invention, dont on ne profite encore que pour les cotons longue-soie, ayant suffisamment insisté sur ce point en parlant des progrès techniques.

L'on se tromperait cependant si l'on supposait que la pei-gneuse à elle seule suffit pour préparer le coton. Elle n'est qu'une machine finisseuse, à laquelle il faut livrer des nappes épurées pour être transformées en une préparation dont on ne pouvait soupçonner la beauté et la perfection avant l'em-ploi de la machine nouvelle, et qui réalise réellement le pro-blème poursuivi en vain par le cardage. Elle forme un produit préparé, qui ne peut être composé que de fibres de même lon-gueur, entièrement débarrassées de boutons, parfaitement dé-veloppées et parallélisées dans la nappe. Ce résultat a pour ainsi dire métamorphosé la matière. On ne la dirait plus de même na-ture, si on compare une même partie divisée en deux, et traitée ici à la carde, et là à la machine à peigner ; la nappe de la pre-mière offre une certaine apparence duveteuse, plus ou moins homogène ; celle de la seconde est d'une netteté, d'une finesse, d'un brillant, d'une blancheur même qui complètent et re-haussent les qualités du coton, lui donnent une valeur toute par-ticulière et permettent d'étendre le domaine de ses nombreux produits. Mais comment peigner des fibres d'une vingtaine de millimètres de longueur seulement ? comment opérer cette séparation entre celles qui ont la *taille voulue* et celles qui ne sont pas propres *au service* du peignage? comment les ranger les unes à côté des autres avec autant de soin et plus de certitude que s'il s'agissait de la plus précieuse chevelure? comment enfin ne laisser passer dans la mèche peignée aucune espèce de grosseurs ou de boutons microscopiques qui pourraient déparer le résultat et amoindrir sa perfection?

Telles sont les questions que paraît s'être posées M. Josué Heilmann pour les résoudre, en dotant l'industrie d'une série de mécanismes dont les services directs sont incalculables, et qui en rendront peut-être davantage encore, par la nouvelle voie dans laquelle leurs résultats ont lancé le monde des chercheurs.

L'importance de l'invention de M. Heilmann, les perfectionnements et les modifications de détails dont elle a été l'objet, de la part de la maison Schlumberger d'abord, et d'autres encore, nous déterminent à donner l'*invention mère* telle que M. Heilmann l'a fait breveter, en reproduisant son mémoire descriptif. Cet exposé du célèbre inventeur vient à l'appui de ce qu'il nous fit l'honneur de nous dire, il y a près de trente ans, dans une conversation que nous eûmes avec lui, dans l'établissement qu'il dirigeait alors à la *Cour de Lorraine*, à Mulhouse. En nous parlant de l'utilité et de la nécessité pour l'industriel de posséder les connaissances élémentaires de mathématiques, il ajouta que la possession des notions scientifiques premières est presque toujours suffisante à un esprit bien doué pour résoudre pratiquement les questions industrielles les plus compliquées. Elles lui ont en effet suffi depuis à la réalisation de deux inventions capitales, la machine à broder et la peigneuse. Une seule eût suffi pour illustrer son nom, aussi bien par les services rendus que par leur originalité. Voici le mémoire descriptif dont l'auteur a accompagné sa demande de brevet pour la peigneuse, dont nous avons seulement à nous occuper ici :

§ 2. — Brevet en date du 17 décembre 1845, au sieur Heilmann, de Mulhouse, pour un démêloir et une peigneuse.

Voici la théorie de ces machines, pl. XVI :

Étant données deux surfaces cardantes ou peignantes d'une forme quelconque, par exemple, les deux hérissons a et b (fig. 1), supposons que ces surfaces se meuvent dans le sens indiqué par des flèches, mais avec des vitesses différentes l'une de l'autre ; soit, de plus, donné à l'un d'eux un mouvement oscillatoire tel qu'il s'approche et s'éloigne alternativement pendant le travail, en décrivant des lignes plus ou moins grandes, selon la longueur des matières, ou bien que les deux hérissons se meuvent simultanément, dans le but de produire les mêmes effets, comme par le mécanisme dont voici la description :

c, axe d'un arbre coudé, qui est assujetti à un bâti, centre du collet excentrique de l'arbre c.

l, bielle qui transmet le mouvement oscillatoire au hérisson a, lequel se meut autour du pivot o, fixé au bâti.

g, balancier qui pivote sur le centre i, également fixé au bâti, et qui communique au hérisson b un mouvement analogue à celui de a, par l'intermédiaire de la bielle h.

Pour imprimer des mouvements de rotation convenables aux hérissons a et b, il faut que les dernières roues ou poulies de transmission dont on se sert soient excentriques avec les pivots f et i, ou même placées à libre frottement sur eux.

Si alors on charge d'une nappe de coton le hérisson qui tourne le plus lentement, soit a, bientôt le hérisson b saisira les parties saillantes des filaments, les attirera légèrement, ainsi que leurs voisins, et il finira par s'en emparer totalement. La nouvelle nappe, ainsi formée, sera d'autant plus réduite en épaisseur, et ses filaments seront d'autant plus parallèles entre eux, que la vitesse de la surface *b* surpassera celle de *a*, et la nappe sera d'autant plus homogène que sera plus grand le nombre de fois que l'on aura soumis la matière à cette première opération.

Mais afin que la nappe ne subisse pas, comme dans les batteurs, les velow, les cardes et autres machines analogues, une dissolution complète, la différence de vitesse entre les deux surfaces est maintenue dans les limites de celles en usage dans les machines appelées *étirages* pour le coton, car on se propose ici de conserver l'adhérence naturelle entre les filaments et d'en profiter, et d'opérer, au moyen d'un glissement graduel, une espèce de peignage et d'étirage simultanés, dont les moindres effets se conservent et augmentent graduellement, tandis que, au sortir des machines ci-dessus nommées, le parallélisme n'est pas conservé relativement à la nappe.

Soit encore, fig. 2 :

A, un système fournisseur quelconque, composé de pinces, de cylindres, et approprié à la matière que l'on veut traiter ; par exemple, un cylindre cannelé *a*, marchant par intermittence ; et à repos stable, ou par un mouvement continu, et un conduit *b*, qui presse médiocrement la matière contre ledit cylindre, sans gêner la marche de la nappe.

B, un système d'appel de délivrance quelconque, par exemple un cylindre cannelé et un autre de pression *d*, tout le système pouvant se mouvoir autour du point *e*, fixé au bâti.

c, un hérisson qui, en tournant sur son axe, peut s'approcher, tantôt de l'alimentation *A*, tantôt de la délivrance *B*, et bientôt se dérober sous le conduit *b*, où il se débourre, soit en tournant en sens inverse, à proximité d'un autre hérisson ou d'un peigne, ou par une méthode qui est décrite plus bas.

Un des mécanismes propres à produire ces effets consiste dans les détails suivants :

f, centre d'un arbre coudé assujetti au bâti.

g, tourillon excentrique de cet arbre.

h, bielle engagée dans le tourillon *g*.

i, pivot fixé au bâti, et sur lequel pivote et glisse la bielle *h*.

K, levier qui est accouplé à la bielle *h*, par un mouvement de charnière, au point *l*, et qui sert de support au peigne *c*.

m, autre pivot fixé au bâti, sur un point convenable du cercle *nm*, selon les courbes que l'on veut faire décrire au peigne. C'est sur ce pivot que tourne et glisse le levier K, percé d'une coulisse.

p, bielle adaptée au système *B*, comme aussi au levier *k*, lequel entraîne ce système au moyen de la bielle *p*, pour l'approcher de l'alimentation A.

Le hérisson reçoit son mouvement par le centre *m*, celui du cylindre *d* par le pivot *e*; quant au cylindre *a*, il se meut au moyen d'un encliquetage à rochet.

Si une nappe de matière rendue parallèle et homogène par le procédé décrit dans la première démonstration est engagée dans l'alimentation *A*, le peigne *c* y formera la barbe *y*, après quoi il se dérobera sous le conduit *b* et permettra à l'appel *B* de s'approcher de l'alimentation. Ce mouvement rétrograde, effectué en tournant sur leur axe, est réalisé par des moyens décrits plus bas. Arrivée à une distance convenable de l'alimentation *A*, la barbe peignée *y* se joindra à la queue *z*, provenant d'une précédente opération. Alors la paire de cylindres *d*, *e*, fera un mouvement de rotation en avant, et puis tout le système *B* retournera à sa première position, en emportant une mèche de filaments. Dans ce mouvement, le peigne reparaîtra et s'approchera assez de la queue *z* pour qu'elle soit aussi peignée.

On voit par cette démonstration que l'on se propose de fractionner une nappe par mèches d'une certaine longueur, lesquelles se peignent devant et derrière, pour se réunir de nouveau en nappe ou ruban, et tout cela par des moyens automatiques.

Toutefois, ce qui précède sera complété par les descriptions détaillées des deux machines qui vont suivre, et qui offrent chacune une application des deux principes énoncés.

§ 3. — Démêloir.

La figure 3 représente une section verticale, et la figure 4, le plan des parties essentielles de cette machine, dont les dimensions indiquées conviennent pour le coton.

a, l'un des côtés du bâti portant les pivots.

b, support avec coussinet ; son pareil se trouve au côté opposé.

c, arbre coudé en deux endroits, intérieurement aux coussinets *b*, dans lesquels il tourne ; il reçoit le mouvement du moteur directement.

d, axe de rotation de cet arbre.

e, centre de ses parties excentriques ou coudées.

f, collet en deux pièces et tournant librement sur le centre *e* ; son pareil se trouve au bout opposé.

g, cylindre creux, vissé par chacun de ses bouts sur les collets *f*.

h, garniture de cardes, d'aiguilles ou de broches, dont le cylindre *g* est garni.

i, roue dentée et fixée sur l'un des deux collets *f*.

k, support en métal engagé à frottement libre sur le collet *f*. Ce support se prolonge dans sa partie inférieure vers le bas du bâti, et se termine par une tige qui glisse librement dans une ouverture faisant corps avec le bâti.

l, coussinet additionnel adapté au support *h*. Cette partie reçoit le pivot d'un arbre à vis sans fin ; une pareille pièce reçoit le pivot opposé dudit arbre.

m, vis sans fin avec son arbre tournant dans les coussinets *l*, et engagée dans la roue *i*.

o, autre vis sans fin dans laquelle engrène le pignon *n*.

q, rouleau et toile sans fin destinés à amener les matières filamenteuses.

p, chapeau garni de cuir, servant à appuyer la matière sur les cardes *h*.

s, ressort qui régularise la pression du chapeau *p*. Ce chapeau peut aussi être remplacé par un rouleau.

t, support destiné à recevoir le pivot du second hérisson.

u, centre et pivot dudit hérisson.

v, axe du même hérisson, cannelé à facettes, de manière à recevoir, au moyen de vis, des garnitures de peignes ou d'aiguilles.

x, peignes ou aiguilles.

y, barrettes engagées librement entre les peignes *x*.

z, rainures excentriques pratiquées à la partie latérale interne des supports *t*. Dans ces rainures sont engagées les extrémités des barrettes *y*.

w, disque dont chacune des extrémités de l'axe *x* est munie. Ces deux disques portent des entailles de la même inclinaison que les dents des peignes.

Chaque barrette est aussi engagée à frottement libre, avec deux bouts dans ces entailles.

Les barrettes, étant au besoin courbées d'équerre et percées d'un trou à chaque bout, peuvent pivoter sur ces trous, ce qui dispense des disques *w*.

L'arbre *c*, recevant un mouvement de rotation rapide du moteur, entraîne avec lui le hérisson *h*, non pas autour de l'axe *c*, mais autour de l'axe *d*, de manière à produire, sur la nappe de matière qui y est engagée et contre le hérisson *x*, qui est stationnaire et près de lui, un peignage dont il a été question. En même temps, un autre mouvement très-lent autour de son propre axe est imprimé au hérisson *h*, au moyen des deux vis sans fin *m* et *o* et de la tige fixe engagée dans la fourche *p*.

Par une communication tout ordinaire des roues dentées, l'arbre *c* transmet au hérisson *x* d'une part, et, de l'autre, au rouleau de toile sans fin *q*, leur rotation, mais avec des vitesses différentes telles, qu'il en résulte entre les hérissons un certain étirage de la matière.

La rainure excentrique *z* est disposée de manière que, du côté du hérisson *h*, les aiguilles soient plus élevées que les barrettes, afin de saisir la nappe, tandis que, du côté opposé, où il s'agit de dégager la nappe, les barrettes désaffleurent les aiguilles.

Lorsque, dans cette machine, la vitesse du hérisson *h* est la quatorzième partie du hérisson *x* et les deux centièmes de celle de l'arbre coudé *c*, les cotons longue-soie s'y travaillent bien. Ces proportions pourront varier selon les matières.

On peut, au besoin, faciliter le détachement de la nappe étirée au moyen d'un rouleau ou d'un peigne appliqué près des barrettes. Cette nappe peut être reçue sur un tambour ou au travers d'un entonnoir.

Cette machine peut aussi servir comme simple étirage, en diminuant ou supprimant l'oscillation des hérissons.

§ 4. — Peigneuse.

Cette machine est construite dans le genre d'un banc d'étirage pour le coton, avec addition d'un cylindre peigneur.

La figure 5 représente une section, et la figure 6 un plan essentiel de son mécanisme, dont les dimensions indiquées conviennent pour le coton.

A, pied du support, dont une seule paire ou bien un certain

nombre de paires peuvent être placées sur un même porte-système.

B, support auquel est adaptée la partie alimentaire ; il est fixé au pied A au moyen d'une vis, et peut se régler le long d'une surface et d'une coulisse circulaire.

a, cylindre cannelé tournant par intermittence ; sa hauteur peut être réglée au moyen du coussinet a' et de la vis a''.

b, conduit de la nappe ; il pivote sur l'axe b' et peut se régler au moyen du coussinet h'' et de la vis b''.

c, poids qui appuie le conduit contre le cylindre.

C, coussinet sur lequel est adaptée la partie délivrante de la matière pure ; il est fixé au pied A au moyen de la vis c' et peut se régler par une vis c''.

z, levier qui pivote sur le coussinet c, soit au centre X, soit au centre Y, ainsi qu'il sera expliqué plus loin.

e, cylindre cannelé dont le pivot traverse le levier z.

f, cylindre de pression recouvert de cuir, et qui pivote dans le même levier z.

g, crochet qui effectue la pression de ces deux cylindres l'un contre l'autre, par l'intermédiaire d'un levier coudé g' et par l'effet d'un ressort g''.

h, ressort qui imprime au levier Z un mouvement autour de son axe X ou Y, dans le moment où l'arbre h', le levier h'' et la chaîne h''' ne lui font pas faire un mouvement opposé.

D, coussinet qui supporte un second système de délivrance destiné aux résidus ; il est aussi fixé au pied A au moyen de la vis D.

i, cylindre cannelé.

K, cylindre couvert de peaux et pressant contre le cylindre i, au moyen d'un levier et d'un ressort. Ce cylindre peut être réglé à une petite distance des barrettes, ou les toucher légèrement.

C, chapeau qui recouvre le pivot du cylindre peigneur, lequel tourne dans un coussinet ménagé dans le pied A. Ce chapeau est tenu par la vis E.

l, axe du cylindre peigneur. Le diamètre extérieur de ce cylindre doit être proportionné à la longueur des matières filamenteuses, ainsi que toutes les autres parties de ce mécanisme.

m, dents de peigne dont la moitié environ de la circonférence du peigneur est garnie; elles pourront être progressivement plus fines et plus rapprochées entre elles, dans le sens de leur travail, et appropriées aux matières.

n, barrettes qui se meuvent entre ces dents, comme il a été dit dans la description du démêloir.

o, partie de la circonférence recouverte de drap et de cuir au moyen de coins ou par tout autre moyen.

L'axe du cylindre peigneur est animé d'un mouvement circulaire continu dans le sens de l'inclinaison des dents dont il est garni. A chaque tour qu'il fait, l'alimentation fournit une certaine longueur de nappe. Le moment et la qualité de cette avance doivent être déterminés selon qu'on aura pour but ou l'économie de la matière ou la pureté du produit. Le peignage de la tête de la mèche étant achevé, et au moment où la partie cannelée *o* se présente devant le cylindre *f*, celui-ci presse fortement sur elle, pour arracher la mèche peignée, dont la paire de cylindres *e*, *f* s'empare par le mouvement et par l'effet de l'adhésion des filaments; mais, lorsque, un moment après, la partie garnie de cuir se présente devant le cylindre *e*, celui-ci s'abaisse par un mouvement de bascule qui relève en même temps le cylindre de peau. La mèche fait donc alors un mouvement rétrograde, ce qui l'expose graduellement, et à commencer par le bout de la queue, aux dents du peigne. On peut aussi effectuer la marche rétrograde de la mèche immédiatement après le peignage, ou bien on peut rétrograder en deux portions, avant, après ou pendant le peignage, comme on le verra plus tard, en disposant le cylindre peigneur à cet effet, et selon l'espèce et la longueur des matières.

Les résidus enlevés par les dents du peigne en sont immédiatement expulsés par les barrettes, et puis saisis par la paire de cylindres i, k. Si l'on donne à cette paire de cylindres un mouvement circulaire alternatif semblable à celui de la paire e, f, on pourra former un second boudin ; mais, si les résidus n'en valent pas la peine, on peut les laisser tomber librement et pêle-mêle, ou les enlever au moyen d'une brosse ou d'un peigne.

On voit que, par ce procédé, c'est le mouvement circulaire alternatif, intermittent et progressif des deux paires de cylindres e, f et i et k, qui doit former une nouvelle nappe ou boudin des mèches fractionnées, soit de la matière pure, soit des résidus. A cet effet, il faut régler la quantité, la durée et la vitesse de ces mouvements, de manière que l'avance l'emporte sur la retraite ; et quant au peignage de la queue, pour qu'il s'effectue bien pour les longues matières, la retraite doit être effectuée avec une vitesse moindre que celle des dents du peigne.

Quant au moyen de produire ces effets, on se borne à en indiquer deux, dont voici la description :

1° Lorsque le cylindre de peau f est appuyé sur la partie cannelée p, au moyen du levier Z et de ses accessoires, le contact, à lui seul, peut causer le mouvement d'avance de la paire e, f, tout comme une forte pression du cylindre e sur la partie p peut en effectuer le recul. Dans ce cas, le levier Z doit pivoter sur le centre X.

2° Soit (fig. 7) un pignon q et les deux secteurs dentés t et t' pouvant engrener alternativement avec ce pignon. Sur leur axe r et s sont fixées aussi deux roues dentées entièrement, et indiquées par les lignes pointillées m et x. Ces deux roues engrènent ensemble, et tournent par conséquent en sens inverse l'une de l'autre ; elles sont, de plus, animées d'un mouvement circulaire continu, partant de l'axe du cylindre peigneur, et font le même nombre de tours que lui, dans un temps donné. Le pignon q est placé sur l'axe des cylindres e ou i (fig. 5), ou bien il est en communication avec ceux-ci.

On voit, par cette disposition, que l'on peut faire tourner à volonté, en avant et en arrière, le pignon q, comme aussi toutes les parties qui engrènent avec lui ; on voit aussi que, en modifiant la longueur et le diamètre des segments dentés, on est maître de la durée et de la vitesse des mouvements que l'on veut transmettre.

Mais ce moyen serait impraticable ici sans le perfectionnement que voici :

Les quelques premières dents t' et n' des secteurs sont rendues mobiles autour des axes t'' et a ; elles sont, de plus, maintenues au-dessus du niveau des autres dents par les ressorts v, dont le pouvoir doit être proportionné à la force à transmettre. Par cette disposition, la rencontre avec le pignon q se fait sans choc, car les dents levées glissent par anticipation dans celles du pignon. La force et la vitesse sont transmises par l'intermédiaire du ressort v, qui se tend graduellement pendant que le fragment denté se remet en place, et alors seulement que plusieurs dents peuvent agir simultanément.

Avec cette méthode, le levier Z doit pivoter sur le centre Y, qui est le même que celui du cylindre e, et, à cet effet, les coussinets c doivent être munis, de chaque côté, d'une partie cylindrique. L'intérieur de Y' sert aux collets du cylindre e, qui le traverse d'outre en outre, et l'extérieur sert de pivot aux leviers Z.

Quant au mouvement de l'arbre h, on le lui donne par un excentrique placé sur l'axe du cylindre peigneur l. Dans cet excentrique est engagé un levier muni d'un galet et fixé sur l'arbre h.

Ce genre de mouvement n'a pas besoin de plus d'explication.

Les deux nappes sortant de la machine peuvent être reçues

dans des entonnoirs et attirées par des rouleaux d'appel à mouvement continu ou alternatif.

Je n'ai, jusqu'à présent, indiqué que l'alimentation la plus simple pour la peigneuse, mais elle ne suffirait pas dans tous les cas et pour toutes les matières. Indépendamment de celle en usage dans d'autres machines, et que l'on pourrait employer, on va en indiquer deux nouvelles.

La figure 8 en représente une section.

b, cylindre peigneur.

f, cylindre de pression, de délivrance, comme dans la figure 5.

a, cylindre cannelé alimentaire.

a'', cylindre de pression alimentaire.

b'', règle garnie de drap et de cuir.

b', pivot de cette règle.

b''', bras qui joint la règle b'' au pivot b'.

c, ressort ou poids qui agit sur la règle h. Ces parties sont analogues à celles qui sont marquées des mêmes lettres dans le figure 5.

c', vis servant à régler le point d'arrêt de l'action qu'exerce le ressort c sur la règle b''.

x, autre règle taillée en vive arête.

x', bras portant la règle x.

x'', pivot fixé au bras b''', et autour duquel peuvent se mouvoir le bras x' et la règle x.

x''', tringle attachée au bout du bras x', en forme de charnière, et mise en mouvement par un excentrique.

y, peigne à travers lequel est étironnée la matière et qui est fixé par ses deux extrémites aux supports.

La paire de cylindres alimentaires amène le coton ou la laine entre la paire f, b, comme dans un étirage à coton. Au moment du peignage, la tringle x''' est tirée de haut en bas, et sollicite le levier x' à tourner autour du centre x'' jusqu'au moment où la règle x rencontre la règle b'', pour serrer entre elles la tête de la nappe. Dès lors le mouvement se continue autour du point b', et entraîne la règle b'', en lui faisant décrire la portion circulaire 1-2. Ainsi la barbe se rapproche graduellement des dents du peigneur b. Après le peignage, la tringle x''' remonte à sa place primitive, et avec elle la barbe peignée, qui s'engage aussitôt entre les dents du peigne y. La vis c' rencontre un point fixe du support B, ce qui arrête l'ascension de la règle b'', tandis que la règle x retourne à son point de départ.

Une autre alimentation, représentée figure 9, ressemble à la précédente; c'est pourquoi toutes les pièces analogues sont marquées des mêmes signes. Elle en diffère en ce que les cylindres alimentaires sont remplacés par deux ou un plus grand nombre de rangées d'aiguilles ou broches b, b, et que la rangée d'aiguilles ou le peigne y est rendu mobile autour du centre e. Ce peigne plonge, d'ailleurs, dans les fibres, de bas en haut, au lieu de plonger de haut en bas; de plus, l'axe x'' est rendu mobile autour d'un pivot fixe au bâti, qui se trouve sur le prolongement du levier z, de manière que la pince a, b peut s'éloigner et se rapprocher du cylindre f, le long de la matière à peigner, ce qui s'effectue au moyen d'un excentrique ou d'une came. L'éloignement de la pince a lieu pendant l'étironnage, après quoi commence la descente et le peignage, comme dans la seconde alimentation. Après le peignage, la pince remonte directement dans sa première position, c'est-à-dire celle qui est la plus rapprochée du cylindre f, et c'est là ce qui cause l'avance progressive de la nappe, qui entre et sort ainsi à chaque fois des pointes b, c. Ces pointes ou aiguilles sont assujetties au bâti avec le support du centre c. Le petit levier fait corps avec le peigne y et ses dépendances; il est engagé entre les deux chevilles i, i, qui l'entraînent dans leur mouvement ascendant et descendant.

On voit, par la simple inspection du dessin, que, pendant la retraite de la pince, le peigne y reste en place ; on peut aussi se convaincre que, au moyen d'une distance convenable entre les deux chevilles i, i, et une longueur bien proportionnée du levier y, le peigne et la pince peuvent ne pas se gêner dans leur mouvement simultané.

Ce mouvement peut être modifié de la manière suivante :

On peut, comme dans la seconde alimentation, maintenir la pince à une distance invariable, et faire avancer et reculer à sa place, par les mêmes moyens, les trois rangées d'aiguilles y, h, b, ainsi que toutes les pièces qui en dépendent.

Voici encore (fig. 10) une autre alimentation :

Le cylindre a est ou cannelé ou garni de cuir, de drap ou autrement ; mais il tourne dans le sens inverse pour faire avancer la nappe, laquelle est tenue, de haut en bas, par un guide terminé en vive arête et non garni de cuir.

Indépendamment du mouvement de progression du cylindre a, ce cylindre et le guide font simultanément, et à chaque tour, une oscillation, en prenant alternativement les deux positions a, b et a' b', la première pendant le peignage, et la seconde au moment de l'étirage.

Dans cette disposition, on peut utilement faire usage du peigne y (fig. 8).

Voici le mécanisme qui produit les effets voulus :

Le guide h se termine à ses deux extrémités par une paire de chapes percées de trous, à travers lesquels passent à frottement libre les axes du cylindre a ; de plus, une de ces chapes est munie d'un levier x avec une tringle x'''.

Sur le même axe du cylindre a, et du même côté, sont aussi adaptées deux roues dentées, dont l'une, p, à frottement libre et à denture externe, et l'autre, q, fixe et à denture interne. Un pignon r engrène à la fois dans ces deux roues. Ce pignon tourne librement sur le pivot s, lequel est rivé au levier x.

De plus, la roue q reçoit du dehors le mouvement intermittent, progressif et à repos stable, nécessaire à l'avance de la nappe, et à telle époque que l'on juge la meilleure. Au moment du peignage, la tringle x''' est levée, et avec elle le levier x', ce qui fait prendre au guide h et au cylindre a la position ah, et approche les fibres du peigne, en les pliant autour d'un angle vif, qui aide à les retenir.

Après le peignage, la tringle x''' redescend, et donne au guide b et au cylindre la position voulue. Les filaments peignés sont alors arrachés par le cylindre f, selon la ligne $a'f$. La simultanéité des mouvements du guide b et du cylindre a résulte de leur union par les engrenages p, q et r.

Dans le cas où les matières auraient besoin d'un fort peignage, on peut rendre indépendante la partie cannelée de la partie peignante, tout en conservant à la machine le caractère rotatoire qu'elle offre dans les figures 5 et 6.

On a indiqué cette modification dans une élévation (fig. 11).

f, cylindre d'étirage.

o, partie cannelée, précédée et suivie d'une couverture en cuir.

o', une paire de segments qui peuvent tourner librement sur l'axe du cylindre peigneur et dont une pince se trouve à chaque extrémité de ce cylindre. C'est sur ces deux pièces qu'est fixée la partie cannelée.

o'', roue dentée faisant corps avec chaque segment et recevant son mouvement par un pignon et un arbre allant parallèlement au cylindre peigneur.

On voit que par cette disposition, à chaque tour de la cannelure ou à chaque opération du peignage, le peigne circulaire m peut faire autant de révolutions qu'on le jugera convenable, et sans perdre de temps.

Ce mémoire descriptif du célèbre inventeur comprend, non-seulement l'exposé précis du principe du peignage de toutes espèces de substances filamenteuses, mais encore, comme on a pu le voir, des modifications diverses et originales de la plupart des mécanismes par lesquels ce principe peut être réalisé. Nous passons actuellement aux moyens pratiques en usage d'après les bases posées par Heilmann.

§ 5. — Préparations avant le peignage des filaments longs.

Pour être peigné, le coton a besoin de subir une préparation préalable. Il serait impossible de le soumettre avec ses impuretés à l'action des aiguilles plus ou moins fines sans nuire à celles-ci, et à la perfection du travail. Heilmann l'avait compris et avait imaginé sa machine à démêler dans le but de commencer le traitement par une opération qui désagrégeât la masse, la débarrassât en grande partie des corps étrangers et des impuretés, afin de ne soumettre à la peigneuse que des fibres à trier, par égale longueur, à débarrasser des boutons qui restent, et à ranger parallèlement dans un ruban continu. Le démêloir si ingénieux et dont le fonctionnement paraît si efficace, n'a cependant pas eu le succès de la peigneuse. On a généralement préféré la carde ordinaire, qui donne le même résultat. Certains industriels font encore précéder le cardage d'un baguettage à la main, mais nous préférons de beaucoup la substitution de la machine Poupillier, construite par MM. Schlumberger, que nous avons vue fonctionner chez les filateurs réputés comme faisant les fils fins les plus estimés pour les élégants tissus de Tarare. Les préparations, avant peignage du coton, se composent donc : 1° d'un passage à la machine Poupillier, pour remplacer le battage à la main; 2° d'un cardage double ou triple, pour disposer les rubans à peigner. Les cardes n'offrant dans ce cas absolument rien de particulier et qui n'ait été décrit précédemment, nous nous bornons à donner une indication succincte de la disposition de la machine dite *Poupillier*,

Cette machine avait été proposée par son auteur comme une peigneuse à laine et disposée en conséquence pour pouvoir être chauffée, mais lorsqu'on l'emploie comme moyen préparatoire du coton, le chauffage devient inutile; cependant, comme une légère température pourrait avoir de l'avantage dans certains cas, nous décrivons la figure avec la disposition pour le chauffage.

§ 6. — Machine à démêler, pl. XVII.

La figure 6 est une coupe verticale passant par l'axe de la machine, et la figure 7, une section par un plan perpendiculaire à la première. La figure 8 donne un détail du mécanisme délivreur.

Les parties principales de la machine se composent :

1° D'un double cylindre creux garni extérieurement de pointes ou aiguilles servant à préparer les filaments. Ce cylindre est monté sur un axe également creux servant au besoin à l'introduction et à la sortie de la vapeur après sa circulation dans la circonférence intérieure ;

2° De cylindres alimentaires ordinaires, ou garnis de pointes ;

3° D'un cylindre cannelé et d'un rouleau de pression.

En arrière sont placés deux rouleaux attracteurs, entre lesquels la matière est étirée à sa sortie.

Ce mécanisme est approché ou éloigné à volonté du grand tambour à aiguilles.

a, poulie motrice montée sur l'axe de l'organe principal.

b, axe creux de cet organe.

cc, plateaux en fonte formant les deux bases du grand cylindre.

d, roue d'engrenage fixée sur l'un des plateaux (voir fig. 8).

e, cylindre démêleur.

f, garniture en cuivre dans laquelle sont fixées les aiguilles.

g, cylindre intérieur laissant un espace circulaire propre à la circulation de la vapeur.

h, tuyau d'introduction de la vapeur dans le cylindre.

h', tuyau de sortie de la vapeur.

iiii, petits tuyaux conduisant la vapeur dans l'espace circulaire du cylindre.

jjj, cylindres alimentaires garnis de pointes d'acier et amenant la laine sur le cylindre peigneur. Ces cylindres reçoivent leur mouvement de la roue *k*, montée sur l'arbre de la toile sans fin.

n, *n*, brosses placées au-dessous du cylindre peigneur.

o', cylindre cannelé placé à la sortie du peigneur. Ce cylindre porte un peigneur pouvant engrener avec la roue *d*.

o' cylindre de pression.

q, *q'*, cylindres étireurs entre lesquels sort la matière.

r, *r* (fig. 8), supports à coulisse glissant sur des coulisseaux fixés sur le bâti B.

t, support fixé invariablement sur le bâti, et portant une poulie *u* et une roue *v*.

x, *y*, *z* (fig. 8), roues recevant le mouvement de la roue *u* pour le transmettre aux cylindres *o*, *q*.

Mouvement de la machine. — Une nappe de coton d'environ 450 grammes est placée sur la toile sans fin, d'où elle passe entre les cylindres alimentaires pour se rendre sur le cylindre peigneur *c*, où elle s'étale en nappe.

Pendant cette opération, les supports à coulisse *r*, *r*, et les cylindres *o*, *o'*, *q*, *q'*, sont éloignés du tambour à aiguilles. Quand le cylindre est suffisamment garni de coton, on débraye la poulie motrice *a*, on embraye la petite poulie qui tourne en sens contraire de la poulie motrice, et l'on pousse les supports à coulisse *r*, *r*, jusqu'à ce que le pignon du cylindre cannelé *o* engrène sur une roue montée sur l'axe du démêleur. Dans cette nouvelle position, la roue x vient engrener avec y montée sur l'axe de la poulie u, (fig. 8). Tous les cylindres, étant alors commandés par cette poulie, tournent en sens contraire, et le coton, qui recouvre le peigneur, se dégage pour passer entre les cylindres o, o', q, q', d'où il sort en nappe étirée.

Les filaments bruts de la table viennent donc s'engager dans les cylindres alimentaires garnis de pointes d'acier, chacun de ces cylindres est commandé directement par des pignons, afin que les pointes des cylindres engrènent les unes dans les autres et retiennent la matière en évitant toute pression nuisible au travail. La rotation considérable de la quantité énorme de pointes inclinées, par rapport aux rayons du tambour, et la force centrifuge qu'il développe, déterminent l'épuration par le départ des corps étrangers, la division de la masse et un commencement de redressement des fibres qui la composent.

Les illes du grand tambour sont maintenues dans un état co... ble de propreté, au moyen de brosses de rotation n, n. L'alimentation et le dépouillement du cylindre de la matière traitée ont lieu alternativement. Il est alimenté pendant qu'il tourne seulement. Après un certain nombre de tours, qui peut varier avec la nature et l'état de la matière à traiter, on éloigne l'appareil alimentaire du tambour, et l'on en approche l'organe dépouilleur pour faire sortir les fibres engagées dans les aiguilles et les transformer en nappe.

A cet effet, les deux mécanismes alimentaires et délivreurs des supports A et B sont montés chacun sur une base à coulisse, qui permet de les faire glisser parallèlement à cette base, sur une traverse horizontale du bâti, de façon à les faire éloigner et rapprocher alternativement et aux instants voulus du cylindre démêleur. Comme les déplacements de ces organes alimentaire et délivreur ont lieu alternativement et en sens contraire, un seul système de levier articulé et une action suffisent pour produire simultanément le rapprochement de la partie A et l'éloignement de la partie B, ou, *vice versâ* et à volonté, l'éloignement de la pièce A et le rapprochement du support B.

C'est à la sortie de cette première machine préparatoire, qui remplace les batteurs usités dans le travail des filaments courts, que le coton est passé à la carde, et de là au peignage. Dans les préparations du coton longue-soie, le cardage n'est, par conséquent, qu'une transformation préliminaire et préparatoire.

§ 7. — Peigneuses Schlumberger.

Un invention quelconque n'arrive en général à l'état pratique qu'en passant par plusieurs phases plus ou moins faciles à franchir. Il ne suffit pas que la conception soit rationnelle, qu'un premier modèle démontre la possibilité de réaliser l'idée d'une façon industrielle, il faut encore étudier la meilleure combinaison des organes et des commandes, pour atteindre plus sûrement et économiquement la perfection des résultats. C'était cette dernière tâche qui incombait à la maison Schlumberger, concessionnaire du brevet Heilmann, dont les principes ont été si nettement dessinés par l'auteur dans son mémoire descriptif dont nous avons donné une copie (§ 1 et 2). M. Henry Schlumberger y a apporté des perfectionnements de détails qui ont puissamment contribué aux succès de la nouvelle machine. Heilmann avait généralisé le problème indépendamment de la longueur et de la nature des filaments. Les constructeurs ont reconnu la nécessité de le spécialiser et d'établir trois catégories de machines sur le même principe, mais modifiées en raison surtout de la longueur des filaments à traiter. De là la création des peigneuses pour *filaments longs, mi-longs* et *courts*; la première, destinée à la laine longue, lisse et au lin, la seconde aux laines mérinos et à la bourre de soie, et la troisième aux cotons longue-soie, dont les fibres les plus longues le sont moins que les plus courtes des autres substances soumises actuellement au peignage. C'est l'industrie de la laine peignée mérinos qui la première appliqua ce système en France, avec un succès prodigieux ; celle du coton en profita ensuite. Les autres substances, laines longues, lin, étoupes, bourre de soie ne vinrent qu'après, pour les utiliser à des degrés différents, dans les diverses contrées. Nous en avons vu tirer un parti remarquable, pour la transformation des étoupes du lin en Angleterre, nous n'en connaissons cependant pas de destination semblable en France, mais nous n'avons à nous occuper pour le moment que du peignage du coton longue-soie, également pratique aujourd'hui, dans toutes les contrées manufacturières, grâce à l'invention française. Résumons d'abord, d'après Heilmann, le but de cette machine, et les moyens nouveaux sur lesquels elle repose : fractionner en mèches un ruban convenablement préparé, peigner ces mèches sur toute la longueur avec une régularité parfaite, en enlever toutes les impuretés et inégalités sans y laisser le moindre bouton ni fibres au-dessous d'une longueur donnée, reconstituer un ruban continu avec ces fragments ainsi préparés.

Pour atteindre ces résultats plus sûrement, l'on a pu remarquer que l'opération est scindée en plusieurs *temps*. Un organe spécial est chargé du travail correspondant à chaque temps. La machine se compose par conséquent : d'un *organe alimentaire*, qui se divise lui-même de parties comprenant la pince et l'*appareil d'alimentation*, du *tambour peigneur*, de l'*appareil d'arrachage*, chargé du fractionnement de la mèche, du *peigne fixe*, dont la fonction principale consiste à maintenir et à préparer les filaments, de l'*appareil d'appel*, pour attirer le ruban reconstitué, et enfin de l'*organe débourreur*, pour conserver le peigne cylindrique dans un parfait état de propreté.

La figure 1, pl. XVIII, est une section suivant un plan vertical passant par l'axe du tambour peigneur et donnant l'ensemble des organes de la machine.

Appareil alimentaire. — Il se compose d'une paire de cylindres a', b', l'inférieur est cannelé et animé d'un mouvement de rotation intermittent ; le cylindre b', comme dans tous les organes de ce genre, appuie sur le premier. Le ruban à peigner, préparé comme il vient d'être dit, est livré à ces alimentaires par le tambour R, commandé lui-même d'une façon intermittente par des rouleaux a et b. Ce ruban R se déroule sur le tablier D, pour se présenter aux alimentaires a', b'.

Pince. — A la sortie des cylindres a', b', la mèche, fournie sur une certaine longueur, se trouve soumise à la pince, dont les fonctions consistent à la retenir et à la fixer pendant que les aiguilles vont la peigner et la laisser libre de cheminer après l'action. La destination de cet appareil est donc exactement celle de deux mains qui peignent : l'une fixant la mèche pendant que l'autre y passe l'outil. A cet effet, la pince est formée de deux mâchoires, l'une supérieure métallique e, l'autre inférieure d, garnie de cuir ou de drap ; des ressorts tendent à l'appuyer constamment contre la mâchoire supérieure. Cette dernière c reçoit un mouvement d'oscillation autour des centres 1 et 2 ; la partie inférieure d la suit forcément jusqu'à ce qu'elle rencontre le point fixe 3 du bâti contre lequel elle vient butter ; alors la première c continue seule à s'élever, la pince s'ouvre par conséquent. La mèche, livrée par les alimentaires, s'engage, sur une longueur déterminée, par un régalage convenable et variable, en raison de la finesse et de la longueur des fibres ; elle y est fixée par la nouvelle réunion des deux mâchoires, opérée par la descente de la partie c. C'est l'oscillation de cette mâchoire qui entraîne la pince autour du point 1, pour présenter la mèche à l'action des aiguilles du peigneur H. A ce moment, le ruban est par conséquent étalé entre la pince sur toute sa largeur, et offre l'extrémité d'une mèche à la première rangée de dents parallèles de l'organe peigneur.

H, *Tambour peigneur*. — Il est formé d'un segment de peigne I et d'un segment cannelé E, fixé sur l'arbre z. La rotation continue de cet organe fait passer les aiguilles dans la mèche ; les filaments, d'une longueur au-dessous de celle qui sépare l'extrémité des aiguilles du tambour peigneur de l'appareil alimentaire, n'étant pas retenus, sont entraînés par l'extrémité de la mèche ; les aiguilles peignent par conséquent les fibres engagées dans le mécanisme alimentaire, et entraînent dans leur mouvement les plus courtes et les impuretés qui en sont extraites, sous forme de déchet, par un appareil spécial bien connu.

Après le traitement de l'extrémité de la mèche dont il vient d'être question, la pince s'ouvre de nouveau, et le peigne fixe *e* s'engage dans la partie peignée un peu en avant du point où cette pince se ferme, et par conséquent dans la portion antérieure de la fraction peignée, pour la maintenir.

Formation du ruban et arrachage. — A ce moment, la portion renflée et cannelée E' du cylindre peigneur se trouve, par sa rotation, sous et en contact du petit rouleau *g*, oscillant autour du cannelé G. Par un mouvement de recul qui lui est propre, il appuie avec force sur la mèche engagée entre les cylindres *g*, *h*, *i* G, elle se trouve ainsi pressée entre les deux surfaces cylindriques du segment du peigneur et du cylindre F ; si l'on suppose le travail en train, les deux cylindres retiendraient une première mèche, qui, réunie à celle dont il est question, se soudent alors sous l'action du mouvement et de la compression pour reformer un ruban avec les deux parties qui viennent d'être peignées séparément.

Lorsque les deux cylindres *g* et G ont rempli cette fonction, ils s'éloignent de nouveau du peigne fixe et du segment du cylindre peigneur. Dans leur trajet, ils désagrègent la mèche, en faisant passer ses filaments dans les intervalles qui séparent les aiguilles du peigne fixe, dont la finesse et le rapprochement sont tels, qu'elles ne laissent passer que les fibres lisses et nettes, arrêtent les impuretés pour les rejeter sur l'extrémité de la mèche suivante, et dont les aiguilles du peigneur font justice, comme nous l'avons déjà vu. Lorsque la séparation a eu lieu entre la partie engagée entre l'appareil alimentaire et les cylindres F, G, *h*, *g*, par le trajet de ceux-ci, ils deviennent porteurs d'une nouvelle mèche dont la partie retenue a été préalablement peignée, et dont la portion libre est à son tour travaillée par les aiguilles du peigneur dans sa rotation, puis soudée comme la précédente. Le peignage sur toute la surface de la mèche se trouve ainsi opéré par l'action successive du peigne cylindrique et le concours du peigne fixe, avant la reconstitution d'une nappe ou d'un ruban continu.

Rouleau d'appel. — Le ruban formé passe entre les cylindres d'appel O, O', dont le mouvement, soit continu, soit alternatif, est mis en rapport avec la longueur fournie par la peigneuse.

Appareil débourreur. — Cet appareil est composé d'une brosse circulaire B, dont la direction du mouvement est celle du tambour peigneur H, avec une accélération de vitesse sur celle de ce dernier, afin de le débarrasser plus sûrement des déchets de toutes sortes restés fixés dans ses aiguilles. Pour maintenir sa garniture elle-même dans un convenable état de propreté, un ruban continu de garniture de carde T tourne au contact de cette brosse pour la nettoyer ; enfin, un peigne à mouvement alternatif de va-et-vient détache à son tour les impuretés du ruban de carde T.

Pour ne pas compliquer cette description outre mesure, nous nous dispensons de donner les transmissions de mouvement au moyen desquelles sont réalisées les fonctions dont il vient d'être question ; on les trouvera détaillées dans la cinquante-septième année du Bulletin de la *Société d'encouragement pour l'indus-*

trie nationale. Nous nous bornons à insister sur quelques points essentiels concernant les diverses périodes du travail, pour faire mieux saisir l'ensemble des fonctions de la machine.

Positions successives prises par les divers organes pour accomplir une évolution entière. — Ces positions, au nombre de huit, sont représentées par les figures de 1 à 9, pl. XVIII.

Dans la *première position,* les filaments non travaillés sont engagés entre les alimentaires B, et serrés entre les mâchoires C[1] et D, de telle sorte qu'une mèche y dépasse la pince d'une certaine longueur, dont l'extrémité est en présence de la première rangée d'aiguilles du peigneur. Dans la *deuxième position,* la pince CD est tangentielle à la circonférence de l'organe peigneur, et fait exécuter le peignage par le segment des aiguilles sur la mèche. Dans la *troisième position,* l'action des aiguilles est sur le point de cesser. La *quatrième position* montre les aiguilles du peigne arrivées, par la continuité de leur mouvement, dans la partie libre de la mèche fractionnée; elles commencent par conséquent à traiter l'extrémité opposée à celle peignée dans les positions précédentes. Dans la *cinquième position,* la même mèche est de plus en plus engagée, les mâchoires de la pince sont écartées, et l'appareil alimentaire s'avance pour présenter une nouvelle mèche. La *sixième position* montre le peigne fixe P entré par ses aiguilles dans la tête de la mèche, le cylindre F appuyant cette mèche sur le segment H du peigneur, et enfin l'extrémité opposée de la mèche sur le point de sortir des aiguilles. La *septième position* détermine le soudage des deux parties, par un mouvement de rotation imprimé au cylindre F, sur le segment H. Les deux extrémités, tête et queue de la mèche, se trouvent alors entraînées entre la paire de cylindres F et G, pour fractionner de nouveau le ruban passant par l'ap-

[1] On a omis de graver la lettre C, mais cette partie de l'organe est facile à reconnaître par l'angle qu'elle fait avec D. Les lettres ne sont pas non plus les mêmes que celles de la figure 1.

pareil alimentaire et les aiguilles du peigne fin. La *huitième position* montre la mèche un peu avant son fractionnement. Après l'arrachage qui en résulte, les divers organes reprennent les positions relatives qu'ils affectent au commencement de l'opération.

Bien entendu que les cylindres d'appel, et l'organe débourreur dont il a été question dans la description précédente, agissent en même temps, d'une part, pour enlever les rubans, de l'autre, pour nettoyer les peignes du tambour. Les finesses des aiguilles, leur nombre et rapprochement, la longueur de mèche à fournir par l'alimentation, si importants aux succès, dépendent du réglage de la machine.

§ 8. — Considérations sur le réglage.

Le réglage de la position et des vitesses des divers organes doit avoir lieu en raison surtout de la longueur des filaments à traiter et du degré de perfection à atteindre. L'on reproche parfois à ce système son peu de rendement ; il tient surtout à la perfection des résultats. En effet, l'on pourrait au besoin forcer la production, en augmentant la vitesse de l'organe peigneur et en réglant l'alimentation et les autres parties en conséquence ; mais alors ce serait au détriment de la qualité du travail. Le rendement augmente nécessairement aussi, toutes choses égales d'ailleurs, avec la longueur de mèche fournie par l'alimentation, puisque la quantité traitée à chaque course est proportionnelle à cette longueur ; mais celle-ci devant être réglée, en principe, sur celle des fibres, le produit relativement faible des peigneuses à coton s'explique de lui-même. Quant à la perfection du peignage et à son degré d'épuration, il dépend de la position de la pince P par rapport aux aiguilles, de la finesse des aiguilles du tambour du peigne, de celles du peigne fixe, de la facilité plus ou moins grande avec laquelle ces fibres passent entre les pointes fines. Cette facilité elle-même peut dépendre de la nature de la matière première et du degré de perfection apporté aux préparations du ruban. Il est évident, enfin, que les résultats dépendent du bon réglage de toutes les parties, de la fourniture de la mèche, de la pression convenable du segment sur les cylindres F et G, de l'angle de rotation du cylindre F par rapport au même segment H, et de la précision des mouvements de toutes les autres parties. L'importance du réglage et du nettoyage de tous les éléments de la machine est telle, que les constructeurs ont soin de donner des instructions détaillées sur ces divers points en livrant les machines. Nous n'avons pas, par conséquent, à y insister davantage ; nous nous bornons à dire qu'il est toujours facile de se rendre compte du produit théorique d'une semblable machine, en suivant la méthode déjà indiquée pour les appareils de ce genre, les cardes par exemple. Il suffit, en effet, de constater la vitesse de l'organe alimentaire, ou celui des rouleaux d'appel dans l'unité de temps. Le rendement théorique n'est pas toujours conforme à la production réelle de ces sortes de machines ; il est en général, pour le coton Géorgie longue-soie, par exemple, convenablement préparé et travaillé avec des règlements conformes aux instructions des constructeurs, avec 40 à 50 rotations de l'organe peigneur, de 5 à 6 kilogrammes de coton peigné en douze heures. Une peigneuse se compose d'ordinaire de six têtes ou six répétitions d'organes, produisant ensemble 30 kilogrammes par jour en moyenne.

Déchet ou blouse de coton. — Ce déchet est, environ, de 18 à 20 pour 100 du poids brut, c'est-à-dire que 100 kilogrammes de coton Géorgie longue-soie donneront 80 à 82 kilogrammes peignés et 18 à 20 kilogrammes de fibres courtes qui peuvent se revendre à un prix plus ou moins élevé, suivant les cours du coton lui-même. Cette espèce de *blouse* se vend, en moyenne, à 1 franc le kilogramme dans les temps normaux.

§ 9. — Soins à donner à la machine.

Il est presque inutile de faire remarquer que les bons résultats d'une machine dont *les organes doivent être réglés avec une précision mathématique,* dépendent en outre des soins pour la maintenir en parfait état. Les aiguilles plus ou moins obstruées ou faussées par une cause quelconque ; les cannelures *des cylindres sans netteté, une alimentation irrégulière,* sont autant de causes qui peuvent amoindrir la qualité des résultats, une fois la machine bien réglée. Il est par conséquent indispensable de nettoyer de temps en temps les aiguilles des divers organes, et les cylindres cannelés, de redresser les pointes si c'était nécessaire, de s'assurer si la brosse fonctionne efficacement, si les boudins de l'alimentation ne sont pas trop gros et sont assez multipliés, pour que leur ensemble forme une nappe régulière sur la largeur de l'alimentation à leur entrée dans la pince.

§ 10. — Peigneuse à alimentation continue, pl. XVII.

M. Hubner, tout en paraissant s'être inspiré des principes sur lesquels repose le système Heilmann, l'a modifié surtout dans le mode d'alimentation. Il a imaginé un moyen continu pour livrer la mèche à l'organe peigneur. L'auteur a désigné sa machine en conséquence, sous le nom de *peigneuse annulaire à mèches continues.* Elle affecte d'ailleurs une forme particulière. La figure 1 est une élévation, et la figure 2 un plan de cette peigneuse, réduite à ses principes élémentaires. Les figures 3 et 4 sont des détails nécessaires pour l'explication de la partie qui constitue l'appareil alimentaire. Ils reposent sur la possibilité d'imprimer un mouvement à ses fibres, engagées entre deux disques de rotation ; animées de vitesses angulaires différentes et formées de surfaces de frottement de natures diverses. Supposons un disque inférieur poli et un autre supérieur garni d'une surface élastique, tel que cuir, caoutchouc, etc., et

supérieur tournant sur l'inférieur immobile, ou tournant tous deux, le dernier plus vite que le premier, si des fibres sont placées entre les deux, elles suivront le mouvement du plateau à surface élastique ; si, maintenant, l'on suppose une ouverture sous forme d'échancrure, dans le disque inférieur, la matière tendra à s'en échapper. Dans la figure 3, a'' est le disque supérieur, b'' l'inférieur, et e représente l'échancrure garnie de fibres. La figure 4 est une section par la partie du plateau où l'alimentation se réalise, a a présente la section d'un disque mobile, et b celle d'un plateau inférieur, x et x', des rouleaux attracteurs agissant par les moyens ordinaires sur un ruban r. Le plateau inférieur fixe peut être garni d'une série d'échancrures semblables s (fig 2), et alimenté par un nombre égal de rubans.

Disposition générale de la peigneuse. Le mode d'alimentation étant connu, l'on suivra mieux la description de l'ensemble de la machine, l'arbre vertical V (fig. 1) reçoit les parties principales, composées d'abord du plateau mobile à échancrures s, et du plateau fixe b, assemblé au plateau b' callé sur l'arbre, au-dessus du disque a ; toujours sur l'arbre vertical se trouve fixé à une douille P'' un cercle N', sur lequel est placé le peigne nacteur. Au lieu de rester parallèle aux disques a, b, il peut s'incliner plus ou moins dans la direction horizontale et prendre la position indiquée dans la figure. Cette inclinaison devient possible dans le mouvement, grâce à un assemblage à goupilles p (fig. 2), qui peuvent glisser dans une rainure du cercle N', et forcer le peigne circulaire H' à obliquer par rapport à la direction verticale de l'arbre V. Cette inclinaison du peigne est telle, que ses aiguilles se trouvent engagées dans la matière filamenteuse du côté opposé à celui où agit un peigne circulaire H. Ce peigne, au lieu d'avoir ses génératrices parrallèles à l'axe, a une circonférence concave, et se trouve terminé par deux parties cylindres h et h' (fig. 2). La partie concave épouse exactement le rebord cintré extérieur des plateaux a b, et peut permettre aux aiguilles du peigneur de se rapprocher le plus possible des points de contact des deux cercles. La portion cylindrique h porte des aiguilles à écartement uniforme, qui commencent à peigner les extrémités des rubans ; à mesure que ceux-ci s'avancent, ils rencontrent de plus en plus les aiguilles de la partie concave, dont la réduction et la finesse vont en augmentant ; la portion h, qui termine le cylindre peigneur et dans laquelle les aiguilles sont plus serrées encore, sert à l'affinage ou à terminer le peignage de la mèche.

Fonctionnement général de la machine. Les rubans alimentaires r, fournis par des rouleaux o, sont dirigés au dehors des plateaux à travers les ouvertures par le mouvement de rotation du disque supérieur contre un plateau inférieur fixe. L'extrémité de cette mèche libre rencontre un organe peigneur H, qui agit sur les filaments d'une manière progressive, conformément à ce qui vient d'être dit. Dans la continuation de son mouvement, le plateau, que nous appellerons volontiers plateau-pince, présente la mèche, dont une extrémité est peignée par l'action des broches du peigne nacteur H, au point où son basculement l'a fait rapprocher de l'orifice des plateaux. L'extrémité peignée, saisie alors par les cannelés MM, désagrégent le ruban en mèche, les filaments de celle-ci qui n'ont pas encore subi le peignage sont épurés par leur passage entre les aiguilles du peigne nacteur. Enfin en plaçant, en avant de l'organe M, un système de rouleaux d'appel dans les conditions convenables, on juxtapose les mèches les unes sur les autres, pour reformer le ruban continu prêt à être soumis aux opérations ultérieures. Nous croyons inutile d'entrer dans la description de cette partie de la machine, qui ne présente rien de particulier.

L'on a fait subir d'autres modifications encore au principe si fécond sur lequel repose l'invention de Heilmann ; comme elles rentrent plus ou moins dans les systèmes dont les descriptions précèdent et qu'elles sont spécialement destinées au travail de la laine nous n'avons pas à nous en occuper pour le moment.

CHAPITRE XXIV.

PRÉPARATIONS DU DEUXIÈME DEGRÉ, PREMIÈRE PÉRIODE.
ÉTIRAGES SANS FRICTION NI TORSION.

§ 1. — Considérations préliminaires.

L'étirage pratiqué jusqu'ici forme l'un des éléments auxiliaires des transformations du premier degré ; dans celles du second, les étirages constituent au contraire, à eux seuls, une série successive d'opérations basées exclusivement sur le glissement ou échelonnement des fibres. Leur but est de transformer progressivement les rubans ébauchés et relativement hétérogènes dont on les alimente en rubans plus minces, ou *mèches* laminées aussi régulières, aussi homogènes que possible, dans l'état le plus propre, en un mot, pour être filées avec perfection et avantage.

Pour être continués et répétés un plus ou moins grand nombre de fois, les rubans étirés sont condensés et régularisés par des additions de nouvelles quantités de matière. Ces additions ou *doublages* permettent de corriger les défauts d'uniformité, presque toujours inévitables aux premières transformations. La *quantité de glissement* ou d'étirage possible d'un même ruban à chaque passage est limitée par les propriétés d'adhérence des fibres entre elles et la cohésion que le ruban doit conserver. Au delà d'une certaine limite d'allongement, variable avec la masse et les caractères de la matière, ce ruban perd sa consistance, à tel point que les transformations ne peuvent plus être continuées aux machines suivantes. Pour éviter cet inconvénient, il est nécessaire de pouvoir déterminer les caractères qui influent sur la qualité des résultats et en raison desquels doivent s'établir les réglages des diverses parties et des vitesses des organes.

La vitesse imprimée à un ruban se répartit évidemment à chacune des fibres de la masse, elle est donc proportionnelle à leur nombre, et comme celui-ci est en raison de leur finesse, il s'ensuit, toutes choses égales d'ailleurs : 1° *Que la quantité d'étirage est proportionnelle à la finesse des fibres, et en raison inverse de leur grosseur ;* 2° plus les filaments sont longs et susceptibles de se vriller, moins ils se développent facilement, plus on peut leur donner de course avant qu'ils tendent à se séparer, *la quantité d'étirage est donc également proportionnelle à la longueur des fibres ;* 3° la flexibilité et l'élasticité ayant une influence sur l'adhérence des fibres de la masse, et par conséquent sur la cohésion de leur produit ou ruban, plus elles sont flexibles, plus elles se lient et moins elles se désagrègent facilement. *De deux cotons d'égales longueur et finesse, le plus flexible dans ses brins élémentaires sera par conséquent susceptible de supporter le plus d'étirage.*

Les vitesses entre les paires de cylindres qui constituent la tête d'un banc à étirer, doivent par suite se régler sur la *finesse,* *la longueur* et *autant que possible sur la flexibilité des brins.*

Ce qui se passe dans la pratique, à propos du coton de l'Inde, ne démontre que trop l'importance de cette première règle. La quantité maxima d'étirage qu'on peut leur faire subir à chaque passage, ne dépasse guère le rapport de 1 à 6 dans la pratique, c'est-à-dire que le ruban sextuple à peine de longueur dans son passage entre les cylindres à vitesses progressives; si on voulait dépasser cette proportion, il y aurait bientôt une solution de continuité. Le coton des États-Unis, dans les mêmes conditions, supporte facilement un étirage de huit. Il suffit de se rappeler les caractères de ces duvets, décrits chapitre v, pour se rendre compte des motifs de ces différences, au désavantage du filament de l'Inde, il est en général gros, court, peu flexible et irrégulier dans sa masse; celui d'Amérique, moyennement plus long, sensiblement plus tenace, est néanmoins plus souple et surtout homogène et régulier.

Il est à peine nécessaire de faire remarquer que si on voulait augmenter la quantité d'étirage *type,* variable pour chaque espèce de coton, en augmentant la masse des rubans, il n'en résulterait aucun avantage, puisque le numéro ou degré d'allongement ne variera pas, si l'augmentation de la masse est en raison de celle de l'étirage; il y aurait, au contraire, à craindre des imperfections dans le travail et une fatigue inutile des machines.

La régularité de longueur des filaments a également une influence marquée sur les bons résultats; la distance entre les cylindres devant être établie en raison de cette longueur, il s'ensuit que si elles sont variables comme dans le coton de l'Inde, les étirages ne peuvent donner toute leur efficacité; si les règlements sont basés sur les plus courtes, les plus longues peuvent être brisées, et si on les règle sur celles-ci, les plus petites n'étant plus convenablement dirigées, le produit manquera d'homogénéité et de régularité [1]. Ces divers points trouveront d'ailleurs leurs développements naturels lorsqu'il sera question du réglage après la description d'un bon étirage.

Les machines employées dans ce but sont les plus simples, les plus efficaces et les plus immuables de la filature; sauf quelques modifications de détails, elles sont aujourd'hui ce qu'elles étaient à l'origine de leur emploi : c'est l'application isolée de l'un des organes les plus originaux et les plus féconds du métier d'Arkwright. Ses fonctions sont celles de la fileuse, lorsqu'elle fait glisser les filaments entre ses doigts pour les échelonner. Seulement l'échelonnement automatique a lieu avec une précision si constante, que, pour en retirer tous les avantages dont il est susceptible, il faut lui soumettre la matière à transformer aussi bien préparée que possible. Si celle-ci présente des irrégularités sensibles, des grosseurs, des boutons, des coupures, etc., certains de ces défauts seulement seront atténués par les doublages et laminages successifs, mais d'autres, tels que les boutons, persisteront. Il faut donc que les préparations antérieures ne laissent rien à désirer.

L'étirage des matières textiles est en effet d'autant plus facile, que les brins sont plus lisses, plus droits et plus complètement débarrassés de tout obstacle, et il réussira par conséquent d'autant mieux, que les préparations précédentes auront été faites avec plus de soin.

Mais il ne suffit pas que les filaments élémentaires soient doués de toutes les propriétés nécessaires à leur glissement, il faut encore que la quantité de ce glissement ne soit ni trop grande ni trop petite, comme nous venons de le démontrer, et qu'elle soit autant que possible régulière et la même pour toutes

---

[1] L'étirage à gills d'une façon analogue à celui de la laine peignée mérinos, dont M. H. Schlumberger poursuit l'étude, pourra, entre autres avantages, remédier à ce dernier inconvénient, et permettrait certainement de diminuer l'excès de pression sous lequel il faut encore laminer le coton

les fibres de même nature et de même qualité ; car si l'étirage était insuffisant, les filaments ne seraient pas complétement redressés, seraient trop superposés, et ne fourniraient pas tout le résultat possible au profit de la production ; si, au contraire, l'étirage était poussé trop loin, il fatiguerait, diminuerait la ténacité ; il y aurait alors des inégalités ou des solutions de continuité dans le ruban, dont la qualité du fil aurait à souffrir. (Voir chap. vii, § 3.)

Examinons les principes sur lesquels reposent les machines employées à l'exécution de cette opération délicate. Considérons à cet effet deux paires de cylindres de la figure 7, planch. XIX. Soient 1 et r une paire de cylindres de même diamètre ayant leurs axes dans le même plan vertical ; 2, r, 3, r, 4, r, une série de paires de cylindres d'un diamètre égal, dont les axes sont aussi contenus dans un même plan vertical parallèle au premier ; e, p une mèche ou nappe filamenteuse engagée entre ces couples de cylindres. Supposons qu'on leur imprime un mouvement de rotation dans le même sens et que la vitesse des derniers 4, r soit double de celle des premiers 1, r. Il est évident que, s'il y a une adhérence suffisante entre la mèche libre à ses extrémités e, p et les paires de cylindres, elle sera entraînée dans le mouvement avec la vitesse de ceux-ci ; or, comme les lamineurs 1, r marchent plus lentement que les suivants et ne fournissent pas par conséquent une quantité de matière suffisante au développement des cylindres, il s'ensuivra de la part de ceux-ci une traction sur la mèche ; cette traction, assez forte, séparerait les brins ; mais, comprise dans des limites convenables, elle ne déterminera que leur redressement et un étirage ou allongement de la masse par le glissement de proche en proche des filaments élémentaires, et donnera pour résultat un amincissement du ruban proportionnel à son allongement.

Si on suppose donc aux cylindres par lesquels la substance sort une vitesse double à celle des cylindres où le ruban entre,

et à ce ruban une grosseur de $0^m,01$ et une longueur de 1 mètre
à l'entrée, il devra par conséquent avoir une longueur de
2 mètres et une grosseur de $0^m,005$ à la sortie. Pour que l'opération soit tout à fait parfaite, il faut que la section de $0^m,005$ soit
identiquement la même sur toute la longueur, et partout composée d'un nombre égal de filaments. Mais pour obtenir ces
résultats, il ne faudrait employer que des fibrilles élémentaires
possédant toutes des qualités identiques les plus propres à produire un fil doué d'un maximum d'homogénéité et de résistance.

Comme l'identité de qualité des filaments, si nombreux, d'un
ruban est à peu près impossible à réaliser, on obvie à l'inconvénient qui pourrait en résulter par l'emploi d'un léger excès de
matière.

Pour que le glissement des filaments ait bien lieu comme
nous le supposons, sans qu'ils soient affaiblis ou brisés, il est
nécessaire que la distance entre les deux paires de cylindres soit
plus grande que la longueur des brins soumis à l'opération,
afin que les mêmes ne puissent être saisis en même temps entre
les deux paires de cylindres, et se puissent disposer en échelons
pour former le ruban.

Pour se prêter parfaitement à la conversion en fil régulier et
solide, l'étirage doit être pratiqué de manière que les distances des filaments projetés sur un plan normal soient autant
que possible égales entre elles. Pour arriver à ce résultat avec
la précision désirable, il est nécessaire de faciliter cette disposition
du ruban au commencement du travail et de n'opérer l'étirage
que progressivement. En effet, la matière provenant des préparations précédentes n'a pas encore ses filaments suffisamment
redressés et bien disposés, l'allongement qu'il faudrait atteindre
si on produisait l'étirage en une seule opération exigerait une
vitesse telle de la part des cylindres, qu'elle produirait leur
échauffement ; les filaments de la surface seraient plus laminés
que ceux de l'intérieur des rubans, leur élasticité serait trou-

blée, les produits seraient de mauvaise qualité, sans même qu'il y eût économie de travail, puisque le produit ne serait toujours basé que sur la quantité de matière fournie par les cylindres alimentaires. L'opération de l'étirage doit donc être répétée et faite progressivement. Mais comme bientôt l'allongement du ruban séparerait les fibres et que l'amincissement deviendrait tel que le ruban n'aurait plus de consistance, on a soin à chaque étirage d'ajouter des nappes nouvelles, de manière que l'allongement soit partagé en un nombre de filaments proportionnel aux répétitions de l'opération. Ces additions successives se nomment *doublages*. L'expérience est d'accord avec les principes précédemment exposés concernant le rapport des vitesses et par conséquent d'allongement qu'il ne faut pas dépasser pour que l'opération réussisse bien ; elle a reconnu aussi que les pressions des cylindres doivent être comprises dans une certaine limite ; si elles n'étaient pas suffisantes, par exemple, l'adhérence serait trop faible ; si au contraire elles étaient dépassées, les filaments seraient trop fatigués, les axes des cylindres bientôt usés, le mouvement s'effectuerait moins régulièrement, et l'entretien de la machine deviendrait plus coûteux.

Le nombre d'étirages et de doublages que l'on pratique dans les manufactures varie nécessairement avec les matières premières employées ; les filaments longs, droits, lisses et solides, tels que ceux du lin et du chanvre, ont besoin de moins de doublages et peuvent s'étirer en un nombre d'opérations moindre que les filaments courts.

Le nombre de doublages et d'étirages est non-seulement variable avec ces différentes matières premières, mais aussi avec la finesse qu'on veut atteindre, avec les perfections plus ou moins grandes des opérations préliminaires.

Ces opérations sont en général d'autant plus multipliées, que l'on veut arriver à une plus grande finesse et à une homogénéité plus parfaite. On ne doit cependant pas en abuser, à cause des dépenses inutiles qu'elles occasionneraient, et parce que, au delà d'une certaine limite, elles pourraient fatiguer les filaments sans profit pour les résultats.

Machines à étirer. — Les premières qui ont fonctionné en France se composaient de trois paires de cylindres formant laminoirs. Les cylindres inférieurs étaient en fer, cannelés longitudinalement, et les supérieurs étaient en bois ou en fer, mais recouverts d'abord d'une enveloppe de drap et ensuite d'une peau de mouton d'une égale épaisseur et lisse en dehors.

Les trois paires de cylindres, dont les axes passent dans deux plans horizontaux parallèles entre eux, étaient montés sur un même bâti en cuivre établi sur une pièce de bois ; les axes des inférieurs portaient des roues d'engrenage qui recevaient le mouvement de l'arbre moteur ; les supérieurs étaient entraînés par le frottement des inférieurs, au moyen d'un poids qui les forçait d'appuyer les uns sur les autres.

On portait, en avant de la première paire de cylindres, qui marchait le plus lentement, un certain nombre de pots dans lesquels on avait reçu les nappes fournies par les cardes, on en engageait plusieurs à la fois dans les cylindres qui les étiraient avec une vitesse croissante et les amincissaient proportionnellement, à la sortie de la dernière paire ; on faisait passer les rubans amincis dans une espèce d'entonnoir métallique dont l'orifice était d'un diamètre égal à la grosseur de l'un d'eux. Enfin, après avoir traversé cet entonnoir, le ruban unique était appelé par deux rouleaux mus avec une vitesse égale et servant à continuer son laminage avant de le diriger dans un pot.

A la sortie du premier étirage, on prenait un certain nombre de pots, quatre, par exemple, provenant de la première machine ; on les portait devant une seconde qui réunissait de nouveau les rubans, pour en former un seul.

Cette opération se répétait de la même manière un certain nombre de fois, suivant la qualité de la matière, et par suite de la finesse du fil qu'on voulait produire.

Lorsque le ruban, arrivé à une ténuité assez grande, n'avait plus la consistance suffisante pour être soumis à un nouvel étirage, on lui imprimait un léger degré de torsion, en donnant un mouvement circulaire aux pots dans lesquels on le recevait ; ce mouvement était communiqué au moyen d'une courroie placée sur une poulie à gorge que portait un axe fixé au centre du pot ; cet étirage, consolidé par un léger degré de torsion, se nommait *étirage à la lanterne.*

L'on distingue dans les appareils à étirer en général la *table,* ou partie cannelée d'un cylindre ; il y a donc autant de tables dans un cylindre que de cannelures.

Une *tête* ou la réunion des paires de cylindres entre lesquelles passe un même ruban pour recevoir la totalité d'allongement qu'une machine peut lui imprimer en une seule fois.

Le *banc d'étirage* comprend la série totale des têtes rassemblées sur le même bâti.

Les *rouleaux d'appel,* comme leur nom l'indique, sont des cylindres qui dégagent le banc d'étirage.

Dans le premier système que nous venons de décrire, chaque tête se composait de trois cylindres, d'une table chacun ; un certain nombre de têtes, depuis quatre jusqu'à huit, et quelquefois plus, étaient placées sur le même banc et croisées de manière que le ruban, en sortant de la première tête, passait à la seconde après avoir été doublé ; que celui de la seconde, doublé à son tour, passait à la troisième, et ainsi de suite jusqu'aux bancs à lanterne.

On modifia bientôt ces sortes de bancs en augmentant les têtes, en faisant des bancs à deux têtes et à deux tables de front, et aussi en plaçant deux répétitions l'une derrière l'autre dans le même système.

Dans le système précédent, dit à *tête croisée*, on recevait les rubans dans un même nombre de pots, il fallait les transporter de l'une à l'autre machine ; indépendamment du travail et du temps perdu dans ces transports, on était exposé à commettre des erreurs, en troublant l'ordre progressif dans lequel ils devaient être doublés ; il est vrai que, pour éviter ce dernier inconvénient, on avait l'habitude de peindre chaque pot d'une couleur différente.

A ce mode d'opérer vint se substituer celui des couloirs et des machines à réunir, à peu près identique aux appareils employés dans le même but pour les rubans de cardes.

Indiquons d'abord la disposition générale du système dit *des couloirs*.

§ 2. — Réunissage par couloir.

Ce dernier système déjà mentionné, et encore en usage dans la plupart des établissements français qui ne sont pas d'une construction *toute récente*, est figuré en partie fig. 5, pl. XVII ; il représente partiellement la disposition suivant un plan horizontal du système le plus perfectionné, la vue indique deux rubans seulement, venant d'autant de têtes ; ces rubans *r*, quel que soit leur nombre, passent dans des entonnoirs *e*, puis entre les rouleaux d'appel *a*, pour se diriger chacun dans un anneau oblique *b* qui les guide parallèlement les uns au contact des autres. Sur un plan horizontal *c*, placé dovant la machine, à une certaine hauteur du plancher, au bout de la série des laminoirs étireurs, la nappe, formée par la réunion de tous les rubans, se rend sur un plan incliné *d*, qui part de l'extrémité de la tablette horizontale *e*, pour se diriger entre les deux molettes ou cylindres d'appel *e*, que l'on peut supposer appartenir à l'un ou à l'autre des deux systèmes de machines à réunir, décrites à l'occasion des doublages du cardage ; nous n'avons pas par conséquent à y revenir et pouvons décrire les machines à étirer, telles qu'elles fonctionnent généralement.

§ 3. — Banc d'étirage, pl. XIX.

Les figures de 1 à 8 de la planche représentent un étirage à *pot tournant* avec les détails du mécanisme débrayeur de la machine lorsque le ruban vient à casser, chap. xxii, § 3. Nous n'avons pas reproduit, dans ces dessins, la commande du mouvement de rotation du pot, parce qu'elle peut être la même que celle du pot de la carde déjà décrite. La figure 1 est une coupe verticale d'un banc à étirer ; la figure 1 *bis* est un plan horizontal de deux têtes seulement, vues par-dessus. La machine complète n'est qu'une répétition des mêmes éléments ; elle est en général composée de six à huit têtes semblables. Le ruban m du cylindre P, provenant des cardes, se dirige entre la série des quatre couples de laminoirs de 1 à 4, en passant librement dans le tube d'un entonnoir d'un diamètre de 10 à 12 millimètres ; les axes des cylindres de pression sont indiqués par la lettre r. En se rendant à ces cylindres, chacun des rubans passe dans un mécanisme spécial qui sera décrit plus loin, et dont la fonction consiste à arrêter instantanément la machine lorsque l'un des rubans vient à manquer.

Les cylindres inférieurs 1, 2, 3 et 4 de la machine sont mus directement par des engrenages, et ceux supérieurs sont entraînés à cause de leur contact et de la pression sur les inférieurs, par des poids p, p, p, p suspendus à des crochets par des tiges rectangulaires t, t, t, agissant sur des sellettes placées sur les circonférences supérieures des cylindres presseurs. La mèche m', à sa sortie de la machine, se rend entre les rouleaux attracteurs RR, pour venir se ranger dans le pot tournant P'.

Transmissions de mouvements. — Ces mouvements sont de trois sortes : 1° ceux des cylindres et rouleaux étireurs d'une rotation continue, allant en augmentant progressivement de la première à la dernière paire, dans la direction de l'entrée à la sortie de la machine; 2° le mouvement du pot tournant également continu, mais beaucoup plus lent; 3° l'action intermittente du mécanisme débrayeur qui ne doit agir que lorsqu'un ruban vient à casser. Les transmissions du pot tournant ayant été données, il suffit de décrire les transmissions des cylindres et du mécanisme casse-mèche.

Commandes des cylindres lamineurs et des rouleaux étireurs. — Ces commandes sont fort simples; elles ont lieu directement et de proche en proche par des roues droites.

Les poulies fixes et folles O et O', de $0^m,34$ de diamètre en général, reçoivent une vitesse depuis 100 jusqu'à 150 rotations à la minute, suivant les cas, transmise par O au cylindre étireur 4 placé sur l'arbre a des poulies, d'une part, aux étireurs par les pignons ef et i, et des roues placées semblablement à l'extrémité opposée de l'arbre b, que la figure ne montre pas; de l'autre, aux rouleaux R par les pignons et roues pp', $p''p'''$ et q.

Mécanisme casse-mèche. — Le principe de cet appareil consiste à se servir du ruban lui-même comme d'un moyen pour maintenir l'équilibre entre les deux bras d'un levier articulé, dont le basculement autour de l'alimentation a lieu si le ruban vient à rompre. Ce basculement détermine à son tour une action sur la fourchette de débrayage, pour faire passer la courroie de la poulie fixe sur la poulie folle. Voici d'ailleurs les détails de ce mécanisme : la figure 2, pl. XIX, le représente de profil, la figure 3 de face, et la figure 4 est une vue horizontale. Supposons que chacun des rubans se dirige de la tablette t, fig. 2, dans une espèce d'entonnoir m placé à l'extrémité du levier R, articulé en a, sur une certaine distance de sa longueur, et recourbé en crochet *r* à l'autre extrémité ; c'est à la sortie de l'entonnoir *m* que le ruban passe entre les cylindres étireurs, d'où il sort pour se diriger entre les rouleaux RR, dans le canal oblique et de là dans un pot tournant. Il est évident que si un certain nombre de rubans introduits d'un côté de la machine se réunissent en un seul à la sortie, pour que celui-ci soit homogène, il faut que leur nombre reste constant ; si donc l'un casse ou finit sans être immédiatement rattaché ou remplacé, la préparation sera défectueuse. Pour éviter cet inconvénient, l'arrêt de la machine est spontané et immédiat, dans le cas d'une diminution d'alimentation ; pour comprendre par quel stratagème il a lieu, il faut se reporter aux figures 2, 3 et 4. Lorsque les choses sont en état, les entonnoirs *m, m, m*, fig. 1, 2 et 3, occupent la position, fig. 2, derrière ces entonnoirs et le montant antérieur du bâti est disposé un petit mécanisme, dont on ne peut voir par conséquent que quelques éléments lorsque la machine marche. Ce système se compose de deux parties, de l'entonnoir basculeur *m*, terminé en crochet *r* à son extrémité opposée, et d'un second crochet R, placé en regard du premier. Ce crochet R reçoit constamment un mouvement oscillatoire autour d'un arbre *a*. La commande de cet arbre lui est imprimée par une tige actionnée elle-même par la bielle *l*, dont le bouton peut se mouvoir dans une fente *g* de la pièce. L'impulsion est donnée à l'autre extrémité de la bielle *l*, par la poulie *p*, sur le plat côté de laquelle le levier *l* est assemblé. La rotation continue de la poulie *p* est commandée par une roue placée sur son arbre ; son mouvement est transformé en un mouvement de va-et-vient oscillatoire transmis au crochet R par une manivelle qui commande la bielle. Tout le temps que le ruban de la préparation passe, les deux crochets *r* et R restent indépendants l'un de l'autre ; mais si un ruban est épuisé ou casse, l'entonnoir *m*, n'étant plus soutenu, bascule et agrafe le crochet R par sa partie *r*. L'arrêt de la machine devient la conséquence de cette position, voici comment : la rencontre des deux crochets détermine le désembrayage d'un manchon *d*, placé sur l'arbre *a*, auquel est assemblé le crochet, sur la partie B du manchon qui désengrène est placé une espèce de taquet *e* (fig. 4) agissant contre l'extrémité de la tige de la fourchette qui passe dans la courroie motrice. Dès que ce taquet *e* est sorti de la saillie de la tige, un ressort *s*, placé sur ladite tige, se débande, et agit dans la direction convenable pour imprimer un mouvement suffisant à la fourchette, pour transporter la courroie de la poulie fixe à la poulie folle, et faire arrêter par conséquent la machine.

Différentes dispositions ont été proposées et pratiquées dans le même but, celle que nous venons d'indiquer, malgré sa complication apparente, est la plus simple et nous paraît la plus efficace, son action est pour ainsi dire instantanée. Un banc complet se compose, par conséquent, des pots contenant les rubans d'alimentation, passant chacun dans un mécanisme dit casse-mèche, du banc avec les cylindres étireurs et du pot tournant et à couvercle tournant percé du canal incliné pour opérer la disposition du ruban dans les conditions les plus propres à éviter le déchet.

Grâce à l'ensemble de ces dispositions, la machine opère avec une rare précision, si d'ailleurs toutes les parties sont convenablement réglées et combinées en raison de la nature de la matière et du degré de finesse du produit à transformer, conformément aux considérations suivantes.

§ 4. — Réglage des machines à étirer.

D'après les considérations générales exposées précédemment, les éléments variables à régler par le filateur comprennent :

1° *La quantité d'étirage ou le rapport des vitesses à établir entre les cylindres*, depuis l'entrée jusqu'à la sortie du coton;

2° *Le nombre des doublages* ;

3° *L'écartement entre les différentes paires de cylindres* ;

4° *La pression nécessaire à chaque tête d'étirage.*

La vitesse relative entre les premiers et les derniers cylindres d'une tête, c'est-à-dire entre celle du cylindre n° 1 et 4, fig. 1 et 7, varie conformément aux dimensions et caractères des filaments, et souvent aussi avec l'état de la préparation. Nous avons déjà indiqué les limites pratiques pour des cotons types destinés à un même produit. Pour des fils des n°⁸ 30 à 40, par exemple, cette quantité d'étirage variera de 6 à 8, et même au delà, c'est-à-dire qu'elle ne peut dépasser 6, sous peine de manquer de cohésion pour le coton de l'Inde, quelle que soit d'ailleurs la perfection de la préparation à la carde, et atteindra au moins 8 si c'est du bon coton des Etats-Unis, mais pour ces derniers cet étirage pourra parfois être élevé jusqu'à 18 et 20, suivant la destination du ruban et la période des étirages ; supposons, par exemple, qu'il s'agisse de la préparation de la bonne trame 36/38 avec du coton Louisiane cardé deux fois. Les passages étant en général au nombre de trois, l'on pourra alors étirer, au premier, d'une quantité comprise entre 10 et 11,33 ; au second, de 16 à 17, et au troisième, de 18 à 20.

L'on pourrait encore maintenir les mêmes vitesses relatives à chaque passage, l'établir en moyenne de 14 à 15, et diminuer les doublages en raison du numéro auquel on veut arriver ; c'est en général, d'après ce dernier système, que l'on opère aujourd'hui. Voici d'ailleurs la répartition de ces vitesses pour les matières de bonne qualité :

Etirage total entre les cannelés.....
$$\frac{36 \times 60 \times 120 \times 32}{32 \times 26 \times 37 \times 30} = 8,98.$$

Etirage total entre le premier cannelé et les enrouleurs.................
$$\frac{18 \times 32 \times 318}{32 \times 45 \times 120} = 1,06.$$

Etirage total entre le quatrième et les alimentaires....................
$$\frac{64 \times 32}{100 \times 20} = 1,024.$$

Le produit de $8,98 \times 1,06 \times 1,024 = 9,19$ pour l'étirage total au premier passage.

Si l'on suppose trois passages identiques sans modifications dans la quantité d'étirage, il serait $9,19 \times 3 = 27,57$. Bien des praticiens étirent d'une quantité progressive d'un passage à l'autre, comme nous venons de le dire, et alors ils ont 9,19 au premier et arrivent de 11 à 12 au dernier. D'autres étirent de la même quantité à chaque passage.

Si l'on opérait sur des cotons de l'Inde, les rapports des vitesses devraient être sensiblement moindres. Nous les avons vu appliquer et donner de bons résultats avec les préparations suivantes : au premier, une vitesse $= 1$; celle du deuxième, 1,25 ; du troisième, 1,65, et du quatrième, 3, dont le produit représente un étirage seulement de 6,12.

Pour modifier ces vitesses, il suffit de changer le pignon e de la figure 1 bis. C'est par le changement de ce pignon que la machine devient propre au travail de toutes espèces de cotons.

Doublages. — Leur nombre est proportionnel à celui des étirages, il est convenable d'adopter une méthode simple dans les additions successives des rubans, de façon à arriver sans erreur à l'allongement et au numéro déterminé, sauf de rares exceptions, ou pour des préparations de fils très-fins, le nombre des passages est réglé à 3, de 6 à 8 têtes à chacun, 6 ou 8 rubans à l'entrée de chaque banc n'en forment plus que 4 à la sortie, il s'ensuit que si l'étirage est également de 6 à 8, c'est-à-dire égal au nombre de doublage, le numéro du ruban restera constant et sera, à la sortie du dernier banc, ce qu'il a été au premier, il n'y aura de changé que la préparation, elle se sera perfectionnée, devenue de plus en plus homogène, de moins en moins duveteuse, soit, par exemple, le poids par mètre de la nappe à l'entrée du premier banc $33^{gr},6$, son numéro 0,0149.

A la sortie, il sera $0{,}0149 \times 9{,}19 = 0.136$ théorique et en général en numéro réel $0{,}144$.

Mais les huit rubans réunis sont du numéro $\frac{0{,}144}{8} = 0{,}018$.

Au second passage, le numéro serait $0{,}018 \times \frac{9{,}19}{4} = 0{,}04$.

Et au troisième, $0{,}04 \times \frac{9{,}19}{4} = 0{,}116$ et pratiquement de $0{,}115$ à $0{,}120$.

Nous donnons ces applications plutôt pour faire mieux saisir la succession des opérations aux personnes qui ne sont pas familiarisées avec la manière de procéder, que comme un exemple invariable à suivre ; les errements de la pratique pouvant être modifiés d'une façon sensible sans que cependant le travail en souffre. Le point important est de choisir une combinaison simple et de se régler, quant à la limite de chaque opération et au nombre de leurs répétitions, conformément aux considérations ci-dessus et aux principes posés § 3.

Écartements entre les cylindres. — Comme ces distances doivent être réglées sur la longueur des fibres variables de $0{,}010$ à $0{,}040$, on les établit en général de $0{,}02$ à $0{,}03$, pour les filaments des Etats-Unis. On les rapproche autant que possible ; pour ceux de l'Inde, cela est d'autant plus convenable, que la tendance est à l'emploi de cylindres à grands diamètres de $0^{m}{,}05$, afin de pouvoir faire passer une quantité plus grande de fibres. Les axes des cylindres sont d'ailleurs établis dans des coulisses du bâti, pour pouvoir modifier les écartements, si le changement de matière l'exigeait.

Pressions. — Les poids doivent être tels que le passage des rubans ait lieu aisément, et être calculés sur la masse de matière qui doit être soumise à son action. Trop forts, les poids énerveraient la substance, useraient les axes, et consommeraient une quantité de force motrice inutile ; insuffisante, il en résulterait de l'irrégularité dans les passages. Voici d'ailleurs un résumé des chiffres concernant les poids et les écartements le plus généralement en usage pour les bons cotons :

	ÉCARTEMENTS.			PRESSIONS		
	Du 1er au 2e cylindre	Du 2e au 3e cylindre	Du 3e au 4e cylindre	Sur le 1er cylindre.	Sur le 2e et 3e cylindre.	Sur le 3e et 4e cylindre.
1er passage.	0m,032	0m,036	0m,042	23k,00	36k,0	19k,0
2e —	0 031	0 035	0 042	19 50	30 5	16 5
5e —	0 030,5	0 035	0 039	19 50	30 5	16 5

Pour les cotons de l'Inde, ces écartements sont évidemment moindres, comme nous l'avons dit, la moyenne des fibres de cette provenance ayant un tiers de moins de longueur que celle des cotons des États-Unis. Quant aux poids de pression, on parviendrait à les diminuer, dans le cas où les essais d'étirage entre les aiguilles d'un hérisson, dont nous avons parlé § 1, réussiraient. Il ne serait pas impossible non plus que cet auxiliaire ne permît d'étendre les limites d'étirage à chaque passage.

§ 5. — Production.

Le rendement pratique de ces sortes de machines, est celui qui diffère le moins du calcul théorique ; il est donc à peu près égale en longueur à $2\pi r n$, r étant le rayon du cylindre délivreur et n le nombre de ses révolutions par minute. Soient $r = 0^m,025$, $n = 150$ révolutions en moyenne, on aura $2\pi r n = 6,28 \times 0,025 \times 150 = 2^m,35$ à la minute, et $1,692^m,50$ en douze heures de travail par tête d'étirage ; et pour le banc à huit têtes, $1,692,50 \times 8 = 13,544$ mètres.

Poids produit. — Le poids de cette longueur est déterminé

par son numéro : soit 0,125 le numéro moyen à la sortie de la machine. Or, la longueur divisée par le numéro donne le poids en demi-kilogrammes, la moitié de ce nombre donnera le nombre en kilogrammes [1] ; donc $\frac{13,544}{0,125} = 108,33$, et $\frac{108,33}{2} = 54^k,165$, rendement d'un banc par jour de douze heures effectives.

Les machines à doubler, à laminer et à étirer, sont celles dont il est possible de faire varier le plus la production sans inconvénient sensible, en s'y prenant bien. Nous avons déjà vu que les vitesses usitées diffèrent considérablement : les uns donnent à peine 100 tours, et emploient des cylindres de 3 à 4 millimètres de diamètre seulement ; d'autres élèvent cette rotation à peu près de 200 tours, avec des diamètres de 5 millimètres. La quantité transformée augmentera, par conséquent, en raison de la longueur et du poids. Il est évident que les pressions devront à leur *tour* être modifiées, conformément aux principes posés précédemment ; si on s'en écartait trop, la qualité des préparations en souffrirait.

§ 6. — Modifications proposées pour les cylindres étireurs.

Dans les laminoirs généralement en usage, les cylindres inférieurs sont en métal, plus ou moins finement cannelés par des cannelures équidistantes, suivant des génératrices parallèles à l'axe, et varient de finesse en raison inverse des diamètres des cylindres. Le cylindre supérieur de pression est formé d'un axe métallique entouré d'un rouleau fixe en cuir. Cette substance,

---

[1] Nous supposons le lecteur au courant du titrage usité, d'après ce qui en a été dit dans la première partie. Il pourra d'ailleurs consulter au besoin le chapitre qui concerne spécialement ce sujet.

plus élastique que le métal, a pour but de prévenir les inégalités, les coupures et de faciliter le laminage. Cependant, les inconvénients que l'on cherche à éviter ne le sont pas complétement, il s'en faut; tantôt le cuir, trop mou et insuffisamment élastique, reçoit les empreintes des cannelures sur lesquelles il appuie, se creuse par place, accroche des fibres ou imprime lui-même des espèces de cannelures transversales dans la matière préparée, et tantôt l'imperfection du travail provient *du faux rond* des cylindres en mouvement. Les conséquences de ces défauts sont plus ou moins graves.

L'on a cherché à perfectionner la construction des cylindres étireurs en général, pour les mettre à l'abri des reproches ci-dessus. Les modifications les plus récemment proposées et les plus rationnelles en apparence, sont indiquées dans les figures 5 et 6, pl. XIX.

La figure 5 concerne seulement l'exécution d'un cylindre de pression, vu coupé par un plan vertical passant par son axe; il reste formé d'un arbre métallique F, et d'une enveloppe en cuir *e;* ce dernier, au lieu d'adhérer et de faire corps avec l'axe F, forme un manchon libre, pouvant tourner indépendamment de son arbre métallique. Il résulte de cette disposition : 1° que les effets de l'inégalité de rotation par une cause quelconque se trouvent en grande partie neutralisés ; 2° bien moins d'empreintes et d'usure du cuir, les points de rencontre des deux cylindres, cannelés et de pression, pouvant varier à chaque tour. Cette disposition, imaginée en Angleterre, si nous ne nous trompons, ne paraît avoir contre elle que le prix plus élevé des cylindres de ce genre.

Pour atteindre une partie des résultats que nous venons d'indiquer, l'on a également proposé de modifier la direction des cannelures des cylindres inférieurs, de les faire plus ou moins courbes ou angulaires par rapport aux génératrices, avec des cylindres de pression ordinaires ou fractionnés pour diminuer les causes d'usure. La figure 6 donne en 1 les tables avec l'inclinaison des cannelures : *r,r* simulent les rouleaux supérieurs. La figure 7 en offre une coupe sur une plus grande échelle. On conçoit que ce dernier système ne se soit pas facilement propagé, lorsqu'on songe à tout ce que l'exécution parfaite des cannelures parallèles du système ordinaire présente de délicat, et aux efforts faits pour atteindre la perfection. Le nouveau système, pour offrir les mêmes avantages, est obligé de fournir des organes au moins aussi parfaits, ce qui nécessite un outillage ne laissant rien à désirer pour une fabrication dont le débouché est nécessairement problématique au début.

Nous nous sommes demandé si l'on ne pourrait atteindre tous les résultats recherchés dans l'emploi des cylindres étireurs en mettant à profit les propriétés si remarquables du caoutchouc. Nous revenons sur cette idée émise, il y a bien des années déjà, en présence du résultat spécial que M. François Durand en a obtenu récemment en l'employant dans sa machine à égrener (chap. III, § 5). Le seul point qui nous paraît devoir être étudié, c'est le degré le plus convenable de malléabilité à donner à la substance. A l'état ordinaire, le caoutchouc est trop mou, il est trop cassant après avoir été durci ; mais il nous paraît possible de lui donner une consistance intermédiaire, qui le rendrait propre à une foule d'organes dans les arts textiles. En dehors des moyens chimiques et des divers degrés de vulcanisation à lui faire subir pour modifier son état, nous indiquerons une espèce de recuit, au moyen duquel nous sommes parvenu à restituer une certaine ductilité au caoutchouc durci. Le procédé consiste tout simplement à l'exposer, pendant plus ou moins longtemps, à l'action de la vapeur à haute pression. Après quelques heures, de très-cassant qu'il était d'abord, il acquiert une certaine malléabilité qui permet de le plier et de le replier. Il ne nous paraît donc pas impossible de donner au caoutchouc les qualités les plus propres pour faire d'excellents cylindres de pression et autres rouleaux destinés à un service analogue dans les arts.

§ 7. — Étirage à rubans comprimés.

La compression imprimée aux rubans par les cylindres des bancs d'étirage décrits jusqu'à présent ne suffit plus, arrivée à une certaine période du travail, pour leur donner une cohésion qui permette de continuer les étirages. L'un des moyens les plus fréquemment appliqués pour obtenir un degré de cohésion supplémentaire consiste dans l'emploi de molettes, espèce de rondelles ou poulies minces à gorges, à mouvement de rotation, entre lesquelles le ruban se rend à la sortie des cylindres étireurs. Comme le produit s'est affiné et arrondi par ce traitement, l'on a cherché à le transformer en bobine serrée, dans le but de diminuer le déchet. M. Bodmer est l'un des premiers qui ait cherché à disposer le produit des étirages de cette sorte. Nous avons décrit son procédé sous le nom d'*étirage à cueille*, dans l'*Essai sur l'industrie des matières textiles*. Ce système n'ayant pas été adopté, nous ne le citons que comme le point de départ des moyens analogues plus ou moins usités depuis lors. Les Suisses et les Allemands, entre autres, se servent parfois d'une machine à compression et à bobines d'un système ingénieux : nous le donnons d'après le docteur Hulsse [1]. Les figures 1, 10, et 11, pl. XXV, donnent, la première, la section horizontale d'une assise de la bobine indiquant la révolution du ruban ; la seconde, une coupe verticale en travers, et la troisième, une vue de face du système dans leurs éléments essentiels. La machine se différencie des bancs à étirer décrits jusqu'ici : 1° par l'addition des molettes *c ;* 2° par un entonnoir

---

[1] *Die Technik der Baumwollen spinnerei.*

vertical de rotation à canal incliné ou excentré f, g, qui effectue un tordage transitoire du ruban ; 3° par un mode spécial de renvidage entre deux plateaux l, i, qui permet d'y comprimer les couches sous une forme cylindrique, de manière à former des bobines contenant un poids plus ou moins considérable de mèches, $4^k,50$ à 5 kilogrammes environ chacune lorsqu'elles sont terminées.

Le plateau inférieur i est porté sur un chariot n, qui peut monter et descendre parallèlement à lui-même le long de l'arbre k. Cet arbre est placé excentriquement par rapport au canal f, g de l'entonnoir vertical, qui réalise la disposition spéciale de la figure 1, imprimée au ruban par la rotation de cet arbre. Au commencement de l'opération, les deux plateaux sont réunis, et la première couche se dispose à compression entre eux : le plateau inférieur descend ensuite, à chaque tour, d'une quantité proportionnelle à l'épaisseur de la couche déposée.

Transmissions de mouvement. — La commande des cylindres étireurs a lieu comme dans les étirages ordinaires ; l'arbre a, mû par la poulie motrice, transmet l'action directement par des roues aux cylindres, dont la figure n'indique que la paire de sortie b, les molettes c et les rouleaux délivreurs e. L'entonnoir vertical f, g est commandé par des roues droites v, u, callées sur sa partie verticale ; l'axe de la roue u reçoit l'action d'une roue conique t, par l'entremise d'une seconde placée sur l'arbre S. Un support h, à base m, sert de point d'appui à l'entonnoir f, g et à son mécanisme. Les bobines, en outre du mouvement de haut en bas par leur plateau i, ont une rotation lente autour de l'arbre k. Le premier leur est imprimé par le chariot n, sur lequel elles sont fixées ; celui-ci est mû verticalement par l'arbre à rainure y, mis en action par les roues d'angle w, x : ce chariot est guidé dans sa marche verticale par des coulisses qui s'appuient sur des montants p. Le second mouvement de rotation des bobines leur est transmis par la paire de roues d'angle z, a', placée à la partie inférieure de l'arbre vertical y. La roue a' fait tourner l'arbre b' qui porte une vis sans fin c', engrenant avec une roue à dents inclinée d' placée sur l'axe du plateau i. Pour pouvoir enlever les bobines, les extrémités inférieures des montants, sur lesquels se meut le chariot, sont assemblées à articulation, et communiquent avec les plateaux i par l'arbre horizontal r, reposant dans le coussinet q, l'articulation permet alors d'amener la bobine dans une position inclinée et de la retirer, conformément à une disposition identique à celle des bancs $a\,b\,h\,e\,g$, décrits plus loin.

Rapport des vitesses des organes de la machine. — Les rouleaux d'appel e, d'un diamètre de $0^m,07$, décrivent 100 révolutions pendant que l'entonnoir, dont la surface de la base de l'ouverture g, d'un diamètre de $0,152$, en décrit la moitié, soit 50, d'après les rapports des roues u et v. Le développement des rouleaux d'appel sera par conséquent de $22^m,98$, celui de la base de l'entonnoir f,g de $23^m,86$, celui des plateaux i, d'après les rapports de leurs transmissions, de $0^m,11$.

Il résulte de ces chiffres que l'étirage entre les rouleaux d'appel e et l'entonnoir g est dans le rapport de $22,98 : 23,86 = 1,025$, et celui entre la rotation du plateau i et l'embase g est comme $1 : 22,24$, c'est-à-dire que pendant que le plateau i fait 1 tour, la base de l'entonnoir en fait $22,24$. Ces différentes relations sont d'ailleurs faciles à faire varier, en changeant les rapports entre les dimensions des différentes roues qui les produisent.

CHAPITRE XXV.

PRÉPARATIONS DU DEUXIÈME DEGRÉ, DEUXIÈME PÉRIODE,
TRANSFORMATION DES RUBANS EN MÈCHES.

§ 1. — Considérations préliminaires.

Les nombreuses transformations pratiquées jusqu'ici n'ont cependant amené la substance qu'à une faible fraction de la lougueur qu'elle doit fournir. Le titre du dernier ruban sorti des étirages comparé à celui du fil terminé indique leur rapport, et par conséquent le chemin parcouru ; or, 0,14 étant le *numéro* des rubans pouvant servir à une certaine série de titres, supposons en moyenne du 26 ou 26,000 mètres, il s'ensuit qu'il n'est encore qu'au 1/185 de la longueur à fournir. Le complément considérable d'allongement à *réaliser* est le résultat d'une nouvelle série d'étirages successifs. Seulement, la préparation étant devenue homogène, les doublages cessent à peu près, ce qui hâte d'autant l'affinage du produit. Sa ténuité devient telle, qu'il faut augmenter la cohésion des filaments, soit en leur imprimant une torsion ou une friction. L'un ou l'autre moyen est appliqué suivant les cas et les localités. Nous les examinerons successivement en commençant par le plus ancien, le plus parfait et le plus répandu, celui de la torsion, qui, tout en consolidant le ruban, l'arrondit, de là le nom de *mèche*, donné généralement au résultat des étirages à torsion. Ces mèches, après chaque passage, étant toujours suivies d'un nouvel étirage, ne doivent subir qu'un très-faible degré de torsion, de 0,3 à 0,5, suffisant seulement pour permettre à cette ébauche de fil, parfois nommé *fil en gros ou en doux*, de passer d'une opération à l'autre sans rompre.

La ténuité de la mèche nécessite un organe de réception spécial, à sa sortie des machines, afin d'y être enroulée avec la plus grande régularité et pouvoir en être déroulée de même; la bobine cylindrique remplit parfaitement le but, de même que la broche est l'organe le plus propre à effectuer la torsion, la combinaison du mouvement simultané et indépendant des deux organes constitue la particularité fondamentale de la nouvelle machine dont nous abordons la description. Ce sont par conséquent des bancs d'étirages munis d'organes spéciaux de torsion et de renvidage, pour recevoir la mèche à mesure qu'elle est produite. C'est-à-dire qu'aux lamineurs étireurs, véritables doigts de la filature, totalement inconnus avant les grandes inventions qui ont surtout illustré le nom d'Arkwrigt, l'on a ajouté la broche et la bobine existant en principe dans le rouet depuis plusieurs siècles. Le pied agissant sur ces organes dans l'ancien appareil a été à son tour remplacé, avec non moins de succès que la main, par des transmissions automatiques. La machine dite *banc à broches*, à laquelle nous faisons allusion, n'est arrivée que successivement, et grâce au concours de plusieurs constructeurs anglais et français, à la perfection actuelle. Ayant parlé ailleurs de l'origine et des premiers perfectionnements de cette machine, nous résumerons seulement ici les principes indispensables à connaître, d'après la théorie que nous avons publiée il y a longtemps[1]. Nous donnerons ensuite la description d'un des modèles les plus perfectionnés, du banc à broches à deux cônes combinés et à mouvement différentiel.

---

[1] *Essais sur l'industrie des matières textiles.* Paris, 1847.

§ 2. — Dispositions générales des organes.

Le banc à broches, tel qu'il se comporte, comme toutes les machines de ce genre, se compose de la réunion d'un plus ou moins grand nombre de groupes d'organes commandés par un moteur unique, au moyen de transmissions qui leur sont communes à tous ; chacun de ces groupes est formé ici d'une tête d'étirage, d'une broche à ailette et d'une bobine.

La figure 1, pl. XX, donne un tracé de la disposition générale des parties principales d'un banc à broches, afin de faire embrasser d'un coup d'œil les positions relatives des organes et leur corrélation avec les transmissions de mouvement. E désigne les cylindres étireurs par lesquels la mèche sort de la tête d'étirage pour se rendre à la broche ou à l'organe de rotation B' chargé de la tordre. Elle y arrive en passant par un petit trou o, pratiqué dans l'extrémité supérieure de la broche, d'où elle fait un angle pour suivre un appendice ou branche recourbée, pleine ou creuse A, équilibrée par une seconde A', les deux formant corps avec la tête et l'axe B, constituent l'*ailette* AA'. Un cylindre creux à l'intérieur, avec deux saillies ou rebords à chaque extrémité verticale, forme la bobine c. Elle peut tourner librement autour de la broche, ou glisser sur elle de haut en bas et de bas en haut, à volonté, de façon que l'un des deux organes puisse se mouvoir, pendant que l'autre reste fixe, ou agir simultanément avec des vitesses angulaires différentes, comme cela a lieu. Ainsi donc la mèche étirée, fournie par les organes E, est tordue par le mouvement de rotation de sa broche et de son ailette, puis dirigée et renvidée autour de la bobine c. La mèche devant s'enrouler autour de la circonférence de la bobine, de manière à former des couches successives de bas en haut, l'organe *c* reçoit en même temps un mouvement de rotation autour de la broche, et un mouvement de translation verticale alternatif dans la direction de son axe. Les organes de la machine réalisent, en conséquence, quatre modes de transmissions principales destinées : 1° à l'action de l'étirage ; 2° à la torsion ; 3° à l'envidage autour de la circonférence de la bobine ; 4° à l'envidage sur la hauteur de la même bobine. Deux de ces mouvements, ceux des cylindres étireurs et de la broche, sont à vitesses constantes ; chacun de ces organes reçoit donc constamment le même nombre de tours dans l'unité de temps. Les vitesses de la bobine doivent au contraire varier en raison de l'augmentation successive de sa circonférence, afin d'imprimer la même tension à la mèche, pendant la formation de la bobine de fil produite par l'enroulement. Ces divers mouvements ont un point de départ unique, l'arbre moteur principal, mû lui-même par la poulie motrice P. Il peut animer simultanément un nombre quelconque d'organes. Une série de roues droites calculées pour arriver à la vitesse voulue commande directement la rotation à l'arbre V des cylindres étireurs. Les broches, également animées d'un mouvement constant, reçoivent leur action par une autre série de roues S, S*r*, etc., aboutissant à un arbre T, placé à leur partie inférieure, chacune des broches est mue par une paire de roues d'angle *t*, *t*. Parallèlement à l'arbre T des broches se trouve l'arbre S′ des bobines et la paire de roues d'angle *t*′, *t*′ qui anime chacune d'elle, avec une vitesse variable par chaque couche horizontale. Quant à la transformation de la vitesse dans le sens du mouvement de va-et-vient vertical des bobines il a le même point de départ que le précédent. Les conditions spéciales et variables du double mouvement des bobines sont les résultats d'un mécanisme de transmission particulier, connu sous le nom générique de *mouvement différentiel*. Une fois réglé, il exécute spontanément et automatiquement les variations de vitesses pour lesquelles il a été établi. C'est grâce à l'emploi du cône AA'; ou des deux cônes, fig. 5, de la courroie P; ou YY; qui se déplace à chaque tour de la quantité voulue, correspondante à l'augmentation de diamètre de la bobine, et à la roue *c*; dite *roue différentielle*; que le mouvement est modifié et devient la résultante de la vitesse constante de la transmission des broches et de la vitesse variable provenant du déplacement de la courroie. La résultante de ces vitesses est par l'intermédiaire du pignon *v*; transmise d'une part circulairement aux bobines, et de l'autre suivant une translation verticale de va-et-vient à leur chariot. Avant d'examiner en détail l'ingénieux mécanisme du mouvement différentiel; disons d'abord un mot des organes auxquels il est chargé d'imprimer l'action.

§ 3. Divers genres d'ailettes.

Quoique l'ailette ne soit qu'une partie accessoire de la broche, elle a néanmoins son importance et nécessite une exécution soignée; à cause de ses fonctions de directrice de la mèche. Elle doit être légère et rigide, afin de tourner facilement et d'être peu vibrante ; elle doit être nette et parfaitement lisse sur la surface conductrice de la préparation, pour ne pas occasionner de barbes. La mèche doit être soustraite autant que possible à l'action de la force centrifuge pour amoindrir la production du duvet. La forme des branches doit contribuer à la condensation des couches, de façon à faire contenir un maximum de longueur dans un espace minimum ; enfin sa construction doit être simple et économique. La première ailette dont on fit usage est représentée en A' A, figure 8, pl. XXII selon une section verticale de la broche B', et garnie de sa bobine C'. L'axe B' a un petit trou pour laisser passer la mèche dans l'une des branches de l'ailette qui est creuse. Les deux tiges A' A' sont droites et libres à leurs extrémités inférieures ; la mèche, arrivée en ce point, fait par conséquent un angle droit avec la tige i, pour se diriger sur la bobine C'. Le moyeu central de celle-ci est évidée sur une certaine partie de sa hauteur, afin de diminuer sa surface frottante dans cette direction.

L'on proposa bientôt de substituer à l'ailette dont il vient d'être question l'ailette à compression connue également sous le nom de doigt de Dyer, son auteur qui l'imagina vers 1833. Son invention eut surtout pour but de faire des bobines contenant sensiblement plus de mèche ; ce système contribue, en effet, à former des bobines contenant 1/3 en poids de plus que celles munies de l'ailette ordinaire. Il en est résulté des levées moins fréquentes, une économie de temps et de dépenses pour les bobines vides.

La première ailette de ce genre est représentée, fig. 2 et 3, pl. XXI, à la branche A de l'ailette, disposée comme la précédente ; on a eu l'idée d'assembler une lame de ressort r, fixée sur un petit pivot p, à l'extrémité de la tige creuse A, dans laquelle se dirige la mèche ; à ce pivot est assemblée une tige courbe horizontale terminée sous la forme d'une petite palette évidée e, pour laisser passer la mèche ; elle repose sur les couches et dirige en pressant le produit qui les forme. Comme la mèche est tendue autour du compresseur r, le ressort est en général arrondi et va en diminuant de grosseur de l'ailette à la palette. Une autre manière d'effectuer la compression est représentée par l'ailette, fig. 5, 6 et 7, sous ses différents aspects ; la compression est encore pratiquée par un ressort vertical mince r, la partie supérieure de ce ressort est fixée à une petite pièce a, soudée à la tige creuse A de l'ailette ; l'extrémité inférieure entre dans un petit talon m. Ce système a l'avantage d'être solide, de se régler facilement, mais d'offrir des résistances variables avec les différentes positions de la palette e. L'on est parvenu à remédier à cet inconvénient, en faisant agir un ressort vertical en spirale autour de l'ailette creuse. Mais ce mode offre, à son tour, l'inconvénient d'être bientôt encrassé par la poussière et le duvet. Il est également plus exposé aux ruptures par des changements un peu brusques de température.

Une modification de l'exécution précédente consiste dans la substitution d'une branche pleine à la branche creuse qui dirige la mèche, une lame mince en acier ou munie d'un ressort en spirale, et de recevoir la mèche en sortant de la douille de l'ailette dans une espèce de crochet x, fig. 6, pl. XXII. On reproche à ce système certaines difficultés d'exécution, de ne pas abriter la mèche et de faciliter la formation du duvet. Les ailettes dont il vient d'être question étaient en fer.

L'on est revenu aux ailettes creuses, surtout depuis que MM. Laurent frères et beau-frère, de Plancher-les-Mines, sont parvenus à les faire en fonte malléable, ce qui facilite considérablement l'exécution, permet d'arriver économiquement à des finesses très-nettes et lisses, de pratiquer la fente dans le sens le plus convenable, perpendiculaire à la direction du rayon, pour soustraire la mèche à l'action directe de la force centrifuge, cause principale de la formation du duvet. Un mode quelconque de compression peut d'ailleurs être adapté à ces ailettes. Elles peuvent également être creuses ou pleines à volonté, et sont alors d'une grande simplicité d'exécution. Les figures $5'$, $5''$, $5'''$, $6'$, $6''$, $6'''$, $7'$, $7''$, $7'''$, présentent diverses sections horizontales des systèmes des figures 5, 6 et 7, donnant par conséquent les parties d'une ailette en fer à tiges pleines et creuses, tant de celles dont il vient d'être question que de celle dont nous allons nous occuper.

Ailette à force centrifuge. — Cette ailette, presque exclusivement employée aujourd'hui, est représentée, fig. 7, pl. XXII. Elle ne diffère des précédentes que par son doigt c, qui, mobile autour de la branche A', n'est plus soumis à l'action d'un ressort, mais simplement équilibré soit par une tige verticale t, soit par un contre-poids, de telle sorte que le centre de gravité du système se trouve sur l'axe de la branche A'. Il en résulte que dans le mouvement de rotation de l'ailette, ce doigt est en équilibre dans toutes les positions et n'exerce aucune pression sur la bobine. Quant au fil, il est guidé de la même manière que dans les ailettes à compression, le doigt ayant absolument la même forme, et son serrage s'opère en l'enroulant un certain nombre de fois, trois ordinairement, autour de la tige t. On forme ainsi un véritable cabestan, et le fil de la bobine, obligé de tirer avec une certaine force pour amener le fil de l'ailette, se serre de lui-même. Ce système présente plusieurs avantages sur celui à compression : 1° la tension du fil est toujours la même, et peut être réglée à volonté, puisqu'elle ne dépend que du nombre de tours qu'il fait autour du doigt ; 2° la patte v ne pressant plus ou presque plus sur la bobine, le fil est beaucoup moins sujet à se détériorer dans le cas d'un poli imparfait de cette patte ; enfin, ce système est plus simple, bien moins susceptible de se déranger, et il permet à la broche de tourner plus vite.

La même figure 7 représente le système à deux compresseurs. Au lieu d'une lame de compression, il y en a deux, symétriquement disposées, afin de remédier aux efforts inégaux produits par l'ailette sur la broche, lorsque la tension du compresseur ne se fait sentir que d'un côté. 7', 7″ et 7‴ sont les sections horizontales passant par diverses parties de la hauteur de la broche mentionnées précédemment.

§ 4. — Broches à grande vitesse.

Les broches ordinaires ne permettent pas de dépasser une certaine vitesse, de 700 à 800 tours par minute ; au delà, leur vibration est telle, que le renvidage du fil sur la bobine ainsi que le maintien du parallélisme du chariot en mouvement deviennent presque impossibles. Afin de pouvoir augmenter cette vitesse, on a cherché à donner plus de stabilité à la broche, en la maintenant sur la plus grande partie de sa longueur au moyen d'une longue douille b, b (fig. 6 et 7, pl. XXIII), et de rendre le mouvement du chariot complétement indépendant des oscillations de la broche en faisant glisser le collet k, qui le relie à cette broche, sur une pièce immobile qui est la douille b, b' elle-même. Les deux dessins donnés de cet appareil indiquent la disposition très-simple des différentes pièces. Le collet k, qui embrasse la douille b, b', est vissé à une équerre, dont l'une des branches f est fixée au châssis e du chariot, par un boulon g. La même disposition se représente pour le pivot b', dont l'équerre c est boulonnée à la traverse inférieure t du banc à broches. La douille d est vissée dans un support m porté par le pivot b'. On comprend qu'avec ce système, la marche du chariot sera toujours la même, quelle que soit la vitesse des broches, car le collet k, glissant sur une pièce immobile, n'éprouvera plus ni la vibration ni l'usure éprouvées par le système ordinaire. La douille seule s'use à l'intérieur, mais elle peut se remplacer très-facilement. La vibration des broches sera très-faible, puisqu'on ne laisse libre que la partie nécessaire au tuyau de la bobine. C'est ainsi qu'on a pu doubler la vitesse des broches (1,600 tours au lieu de 800 par minute) et augmenter considérablement la production du banc à broches.

Torsion. — Au sortir des cylindres où la mèche a été étirée, elle pénètre dans une ailette A', fixée sur une broche B', et animée d'un mouvement de rotation uniforme (fig. 5, pl. XXII). Si l'on suppose d'abord les cylindres immobiles et l'ailette tournant, on voit que la partie de mèche engagée dans la branche verticale de l'ailette fera, autour de la partie retenue entre les cylindres, un nombre de tours égal à celui de l'ailette, et que la torsion ainsi communiquée se répartira du point de sortie des cylindres au point de l'ailette, où la mèche forme un angle vif et se trouve retenue continuellement contre les arètes de l'ouverture d'entrée O. Il est aisé dès lors de comprendre que si les cylindres, tournant sur leurs axes, développent une certaine longueur de mèche dans un certain temps, la torsion en sera mesurée par le nombre de tours d'ailette accompli pendant le même temps ; et si on représente par m' le nombre de tours d'ailette pour un tour de cylindre, et par e le diamètre de cylindre en centimètres, la torsion de la mèche sera de m' tours répartis sur la longueur πe, ou de $\dfrac{m'}{\pi e}$ par centimètre de longueur développée [1].

Renvidage. — Au sortir de l'ailette, au point i dans les bancs à broches ordinaires (fig. 8, pl. XXII), au point o' dans le cas des bancs à broches à compression (fig. 5, pl. XXII), la mèche vient s'enrouler en spirale et par couches superposées sur une bobine ou tube creux C'. Dans le premier cas, la mèche libre au point i suit la direction de la tangente au corps de la bobine ; et dans le cas des bancs à broches à bobines comprimées, elle est enroulée depuis le point C jusqu'en o', autour d'un petit levier ou doigt compresseur mobile dans le sens horizontal autour du point i, et terminé par une partie aplatie constamment appuyée sur la bobine au point de sortie de la mèche (voir fig. 5, 7, 8 et 9, pl. XXI et XXII). Dans les deux cas, pour que la longueur fournie par les cylindres vienne s'enrouler autour du corps de la bobine, il faut nécessairement que

---

[1] Une grande partie de cette description est empruntée à l'excellent travail sur le même sujet de M. Charles Naegely fils, inséré dans le *Bulletin de la Société industrielle de Mulhouse*. Nous l'avons modifiée pour le mettre en harmonie avec le cadre que nous nous sommes tracé, et y avons ajouté une démonstration du mouvement différentiel et la formule pour calculer la production du banc à broches.

l'ailette et la bobine fassent dans le même sens des nombres de tours tels que la différence de leurs vitesses dans un certain temps, au point où doit s'opérer le renvidage, soit égale à la longueur de mèche qui passe dans le même temps. Pour que cette longueur renvidée reste constante (comme cela a lieu en effet), il est clair que le nombre de tours de l'ailette restant uniforme, le nombre de tours de la bobine devra varier pour chaque nouvelle couche, c'est à dire à chaque augmentation de son diamètre. Il pourra arriver que le nombre de tours de bobines soit inférieur ou supérieur à celui de l'ailette dans le même temps ; il faudra, dans le premier cas, que le nombre de tours de bobines augmente à chaque nouvelle couche ; dans le second cas, qu'il diminue proportionnellement à l'augmentation de diamètre de cette bobine. Supposons que les ailettes fassent un nombre de tours supérieur à celui des bobines ; soit l, la longueur de mèche renvidée à la première couche pendant le temps t sur le diamètre d de la bobine, et soit α, l'angle représentant la différence entre les nombres de tours de l'ailette et de la bobine pendant le même temps.

La bobine étant pleine, la même longueur l de mèche est renvidée sur le diamètre d' (qui pourra être considéré comme un diamètre quelconque de la bobine) pendant le même temps t et désignant par α' l'angle qui représente pendant le même temps la différence entre les nombres de tours de l'ailette et de la bobine, et on pourra poser :

$$\frac{360°}{\alpha} : \frac{360°}{\alpha'} :: \frac{\pi d}{l} : \frac{\pi d'}{l},$$

ou

$$\alpha : \alpha' :: d' : d.$$

Même raisonnement si le nombre de tours de bobines était supérieur à celui des ailettes, d'où l'on conclut que *la différence entre le nombre de tours de* $\left\{ \begin{smallmatrix} l'ailette \\ la\ bobine \end{smallmatrix} \right.$ *et de* $\left\{ \begin{smallmatrix} la\ bobine \\ l'ailette \end{smallmatrix} \right.$ *devra diminuer à chaque nouvelle couche proportionnellement au rapport inverse des diamètres de bobine sur lesquels se forment ces couches.*

Relation entre les nombres de tours de l'ailette et de la bobine en fonction de la longueur de mèche renvidée. — Soit l la longueur de mèche à renvider dans un certain temps, par minute, par exemple.

Soit M le nombre de tours de broches dans le même temps.

Soit D le diamètre quelconque de la bobine sur lequel se forme la couche que l'on considère.

π D représentera la longueur de mèche renvidée sur la bobine pour un tour entier d'avance ou de retard de la bobine relativement à l'ailette ; donc pour renvider la longueur l, il y aura $\frac{l}{\pi D}$ tours d'avance ou de retard de la bobine sur le nombre de tours M de l'ailette, et si l'on désigne par U le nombre de tours de la bobine correspondant au diamètre D, on aura :

$$U = M \pm \frac{l}{\pi D}.$$

On prendra le signe $+$ dans le cas où le nombre de tours des bobines est supérieur à celui des ailettes, et le signe $-$ dans le cas contraire.

Mouvement de translation vertical et alternatif de la bobine. — Afin que la mèche de coton vienne s'enrouler en spirale autour du corps de la bobine, on communique au chariot qui porte les bobines une vitesse verticale telle que pour chaque spire qui se renvide, la bobine se déplace d'une longueur égale au diamètre de la mèche. Or, les développements de ces spires (qu'on peut considérer comme des anneaux, à cause du faible diamètre de la mèche) sont proportionnels pour chaque nouvelle couche au diamètre de la bobine sur lequel l'enroulement a lieu ; de sorte que les temps qu'elles mettront à se former seront en proportion inverse de ces diamètres de bobines. D'un autre côté, nous venons de poser que ces temps sont pour chaque nouvelle couche proportionnels à la vitesse du mouvement vertical de la bobine, donc *cette vitesse devra elle-même varier en proportion inverse des diamètres de la bobine.*

Les considérations qui précèdent sont applicables à tous les systèmes de bancs à broches, et quels que soient les agents mécaniques mis en usage, il s'agit, *dans tous les cas*, de transmettre à la bobine deux mouvements simultanés et variables à chaque couche :

Un mouvement de rotation tel que la différence entre le nombre de tours qu'elle fait et celui de l'ailette, ou réciproquement, diminue à chaque couche en raison inverse des diamètres successifs de la bobine.

Un mouvement de translation vertical et alternatif dont la vitesse diminue en raison inverse des diamètres croissants de la bobine.

§ 5. — Bancs à broches à mouvement différentiel.

Les deux mouvements dont il est question ci-dessus peuvent être imprimés aux bobines de la manière suivante :

Mouvement de translation vertical des bobines. — Une poulie P (fig. 1, pl. XX) peut glisser à frottement doux le long de l'arbre NP_1. Elle porte fixée à son moyeu une clavette qui est engagée dans une rainure longitudinale pratiquée sur toute la longueur de l'arbre NP_1; de sorte que, tout en se déplaçant dans le sens de l'axe de l'arbre qui la porte, elle est animée du mouvement de rotation de cet arbre, actionné lui-même par l'arbre moteur transmettant son mouvement par l'intermédiaire de roues d'engrenage droites. Cette poulie commande un tambour conique ou cône, au moyen d'une courroie avançant pour chaque nouvelle couche qui se forme sur la bobine, de quantités égales dans le sens de l'ouverture du cône, et transmet ainsi à ce dernier des nombres de tours qui *diminuent en raison inverse des diamètres successifs embrassés par la courroie*. De son côté, le cône transmet aux bobines leur mouvement rectiligne alternatif par l'intermédiaire de roues d'engrenage et de crémaillères qui transforment son mouvement de rotation en mouvement rectiligne ; et il suffira, pour satisfaire aux conditions énoncées ci-dessus, d'établir un cône tel que, pour chacune des positions de la courroie, ses diamètres varient proportionnellement aux diamètres de bobine correspondants.

Soit d le diamètre de la bobine vide sur lequel se forme la première couche, et d' le diamètre de la bobine sur lequel se forme la dernière couche.

A et A′ étant les diamètres correspondants du cône au commencement et à la fin d'une levée, on pourra toujours construire le cône de telle sorte qu'on ait la relation suivante :

$$A : A' :: d : d'. \qquad [1]$$

et il suffit de prouver que cette relation subsiste pour une couche intermédiaire quelconque : divisons la longueur du cône en $(n-1)$ parties égales (n étant le nombre de couches à renvider sur la bobine), et appelons β l'augmentation uniforme de diamètre d'une division à la suivante. On aura $A' = A + (n-1)\beta$.

Divisant également la différence entre les diamètres d' et d en $(n-1)$ parties égales et appelant $\frac{\alpha}{2}$ le diamètre de la mèche fournie par les cylindres, on aura $d' = d + (n-1)\alpha$, et la proportion [1] deviendra :

$$A : A + (n-1)\beta :: d : d + (n-1)\alpha$$

$$\text{d'où} \quad A : \beta :: d : \alpha$$
$$A : m\beta :: d : m\alpha$$
$$A : A + m\beta :: d : d + m\alpha \qquad [2]$$

m désignant un nombre quelconque des $(n-1)$ divisions de la longueur du cône, et de la différence $d-d'$ des diamètres extrêmes de la bobine, la relation [2] fait voir :

1° Qu'un cône construit de telle sorte que ses diamètres extrêmes soient proportionnels à ceux d, d' de la bobine, satisfait à la condition que dans toutes les positions intermédiaires de la courroie les diamètres de ce cône sont proportionnels aux diamètres des bobines correspondants ;

2° Que pour que cette condition soit remplie, il faut supposer pour chaque nouvelle couche des avancements égaux de la courroie du cône.

Mouvement variable de rotation des bobines relativement aux ailettes. — Ce mouvement est produit au moyen du cône précédent et par l'intermédiaire d'un système de roues d'engrenage appelé *mouvement différentiel*.

Le mouvement différentiel des bancs à broches consiste en un système de roues d'engrenage combiné de façon qu'en imprimant simultanément à deux des roues du système des mouvements séparés et indépendants, on obtienne comme résultante deux mouvements dont la différence puisse être variée à volonté.

La roue A est fixée sur l'arbre XY, au moyen d'une clavette (fig. 1, 2, 3 et 4, pl. XX) ; la roue C est folle sur cet arbre, et porte sur son plateau un tourillon sur lequel se trouve le pignon D, qui engrène avec A et en même temps avec une roue B folle sur l'axe XY, et dont la denture peut être intérieure (fig. 3). Soient r, r', r'' les rayons ou nombre de dents des roues A, D, B, et cherchons quel sera le nombre de tours u transmis par minute à la roue B, en supposant qu'on imprime simultanément à la roue A un nombre de tours m par minute, et à la roue C un nombre de tours n par minute.

Supposons d'abord la roue C immobile ; la roue A, fixée sur l'arbre XY, communiquera à la roue B, par l'intermédiaire de

D, un nombre de tours égal à $\left(1 \times \frac{r}{r''}\right)$ pour un tour de A, et par minute, ou pour m tours de A, $\left(m \cdot \frac{r}{r''}\right)$: le sens de la rotation de B sera le contraire de celui de A.

Voyons en second lieu, A étant supposé immobile, quel sera le nombre de tours communiqué à la roue B par l'effet de la rotation de C :

1° En supposant d'abord A détaché du système, on voit que la roue C entraîne avec elle la roue B par l'intermédiaire du pignon D, dont l'axe accomplit un mouvement de translation autour de l'axe XY sans tourner sur lui-même (comme si les roues B et D faisaient corps).

Dans cette supposition, la roue C communique à B un nombre de tours égal et dans le même sens à celui qu'elle fait elle-même, c'est-à-dire n tours par minute.

2° Supposons actuellement que A, toujours immobile, engrène avec le pignon D ; celui-ci aura alors, outre son mouvement de translation autour de XY, un mouvement de rotation sur son axe par l'effet de la rotation de C, et on voit que, pour un tour de C, le pignon D fera un nombre de tours égal au nombre de fois que son nombre de dents sera contenu dans celui de la roue A, c'est-à-dire $\frac{r}{r'}$. Par minute ou pour n tours de C, ce nombre de tours sera égal à $\left(n \cdot \frac{r}{r'}\right)$; et la roue B, qui engrène avec le pignon D, fera dans cette supposition et dans le même temps un nombre de tours de $n \cdot \frac{r}{r'} \cdot \frac{r'}{r''} = n \cdot \frac{r}{r''}$.

Le sens de cette rotation étant le même que celui communiqué à la roue B, par suite du mouvement de translation de l'axe D autour de XY, le nombre de tours total transmis à B par minute, par suite du mouvement de rotation C, et en supposant A immobile, sera :

$$n + n \cdot \frac{r}{r''} = n\left(1 + \frac{r}{r''}\right).$$

Si maintenant, au lieu d'admettre l'une ou l'autre des roues C et A immobiles, on suppose qu'elles se meuvent en même temps, les nombres de tours transmis par minute à la roue B par la rotation de chacune d'elles, seront les mêmes que dans les suppositions précédentes, et s'ajouteront si les mouvements transmis ont lieu dans le même sens. Dans le cas contraire, on aura le nombre de tours par minute de B, en retranchant le plus petit nombre de tours du plus grand, et ce mouvement aura lieu dans le sens du plus grand de ces nombres de tours. On voit, par l'inspection de la figure, que les mouvements transmis à la roue B sont de même sens quand A et C tournent en sens contraire. Dans ce cas, cette roue fera par minute :

$$m \times \frac{r}{r''} + n \left(1 + \frac{r}{r''}\right).$$

Lorsque A et C tournent dans le même sens, le nombre de tours de B devient :

$$m \times \frac{r}{r''} - n \left(1 + \frac{r}{r''}\right).$$

On aura, par conséquent, la formule générale :

$$u = m \times \frac{r}{r''} \pm n \left(1 + \frac{r}{r''}\right).$$

Cas particuliers. 1° Si dans cette formule on fait $r'' = 2\,r$, ce qui a généralement lieu dans les applications aux bancs à broches du mouvement différentiel à roues droites, elle devient :

$$u = \frac{1}{2} m \pm 1,5\, n.$$

2° Si l'on suppose la roue B égale à la roue A, $(r = r'')$, et qu'on remplace les roues A, B, D par les roues d'angle (fig. 4), on rentre dans le cas du mouvement différentiel ordinaire à roues coniques, et la formule générale devient :

$$u = m \pm 2\, n \qquad [3]$$

On fera usage des signes $+$ ou $-$ dans les mêmes cas que précédemment, les sens des mouvements transmis restant les mêmes.

Afin de faire voir que le mouvement transmis aux bobines au moyen du cône et par l'intermédiaire du mouvement différentiel satisfait à la condition du renvidage, il faut démontrer que pour chaque nouvelle couche qui vient s'enrouler sur la bobine, *la différence entre le nombre de tours de la bobine et de l'ailette, ou réciproquement, diminue en raison inverse des diamètres successifs de la bobine :*

Lemme. Soit T le nombre de tours du cylindre délivrant par minute :

La roue G (dite *différentielle*) fera pendant le renvidage de la première couche sur les bobines un nombre de tours par minute de :

$$n = T \, \frac{v'. \, P. \, o. \, q}{v. \, A. \, o'. \, c}.$$

v, v', o, o', q, c désignant les diamètres ou nombres de dents des roues d'engrenage intermédiaires entre le cylindre et la roue G,

P le diamètre de la poulie P du cône,

A le diamètre du cône au petit bout.

Posons $\dfrac{v'. \, P. \, o. \, q}{v. \, o'. \, c} = G$ constante, et, par conséquent, $n = T \times \dfrac{G}{A}$; substituons cette valeur de n dans la formule [3], et nous aurons :

$$u = m \pm \frac{2TG}{A}.$$

Soit e le diamètre du cylindre cannelé et l son développement par minute, on aura $l = \pi e T$, d'où $T = \dfrac{l}{\pi e}$, et par suite, $u = m \pm \dfrac{2G. \, l}{\pi e. A}$; posons $\dfrac{2\,G}{\pi\,e} = H$, d'où :

$$u = m \pm \frac{Hl}{A}. \tag{4}$$

Pour u tours de la roue B les bobines feront :

$$u \times \frac{s.\,t}{s'\,t'} = \text{U tours ; posons } \frac{s.\,t}{s'.\,t'} = \frac{1}{f}.$$

d'où
$$u = f\,\text{U}.$$

Pour m tours de la roue A, ou de l'arbre moteur, les ailettes feront $m \times \frac{s_1 \cdot t_1}{s'_1 \cdot t'_1} = \text{M tours ; posons } \frac{s_1 \cdot t_1}{s'_1 \cdot t'_1} = \frac{1}{l_1}$,

d'où
$$m = f_1 \text{M}.$$

Substituant pour u et m, ces dernières valeurs dans [4], et tirant la valeur de U, on obtient :

$$\text{U} = \frac{f_1 \text{M}}{f} \pm \frac{\text{H}l}{f.\text{A}}. \tag{5}$$

Pour satisfaire à la condition du renvidage de la première couche sur le diamètre d de la bobine, nous avons établi la relation $\text{U} = \text{M} \pm \frac{l}{\pi\,d}$; substituons-la dans [5] et posons $f = f_1$ nous aurons :

$$\frac{1}{\pi\,d} = \frac{\text{H}}{f.\text{A}} \tag{6}$$

En considérant une couche quelconque, la $m^{\text{ième}}$ par exemple, on aurait de même :

$$\frac{1}{\pi\,(d + (m-1)\,\alpha)} = \frac{\text{H}}{f\,(\text{A} + (m-1)\,\beta)}. \tag{7}$$

et en divisant membre à membre les équations [6] et [7], on obtient :

$$\text{A} : \text{A} + (m-1)\,\beta :: d : d + (m-1)\,\alpha,$$

c'est-à-dire *que les diamètres du cône, correspondant aux positions successives de la courroie, sont proportionnels aux dia-*

mètres de la bobine correspondants, relation déjà trouvée [2] et obtenue en posant $f = f_i$; c'est-à-dire en supposant égaux les rapports de nombres de tours des bobines à la roue B du mouvement différentiel et des ailettes à la roue A. Cette condition est donc *indispensable* pour que le même cône qui transmet aux bobines leur mouvement vertical alternatif puisse leur communiquer en même temps, par l'intermédiaire du mouvement différentiel, un mouvement de rotation qui satisfasse aux conditions du renvidage.

Reprenons la formule [3] et multiplions chacun des termes par $\frac{1}{f}$, rapport des nombres de tours des roues A et B aux ailettes ou aux bobines, on obtient ainsi l'expression :

$$U = M \pm \frac{2n}{f} \text{ d'où } \begin{cases} U - M = \frac{2n}{f} \\ M - U = \frac{2n'}{f} \end{cases} \qquad [8]$$

car
$$U = \frac{u}{f}, \quad M = \frac{m}{f}$$

Il est aisé de voir que *la quantité* $\frac{2n}{f}$ qui varie proportionnellement à n (nombre de tours par minute de la roue différentielle C) *diminue pour chaque avancement de la courroie du cône dans le sens de son ouverture*, en raison inverse des diamètres successifs de ce cône ou *en raison inverse des diamètres croissants de la bobine*. C. Q. F. D.

On voit qu'il faudra faire usage de la formule [3] avec le signe $+$ quand les bobines marcheront plus vite que les ailettes ; dans ce cas, les roues A et C du mouvement différentiel tournent en sens contraire.

Réciproquement on prendra le signe $-$ quand les ailettes tourneront plus rapidement que les bobines ; et, dans ce cas, les roues A et C marchent dans e même sens.

Démonstration du mouvement différentiel par la théorie des mouvements relatifs. — Un point se meut dans l'espace avec une vitesse absolue V, en parcourant la trajectoire AB (figure ci-dessous); nous le rapportons à un système lui-même en mouvement qui décrit la tra-jectoire Ac avec une vitesse Ve, appelée vitesse d'entraînement. Le point en mou-vement possède à l'égard de ce système de comparaison une vitesse relative Vr. Soit A l'origine où l'on a commencé d'ob-server le mouvement du point et du sys-tème de comparaison. Pendant que le pre-mier parcourt AA' dans le temps dt, le second parcourt AA, dans ce même temps. Le chemin AA' est égal à la vitesse mul-

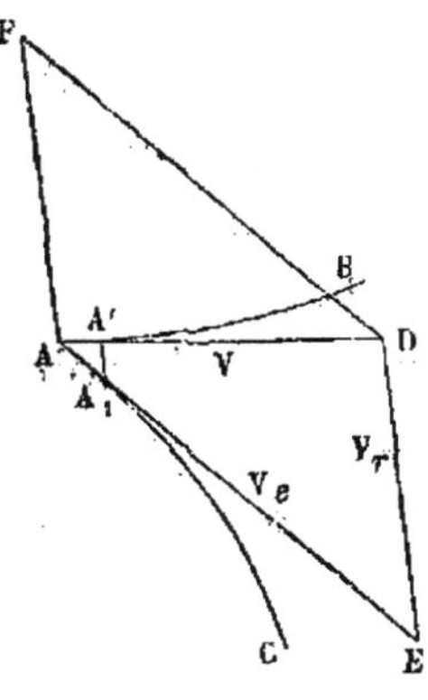

tipliée par le temps, c'est-à-dire AA' $=$ Vdt; de même AA, $=$ Vedt, et A'A, est le chemin parcouru par le point, relativement au système de comparaison dans le temps dt, A'A, $=$ Vrdt.

Si l'on prolonge les éléments AA' et AA',, les deux lignes AD et AE représenteront les directions des vitesses V et Ve, dont on pourra exprimer les valeurs par AD et AE. En joignant les points D et E, la ligne DE donnera la valeur de la *vitesse rela-tive*. En achevant le parallélogramme AEDF, on voit qu'en con-naissant deux des vitesses V, Ve, Vr et leur direction, on pourra en construire la troisième, puis qu'elle en sera la résultante.

Passons maintenant au mouvement différentiel qui nous occupe. L'application de la théorie des mouvements relatifs sera singulièrement simplifiée, attendu que la direction des vitesses est suivant une même ligne droite. Leur résultante est alors évidemment la somme algébrique des deux vitesses connues; ainsi on a V $=$ res. (Ve, Vr) $=$ Ve $\pm$ Vr.

Considérons le point de contact d (fig. 4, pl. XX), il est sur la circonférence de la roue B; si nous désignons par u la vitesse angulaire de cette roue, nous aurons $V = a\,u$, a étant le rayon de cette même roue. Si maintenant on suppose un observateur placé à cheval sur la roue C, il sera entraîné par celle-ci; le mouvement propre de C ne sera pas apparent pour lui, tandis que le mouvement de rotation de la roue D autour de son axe sera apparent pour cet observateur. Soit w la vitesse angulaire de la roue D, b la distance du point d à l'axe de rotation, la vitesse de ce point considérée comme faisant partie de la roue D sera $Vr = bw$. D'un autre côté, si nous considérons que le point d est entraîné par la roue C, qui possède la vitesse angulaire u', la distance à l'axe de rotation du point D étant a, nous aurons

$$Ve = a\,u'.$$

Nous prendrons pour sens positif la direction de la vitesse V; les vitesses Vr et Ve se dirigent dans le même sens, elles auront le signe $+$, ainsi :

$$au = b\,w + au' \qquad (1)$$

Passons maintenant au point a, point de contact de la roue A, la vitesse de ce point considérée comme étant sur la roue A sera $V = a'\,u''$, u'' est la vitesse angulaire de A ; nous trouverions que, comme pour le point d, la vitesse relative de D est $Vr = b\,w$ et sa vitesse d'entraînement $a'\,u'$; mais comme cette dernière se dirige en sens inverse de la vitesse V, elle sera affectée du signe $-$ ainsi on a $a'\,u'' = b'\,w' - a'\,u'$, mais $a' = a$ et $b' = b$, par suite $w = w'$, on aura donc pour A :

$$a\,u'' = b\,w - a\,u' \qquad (2)$$

Retranchons (2) de (1) on aura :

$$a\,u - a\,u'' = 2\,a\,u'$$

d'où :
$$u = u'' + 2\,u'.$$

Si nous supposons que la roue C se meuve dans le même sens que la roue A, les autres mouvements conservant leur direction, nous aurons :

$$D \qquad\qquad a\,u = b\,w - a\,u' \qquad\qquad (3)$$

$$A \qquad\qquad a\,u'' = b\,w + a\,u' \qquad\qquad (4)$$

Retranchons (3) de (4), nous aurons :

$$a\,u'' - a\,u = 2\,a\,u'$$

d'où :
$$u = u'' - 2\,u'$$

Ainsi en général : $u = u'' \pm 2\,u'$.

Ainsi la vitesse angulaire de la roue B est égale à la vitesse de la roue motrice A, plus ou moins le double de la vitesse angulaire de la roue différentielle C, quelles que soient les valeurs de a et de b. Mais il faut cependant que A $=$ B.

Cas particuliers des bancs à broches à deux cônes. — On se propose de remplacer la poulie P et le cône droit A A qu'elle commande (fig. 1) par deux cônes $Y'_,\ Y'_\mathrm{n}$, $Y_,\ Y_\mathrm{n}$ (fig. 5, pl. XX) disposés en sens contraire, et devant satisfaire aux deux conditions suivantes :

1° Que le cône supérieur animé d'un mouvement uniforme de rotation *communique* au cône inférieur par le moyen d'une courroie qui avance de quantités égales à chaque nouvelle couche de bobine, des nombres de tours qui diminuent en raison inverse des diamètres croissants de ces bobines.

2° Que la somme des diamètres de ces deux cônes correspondant à toutes les positions de la courroie soit une quantité constante K.

Soit R et R' les rayons extrêmes des deux cônes, que l'on suppose généralement égaux deux à deux, afin d'arriver à la moindre différence possible entre les rayons correspondant dans les différentes positions de la courroie.

Soit d le diamètre de la bobine vide, sur lequel se forme la première couche, et d' le diamètre de bobine sur lequel se forme la dernière couche.

On devra avoir la relation : $\dfrac{R'}{R} : \dfrac{R}{R'} :: d' : d$.

$\dfrac{R'}{R}$, $\dfrac{R}{R'}$, désignant les nombres de tours du cône inférieur pour un tour du cône supérieur ; d'où

$$R = R'\sqrt{\dfrac{d}{d'}} \text{ ou } R' = R\sqrt{\dfrac{d'}{d}}. \qquad [9]$$

On aura également :

$$R + R' = \dfrac{K}{2}. \qquad [10]$$

On se donnera à *priori* K, et on pourra en déduire les rayons R et R' au moyen des équations [9] ou [10], d et d' étant connus. $\dfrac{K}{2}$ devant être constant pour toutes les positions de la courroie, les deux courbes, quelles qu'elles soient, du cône supérieur et du cône inférieur, sont identiques et superposables.

Etant connus les rayons extrêmes des deux cônes, on pourra déterminer par le calcul autant de rayons intermédiaires que l'on voudra, afin d'arriver à l'exacte construction de la courbe des cônes.

On peut se demander quels seront les rayons des cônes correspondants à la seconde, troisième, etc. $m^{ième}$ *couche*, et dans ce cas, si α est le diamètre de la mèche fournie par les cylindres, le diamètre de bobine, sur lequel s'enroule cette $m^{ième}$ couche, sera : $d + (m - 1)\,\alpha$.

Soient y'_m et y_m les rayons des cônes correspondants ; on aura :

$$\left\{ \begin{aligned} &\dfrac{R'}{R} : \dfrac{y'_m}{y_m} :: d + (m-1)\,\alpha : d \\ &y'_m + y_m = R' + R = \dfrac{K}{2}. \end{aligned} \right.$$

d'où, en éliminant y'_m ou y_m entre ces deux équations, on obtient les valeurs suivantes pour y_m et y'_m :

$$y_m = \frac{\frac{K}{2} R (d + m - 1) \alpha)}{\frac{K}{2} d + R (m - 1) \alpha} \qquad [11]$$

$$y'_m = \frac{\frac{K}{2} R' d}{\frac{K}{2} d + R (m - 1) \alpha}. \qquad [12]$$

On fixera d'avance la longueur L des cônes, c'est-à-dire la distance entre les deux positions extrêmes de la courroie ; on la divisera en autant de parties égales, moins une, que la bobine contient de couches superposées, et l'on portera en ordonnée à chacune des divisions les rayons y_2 y_3, ... y_m, déterminés au moyen de formules [11] ou [12] ci-dessus.

Il n'est pas nécessaire de faire entrer dans les calculs précédents le diamètre de la mèche et le nombre de couches qui doivent s'enrouler sur les bobines ; il sera généralement plus simple, pour les calculs numériques, et une fois les diamètres extrêmes déterminés au moyen des relations [9] ou [10], de diviser la longueur L des cônes et la différence $d' - d$ des diamètres des bobines, sur lesquels se forment les couches extrêmes, en autant de parties égales que l'on voudra calculer de points de la courbe. En divisant, par exemple, L et $d' - d$, chacun, en dix parties égales (fig. 6), et désignant par y'_2 y_2, y'_3 y_3, ..., y'_{10} y_{10} les rayons des deux cônes correspondant à ces divisions ; par d_2 d_3, ... d_{10} les diamètres correspondants de la bobine, on aura, pour la première division, les deux équations suivantes :

$$\left.\begin{array}{c} \dfrac{R'}{R} : \dfrac{y'_2}{y_2} :: d_2 : d \\[2ex] y'_2 + y_2 = \dfrac{K}{2} \end{array}\right\}$$

d'où l'on tire, par l'élimination de y'_2 ou y_2 :

$$y_2 = \frac{\frac{K}{2}Rd_2}{R'd + Rd_2} \quad \text{ou} \quad y'_2 = \frac{\frac{K}{2}R'd}{R'd + Rd_2}$$

On trouverait de même :

$$y_3 = \frac{\frac{K}{2}Rd_3}{R'd + Rd_3} \qquad y'_3 = \frac{\frac{K}{2}R'd}{R'd + Rd_3}, \text{ etc.}$$

On peut se proposer de déterminer analytiquement la nature de la courbe des cônes, ayant calculé par la méthode précédente les rayons extrêmes R et R' de ces cônes, et étant donnée leur longueur L. Nous supposerons, comme on le fait généralement et comme nous l'avons dit plus haut, que les rayons extrêmes des cônes sont égaux, et soient α le diamètre de la mèche sortant des cylindres ; d le diamètre de la bobine vide, d' le diamètre sur lequel se forme la dernière couche.

Considérons un point M de la courbe des cônes (fig. 7) ; nous supposerons que c'est le point où se trouve la courroie, lorsqu'il y a m couches d'enroulées sur la bobine, et que la $(m+1)^{\text{ième}}$ est en train de se former. Soit d'' le diamètre de bobine sur lequel elle se forme, on aura les relations :

$$\frac{R'}{R} : \frac{y'}{y} :: d'' : d, \qquad\qquad [13]$$

$$y' + y = \frac{K}{2}. \qquad\qquad [14]$$

Les avancements de la courroie du cône étant égaux pour chaque nouvelle couche qui vient s'enrouler sur la bobine, et de plus, le diamètre de cette dernière augmentant à chaque couche d'une même quantité α, on pourra poser :

$$\frac{L}{l} = \frac{d' - d}{\alpha}$$

l étant l'avancement de la courroie du cône pour chaque nou-velle couche.

Divisons les deux membres par m : [15]

$$\frac{L}{lm} = \frac{d' - d}{\alpha \cdot m},$$

m étant le nombre d'avancements de la courroie, à partir de sa position initiale OO'. Quand la couche $(m + 1)^{\text{ième}}$ se forme (sur le diamètre d'' de la bobine); c'est-à-dire quand la courroie se trouve en yy' ou au point M, lm pourra être considéré comme l'abscisse du point M de la courbe des cônes, par rapport aux deux axes Ox et Oy.

d'' étant le diamètre de la bobine sur laquelle se forme la $(m + 1)^{\text{ième}}$ couche, on a $d'' = d + \alpha m$, d'où $\alpha m = d'' - d$, et la relation [15] pourra être remplacée par celle-ci :

$$\frac{L}{x} = \frac{d' - d}{d'' - d}.$$

d'où, en posant $d' - d = h$ constante :

$$d'' = \frac{x h}{L} + d.$$

Substituant dans [13] pour d'' cette valeur et pour y' sa valeur tirée de [14], on obtient l'équation suivante :

$$R h x y + (R + R')dLy - R \frac{K}{2} hx - R \frac{K}{2} dL = 0 \qquad (A)$$

Si, au lieu d'éliminer y', on élimine y, on arrive à l'équation suivante :

$$R h x y' + (R + R')dLy' - R' \frac{K}{2} dL = 0 \qquad (B)$$

Ces deux équations [A] et [B], du second degré en x et en y, de la forme générale :

$$Bxy + Dy - Ex - F = 0 \qquad (A')$$
$$Bxy' + Dy' - F' = 0 \qquad (B')$$

en posant $Rh = B$, $(R + R')dL = D$, $R\frac{K}{2}h = E$, $R\frac{K}{2}dL = F$,
ou $R'\frac{K}{2}dL = F'$, représentent un arc d'hyperbole rapportée aux
deux axes rectangulaires Ox et Oy pour l'équation (A'); aux
deux axes $O'x'$, $O'y$ pour l'équation (B').

Ce qui va suivre se rapporte aux équations (A) (A') de la
courbe rapportée aux axes OX, OY; les mêmes raisonnements
seraient applicables aux équations (B) (B').

Afin de ramener l'équation (A') à la forme de l'équation de
l'hyperbole rapportée à ses axes, il faut opérer deux changements
d'axes, et l'on arrive définitivement à l'équation :

$$Rhx''^2 - Rhy''^2 + R'KdL = 0 \qquad \text{(D)}$$

qui représente une hyperbole rapportée à ses axes $O''x''$, $O''y''$ parallèles à OX', OY', et dont l'origine O'' a pour coordonnées relativement à ces derniers :

$$x \text{ ou } a = \frac{-\sqrt{2}(D - E)}{2B};$$

$$y \text{ ou } b = \frac{\sqrt{2}(D + E)}{2B}.$$

Les axes Ox', Oy', et par conséquent $O''x''$, $O''y''$ font un angle
de 45 degrés avec les axes primitifs OX, OY.

De l'équation (D) on tire $x''^2 - y''^2 = -\frac{R'KdL}{Rh}$, ou en posant $-\frac{R'KdL}{Rh} = p$:

$$x''^2 - y''^2 = p.$$

Si l'on fait $y'' = 0$, on a $x'' = \pm\sqrt{p} = \pm A$ (A, demi-axe
transverse).

Si $x'' = 0$, on a $y'' = \pm\sqrt{-p} = \pm A\sqrt{-1}$ (valeur imaginaire, axe non transverse).

Les deux axes transverse et non transverse étant égaux, l'hyperbole est équilatère, et l'on voit, d'après les valeurs ci-dessus de x'' et y'', que, suivant que les valeurs de p seront positives ou négatives, ce sera l'axe des x ou l'axe des y qui sera l'axe transverse ou focal de l'hyperbole.

Distance du centre à chacun des foyers : $\pm \sqrt{2A^2} = A\sqrt{2}$.

On possède ainsi toutes les données nécessaires pour tracer graphiquement l'hyperbole formant le profil des cônes d'un banc à broches quelconque : il suffira, pour cela, de connaître les diamètres d, d' des bobines à la première et à la dernière couche, et de se donner à volonté la longueur L des cônes, et l'un des rayons R ou R', en supposant, comme nous l'avons fait, que les deux cônes aient leurs rayons extrêmes égaux.

L'équation (D) étant indépendante du diamètre de la mèche et du nombre de couches renvidées sur la bobine, on voit que les changements de numéros que l'on peut être appelé à faire sur un banc à broches n'influent en rien sur la courbe des cônes, pourvu que d, d' et L restent les mêmes.

En second lieu, il est facile de voir qu'ayant déterminé la courbe de deux cônes en fonction d'une longueur déterminée L, et pour un certain rapport de diamètres $\frac{d'}{d}$, les mêmes cônes sont applicables pour tous les rapports de diamètres de bobines $\frac{d'_1}{d_1}$, $\frac{d'_2}{d_2}$, plus petits que $\frac{d'}{d}$, pourvu que l'on fasse varier convenablement dans chaque cas L, ou la longueur des cônes qui devra fonctionner. En effet, nous avons vu que la détermination de la courbe des deux cônes d'un banc à broches dépend uniquement de leur longueur fixée à *priori*, et du rapport des diamètres extrêmes de la bobine. Si donc on suppose le cas d'un banc à broches d'un rapport de bobines $\frac{d'_1}{d_1}$ plus petit que $\frac{d'}{d}$ (rapport de bobines maximum adopté par le calcul de deux cônes de longueur L), on pourra toujours supposer $d_1 = d$, et dans ce cas, pour ne pas altérer le rapport $\frac{d'_1}{d_1}$, il faudra que $d'_1 < d'$. Le banc à broches $\left(\frac{d'_1}{d_1}\right)$ se trouve ainsi ramené au cas du banc à broches $\left(\frac{d'}{d}\right)$, pourvu qu'on considère la levée comme terminée quand les bobines auront atteint le diamètre d'_1; les mêmes cônes, calculés pour le rapport de bobines $\frac{d'}{d}$, pourront donc être utilisés dans le cas d'un rapport de bobines quelconque plus petit que $\frac{d'}{d}$, pourvu qu'on fasse diminuer en même temps L, ou la distance des deux positions extrêmes de la courroie.

Cette propriété des cônes hyperboliques des bancs à broches peut être mise à profit dans les ateliers de construction; il suffit, en effet, de tracer une fois pour toutes une courbe des cônes, en fixant à volonté la valeur de k, somme des diamètres correspondants des cônes supérieur et inférieur, et en adoptant un *maximum* pour la longueur L et pour le rapport $\frac{d'}{d}$ des diamètres extrêmes de la bobine. Un tour à support fixe, établi de manière à faire décrire au burin la courbe ainsi déterminée, pourra servir à tourner les cônes convexes et concaves de tous les bancs à broches d'un rapport de diamètres de bobines inférieur à $\frac{d'}{d}$.

Il suffira, dans chaque cas particulier, de marquer bien exactement sur chaque paire de cônes les positions initiales et finales de la courroie.

*Moyen pour déterminer graphiquement la courbe de deux cônes
d'un banc à broches.*

Étant donnés : d, diamètre de la bobine vide,

d', diamètre de la bobine, sur lequel s'enroule la dernière couche,

K, somme constante des diamètres des deux cônes correspondant à chacune des positions de la courroie,

L, distance suivant l'axe des cônes, des deux positions extrêmes de la courroie correspondant aux diamètres d et d' de la bobine ;

Soient $d = 0^m,035$; $d' = 0^m,130$; $K = 0^m,238$; $L = 0^m,788$,

On déterminera R et R', rayons extrêmes des deux cônes, que nous supposons égaux deux à deux, au moyen des formules [8] [9], et on trouvera $R = 0^m,0407$; $R' = 0^m,0783$.

Cela posé, soit OX (fig. 7) l'axe du cône inférieur. A partir de l'origine O des axes, on portera une longueur $OP = L = 0^m,788$, et on élèvera aux points O et P des ordonnées OT, PS égales à $R = 0^m,0407$ et à $R' = 0^m,0783$. T et S étant les points extrêmes de la courbe des cônes que nous avons reconnue être une hyperbole ; le moyen le plus expéditif de la tracer est de déterminer ses axes et ses foyers, et de la construire graphiquement, par points, par le procédé connu.

L'équation de cette courbe, rapportée aux deux axes Ox, Oy, est :

$$Bxy + Dy - Ex - F = 0, \qquad (A')$$

dans laquelle $B = Rh = 0,0038665 \qquad (h = d' - d)$,

$$D = (R + R')\,dL = 0,003282,$$

$$E = R\,\frac{K}{2}\,h = 0,00046,$$

$$F = R\,\frac{K}{2}\,dL = 0,000133.$$

Or, nous avons vu que les axes $O''X''$, $O''Y''$ de l'hyperbole en question font un angle de 45 degrés avec les axes Ox, Oy, et que, pour les déterminer, il faut transporter parallèlement à eux-mêmes les axes OX', OY' (passant par l'origine et faisant un angle de 45 degrés, avec OX et OY) de quantités :

$$a = -\frac{\sqrt{2}\,(D - E)}{2B} \quad \text{et} \quad b = \frac{\sqrt{2}\,(D + E)}{2B}.$$

Substituant dans les expressions de a et b, pour B, D, E, leurs valeurs ci-dessus, on trouve $a = -0^m,516$; $b = 0^m,684$. Il faut donc transporter l'axe OX' parallèlement à lui-même d'une quantité $b = 0^m,684$ dans le sens *positif* des y, et l'axe OY' d'une quantité $a = 0^m,516$ dans le sens *négatif* des x.

Les axes O''X'', O''Y'' de l'hyperbole étant ainsi obtenus, on déterminera son demi-axe transverse A et ses foyers au moyen des relations suivantes :

$$x'' - y'' = -\frac{R'K dL}{Rh} = -0,1329 = p.$$

p étant négatif, on en conclut que l'axe des Y est l'axe transverse de l'hyperbole.

Demi-axe transverse : O''E, O''E', ou $A = \pm \sqrt{p} = \pm\ 0^m,3645$.

Distance : O''F, O''F' du centre aux foyers $= \pm A \sqrt{2} = \pm\ 0^m,515$.

Il suffira actuellement, pour chaque point de la courbe qu'on voudra déterminer, de décrire un arc de cercle d'un rayon quelconque du foyer F comme centre, et de déterminer son intersection avec un arc de cercle de rayon égal au précédent, augmenté de la quantité 2A et décrit du foyer F' comme centre. Les points M, M'..., ainsi obtenus, satisferont à la condition suivante qui caractérise l'hyperbole, et appartiendront à la courbe des cônes :

$$MF' - MF'' = 2A$$
$$M'F' - M'F = 2A$$

OBSERVATION. — L'hyperbole ainsi construite étant équilatère, ses asymptotes $zO''z$, $z'O''z'$ font entre elles un angle droit; et comme elles font, en outre, des angles égaux avec O''X'', O''Y'', ces angles étant de 45 degrés, on voit que l'asymptote de l'hyperbole des cônes est parallèle à l'axe de ces cônes.

Bancs à broches à mouvement différentiel et à deux cônes
(voir Pl. XXI, XXII et XXIII).

AAA, arbre moteur de la machine.

Cet arbre donne le mouvement :

1° *Aux cylindres lamineurs* EE'E'',

Par l'intermédiaire des roues d'engrenage PP'P'', l'arbre P'V, les roues VV', XX', YY', ZZ'Z'' (fig. 1, pl. XXI, et fig. 1 et 2, pl. XXII).

P, pignon de rechange pour faire varier la torsion en accélérant ou retardant la marche des cylindres relativement au nombre de tours d'ailette, qui reste fixe.

RL ou Y, pignon de rechange pour faire varier l'étirage entre le premier et le troisième cylindre E, E'' ;

2° *Aux broches et aux ailettes* B'B', A'A',

Par l'intermédiaire des roues $s_i s_i'' s_i' s_i'$ des deux arbres, $t_i t_i t_i$, disposés sur toute la longueur du banc à broches et des roues d'angle $t_i t_i'$, etc. ;

3° *Aux bobines (mouvement de rotation)* C'C'C' (fig. 5 à 9 des détails).

Par l'intermédiaire des roues PP'P'', des deux cônes (R'R), (RR'), des roues d'angle $o'o$, qC, du mouvement différentiel ABCD, des roues $sss''s'''s''s's'$ (fig. 1, pl. XXII) formant la genouillère, des deux arbres ttt, disposés sur toute la longueur du banc à broches, et enfin des roues d'angle tt', tt' ;

4° *Aux bobines (mouvement vertical de translation)*,

Par l'intermédiaire des roues PP'P'', des deux cônes (R'R), (RR'), des roues d'angle $o'o$, $mm'm''$, des roues droites ll', KK', de l'arbre horizontal iii, disposé sur toute la longueur du banc à broches, et des pignons iii, commandant les crémaillères verticales $i'i'i'$.

RC ou l, pignon de rechange pour faire varier la vitesse verticale de translation des bobines.

FF, bâtis principaux de la machine.

F'F', bâtis intermédiaires.

GGG, porte-cylindre en fonte, plané, et sur lequel sont boulonnés :

G'G'G', support des cylindres.

HH, pièce en fonte planée de toute la longueur du banc à broches, fixée aux bâtis principaux et aux bâtis intermédiaires. A cette pièce sont boulonnés :

1° H'H'H', supports des arbres $t_1 t_1 t_1$;

2° H″H″, supports à crapaudine de chaque broche.

II, pièce en fonte à section d'équerre (dite chariot) de toute la longueur du banc à broches ; ce chariot, auquel sont fixées les crémaillères $i'i'i'$, se meut d'un mouvement vertical.

Il est guidé dans ce mouvement :

1° Par ces crémaillères qui se meuvent dans des coulisses verticales des bâtis intermédiaires ;

2° Au moyen de deux pièces fixées à ses extrémités, et engagées également dans des coulisses verticales des bâtis principaux. Son poids, avec tous les accessoires, est équilibré au moyen des contre-poids ppp.

A ce charriot sont boulonnés :

1° II', supports des arbres ttt ;

2° I″I″, collets des broches ;

3° I‴, pièce à double coulisse horizontale, dans laquelle est engagé l'axe h d'un levier, engagé d'autre part dans deux oreilles yy' de la pièce L d'un appareil à bascule dont nous allons indiquer les fonctions.

Appareil à bascule (fig. 1, pl. XXI, et pour les détails, fig. 2, 3, 4 et 5, pl. XXIII).

Il est composé de :

KKK, support fixé sur le sol et à l'une des traverses qui relient les différents bâtis de la machine. Ce support est traversé par un axe OO, qui porte deux pièces à canon L et M, pouvant se mouvoir à frottement doux autour de cet axe.

La pièce L est munie à sa partie inférieure de deux oreilles yy', percées de trous, dans lesquels passe le levier hg, et à sa partie supérieure également de deux oreilles XX', traversées chacune par deux vis à écrous zz' dont nous indiquerons le but, et par deux autres vis à écrous nn', auxquelles sont accrochées, au moyen de petites chaînettes, deux tringles en fil de fer UU'. Ces tringles passent chacune par des ouvertures pratiquées dans les oreilles VV' de la pièce M, et sont accrochées à leur partie inférieure à la traverse N, qui est constamment sous l'action d'un ressort à boudin R (fig. 2, pl. XXIII).

La pièce M porte à sa partie supérieure une petite plaque à crans pp', dans lesquels viennent tour à tour se loger les cliquets à ressort qq', et à sa partie inférieure elle porte un tourillon rr, auquel est fixée la tringle horizontale P'P'. Le mouvement oscillatoire de la pièce M doit, à chaque fin de course du chariot, faire avancer ou reculer brusquement la tringle P'P' de quantités égales dans le sens horizontal ; à cet effet, on a fixé au support de l'appareil une pièce évidée SS', entre les arrêts de laquelle peut osciller le tourillon rr ; et la course de ce tourillon entre les arrêts S et S' doit correspondre exactement à la course de la plaque pp', qui fait agir l'un ou l'autre des deux cliquets. De cette façon la pièce M se trouve calée, et par conséquent fixe de position dans l'intervalle de ses mouvements oscillatoires, constamment maintenue, soit par le cliquet q' et l'arrêt S', soit par le cliquet q et l'arrêt S.

Cela posé, considérons le chariot au milieu de sa course et en train de descendre : la vis z doit être réglée de manière à avoir soulevé le cliquet q de la hauteur du cran de la pièce pp' quand l'inclinaison de la pièce L sera maxima, c'est-à-dire quand le chariot sera arrivé au bas de sa course. Avant cet instant, on voit que la chaîne aura été détendue, et que la tringle U, dont l'anneau est plus grand que l'ouverture pratiquée dans l'oreille V, agira de haut en bas (vu le ressort h) sur la pièce M. Dans cette position (fig. 5), le ressort qui agit également des deux côtés a un effet nul du côté opposé, en ce qu'il exercera une pression de haut en bas au point X' de la pièce L. Aussitôt que le cliquet q se sera dégagé de son cran, la pièce M oscillera rapidement autour du centre O ; le cliquet q' s'engagera dans le cran p' qui lui correspond, et le tourillon rr viendra appliquer du côté S' de la pièce SS'. L'inverse aura lieu quand le chariot aura atteint le point le plus élevé de sa course (fig. 6, pl. XXV).

Nous venons de voir que les mouvements de l'appareil à bascule, à chaque fin de course du chariot, produisent le mouvement rectiligne alternatif de la tringle P'P', qui est transmis aux roues $m'm''$ par l'intermédiaire d'une tringle QQ, parallèle à la première, et reliée à elle par un petit levier horizontal qui permet de régler la longueur de course nécessaire pour faire engrener alternativement les roues m' et m'' avec le pignon m, et changer ainsi le sens du mouvement du chariot.

Le mouvement rectiligne alternatif de la tringle P'P' est converti en mouvement circulaire intermittent et de même sens, communiqué à l'arbre TT, au moyen d'un système d'une roue à rochet horizontal RR placée entre deux taquets parallèles SS reliés par un ressort à boudin et pouvant osciller autour de deux points fixes oo'. Entre ces taquets est logée une pièce t fixée sur la tringle P'P', et qui, à chaque avance ou recul de cette tringle, dégage l'un des taquets pour engager l'autre dans l'une des dents du rochet. L'arbre vertical TT, constamment sollicité à tourner par un poids suspendu à une chaîne qui passe sur une poulie I et qui est enroulée autour de cet arbre, tourne ainsi d'une quantité correspondante à une demi-dent du rochet RR.

Sur cet arbre TT sont calées deux roues d'engrenage :

a, qui fait mouvoir la crémaillère $a'a'$, à laquelle est fixée la fourche *bb* qui dirige la courroie des cônes et fait passer ainsi cette courroie sur les diamètres successifs des cônes.

c, qui fait mouvoir la crémaillère *c'c'* reliée à l'axe *h* par la tringle C'*h*. A chaque changement de sens du mouvement du chariot, l'axe *h* avançant de quantités égales dans la coulisse I''', le bras du levier *hf* est raccourci, et le mouvement de bascule de l'appareil décrit ci-dessus se produit à chaque nouvelle couche pour une course de chariot moindre.

Ce mécanisme a pour but, en diminuant à chaque couche la hauteur de course du charriot, de donner aux bobines des bancs à broches à compression une forme conique aux extrémités.

UU, levier qui sert à soulever le cône inférieur, afin de détendre la courroie des cônes et permettre ainsi de ramener la courroie à sa position initiale, en faisant tourner à la main :

VV, arbre dont la rotation entraîne celle de l'arbre TT, et, par conséquent, ramène les crémaillères *a'a'* et *c'c'* à leur point de départ.

XX, tringle contre laquelle vient butter la pièce Y, quand la courroie du cône est arrivée à la fin de sa course et que la levée est terminée ; à son tour, elle vient butter contre la détente de la machine, et fait passer la poulie motrice sur la poulie folle.

Légende indiquant le nombre de dents des roues du banc à broches en gros, n° 1.

p — RT	z' — 30	s — s — 66	ii — 17
p' — 45	s_1 — s' — 31	t — 35	$i'\ i''$ pas = 10^{mm},16
v — 84	t_1 — 35	t' — 23	RR →
v' — 140	t'_1 — 23	m — 10	a — 62
x — 40	o' — PC — 25	m' — m'' — 100	a' — pas = 7^{mm},91
x' — 105	O — 50	l — RC	c — 14
y — RL	q — 20	l' — 45	c' — pas = 7^{mm},91
y' — 60	C — 120	k — 15	E cylindre, 30^{m}/$_{\text{m}}$ de diam.
z — 40	ABD 36	k' — 84	E' *id.* 25^{m}/$_{\text{m}}$ *id.*
			E'' *id.* 30^{m}/$_{\text{m}}$ *id.*

Calcul du nombre de dents des pignons de rechange d'un banc à broches.

Ces calculs sont relatifs au cas du bancs à broches en gros dont la légende précède.

Un banc à broches semblable étant établi, nous nous proposons de rechercher les différentes conditions, et de trouver les nombres de dents des roues de rechange qui, dans un cas déterminé, satisfont au laminage, à la torsion et au renvidage.

Étant donnés :

1° Le numéro de la mèche provenant des étirages (ou du passage d'un banc à broches précédent), 0,085 ;

2° Le numéro de la mèche qu'on veut produire sur le banc à broches, 0,52 ;

3° Le nombre de tours de torsion à donner à cette mèche par centimètre de longueur, afin qu'elle ait la consistance suffisante pour supporter sans altération l'opération du renvidage et du dévidage de la bobine au passage suivant, 0,26 ;

4° Le diamètre d_1 de la bobine vide, $0^m,040$;

5° Le diamètre d' de cette bobine quand s'enroule la dernière couche, $0^m,130$;

6° La hauteur de la bobine à la première couche, $0^m,237$;

7° La hauteur de la bobine à la dernière couche, $0^m,147$;

On veut déterminer :

1° Le nombre de dents du pignon de rechange du laminage RL.

2° Le nombre de dents du pignon de rechange de la torsion RT.

3° Les rayons R, R', des cônes, correspondant à la première et à la dernière couche, ainsi que la longueur de course de la courroie de ces cônes.

4° Le nombre de dents du pignon du cône o' ou PC.

5° Le nombre de dents du pignon de rechange qui règle la vitesse du chariot RC.

6° Le nombre de dents de la roue à rochet RR.

7° Le nombre de dents du pignon a (de la crémaillère du cône.

Nombre de dents du pignon RT (rechange du laminage. —

$$\frac{y',x'}{y,x} = \frac{60.}{RL}\ \frac{105}{40} = \frac{0,52}{0,085}, \text{ d'où RL} = 25,75, \text{ soit } 26.$$

Nombre de dents du pignon RT (rechange de la torsion). — On a vu que la torsion par centimètre de mèche fournie par les cylindres est $= \frac{m'}{\pi e}$.

m' désignant le nombre de tours d'ailette pour un tour de cylindre.

e le diamètre de ce cylindre en centimètres $= 3$.

On aura donc

$$\frac{140.\ 45.\ 31.\ 55}{84.\ RT,\ 31.\ 23 \times 3,14 \times 3} = 0,26.$$

D'où RT $= 45,5...$ 45 ou 46.

Les cônes du banc à broches que nous considérons sont ceux déjà terminés ; seulement il s'agit de fixer sur leur longueur les positions initiales et finales de la courroie correspondant au rapport de bobines $\frac{d'_1}{d'} = \frac{0,150}{0,040}$.

Soient R_1 et R'_1 les rayons extrêmes égaux deux à deux des cônes, correspondant aux rapports de bobines ci-dessus ;

X' et X les abscisses par rapport aux axes Ox, Oy des positions initiales et finales de la courroie.

$X-X'=L_1$ est la longueur de course de la courroie des cônes.

En appliquant au cas considéré les formules trouvées précédemment, on a :

$$\left. \begin{array}{l} \frac{R'_1}{R_1} : \frac{R_1}{R'_1} :: 0^m,130 : 0^m,040 \\[2mm] R_1 + R'_1 = \frac{K}{2} = 0^m,119 \end{array} \right\} \text{ d'ou } \begin{array}{l} R'_1 = 0^m,0765. \\[2mm] R_1 = 0^m,0425. \end{array}$$

Si maintenant on pose $y = R'_1 = 0,0765$ dans l'équation [A'], qui représente la partie de courbe TMS, et qu'on en tire la valeur correspondante de $x = X$, après y avoir remplacé, pour B, D, E, F, leurs valeurs numériques, on trouve :

$$X = 0^m,7186.$$

Si dans la même équation, on pose $y = R_1 = 0^m,0425$, et qu'on en déduise la valeur correspondante de l'abscisse, on trouve :

$$X' = 0,0196 ;$$

$$\text{D'où} : X - X' \text{ ou } L_1 = 0,699.$$

Nombre de dents du pignon d'angle PC (*pignon du cône*). — Les cônes étant combinés de telle sorte que les avancements successifs de la courroie qui commande le cône inférieur lui transmettent *des nombres de tours qui diminuent pour chaque couche en raison inverse des diamètres croissants de la bobine*, il suffira, pour déterminer les pignons (PC) et (RC), le premier réglant le renvidage, le second la vitesse du chariot, d'avoir égard à l'une quelconque des positions de la courroie; car :

1° Le nombre de tours transmis à la roue C du mouvement différentiel (nombre de tours qui varient comme ceux du cône), feront, pour chaque nouvelle position de la courroie, varier U — M dans un rapport inverse aux diamètres des bobines correspondants (condition à satisfaire pour opérer le renvidage à chaque couche).

2° La vitesse verticale des bobines diminuera pour chaque couche proportionnellement au nombre de tours du cône, ou en raison inverse des diamètres successifs de la bobine.

Considérons ce qui se passe à la première couche, et cherchons quel devra être *le nombre de tours* n *de la roue différentielle pour* un *tour du cylindre délivrant* :

Pendant ce temps, les ailettes font :

$$\frac{140.\ 45.\ 31.\ 35}{84.\ 46.\ 31.\ 23} = 2^{tours},481 = M.$$

On obtiendra le nombre de tours de bobines au moyen de la relation :

$$U = M + \frac{l}{\pi d_1}$$

dans laquelle $l = \pi e = 3,14 \times 3 = 9^{cent},42$;

$d_1 = 4^{cent}$, et on trouve $U = 3^{tours},231$.

Cela posé, on trouvera la valeur de n au moyen de la formule du n° 8, prise avec le signe $+$:

$$U = M + \frac{2\,n}{f},$$

dans laquelle $\left\{ \begin{array}{l} M = 2,481 \\ U = 3,231 \\ f = \frac{23}{35} \end{array} \right.$, et d'où l'on tire $n = 0^{tour},246$.

Égalant cette valeur de n à l'expression du nombre de tours de la roue différentielle pour un tour de cylindre en fonction des rapports des nombres des dents des roues intermédiaires et des rayons des cônes correspondant à la première couche, on aura
$$\frac{140.\ 0^m,0765.\ PC.\ 20}{84.\ 0^m,0425.\ 50.\ 120} = 0^{tour},246,$$ d'où PC ou le nombre de dents du pignon du cône $= 24,61$, soit 25.

Nombre de dents du pignon RC (rechange pour la vitesse du chariot). —Pour le numéro de mèche 0,52, fourni par le cylindre, on trouve en pratique qu'on peut enrouler sur la bobine, dans le sens de sa hauteur, 31 couches ou anneaux juxtaposés sur une longueur de $0^m,130$; soit à la première couche un développement de mèche $= 31 \times 3,14 \times 0^m,040 = 3^m,8936$, correspondant à un nombre de tours de cylindre de

$$\frac{3,8936}{3,14 \times 0,03} = 41^{tours},33.$$

Donc, pour 41,33 tours de cylindre, le chariot devra monter ou descendre de $0^m,130$. Or les pignons qui engrènent avec les crémaillères verticales du chariot ont 17 dents et un pas $= 0^m,01016$; par conséquent, pour développer à leur circonférence primitive une longueur de $0^m,130$, ils devront faire $\frac{0,130}{17 \times 0,01016} = 0^{tour},753$.

Égalant le nombre de tours à son expression en fonction du nombre de tours de cylindre dans le même temps, des rapports des nombres de dents des roues intermédiaires et des rayons des cônes à la première couche, on a :

$$\frac{41.33 \times 140.\ 0,0765.\ 25.\ 10.\ RC.\ 15}{84.\ 0,0425.\ 50.\ 100.\ 45.\ 84} = 0,753.$$

D'où RC ou le nombre de dents du pignon de rechange de la vitesse du chariot $= 30,56$, soit 30 ou 31.

Nombre de dents de la roue à rochet RR. — L'expérience prouve que l'angle du cône de la bobine le plus convenable à adopter est d'environ 45 degrés, car il est un maximum qu'on ne peut pas dépasser sans que les anneaux extrêmes de chaque nouvelle couche viennent retomber sur les précédentes, déformer la bobine et empêcher qu'elle puisse être dévidée régulièrement. La longueur de course du chariot, qui est de $0^m,237$ à la première couche, devra donc diminuer pour chaque nouvelle couche, et être de $0^m,147$ à la dernière ; il faudra par conséquent que l'appareil à bascule soit réglé de manière à faire bascule à la première couche, quand le chariot ou le point h aura fait un chemin vertical de $0^m,237$, et à la dernière couche un chemin de $0^m,147$.

Dans le banc à broches qui nous occupe, la distance du point f au point h est de $0^m,335$, quand ce dernier occupe le milieu de la coulisse I''', et que le chemin vertical qu'il parcourt est égal à la moyenne des chemins extrêmes, c'est-à-dire de $0^m,192$; il faudra donc régler l'appareil de manière à le faire basculer à chaque nouvelle couche, quand le point y aura décrit un chemin vertical $= 0,192 \times \frac{53,5}{335}$ (fy étant égal à $53^{mm},5$).

Cette course du point y, qui produit le mouvement de bascule, restant constante, on pourra déterminer, au moyen d'une comparaison de triangles semblables, quel devra être le raccourcissement total du levier hf, pour que le point h parcoure dans ses positions extrêmes des chemins verticaux égaux aux courses du chariot à la première et à la dernière couche.

On trouve ainsi que le chemin horizontal que devra décrire le point h dans la coulisse I''', pendant toute une levée, est de $0^m,157$, que par conséquent la petite crémaillère $c'c'$, dont l'avance à chaque couche imprime la même avance au point h, devra faire le même chemin.

Or cette crémaillère a une denture de $7^{mm},91$, et le pignon c qui la fait mouvoir a 14 dents; donc ce dernier devra faire, pendant une levée entière (et avec lui l'arbre vertical TT qui le porte, ainsi que la roue à rochet), un nombre de tours

$$= \frac{0^m,157}{14 \times 0,00791} = 1^{tour},418.$$

Le nombre de dents du pignon à rochet dépend de ce nombre de tours et du nombre de couches enroulées sur la bobine; or, en n° 0,52, la pratique montre qu'il y a 51 couches sur des bobines ayant les dimensions que nous avons indiquées; donc il faudra que les longueurs de course de crémaillères, qui commandent le mouvement de bascule et les avances de la courroie des cônes, soient parcourues en 50 mouvements égaux et intermittents.

Or chaque changement de l'appareil à bascule a pour effet de faire tourner d'une demi-dent le pignon à rochet : le nombre de dents de ce rochet sera donc $= \frac{25}{1,418} = 17,6$, soit 17 à 18 dents.

Nombre de dents du pignon a *de la crémaillère du cône.* — Ainsi qu'on vient de le voir, ce pignon a fera, pendant la levée entière, $1^{tour},418$, et comme pendant ce temps la crémaillère, dont la denture est de $7^{mm},91$, devra avancer, à partir de sa position initiale, d'une longueur de 0,699, le nombre de dents du pignon qui la fait mouvoir devra être de

$$\frac{0^m,699}{0,00791 \times 1,418} = 62,3.$$

Observations relatives au réglage.

Un banc à broches du système à deux cônes, à mouvement différentiel et à bobines comprimées, étant établi et produisant un numéro de mèche donné, si l'on voulait changer ce numéro sans changer la préparation, il y aurait à faire varier :

1° Le nombre de dents du pignon de rechange du laminage (RL) dans le rapport inverse des numéros, ce qui changerait le laminage proportionnellement aux numéros.

2° Le nombre de dents du pignon de rechange de la torsion (RT) dans le rapport inverse des racines carrées des numéros, ce qui aurait pour effet de changer la torsion proportionnellement aux racines carrées des numéros ou en raison inverse des diamètres des mèches.

(Donnée usitée en pratique.)

3° Il faudrait faire varier le nombre de dents du pignon de rechange de la vitesse du chariot (RC) en raison inverse des racines carrées des numéros, ce qui aurait pour effet de changer la vitesse verticale de la bobine dans le même rapport, ou proportionnellement aux diamètres des mèches.

4° Le pignon à rochet (RR) devra être remplacé par un pignon dont le nombre de dents sera augmenté ou diminué proportionnellement au nombre de couches qui s'enroulent sur la bobine dans les deux cas; ce nombre de couches est lui-même inversement proportionnel aux diamètres des mèches dans les deux cas, ou proportionnel aux racines carrées des numéros.

Il est aisé de voir que le changement de numéro produit sur un banc à broches n'influe pas sur le nombre de dents du pignon du cône (PC), car si le nombre de tours d'ailette pour un tour de cylindre se trouve augmenté ou diminué par le changement du pignon de torsion (RT), il en est de même du nombre de tours des bobines, et leur différence $\frac{2n}{f}$ restera constante.

On voit aussi que n'importe quel sera le numéro de mèche fourni par les cylindres, pourvu que la forme des bobines ne soit pas changée, la course du point h (pl. XXIII, fig. 4), pendant toute une levée, devra rester la même; il en sera de même du nombre de tours de l'arbre vertical TT, et par conséquent du nombre de dents du pignon de la crémaillère du cône.

Les règles indiquées pour les changements du nombre de dents des pignons, en cas de variation de numéro à produire, cesseraient d'être applicables si la nature du lainage venait à changer. Dans ce cas, la pratique seule pourra indiquer, suivant la longueur des filaments du coton que l'on aura en manutention, quels devront être, eu égard au numéro que l'on produit, la torsion à donner à la mèche, le nombre de couches que pourra contenir la bobine dans le sens de sa hauteur et de son diamètre ; circonstances qui détermineront les nombres des dents des pignons (RT) (RC) (RR).

Lors de la mise en train d'un banc à broches du système que nous considérons, après avoir déterminé par le calcul les différents pignons de rechange afférents à un numéro donné, il faudra observer *à la première couche :*

1° *Si le renvidage s'opère convenablement ;*

2° *Si la vitesse du chariot est telle que les anneaux formés sur la bobine s'y enroulent en hélice, sans se confondre et sans laisser d'intervalle entre chaque spire.*

1° Si la mèche, en sortant des cylindres, s'allonge, ne prend point de tors ou même forme une coupure et casse, cela indique que le tirage est trop fort, c'est-à-dire que la différence entre les nombres de tours de la bobine et de l'ailette, ou réciproquement, est trop grande; on a dans ce cas :

$$U = M \pm \frac{2n}{f};$$

d'où :
$$U - M = \frac{2n}{f}, \text{ et } M - U = \frac{2n}{f}.$$

Il faudra, soit que les bobines tournent plus rapidement que les ailettes ou réciproquement, rendre cette différence moindre en diminuant n, ou le nombre de tours de la roue différentielle. C'est ce qu'on fera en remplaçant le pignon du cône PC.

Il est important de remarquer ici que pour suppléer à un tirage trop fort ou insuffisant, lors du renvidage de la première couche sur les bobines, il ne faudra jamais, dans le cas d'un banc à broches *à deux cônes*, avoir recours au recul de l'un ou l'autre de ces cônes, car cela modifierait entièrement le principe d'après lequel ils sont construits. Les cônes étant convenablement fixés, la *courroie* devra être placée, pour le renvidage de la première couche, au point indiqué par le calcul, et c'est d'après cela qu'on déterminera le pignon convenable à placer sur l'arbre du cône inférieur.

2° Si l'on remarque au renvidage de la première couche que la mèche ne se renvide pas sur la bobine en hélice à spires juxtaposées, cela indique que la vitesse du chariot doit être changée, c'est-à-dire qu'il faudra augmenter ou diminuer le nombre de dents du pignon (RC).

A mesure que les bobines se garnissent de coton et augmentent de diamètre, il peut arriver que la mèche, au sortir des cylindres, devienne de plus en plus lâche, ou bien qu'elle acquière une tension de plus en plus forte.

Cela indique, dans le premier cas, que la différence $U - M$ ou $M - U$ ne diminue pas assez d'une couche à la suivante, eu égard aux diamètres successifs de la bobine; que par conséquent la courroie du cône avance de quantités trop petites, ce qui nécessitera un pignon à rochet (RR) d'un nombre de dents moindre.

Le contraire aura lieu si la mèche acquiert une tension de plus en plus forte, à mesure que la bobine se remplit.

§ 6. — Formule de la production d'un banc à broches.

Désignons par :

T, la torsion de la mèche par mètre ;

V, nombre de tours de l'ailette, par 1′ ;

n, le numéro de la mèche.

On a :

Longueur de la mèche développée par 1′ :

$$l = \frac{V}{T}.$$

Poids de la mèche produit par 1′ ou p^1 en grammes :

$$p^1 = \frac{V}{T \times 2n}.$$

p étant le poids du coton contenu dans une bobine, le temps t nécessaire pour faire cette bobine est égal à :

$$t = \frac{p}{p^1} = p \times \frac{T \times 2n}{V},$$

Dans cette formule, t est évalué en minutes, p et p^1 en grammes; soit t'' le temps évalué en minutes, nécessaire pour faire la levée et remettre la machine en train, on a, en désignant par t_1 le temps nécessaire à la production d'une bobine d'un poids p :

$$t_1 = p \times \frac{T \times 2n}{V} + t'',$$

ou

$$t_1 = \frac{2pTn + Vt''}{V}.$$

482 DEUXIÈME PARTIE.

La production théorique P en grammes par broche et par jour est évidemment donnée par la formule

$$P = p \times \frac{12 \times 60}{t_2}.$$

Remplaçant t_2 par sa valeur, on a pour formule générale :

$$P = p \times \frac{720\,\mathrm{V}}{2pTn + \mathrm{V}t'}.$$

La production pratique sera égale à P multiplié par un coefficient K, variable avec l'état de la machine, l'habileté de l'ouvrière, etc. Ce coefficient est, en général, de 0,85 à 0,95.

§ 7. — Types de torsion imprimés aux bancs à broches.

La valeur de T de la formule précédente devant varier en raison de la nature des cotons et de la finesse du fil, nous donnons dans le tableau suivant des moyennes de torsion usitées dans les usines.

	NUMÉRO DU FIL.	Banc à broches EN GROS.		Banc à broches DEMI-GROS.		Banc à broches EN FIN.		Banc à broches SURFIN.	
		Numéro de la mèche.	Tors par centimètre.	Numéro de la mèche.	Tors par centimètre.	Numéro de la mèche.	Tors par centimètre.	Numéro de la mèche.	Tors par centimètre.
Chaîne	30	0,72	0,25	1,40	0,36	4,00	0,80	»	»
Mélange de jumel	36	»	»	»	»	»	»	»	»
Salonique et tinnevelly. } Marque.	40	0,72	»	»	»	»	»	»	»
Demi-chaîne	36	0,72	»	»	»	»	»	»	»
Chaîne jumel	40	»	0,20	1,40	0,28	5,00	0,90	»	»
	42	»	»	»	»	»	»	»	»
	36	»	»	»	»	»	»	»	»
Chaîne louisiane	30	0,678	0,315	0,95	0,375	3,39	0,65	»	»
	40	0,720	0,315	1,15	0,425	4,25	0,80	»	»
	50	0,678	0,315	0,95	0,375	3,40	0,65	12	1,00
	60	0,720	0,315	1,00	0,400	3,80	0,75	14	1,80
	70	0,720	0,315	1,15	0,425	4,25	0,80	15	2,00
	80	0,865	0,358	1,425	0,461	5,50	1,00	16	2,25
	90	1,145	0,425	1,585	0,515	7,20	1,15	18	2,50
	100	1,425	0,460	2,55	0,590	9,00	1,25	20	2,75
Ou encore Géorgie L. S.	100	0,60	0,36	1,50	0,50	4,4	0,90	9	4,00

[1] Ces deux exemples, pour différents cotons, produisant le même numéro, démontrent combien la torsion varie avec la substance et les filateurs. La règle consiste à ne donner aux préparations que la force nécessaire à la faire passer d'une opération à la suivante.

§ 6. — Rota frotteur.

Considérations préliminaires. — Le rota frotteur a probablement été inspiré par la vue des bobinoirs de la laine peignée,
avec lesquels il a une grande ressemblance. Il a le même but :
la substitution d'un frottement à la torsion imprimée par
le banc à broches pour condenser et consolider la mèche. Il en
résulte une grande simplification du mécanisme et un appareil
sensiblement meilleur marché que le banc à broches. C'est là,
disons-le de suite, son principal avantage. Car ses résultats,
quoique perfectionnés dans ces derniers temps, sont moins
précis que ceux du banc à broches, et il occasionne souvent des
déchets en quelque sorte impossibles avec cette dernière machine. Aussi l'usage du rota est-il resté circonscrit à la transformation des fils très-ordinaires. L'industrie normande seule
l'emploie, et il reste plutôt stationnaire qu'il ne se propage.
Divers reproches, qu'on saisira facilement après sa description,
limitent son application. Nous citerons, entre autres, l'entretien spécial qu'exigent les surfaces frottantes pour les empêcher de
se polir et pour maintenir leur action ; l'inégalité de contact entre
ces surfaces, et certaines causes de déchet difficiles à éviter.

Cependant, le même système employé sous le nom de *bobinoir*, dans les préparations de la laine peignée courte, a si parfaitement réussi, qu'il est, au point de vue des résultats, pour la
laine ce que le banc à broches est pour le coton. Son application y est générale, l'emploi du banc à broches est, au contraire,
une exception dans cette spécialité. Ce fait fournit un exemple
de plus de l'influence des caractères des fibres sur le genre de
transformation à adopter. La facile condensation des brins de
la laine, même les moins vrillés, permet de tirer un excellent
parti d'une action insuffisante lorsqu'il s'agit de s'en servir,

pour réunir très-intimement des filaments à surface lisse. Il est cependant juste de reconnaître que les rotas frotteurs ont été considérablement perfectionnés dans ces dernières années, surtout par M. Danguy jeune, de Rouen, l'un des constructeurs qui s'en sont le plus occupés. Ce constructeur exécute une série de trois rotas, correspondant à trois passages successifs, comme dans le banc à broches. Il y a, par conséquent, le rota en gros, le rota intermédiaire et le rota en fin. Ces derniers sont munis d'un mécanisme supplémentaire pour former les bobines, remplaçant soit les rouleaux d'appel, soit les chariots à mouvement alternatif de va-et-vient pour promener les caisses dans lesquelles tombent les mèches des passages précédents.

Pour tirer de ces machines à préparer l'effet voulu, il est important que le cuir des surfaces frottantes, formant l'organe principal, soit bien choisi et convenablement approprié au degré de préparation auquel il est destiné. Le grain de ce cuir doit être plus fin pour les machines finisseuses que pour celles des passages précédents. Il doit être à petit grain doux et régulier pour les derniers rotas. La partie velue frottante peut être moins soignée et d'un grain plus accentué aux deux premiers passages.

Combinaison des rotas frotteurs d'un assortiment. Pl. XXIV. — La figure première est une vue de face; la deuxième, une vue de côté et sans les poulies; la troisième, un plan horizontal; et la quatrième, la deuxième vue de côté.

Les rubans sortis du dernier étirage, formant en général la cinquième opération comptée à partir du premier cardage, passent successivement entre trois rotas; la première de ces machines est de 36 fils, les deux autres chacune de 48. Nous n'avons représenté que la dernière, la plus complète, formant des bobines comprimées comme les bancs à broches.

Les 36 mèches de l'appareil à préparer en gros sont réunies devant la machine par groupes de quatre, resserrées par une petite tulipe qui les réunit les unes à côté des autres, pour être dirigées entre une paire de rouleaux d'appel. A la sortie de ces rouleaux, elles tombent dans des caisses rectangulaires de $0^m,36$, sur $0^m,11$ et de $0^m,70$ de profondeur. Ces caisses sont animées d'un mouvement de va-et-vient horizontal très-lent. Les mèches se disposent de cette façon par plis régulièrement superposés, jusqu'à ce que le récipient soit rempli.

Au deuxième frotteur les mèches sont doublées, et comme chacune des boîtes du précédent appareil contient 4 mèches ou boudins, on dispose 24 de ces récipients devant le rota intermédiaire de 48 broches ; puis, dédoublant ces mèches au moyen d'une tringle, on obtient ainsi des séries de deux fils qui restent réunis et qui sont laminés ensemble et étirés, en général, dans la proportion de 1 à 5 au maximum.

A la sortie de ce second rota, les mèches sont encore réunies dans des boîtes par séries de quatre, comme au précédent.

Troisième passage. — Les boîtes de la préparation intermédiaire alimentent le rota en fin, qui lamine et étire de nouveau de 4 à 5, suivant le numéro de la mèche à former.

Fonctionnement du rota en fin. — Le frottement opéré entre le rouleau 43 et le tablier 44 des figures, pl. XXIV, les mèches passent dans des petits anneaux en cuivre fixés à une tringle en fer 91, qui les isole les unes des autres. Elles descendent alors, après avoir fait un tour et demi autour des tiges rondes des petites palettes, sur les fuseaux 38, assemblés par paires sur les axes 37, posés horizontalement le long du chariot 60. Les espèces de broches 37 sont mues par les deux roues d'angle 36, fixées sur un arbre porté par le chariot, et qui reçoivent leur mouvement d'un pignon droit 31, solidaire avec le plateau différentiel 30. Ce plateau est entraîné par la poulie de friction 29, calée sur l'arbre vertical que commande la roue conique 25, de 36 dents, placée sur l'arbre de couche du moteur, commandant la roue 26, de 46 dents, placée sur l'arbre vertical portant la friction, appuyée contre le plateau différentiel par un ressort à boudin. Ce ressort, posé sur la tige d'un coulisseau en cuivre, porte le pivot du bas de l'arbre de la friction.

Du côté opposé du mécanisme différentiel de la cage 90, le rochet 65 est actionné par le heurtoir, placé sur l'arbre 64, pour faire tourner le vignot d'un degré et élever la friction de manière à la faire agir sur un plus grand diamètre du plateau 30. Le rochet de 62 dents, par exemple, adopté pour de la mèche n° 3, produit un déplacement de 1/62 à chaque courbe de la bobine. Une bobine avec de la mèche de cette finesse, sera par conséquent formée de 62 couches et aura un diamètre de $0^m,079$.

Commande de va-et-vient du chariot pour former les couches. — Ce mouvement est déterminé par la forme de l'excentrique 46. A chacune de ses révolutions, imprimées par les engrenages 5, 6, 7 et 8, la pointe de cet excentrique agit sur une dent du rochet 57, fixé à la cage ou balancier 48, chargé du mouvement du chariot. Lorsque la grosseur du numéro varie, on change le pignon 5 par un plus grand ou plus petit pour mettre le mouvement en rapport avec la finesse du boudin.

Dégrenage et arrêt spontané de la machine. — Lorsque les bobines ont le diamètre ou la grosseur voulue pour être enlevées, le rota s'arrête de lui-même. Ce résultat est obtenu de la manière suivante : le pignon 50, placé sur l'arbre du rochet 57, a un vide comprenant l'espace de 4 dents, il s'ensuit qu'après une révolution entière de ce pignon, le vide se trouve en regard des dents de la crémaillère sollicitée par le poids 59. La crémaillère, n'engrenant plus, est rappelée par ce poids, son extrémité, en revenant sur elle-même, heurte la détente 56, par la touche 55, et fait dégrener la commande motrice.

La pointe de l'excentrique en cœur agit également à chaque révolution sur une dent du rochet 57, son pignon 50 fait alors rétrograder la crémaillère d'autant, par l'éloignement de son prisonnier du centre d'oscillation du col de cygne 52. Il en résulte une diminution dans la course du chariot, ce qui détermine les deux bases coniques de la bobine.

Un rota de 48 broches en fin peut produire en moyenne 85 kilogrammes de mèches n° 3 par jour. Le rendement varie naturellement avec les finesses des mèches; pour du n° 2, 5, il atteindra moyennement 100 kilogrammes, et il ne sera que de 50 kilogrammes pour du n° 5 en douze heures effectives.

Si l'on sait bien assortir les cuirs en raison des titres des préparations à traiter, l'on pourra obtenir des n°ˢ 2 à 10, par conséquent à peu près toutes les finesses désirables, pour des filatures dont les fils n'arrivent pas à des titres très-élevés.

§ 7. — Réglage des organes et des commandes du rota.

Le réglage de cette machine est au moins aussi important que celui des machines les plus délicates de la filature. Le constructeur l'a si bien compris, qu'il livre une instruction spéciale à cet égard, où il appelle l'attention des industriels sur une série de points essentiels, et entre autres : 1° sur la tension convenable de la mèche entre le cannelé et le tablier pour éviter les *mariages*, les *vrilles*, etc. ; 2° le débit des cannelés, s'assurer s'il est en rapport de leur développement, et si les broches enroulent la mèche sans tirage ni altération ; 3° sur le choix des rochets, pignons et le réglage de la crémaillère, relativement aux titres ou numéros du boudin, et surtout sur le choix, l'appropriation et l'entretien des cuirs, des tabliers et des gros cylindres frotteurs.

Voici d'ailleurs la légende détaillée de la machine :

Légende du rota frotteur, pl. XXIV.

1. Poulies de commande.

2. Arbre de commande, portant les poulies, les roues 27, 20, 25, les pignons 3, 12 et le volant 102.

3. Pignon derrière le volant actionnant la roue 4.

4. Roue intermédiaire solidaire avec le pignon 5.

5. Pignon commandant la roue 6.

6. Roue intermédiaire solidaire avec le pignon 7.

7. Pignon qui commande la roue 8.

8. Roue dont l'axe porte l'excentrique en cœur 46.

9. Pignon actionné par la roue 8.

10. Roue sur le même axe que celle 9 pour commander la roue 11.

11. Roue sur un arbre longitudinal 64, armé d'un ergot qui fait tourner le rochet 108 d'une dent à chaque révolution.

12. Pignon sur l'arbre 2, derrière le volant, pour actionner la roue 13.

13. Roue intermédiaire commandant celle 16.

14. Roue sur l'arbre du cannelé du milieu ; elle est commandée par le pignon 15.

15. Pignon solidaire avec la roue 16.

16. Roue intermédiaire engrenant avec 13.

17. Pignon vers l'extrémité du cannelé de devant commandant 18.

18. Roue Marlborough actionnée par le pignon 17 et donnant la rotation au pignon 19.

19. Pignon sur le cannelé de derrière.

20. Roue sur l'arbre longitudinal 2.

21. Roue sur le cannelé de devant actionnée par celle 19.

22. Pignon assis sur les cannelés de devant pour commander la roue 23.

23. Roue Marlborough intermédiaire actionnant celle 24.

24. Roue sur l'arbre du rouleau 44 du tablier.

25. Roue conique accolée contre celle 20 pour actionner la roue 26.

26. Roue conique sur l'arbre vertical de la poulie de friction 29.

27. Roue conique sur l'arbre 2, près des poulies.

28. Roue conique commandée par celle 27 pour actionner les excentriques 44, 42.

29. Poulie de friction garnie d'un cuir appuyant contre le plateau 30. Elle est douée d'un mouvement ascensionnel qui ralentit le renvidage à mesure que la bobine grossit, ce qui constitue cinq mouvements différentiels.

30. Plateau de friction contre lequel appuie la poulie 29, dont l'adhérence détermine la rotation de ce plateau.

31. Long pignon sur le même arbre que le plateau 30 et commandant la rotation des broches.

32. Roue intermédiaire actionnée par le pignon 31 et donnant la rotation au pignon 33.

33. Pignon commandé par la roue 34 et solidaire avec le pignon 34.

34. Pignon conique solidaire avec celui 33 et actionnant le pignon 35.

35. Pignon situé à l'extrémité de l'arbre de couche portant les pignons qui font tourner les broches.

36. 36 pignons qui font tourner les broches.

37. Broches horizontales tournantes sur lesquelles on embroche les fuseaux 38.

38. Fuseaux en bois passés sur les broches 38, par paires, et sur lesquels s'envident les bobines.

39. Bobines.

40. Palettes autour desquelles la mèche fait un tour mort avant de se déposer sur les fuseaux, et dont la pression con-

venablement calculée donne la sûreté voulue aux bobines.

41. Boîte de l'exentrique du tablier 44, donnant à ces derniers un mouvement de va-et-vient horizontal.

42. Boîte de l'excentrique du gros rouleau 43, servant à celui-ci un mouvement horizontal de va-et-vient opposé à celui du tablier.

43. Gros rouleau tournant au-dessus du tablier en même temps qu'il va et vient.

44. Tablier dont le cuir possède un mouvement continu de rotation en même temps qu'il va et vient.

Les tabliers 44 sont frottés et roulés et donnent une mèche moins grosse qu'elle ne l'était en arrière, mais qui n'a aucune torsion.

45. Deux jumelles qui portent les rouleaux du tablier; l'une d'elles est reliée avec l'excentrique 41 par une tige 84.

46. Excentrique en cœur sur l'axe de la roue 8 et opérant le va-et-vient du chariot 60.

47. Galet reposant constamment sur l'excentrique 46, qui alors le soulève et le laisse abaisser alternativement pour donner l'oscillation à la cage 48.

48. Cage oscillant autour d'un point fixe 49 et articulée avec le col de cygne 52.

49. Cintre fixe d'oscillation de la cage 48.

50. Pignon fixé à la cage 48 et engrenant avec une crémaillère 51. Il manque quatre dents à sa circonférence.

51. Crémaillère portée par la cage 48 et glissant dans cette dernière.

52. Col de cygne claveté sur l'arbre longitudinal des bielles 53 et articulé avec la cage 48.

53. Bielles attachées au chariot et qui, par les oscillations de la cage 48, font aller et venir le chariot à chaque couche de mèche qui se dépose sur les fuseaux.

54. Petits supports qui relient le chariot avec les bielles 53.

55. Touche fixée sur la cage 48.

56. Mentonnet à charnière fixé au porte-système; il maintient le balancier 78; mais quand les bobines sont placées et que la levée doit être faite, la touche 55 vient heurter ce mentonnet.

57. Rochet sur le même axe que le pignon 50 et qui tourne d'une dent toutes les fois que la pointe du cœur est en haut.

58. Petite poulie située sous le chariot 48 et portant un poids 59.

59. Poids dont la chaîne embrasse la poulie 58.

60. Les deux jumelles composant le chariot qui porte les broches 37.

61. Les roues du chariot.

62. Chemins sur lesquels roulent les roues 61.

63. Entretoises qui relient les roues 60 du chariot.

64. Arbre longitudinal de la roue 11, portant à l'autre extrémité un ergot qui fait tourner le rochet 65 d'une dent.

65. Rochet sur le même axe que l'excentrique 66.

66. Excentrique dont la rotation très-lente soulève le tourillon 67.

67. Tourillon de la fourchette qui embrasse la douille de la poulie 29 afin d'élever cette dernière pour ralentir la rotation du plateau 30 à mesure que la bobine grossit.

68. Levier permettant de relever à la main la poulie 29.

69. Poids suspendu au-dessous de l'arbre de la poulie 29.

70. Support du point d'oscillation du levier 68.

71. Poignée pour actionner le rochet 65 à la main.

72. Cliquet de la poignée 71, s'engageant dans les dents du rochet 65.

73. Chapeaux qui recouvrent les rouleaux de pression.

74. Rouleaux de pression maintenus comme à l'ordinaire.

75. Crémaillère opérant l'appel et l'étirage de la mèche.

76. Bielle articulée avec la tringle 77 et attachée sur la roue de la vis sans fin, hors du centre de cette roue, pour donner un mouvement lent de va-et-vient à la tringle 77, afin que les fils ne passent pas à la même place sans les cannelés.

77. Tringle longitudinale percée de trous en entonnoir par où passent les mèches allant aux cannelés.

78. Balancier retenu par la clanche 56 ; il est armé d'une branche 79, appuyant contre un étoquiau 101 pour faire dégrener le métier.

79. Branche à peu près verticale du balancier 78.

80. Levier à poignées que l'ouvrier peut faire agir pour dégrener ou engrener le métier à volonté.

81. Tringle munie de goujons 82.

82. Goujons implantés dans la tringle 81 pour séparer les mèches venant dedans des pots ou boîtes situés derrière le métier et non figurés au dessin.

83. Tige qui relie la boîte 42 avec le gros rouleau 43.

84. Tige qui relie la boîte 41 avec l'une des jumelles 45 du tablier.

85. Tige courbe de la boîte 42, portant une douille qui supporte l'arbre du gros rouleau.

86. Autre tige courbe de la boîte 41, munie d'une douille guidant la marche du tablier.

87. Pièce en forme de X pour supporter le porte-système au milieu de sa longueur.

88. Poids suspendu au balancier 78.

89. Saillie supposant le centre d'oscillation de la fourchette qui fait monter la poulie 29.

90. Cage renfermant en partie la poulie 29 et la fourchette 67, et dans laquelle est pratiquée une coulisse servant de guide au tourillon de fourchette 67, lequel tourillon est soulevé par l'excentrique 66.

91. Tringle garnie de petites plaques surmontées d'anneaux servant de guides aux mèches sortant de dessous le gros rouleau et devant se diriger aux palettes 40.

92. Autre tringle unie, supportant les mèches qui doivent se rendre aux fuseaux de devant.

93. Deux tringles où sont fixées les palettes 40.

94. Supports des tringles 93; *ils sont munis d'une charnière qui permet de soulever le bout de devant quand on a besoin de soulever les broches 37 pour enlever les bobines faites.*

95. Porte-système supportant les mains.

96. Bâti du métier.

97. Chapelle supportant les axes des roues et des excentriques situées du côté des poulies.

98. Support dit *tête de cheval* pour supporter la marlborough 18 et les roues solidaires 15 et 16.

99. Boucle pour changer la courroie de la poulie fixe sur la poulie folle.

100. Tringle de débrayage.

101. Etoquiau poussé par la branche 79 quand le levier 78 agit.

102. Volant.

103. Support de l'axe d'oscillation de la cage 48.

104. Support de la roue 6 et de la roue 8.

105. Traverse qui relie les deux bâtis du bout.

106. Ressort de retenue du crochet 57 fixé à la cage 48.

107. Autre ressort de poussée du crochet 57, fixé au porte-système.

108. Ressort de retenue du rochet 65.

109. Colonnes qui supportent les chemins 62.

110. Bascules des broches.

111. Colonne et petite traverse pour supporter les tringles 91, 92 au milieu.

112. Petite tringle armée d'une poignée et de petits étoquiaux pour soulever les palettes 40 quand on doit faire la levée.

Le glissement de ces tringles a lieu par des coulisses qui y sont découpées de place en place et dans lesquelles sont enga-gées des voies fixes qui servent de guides.

113. Crochet de pression.

114. Crochets qui se rabattent sur les bouts extérieurs des broches pour arrêter les fuseaux, et que l'on soulève quand on fait la levée.

Leur renversement en arrière est empêché par des étoquiaux fixés au chariot.

Les vis qui servent de pivots à ces crochets sont aussi im-plantées dans le chariot.

(Les poids de pression n'ont pas été représentés.)

§ 8. — Bancs à broches à organes renvideurs modifiés.

Le rota, nous l'avons déjà dit, n'est employé qu'en Nor-mandie pour les produits ordinaires et sur une échelle assez restreinte. Les motifs pour lesquels le banc à broches lui est gé-néralement préféré, ont été également exposés. Nous avons seu-lement à faire remarquer que cette machine est la plus chère de la filature, tant à cause de sa faible production relative qu'à cause de la complication de son mécanisme, dont la construction ne souffre pas de médiocrité. La cause principale de dépense du système gît dans l'emploi du mouvement différentiel, néces-sité par le mode de renvidage, dont les points d'application changent à chaque révolution de la bobine. Sa vitesse doit être modifiée à son tour pour que la tension exercée sur la mèche ne varie pas. Afin de simplifier ces sortes de machines dans cette partie essentielle, l'on s'est ingénié à modifier le mode de formation de la bobine, en changeant la manière de superposer les couches de fils. Nous allons décrire la machine de ce genre qui a eu le plus de succès, et qui a beaucoup d'analogie avec les étirages à rubans comprimés précédemment décrits.

Banc Abbeg, pl. XXV. — Dans le banc Abbeg, comme dans le banc à broches, la mèche du dernier étirage passe par un système de trois cylindres cannelés, au sortir desquels elle est soumise à un appareil très-ingénieux, destiné à opérer en même temps la torsion et le renvidage. Ce renvidage, qui, dans les bancs à branches, se fait par anneaux formant une première couche sur la bobine, suivie d'une seconde couche superposée sur la première, et venant ainsi augmenter, à chaque couche, le diamètre de la bobine, se fait de la manière suivante dans le banc Abbeg :

La mèche, en sortant de l'appareil mentionné ci-dessus et ayant déjà la torsion voulue, vient se placer sur un disque horizontal en bois sous forme d'anneaux (fig. 1), tangents intérieurement à la circonférence du disque, placés les uns à côté des autres et venant tous embrasser un axe ou broche en fer, passant par le milieu du disque. La mèche, en continuant à se placer de cette manière, forme une deuxième couche sur une première assise d'anneaux et ainsi de suite, jusqu'à former une tresse verticale ayant à sa base un disque en bois qui la retient, et pour axe une broche en fer autour de laquelle sont enroulés les anneaux de chaque assise. — De cette différence dans la manière d'opérer le renvidage de la mèche produite dans ces deux machines résulte immédiatement une grande simplification en faveur du banc Abbeg, provenant de ce que le renvidage s'y fait dans la même condition de tension pour tous les points des assises horizontales, tandis que dans le banc à broches la vitesse des organes qui opèrent le renvidage est obligée de varier à mesure que le diamètre de la bobine augmente.

Description de la machine (fig. 2, 3, 4, 5, 5 *bis* et 6.)

La figure 2 est une vue de face, et 3 une coupe verticale transversale; 4, 5, 5 *bis* et 6 sont des détails sur une échelle plus grande.

BBB', bâtis de la machine.

D, porte-cylindre.

CCCC, système de trois cylindres cannelés de douze tables avec leurs accessoires.

EE, entonnoirs réunissant les mèches de deux tables cannelées.

FF, rouleaux d'appel.

AA, appareils de torsion et de renvidage.

G, H, broche à rainure avec son plateau de bois recouvert de feutre.

La broche G ne forme pas elle-même pivot (détail fig. 4). Au moyen d'une goupille g' qui traverse le cylindre creux g et qui vient embrasser la rainure de la broche, celle-ci fait corps avec le cylindre qui tourne dans la pièce fixe J formant crapaudine. La goupille J' empêche le cylindre g de se mouvoir dans le sens de sa longueur.

Le plateau en bois H est percé dans son centre d'un trou cylindrique dans lequel est fixée la pièce à canon hh'. Dans le canon est rivée une goupille h'' destinée :

1° A entraîner la broche dans le mouvement de rotation du plateau (cette goupille pénétrant dans la rainure de la broche).

2° Lorsqu'une levée est terminée et qu'on enlève la broche par sa partie supérieure, la goupille h'' glisse le long de la rainure jusqu'au bas de la broche, où se trouve une petite vis d'arrêt g'' qui empêche le plateau de quitter la broche.

I, traverse, portant les pivots et crapaudines des broches. Cette traverse peut se mouvoir autour des tourillons I'I' ayant leurs coussinets dans les bâtis BB.

KK, pièces à fourches, dans lesquelles vient s'engager le chariot L glissant verticalement dans les rainures des bâtis B B. A l'endroit de chaque broche le chariot est renflé en forme de canon cylindrique vertical, et percé d'un trou dans lequel tourne, à glissement doux, une pièce à bride S, placée dans la bride de quatre trous s' destinés à recevoir le piton h' de la pièce h, faisant corps avec le plateau H. Dans cette pièce s elle-même est ajustée, à glissement doux, une autre pièce à bride r, reposant sur un ressort à hélice r'' appuyé sur un arrêt de la pièce s. Au moyen d'une goupille s'' la pièce r est entraînée dans le mouvement de rotation de s, et agit, en même temps, comme ressort sur le plateau H, qui repose par sa partie évidée sur la bride de la pièce r.

Q, manivelle servant à faire monter et descendre le chariot, qui est constamment équilibré.

P, contre-poids du chariot, auquel il est relié par trois chaînettes.

S, arbre moteur principal, faisant mouvoir : 1° les cylindres cannelés par l'intermédiaire de l'arbre de torsion T.

2° T arbre de torsion communiquant le mouvement à la partie M de l'appareil A, par l'intermédiaire de deux roues d'angle égales.

3° L'arbre de renvidage R, communiquant le mouvement à la partie N de l'appareil A par l'intermédiaire de deux roues d'angle égales.

4° U arbre à rainure, le long duquel se meut :

V, canon se déplaçant verticalement avec le chariot et portant une roue d'engrenage communiquant un mouvement de rotation aux broches et à leurs plateaux, par l'intermédiaire d'une paire de roues droites et deux paires de roues d'angle.

Calcul et fonctions des différents organes du banc Abbeg. — L'appareil (fig. 5 *bis*) dans lequel la mèche pénètre au sortir des cylindres cannelés, est composé de trois parties distinctes :

1° La partie M de l'appareil mis en mouvement par l'arbre T de torsion fait un *tour* autour de son axe X pendant un *tour* d'arbre moteur.

2° La pièce O, ajustée à glissement dans les deux disques horizontaux *m* et *m'* de la pièce M, peut par conséquent tourner sur son axe *yy* et fait avec la partie M un mouvement de translation d'un tour autour de l'axe X pendant un tour d'arbre moteur.

3° La partie N de l'appareil, mise en mouvement par l'arbre R (arbre de renvidage), fait 1,127 tours pendant un tour d'arbre moteur.

Cela posé, on voit que, pendant un tour d'arbre moteur, l'avance de la partie N sur la partie M tournant dans le même sens, est de $0^{\text{tour}},127$. Or, comme la pièce N porte un engrenage intérieur *n* de 50 dents, cette avance exprimée en nombre de dents sera $50 \times 0,127 = 6^{\text{dents}},35$ et le pignon intérieur *o* de 18 dents, engrenant avec *n*, communiquera à la pièce O un nombre de tours, sur son axe, correspondant à $6^{\text{dents}},35$, soit $0^{\text{tour}},3525$.

Le point *o'*, où la mèche de coton sort de l'appareil, décrira donc, en vertu du mouvement de rotation de la pièce O, un chemin $= 0^{\text{tour}},3525 \, (0,072 \times 3,14) = 0^{\text{m}},0775$. Ce nombre représente la longueur de mèche sortie de l'appareil pendant 1 tour d'arbre moteur. Le cylindre délivrant développe, dans le même temps, une longueur de $\frac{20}{25} \, (0,029 \times 3,14) = 0^{\text{m}},073$.

Torsion de la mèche. — Pendant que le cylindre développe $0^{\text{m}},073$, la pièce M communique à la mèche une torsion de un tour, et la pièce O une torsion de $0^{\text{tour}},3525$ dans le même sens. Ensemble $1^{\text{tour}},3525$ pour une longueur de $0^{\text{m}},073$.

Mais il faut observer que, par le dévidage des tresses, la mèche perd une torsion de 1 tour par longueur d'anneau qui se dévide verticalement, c'est-à-dire pour $(0,072 \times 3,14)$

$= 0^m,226$, ce qui correspond à une torsion de $0^{tour},323$ pour une longueur de $0^m,073$.

Retranchant $0^{tour},323$ de $1^{tour},3525$, il reste pour la torsion définitive $1^{tour},0295$ pour 0^m073, ou $0^{tour},38$ par pouce, ou $0^m,027$.

Observation. — On changera la torsion de la mèche en variant les pignons qui sont sur l'arbre de torsion et sur le prolongement du cylindre délivrant. Il faudra alors varier, dans le même rapport, les roues de rechange correspondant au renvidage, engrenant, l'une avec un pignon de 26 dents, placé sur l'arbre de torsion T, l'autre avec un même pignon de 20 dents, placé sur l'arbre de renvidage R.

Pour mettre cette machine en train, on élève, au moyen de la manivelle Q, le chariot L, de manière que les plateaux de bois, recouverts de feutre, viennent appliquer contre les disques m'. Dans cette position la barre de fer P, contre-poids du chariot, exerce, par son surpoids, une légère pression des rondelles feutrées contre la partie inférieure des disques m' et o parfaitement polis. La mèche doit être passée dans l'appareil, simplement pincée entre le plateau m' et le disque H. La machine étant alors mise en mouvement, la mèche se déroule sous forme d'anneaux qui se placent les uns à côté des autres, en vertu :

1° De la différence de vitesse que possèdent le plateau m' et le disque H.

2° Du nombre de révolutions du disque autour de son axe.

Nombre d'anneaux par assise horizontale. — Nous avons vu que, pour un tour d'arbre moteur, le plateau m' faisait un tour. Pendant le même temps, le plateau H fait $\frac{38}{36} \times \frac{29}{50} = 1,02$ tour.

L'avance du nombre de tours de H sur m' est donc de 0,02, pendant un tour d'arbre moteur, temps pendant lequel le point o' développe $0^m,0775$. Pendant le temps que le point o'

met à décrire une circonférence, c'est-à-dire à développer un anneau, l'avance x de H sur m' deviendra, d'après la proportion suivante : $0,02 : x : : 0,0775 : 0,072 \times 3,14.$

D'où : $x = 0,02 \times \dfrac{0,072 \times 3,14}{0,0775} = 0,0583$, correspondant à $\dfrac{1}{17,20}$ tour : le nombre d'anneaux par assise horizontale est donc de 17,20. Les mèches de coton passant par les six appareils de la machine et venant se former en tresses sur les six plateaux HH, font descendre le chariot et tous ses accessoires le long de l'arbre à rainure U, par la simple pression occasionnée par le volume de coton qui s'accroît entre les plateaux m' m' et les disques HH. Au commencement de la levée, le poids supplémentaire P repose à terre, et la longueur des petites chaînes qui le relient au poids P est réglée de manière que ce poids ne commence à être soulevé que lorsque le poids des tresses formées a augmenté le poids du chariot d'une quantité suffisante pour pouvoir soulever ce poids, sans trop durcir les tresses.

Quand les tresses sont suffisamment longues, un buttoir b, fixé sur le chariot qui descend, fait basculer le levier coudé ll, et le poids p', en tombant, fait passer la courroie motrice sur la poulie folle, par l'intermédiaire de la chaînette q, de la poulie u et de la tringle de débrayage t.

Pour enlever les tresses formées, il suffit d'abaisser le chariot et d'amener les extrémités kk dans les coulisses KK; puis, au moyen du levier W (fig. 7), on fait légèrement basculer le chariot en avant, ce qui permet d'enlever facilement les tresses formées, y compris les plateaux en bois HH... et les broches GG..., et d'en remettre d'autres. Nous indiquons dans le dessin le moyen employé pour fixer les tresses, y compris leur broche et leurs plateaux, derrière la machine préparatoire suivante, et pour en dévider facilement la mèche.

Transmissions générales de mouvement de la machine. — Les poulies motrices impriment leur rotation à l'arbre principal S, sur lequel se trouve une roue droite *a*, engrenant avec une roue *b* qui transmet sa rotation à la roue *c*, chacune d'un diamètre égal (de 26 dents), cette dernière sur l'arbre T. Celui-ci reçoit le pignon *d* (de 20 dents) engrenant avec une roue *e* (de 25 dents), placée sur l'arbre F des cylindres de sortie des mèches. Les roues *g* et *h* (de 17 et 76 dents) et *i* et *k* (de 32 et 50 dents) (voir les détails fig. 8 de cette dernière transmission) commandent l'arbre de la rangée intermédiaire des cylindres étireurs, le mouvement est transmis à l'autre extrémité de cet arbre au pignon *m*, qui engrène simultanément avec les petites roues *n* et *l*. Sur l'arbre E de ce dernier (voir le détail fig. 9) se trouve une vis sans fin, engrenant avec une roue F. Le mouvement transmis à l'arbre de la roue *o* est communiqué à la roue *q* (de 40 dents), et enfin aux rouleaux délivreurs F (fig. 3).

C'est à la sortie de ces rouleaux que les rubans se rendent chacun dans un appareil tordeur, représenté sur une échelle plus grande (fig. 5 *bis*), et dont le mécanisme a été décrit précédemment.

CHAPITRE XXVI.

FILAGE.

§ 1. — Considérations générales.

Une mèche isolée d'un numéro déterminé, ou mieux encore, deux mèches réunies, chacune d'une finesse double, étant données, continuer l'étirage et la torsion de manière à amener le produit à la longueur et à la solidité voulues, tel est le but fondamental du filage. Enrouler le produit à mesure qu'il s'exécute sur une bobine cylindrique ou un cône de révolution, constitue une fonction secondaire et cependant importante du métier à filer. Celui-ci est donc chargé d'un travail identique à celui des machines précédentes qui préparent les mèches. La différence ne réside que dans les proportions ou quantités d'étirage et de torsion appliquées dans les deux cas à la même longueur, et dans les modifications du produit qui en résulte. Par la transformation au filage, la finesse et la solidité du résultat deviennent telles, qu'elles influent sensiblement, comme nous le verrons, sur le mode de renvidage, qui n'est plus celui des bancs à broches. Aux bancs à broches, l'étirage et la torsion sont très-faibles relativement à la masse ; ils sont, au contraire, considérables au métier à filer. Une mèche de préparation du numéro 3,39 par exemple, pesant 16 grammes environ par 100 mètres de longueur, reçoit moyennement 65 tours de torsion par mètre au dernier banc à broches. Transformée en un fil du numéro 30, la même longueur pèsera dix fois moins, c'est-à-dire que le même poids acquerra dix fois plus de longueur et sera tordu en raison de cet allongement de 800 tours au mètre. C'est cette torsion finale, énergique, qui, en transformant les filaments droits en hélice, opère la cohésion mécanique de la masse, et permet de fixer les échelonnements des fibres de manière à produire des longueurs illimitées avec des brins de 2 à 3 centimètres, et de donner au fil, qui en résulte une ténacité équivalente à celle de l'ensemble des filaments de sa section. Nous démontrons plus loin que pour obtenir ce résultat dans tous les cas, il est nécessaire de faire varier le nombre de tours qui constitue la torsion avec la finesse des fils. Les cylindres étireurs des métiers à filer décuplent au moins la longueur de la mèche dans les cas les plus ordinaires, pendant que l'organe tordeur lui imprime une torsion équivalente à l'étirage. La production étant en raison directe et le prix du filage en raison inverse de la vitesse de rotation de la broche, on a constamment cherché à l'augmenter, elle atteint aujourd'hui près de 7,000 tours à la minute dans les machines les plus perfectionnées. La forme de celles qui exécutent les mèches ne permettrait pas, à beaucoup près, de leur imprimer une vitesse bien moindre, sans développer un frottement considérable et occasionner de fréquentes ruptures ; il a par conséquent fallu modifier l'organe, tordeur et renvideur, pour le rendre plus favorable au travail du métier à filer. La finesse et la solidité relatives du fil fait dans les conditions indiquées ci-dessus, ont permis à leur tour de modifier et de simplifier parfois le mécanisme chargé de commander le récepteur du fil (la bobine cylindrique, ou la canette). Le petit diamètre du fil, même le plus ordinaire, rend la différence des couches qu'il forme peu sensible, sa ténacité permet de s'en servir parfois pour entraîner la bobine, et de pouvoir supprimer par conséquent le mécanisme compliqué que nécessite le renvidage de mèches d'un diamètre décuple.

Cependant l'emploi du fil lui-même à la commande directe de la bobine, n'a pu guère être utilisé jusqu'à présent qu'aux produits d'une certaine ténacité, aux fils de chaîne jusqu'au numéro 10. Ceux d'une finesse plus grande, et ceux moins tordus pour trame, n'offrent pas assez de force pour pouvoir être renvidés de la même manière et pour résister à la traction continuelle à laquelle le produit est soumis dans ce système, connu chez nous sous le nom, assez peu significatif, de *métier continu*. C'est plutôt système à *fonctions simultanées* qu'il faudrait le nommer, parce que le renvidage, l'étirage et la torsion ont lieu en même temps. Cette condition de l'action simultanée de tous les organes de la machine nécessite naturellement plus de force, toutes choses égales d'ailleurs, pour exécuter le fil que lorsqu'il est produit par un système où le renvidage n'est effectué qu'après la confection d'une certaine longueur de fil. La division des fonctions ainsi pratiquée allège le travail ; elle caractérise, avec la disposition spéciale du fil sous forme de cônes ou canettes, le métier le plus répandu, connu sous le nom de *mule-jenny*.

Sans entrer de nouveau dans l'histoire, si souvent bien ou mal répétée, de l'invention du système général connu sous ce nom, disons un mot sur la signification, ou plutôt sur l'origine de cette dénomination, insignifiante aujourd'hui. Au commencement de l'emploi des appareils à broches multiples et automatiques, on imagina, en Angleterre, le métier désigné sous le nom de *throstle* ou *grive*, nom conservé également pendant quelque temps en France au système *continu*. Il était généralement mû par une chute d'eau, à cause de la force motrice notable qu'il absorbe, de là son nom de *moulin à filer*, comme on dit encore un moulin à fouler, un moulin à tan, etc., et le nom de *mill* en anglais, et de *filage hydraulique* en France et ailleurs, pour désigner ce mode de transformation. Ce mot *mill* serait-il devenu *mull* ou *mule* par corruption, comme cela se voit si souvent pour des mots d'une même langue, et à plus forte raison pour ceux transportés d'une langue dans une autre? Ou bien, ce qui nous paraîtrait plus logique, le *mull* anglais, qui veut dire *adoucir*, aurait-il été employé au début pour désigner le filage en doux, à faible torsion, auquel on aurait ajouté celui de Jeannette *ou* Jenny, dont fut baptisé le premier système à chariot porte-broches et à mouvement horizontal? Jenny était, suivant la tradition, le nom de la fille de l'inventeur du métier à pince et à chariot, avant l'emploi des cylindres étireurs, réservés à l'origine au métier continu. La pince retenait les rubans pendant que le mouvement du chariot les étirait en les tordant, par la rotation simultanée des broches. La substitution des cylindres étireurs à la pince a donné naissance au métier mixte à mouvement horizontal portant les broches. De là la combinaison des deux noms de *mule-jenny*. Deux genres de métiers se partagent par conséquent la fabrication des fils de toutes natures et de toutes espèces, depuis les numéros les plus bas jusqu'aux plus élevés, qu'ils soient en coton ou de substance textile quelconque. Ces deux systèmes sont le continu déjà défini et le mule-jenny, dont nous allons préciser plus complétement les caractères.

Si, pour le moment, nous ne faisons pas de distinction entre le mule-jenny et le *self-acting* ou *renvideur automate*, c'est qu'il n'y en a pas dans les fonctions et le mouvement des organes, le self-acting étant un mule-jenny dont toutes les fonctions ont lieu automatiquement. Dans le premier, auquel on a plus spécialement conservé le nom de mule-jenny, certaines de ses fonctions s'exécutent encore avec le concours de l'ouvrier, mais tous deux sont identiques dans leurs composition et combinaison d'organes, et dans l'exécution de l'ensemble de leurs fonctions, entièrement self-acting pour l'un, et partiellement automatiques pour l'autre. Cette *automatisation* présentait des difficultés telles, qu'il a fallu une longue suite de recherches et d'essais pratiques pour réussir. Malgré le développement de ce genre de métier, le degré de perfection auquel il est arrivé, il continue à être l'objet des recherches les plus actives, dans le but de simplifier son mécanisme, de donner plus de douceur et de précision au fonctionnement de certains de ses organes, et de pouvoir élever sensiblement le niveau de la finesse des fils qu'il produit actuellement. Car, si l'automate exécute avec la même facilité les fils pour la chaîne et pour la trame, les avantages de sa production, sous le rapport de la finesse, sont limités au numéro 40 environ. Au delà de ce titre, il y a plus de profit, en général, à se servir du mule-jenny ordinaire (les causes de cette limitation sont indiquées plus loin).

Le système continu est, de son côté, l'objet d'expérimentations très-sérieuses dans le même but, afin de pouvoir le faire servir avec profit, aussi bien aux fils pour trame que pour chaîne de toutes espèces de titres, et, par conséquent, en obtenir les résultats avantageux du self-acting pour les numéros ordinaires, et ceux du mule-jenny pour les finesses élevées, avec des combinaisons mécaniques plus simples que celles du plus simple des deux systèmes en usage, et une économie considérable de place.

Lors même que ces prévisions se réaliseraient, la transformation du mule-jenny ordinaire en automate complet n'en resterait pas moins un des exemples les plus remarquables de la puissance créatrice des arts mécaniques de notre époque, et une des solutions qui, à un moment donné, a rendu les plus importants services à l'industrie des arts textiles.

DESCRIPTION DE LA CONSTITUTION DES DEUX SYSTÈMES DE MÉTIERS:
CONTINU ET MULE-JENNY.

§ 2. — Principe du métier continu.

La disposition générale du métier ne diffère de celle des bancs à broches que par plus de simplicité dans les transmissions de mouvement. La figure 1, pl. XXVII, donne une coupe verticale d'un continu représentant une broche, les cylindres étireurs et les transmissions de mouvement les plus perfectionnés. On y remarque tous les organes et commandes déjà décrits dans les bancs à broches, c, c', c^2, sont les cylindres cannelés étireurs avec ceux de pression, et leurs chapeaux ou sellettes x, x', dont la tige est fixée à un levier qui produit la pression des rouleaux sur les cannelés. La mèche étirée traverse l'orifice d'un guide distributeur B, se dirige dans l'axe de la broche, puis elle est prise par l'ailette S, qui guide le fil et le tord en l'enroulant sur la bobine T.

Les cylindres étireurs sont commandés identiquement ici,

comme dans tous les cas semblables, par une série de petites roues droites r, r', r^2 (vue en plan fig. 2).

Quant au mouvement de rotation de la broche et de la bobine, il est imprimé de la façon la plus élémentaire. Le plus souvent c'est par une noix, petite poulie à gorge, placée sur la broche et recevant une corde venant d'un tambour de commande du métier. La figure 2 de la planche XXVI donne cette disposition. Les broches sont placées sur deux rangées comme à l'ordinaire, O indique le tambour de transmission, dont les cordes r vont commander de chaque côté les noix k des broches.

Si nous revenons à la figure 1, pl. XXVII, nous trouverons le même résultat, c'est-à-dire le mouvement de rotation obtenu par une commande de roues d'engrenage. Un arbre horizontal fait tourner une série de roues droites, en un nombre égal à celui des broches. Chacune d'elles E engrène avec un pignon, sur l'arbre desquels se trouvent les petites roues cônes a, engrenant avec celle b, placée sur chaque broche. Celle-ci imprime la rotation simultanément à son ailette S. Quant à la bobine T, placée librement sur la broche, elle est entraînée par le fil avec une vitesse diminuée par le frottement de son embase. Cette cause de différence de vitesse entre la bobine et la broche suffit pour permettre d'envider le fil formé à chaque instant. Pour qu'il se distribue régulièrement sur la hauteur, les embases des bobines reçoivent un mouvement de va-et-vient vertical au moyen d'un chariot, tout à fait analogue à celui des bancs à broches, quant à la marche, sinon aux transmissions.

De quelques modifications déjà anciennes apportées aux broches du métier continu. — Lorsque les broches sont commandées par engrenage au lieu de l'être par des cordes ou courroies, il est indispensable d'avoir à sa disposition un moyen spécial de les arrêter, lorsqu'un fil casse, pour le rattacher ou pour toute autre cause, par exemple pour enlever la bobine. A cet effet l'on a imaginé d'établir l'adhérence nécessaire entre le pignon a et b par un ressort placé sous le moyeu de l'axe de ce dernier.

Ce ressort abandonné à lui-même presse contre le moyeu et établit le contact ; si on appuie, au contraire, sur ce ressort d'une manière quelconque, son action est neutralisée, l'engrenement des roues n'a plus lieu, et la broche s'arrête. Comme nous ne pouvons entrer ici dans les détails d'exécution de ce débrayage, nous renvoyons au numéro du *Bulletin de la Société d'encouragement pour l'industrie nationale*, où nous avons décrit d'une manière complète ce système de transmission, et divers moyens d'arrêter les broches isolément. Les formes de l'ailette et de la broche ont parfois aussi été modifiées : pour faciliter l'enlèvement de la bobine, par exemple, l'on a adopté la disposition fig. 3, où l'ailette a ses tiges tournées en sens opposé à celui de la figure 1. MM. A. Koechlin, qui ont les premiers exécuté ce système, l'ont trouvé plus facile à monter et à démonter, et surtout d'une construction plus solide. Le corps B de la broche peut être plus fort et l'ailette s'y trouve placée d'une manière plus assurée. Un coup d'œil sur le mode d'assemblage en e e suffit pour le démontrer.

Des constructeurs américains avaient proposé de leur côté l'exécution indiquée fig. 4. L'ailette, dans ce système, se trouve fermée de toutes parts. Ses branches fixes formant un cadre ne sont plus exposées à vibrer. De plus, on a proposé de se servir de la broche elle-même pour former bobine, comme on le voit en e. Des dispositions analogues ayant été reprises récemment, nous aurons à y revenir. Enfin, au lieu d'ailette on a proposé une espèce de cloche G, fig. 5, pour guider le fil sur la broche c et former la bobine A. Les autres dispositions de ce système n'offrent rien de particulier. Le but principal que l'on espérait obtenir ici était encore un amoindrissement dans la vibration, et cependant à certaine vitesse, la cloche ou espèce de calotte se mettait tellement en vibration, qu'elle rendait un son comme le ferait un disque sur lequel on passerait continuellement un archet. Les métiers continus, en général, ayant de 200 à 240 broches, on comprend l'impraticabilité du système, tant à cause de l'inconvénient dont nous venons de parler que des ruptures qui en résulteraient ; aussi est-on revenu de préférence au système continu pur et simple, dont les causes de l'emploi relativement restreint sont d'ailleurs faciles à analyser.

§ 3. — Causes de l'emploi limité du métier continu en général.

La bobine *tourne* parce que le fil entraîné par l'ailette, que la broche commande, l'entraîne à son tour, avec sa vitesse propre, diminuée de celle occasionnée par le frottement de l'embase de la bobine, comme nous l'avons déjà indiqué.

La différence de vitesse entre les deux organes, bobine et broche, doit correspondre à la longueur de fil confectionnée dans le même temps. Cette longueur est facile à déterminer, soit en raison du développement des cylindres qui fournissent la mèche à la broche, soit en raison du nombre de tours de cette dernière pour réaliser la torsion voulue. Or la différence de vitesse produite est, en général, plus que suffisante, et on peut d'ailleurs la faire varier par une disposition très-simple. Elle consiste à attacher par une ficelle un petit poids au rebord de la bobine, de façon à le faire agir sur des rayons différents, afin de faire varier l'intensité du frottement avec les modifications de tension résultant de l'augmentation progressive du diamètre de la bobine. Il suffit d'énoncer cette manière d'opérer, pour faire comprendre qu'elle est plus simple que précise. On en tire néanmoins un parti très-avantageux pour une série de numéros jusqu'à 40 environ, et pour des fils fortement tordus. Malgré l'irrégularité d'action dont nous venons de parler, les fils des continus sont les plus recherchés et se vendent le plus cher, parce qu'ils sont plus forts, moins duveteux et même plus régulièrement tordus que les mêmes numéros obtenus avec la même matière sur le mule-jenny. Mais si l'on voulait faire des fils moins tordus, pour de la trame par exemple, ils ne pourraient supporter l'effort nécessaire à l'entraînement de la bobine. Cette insuffisance de solidité pour remplir les fonctions d'une petite corde se présente également pour des fils de chaîne fins; cet inconvénient, commun aux deux sortes de fils, vient s'ajouter à celui résultant d'une grande vitesse, indispensable lorsqu'il s'agit de fils de numéros élevés. La tension extrême du fil, combinée aux vibrations des ailettes, énerverait le produit, multiplierait les ruptures, les arrêts et le déchet, et rendrait alors le travail impossible. Pour atténuer ces difficultés, inhérentes au métier décrit, il faudrait ralentir la vitesse des broches; mais diminuer cette vitesse c'est amoindrir la production dans la même proportion, et celle-ci deviendrait telle, dans ce cas, que l'usage du système ne serait plus pratique en présence des conditions de travail réalisées par son concurrent, le mule-jenny.

Disons aussi qu'un reproche secondaire fait au métier continu est de ne produire que des bobines cylindriques et de nécessiter un dévidage pour les transformer en canettes lorsqu'il s'agit de s'en servir sous forme de trame. Ce reproche est secondaire, disons-nous, parce qu'on peut faire des canettes presque aussi facilement que des bobines sur ce genre de métier. S'il n'en est pas ainsi, c'est que, n'y produisant que des fils pour chaîne nécessitant toujours un dévidage, il était plus simple de former des bobines.

Nous donnons d'ailleurs plus loin diverses dispositions de métiers à l'essai pour mettre le système continu complétement à l'abri des défauts que nous venons d'analyser.

§ 4. — Métier mule-jenny.

La figure 1, pl. XXVI, représente une élévation d'un métier mule-jenny réduit à sa plus simple expression. L'on y distingue deux parties principales, l'une fixe, dont les organes tournent sur place, et l'autre dont les organes mobiles, les broches, tournent pendant le déplacement de leur support, ou chariot H, H. Au bâti S est fixé un support à étages G, sur lequel sont placées des broches pour recevoir librement les bobines B avec leurs mèches. Chacun des deux étages sert à alimenter une tête de cylindres c, c', c'' supportée par un bras du bâti S. Sur le sol, de chaque côté du métier, et perpendiculairement à la direction des cylindres, reposent plusieurs rails R parfaitement parallèles entre eux. Ils sont destinés à recevoir les jantes des roues r, r du chariot solide et léger H sur toute la largeur du métier. Ce chariot porte une rangée de broches b dont le nombre est proportionnel à sa longueur, elles ont toutes une même inclinaison plus ou moins prononcée avec l'horizon. Ces broches en acier, terminées en pivot à leur extrémité inférieure, tournent dans une crapaudine, et sont maintenues vers le milieu dans un collet qui leur sert de coussinet. Elles reçoivent leur mouvement d'une poulie ou noix n, au moyen d'une courroie ou corde venant du tambour T, également supporté par le chariot H. Enfin, sur toute la longueur de ce dernier s'étendent : 1° une tringle ronde t dite *baguette*, fixée à l'extrémité d'un bras courbe u *rabat-fil* articulé au point d ; 2° une seconde baguette en regard et parallèlement à la première supportée par le bras courbe i g et articulé en d_1. Ces deux baguettes, par l'impulsion de leurs bras, décrivent les courbes respectives ponctuées x, q et v, t. Le chariot mobile sur les rails peut s'approcher avec ses organes et accessoires qui le composent jusqu'au contact des cylindres, et s'en éloigner d'une quantité déterminée à l'avance. Le parcours entier du chariot, allée et venue, constitue une *course*, et la longueur correspondante du fil, une *aiguillée*.

§ 5. — Double fonction de la broche dans le mule-jenny.

La bobineproprement dite, telle qu'elle existe dans le rouet, le banc à broches et le métier continu, manque dans le système mule-jenny, où la broche remplit alternativement la double fonction d'organe tordeur et d'organe renvideur. A cet effet, on la garnit, à frottement doux, d'un tube parfois en bois léger, et généralement en carton mince, dont la forme épouse celle de la broche, et qui sert de bobine ; il est placé et enlevé absolument de la même manière, lorsqu'il est suffisamment recouvert de fil. Le cône de fil fait est généralement désigné sous le nom de *canette*. La disposition spéciale de l'organe essentiel du métier sur un chariot nécessite la division du travail en *deux temps*, et ne permet de commencer l'enroulement des fils autour de leur récepteurs qu'après la confection de la longueur constante dite *aiguillée*. Le métier réalise simultanément, bien entendu, un nombre d'aiguillées égal à celui des broches, et ces aiguillées forment chacune une couche sur leur canette respective.

Importance du mode de renvidage et conditions à remplir pour obtenir un résultat convenable. — Une bobine cylindrique ou un cône de fil (canette) doit avoir : 1° *toutes ses couches serrées et envidées sous une tension constante ; 2° contenir, toutes choses égales d'ailleurs, un maximum de longueur sous un minimum de volume ; 3° se développer au dévidage avec facilité et régularité, sans éboulement ni confusion, d'une extrémité à l'autre, de la longueur qui constitue le cylindre ou le cône, soit que le dévidage ait lieu d'une manière continue, ou par intermittence, par une action lente et constante, ou par des impulsions brusques, saccadées et alternatives.*

On ne saurait manquer à l'une de ces conditions sans qu'il en résulte une conséquence fâcheuse; si le volume d'une bobine ou d'une canette donnée n'est pas un minimum, il en résultera ce double inconvénient : 1° d'une perte de temps en multipliant les levées plus qu'elles ne pourraient l'être; 2° de présenter des couches molles susceptibles de s'enmêler et d'occasionner par conséquent une nouvelle perte de temps, et un déchet au dévidage. Ajoutons que si le fil était trop tendu, son élasticité et sa qualité en seraient altérées, et s'il n'est pas disposé de manière que chaque couche forme une enveloppe solide autour du cylindre ou du cône qui lui sert en quelque sorte de moule ou de noyau, une tension même légère lors du dévidage, en agissant directement sur un point d'une couche, pourra troubler l'ordre et la disposition de l'une ou de plusieurs des suivantes, de là éboulement, et encore perte de temps et déchet. Ces inconvénients possibles dans les bobines cylindriques toujours dévidées par un mouvement uniforme parfaitement réglé, seront bien plus à craindre pour la canette, directement placée dans la navette du tisserand, et dévidée par une impulsion indirecte et des chocs alternatifs imprimés dans les deux sens opposés.

Cette opération accessoire de l'enroulement ou renvidage prend donc de fait une importance sérieuse, à cause des conséquences qui peuvent résulter de la manière de la pratiquer et des difficultés que sa réalisation rencontre. En effet, pour remplir les conditions ci-dessus énoncées d'un bon renvidage, il faut qu'il ait lieu sous une tension régulière, quoique le récepteur se déplace constamment et que le point d'application du fil change à chaque aiguillée, par l'augmentation du volume enroulé en raison du nombre des couches superposées, aussi bien pour la bobine que pour la canette. Pour cette dernière, les conditions vont en se compliquant encore, les divisions égales en hauteur ayant des sections décroissantes de la base au sommet. Il faut par conséquent faire varier le nombre des superpositions dans la hauteur en raison des variations des diamètres successifs, et l'unité de longueur destinée à chaque couche doit, de plus, être inégalement répartie sur la hauteur à chaque course. L'enroulement doit d'ailleurs être pratiqué d'une manière spéciale pour que chaque couche ait une égale solidité. En effet, si la bobine était formée par de simples anneaux parallèlement et concentriquement superposés du centre à la circonférence, elle serait loin d'avoir la consistance nécessaire au dévidage. On est parvenu à obtenir des cônes solides en composant chaque couche d'un certain nombre d'hélices qui se croisent, une partie de l'aiguillée sert à les former dans la direction du sommet à la base, et l'autre dans le sens inverse. Il résulte de cette évolution un point d'entre-croisement, qui est pour ainsi dire l'attache développable de chaque couche, et qui ne peut en général se défaire que lorsqu'on l'atteint dans l'ordre de sa formation.

Utilité spéciale des bobines coniques. — Les bobines coniques ou canettes ont l'avantage de pouvoir passer du métier à filer dans la navette du tisseur, d'économiser par conséquent la dépense, le temps perdu et les déchets que le dévidage peut entraîner. Mais comme la confection des canettes exige certaines complications dans l'envidage, on pourrait se demander pourquoi l'on n'alimente pas les navettes du métier à tisser le coton par des bobines plus ou moins cylindriques, comme cela a lieu pour le tissage de la soie, par exemple.

Nous devons d'abord faire remarquer que la canette dite *à dérouler* de l'industrie des soieries est tantôt elliptique, tantôt un cylindre avec ses extrémités convexes et rarement un cylindre régulier, il y aurait donc de nouvelles conditions à remplir, presque aussi compliquées que celles dont il a été question précédemment ; mais n'en serait-il pas ainsi, la confection de la navette à dérouler serait-elle plus simple à produire, elle ne pourrait offrir les avantages de la bobine conique dite *canette à défiler*, particulièrement propre aux fils plus ou moins duveteux, dont l'adhérence spéciale déformerait la bobine, et ébouelerait en se développant les couches de proche en proche. Les fonctions des divers organes du métier et les conditions de leur réalisation étant précisées, examinons le fonctionnement général du métier mule-jenny.

§ 6. — Fonctionnement du métier. — Étirage et torsion simultanés.

Au moment de commencer le filage, le chariot est approché aussi près que possible du bâti des bobines alimentaires, et par conséquent des cylindres étireurs c, c' c''. Ceux-ci sont mis en mouvement, les mèches qu'ils fournissent sont fixées chacune à la broche correspondante au point où doit partir la base de la canette. Le chariot s'éloigne alors des cylindres jusqu'à la limite de sa course, les broches tournent en même temps autour de leur axe. L'étirage est produit par les cylindres, la torsion des mèches et la tension nécessaire aux fils sont déterminées par la marche du chariot, la première est la conséquence de la rotation des fils par les broches, et la seconde de l'avancement du chariot. La période qui embrasse les trois actions simultanées, l'étirage, la torsion et la tension des fils, constitue celle de la *sortie du chariot*. Arrivé au terme de la course qui lui est assignée, le chariot et les cylindres s'arrêtent simultanément et parfois aussi les broches ; supposons pour le moment ce cas le plus simple, celui du filage des plus bas numéros, et considérons l'action du renvidage.

§ 7. — Renvidage.

L'enroulement du fil doit commencer alors, si les fonctions dont il vient d'être question se sont convenablement réalisées; tous les fils faits, sans rupture ni vrilles, seront dirigés sous l'action d'une certaine tension, de la base au sommet de la broche, et de la pointe de celle-ci aux cylindres étireurs. Comme la première courbure, formée par le fil autour de la broche pendant la sortie du chariot, n'a pas la forme voulue ni la position exigée de la couche qui doit contribuer à la constitution générale de la canette, il est nécessaire d'opérer son déroulement avant de commencer le renvidage.

A cet effet, les broches reçoivent un mouvement de rotation dans la direction opposée à celle qui a produit l'enroulement pendant la torsion. Ainsi déroulés des broches, les fils sont simultanément abaissés d'une certaine quantité par l'action de la baguette t, pendant que la contre-baguette g est soulevée pour maintenir leur développement régulier. Les aiguillées se trouvent, par conséquent, saisies et guidées de cette façon dans une espèce de pince cylindrique qui devient le point de départ et l'origine de la formation de chaque couche. Cette opération intermédiaire très-importante, quoique accessoire en apparence, du déroulage du fil et de la manœuvre des baguettes, a reçu dans les filatures le nom de *dépointage*. Le dépointage exécuté, le renvidage commence; à cet effet, le chariot est mis en mouvement pour revenir sur lui-même à son point de départ près des cylindres étireurs, et les broches tournent de nouveau dans leur première direction, c'est-à-dire dans le sens qui a déterminé la torsion; pendant ce second mouvement du chariot, la baguette et la contre-baguette continuent à agir sur le fil pour opérer le renvidage, jusqu'à son retour près du bâti des cylindres, les aiguillées doivent alors être complétement envidées : le chariot s'arrête, les baguettes et contre-baguettes abandonnent les fils et reviennent à leurs positions initiales. Le retour du chariot, pour opérer le renvidage et revenir à son point de départ, constitue *sa rentrée;* le temps employé à la sortie et à la rentrée, mesure la durée nécessaire pour former les aiguillées ou celle d'une *évolution complète du chariot.*

Aussitôt après la rentrée, une nouvelle formation d'aiguillées recommence identiquement à la précédente. Les cylindres et les broches reprennent leur rotation pendant la sortie du chariot et la conservent jusqu'à l'extrémité de la course ; puis arrêt des cylindres, exécution du dépointage, suivi du renvidage et du retour des baguettes à leur position primitive : ce retour des baguettes est parfois désigné sous le nom d'*empointage.*

§ 8. — Torsion supplémentaire.

La quantité de torsion imprimée à chaque aiguillée est proportionnelle au nombre de tours des broches pendant la livraison des mèches, et, par conséquent, dans le rapport de ce nombre au développement de la circonférence du dernier cylindre. Si, par exemple, les broches font 1,200 tours pendant la livraison de 1 mètre de fil, chaque décimètre devra recevoir 120 tours, et chaque centimètre 12 tours, si la torsion a été convenablement réalisée. Il faut donc que chaque unité de longueur fournie par les cylindres reçoive un nombre égal de rotation des broches, ce qui ne peut s'obtenir mathématiquement avec un mouvement constant des cylindres étireurs et du chariot, agissant sur un fil incliné (une simple épure suffit pour démontrer ce fait); de plus, la torsion imprimée aux fils augmentant avec leurs finesses, il arrive bientôt un moment où la rotation des broches, quelque considérable qu'elle soit pendant la sortie du chariot, devient insuffisante à la bonne confection du produit. Les broches doivent donc continuer à tourner, et par conséquent à tordre après l'arrêt du chariot et avant d'opérer le dépointage. C'est cette continuation du mouvement des broches, dans le but de régulariser la torsion faite et de la compléter, qui est désignée sous le nom de *torsion supplémentaire*. Elle peut donc avoir le double but : 1° de régulariser la torsion dans le filage des produits ordinaires, 2° de la régulariser et de la compléter dans la production des fils fins.

Double vitesse. — Pour arriver plus sûrement à la régularité de la torsion, elle est appliquée graduellement lorsqu'il s'agit de la production des fils les plus fins et les plus soignés. La vitesse des broches, modérée d'abord, lors de la sortie du chariot, augmente généralement du double pendant la période dite de la torsion supplémentaire ; de là le nom de *double vitesse* donné à l'accélération progressive des organes tordeurs.

Étirage supplémentaire par le chariot. — Dans la plupart des cas et surtout dans celui où la torsion supplémentaire et la double vitesse sont usitées, l'on utilise également une partie de la sortie du chariot comme moyen d'étirage. Au lieu d'arrêter simultanément les mouvements du cylindre et du chariot, celui de ces derniers ralenti continue après l'arrêt des premiers. Il résulte de ce procédé un supplément d'étirage, variant de $0^m,08$ à $0^m,14$ de longueur par aiguillée suivant les cas, à ajouter au développement du fil fourni par les organes étireurs.

Étirage supplémentaire par les cylindres. — Au lieu d'arrêter les cylindres étireurs pendant la rentrée du chariot, on continue parfois à livrer de la mèche pendant cette période en rendant le mouvement de rotation constant aux organes étireurs. Nous avons vu pratiquer ce moyen dans une des filatures les plus estimées pour l'excellence de ses produits dans les finesses les plus élevées. Nous reviendrons sur cette pratique, en décrivant le mécanisme que les Anglais nomment *roller motion*, récemment modifié en France. Nous ne faisons, pour le moment, en quelque sorte qu'une énumération succincte des diverses conditions à réaliser dans le filage. Nous devons par conséquent, pour terminer cette partie, faire une récapitulation des divers temps du travail, et indiquer la nécessité de faire varier les mouvements de certains organes dont il vient d'être question :

1° *A la sortie du chariot.* Pour les produits de certaines catégories, il y a avantage à ralentir son mouvement et à accélérer celui des broches.

2° *A la rentrée.* La vitesse du chariot doit aller en croissant jusqu'à la moitié de sa course, et aller au contraire en décroissant de ce point jusqu'aux porte-cylindres.

3° *La vitesse des broches ou leur nombre de tours* doit diminuer à chaque rentrée, en raison de l'augmentation croissante des diamètres des canettes.

4° *Les points d'application de l'origine de chaque couche* doivent varier également sur la hauteur, tant pour former la base que le sommet de la canette.

§ 9. — Diverses dénominations données aux métiers mule-jenny selon leur degré d'automatisation et leurs destinations respectives.

Les métiers mule-jenny, les plus anciens métiers auxquels l'on semble plus particulièrement conserver ce nom, sont mus en partie par un moteur et en partie à la main. La première période de travail seulement, embrassant l'étirage et la torsion, est exécutée automatiquement ; le dépointage, la rentrée du chariot et l'envidage ont lieu à la main. On a donné le nom de *demi-renvideur* au système, lorsque l'empointage et la fin de la rentrée du chariot ont également lieu par le moteur, et que le fileur n'a qu'une impulsion à donner au chariot pour déterminer son retour.

Ces métiers, partiellement automatiques jusqu'ici, exclusivement employés aux fils fins, fonctionnent toujours avec la double vitesse, l'étirage et la torsion supplémentaire. Les métiers de ce système sont propres à la production de tous les fils imaginables, depuis les numéros les plus bas jusqu'aux plus élevés; mais certaines de ses fonctions, celles qui forment le renvidage, étant exécutées à la main, le nombre de broches par métier et la vitesse de la manœuvre sont limitées en raison de la force de l'ouvrier.

Le self-acting *automate*, ou *renvideur*, est le métier mule-jenny, dont toutes les fonctions sont automatiques, la force musculaire de l'homme, dont la valeur s'élève heureusement chaque jour, y est remplacée par la force motrice du feu ou de l'eau, dont le prix va sensiblement en diminuant avec les progrès réalisés dans les arts mécaniques et hydrauliques. Cependant l'usage du self-acting, malgré les essais pour l'étendre, est restreint jusqu'à ce jour à la production des finesses ne dépassant pas les n°ˢ 50 à 60. En d'autres termes, pour des fils plus fins, les conditions de production, dans lesquelles nous n'avons pas à rentrer ici, sont telles, que le travail du self-acting ne peut lutter avantageusement, ni sous le rapport de la perfection ni sous celui de l'économie, avec le mule-jenny ordinaire.

Dans ce dernier système un fileur et deux enfants suffisent au travail de deux métiers de 500 broches chacun : ce sont donc 1,000 broches que dirigent un fileur et ses aides. Or, pour faire ces 1,000 aiguillées, il faut pour la torsion un temps qui est en raison des finesses du fil, la durée de la rentrée du chariot pour opérer son enroulement reste au contraire à peu près constante. Le rapport entre le nombre de secondes nécessaires à la torsion du fil et celui du renvidage augmente donc avec les finesses. Pour filer du n° 80 à 100, par exemple, il faut en moyenne vingt-huit secondes pour la sortie du chariot et la torsion supplémentaire, et environ soixante secondes pour du n° 200. Cette partie du travail a toujours lieu automatiquement dans tous les systèmes, et la rentrée pour l'envidage n'exige dans les deux cas que deux à trois secondes. (C'est cette dernière opération seule à laquelle le fileur a besoin de contribuer dans les métiers mule-jenny en fin.) Ce n'est donc que 1/15 à 1/20 partie du temps qui incombe au travail à la main. L'automatisation complète dans ce cas n'offrirait pas d'économie, la durée de cette période de l'opération restant égale, de deux à trois secondes. Mais lorsqu'il s'agit des produits communs et intermédiaires, la confection des aiguillées est de quinze à vingt-quatre secondes, celle du renvidage de 5″, les rapports sont alors de 1/3 à 1/4, il y a donc intérêt à substituer entièrement le moteur à l'homme et c'est dans ce cas que les avantages du self-acting sont par conséquent très-réels. Celui-ci produit indistinctement des fils peu tordus pour la trame, ou très-tors pour chaîne ; néanmoins, lorsqu'il s'agit de certaines catégories de fils de chaîne fortement et régulièrement tordus, qui doivent recevoir la teinture avant le tissage, et être le moins duveteux possible, pour certains articles de fantaisie ou pour des tissus courants dont les croisures doivent produire un aspect spécial, l'on préfère le filage au métier continu. Sa production est avantageuse alors jusqu'au n° 40 environ, la limite de cette production s'étendra encore d'une façon notable avec le progrès en voie de réalisation. Les motifs de cette préférence ont été déjà indiqués. Mais en attendant, le système dans lequel toutes les opérations ont lieu automatiquement, va constamment en se propageant, le rôle du fileur et de ses aides se borne dans ce cas au placement des bobines de préparation, au garnissage des broches avec des cônes en papier, à la surveillance des fils et au rattachage de ceux qui se brisent.

Sauf quelques mouvements, telle que la double vitesse, par exemple, le métier automate les exécute tous. Sa production est cependant en général réduite aux finesses précédemment constatées. Le système entièrement automate est donc un métier mule-jenny complet; s'il présente autant de modifications qu'il y a d'établissements, elles ne portent en général que sur des détails plus ou moins importants. Cette machine est l'une de celles qui aujourd'hui encore présentent le plus vaste champ de recherches aux combinaisons mécaniques, les principales conditions à réaliser offrant plusieurs solutions sous le rapport des relations des transmissions mécaniques.

Nous allons d'abord donner la description de l'un des métiers les plus répandus, connu sous le nom de son constructeur, M. Parr-Curtis, de Manchester, nous indiquerons ensuite sommairement les éléments qui ont été modifiés, et les améliorations encore poursuivies pour faire du self-acting un métier à l'abri de tout reproche.

§ 10. — Métier Parr-Curtis.

La figure 1, pl. XXVIII, représente une élévation longitudinale des principales parties du métier.

La figure 2 est une vue de bout.

La figure 3, un plan horizontal.

La figure 4, une coupe verticale de la disposition des poulies motrices.

Les figures des planches XXIX et XXX sont des coupes et des détails des figures précédentes, qui seront décrites successivement.

Poulies motrices, (pl. XXVIII, fig. 1, 2, 3, 4). — Au bâti AA de la tête du métier, qui se trouve éloigné du milieu de toute la machine à peu près de l'écartement de 20 broches, est fixé des deux côtés le porte-cylindres. L'arbre moteur E, placé à la partie supérieure du bâtis, porte trois poulies C_1, C_2, C_3 (fig. 1, 3 et en détail fig. 4). La poulie C_1 est fixée sur l'arbre moteur E; la poulie C_2, plus étroite que les deux autres, est folle sur l'arbre, mais elle porte une longue douille sur laquelle est clavetée la roue d'engrenage a. La poulie C_3 est la poulie folle de la machine, elle tourne librement sur la douille de la poulie C_2, et l'ouvrier, lorsqu'il veut arrêter sa machine, met la courroie sur cette poulie au moyen de la tringle T' (fig. 1).

Pendant la marche de la machine, le guide-courroie M est réglé de telle sorte que la courroie, étant sur la poulie C_1, mord toujours sur C_2, de manière à faire tourner constamment cette dernière; si, au contraire, la courroie est sur la poulie C_2, elle ne doit toucher en aucun point la poulie C_1 et par conséquent ne lui transmet pas de mouvement. En d'autres termes, la poulie C_1 a des périodes de mouvement et des périodes de repos, tandis que la poulie C_2 tourne toujours. La poulie C_1 est en outre conique à son intérieur, ce qui lui permet de recevoir un cône à friction venu de fonte avec la roue d'engrenage H, folle sur l'arbre E. Ce cône, garni de cuir sur toute sa surface, est appuyé de temps en temps contre la poulie C_1 et lui communique le mouvement qu'elle reçoit de la poulie C_2 tant que le contact dure.

Arbre à deux temps. — Parallèlement à l'arbre principal et à la partie supérieure du bâti se trouve l'arbre I, qui règle les mouvements de sortie et de rentrée du chariot; il est en outre relié aux pièces qui produisent à chaque période des mouvements particuliers. Cet arbre tourne continuellement, car il est commandé par la poulie C_2 au moyen des roues d'engrenage: a (17 dents), b (28 dents), c (18 dents), d (36 dents), e (12 dents), H (66 dents) et f (24 dents). L'arbre I passe librement, mais avec le moins de jeu possible, dans un arbre creux en fonte B (pl. XXIX, fig. 1 et 6). Une chambre d'évidement, ménagée dans l'intérieur de l'arbre B, facilite l'ajustage et le graissage des deux pièces portées par deux supports à douille S S$_1$, fixés au bâti, et dans lesquels elles peuvent tourner.

L'arbre B se nomme arbre *à deux temps* ; il reçoit son mouvement de l'arbre I au moyen de la boîte d'embrayage D$_1$ D$_2$. La partie D$_1$ est fixée sur l'arbre B, la partie D$_2$ est assujettie au mouvement de l'arbre I par deux clavettes fixes sur lesquelles elle peut glisser sans cesser son mouvement. La figure 2 (pl. XXIX) représente une vue de face de la partie D$_1$ du manchon et montre la forme excentrique de sa douille, traversée par deux tourillons a, b (fig. 1 et 2). L'un de ces tourillons, a, sert à relier la partie D$_1$ à un plateau en fer p, fou sur l'arbre I et destiné à éviter l'usure du tourillon b. Celui-ci s'appuie d'un côté contre le plateau p, et de l'autre contre une plaque à surfaces saillantes A (fig. 1, 3). Cette plaque reçoit un mouvement alternatif et rectiligne d'un balancier CC′ pouvant osciller autour de son centre de gravité sur un axe fixé au bâti.

Lorsque le chariot rentre, à 0^m,02 environ des tampons d'arrêt, l'arbre D de la baguette appuie sur la pièce M, et fait baisser la partie C du balancier et par suite la plaque A articulée au balancier. De même à 0^m,02 environ avant la sortie complète du chariot, l'arbre D′ de la contre-baguette appuie sur une pièce semblable M′ et relève la partie C′ du balancier et la plaque A. Des coulisses ménagées dans les pièces M et M′ et dans le balancier CC′ permettent de déterminer le moment où s'effectue l'oscillation du balancier et l'amplitude de cette oscillation. Un poids P, qu'on peut déplacer le long du balancier, sert à équilibrer toujours ce dernier, quelles que soient les positions de M et de M′ par rapport au centre du balancier. Un trou rectangulaire, pratiqué au milieu de la plaque A, laisse passer l'arbre B. On a réservé du jeu dans le sens vertical, pour permettre le déplacement de la plaque d'une quantité un peu plus grande que le diamètre du tourillon b. Deux parties saillantes r, t se prolongent sur cette même plaque, l'une *r* en haut et l'autre *t* en bas, par des plans inclinés qui ont la largueur du tourillon *b*. Quand ce tourillon arrive sur l'un des plans, en *o* par exemple, il repousse la partie D_2 du manchon et débraye; au contraire, lorsqu'il quitte ce plan et passe de *o* en *o'*, il peut alors reculer, et un ressort R effectue l'embrayage en repoussant le manchon. Supposons le tourillon *b* au point *o* (fig. 3), si la partie C du balancier s'abaisse, il quitte la saillie *r* pour venir dans la partie creuse, en *o'*, le ressort repousse le manchon, l'embrayage s'opère et l'arbre creux B est entraîné par l'arbre I. Le tourillon *b* décrit un arc de cercle qui passe au milieu du plan incliné de la saillie *t*, et au moment où il arrive sur ce plan, il repousse le manchon et produit le débrayage. Par suite de sa vitesse acquise, l'arbre B continue son mouvement jusqu'à ce que le tourillon *b* arrive en o_1 contre la partie saillante *t*. Si le balancier se relève, le tourillon *b* passe en o'_1, permet l'embrayage du manchon, décrit un arc de cercle et butte contre la partie *r* après avoir opéré le débrayage. Les points O' et O_1, et O et O'_1 sont deux à deux sur un même diamètre, de telle sorte que l'arbre creux fait un demi-tour à chacune de ses évolutions.

Cet arbre est chargé de produire ou d'arrêter le mouvement de certaines pièces ; il atteint ce but au moyen des excentriques N, P et du plateau évidé K, venus de fonte avec lui.

Le mode de transmission du mouvement de l'arbre E à l'arbre B étant exposé ainsi que les moyens de le maintenir dans des positions déterminées, nous passerons à l'explication des mouvements successifs d'un jeu complet de la machine en suivant les périodes indiquées dans les mule-jenny; les renvideurs réalisant les mêmes fonctions que ces derniers métiers. On a donc quatre périodes distinctes :

1° La période du filage, comprenant l'étirage du fil donné par les cylindres cannelés, la torsion produite par le mouvement des broches, et la tension du fil produite par la sortie du chariot.

2° Complément de la torsion du fil ou continuation du mouvement des broches, les cylindres et le chariot étant arrêtés.

3° Dépointage ou mouvement en sens inverse des broches et abaissement de la baguette.

4° Renvidage comprenant la rentrée du chariot, le mouvement des broches et de la baguette pour la formation de la bobine.

PREMIÈRE PÉRIODE.

Mouvements des cylindres, — des broches et sortie du chariot.

Mouvements des cylindres. — Pendant cette période, la courroie se trouve en partie sur la poulie C_1 fixée sur l'arbre moteur E, en partie sur la poulie C_2, qui doit toujours tourner pendant les quatre périodes.

Vers l'extrémité droite de l'arbre E (fig. 1 et 3, pl. XXVIII, et fig. 4 et 5, pl. XXIX) est fixé le pignon d'angle g (34 dents), commandant la roue d'angle i de 120 dents, fixé sur l'arbre creux C que traverse l'arbre des cylindres de devant D_1, D. L'arbre C, formé de deux pièces qui s'emboîtent l'une dans l'autre au moyen d'entailles disposées en croix, passe dans le support à douille S et le palier P fixés au bâti. Le manchon d'embrayage RR' a l'une de ses parties R venue de fonte avec l'arbre creux C ; l'autre R' est reliée à l'arbre des cylindres au moyen d'un disque d fixé sur cet arbre et portant à sa circonférence trois encoches correspondantes à trois saillies disposées symétriquement sur la circonférence intérieure de la partie R', de sorte que celle-ci peut glisser sur l'arbre des cylindres sans cesser d'en être dépendante. Pendant la première période, le manchon est embrayé, et le mouvement de la roue i se transmet aux cylindres de devant de 0,025 de diamètre. Les cylindres de derrière, de 0,022 de diamètre, reçoivent leur mouvement, comme dans les mule-jenny, de ceux de devant, au moyen d'un pignon droit de 17 dents commandant une roue de 80 dents. Celle-ci forme une tête de cheval avec une roue de rechange qui communique le mouvement à une quatrième roue également de rechange de 50 à 60 dents, fixée sur les cylindres de derrière.

Les cylindres du milieu, de 0,022 de diamètre, sont commandés par ceux de derrière. Une roue de 34 dents, clavetée sur ces derniers, transmet, au moyen d'une marlborough, le mouvement à une roue de 30 dents fixée sur ceux du milieu. Cette commande est ordinairement établie à chacune des deux extrémités du métier.

Sortie du chariot. — L'arbre des cannelés de devant porte une roue k (20 dents) qui commande la roue droite p (57 dents), au moyen des roues intermédiaires l (46 dents), m (49 dents), n (roue de rechange de 17 à 22 dents) (fig. 2, 3, pl. XXVIII) et (fig. 2, pl. XXX), placées sur un balancier L dont le centre d'oscillation se trouve sur l'arbre D, des cannelés. La roue p est fixée sur un arbre longitudinal F, nommé *main-douce*, qui s'étend sur toute la longueur du métier. Sur cet arbre se trouvent, dans l'intérieur de la tête du métier, et aux deux extrémités du porte-cylindres, des tambours à six gorges (de 0,170 de diamètre) qui commandent le chariot au moyen de cordes r, s. La corde s passe sous la poulie G et sur la poulie K folle sur l'arbre transversal MM à l'avant du métier, et s'attache à un tourillon v porté par le chariot. Des roues à rochet permettent de tendre cette corde. La corde r, qui se projette en plan sur la corde s, s'attache directement à un tourillon t identique au premier. On comprend, dès lors, que les tambours, en tournant de manière à enrouler les cordes s, feront sortir le chariot ; quant aux cordes r, elles permettent de tendre les cordes s, et de régler la position du chariot par rapport au porte-cylindres.

Mouvement des broches. — Le mouvement se transmet aux broches au moyen d'un volant X à deux gorges (fig. 1 et 3, pl. XXVIII) fixé à l'extrémité de l'arbre principal E, de manière à être enlevé facilement, afin de pouvoir y fixer des volants de différents diamètres et mettre ainsi la vitesse des broches en rapport avec le numéro qu'on veut filer. Une corde sans fin passe du volant X sur les poulies à deux gorges x_1, x_2, y, x_3, x_4, deux fois sur chacune de ces poulies et dans l'ordre où nous les avons écrites. Ce double passage permet de donner une grande longueur à la corde, que l'on peut, pour cette raison, tendre beaucoup plus que deux cordes, sans dépasser la limite d'élasticité. Les poulies x_1, et x_4 ont leurs tourillons fixés au bâti de la tête du même côté que le volant. Le tourillon de la poulie x_2 est fixé à une coulisse Lo, boulonnée à l'extrémité antérieure de la tête, et qui permet d'éloigner plus ou moins la poulie x_2, afin de tendre la corde. A cet effet, la coulisse porte une vis fixe (fig. 11, pl. XXIX), le tourillon de la roue x_2 est terminé par une partie carrée formant écrou et ajustée dans la coulisse, de telle sorte qu'en *tournant la vis au moyen* d'une petite manivelle, l'ouvrier fait marcher l'écrou et par suite la poulie dans un sens ou dans l'autre. La position de la poulie une fois déterminée, de peur qu'elle ne varie, on serre le tourillon contre la coulisse au moyen d'un écrou.

Les deux dernières poulies x_3 et y sont portées par le chariot, la première x_3 tourne librement sur un prisonnier boulonné au chariot ; la seconde est clavetée sur l'arbre des roues à rochet N qui transmet le mouvement aux broches, comme dans les mule-jenny, soit au moyen de tambours horizontaux, soit au moyen de tambours inclinés parallèlement aux broches.

Les tambours horizontaux sont moins coûteux et plus légers que les derniers, mais ils durent moins longtemps et ne permettent pas d'aller aussi vite.

D'après la marche indiquée de la corde, la torsion du fil est dirigée de droite à gauche. Tous les mouvements décrits se font pendant la première période, avec une vitesse uniforme, jusqu'à ce que le chariot arrive à la fin de son cours. Alors commence la deuxième période.

DEUXIÈME PÉRIODE.

Continuation du mouvement des broches.

Dans cette période de torsion supplémentaire, le chariot et les cylindres sont arrêtés, tandis que la rotation des broches continue pour compléter et régulariser la torsion du fil.

Lorsque le chariot est arrivé à l'extrémité de sa course, l'arbre à deux temps B fait un demi-tour, et entraîne dans son mouvement les trois excentriques N, P, K, comme nous l'avons expliqué plus haut. L'excentrique N (fig. 4 et 5, pl. XXIX) agit, en tournant, sur le levier F, de manière à opérer le débrayage du manchon R, R′ au moyen de la fourchette g, par suite les cannelés et le chariot s'arrêtent. Il faut toutefois que les cylindres et l'arbre de main-douce deviennent indépendants pendant les trois dernières périodes; autrement, à la rentrée du chariot, la main-douce, en tournant, entraînerait les cylindres en sens inverse de leur mouvement pendant la première période, ce qui occasionnerait la rupture de tous les fils. On fait dégrener les deux roues n et p au moyen de l'excentrique P. L'arbre à deux temps, en tournant d'une demi-circonférence, fait prendre à cet excentrique une position diamétralement opposée à celle qui est dessinée (fig. 1, pl. XXIX). Alors le levier G_1 G_2, articulé au bâti, soulève le balancier L au moyen de la pièce J, g, d'une quantité suffisante pour dégrener les deux roues n et p (fig. 2, pl. XXX). A la fin de cette période, la courroie abandonne la poulie C_1 pour passer complétement sur la poulie C_2, et le mouvement de torsion des broches est terminé. Ce déplacement de la courroie s'opère au moyen du plateau évidé K, dont les détails sont représentés (fig. 6, 9 et 10, pl. XXIX), et du secteur de torsion Y. En faisant un demi-tour à la fin de la première période, l'arbre à deux temps a mis l'évidement de ce plateau en face d'un galet g porté par un levier J_1, dont l'axe est fixé au bâti. A l'extrémité supérieure de ce levier est articulée une bielle Q_0 munie d'une coulisse qui lui permet de glisser sur la douille du secteur Y, et terminée par un [tenon e_0 qui s'appuie contre la courbure du secteur (fig. 1, pl. XXVIII, et fig. 6, pl. XXIX). Le prisonnier sur lequel est monté le galet g, porte également le levier J_0 auquel est boulonné le guide-courroie M_0. Un peu au-dessus du galet, un ressort R_1 s'attache d'un côté au levier J_0, de l'autre au bâti, et se trouve tendu au moyen d'un écrou à oreilles. Sous son action, J_0 presse contre l'axe de J_1, et les deux leviers deviennent solidaires, le galet g tend à s'appuyer constamment contre le plateau K, et le tenon e_0 de la bielle Q_0 contre le secteur Y. Ce dernier est commandé par la vis sans fin V, fixée sur l'arbre moteur E, au moyen de roues droites; il a donc, pendant les deux premières périodes, un mouvement de rotation. Tant que le tenon e_0 se trouve sur la partie circulaire du secteur, la courroie ne peut se déplacer. Mais lorsqu'il vient à la quitter à la fin de la seconde période, le galet g qui se trouve en face de l'évidement du plateau K, par suite du demi-tour fait par ce plateau à la fin de la première période, est tiré par le ressort R_1 au fond de cet évidement, les deux leviers J_0 et J_1 s'inclinent vers la droite et font passer la courroie sur la poulie C_2. On a réuni ces deux leviers au moyen d'un ressort afin que l'ouvrier puisse arrêter sa machine à volonté, en tirant, au moyen de la tringle T', sur le levier J_0, pour mettre la courroie sur la poulie folle C_3.

TROISIÈME PÉRIODE.

Dépointage.

Détour des broches. — Le détour des broches, dont le but est de dévider la portion de fil qui a pris sur l'extrémité de la broche la forme d'une hélice, est produit par une rotation en sens inverse des broches. Comme le mouvement est donné aux broches par l'arbre moteur E, il suffira de faire tourner celui-ci en sens contraire de son mouvement pendant les deux premières périodes. En parlant de l'arbre à deux temps, nous avons indiqué que la roue H est commandée par la poulie C_2 au moyen des roues d'engrenage a, b, c, d, e, et que cette roue est terminée par un cône qui peut entrer dans la poulie motrice C_1, et entraîner dans son mouvement cette dernière et, par suite, l'arbre moteur.

Le nombre des engrenages reliant la poulie C_2 et la roue H étant impair, il en résulte que cette roue, en commandant la poulie C_1 au moyen du cône de friction, donnera à l'arbre moteur et aux broches un mouvement en sens inverse de celui qu'ils avaient pendant les deux premières périodes. Le cône de la roue H est poussé contre celui de la poulie C_1 au moyen d'un levier coudé ZZ', nommé *levier de dépointage*, et qui agit de la manière suivante (fig. 6, pl. XXIX).

Lorsque le chariot est complétement sorti, une fourchette Ko, fixée sur un arbre et portée par le chariot, vient s'appuyer sur le levier AA' qui comprime, par ce mouvement, le ressort R_2 placé sur une tringle T_2 articulée à l'extrémité inférieure du levier ZZ'. Ce ressort presse contre une bague b_3 fixée sur la tringle, et tend à pousser celle-ci et le levier ZZ' vers la gauche. Celui-ci est formé de deux pièces Z et Z' fixées sur un arbre transversal C', et tous ses mouvements sont communiqués à la roue de dépointage H au moyen d'un doigt d_3, claveté sur le même arbre, et d'un petit palier p_2 qui embrasse une gorge pratiquée dans la douille de la roue H.

Pendant les deux premières périodes, la position du levier ZZ' ne peut changer, la partie Z' étant maintenue par une vis de réglage v_3 qui s'appuie sur une patte l_2 venue de fonte avec la pièce J_1. Cette vis a été réglée de telle sorte que, la courroie se trouvant sur la poulie C_1, la roue H est complétement séparée de C_1. A la fin de la deuxième période, le passage de la courroie sur la poulie C_1 abaisse la patte l_2, la partie inférieure de J_1 allant vers la gauche; le ressort R_2, comprimé pendant toute cette période par le levier AA' et la fourchette Ko, peut alors agir sur le levier ZZ' devenu libre, et le fait aller vers la gauche. La roue H, poussée en avant par ce levier, entre dans la poulie C_1 et donne aux broches leur mouvement de rotation en sens inverse.

Baguette et contre-baguette. — La baguette et la contre-baguette restent immobiles et ne touchent pas les fils pendant les deux premières périodes. Aux extrémités et le long du chariot sont placés des ressorts à boudin No (fig. 13 et 16, pl. XXIX) reliés à l'arbre de la baguette par de petites courroies et qui tendent constamment à relever la baguette. Celle-ci doit être maintenue à une faible distance au-dessus des fils, $0^m,02$ environ; à cet effet, on a fixé sur l'arbre de la baguette une pièce P qui vient butter sur l'arbre de la contre-baguette et empêche la baguette de se relever davantage. A cette pièce P est articulée une bielle B réunie à un levier L par une chaîne h. Une seconde chaîne h' relie également le levier L à l'arbre de la contre-baguette au moyen d'un secteur S fixé sur ce dernier. Le levier L est articulé au chariot, et un poids I peut glisser à volonté sur ce levier. Lorsque la baguette est complétement relevée, les deux chaînes hh' sont tendues et supportent les leviers de pression L; si la baguette vient à s'abaisser, la chaîne h se détend, alors toute la pression du levier L se porte sur la chaîne h' qui tend à faire relever la contre-baguette. Celle-ci est placée au-dessous des fils, qui se trouveront ainsi pris entre la baguette et la contre-baguette et recevront toute la pression du levier L. On règle cette pression en écartant plus ou moins les poids I du centre du levier.

Les ressorts et les leviers de pression sont ordinairement au nombre de quatre, disposés régulièrement sur toute la longueur du chariot.

Abaissement de la baguette. — L'abaissement de la baguette est combiné avec le détour des broches, car les deux mouvements doivent se faire simultanément afin d'éviter les vrilles.

L'arbre des roues à rochet N, dont nous avons déjà parlé au sujet du mouvement des broches, porte un certain nombre de plateaux et de roues, les uns fixes, les autres fous sur cet arbre et représentés en détail (fig. 7 et 8, pl. XXIX). y est la poulie à deux gorges, mentionnée plus haut, au moyen de laquelle le mouvement est transmis à l'arbre N. O est une roue à rochet, q un cliquet qui est porté par un boulon passé dans l'un des trous d'un plateau U fou sur l'arbre N. Au cliquet q est venu de fonte un petit bras de levier muni de deux goupilles, entre lesquelles passe une lame de ressort S qui entoure la douille de la roue à rochet O et fait friction sur elle.

Le moyeu x du plateau U présente plusieurs gorges, et à ce moyeu est fixée la chaîne c (fig. 6, pl. XXIX) qui passe sous le galet l que porte le levier i claveté sur l'arbre d, et de là va s'attacher à une petite bielle articulée au baisse-baguette G' fixé sur l'arbre D de la baguette. La disposition de la figure 7 montre que, la roue à rochet tournant de gauche à droite, dans le sens de la flèche, le ressort S, qui fait friction, tend à être entraîné dans le même sens et à faire lever le cliquet q; c'est ce qui se passe pendant les deux premières périodes. En outre, lorsque le cliquet q est dégagé des dents du rochet, ce ressort doit rester immobile pendant ces deux périodes, autrement il entraînerait dans son mouvement le cliquet *q* et le plateau U, et finirait par faire enrouler la chaîne, qui, en abaissant la baguette, produirait la rafle. Pour ces raisons une plaque de fer, portant deux nez *m* et *n*, se trouve entre la roue à rochet et le plateau U. Ces deux nez sont disposés de manière que l'un d'eux *m* venant porter contre un buttoir B fixé au chariot, l'autre, *n*, s'appuie contre le tourillon du cliquet *q*, le plateau ne peut donc plus tourner dans le sens de la flèche (fig. 7 et 8).

Au contraire, pendant le dépointage, l'arbre N prenant un mouvement en sens inverse, le ressort S, entraîné vers la gauche, fait mordre le cliquet *q* dans les dents de la roue à rochet *o*; le mouvement de l'arbre est donc communiqué au plateau U, et la chaîne *e*, s'enroulant sur le moyeu X, fait baisser la baguette. Le nez *n* est plus court que le nez *m* pour qu'il ne puisse venir jamais toucher le buttoir B et limiter par trop le mouvement du moyeu X.

Les gorges du moyeu vont en diminuant de diamètre, et la baguette obtient de cette manière une vitesse angulaire variable. Cette condition est indispensable, car, pour éviter les vrilles au moment du détour des broches, la baguette doit d'abord s'abaisser rapidement pour saisir le fil; une fois celui-ci tendu, il faut diminuer la vitesse d'abaissement de la baguette pour ne pas le fatiguer et laisser le temps au détour de se terminer. Les trous percés dans le plateau U permettent de tendre plus ou moins la chaîne, et, par conséquent, de changer dans certaines limites la durée de l'abaissement de la baguette.

On peut également modifier la loi de vitesse d'abaissement en inclinant plus ou moins le baisse-baguette. Il arrive souvent que, pendant la formation de la bobine, l'abaissement de la baguette ne se trouve pas en rapport avec le détour des broches, que ce détour, convenable au commencement de la levée, devient trop grand vers la fin; pour obvier à cet inconvénient, on a imaginé, dans plusieurs filatures, de remplacer le levier G par un secteur circulaire S (fig. 14 et 15, pl. XXIX) portant un tourillon n auquel la chaîne est attachée. Sur ce tourillon est fixée une roue de compteur r commandée par une vis sans fin v, sur l'arbre de laquelle se trouve un rochet P. A la fin de la rentrée du chariot, ce rochet butte contre une plaque de fer qui le fait tourner d'une ou deux dents ; il en résulte qu'à chaque aiguillée la chaîne s'enroule d'une petite quantité sur le tourillon n et devient de moins en moins lâche ; l'abaissement de la baguette commence alors plus tôt, et le détour des broches diminue. Cette disposition très-simple est surtout avantageuse pour les numéros fins. Nous terminerons cette partie de la description en disant que, pour avoir un bon dépointage, il est indispensable de faire détourner les broches le plus lentement possible, on y arrive en faisant appuyer légèrement le cône de la roue H contre la poulie motrice C_1.

Nous allons maintenant décrire les organes qui terminent la troisième période.

Deux bras de levier sont fixés sur l'arbre d (fig. 6, pl. XXIX) ; l'un n, tiré constamment vers la gauche par un ressort R_3 dont l'autre extrémité est attachée au chariot, l'autre m, à l'extrémité supérieure duquel est articulé un tirant b qui le relie à une bielle L. Celle-ci, par l'intermédiaire des leviers m et n, subit l'action du ressort R_3 qui l'oblige à s'appuyer constamment contre un galet q. Ce galet et le galet q' sont tous deux portés par une pièce R articulée au chariot ; en outre, q' repose sur une pièce en fonte nommée règle et que nous décrirons plus loin. L'extrémité supérieure de la bielle L est articulée avec un bras de levier M fixé sur l'arbre D de la baguette. Celle-ci, en s'abaissant, tirée par la chaîne c, fait lever la bielle L, et lorsque l'extrémité inférieure e de celle-ci arrive au haut du galet q, le ressort R_3 tire L jusqu'à ce que le talon a vienne s'appuyer contre le galet q. Mais en même temps ce ressort fait tourner de droite à gauche l'arbre d, relève la fourchette Kb qui fait revenir vers la droite le levier ZZ' par l'intermédiaire du levier coudé AA' et de la tringle T_3, et, par conséquent, sépare la roue H de la poulie motrice C_1, alors le mouvement des broches en sens inverse s'arrête, et la troisième période est terminée.

L'arbre d, en tournant, fait aussi incliner le levier i vers la gauche afin de permettre à la chaîne c de se détendre immédiatement. Les broches, à cause de leur puissance vive, tournent encore un peu après le dépointage, et la chaîne continue à s'enrouler. Elle pourrait donc, si elle restait tendue, agir sur la baguette, dont elle changerait le point de départ convenable pour le renvidage du fil. C'est pour diminuer autant que possible cette puissance vive des broches, qui augmente le détour, que le dépointage doit se faire aussi lentement que possible. Le nombre de tours de broches en sens inverse, l'angle d'abaissement de la baguette dépendent évidemment de la hauteur du point de contact du galet q et de la bielle L au-dessus du talon de cette bielle. Dans la quatrième période on verra quels sont les organes qui font varier cette hauteur, qui doit *diminuer de plus en plus pendant tout le temps de la formation de la bobine.*

Le levier ZZ' maintient, pendant les trois premières périodes, une pièce U; et la fourchette Ko doit, à la fin de la troisième période, tirer le levier ZZ' vers la droite, assez pour que cette pièce devienne complétement libre.

Le chariot doit rester immobile pendant la deuxième et la troisième période, afin que la torsion supplémentaire et le dépointage s'opèrent régulièrement, et que les fils restent tendus. On parvient à ce résultat au moyen des crochets O,O (fig. 3 et 4, pl. XXX), mobiles sur un tourillon fixé à un support à coulisse S qui est boulonné à la tête antérieure du bâti. Ces crochets sont en outre soutenus par un levier v fixé sur un arbre V, et ils sont sollicités de bas en haut par un ressort R. Ils viennent s'engager dans une pièce c boulonnée au chariot qu'ils rendent immobile jusqu'au moment où ils sont soulevés par le levier *v*.

Ajoutons que le ressort R fait appuyer un levier B contre le balancier CC' de l'arbre à deux temps. C'est une mesure de sûreté dont le but est d'empêcher ce balancier de changer de position sous une action autre que celle du chariot.

QUATRIÈME PÉRIODE.

Renvidage par la rentrée du chariot.

Mouvement du chariot. —La pièce U est un balancier (fig. 1, 3, 4, pl. XXX) fixé sur l'arbre V dont on vient de parler, et qui va d'un bout à l'autre de la tête du métier. Cet arbre est soutenu à ses deux extrémités par des supports à douille boulonnés au bâti et dans lesquels il peut tourner. La pièce U devenant libre à la fin du dépointage, le ressort R soulève le levier *v* qui dégage par ce mouvement le chariot des crochets de retenue O,O, et fait tourner d'un certain angle l'arbre V. Celui-ci entraîne dans son mouvement le balancier U, dont la partie U' s'abaisse. A l'extrémité de U' est articulée une tringle vertical N'*o* qui porte une fourchette F, embrassant la gorge d'un manchon d'embrayage MM', et une pièce à coulisse D maintenue au moyen de deux écrous qui permettent de régler sa position et dans laquelle s'engage un tourillon fixé au balancier G_1G_2.

Pendant la première période, l'arbre de la main-douce étant embrayé, la tringle N repose par le haut de sa coulisse sur le tourillon du levier G_1G_2, en sorte que l'embrayage du manchon M est empêché par ce tourillon et par l'encoche du levier Z qui retient le balancier U. La partie G_2 du balancier G_1G_2 s'abaissant à la fin de cette période, l'encoche du levier Z retient seule le balancier U. Mais au moment où se termine la troisième période, le balancier U devenant libre, la tringle peut s'abaisser sous son action et embrayer le manchon MM des scroles. La partie M du manchon est commandée par l'arbre vertical K_0 auquel elle est reliée par deux clavettes fixes sur lesquelles elle peut glisser. Cet arbre reçoit son mouvement de la poulie C_2, par l'intermédiaire des roues a, b, c, d, déjà indiquées, et des deux roues d'angle $x\,z$, de 16 dents chacune. La partie M' du manchon, folle sur l'arbre K_0, porte une roue d'angle venue de fonte avec elle s de 12 dents engrenant avec la roue d'angle t de 32 dents qui est fixée sur l'arbre S des scroles. Le manchon étant embrayé, le mouvement de la poulie C_2 est alors transmis à l'arbre S.

Sur cet arbre sont fixées deux poulies à gorge B'B''; les gorges de ces poulies forment une hélice dont le rayon croît d'abord pour décroître ensuite périodiquement, ce qui leur donne la forme d'un escargot. Chaque poulie a quatre gorges et porte le nom de *scrole* ou *escargot*. Une corde est attachée à l'aide d'un anneau au plus petit rayon de chaque poulie, de telle sorte que, par le mouvement de l'arbre S, l'une des cordes s'enroule tandis que l'autre se déroule, et, par suite de l'identité des deux scroles, les vitesses variables de ces deux cordes sont toujours égales entre elles.

L'une des cordes d' (fig. 1, 2, 3, pl. XXVIII) est attachée directement à un tendeur m' fixé au chariot; l'autre p', avant de s'attacher au tendeur n', passe sur une poulie F' placée à la tête d'avant du métier.

La corde d', en s'enroulant sur le scrole B', tire le chariot vers le porte-cylindre, et lui donne un mouvement accéléré jusque vers le milieu de sa rentrée. A ce moment, les deux cordes se trouvent sur leur gorge de plus grand diamètre. La corde d' n'agit plus sur le chariot qui tend à conserver sa vitesse acquise; mais alors la corde p', se déroulant sur des diamètres de plus en plus petits, retient le chariot et le force à arriver presque sans vitesse à la limite de sa course. Ce système ingénieux permet ainsi de faire rentrer le chariot dans un temps minimum. Lorsque les cordes des scroles ne sont pas assez tendues, le chariot a de la peine à rentrer; dans le cas, au contraire, d'une grande tension, le chariot arrive brusquement contre ses tampons d'arrêt. On remédie à ces deux inconvénients au moyen du tendeur n' qu'on tourne dans un sens ou dans l'autre pour ramener les cordes à une tension convenable. On est souvent obligé de faire varier la tension des cordes pendant la marche du renvideur, lorsque le moteur n'a pas une vitesse régulière.

Mouvement des broches. — La bobine est formée par la superposition de couches coniques, ainsi à chaque aiguillée le fil se renvide suivant un cône, et par conséquent sur un diamètre de plus en plus petit; il en résulte que la vitesse des broches doit aller en augmentant depuis le commencement jusqu'à la fin de la rentrée du chariot. Pour obtenir cette variation de vitesse, on se sert d'un secteur V', à dents d'engrenage et mobile autour d'un axe fixé au bâti (fig. 1, 2, 3, pl. XXVIII; fig. 5, pl. XXX). Il est mis en mouvement par un pignon c' claveté sur l'arbre transversal M, qui est commandé par l'arbre de main-douce F, au moyen des roues d'angle c', d', l', g'; l' est fixée sur l'arbre M, c' sur l'arbre F, d' et g' sur un arbre K' allant d'un bout à l'autre de la tête du métier. La main-douce reliée au chariot par les deux cordes (r et s) dont nous avons déjà parlé, reçoit de ce dernier, pendant le renvidage, son mouvement qu'il communique au secteur. Par cette disposition, on comprend de suite que les arcs décrits par le secteur sont proportionnels aux chemins parcourus par le chariot.

Au commencement de la quatrième période, le bras z du secteur est presque vertical, il est légèrement incliné vers la droite, et le mouvement donné au secteur pendant cette période fait baisser le bras z et lui fait décrire un angle de 90 degrés environ. Cet angle n'est pas absolu pour tous les renvideurs, il varie entre 80 et 110 degrés.

Le bras *z* porte une vis I' à double filet, le long de laquelle peut se mouvoir l'écrou *h'*. A ce dernier est fixée une chaîne R' qui s'enroule sur un tambour L' nommé *barillet*. Celui-ci et la roue d'engrenage *p* (60 dents) sont clavetés sur un arbre 0 porté par le chariot ; la roue *p* engrène avec une roue *h* (20 dents) portée par l'arbre N des roues à rochet (fig. 7, pl. XXIX). Cette roue est fixée sur un plateau P fou sur l'arbre N, et qui porte un cliquet *p*, lequel peut engrener avec la roue à rochet R, clavetée sur l'arbre N, au moyen d'un ressort à friction L. Nous retrouvons la même disposition que celle que nous avons décrite en parlant du dépointage : la seule différence est que le ressort R ne fait plus friction sur la douille de la roue à rochet, mais sur celle d'un support fixe T dans lequel tourne l'arbre N. Il en résulte que l'engrènement ou le dégrènement du cliquet *p* ne dépend plus, comme dans le cas précédent, du mouvement de la roue à rochet R, mais de celui de la roue *h* et par consé-quent du barillet.

Pendant la sortie du chariot, le secteur, commandé par la main-douce, se relève vers la droite pour revenir à la position qu'il avait avant le renvidage, et la chaîne R' s'enroule sur le barillet L', auquel on donne un mouvement de rotation dans le sens de la flèche (fig. 5, pl. XXX) au moyen d'une corde C. *Cette corde passe une fois sur une poulie venue de fonte avec le barillet*, et va se fixer d'un côté à la partie postérieure du bâti, de l'autre à un levier coudé P' qui exerce par son poids une tension sur la corde. Il était impossible de rendre cette corde complète-ment fixe, à cause des tensions variables exercées sur la chaîne C par le secteur V'. La chaîne, qui devient lâche au commence-ment de la sortie du chariot, se trouve tendue vers la fin, la corde doit donc glisser sur la poulie à ce moment. Le sens du mouvement du barillet, pendant la sortie du chariot, est tel que le ressort L fait le lever le cliquet *p ;* le plateau P et la roue à rochet R sont donc indépendants l'un de l'autre. Il en est de même pendant la deuxième et la troisième période, le barillet étant immobile, la position du cliquet ne change pas. Mais à la rentrée du chariot, la chaîne R' retenue par le secteur V' fait tourner le barillet en sens contraire de la flèche, le cliquet p s'abaisse immédiatement, entre dans les dents de la roue à rochet R et communique le mouvement du barillet à l'arbre N et par suite aux broches. La corde C ne joue aucun rôle pendant la rentrée du chariot, son action sur le barillet n'étant pas assez puissante pour le faire tourner quand il commande les broches.

Pour faire comprendre le mouvement que le secteur donne aux broches, considérons l'écrou h' en un point quelconque a de la vis l' (fig. 8, pl. XXX). Supposons I' vertical au commencement de la rentrée du chariot, et l'angle a décrit pendant le renvidage de 90 degrés. Soit o le centre de rotation du secteur. Partageons l'arc ae en quatre parties égales b, c, d, e, par exemple; les chemins parcourus par le chariot, correspondants à ces points, seront égaux. Ainsi, quand le secteur sera au point b, le chariot sera au quart de sa course, au point c le chariot sera au milieu de sa course, etc. ; il en résulte que les longueurs de fil renvidé, pendant que le secteur parcourt les arcs ab, ac, etc, seront égales entre elles et représenteront le quart de l'aiguillée. Le nombre de tours du barillet est proportionnel au chemin parcouru par le chariot, diminué de la quantité dont le secteur s'est avancé dans le sens horizontal, par conséquent, pour chaque division ab, bc, etc., au quart de l'aiguillée diminué des quantités ob', bc', etc., projections des arcs ab, bc, sur l'horizontale oe. La courbe abe étant un arc de cercle, les projections des arcs égaux ab, bc, etc., sont de plus en plus petites à mesure qu'on se rapproche du point e, donc les nombres de tours de broches pour une même longueur de fil seront plus grands à la fin qu'au commencement. Le nombre total de tours de broches est évidemment proportionnel à la longueur de l'aiguillée diminuée du rayon oa. Pendant la formation du noyau de la bobine, le diamètre de celle-ci devenant de plus en plus grand, le nombre total de tours de broche nécessaire pour renvider une même longueur de fil, l'aiguillée, sera de plus en plus petit ; l'écrou devra donc monter pour augmenter le rayon aa. Le fil arrivé au corps de la bobine, le diamètre devient constant et l'écrou devra rester immobile. Aujourd'hui encore, dans beaucoup d'établissements, l'ouvrier fait monter lui-même l'écrou au moyen de la manivelle m (fig. 5) fixée à l'extrémité de la vis I' ; il se règle sur la hauteur que doit occuper la contre-baguette par rapport à la pointe des broches. Lorsque celles-ci tournent trop vite, la tension des fils augmente et fait baisser rapidement la contre-baguette pendant le renvidage ; il faut alors faire monter l'écrou. L'effet inverse se produit lorsque les broches ne tournent pas assez vite.

Depuis longtemps on a imaginé des appareils mécaniques pour commander l'écrou. Ils reposent tous sur ce principe : la hauteur de la contre-baguette devant rester sensiblement constante pendant le renvidage, produire au moyen de ses variations de hauteur un mouvement de rotation à la vis du secteur.

Nous allons décrire le plus récent de ces appareils, qui nous paraît, d'après expériences faites, l'un des plus convenables. Il est employé avec avantage chez M. Pouyer-Quertier, qui avait renoncé aux appareils de friction ordinairement usités. Au bas de la vis I' est fixée une roue d'angle u, engrenant avec une autre roue d'angle v (fig. 5 et 6, pl. XXX) ; celle-ci et la poulie x, montée sur son moyeu, tournent sur un prisonnier qui est dans le prolongement de l'axe du secteur. Cette poulie est munie de 6 dents, qui entrent dans les mailles d'une chaîne sans fin F à la Vaucanson, et qui passe sur une seconde poulie y identique à la première, et dont l'axe est fixé à la partie postérieure du bâti. Le brin supérieur de la chaîne, tiré dans le sens de la rentrée du chariot, fait monter l'écrou h'.

Une pièce à coulisse C embrasse l'arbre D' de la contre-baguette, au bas de cette pièce sont boulonnés deux taquets *f* et *h*, qui peuvent engrener avec les dents des roues à rochet *p* et *g*. Sur chacune de ces roues sont fixées des roues *m*, *e*, engrenant : la première, avec le brin supérieur de la chaîne F; la seconde, avec le brin inférieur : ces deux systèmes sont portés par le support T boulonné au chariot. Lorsque l'un des taquets, *f* par exemple, vient engrener avec la roue *p*, la roue *m* ne peut plus tourner, et elle tire la chaîne F qui fait mouvoir la poulie *x*.

Un excentrique A, formé d'un arc de cercle *bl* et d'une ligne droite *a b* se rapprochant vers le centre, est fixé à l'arbre D'.

L'excentrique B, également formé d'un arc de cercle *di* décrit du centre de la baguette et d'un partie droite *cd*, est fou sur l'arbre D de la baguette; mais il est relié à cet arbre au moyen de la pièce E fixée sur D, et qui présente un vide dans lequel est une saillie *s* de la pièce B. Pendant la sortie du chariot, l'excentrique B occupe la position indiquée sur la figure, et dans laquelle il est maintenu par la saillie *s* qui appuie contre la paroi *q* de la pièce creuse E. Cet excentrique retient, au moyen d'un tasseau *t*, la coulisse C, qui est toujours sollicitée de bas en haut par un ressort R attaché d'un côté à la coulisse, de l'autre à l'un des supports S des arbres D, D'. Dans cette position, le tasseau *t* a été réglé de manière qu'aucun des taquets *f* et *h* ne puisse engrener avec les roues à rochet *p* et *g*; les roues *m* et *e* tournent donc librement sur leurs axes, et aucun mouvement n'est donné à la chaîne F; mais lorsque la baguette s'abaisse, la vis *o*, qui passe dans la paroi *r* de la pièce E, appuie contre la saillie *s* et fait tourner l'excentrique B. Au moment où la partie droite *cd* arrive en face du tasseau *t*, la coulisse C n'est plus retenue par cet excentrique; elle peut s'élever sous l'influence du ressort R et faire engrener le taquet *f*. Mais pendant ce mouvement de la baguette, la contre-baguette s'est élevée et a fait tourner l'excentrique A, et lorsqu'elle est à une hauteur convenable, la partie bl vient appuyer contre le tasseau z, qui empêche l'engrènement du taquet f. Si la contre-baguette s'abaisse pendant le renvidage, le vide a, b arrive en face du tasseau z, la coulisse C remonte aussitôt, engrène le taquet f, et la chaîne F tirée par les dents de la roue en fait monter l'écrou h; si, au contraire, la baguette remontait trop, le renflement j, k ferait baisser la coulisse C et engrener le taquet h dans la roue g; la chaîne F, tirée alors en sens contraire, ferait descendre l'écrou R′. L'engrènement du taquet f ne peut se produire que pendant la formation du noyau de la bobine et au commencement de la rentrée du chariot plus ou moins longtemps, selon que la bobine est moins ou plus avancée, mais jamais vers la fin, ce qui est une bonne condition. En effet, l'arc di a pour angle au centre un angle égal à celui décrit par la baguette pendant la formation du noyau; il en résulte que, le noyau fini, le tasseau buttera constamment contre cet arc de cercle, et que la coulisse C ne pourra jamais s'élever pendant tout le temps de la formation du corps de la bobine. Les bobines variant de forme pour chaque métier renvideur, la longueur de l'arc di ne peut être absolue; c'est pour pouvoir modifier cette longueur qu'on a relié la pièce B à l'arbre D au moyen de la pièce E. En écartant ou rapprochant la vis o de la saillie, on peut augmenter ou diminuer l'angle décrit par l'excentrique. Au commencement du renvidage, la saillie s est appuyée contre la vis o par le ressort N qui se tend en venant butter contre l'arbre D′ de la contre-baguette, et rend les mouvements de l'excentrique solidaires de ceux de la baguette; aussi le taquet f ne peut agir que lorsque le tasseau t est en face de la partie c, d, c'est-à-dire pendant un temps maximum correspondant à celui que met la baguette à parcourir l'angle au centre représenté par cette partie, qui ne peut rester au-dessus du tasseau t que pendant une portion de l'aiguillée. Vers la fin du renvidage, la partie circulaire di se trouve tou-

jours en face du tasseau *t*, et le taquet *f* ne peut jamais agir.
A ce moment, le ressort N a abandonné l'arbre D', et la paroi
q relève complétement l'excentrique B à la fin de l'aiguillée. Le
renflement *j k* peut, au contraire, toujours agir; il n'est vé-
ritablement utile que pendant la formation du corps de la bobine, car il se présente souvent des irrégularités qui nécessitent
un mouvement accéléré des broches. Une coulisse circulaire,
ménagée dans la pièce A, permet de régler sa distance au tasseau.

Pour terminer ce que nous avons à dire sur les fonctions du
secteur, il nous reste à parler d'une pièce qui se trouve à sa
partie supérieure, et qu'on nomme *nez* du secteur. Cette pièce L'
(fig. 5), vissée sur le levier Z, est munie d'une coulisse dans laquelle se trouve un tourillon *d*, et que l'on peut serrer au moyen
d'un écrou à oreilles. L'ouvrier peut donc éloigner ou rapprocher à volonté ce tourillon du bras de levier du secteur. Le chariot étant presque rentré, le tourillon *d* vient s'appuyer sur la
chaîne R' du secteur, afin d'augmenter la vitesse des broches.
Plus on éloigne le tourillon, et plus son action est grande, car
il agit plus tôt et plus longtemps sur la chaîne : sa fonction est
de serrer davantage le fil à la tête de la bobine. On ne se sert
ordinairement du nez du secteur que pour les dernières couches de la bobine, et on laisse à l'ouvrier le soin de régler l'é-
crou ; sans cette précaution, on obtiendrait des têtes très-grosses
et facilement dévidables.

Mouvement de la baguette. — Le mouvement est donné à la
baguette, pendant le renvidage, par une règle en fonte W
(fig. 5 et 7, pl. XXX) qui porte deux boulons *a*, *b*. Une partie
seulement de ces boulons est filetée; l'autre, celle voisine de la
tête, est tournée et forme un épaulement qui vient s'appuyer
contre la règle. Chaque boulon, par cette partie tournée, repose
sur une plaque de fer très-mince, de 0,005 d'épaisseur, A, B,
dont les bords supérieurs sont courbes. Les têtes des boulons

forment un rebord qui empêche les plaques de se déverser. Ces deux plaques, nommées *platines* (l'une A, platine des bases, et l'autre B, platine des sommets), sont placées dans une rainure pratiquée dans un patin en fonte qui supporte tout le système. La règle est, en outre, prise du côté de la tête d'avant, entre deux plaques U, U' faisant partie d'un support S fixé sur le patin, et elle porte vers la tête d'arrière un troisième boulon *o* semblable aux deux premiers, dont la partie tournée se meut dans une coulisse courbe Q : la tête de ce boulon et les deux plaques U, U' assurent la verticalité de la règle.

Cette dernière, parfaitement guidée et reposant constamment par son propre poids sur les deux platines, prendra toutes les positions dépendantes de leur courbure, si l'on vient à leur donner, après chaque aiguillée, un déplacement dans le sens horizontal. A cet effet les platines sont reliées entre elles au moyen de deux tringles plates M', M'' boulonnées ensemble, et une coulisse permet de régler à volonté leur écartement. Près de la platine A est vissé à la tringle un écrou mobile en bronze J, dont la vis X fixe est portée par le support S ; sur cette vis est clavetée une roue à rochet B, dont l'appareil à cliquet *yl* est boulonné au support S. A chaque aiguillée, vers la fin de la première période, une pièce E, fixée au chariot, s'appuie sur le levier du cliquet, de manière à élever ce dernier et à faire tourner la roue à rochet. Ainsi la vis tourne, à chaque aiguillée, d'une quantité correspondante à une ou deux dents au plus du rochet, et l'on a disposé le sens de son mouvement de manière que l'écrou mobile s'avance vers la gauche ainsi que les platines. A l'inspection seule de la courbe A, on voit que la règle ira toujours en s'abaissant, et l'on comprend que, par la courbe B, on peut faire varier la différence de niveau des deux boulons *a* et *b*.

Le mouvement de la règle est transmis à la baguette par la bielle L et le levier M, que nous avons décrit en parlant du dépointage. La baguette, sollicitée par ses ressorts, tend toujours à se relever, elle appuie donc constamment le levier L sur le galet q, dont tous les mouvements dépendent du galet q'. Celui-ci, qui roule constamment sur la règle pendant la quatrième période, a un mouvement d'abaissement qui dépend de l'inclinaison et de la forme de cette règle; et cet abaissement des galets q,q' étant continu, permet à la baguette de se relever d'une manière également continue. A chaque aiguillée, la règle s'abaissant de plus en plus, le point de départ des deux galets se trouve de plus en plus bas, et la hauteur du point de contact de la bielle L et du galet q, au-dessus du talon de cette bielle, devient de plus en plus petite; il en résulte que l'angle d'abaissement de la baguette pendant le dépointage diminue, et que le fil commence à se renvider sur la broche à une hauteur de plus en plus grande. La bobine est formée par la superposition de couches coniques; à chaque aiguillée, le fil, guidé par la baguette, se contourne en hélice autour de la couche précédente. Au commencement du renvidage, l'hélice est descendante, c'est-à-dire que le fil se renvide de bas en haut; puis arrivée à la base de la dernière couche, la baguette remonte, et l'hélice devient ascendante. La partie descendante se compose d'un petit nombre de tours de fil seulement, trois ou quatre au plus, elle ne sert qu'à relier les têtes, c'est ce qu'on appelle croiser le fil. Sans ce croisement, les têtes se détacheraient trop facilement, et il arriverait qu'en dévidant le fil d'une bobine, plusieurs têtes se sépareraient et occasionneraient ainsi des enchevêtrements et par suite des ruptures. Le mouvement de la baguette, correspondant à la descendante, est donné par la partie inclinée fi de la règle qui fait monter le galet q'. Celui-ci, arrivé au point i, commence à descendre et conserve ce mouvement jusqu'à la fin du renvidage; la baguette change alors de direction et remonte insensiblement jusqu'un peu au-dessus du sommet du cône de la dernière couche. A ce moment, le chariot se trouve à la limite de sa course de rentrée, et une pièce V' (fig. 6, pl. XXIX) boulonnée à la bielle L butte contre une équerre P, qui repousse cette bielle en arrière, la fait quitter le galet q et permet à la baguette de se relever. Cette pièce V' est inclinée à droite par rapport à la verticale ; le galet q et la bielle L baissant à chaque aiguillée, le point où l'équerre vient frapper cette pièce se rapproche de plus en plus de l'extrémité e de la bielle, donc à cause de l'inclinaison de V', le chariot sera à ce moment de plus en plus rapproché de ses tampons d'arrêt. La baguette doit toujours se relever avant la rentrée complète du chariot, pour que le fil puisse remonter au haut de la broche ; mais à mesure que la bobine se forme, la hauteur de la broche restée libre diminue, et, par conséquent, la quantité de fil nécessaire pour s'enrouler au haut de la broche est moins grande. Le déclanchement de la baguette doit donc se faire de plus en plus tard ; c'est ce qui explique l'inclinaison de la pièce V'.

Lorsque la baguette se relève trop tard, le fil se coupe sur toute la longueur du métier ; si, au contraire, elle se relève trop tôt, il se forme des vrilles.

On peut régler convenablement le relèvement de la baguette au moyen de l'équerre fixe qu'une coulisse permet de reculer ou d'avancer.

La règle, en s'abaissant, a un mouvement horizontal produit par la coulisse inclinée Q (fig. 5, pl. XXX). Cette coulisse est une ligne droite ou une courbe déterminée par l'expérience ; pour la ligne droite, la pente est sensiblement dans le rapport de 5 à 4.

On a donné ce mouvement à la règle pour trois raisons : 1° afin que la longueur du fil croisé augmente au fur et à mesure de la formation de la bobine ; 2° pour augmenter l'angle d'abaissement de la baguette au moment du dépointage, cet angle se trouvant trop petit vers la fin de la bobine lorsqu'il n'est déterminé que par les platines ; 3° pour améliorer la pointe des bobines.

Mouvement de la contre-baguette. — Au moment du dépointage, la baguette s'abaissant, la contre-baguette devient libre et se relève alors sous l'action des leviers L (fig. 13, pl. XXIX). Les fils pris entre la baguette et la contre-baguette se tendent naturellement. Mais cette pression doit varier suivant la nature du fil et sa finesse ; on la règle, comme nous l'avons vu, au moyen des poids mobiles I en les éloignant ou les rapprochant du centre des leviers.

Pendant la quatrième période, la contre-baguette agit librement sur le fil, elle doit le maintenir dans un état de tension convenable pour éviter les vrilles et les bobines molles, mais sans aucune fatigue pour lui ; autrement il se produit des ruptures assez nombreuses.

A la fin de cette période, la baguette se relève, et simultanément la contre-baguette doit s'abaisser pour éviter le déroulement du fil à la tête de la bobine.

Un levier articulé au chariot (fig. 17, pl. XXIX), et présentant une partie courbe, est relié au rabat-fil de la contre-baguette par une chaîne C. Le levier vient butter par sa partie courbe contre un galet fixé au porte-cylindre et fait baisser la contre-baguette un peu au-dessous de la position qu'elle doit occuper pendant les deux premières périodes. Il en résulte que les leviers de pression sont soulevés par les chaînes de la contre-baguette, et que la baguette, n'ayant plus à supporter la charge de la contre-baguette, se relève rapidement sous l'action de ses ressorts. Sans cette disposition, le relèvement de la baguette se ferait beaucoup trop lentement, et il arriverait que la première période commencerait avant qu'elle fût entièrement relevée. Le fil, par suite du mouvement des broches et retenu par la baguette, se renviderait sur la broche et serait rompu.

Pendant la quatrième période, la baguette a bien à vaincre, pour se relever, l'effort de la contre-baguette, mais comme il est supporté par une pièce solide, la règle, il a par conséquent peu d'importance.

Il n'en est pas de même pendant le dépointage qui se fait très-lentement et au moyen d'un organe à friction. Aussi a-t-on cherché à annuler cet effort, pendant cette période, en faisant reposer les leviers de pression sur des plans inclinés fixés au sol. Ces leviers, un peu soulevés par ces plans, cessent d'exercer leur pression sur la contre-baguette jusqu'au moment où, le chariot rentrant, ils abandonnent ces plans inclinés. Cette disposition est sans inconvénient; car la tension exercée sur les fils par la contre-baguette n'a besoin d'avoir lieu et d'être constante que pendant la quatrième période.

CINQUIÈME PÉRIODE.

Retour des organes à leur position initiale.

À la fin de la rentrée du chariot commence cette période, pendant laquelle les différentes pièces reprennent leur première position pour recommencer le jeu. Nous avons vu que la baguette devient libre à cet instant et reprend la position qu'elle doit occuper pendant la première période, en même temps son arbre fait baisser le balancier de l'arbre à deux temps qui tourne alors d'une demi-circonférence. L'excentrique N (fig. 4 et 5, pl. XXIX) embraye le manchon RH' des cannelés, l'excentrique P (fig. 1, pl. XXX) fait revenir le balancier $G_1 G_2$ dans sa première position; la partie G_3, en montant, relève la tringle au moyen du goujon I et débraye le manchon des scrolés MM', et le mouvement de rentrée du chariot s'arrête. En même temps, la partie G_1 s'étant abaissée, le balancier L embraye la roue n avec la roue p qui donne le mouvement à l'arbre de main-douce (fig. 2, pl. XXX). Enfin la partie pleine du plateau évidé K (fig. 6 et 9, pl. XXIX) est revenue en face du galet g, l'a repoussé vers la droite, et les leviers J_1, J o vers la gauche, et la courroie est passée sur la poulie motrice C_1, sans quitter toutefois complétement la poulie C_1. La première période commence donc de nouveau.

Détermination de la courbe des platines. — On a vu qu'à chaque aiguillée les platines, commandées par une vis et une roue à rochet, avançaient toujours de la même quantité représentée par une ou deux dents du rochet. La longueur du fil renvidé étant toujours la même, puisque l'aiguillée est constante, il en résulte qu'en décomposant le volume total de la bobine en volumes partiels égaux entre eux, les chemins correspondants à ces volumes parcourus par les platines seront égaux. De même pour des volumes partiels doubles ou triples, les chemins seront deux ou trois fois plus grands. En un mot, les chemins parcourus par les platines, pour former deux volumes partiels de la bobine, sont proportionnels à ces volumes.

On peut donc déterminer géométriquement la courbure des platines. En effet, connaissant le mécanisme qui relie la baguette à la règle, il est facile de déterminer, au moyen d'une épure (fig. 8 et 11, pl. XX), les positions du galet q', et par conséquent les différentes hauteurs de la courbe de la platine des bases par rapport à une horizontale A, correspondantes aux différentes bases de la bobine a d, m n, etc. Soit e c' (fig. 11) la hauteur qui fait arriver le guide-fil de la baguette en face de l'une de ces bases r s; pour avoir le point c' de la platine, il suffit de placer la verticale e c' à une distance du point A, telle que

$$\frac{A\,c}{AB} = \frac{\text{vol. } adrs's'}{\text{volume total de la bobine.}}$$

Ces calculs sont assez longs, et l'on préfère, en pratique, un moyen empirique très-simple, quitte à retoucher au besoin les courbes avec la lime. Soit AB le chemin total parcouru par les platines pour faire complétement une bobine (fig. 10, pl. XX), on décompose la ligne AB en deux parties AC et BC proportionnelles aux volumes du noyau et du corps. Aux points A, C′, B, élevons des perpendiculaires. La première AE a une longueur telle que le boulon de la règle a étant au point E, et le galet de règle $q′$ au point de la règle où commence l'hélice ascendante, le guide-fil de la baguette se trouve en regard de la base ad (fig. 8) de la première couche de la bobine. De même pour les deux autres verticales ; le galet $q′$ étant toujours au même point, lorsque le boulon a est au point G, le guide-fil est vis-à-vis la base $bl′$ du corps, et le boulon étant au point F, le guide-fil est vis-à-vis la dernière base fi du corps. Du point E, menons une parallèle EH rencontrant en H la verticale CG, et du point H comme centre, avec HG pour rayon, décrivons un arc de cercle que nous arrêtons à la ligne EH au point L. Cet arc et la distance AC ou EH étant divisés en un même nombre de parties égales, on mène par les points de division des horizontales et des verticales ; les points de rencontre de ces lignes de même rang donnent la courbe EG de la partie de base qui correspond au noyau. Pour la courbe qui a rapport au corps de la bobine, on joint les points GaF par une ligne droite.

Pour la platine des sommets, on prend sur chaque verticale, AE, CG et BF, les points 1′2′, β, tels que le galet $q′$, en s'abaissant pendant le vidage des longueurs E1′, G2′ et FB, élève le guide-fil en regard des sommets ot, le, gh (sommets de la première couche, du noyau et du corps de la bobine), et par ces trois points on fait passer un arc de cercle qui, après retouches, deviendra la courbe cherchée pour la platine des sommets.

Ces deux courbes conviennent lorsque la règle est guidée dans une coulisse verticale, comme cela a lieu encore dans beaucoup de renvideurs. Mais lorsque la règle descend en suivant une coulisse inclinée, on opère comme précédemment, seulement on mène, au lieu de verticales, des parallèles à l'inclinaison de la coulisse (fig. 9). La platine des bases détermine la forme générale de la bobine, celle des sommets, les hauteurs des cônes successifs. Pour obtenir une bonne bobine, les cônes doivent aller pour le noyau en augmentant depuis la base ad jusqu'à la base bl', et il faut que ces cônes augmentent plus rapidement au commencement que vers la fin. Le contraire doit avoir lieu pour le corps de la bobine, les cônes vont en diminuant de plus en plus jusqu'à l'achèvement de la bobine.

Vitesses et rapports des transmissions de mouvement des principaux organes de mule-jenny automates pour des n°s 30 à 35, chaîne.

ORGANES.	DIAMÈTRE.	VITESSE PAR 1'	DÉVELOP-PEMENT.
			m.
Poulie motrice........	0.40	.... 300 »	»
Broches.............	0.007 — 0.003	$300 \times \dfrac{470 \times 22 \times 36 \times 262}{150 \times 44 \times 24 \times 28} = 6.600$ »	»
Cylindre de devant....	0.025	$300 \times \dfrac{34}{120}$ .... 85 »	6,070
Cylindre de derrière...	0.022	$300 \times \dfrac{34 \times 25 \times 20}{120 \times 83 \times 50}$.......... 10 75	0,741
Cylindre du milieu....	0.022	$300 \times \dfrac{34 \times 25 \times 20 \times 34}{120 \times 83 \times 50 \times 32}$..... 11 42	0,788
Main-douce,........	»	$300 \times \dfrac{34 \times 20 \times 19}{120 \times 49 \times 57}$......... 11 56	»
Sortie du chariot	»	$11,56 \times 3.14 \times 0,200 = 7^{m},26$.........	7,26
Vitesse du volant pendant le dépointage...	0.470	$300 \times \dfrac{17 \times 18 \times 12}{18 \times 36 \times 66}$............. 16 05	»
Vitesse des broches pendant le dépointage...	»	$18,5 \times 22$..................... 363 »	»
Scrole,.............	Diam. moyen 0.20	$300 \times \dfrac{17 \times 18 \times 12}{28 \times 36 \times 32}$........... 34 14	»
Rentrée du chariot....	»	$34,14 \times 3.14 \times 6.200 = 21^{m},44$.......	21,44

Longueur de l'aiguillée.................. $1^{m},60$

Durée de la sortie du chariot, $\dfrac{1,60 \times 60}{7,26}$........... 13″,5

Durée du dépointage .... · 2 ,5

Durée de la rentrée du chariot, $\dfrac{1,60 \times 60}{21,44}$........... 4 ,5

Durée totale de l'aiguillée..................... 20″,5

Nombre total d'aiguillées, théorique, pour 12 heures de travail, $12 \times \frac{3600}{20,5}$ .... $0^{gr},2107$

Poids d'une aiguillée pour n° 30, $500 \times \frac{1,60}{30000}$ ...... $^{gr},0266$

Production théorique d'une broche pour 12 heures de travail, $0,0266 \times 2107$ .... $56^{gr},05$

Admettant que le poids d'une bobine est de......... $55^{gr},00$

Le temps théoriquement nécessaire pour faire une levée est de $12 \times \frac{55}{56,05}$ .... $11^h,47'$

Etirage des cylindres, $\frac{6,67}{0,741}$ 9

Etirage du chariot, $\frac{7,26}{6,67}$ 1,09

Etirage total 10,09

§ 11. — Remarques sur les variations de vitesse des principaux organes des métiers à filer.

Nous devons rappeler que les vitesses de certains organes du tableau sont naturellement variables avec le genre de fils et leurs finesses. Les quantités d'étirage et de torsion changeant avec la trame, la chaîne et les numéros, la durée de la course du chariot et les vitesses relatives des cylindres étireurs ne peuvent, par conséquent, rester constantes. A mesure que les titres s'élèvent, la torsion et, par conséquent, le temps de la sortie du chariot augmentent.

La durée totale de la course ou de la confection d'une aiguillée a été trouvée de :

Pour le n° 30, pris pour exemple. .... $20''\!,5$

Pour du n° 40 à 50, elle serait moyennement de. ..... 23 ,0

Pour du n° 50 à 60,   — ..... 26 ,0

Pour le mule-jenny à la main produisant du n° 60 à 70, elle serait moyennement de. .... 28 ,5

Pour le mule-jenny à la main produisant du n° 70 à 80, elle serait moyennement de. .... 30 ,5

Pour le mule-jenny à la main produisant du n° 80 à 90, elle serait moyennement de. .... 32 ,5

Ces chiffres comprennent la rentrée et la sortie du chariot celui de la rentrée reste à peu près constant, comme nous l'avons vu § 8, il est de 4″,5 à 5 secondes dans les self-acting, et pour les métiers à la main de 5″,5 en 6″,5, à raison des vitesses.

La durée de la rentrée du chariot, pour les métiers self-acting, varie donc à peine d'une demi-seconde, tandis que la sortie du même organe varie d'environ cinq secondes. Les variations ont lieu à peu près dans le même rapport dans le mule-jenny à la main. C'est cette augmentation de la durée de la sortie d'une part et la diminution de la vitesse des cylindres délivreurs de l'autre, qui permettent d'effectuer la quantité de torsion qui augmente en raison de la racine carrée des numéros. La livraison des cylindres de devant doit donc également être en raison inverse de la racine carrée des titres. Si, par exemple, il s'agissait de trouver le nombre de tours à imprimer aux cylindres de devant pour filer du n° 100, sachant que pour du n° 30 les 85 tours indiqués au tableau donnent un résultat convenable, on aura la vitesse pour du n° 100, par la proportion de 85 tours : $\sqrt{30}$ :: $\sqrt{100}$: x ou 85 : 5,5 :: 10 : x, d'où $x = \frac{550}{10} = 55$ tours, au lieu de faire 85 tours, et la longueur fournie serait réduite proportionnellement.

Le nombre de tours des broches restant le même dans l'unité de temps et la durée de la livraison augmentant, il y a un double élément qui influe sur l'application de la torsion. On arrive pratiquement à régler les vitesses des cylindres et du chariot dans chaque cas, par le choix du pignon de rechange qui détermine d'une part le rapport du mouvement et les cylindres étireurs, et de l'autre la modification de la marche dans le chariot.

Réglage de la machine. — Nous supposons tous les organes en place, la tête du métier, les cylindres, le chariot parfaitement nivelés. Celui-ci doit être réglé de manière à se trouver partout parallèle aux cylindres, les broches ayant été d'avance placées en ligne droite, et suivant l'inclinaison convenable. Pour arriver à ce résultat, on fait sortir complétement le chariot, à la longueur de l'aiguillée, on amène la pointe des broches voisines de la tête du métier à la distance voulue des cannelés; (on se sert, à cet effet, d'une longue règle, sur laquelle on a marqué un trait) puis on fixe le chariot au moyen du crochet de retenue (ce crochet doit entrer avec un peu de jeu dans la pièce d'arrêt fixée au chariot), et on règle à la même distance la pointe des broches situées aux extrémités du chariot, au moyen des cordes-guides. Il est facile de comprendre qu'en serrant l'une ou l'autre de ces cordes, on fait marcher le métier dans un sens ou dans l'autre. Pour les longs métiers, les cordes-guides ne vont souvent que jusqu'au milieu du chariot, dans ce cas, on règle la pointe des broches du milieu au moyen de ces cordes, et les pointes de broches extrêmes au moyen des cordes de *mains-douces*. Toutes les cordes-guides et les cordes de mains-douces serrées, on rentre complétement le chariot, et l'on vérifie de nouveau avec un calibre si toutes les pointes des broches sont bien à la même distance des cannelés (0,07 à 0,08), alors on place, contre le chariot, les tampons d'arrêt près de la tête du métier. Pour les longs métiers, ceux du milieu se fixent à $0^m,005$ du chariot, et ceux des extrémités à $0^m,010$, à cause du fouettement qui se produit par suite de la grande longueur. Pour la sortie du chariot, des équerres d'arrêt sont fixées au montant de chaque extrémité du métier, on les place également à $0^m,010$ au delà de la course de sortie et pour la même raison.

Réglage de l'arbre à deux temps, I. — Cet arbre doit commencer son mouvement un peu avant la fin de la rentrée et de la sortie du chariot. Celui-ci ayant encore 0,02 environ à parcourir pour terminer sa rentrée, par exemple (les broches se trouvent alors à $0^m,9$ du porte-cylindres), la pièce M est fixée (fig. 1, 2, 3, 4, pl. XXVIII), de manière que l'arbre de la baguette, supposé réglé, se trouve à la partie supérieure de cette pièce, et que le balancier C soit baissé, alors le goujon b doit être au-dessus de la saillie N, et le manchon D¹, D² embrayé. On fait ensuite tourner l'arbre d'un demi-tour, et l'on s'assure si ce goujon arrive bien contre la saillie, et si le manchon se trouve complétement débrayé avec un jeu de 0ᵐ,004 à 0ᵐ,005; on opère de même pour la sortie. Dans les mouvements du balancier, il faut s'assurer que les saillies ne viennent pas toucher l'arbre; en outre, les plans inclinés ne doivent pas être plus larges que le diamètre du goujon b, pour n'avoir aucune perte de temps et une plus grande précision dans le mouvement de l'arbre B.

Réglage des cannelés. — Le balancier C C, restant baissé, le manchon $D_1 D_2$ débrayé, on embraye le manchon des cannelés RR' (fig. 1, 4 et 5, pl. XXIX), au moyen de la fourchette g, on tourne ensuite d'un demi-tour l'arbre B, et l'on voit si le manchon RR' est bien débrayé; on s'assure, en faisant tourner plusieurs fois l'arbre B, si le mouvement est très-doux; on comprend que, pour ces opérations, la commande de B a été interrompue, en enlevant la roue f (fig. 1, pl. XXVIII); il faut examiner si la fourchette g ne porte pas dans le fond de la gorge du manchon RR', autrement elle pourrait brider.

Réglage de l'arbre de la main-douce. — On opère absolument de la même manière. Le balancier CC' (fig. 1 et 2, pl. XXX) baissé, le manchon DD' débrayé, on fait engrener la roue n du balancier L, avec la roue p fixée sur l'arbre de la main-douce; inversement l'arbre B ayant décrit un demi-tour, le balancier doit être levé, et les roues n, p dégrenées. Si le montage a été bien fait, ces mouvements doivent s'effectuer sans difficulté, autrement il faudrait avoir recours à la lime et s'assurer ensuite de la douceur des mouvements en faisant tourner l'arbre B.

Réglage de la détente de la courroie. — Il en est de même

pour le réglage de ce mécanisme, il faut seulement avoir soin que le galet g_1 se trouvant dans l'évidement du plateau k (fig. 8 et 10, pl. XXIX), ne porte pas au fond de cet évidement, mais qu'il en soit éloigné de $0^m,002$ environ, le ressort ne devant que presser le talon e_0 contre la partie creuse de l'excentrique de torsion Y. Le contraire doit avoir lieu quand le galet se trouve sur la partie pleine de l'excentrique k, il subit alors toute l'action du ressort, tandis que le talon ne touche que légèrement le grand arc de cercle de l'excentrique. La coulisse ménagée dans le levier J_0 permet de régler convenablement le guide-courroie Mo : lorsque le galet g se trouve sur la partie pleine du plateau k, la courroie doit mordre de $0^m,010$ à $0^m,015$ sur la poulie C_2 ; quand, au contraire, ce galet est au fond de l'évidement, la courroie ne doit plus toucher la poulie C_1.

Réglage de la friction. — La roue H doit être rapprochée le plus possible de la poulie C_1, sans cependant que les deux cônes puissent se toucher, on s'en assure en faisant tourner C, qui ne doit pas même tendre à entraîner la roue H (fig. 4, pl. XXVIII), on a soin, en réglant ce mouvement, de mettre un peu d'huile au moyeu de la roue H, pour que l'arbre moteur ne puisse la faire tourner sans le contact de C_1. On fixe alors le doigt d_2 et le levier z^1 sur l'arbre G^1, en faisant porter la vis de réglage v_3 sur la patte f_2, puis, au moyen de cette vis, on cherche à rapprocher encore la roue H de l'arbre C_1, en évitant le contact avec soin. Pendant tout ce réglage, le galet g est sur la partie pleine k. On tourne ensuite l'arbre B, le galet se place dans l'évidement, et la patte f_2 s'abaisse, on fait rentrer la roue H dans C, en appuyant un peu sur z^1 avec la main ; les deux poulies doivent alors tourner ensemble, et la vis v_3 ne doit pas porter sur la patte f_2.

Réglage du levier z (fig. 4, pl. XXIX). — Le galet g_1 étant toujours sur la partie pleine de K, on met le levier Z, sensiblement vertical, de manière qu'il porte de $0^m,003$ sur le balancier U, puis *g* se trouvant dans l'évidement de K, et faisant engrener la friction H, le fond de l'encoche du levier Z ne doit pas toucher le balancier U. Le chariot sorti, on place le galet du levier A' dans la fourchette K_0 et la tringle T_1 dans le levier A'. On comprime le ressort R, au moyen de la bague b_3. Nous avons vu dans l'explication concernant le dépointage, que la tension de ce ressort ne se règle convenablement que pendant la marche du métier. Les leviers *n*, *m*, ainsi que la tringle *t* et la bielle L en place, et le ressort R_2 tendu, on lève cette bielle L à la main de manière à lui faire occuper sa position après le dépointage (sur le galet *q*); on sait que le levier Z se retire vers la gauche; il faut alors s'assurer qu'il ne touche plus la pièce U. La fourche K_0 a été placée sensiblement horizontale; et les leviers *n*, *m* étant dans des positions analogues à celles données sur la figure, on a réglé la tringle *t* de manière à relier les deux pièces *m*, L, et serré le ressort R_2. Si, en relevant la bielle L, la pièce U ne se trouvait pas complétement dégagée, on allongerait la tringle *t* de manière à augmenter l'angle décrit par les pièces K_0, *n*, *m*, ou l'on baisserait le point d'attache de la tringle *t* avec la bielle L.

Il faut avoir soin que dans ces mouvements, le galet de A' ne vienne pas porter dans le fond de la fourche K_0.

Bielle L, réglage de la baguette. — La règle et les platines fixées, on place la bielle sur le galet *q*, on fixe le levier M sur l'arbre de la baguette. La bielle, dans cette position, doit se trouver sensiblement verticale, on la fait sortir plusieurs fois du galet *q*, pour s'assurer que son mouvement est très-libre, les deux pièces M L pouvant se brider, comme dans toute articulation, ce qui serait un grave inconvénient, la baguette monterait alors par secousses. Les platines étant à leurs points de départ, points toujours repérés, c'est-à-dire la règle étant la plus haute possible, on amène, en poussant le chariot, le galet *q'* au sommet de la règle, et en ce point on règle le guide-fil de la baguette à une distance de $0^m,010$ à $0^m,015$ du porte-collet, cette distance est donnée d'avance. On abaisse pour cela le rabat-fil, jusqu'à ce que le guide-fil vienne toucher un calibre reposant sur le porte-collet et de $0^m,010$ à $0^m,015$ de hauteur. On se sert souvent pour cette opération d'un pied à coulisse, d'une épaisseur convenable. On relève la baguette, et on règle les buttoirs P' (fig. 1, pl. XXVII) de manière que la baguette se trouve à une hauteur de $0^m,185$ environ, au-dessus du porte-collet. On prend cette distance avec le pied à coulisse. Cette distance n'est pas absolue, elle dépend de la longueur des broches et de leur inclinaison, mais, en général on a intérêt à mettre la baguette le plus près possible de la pointe des broches, et il ne faut laisser que la distance strictement nécessaire, pour que le fileur puisse prendre les fils cassés ; cette distance est de $0^m,015$ à $0^m,02$ au-dessus de la broche.

Réglage de la chaîne de dépointage, et des roues à rochet. — La baguette relevée, on place le levier G', et le levier i étant sensiblement vertical, on passe la chaîne sous le galet l en la laissant un peu lâche. On met la bielle L_1 sur le galet q, le levier i s'incline vers la gauche, et il faut s'assurer que ce mouvement du galet détend un peu la chaîne. Ce réglage se fait lorsque la machine est en marche, suivant la position du levier G et son rayon. On comprend qu'on aura à l'origine de l'aplatissement de la baguette une vitesse pour cette dernière plus ou moins grande. Il est convenable que cette vitesse soit grande au commencement et faible à la fin, aussi faut-il toujours placer le levier G au-dessus de l'horizontale ; quant à son rayon, il dépend encore de l'excès de chaîne et du détour. On a intérêt à augmenter le rayon du levier G et à diminuer l'excès de chaîne. Quant au cliquet, on le place, la baguette relevée, de telle sorte que le nez le plus court, n, s'appuie contre lui tandis que l'autre est contre le buttoir ; seulement il faut s'assurer que l'excès de chaîne donné n'est pas trop grand, c'est-à-dire que le dépointage est fini avant que le nez *m*, repris par le cliquet, vienne reposer sur le buttoir.

Le cliquet dégrené doit être à une distance telle de la roue à rochet, qu'il ne puisse jamais toucher les dents du rochet. Ce résultat est obtenu par l'action du ressort.

Le même principe s'applique au cliquet du barillet; car il arrive souvent que le chariot, quoique maintenu par son crochet, fait un petit mouvement vers le porte-cylindres pendant le dépointage, mouvement qui tend à engrener le cliquet; il faut par conséquent lui laisser beaucoup de jeu.

Réglage du manchon d'embrayage des scroles. — Le chariot sorti et les crochets de retenue O fixé, dans la pièce d'arrêt *c*, et le levier Z Z' au dépointage, on fixe le levier *v* de manière à être tout près des crochets, et l'on tend le ressort R, en s'assurant que le levier ne soulève pas les crochets. Le balancier L, l'arbre à deux temps et le levier ZZ' étant dans la position qu'ils occupent pendant le renvidage, la tringle N_1 s'abaisse et vient reposer sur le goujon J_1 du levier $G_1 G_2$. On embraye le manchon M, M', et on fixe la fourchette F, en soulevant la tringle de manière que l'effort du ressort R ne porte plus sur le goujon J_1, mais bien sur le manchon M, M'. En revenant à sa première position, ce manchon doit se trouver débrayé avec un jeu de $0^m,010$ à $0^m,015$.

Réglage de la marche de la baguette pendant le renvidage, et de son déclanchement. — Lorsque le chariot ne se trouve plus qu'à $0^m,02$ environ du bout de sa course de rentrée, on mesure la hauteur du guide-fil au-dessus du porte-collet, cette hauteur dépend de celle du premier cône de la bobine. Elle est ordinairement de $0^m,050$ à $0^m,055$. La règle et les platines sont à la position correspondante à la première aiguillée. Dans le cas où la hauteur ne serait pas convenable, il faudrait toucher à la platine de derrière. En ce point du chariot l'équerre fixe P est réglée (fig. 6, pl. XXVIII) de manière que la bielle L soit sur le point de quitter le galet q. Cette position est souvent changée pendant la marche de la machine, soit que le déclanchement se produise trop tôt et occasionne des vrilles, soit, au contraire, trop tard, ce qui donne des échancrures, des coupures et quelquefois la rafle, c'est-à-dire une rupture générale.

Réglage de la contre-baguette. — On commence par placer la contre-baguette à une même distance au-dessus du porte-collet, $0^m,16$ ordinairement, la baguette étant relevée, au moyen des chaînes $h' h$ (fig. 13, pl. XXVIII). Une aiguillée de fil étant faite, on opère le dépointage à la main et on règle les poids des leviers de manière que la contre-baguette, opérant sa tension sur les fils, se trouve partout à la même hauteur. On renvide, et au moment où la baguette est sur le point de se déclancher, on abaisse la contre-baguette au moyen de l'appareil cité (fig. 17, pl. XXIX). A la seconde aiguillée, on abaisse à la main la baguette jusqu'à ce qu'elle touche les fils, et alors on règle la longueur des chaînes h, h' de manière que la contre-baguette vienne saisir les fils au même moment.

Passage des cordes. — Celle qui commande les broches doit faciliter le mouvement du chariot pendant la sortie, c'est à cet effet qu'elle est ordinairement passée, comme nous l'avons indiqué précédemment.

Cordes des scroles. — On les place, le chariot étant sorti, et on les tend le plus possible. Ces cordes, étant neuves, se détendent bien vite, on est obligé pendant quelques jours de les resserrer de temps en temps. Il faut avoir soin aussi que les courbes des scroles se correspondent bien dans la marche du chariot. Les points de départ des cordes sur chaque scrole doivent se trouver distant l'un de l'autre d'une demi-circonférence, puisque l'une de ces cordes passe en dessus et l'autre en dessous. Souvent la corde qui mène le chariot pendant le renvidage, se fait en deux parties réunies par un lien ; c'est une bonne précaution, car, s'il se produit un dérangement dans la machine, ce lien se casse dans beaucoup de cas, et l'on évite la rupture des pièces.

§ 12. — Principaux inconvénients qui peuvent se produire dans le métier automate.

Rafle au filage. — Le balancier se relève, l'arbre à deux temps fait son mouvement, les cannelés et le chariot s'arrêtent, mais la torsion continue et les fils se coupent, c'est pour éviter cet inconvénient que le ressort R est fixé à une équerre, qui vient appuyer contre le balancier C, C¹ et le maintient dans chacune de ses positions, (fig. 3, pl. XXIX.) Le chariot arrivant au bout de sa course, la partie C¹ du balancier ne s'abaisse pas, alors les cannelés tournent toujours, et le chariot continue à marcher, la corde de main-douce casse, le fil s'amasse à la pointe de la broche et la rafle se produit ; même phénomène si l'arbre à deux temps ne produit pas son mouvement, soit qu'il se trouve bridé ou que la courroie ne morde pas assez sur la poulie C_a, ou qu'elle se trouve retournée sur le bord qui regarde cette poulie.

Rafle à la torsion ; si l'excentrique Y se dégrène, la torsion continue toujours — et l'excès de cette action occasionne encore la rafle.

Détour. — La courroie restant sur la poulie fixe C, contrarie le détour, et alors la friction *grogne*. La chaîne de détour peut casser et les baguettes ne pas s'abaisser, le détour continue. Si le plateau de détour fonctionnait mal, que le cliquet ou dent de loup se dégrenât, il en résulterait également la même conséquence, c'est-à-dire la rafle.

Accidents au renvidage. — Si la courroie touche un peu la poulie C_1, les broches reçoivent leur mouvement avant le barillet, les fils se coupent et la rafle a lieu au serrage.

Coupures, rafles et vrilles. — Elles sont la conséquence de diverses causes. Les vrilles se produisent pendant le filage, si le chariot n'a pas assez de tirage, il y a également comme conséquence de ce défaut la formation des *bouquets* ou enroulement sur la pointe des broches pendant la torsion supplémentaire. Une trop grande inclinaison des broches, une inégalité de hauteur de la contre-baguette, déterminent également les vrilles et des bobines molles; ce dernier inconvénient peut aussi provenir d'une tension insuffisante de la contre-baguette. Une tension trop forte, au contraire, de celle-ci, ou si elle ne décroche pas assez vite, si elle est bridée, ou marche par secousses, par suite d'un mauvais réglage, produit des coupures, des rafles et même encore des vrilles; l'écrou du secteur placé trop haut donnera également des vrilles au renvidage, de même que la rafle ou les coupures peuvent être le résultat de l'écrou placé trop bas ou de l'immobilité du rochet de la règle, dont la conséquence est la formation d'un bourrelet par la superposition du fil au même point. Il y a parfois certaines bobines seulement qui se font mal, un desserrage des rabat-fils peut en être la cause.

L'on jugera de tout ce que la conduite de ces machines a de délicat par l'énumération succincte des diverses causes des défauts qui peuvent se présenter à chaque instant.

§ 13. — De ce qu'on entend par les différents systèmes des métiers renvideurs.

Les organes, leur manière de fonctionner et leur but restent immuables dans toutes espèces de métiers à filer automates. Ce que l'on désigne généralement et improprement sous le nom de *systèmes*, ne représente que des modifications dans les transmissions de mouvement de telle ou telle partie du métier.

Les mécanismes de la commande, des cylindres cannelés de la sortie du chariot, de la rotation alternative dans les deux sens opposés des broches, restent à peu près constants, et sont, en général, exécutés par tous les constructeurs conformément aux descriptions précédentes du métier *Parr-Curtis*. Les modifications portent surtout sur les moyens de faire fonctionner la baguette et la contre-baguette, c'est-à-dire d'opérer le dépointage; sur la forme et le fonctionnement du secteur et des éléments qui s'y rattachent, et enfin sur la disposition de la partie de la commande qui a pour but d'imprimer, de transformer ou de suspendre avec la plus grande précision chacun des mouvements voulus, et autant que possible sans choc ni perte de temps, aux moments désignés à chaque organe pour l'accomplissement de sa fonction respective. C'est, par conséquent, le mécanisme qui détermine et règle les changements de mouvements et leur passage d'une période d'action à l'autre.

Le système automatique le plus anciennement répandu, le premier qui ait été établi sur une grande échelle, est connu sous le nom de ses constructeurs Sharp et Roberts; il différait surtout de celui de Parr-Curtis par le mécanisme distributeur. Au lieu de se composer d'un arbre à deux temps, c'est un arbre à quatre temps qui le distribuait. Ce premier self-acting, dont l'invention remonte à 1825, s'est fait adopter assez rapidement, car, vers 1832, on comptait déjà près de 400,000 broches en Angleterre. Les métiers de ce système pour filer la chaîne étaient de 360 broches environ et de 480 lorsqu'ils étaient destinés aux fils de trame.

Plusieurs constructeurs ont modifié le métier Sharp-Roberts, M. Thouroude, l'un des principaux constructeurs de Rouen, a imaginé un arbre à rainures et des roues coniques pour transmettre le mouvement aux broches. Il a également modifié le mécanisme qui relie la règle à la baguette, par un système de levier analogue à celui du Parr-Curtis. Enfin, sa règle porte à son extrémité antérieure une partie articulée qui vient reposer sur une troisième platine, dite *de dépointage*, et permettant de mettre l'abaissement de la baguette en rapport avec le détour des broches. En outre, son secteur est formé d'une courbe, qui donne aux broches, pendant le renvidage, un mouvement plus régulier. Il existe d'autres systèmes de renvideurs, dans lesquels le passage d'une période à une autre s'opère au moyen de balanciers ou de brides. Les diverses modifications acquises à la pratique sont réalisées principalement par la maison Schlumberger, Kœchlin, par M. Sthelin, ou par M. Danguy. Une partie des améliorations exécutées par ce dernier constructeur trouveront leur description dans l'analyse des progrès imaginés par M. Peynaud. Nous allons analyser les points que cet industriel a particulièrement étudiés ; nous reviendrons ensuite sur les travaux des autres constructeurs dont nous venons de parler.

§ 14. — Mule-jenny automate de M. Peynaud.

Un ancien ingénieur, aussi modeste qu'habile industriel, M. Peynaud, dont nous avons déjà signalé les perfectionnements apportés aux cardes, a également appliqué ses connaissances spéciales aux améliorations du self-acting.

Dès 1851, ce filateur se fit breveter pour diverses modifications dont la plupart sont exécutées par l'un des plus importants constructeurs de Rouen, M. Thouroude, dont nous venons de parler. Comme le nom de M. Peynaud n'a été cité nulle part, pas même dans les rares écrits récents sur cette matière qui paraissent avoir profité de ses recherches, si l'on ne s'est pas rencontré dans les mêmes idées dix ans après lui, nous nous faisons un devoir d'analyser aussi exactement que possible les divers points que M. Peynaud a cherché à améliorer :

1° L'on sait que l'inclinaison indispensable des broches détermine une différence de niveau dans le fil, au départ du chariot, entre le sommet des broches et la tangente passant par la circonférence du cannelé, il en résulte une livraison lâche de cette partie de l'aiguillée, et, par conséquent, une torsion qui diffère de celle appliquée au fil sur le reste de la course du chariot. Pour remédier à cet inconvénient, l'auteur a placé sur la poulie de la transmission dite *main-douce*, ou *mène-doux*, un excentrique I (fig. 3, pl. XXXI) afin d'imprimer au chariot une vitesse plus grande à sa sortie que sur le reste de son parcours.

2° L'objet qui a le plus exercé la sagacité des mécaniciens est la construction du secteur chargé de transmettre aux broches une vitesse proportionnelle aux divers diamètres de la canette conique et de maintenir le fil sous une tension constante pendant le renvidage. A cet effet, M. Peynaud a imaginé un secteur B, d'une forme excentrique variable avec l'inclinaison de sa tige, il est parvenu ainsi, l'un des premiers, à préciser une action variable des plus délicates.

3° Il a également modifié le mode de traction de la chaîne qui fait monter l'écrou du secteur. Cette chaînette h, agissant sur la poulie D, au lieu d'être pincée par un contre-poids, fait un tour mort autour de la gorge de la poulie D, placée sur l'axe du petit tambour. Lorsque la contre-baguette s'abaisse, elle fait osciller par son excentrique u le levier V, dont l'extrémité inférieure, placée dans la gorge de la poulie, engrène celle-ci avec le petit tambour. Cette disposition a pour but de moins fatiguer le fil que celle du poids, qui, à un moment donné, venait s'ajouter à celui de la contre-baguette. Elle règle également avec une précision plus grande la marche de l'écrou, dont le déplacement doit varier en raison de l'augmentation du diamètre de la canette.

4° Il a cherché à assurer un parallélisme constant entre les cylindres cannelés et le chariot en marche, en se servant de crémaillères dentées proposées préalablement déjà. Mais au lieu de les appliquer sur le sol où elles sont bientôt encrassées et hors de service, il les a placées sur le bâti du métier. Il a disposé, à cet effet, un arbre horizontal sur toute la longueur du chariot, cet arbre porte trois pignons, un à chaque extrémité et le troisième au milieu ; trois crémaillères dentées, parallèles entre elles, engrènent avec ces pignons. Ces transmissions dentées remplacent, par conséquent, les cordes de conduite, et présentent par suite les avantages et les inconvénients, il faut le dire, de la substitution de ces sortes de commandes aux cordes. L'avantage de ce mode d'action pour les chariots est en effet controversé. On lui reproche de n'être pas *assez élastique*, de ne pas permettre certains mouvements de lacet d'une machine aussi longue. Ce reproche n'est pas sans valeur, lorsque les métiers ne sont pas exécutés avec toute la précision voulue. Dans le cas contraire, il n'est pas démontré que l'inconvénient soit sérieux, l'on peut invoquer à l'appui de la convenance de cette disposition toutes les machines de ce genre sorties de l'atelier de M. Thouroude-Danguy, et qui fonctionnent bien dans diverses filatures.

5° Pour remédier aux efforts brusques que subissaient les engrenages pour opérer le détour et amoindrir le bruit désagréable résultant de certains changements de mouvements, M. Peynaud a établi un mouvement de retard dans le rapprochement des plateaux de la friction de détour. A cet effet, le galet G d'engrènement de la friction F (fig. 3) agit par un seul plateau excentrique E, qui par sa forme force la friction à se détendre immédiatement, tandis qu'au contraire sa pression lui est imprimée par un ressort R″ retenu dans son mouvement de tension par une roue à rochet K″, par l'intermédiaire des leviers K′, K. Cette roue marchant continuellement, commandée par la vis sans fin V, engrenant avec la roue V′, permet au ressort d'agir progressivement.

6° Le mouvement de l'arbre des anciens métiers et arbres à quatre temps a été à son tour l'objet d'une modification, dans le but de tendre le ressort par un organe étranger à l'action de l'arbre lui-même, et sans le secours d'aucun taquet, dont l'usure irrégulière rendait l'ancien mouvement d'un usage peu sûr. La disposition spéciale adoptée par M. Peynaud est également représentée (fig. 3, pl. XXXI). Elle consiste dans un ressort à boudin J, avec un remontoir constant placé sur l'arbre à quatre temps t. Ce ressort J est tendu ou remonté par l'arbre du compteur q et un arbre R. Il se détend d'un quart de tour à chaque mouvement de son arbre, au moyen de la transmission des roues d'engrenage S et S', la première placée sur l'arbre R, et la seconde fixée au ressort, sur l'arbre à quatre temps t. La roue S', dans son action, tend par conséquent le ressort, dont l'une des extrémités est solidaire avec l'arbre à quatre temps, qu'il fera marcher toutes les fois que son heurtoir ou cheville l'aura mis en liberté.

7° Pour mieux assurer l'égalité de tension du fil au renvidage et ne pas permettre au cliquet du rochet du barillet de passer plusieurs dents à la fois, le barillet est muni d'un frein agissant sur l'encliquetage du tambour de commande du renvidage. Ce frein H presse la poulie à sa circonférence, qui est munie d'une petite rainure où passe l'étoquiau du cliquet. Il résulte de cette disposition que chaque fois que le chariot rentre, le frein maintenant la poulie P en place, le cliquet tombe dans la roue à rochet, et assemble le barillet avec le rouage de l'arbre des tambours.

8° Enfin le mécanisme du dépointage a dû nécessairement être étudié par l'ingénieur filateur qui s'est préoccupé des divers points que nous venons de mentionner. En effet, cette partie du métier a été modifiée dans le but : 1° de donner à la baguette un abaissement proportionnel au détour pendant toute la confection de la bobine ; 2° de mettre la levée de la baguette, au moyen d'un déclanchement, en rapport avec l'état d'avancement de la bobine, pour éviter les coupures et les boucles de fil qui peuvent se présenter dans l'empointage.

Ces modifications sont indiquées en détails par la figure 4, pl. XXXI. La première, concernant l'abaissement progressif de la baguette, consiste dans un troisième calibre X appliqué à la règle V' sous son encoche Y. L'encoche, de fixe qu'elle était, devient alors mobile, et reçoit un abaissement graduel en raison du chemin parcouru par ce calibre X sur lequel elle est appuyée.

Le mécanisme du déclanchement pour guider la levée de la baguette est représenté dans la même figure. Une tige verticale P à rainure y reçoit le galet g qui repose sur la règle. Ce galet est lui-même fixé à l'extrémité d'un levier M, g, et devient solidaire de la baguette lorsque celle-ci, en se levant, le laisse entrer dans l'encoche du bas de la rainure Y. A cet instant, le balancier opère son mouvement d'abaissement à l'aide de l'équerre articulée NN de la tringle Q, dont les deux extrémités également en équerre se fixent l'une à la branche N et l'autre au balancier par une tige verticale. Grâce à cette disposition, la pièce P, munie d'un excentrique L à son extrémité inférieure, vient butter sur le heurtoir, et déclanche la baguette à une distance des cannelés qui va en se réduisant jusqu'à ce que la bobine soit terminée.

Nous pensons que cette description des diverses modifications faites au self-acting par M. Peynaud, il y a près de quinze ans, justifie pleinement l'appréciation placée en tête de ce paragraphe sur la valeur des travaux de cet industriel. Elle prouve que ce praticien a été l'un des premiers à analyser rationnellement les causes des principaux défauts du self-acting, et à y apporter des remèdes qui attestent chez leur auteur autant de connaissances mécaniques générales que d'expérience et d'habileté dans la filature. Les recherches de M. Peynaud ont d'autant plus de valeur, qu'elles ont abouti à des applications pratiques, faites soit par lui, soit par l'un des pricipaux constructeurs de Rouen, M. Thouroude, que nous avons déjà nommé.

§ 15. — Roller-motion, disposition spéciale de M. H. Schlumberger.

La maison Schlumberger, comme nous l'avons déjà dit, s'est de son côté constamment efforcée de perfectionner le métier automate dans les diverses parties qui laissaient le plus à désirer. L'une des modifications les plus récentes exécutées par cette importante maison consiste dans la disposition spéciale imaginée par M. Henry Schlumberger pour réaliser le mécanisme désigné par les Anglais sous le nom de *Roller-motion.* Ils nomment ainsi le moyen par lequel les cylindres étireurs continuent à tourner à la rentrée comme à la sortie du chariot, et par conséquent, à fournir de la mèche pendant le renvidage du fil. Le but de cette manière de procéder est d'obtenir plus de régularité dans le fil et une certaine augmentation dans la production, toutes choses égales d'ailleurs, toujours variable avec la finesse du fil. Le résultat obtenu par les premières applications de ce système n'a pas été assez sérieux pour persévérer dans l'application du roller-motion, M. Henry Schlumberger a imaginé avec raison un mouvement variable suivant une certaine loi, pour faire rendre au roller-motion les avantages désirables. Celui-ci doit en effet remédier aux diverses causes de l'inégalité de tension et d'irrégularité qui se présentent pendant la formation du fil. Ces causes sont d'origines différentes, nous avons déjà vu celle résultant de l'inclinaison des broches. Le refoulement ou espèce de déplacement de la torsion provenant de la pression des baguettes et contre-baguettes lors du dépointage, qui rejette en arrière la torsion de la petite longueur comprise entre les points d'application des baguettes et l'entrée des cylindres, est une seconde cause d'irrégularité de la répartition du tors. En continuant à fournir de la mèche, l'on a eu pour but de neutraliser et d'utiliser l'effet du refoulement et d'uniformiser la distribution des hélices sur l'aiguillée, grâce à cette addition de mèche. Avec les métiers mule-jenny ordinaires pour la production des fils fins, où l'on peut modifier un peu la marche du chariot, la livraison de la mèche supplémentaire pendant l'étirage peut produire de bons effets, même avec la commande constante des cylindres mus par une transmission qui leur est propre. Mais lorsqu'il s'agit du système automate, la constance du mouvement des cylindres en présence du déplacement du chariot est une nouvelle cause d'irrégularité de la torsion, la partie tordue non renvidée à laquelle vient s'ajouter la mèche non tordue allant constamment en diminuant de longueur. C'est pour éviter cet inconvénient que M. Henry Schlumberger a fait dépendre la commande des cylindres de la marche du chariot lui-même, il l'opère par un mouvement différentiel décroissant entre la vitesse des cylindres et celle du chariot.

Une fois le principe fixé, l'application peut varier : elle peut se faire par des *excentriques dentées, ou par des scroles à rainures de diamètres différents*. L'auteur indique plusieurs dispositions, et fait remarquer avec raison que, pour la détermination des vitesses relatives de cette commande, ou la loi du mouvement décroissant à effectuer, il faut prendre en considération : 1° la distribution réelle ou pratique de la torsion de l'aiguillée faite ; 2° l'effet plus ou moins sensible de l'action du refoulement ; 3° la durée ou le temps nécessaire à la torsion. Ce qui veut dire, en d'autres termes, que le calcul théorique *à priori* peut servir de guide, mais serait impuissant si on ne lui venait en aide expérimentalement.

Voici, d'ailleurs, l'un des moyens par lequels on lie le mouvement des cylindres à celui du chariot. La figure 1, pl. XXXII, est un profil, simulant le chariot et la commande des cylindres. L'organe principal de la transmission est un scrole k à double gorge, dont l'arbre transmet le mouvement aux cylindres étireurs h par l'entremise des roues d'engrenage ponctuées *de* g, et la roue à rochet avec son cliquet j.

Une corde attachée au chariot a embrasse la poulie à gorge c placée sur l'extrémité du bâti opposée à la têtière, et vient se fixer par l'autre bout sur l'une des gorges du scrole k. Une *contre-corde* va directement du chariot autour de la seconde rainure du scrole. Lorsque le chariot sort, la corde c s'enroule, au moment de sa rentrée elle est complétement enroulée; son déroulement s'effectue alors de la petite à la grande gorge. L'étirage supplémentaire est par conséquent dépendant du mouvement du chariot, tout en régularisant la torsion, il peut en même temps contribuer à augmenter la production toutes les fois que la quantité de torsion peut être réduite à un minimum comme pour les fils de trame en général. La torsion imprimée à l'aiguillée avant le renvidage se répartit alors sur un supplément de longueur de mèche sans exiger une augmentation de durée dans le travail. Il en est de même dans le filage des laines. Dans la production des fils de chaîne en coton qui ont besoin d'une torsion maxima, l'avantage du rendement est moins sensible par l'application du roller-motion; mais tout en régularisant la torsion, il ne faut pas perdre de vue la bonne confection des bobines et par conséquent l'importance de bien régler l'envidage de façon que la tension reste constante pendant toute sa durée. Dès que ces relations varient, il faut avoir recours à un système de renvidage modifié.

Secteur de M. Schlumberger. — Les secteurs à courbes excentriques déjà décrits ont été imaginés pour réaliser le renvidage dans les conditions de régularité voulues. MM. Schlumberger ont imaginé un secteur dont la détermination est basée sur le même principe, mais qui nous paraît remplir le but plus sûrement encore.

La figure 2, pl. XXXII, représente celui exécuté par la maison Schlumberger dans leur self-acting.

Au bâti *l* est fixé sur l'un des côtés d'un montant le centre d'un levier filté *m* avec un écrou *n* destinés à agir sur la chaîne *o* du barillet B des broches. Ce premier levier est assemblé à sa partie supérieure à un second, dont l'extrémité inférieure recourbée est fixée au chariot *a* par la partie courbe *q*; un galet *r*, remplissant les fonctions d'une roulette, joint la partie courbe à la droite ; lorsque le chariot se meut, il entraîne le galet *r*, qui est forcé de cheminer sur une courbe SS'S'' fixée au sol. Le mouvement du chariot sera évidemment modifié en raison de la forme de cette courbe. Si elle affecte celle de la figure 2, le chariot, en se dirigeant de S' en S, sera forcé de monter une pente ; à partir d'une certaine distance, son mouvement sera par conséquent ralenti proportionnellement à la hauteur de la rampe. L'on devient maître, par le tracé de cette courbe, de réaliser les variations des mouvements nécessaires à la confection des canettes. L'emploi de ce moyen offre d'ailleurs l'avantage d'atténuer sensiblement l'action des mouvements brusques qui se font sentir d'ordinaire à la rentrée du chariot.

§ 16. — Modifications des transmissions de mouvement du chariot, par MM. Kœchlin et Cᵉ.

Entre autres perfectionnements réalisés dans le self-acting, MM. A. Kœchlin ont cherché à remédier à l'inégalité de tension de la corde signalée précédemment. La disposition fort simple et rationnelle qu'ils ont imaginée est représentée dans les figures 3, 4, 5 et 6, pl. XXXII. La première donne un profil de la commande de la corde modifiée, les autres sont des détails nécessaires à l'explication de la modification qui nous occupe.

A (fig. 3) est la poulie spirale ou scrole, sur la douille de laquelle sont fixés des anneaux a', pour arrêter par des nœuds les extrémités des cordes.

B, poulies de renvoi à gorge fixées aux deux points extrêmes du métier, elles servent à diriger les cordes de rentrée et de retenue.

C (fig. 4, 5 et 6), support en fonte, fixé contre le montant du châssis du chariot ; le barillet enrouleur sur lequel vient se fixer la corde de rentrée, peut glisser dans ce support.

D (fig. 3), support dans lequel peut glisser le barillet enrouleur de la corde de retenue. Ce support en fonte a également son point d'appui contre un montant du chariot.

E, équerre en fonte, ajustée et glissant dans la pièce C, et portant le tourillon 2 (fig. 4 et 5), sur lequel sont ajustés le barillet enrouleur et le tourillon 3 du cliquet d'arrêt (fig. 5).

L'équerre E, fondue avec cette pièce, porte une cheville-tourillon sur laquelle sont enfilées des rondelles en caoutchouc formant ressort.

E', équerre semblable à la précédente, remplissant le même but pour la corde de retenue,

G, barillet enrouleur portant une roue à rochet, dont les dents reçoivent le cliquet. L'extrémité de la douille de ce barillet porte un anneau pour recevoir la corde. Une partie extrême carrée, venue à la fonte avec cette douille, sert à recevoir la clef à fourche au moyen de laquelle s'opère à volonté la tension de la corde, en faisant tourner le barillet sur son tourillon, et en forçant la corde à s'enrouler plus ou moins sur le corps de la douille.

Il y a un second barillet H, semblable au premier et semblablement disposé pour servir à la corde de retenue.

II, rondelles en caoutchouc vulcanisé, enfilées sur la cheville de la pièce E, séparées entre elles par des platines circulaires en fer. Ces rondelles sont disposées et calculées de façon à se comprimer entre elles, et par suite à permettre au traîneau E de glisser en arrière quand la tension de la corde de rentrée dépasse l'effort pour lequel elle a été réglée, en la ramenant à sa position primitive dès que ce surcroît de tension a cessé.

KK, rondelles en caoutchouc disposées comme les précédentes et servant à agir sur la corde de retenue. C'est, on le voit, un véritable régulateur de tension des cordes que les constructeurs ont cherché à établir, son efficacité dépend évidemment de la précision de son exécution, et la permanence de ses effets, de la constance de l'action des disques élastiques ; l'appareil est d'ailleurs disposé de manière à pouvoir changer les pièces en caoutchouc lorsqu'elles viennent à s'user.

§ 17. — Système de débrayage de l'arbre à cames, par MM. Platt.

L'arbre moteur chargé de donner et de suspendre les principales fonctions du métier, dit *arbre à cames* ou *arbre à deux temps dans le système de Parr-Curtis*, et *arbre à quatre temps* dans la plupart des autres métiers, a été à son tour l'objet de bien des études et modifications, afin d'assurer l'accomplissement des mouvements et leur arrêt aux moments précis, de la façon la moins brusque et sans crainte de dérangement et d'irrégularité dans la marche des organes. L'un des derniers perfectionnements exécutés par la maison Platt dans cette partie importante de la commande du métier est représenté en plan dans la figure 1, pl. XXXI. Il a pour but d'opérer

l'embrayage et le débrayage du mouvement de l'arbre à quatre
temps au moment voulu ; car a est l'arbre moteur portant
les poulies motrices ; le même arbre principal a reçoit une roue
dentée b engrenant avec une seconde c. Cette dernière est folle
sur l'arbre à cames d. Cette roue c, qui tourne constamment,
porte en saillie une demi-boîte à embrayage à dents e ; l'autre
partie e' de ce manchon embrayeur est susceptible de prendre
un mouvement de translation parallèlement à l'axe de l'arbre a,
tout en tournant avec cet arbre, auquel elle est reliée par deux
clavettes fixes. Cette partie e' du manchon est munie d'un plateau f
pressé dans la direction de la roue c et de la partie opposée e du
manchon par un ressort à boudin g, tendant par conséquent à
faire engrener les deux demi-manchons. Ce plateau f, représenté
de face dans la figure 2, est muni de quatre éventails h formant
des angles dans l'épaisseur de l'anneau de la circonférence ;
l'un des côtés i de ces angles est pratiqué dans la direction du
rayon, et celui du côté adjacent est également courbe et indiqué en k, fig. 1. Une goupille l, dont on voit la projection horizontale ponctuée, portée à l'extrémité d'un balancier m, m,
peut entrer et sortir dans les intervalles h du plateau, comme
le montre le détail de la figure 2. Lorsque la goupille a la position indiquée dans ce détail, le manchon est désembrayé et le
ressort g comprimé ; dans le cas contraire, lorsque la goupille l se dégage par le mouvement du balancier dont elle termine l'une des extrémités, l'action du ressort g n'étant plus
empêchée, elle pousse les dents du demi-manchon e dans celles
qui lui correspondent sur l'autre partie e : le mouvement de
l'arbre a est ainsi déterminé. Bientôt le manchon en tournant
reçoit la goupille l dans l'encoche suivante, et il est de nouveau
désembrayé. Le mode d'action alternative de la goupille l,
c'est-à-dire le moyen par lequel elle entre et sort au moment
voulu dans les encoches ou vides h reste à indiquer ; cette goupille l est assemblée sur une extrémité de l'un des bras du ba-

lancier m, m', se mouvant autour d'un tourillon au milieu de sa longueur (la figure 1 n'en donne que la projection horizontale); l'autre extrémité du bras porte une entaille ou espèce de gorge dans laquelle vient entrer un gallet o d'un levier oscillant p (fig. 5). Lorsque ce levier p reçoit une action, elle est transmise au galet et par suite au balancier et à la goupille l; si le bras du balancier opposé à celui de la goupille est soulevé, ce dernier s'abaisse et la goupille avec lui, elle sort par conséquent du pla-teau f, laisse agir le ressort pour effectuer l'embrayage et la ro-tation de l'arbre. L'action du galet o venant à cesser, le balan-cier reprend la position précédente, la goupille s'engage de nou-veau dans le vide, suivant h par la rotation du manchon, il en résulte un nouveau débrayage et une nouvelle suspension de mouvement incombant à l'arbre d. Quant à l'action motrice, qui détermine les effets du levier p et du galet o, elle provient du chariot lui-même ; des leviers adaptés à celui-ci viennent atteindre la transmission p,o à des instants déterminés. Ces em-brayages et débrayages doivent se réaliser progressivement et sans choc; c'est à cet effet que le côté k des encoches présente une légère courbure. La perfection dans la réalisation de ces divers mouvements gît dans l'imitation exacte de l'action gra-duée à laquelle tendent les fileurs les plus habiles dans la con-duite du chariot du mule-jenny à la main.

Modifications proposées par M. J.-J. Bourcard. — M. J.-J. Bourcard fils s'est fait récemment breveter pour un métier self-acting, caractérisé à son tour par des modifications dans les mécanismes destinés au dépointage et au renvidage. Les dispositions imaginées par cet industriel ne manquent pas d'originalité. Ne pouvant entrer dans tous les détails que le sujet comporte, surtout pour un métier encore en projet, nous allons tâcher de faire comprendre ses principales parties par une description succincte. La sortie du chariot et le mouvement de détour des broches ont lieu comme à l'ordinaire, les mécanismes qui concernent cette période du travail n'offrent par conséquent rien de particulier.

L'abaissement de la baguette pour opérer le dépointage a lieu par l'intermédiaire d'un balancier commandé par l'action de chaînettes placées sur des barillets d'une manière analogue à la plupart de ces sortes de mouvement. Le balancier du dépointage par le déplacement de l'extrémité opposée à celle qui opère sur la baguette met en liberté une crémaillère sollicitée par un poids, et agissant sur un pignon accolé à un tambour ou barillet dont la chaîne agit sur un second mécanisme du même genre, et sur une espèce de crochet qui arrête le chariot, et lui permet de marcher en le soulevant. La corrélation entre la fonction du dépointage et celle dont le chariot est chargé aussitôt que cette fonction est réalisée, est donc établie de la manière la plus simple ; un barillet se met alors en mouvement pour tirer sur une corde envidée autour des gorges différentielles d'un scrole, comme à l'ordinaire.

Cette corde motrice, chargée d'entraîner le chariot à sa rentrée, est disposée de manière à faire mouvoir simultanément un arbre vertical ayant son pivot inférieur placé dans le moyeu d'une roue à dents engrenant avec une crémaillère fixée au plancher et à laquelle une poulie horizontale adaptée au chariot transmet le mouvement.

Il résulte de cette combinaison que l'arbre vertical en question est commandé par un mouvement relatif fourni par la vitesse différentielle imprimée au chariot. Or cet arbre vertical transmet à son tour par des roues convenablement disposées un mouvement de rotation continue à un arbre horizontal sur lequel sont calés deux cônes à coulisse, l'un est destiné à imprimer le mouvement aux broches par l'entremise de tambours et de chaînes convenablement disposés, et l'autre agit sur une espèce de genouillère solidaire avec la baguette du renvidage. Et comme il est nécessaire que les mouvements imprimés par chacun de ces cônes varient à chaque course, ils sont disposés sur des traîneaux à coulisses, qui sont déplacés d'une quantité déterminée par l'extrémité d'une vis, commandée à l'autre extrémité par une roue à rochet dont le cliquet est actionné par un butoir à chaque course du chariot.

Ce genre de métier se fait par conséquent remarquer par deux mécanismes de transmission nouveaux : celui du dépointage, et celui de la rotation des broches, remplacés par deux surfaces de révolution coniques à déplacement latéral, dont les tracés et les commandes ne présentent pas de difficultés sérieuses pour obtenir la précision, et qui, une fois déterminées et réglées, paraissent peu susceptibles de dérangement. Il serait par conséquent intéressant de voir exécuter et fonctionner ce nouveau métier, car ce n'est qu'après une série d'expériences qu'il est posssible de se fixer sur la valeur des modifications que nous avons essayé d'exposer.

§ 18. — Divers systèmes de métiers continus.

Nous rangeons dans la catégorie des métiers continus ceux qui, d'après l'exposé du paragraphe 1 de ce chapitre, réalisent simultanément l'étirage, la torsion et le renvidage. Le nombre de tentatives faites pour arriver à un métier de ce genre pouvant produire les fils fins, pour trame, aussi bien que les gros fils pour chaîne, est presque incalculable. Ne pouvant reproduire toutes les dispositions, nous nous sommes arrêté aux principales, à celles qui diffèrent le plus entre elles, et, formant en quelque sorte autant de types, parmi lesquels, un métier continu quelconque produit jusqu'ici retrouvera son semblable. Nous nous sommes également attaché à la reproduction des systèmes les plus récents, lors même qu'ils avaient une certaine analogie dans la forme avec des essais déjà anciens. Le métier de

M. François Durand, par lequel nous allons commencer et qui ne fait que des bobines, est dans ce cas.

§ 19. — Métier continu de M. François Durand (pl. XXXIII).

Nous nous bornerons à la description détaillée d'une broche complète :

Fig. 1. Vue en élévation d'une broche montée sur son banc et prête à fonctionner.

Fig. 2. Elévation et sections partielles faites dans un plan parallèle à celui de la figure 1.

Fig. 3. Plan de la même broche mené suivant la ligne XY de la figure 1.

Fig. 4, 5, 6. Vues séparées de différents détails.

Fig. 7. Détails relatifs à des modifications aux dispositions précédentes.

L'échelle d'exécution est variable, le dessin n'en porte pas.

AA, colonnettes creuses réunies par une bride verticale R et constituant une sorte d'étrier.

c, plateau dont la figure 2 indique la forme et sur lequel sont assujetties les colonnettes A, A.

D, manchon fixé par son embase au plateau c avec lequel il fait corps.

E, noix adaptée au manchon D et destinée à recevoir la corde qui transmet à l'étrier le mouvement du moteur.

F, tige verticale servant d'axe au système et traversant le manchon D et le centre du plateau c; elle est fixée par le bas au banc X et se termine à la partie supérieure par une vis sans fin.

G, appareil de renvidage ; c'est une bobine cylindrique à axe horizontal, susceptible à la fois d'un mouvement de translation dans le sens vertical et d'un mouvement de rotation qui lui est communiqué par le cylindre tangentiel H sur lequel elle repose.

Les tourillons de cette bobine traversant librement les colonnettes A, qui leur présentent à cet effet de petites fenêtres, sont soumis à l'action de ressorts à boudin logés dans ces colonnettes ; grâce à ces ressorts, il y a tangence constante entre le cylindre H et la bobine, qui naturellement tend à s'élever à mesure que le renvidage du fil augmente le diamètre.

H, cylindre cannelé soutenu par les colonnettes et dont l'axe est dans un même plan vertical avec celui de la bobine G.

I, axe horizontal placé dans une position oblique sur le plateau c avec lequel il tourne, et portant un pignon denté à gorge j, qui engrène avec la vis sans fin de la tige F ; cette vis sans fin le fait en même temps tourner sur lui-même par suite de la rotation du plateau c, et c'est ce mouvement qu'il transmet au cylindre H à l'aide des roues à dents obliques 1 et 2.

K, petit axe situé sous l'axe I dans une direction perpendiculaire au cylindre H et servant de commande au guide-fil L (fig. 3, 4 et 5) ; il est mis en mouvement par l'axe I, qui du côté opposé à la roue 1 porte une vis sans fin, engrenant avec le pignon O.

L, tige dans la tête de laquelle passe le fil qui arrive à la bobine et dont la partie inférieure porte, ainsi que l'indique la figure 5, un goujon logé dans la rainure de l'excentrique en cœur M.

L'excentrique M, mû par l'axe K sur lequel il est fixé, déplace par conséquent le goujon de la tige L, et par suite la tête de cette tige décrit dans le même plan, tantôt à droite, tantôt à gauche, des angles qui ont pour effet de conduire le fil le long de la bobine et de le distribuer d'une manière égale.

La figure 4 est une vue de face de l'excentrique et du guide-fil, et la figure 5 est une vue de profil avec coupe de l'excentrique montrant la rainure.

La figure 5 montre l'axe K avec son pignon O, ainsi que l'excentrique et le guide-fil.

En résumé, l'axe I et la tige fixe F sont les organes moteurs de la distribution et du renvidage du fil. L'axe I, participant au mouvement vertical de rotation de l'étrier, tourne en même temps sur lui-même, et, d'une part, fait mouvoir les cylindres G, H, et, d'autre part, l'excentrique M qui porte le guide-fil. Ainsi, en même temps que tout le système est animé d'un mouvement de rotation autour de la tige F, mouvement qui peut s'élever à 4,500 par minute, suivant le degré de torsion que l'on veut donner à la matière, cette rotation se transmet dans un rapport ralenti non-seulement à la bobine G, mais encore à l'organe chargé de distribuer le fil sur cette bobine.

Une vitesse de rotation aussi rapide exige un mode de graissage spécial, voici celui imaginé par l'inventeur :

N est un godet d'huile, fixe comme la tige F, et au fond duquel repose la partie du manchon D qui est située au-dessous de la noix motrice E ; cette partie est munie, à sa surface intérieure, d'une rainure hélicoïdale partant du bas, et se terminant sous la noix par un petit canal qui débouche dans le godet. Par suite de la rotation de la broche, l'huile monte sans cesse et se déverse d'elle-même après avoir produit son action.

P, P, cylindres d'étirage : le fil amené par eux (fig. 4) passe, avant d'arriver au guide-fil L, dans un tube Q qui surmonte la bride RN de l'étrier.

Les figures 6 et 7 représentent la modification apportée au système qui vient d'être décrit dans le cas où il n'est besoin que d'une légère torsion, ou d'une torsion insignifiante et momentanée pour préparer la matière au lieu de la filer.

Dans le premier cas, le mouvement propre de la bobine devient indépendant de celui de l'étrier, qui reste toujours commandé par la noix E, et qui tourne alors dans un coussinet R. La tige F, de fixe qu'elle était, est rendue mobile au moyen d'un pignon S (fig. 6) qu'elle porte à sa partie inférieure, et qui reçoit son mouvement d'une vis sans fin T (fig. 7) adaptée à l'arbre horizontal V ; cet arbre s'étend devant toutes les broches d'un même métier, et présente une hélice semblable devant la tige centrale de chacune d'elles. Cette disposition permet d'établir le mouvement différentiel voulu entre la broche et la bobine, c'est-à-dire entre la torsion et le renvidage.

Dans le second cas, celui où la torsion est inutile, on n'a qu'à interrompre le mouvement de la broche en supprimant la commande de la noix E, et le renvidage s'opère comme ci-dessus, au moyen de l'arbre V qui commande la tige centrale F.

Ce système, qui est appliqué avec succès à des métiers à doubler et à retordre, peut d'une manière absolue filer des produits très-fins ; mais la forme des broches exige une place bien plus considérable que celle nécessaire au continu ordinaire. Le système n'est, d'ailleurs, pas disposé pour produire des canettes, il ne remplit donc pas toutes les conditions avantageuses imposées à un nouveau continu ; il nous a néanmoins paru offrir de l'intérêt et digne d'être publié, parce qu'il pourrait dans certains cas être avantageusement employé comme machine préparatoire, et aussi parce que bien des chercheurs se sont rencontrés sur le même terrain et ont proposé des dispositions plus ou moins semblables en France et en Angleterre. Il est par conséquent bon que l'on sache où en est le problème dans cette direction ; ne serait-ce que pour servir de réponse à certains inventeurs, tentés de réinventer sans le savoir une disposition en quelque sorte épuisée.

§ 20. — Métier continu à canettes sans porte - système fixe (pl. XXXIII).

Ce métier est le résultat des recherches d'un directeur de filature. M. Agneré, privé en grande partie de ses ressources par la crise cotonnière, a dû renoncer à continuer, si nous ne nous trompons, aux sacrifices nécessaires pour faire passer un essai de ce genre à l'état pratique. Nous donnons néanmoins son projet, qui rappelle dans sa disposition générale certaine machine mule-jenny à retordre exposée en 1855, à Paris, par une maison importante d'Angleterre. L'analogie des deux systèmes existe principalement dans la disposition des cylindres étireurs ; au lieu de tourner sur place, comme dans la généralité des machines de ce genre, ils se déplacent dans la machine anglaise à laquelle nous faisons allusion et dans celle que nous allons décrire. Mais la ressemblance s'arrête à ce point, la direction du mouvement de translation n'est même pas identique dans les deux systèmes ; elle est horizontale dans l'une, et verticale dans celle que nous allons décrire.

La planche XXXIII, fig. 8, démontre, en effet, que les dispositions du métier Agneré reposent sur deux points essentiels : 1° la suppression du porte-système comme il est établi dans les métiers ordinaires, c'est-à-dire d'une façon fixe sur le bâti du métier : il occupe ici la face du métier, et est rendu mobile pour monter et descendre avec un cylindre ou baguette ronde remplaçant la tringle voudeuse ; 2° la disposition d'un secteur denté sur plat et d'une façon rayonnante destiné à un enroulement variable sur la canette, en raison de la variation des diamètres de cette même canette du commencement à la fin du travail par la superposition des couches.

La figure 8 du dessin est une coupe verticale du métier, dans le but de faire comprendre les parties essentielles du nouveau métier.

La disposition permet à l'ouvrier de rattacher ses fils devant lui, sans interrompre le filage et surtout sans s'exposer à aucun accident.

La figure 9 représente un plan d'un bout du métier, et la figure 10 représente la face latérale du secteur, c'est-à-dire celle qui se trouve cachée dans la position de la figure 8.

Le dépointage et le renvidage se font toujours d'après les dispositions qui ont été décrites précédemment, bien que l'on puisse produire ses opérations par le recul du porte-broches, qui serait alors monté sur un châssis mobile à mouvement de va-et-vient horizontal.

Légende explicative de la partie relative du renvidage.

a, bâti du métier; *b*, deux crémaillères verticales placées parallèlement et à chaque bout du métier; *c*, plate-bande disposée en avant de la crémaillère *b* pour former une coulisse entre elles; *j'j'j'*, cylindres cannelés occupant toute la longueur du métier. Ces cylindres portent à leurs extrémités un petit pignon fou engrenant avec la crémaillère *b*, pour obliger le cylindre *d* à tourner quand il monte et à conserver sa position quand il descend. Un manchon de débrayage à dents renversées, appartenant au cylindre *d*, réalise ces deux effets, la rotation en montant par l'embrayage, et la fixité en descendant par le débrayage; *e* est un cylindre de la même longueur que celui *d* pour l'appel et le maintien des fils; *f*, petites flasques articulées à chaque extrémité sur le cylindre *j*. Ces flasques portent un petit bras courbe *g* en contre-bas, muni à son extrémité d'un petit galet *h* roulant sur une plate-bande *i* en montant et en descendant, action qui a lieu par la force du fil ou par un écrou pour opérer le renvidage.

Les flasques *f* sont destinées à recevoir le porte-système des cannelés *j*, et à le rendre dépendant du cylindre *d* dans son mouvement ascensionnel et de descente; *k*, bobines de mèches sortant du banc à broches ou du frotteur; *l*, broches recevant une canette *m*.

n, main-douce commandée au moyen d'une chaîne Vaucanson *o* passant sur la poulie *p*. La chaîne *o* a pour effet d'enlever les cannelés *d* par l'intermédiaire d'un crochet d'attache *q* ou autre moyen quelconque. Cette opération a formé l'aiguillée aussitôt que le cylindre *d* est arrivé à l'extrémité de sa course ascensionnelle ; à cet instant les cannelés ont fini l'étirage, et la force des fils est suffisante pour faire descendre le porte-système à mesure que leur enroulement a lieu sur la canette. La broche représentée sur le dessin pourra facultativement occuper la position indiquée ou celle ponctuée en X, de façon à faciliter le rattachage des fils.

r, cylindre occupant toute la longueur du métier pour commander chaque broche séparément.

Enroulement des fils sur les canettes par progression proportionnelle depuis le commencement des canettes jusqu'à leur achèvement.

Les figures 8, 9 et 10 représentent un secteur denté sur plat *s* et d'une façon rayonnante, en faisant varier la largeur des dents suivant le déplacement proportionnel de l'écrou *t* voyageant sur la vis *u* du secteur 26.

L'écrou *t* est muni d'un petit pignon concentrique *x*, engrenant avec un autre pignon *v′*. Ce dernier est placé de façon à engrener pendant la levée du secteur 26, avec le secteur denté à plat *s*. Pendant ce mouvement, les pignons *xv′* font tourner l'écrou *t* jusqu'à ce que ce dernier soit avancé d'une quantité suffisante sur la vis *u*, pour abandonner la partie dentée qui convenait à son passage. Lorsque le secteur descendra, le pignon ne produira aucun effet, c'est-à-dire il passera sur le secteur denté sans engrener, en oscillant avec le petit support L, articulé sur l'écrou *u*.

Lorsque le secteur monte, le pignon *v* est maintenu dans une position fixe par le talon buttoir *y*, qui devient inutile lorsque le secteur descend.

Nous donnons ces éléments plutôt comme d'un projet de métier, pour faire saisir les points modifiés, c'est-à-dire la translation des cylindres étireurs, et une disposition particulière du secteur, que comme une machine pratique complétement étudiée.

§ 21. — Métier continu de MM. Higgins et Wheitworth.

L'élément caractéristique du métier de ces constructeurs bien connus consiste surtout dans la disposition de la broche et de l'ailette ; celle-ci, d'une forme spéciale, reçoit une commande directe indépendante de celle de la broche. Cette dernière, commandée par le fil fait lui-même, remplit les fonctions de bobines, comme dans les métiers mule-jenny. Tout le système, ailette et broche, a été modifié dans sa construction, de façon à alléger le mouvement de la première et à pouvoir imprimer une vitesse plus grande aux deux éléments ; au lieu d'avoir une direction verticale, les broches sont disposées suivant un plan incliné de chaque côté du métier, chacune d'elles est munie d'un régulateur de tension spéciale, pour corriger autant que possible les effets de sa variation, résultant de celle du diamètre de la bobine. Voici, d'ailleurs, la description générale du système :

La figure 6 est une élévation du métier, et la figure 7, planche XXVII, une coupe verticale d'une broche isolée sur une plus grande échelle. Cette broche a est montée à son pivot inférieur dans une crapaudine b, placée dans une traverse c. Une autre traverse d parallèle à la première et un peu au-dessus, forme le chariot, et reçoit un tube e dans lequel passe la broche. Elle n'est en contact avec le tube qu'à une certaine partie de sa hauteur e' indiquée clairement dans la figure 7. L'ailette est assemblée librement autour du tube e par son collet k, sur une partie de sa hauteur se trouve un anneau n, dont la rotation, commandée par une corde passant dans une gorge m, est facilitée par des roulettes ou galets g (fig. 8), ceux-ci tournent librement autour d'une espèce de cheville, ayant leur point d'appui sur une pièce faisant corps avec le bâti. Sur cet anneau, désigné parfois sous le nom de *trotteur*, sont montés les guide-fils *h*.

Le chariot *cd* chargé d'imprimer l'action verticale alternative de va-et-vient aux broches, est assemblé, d'une façon articulée, à la pièce O, qui est commandée par la crémaillère R et son pignon *p*. C'est à ce dernier que vient aboutir une transmission convenable à la réalisation de la translation de haut en bas, *et vice versa*, de la broche et de son tube, dans le collet *k* de l'ailette. Le côté droit du métier représenté figure 6, indique une autre modification de cette réunion de l'ailette et du tube. Le collet *k* de l'ailette passe librement dans une tige articulée *r* adaptée au bâti, et le collet *k* lui-même est alésé de façon à laisser un jeu suffisant au mouvement indépendant du tube *e*.

L'inclinaison donnée aux ailettes par rapport à la verticale passant par le milieu de la largeur du bâti, est telle, que le poids du système et la position de son centre de gravité l'appuient naturellement contre la surface des galets *g*, et maintiennent constamment les ailettes contre la surface de ces galets.

Régulateur de tension, fig. 7.—Il est composé d'un disque circulaire 3, sur lequel peut tourner une combinaison de leviers, à poids 4, montés sur une pièce en saillie 5, menée par une traverse 6. Le levier 5 est fixé en retour d'équerre au levier à poids 7 et 8, et établissent un contact entre le point d'appui 4 et le disque 3. La traverse 6 est commandée par un moyen convenable de la transmission générale, de façon qu'elle puisse déplacer successivement le point d'application du levier presseur sur le disque, et faire varier l'intensité de la pression à chaque tour du fil sur la bobine. La longueur du rayon sur lequel agit le poids va, par conséquent, en croissant du commencement de la formation de la bobine, et augmente en raison du ralentissement de la vitesse de la broche.

Enfin, pour arrêter la broche pendant le travail, pour rattacher ou pour tout autre motif, l'on a disposé une vis ou clef 2, dans le bras *r*. Il suffit de la serrer dans le sens voulu pour la faire presser sur le collet de l'ailette et empêcher celle-ci de tourner.

Les constructeurs indiquent des modifications de ces diverses dispositions, qui sont, d'ailleurs, des conséquences du principe fondamental basé sur l'indépendance du mouvement de l'ailette et de la broche, au moyen de la commande directe de l'ailette.

La figure 9, pl. XXVII, indique l'une de ces modifications, c'est une coupe faite sur l'un des côtés du métier, on ne voit, par conséquent, que le profil d'une rangée. La modification ne concerne que la forme de l'ailette et la disposition de sa commande. Dans la figure, les poulies à gorge *m* qui entraînent l'ailette et le galet *g*, sont placées à sa partie supérieure. Dans la figure 9, ces transmissions sont placées au bas de l'ailette, et l'extrémité opposée se termine en un pivot qui est maintenu et tourne dans un collet *t*, *u*. Une autre modification, que les constructeurs ont fait breveter, est représentée en détails sur une échelle plus grande, en coupe horizontale (fig. 10). Elle consiste dans l'adaptation de doigts presseurs analogues à ceux des bancs à broches pour faire des bobines serrées. Le dessin donne la projection d'un certain nombre de galets *g*, avec la commande de l'ailette, ainsi que la vue de la broche B et des palettes de compression du fil sur la bobine, qui n'offrent d'ailleurs rien de particulier.

§ 22. — Métier continu de M. Leyherr.

Chargé de rendre compte, à la *Société d'encouragement pour l'industrie nationale*, de l'invention de M. Leyherr, nous l'avons fait, dans la séance du 27 janvier 1864, dans les termes suivants :

« Malgré les nombreux progrès réalisés dans les machines à filer en général, l'usage des métiers automatiques est encore relativement restreint : les finesses couramment en usage dépassent souvent le numéro 300 ou 600 kilomètres au kilogramme, et même un titre double, si l'on prend des spécimens d'exposition pour exemple. Les produits des métiers dits *self-acting* ou *continus* atteignent rarement le numéro 50. Le premier de ces deux systèmes travaille avec le même avantage les fils peu tordus pour la trame et ceux pour la chaîne ; le second, le métier *continu*, ne peut opérer que sur les sortes sensiblement tordues, destinées aux chaînes des étoffes. Le mule-jenny ordinaire, dont l'une des principales fonctions, celle du renvidage, est réalisée à la main, transforme toutes les espèces de fils de l'échelle comprise entre les numéro 50 et 300, même au delà.

« Étendre de plus en plus l'application des métiers entièrement automatiques pour lesquels le concours de l'ouvrier se borne à une simple surveillance, tel est le problème dont la solution est généralement poursuivie. Les uns, c'est le plus grand nombre, s'efforcent de modifier et de perfectionner le mule-jenny automate, malgré la complication de son mécanisme, l'alternation dans l'accomplissement de ses fonctions et l'emplacement exagéré qu'il lui faut ; quelques autres, séduits avec raison par la simplicité des transmissions, la simultanéité d'action, le rendement avantageux qui en est la conséquence et le peu de place exigé par le système dit *continu*, lui donnent la préférence. Ils poursuivent son amélioration de manière à étendre ses résultats et à le rendre apte au filage des produits peu tordus de la trame, aussi bien qu'à ceux de la chaîne.

« M. Leyherr, l'un des praticiens les plus compétents, est au nombre de ces derniers ; il a soumis à l'appréciation de la Société un métier à fonctions simultanées, produisant avec avantage des fils d'une torsion quelconque et d'une finesse bien plus élevée que celle obtenue jusqu'ici avec les systèmes analogues.

Vos commissaires ont examiné et fait fonctionner toute une journée un modèle composé de 42 broches, monté dans l'usine de l'inventeur ; ils ont assisté à la confection des canettes du numéro 70 que vous avez sous les yeux ; et, quoique la construction de ce premier modèle ne soit pas à l'abri de la critique sous le rapport de l'exécution, ce petit métier fonctionne d'une façon satisfaisante, avec une vitesse de près de 5,000 tours de broche à la minute.

« Les produits filés sont excellents : nous avons constaté, par des essais réitérés, qu'ils offrent une ténacité remarquable et une homogénéité dans la qualité rarement atteinte dans la filature ordinaire.

« Les modifications du métier nouveau résident : 1° dans la construction et la disposition de la broche ; 2° dans la commande du chariot à mouvement vertical de va-et-vient qui les porte.

« L'organe tordeur et sa partie complémentaire, la broche et l'ailette solidaires dans leur mouvement dans les continus en usage, sont disposés de manière à recevoir une action indépendante l'une de l'autre. Une poulie, placée directement sur un collet inférieur de l'ailette, lui imprime une rotation directe très-rapide, sans qu'il en résulte l'inconvénient si fâcheux de la vibration des branches, attendu qu'au lieu d'être libres à leurs extrémités, selon l'usage, elles sont fermées de toutes parts. Cet organe consiste dans des tiges verticales assemblées à deux bagues horizontales, placées et pouvant tourner concentriquement à la broche, l'une au bas et l'autre au haut de la bobine ou de la canette de fil dont la formation a lieu directement sur la broche comme dans un métier mule-jenny quelconque. Le fil passe à travers un guide ou œil adapté à une tige ou diamètre de la bague supérieure. Cette tige est formée de deux parties ou espèces d'agrafes fermées pendant le travail, et que l'on ouvre pour retirer la bobine ou la canette terminée.

« La broche est entraînée par le fil et tourne, par son embase très-circonscrite, sur une plate-bande d'un chariot à mouvement vertical alternatif de va-et-vient. Ce mouvement des broches croise les fils de bas en haut et de haut en bas, de manière à former un cône ou canette destinée à être placée directement dans la navette du tisserand. Afin que le déroulement ou dévidage de ce cône de fil se fasse régulièrement, sans éboulement, perte de temps ni déchet au tissage, le mouvement doit remplir certaines conditions spéciales, en outre du croisement indispensable pour établir l'ordre dans les couches successives ; la tension sous laquelle l'envidage a lieu doit rester constante et demeurer par conséquent la même sur les portions qui forment les circonférences de la base et du sommet, aussi bien que sur les premières et les dernières du cône.

« Le mécanisme automatique qui réalise ces conditions est basé sur un mouvement différentiel variable suivant une certaine loi, il doit le transmettre avec précision à la marche du chariot sur lequel reposent les broches.

« Afin de ne pas entrer ici dans la description de ce mécanisme assez compliqué, nous pouvons nous borner à dire qu'il est analogue à celui du self-acting, chargé des mêmes fonctions. C'est un emprunt rationnel fait par l'auteur du nouveau métier pour l'appliquer au sien. Ce qui caractérise donc principalement le système de M. Leyherr, c'est : 1° la réduction de la surface frottante de la broche : un petit pivot tournant dans l'huile remplace la large embase de la bobine ordinaire en bois tournant à sec. La charge du fil se trouve, de cette façon, considérablement allégée. Le moins tordu possédant dès lors assez de ténacité pour entraîner l'organe, de là la possibilité de produire indistinctement des fils pour trame aussi bien que pour chaîne, quoique le système soit continu, ou, pour dire plus vrai, à fonctions simultanées.

« Le second caractère distinctif du métier nouveau consiste dans la commande et surtout dans la forme et le mode d'exécution de l'ailette mise à l'abri des vibrations, cause ordinaire de la limitation de la vitesse de la broche et de sa production. Cette vitesse, ne rencontrant plus l'obstacle des vibrations, peut être sensiblement augmentée au bénéfice du rendement et du prix de revient du travail.

« Ces deux perfectionnements réunis permettent, nous le répétons, de produire des fils de toutes espèces, ceux de la trame aussi bien que de la chaîne ; d'atteindre avantageusement une limite de finesse plus élevée que celle à laquelle il était possible d'arriver jusqu'ici sur le système continu ou self-acting.

« L'inventeur prétend, et nous avons tout lieu de croire, que son système peut produire des finesses bien plus élevées que celle obtenue sous nos yeux ; mais il nous a été impossible de vérifier le fait pratiquement, faute de préparations convenables à cet effet. L'usine de Laval, ne filant que des numéros moyens, n'a pu se procurer, à cause de son isolement, des boudins ou mèches dans les conditions voulues, pour les convertir en fils d'une finesse plus grande.

« Quoi qu'il en soit, en basant nos appréciations seulement sur les faits réalisés en notre présence, il nous est permis de dire que M. Leyherr a fait faire un pas sérieux à la solution de l'important problème mentionné ci-dessus. Les commencements de résultats obtenus par lui démontrent qu'il est dans le vrai ; ils doivent stimuler le zèle de ceux qui cherchent le progrès par la simplification des moyens.

« Peut-être sera-t-on étonné un jour des efforts considérables faits et de la science dépensée pour créer la machine la plus compliquée des arts mécaniques, pour étirer, tordre quelques filaments et embobiner leur fil. Quoi qu'il en soit, cette considération ou prévision, dont nous avons déjà eu l'honneur d'entretenir la Société, se fortifie en présence du résultat remarquable obtenu par M. Leyherr, dont l'invention n'est qu'à son début ; elle marquera un progrès de plus, si nous ne nous trompons, dans l'art de la filature.

« Lorsque les recherches d'un inventeur sont arrivées au point où en sont celles de M. Leyherr, vos encouragements lui deviennent particulièrement profitables et au progrès en général. Nous vous proposons en conséquence, messieurs, au nom du comité des arts mécaniques, de remercier M. Leyherr de sa très-intéressante communication, et d'ordonner le présent rapport et le dessin du nouveau métier dans votre *Bulletin*. »

Nous donnons maintenant, pl. XXXIV, la description des parties essentielles du métier dont il vient d'être question.

La figure 1 représente une vue verticale par un des bouts du métier.

La figure 2 est une élévation de face.

La figure *ꞌ* représente une section transversale par un plan vertical.

La figure 5, un plan horizontal.

La figure 3 est un détail.

Le métier est disposé, comme les continus ordinaires, pour faire tourner simultanément deux rangées de broches recevant leur mouvement d'une transmission commune, et pouvant néanmoins fonctionner indépendamment l'une de l'autre.

Les diverses parties du métier ont leur point d'appui sur deux bâtis de chaque côté.

a a', fig. 1, 2 et 5, sont les deux montants extrêmes.

b b' indiquent deux bâtis intermédiaires.

Les figures ne donnent que les organes et les transmissions nécessaires à l'intelligence des éléments les plus caractéristiques de la machine, pour en former un système spécial.

La coupe verticale de la figure 4 démontre que l'ailette et la broche, dont le mode d'exécution a été décrit dans le rapport précédent, n'ont pas de bobines comme dans le système continu en usage ; la broche sert ici de récepteur de fil comme dans les métiers mule-jenny et self-actings. La bobine n'existant plus, le frottement de son embase disparaît également, et celle-ci se trouve remplacée par la pointe fine ou pivot de l'organe qui tourne dans l'huile.

L'ailette d, formée par les branches ou tiges verticales $e\,e'$, est fermée de toutes parts, et reçoit sa rotation de la noix ou petite poulie g. La fermeture supérieure de cette ailette est disposée de manière à laisser passer le fil, pendant le travail, et à pouvoir s'ouvrir lorsqu'il s'agit d'enlever la canette pleine. Cette disposition a été suffisamment expliquée pour que nous n'ayons pas à y revenir. Le mouvement de la broche l est réalisé par le fil lui-même comme dans les continus ordinaires, avec cette différence que l'effort à faire dans le nouveau métier est considérablement allégé par la modification des organes tordeur et renvideur. Ce dernier, comme dans tous les métiers de ce genre, doit être doué d'un double mouvement, d'une rotation continue autour de son axe et d'une translation de va-et-vient dans le sens vertical. Ces mouvements doivent varier en raison de la forme donnée à la canette, et conformément aux observations du chapitre XXVI, § 5.

Or, le mouvement de rotation continue est imprimé à l'ailette, et par suite à la broche, par le tambour h, la corde i et la noix g. Quant à la marche ascensionnelle et descensionnelle, elle est transmise par une pièce ou traverse m, sur laquelle reposent toutes les broches, et qui remplit par conséquent les fonctions de chariot.

Mouvement de va-et-vient du chariot et des broches. — Deux crémaillères droites r et r', fixées par leurs parties supérieures au chariot m et placées de chaque côté du métier, commandées par les pignons $q\,q'$, commandés eux-mêmes par un arbre qui reçoit son mouvement d'un pignon p, font mouvoir le chariot de haut en bas et de bas en haut, suivant le sens d'engrènement de ces pignons avec les crémaillères. L'action est imprimée au pignon p par un secteur courbe denté o, formé à l'extrémité d'un bras articulé en n. Le secteur peut ainsi s'incliner dans les deux directions de bas en haut et inversement; lorsqu'il se meut de façon à faire monter le chariot, celui-ci est équilibré ainsi que le secteur lui-même par les contrepoids S, S'.

Pour que le mouvement de va-et-vient vertical dont il vient d'être question soit modifié de manière à déterminer l'enroulement conique du fil sous une tension constante, malgré l'augmentation successive des diamètres de la canette, une seconde pièce en fonte u, également articulée en n, longe le bras du secteur o. Cette pièce est munie d'une vis t, portant une platine v, qui peut marcher dans les deux sens de cette vis v au moyen d'un écrou v'. La vis v est mise en mouvement par le rochet x, monté à son extrémité et actionné par le cliquet à contre-poids y. La platine v a une forme particulière, et repose, par un de ces côtés courbes, sur un goujon z : la partie courbe et le goujon sont vus ponctués, fig. 1.

De plus, le levier u a un bras en retour d'équerre terminé par un galet 1, reposant sur la courbe d'un excentrique 2, commandé par une roue 3 et une vis sans fin, placée sur un arbre vertical qui reçoit son mouvement de deux roues cônes partant de l'arbre moteur du tambour h. Si ces dispositions sont suffisamment expliquées, on comprendra que les mouvements du secteur et du levier u, tout en étant simultanés, sont cependant indépendants. Les transmissions qui viennent d'être décrites ont pour but d'opérer la forme particulière de la canette. A cet effet, le mouvement de la broche est ralenti, et le rapport entre le chemin décrit par le chariot et les broches est variable, en raison de la forme de l'excentrique 2 et de celle de la forme de la platine v. En effet, lorsque le chariot descend, le cliquet engrène le rochet x, fait avancer l'écrou v' sur la vis t, et par, conséquent la platine sur le goujon *z*. L'amplitude de la course de l'écrou et de la platine dépend de la forme de cette pièce, en contact avec le goujon *z*; la partie courbe correspond à la partie inférieure ou base de la canette, la partie droite au milieu ou corps. Quant à la pointe ou sommet, elle se forme naturellement.

La transmission mécanique est ordonnée de façon que, lorsque le galet 1 occupe la position indiquée dans la figure, que la pointe de la platine est sur son goujon, le chariot et ses broches sont au haut de la course. Alors le mouvement commençant dans le sens de la partie courbe de l'excentrique fait descendre les broches lentement, le fil se dirige alors de bas en haut pour former la base déterminée par la marche de la platine. Arrivé au bas de la course, le chariot remonte rapidement pour croiser le fil, grâce à la partie droite de l'excentrique 2. A ce moment le cliquet engrène par son contre-poids (fig. 3), et à la descente il agit sur le rochet *x*, sur l'écrou *v'* et la vis *t*, en raison d'un tour pour chaque course.

Régulateur de la friction ou tension des fils sur les canettes. — L'auteur dispose une tringle ou baguette longitudinale de friction à mouvement de va-et-vient 6, agissant simultanément sur toutes les petites cordes et contre-poids de tension *s*, des canettes en raison de la pression plus ou moins prononcée des petites cordes. A cet effet chaque broche porte un renflement au point où agit la friction de la corde. Cette friction ou tension, variable en raison de la grosseur des diamètres, est déterminée par un plateau, 10, à renflement formant un excentrique à plat, qui reçoit son mouvement de l'arbre des engrenages coniques, au moyen des commandes 4 et 3 (fig. 5) et de l'arbre de l'excentrique 10. Celui-ci agit sur le galet 9, placé à l'extrémité du levier articulé 8, et transmettant l'action de friction de va-et-vient à la tige 6. Pour que le résultat soit satisfaisant, il faut que la courbe de l'excentrique 10 soit déterminée par des tâtonnements pratiques.

Mouvement général du métier. — Les bobines de prépara-tion P étant mises en place sur le bâti, les mèches maintenues par une baguette g' se dirigent vers les cylindres étireurs c, c', c'', et de là, par une ouverture laissée à la partie supérieure de l'ailette, s'enroulent autour de l'une de ses tiges verticales et se rendent sur la broche l. Le tambour h étant en mouvement, il imprime l'action directe aux ailettes, elle est transmise aux bro-ches par l'entremise des fils. Ceux-ci sont disposés par parties plus ou moins régulièrement renflées, en raison de la marche variable imprimée au chariot dans sa course. La vitesse diffé-rentielle de celle-ci est réglée par le secteur et son scroll, d'après les principes qui servent de base au mécanisme analogue de métiers automates.

Les vitesses des organes de ce métier sont 100 tours des broches contre 1 des cylindres qui leur livrent le fil. Or, les premiers faisant 48 à 50 tours à la minute, celle des broches est donc de 4,800 à 5,000 tours.

Quant à la production, elle sera facilement déterminée d'après la formule donnée pour calculer le rendement des métiers de ce genre.

CHAPITRE XXVII.

FORMULE DES TORSIONS.

La torsion, avons-nous dit, chap. VII, § 3, fixe invaria-blement les brins entre eux, pour en former un tout homogène. Bien appliquée, elle conserve au produit l'intégralité de sa force et de son élasticité ; insuffisante, le fil se désagrégera, et les fibres se sépareront en glissant les unes sur les autres par leurs extrémités; trop fortes au contraire, ils seront fatigués, perdront une partie de leur élasticité et de leur ténacité tout en occasionnant un surcroît de dépense.

Il est admis depuis longtemps que la torsion, toutes choses égales d'ailleurs, doit varier proportionnellement aux racines carrées des numéros ou des finesses des fils. C'est-à-dire que, lorsque la quantité de torsion pour l'unité de longueur d'un fil, la nature et le classement du coton qui le compose, ainsi que la destination du produit, sont connus, on pourra déterminer la torsion pour un autre numéro quelconque obtenu avec la même espèce de matière et pour la même destination, par une proportion entre la racine carrée des numéros des deux fils.

La valeur de cette loi des torsions peut être démontrée graphiquement et géométriquement, comme l'a fait M. Joseph Koechlin dans un bulletin de la Société industrielle de Mulhouse.

On peut également en faire saisir le principe en quelques mots : l'angle de torsion des filaments, pour les bien lier, devant rester le même pour une qualité de matière, et le nombre de ces filaments à égalité de finesse étant en raison inverse de l'élévation du titre, il s'ensuit que, dans deux fils de même genre, de grosseurs différentes, le nombre de tours de torsion par unité sera en raison inverse des diamètres ; or, ceux-ci sont entre eux comme les racines carrées de leurs surfaces.

Ainsi donc, d'après cette loi appliquée en pratique, si l'on désigne par :

N, le numéro d'un fil dont la torsion paraît convenable;

t, cette torsion par unité de longueur, par $0^m,01$ par exemple,

n', le numéro du fil dont on cherche la torsion,

x, la torsion cherchée, par unité de $0^m,01$,

L'on aura par conséquent $t : x :: \sqrt{N} : \sqrt{N'}$,

d'où
$$x = \frac{\sqrt{N'} \times t}{\sqrt{N}}.$$

La pratique admet avec raison que cette formule n'est applicable qu'autant que N et N' sont formés avec la même espèce de matière, et qu'ils sont d'un même genre de fil.

Les types de torsion varient par conséquent avec la nature des cotons et la destination des fils, et changent suivant les qualités de la substance et suivant qu'il s'agit, par exemple, des cotons de la Louisiane, géorgie-jumel ou de l'Inde, et que les fils doivent servir pour chaîne, demi-chaîne ou trame, pour la bonneterie, le fil à coudre, etc.

Malgré la détermination rationnelle de ces divers types et le plus ou moins d'intelligence de leurs applications, cette loi des torsions des fils, généralement admise, nous paraît laisser à désirer.

§ 1. — *Critique de la loi des torsions.*

Admettons que la loi que nous venons d'indiquer, bien connue dans les usines, soit utilisée avec autant de soin que d'intelligence, que l'unité pour chaque type soit appliquée à une masse de filaments homogènes ayant non-seulement la même finesse et la même longueur, mais encore une égale flexibilité et élasticité, ce qui est aussi important que difficile à obtenir. Nous disons que, lors même que ces conditions seraient remplies, il n'y aurait pas moins, par l'application de la loi ci-dessus, des causes d'inégalité de torsion sur les fibres de la masse, inhérentes au mode d'opérer en lui-même. En effet, la torsion ayant lieu simultanément sur les fibres, il en résulte fatalement une inégalité d'angle et de frottement entre celles qui forment la partie centrale, l'axe imaginaire du fil et celles de la circonférence extérieure. Cette inégalité de la courbure de l'hélice est évidemment proportionnelle au diamètre de la section du fil. Dans un gros diamètre, cette différence entre la torsion des filaments extérieurs et intérieurs, et, par conséquent, entre la cohésion de la masse sera plus grande que dans un fil à titre élevé. Les premiers, s'ils sont assez gros, seront formés ou de filaments centraux à peine tordus et presque droits, si ceux de la surface n'ont reçu que la torsion nécessaire. Si, au contraire on imprime à ceux de l'axe une courbure suffisante, celle des filaments de la périphérie du fil sera évidemment trop grande. Il y a donc là un dilemme très-délicat, difficile à éviter.

Pour atténuer les conséquences de cette action simultanée, il faudrait pouvoir réaliser une condition qui paraît impossible *à priori*, ce serait de produire un fil creux, un tube textile; on fait parfois des fils d'une constitution telle, que le défaut dont nous parlons est considérablement amoindri. Nous faisons allusion aux articles guipés, c'est-à-dire à certains fils de la passementerie formés par un axe central ou *âme* en une grége plus ou moins fine, autour de laquelle s'enroule en spirales serrées un autre fil de soie ou de toute autre matière textile. Cette constitution explique la solidité toute particulière et l'uniformité de résistance de ces produits. Il est évident que cette pratique, ni aucun moyen analogue, n'est possible pour les fils simples, surtout d'une grande finesse. Cela est fâcheux, car la cause de l'inégalité de torsion par le mode en usage a une influence plus grande qu'on ne le suppose en général. On la croit de peu d'importance à cause du petit diamètre même des fils les plus gros. Mais ces diamètres sont en rapport des nombreux éléments infiniment petits qui concourent au résultat et dont aucun ne peut être troublé sans amoindrir les qualités du résultat.

Cela nous paraît si vrai, que nous attribuons, toutes choses égales d'ailleurs, la supériorité de qualité ou, pour être plus exact, la plus grande homogénéité que présentent les fils fins en général, à la plus grande uniformité dans la torsion des fibres, le diamètre formé par leur masse étant moindre.

C'est tout en nous préoccupant de ces faits que nous avons

cherché, en attendant mieux, à déterminer des formules basées sur des types de torsion qui, d'après la pratique et nos propres expériences, nous ont paru les plus favorables. Ces diverses formules comprennent nécessairement les types pour chaque genre de fils dont la quantité de torsion doit varier pour le même numéro. Les principaux sont les fils destinés à former la chaîne, la demi-chaîne, la trame. Le système de métier, le mode de préparation subie par la matière suivant qu'elle est peignée ou cardée, la destination enfin du fil ont également une influence modificatrice sur la quantité de tors à lui imprimer; celle pour les articles destinés aux cretonnes, devant produire des étoffes à grains, n'est plus la même que celle pour les cotonnades d'impression; elle change encore suivant que les fils doivent servir aux étoffes à fils rectilignes serrés ou aux tissus réticulaires.

Nous sommes arrivé aux formules suivantes pour les différents cas.

§2. — Formules pratiques pour l'application des torsions.

1. Pour du fil de chaîne en coton louisiane, du numéro 10 à 40, on aura :

$$T = 1{,}59\sqrt{n^\circ}.$$

T désignant la torsion ou le nombre de tours de broche effectif par 0,01 de longueur de fil.

n°, le numéro du fil.

2. Pour le continu ordinaire,

$$T = 1{,}728\sqrt{n^\circ}.$$

3. Pour de la chaîne mécanique en jumel non peignée du numéro 10 à 40,

$$T = 1{,}58\sqrt{n^\circ}.$$

4. Pour le même coton jumel peigné, du numéro 40 à 70,

$$T = 1,50 \sqrt{n^o}.$$

5. Pour du géorgie longue soie, du numéro 70 à 150, chaîne mécanique,

$$T = 1,42 \sqrt{n^o}.$$

Trames ordinaires.

6. Louisiane doux pour tissage mécanique destiné à être pompé,

$$T = 1,11 \sqrt{n^o}.$$

7. En bas Louisiane tissé sec,

$$T = 1,14 \sqrt{n^o}.$$

Trames fines géorgie longue soie.

8. $$T = 0,99 \sqrt{n^o}.$$

Fils pour bonneterie.

9. Pour les numéros de 1 à 25,

$$T = 1,04 \sqrt{n^o}.$$

10. Pour les numéros 25 à 30,

$$T = 1,11 \sqrt{n^o}.$$

11. Pour les numéros 30 à 40,

$$T = 1,125 \sqrt{n^o}.$$

12. *Torsion pour les cotons de l'Inde.* — Lorsque, à la place du coton désigné dans les formules qui précèdent, c'est du

coton de l'Inde que l'on emploie, il faudra modifier les torsions et les augmenter dans les proportions suivantes : de 8 pour 100 jusqu'au numéro 20 ; de 12 pour 100 jusqu'au numéro 26 ; de 18 pour 100 jusqu'au numéro 32.

Jusqu'ici son emploi ne va guère au delà. Ainsi donc, si le calcul donne, par exemple, 10 tours de broche ou de torsion par centimètre, ou 100 par mètre, pour un coton des Etats-Unis, ce sera 108, 112 ou 118 qu'il faudra appliquer si c'est du coton de l'Inde, suivant le numéro produit.

Si l'on opère sur des mélanges de cotons, ce qui, selon nous, ne devrait pas se faire, l'on se servira de la formule applicable au coton de moindre qualité. Si c'est, par exemple, du jumel et de l'Inde, c'est l'unité de torsion de ce dernier qu'il sera convenable d'adopter.

§ 3. — Règle adoptée dans les filatures anglaises pour l'application de la torsion.

La méthode anglaise est plus simple que celle que nous venons d'indiquer, la quantité de torsion est basée sur la racine carrée du numéro du fil, multipliée par un nombre constant pour tous les numéros $= 3,75$, pour une longueur de pouce $(0^m,0254)$.

Cette règle donne généralement une torsion moindre aux fils ordinaires anglais qu'aux fils français.

Si nous prenons deux numéros anglais pour exemple, le numéro 16 et 100, correspondant le premier au numéro 13,44 et le second au numéro 85 français, nous trouverons pour la torsion par $0^m,254$, $\sqrt{16} \times 3,75$, ou $4 \times 3,75 = 15$ tours pour le numéro 16,00 et $\sqrt{100} \times 3,75$ ou $10 \times 3,75 = 37,50$ tours pour le numéro 100 anglais.

Les numéros correspondant au numéro 13,54 filé au

continu, la torsion au centimètre sera, n° 2, § 3, 1,72 $\sqrt{13,54} = 1,72 \times 3,596 = 6^t,22$, et $6,22 \times 2,54 = 15^t,80$.

Pour le numéro 85 correspondant au numéro 100 anglais, on aura, d'après le numéro 4 du même paragraphe : $1,42 \sqrt{85} = 1,42 \times 9,22 = 13,09$ par centimètre et $13,09 \times 254 = 33,24$ tours. Donc, pour les bas numéros nous tordons plus, et pour les numéros élevés moins que les industriels anglais; l'on est amené à considérer la méthode française comme la plus rationnelle, il en résulte en effet que, pour obtenir autant que possible un même angle de torsion pour les diverses finesses, il y a nécessité de modifier le coefficient multiplicateur de la racine carrée des numéros, puisque les conditions de la situation relative des filaments changent.

§ 4. — Différence entre la vitesse théorique et pratique des broches d'un métier à filer.

Les vitesses des organes d'un métier, quelque compliqué qu'il soit, sont calculées avec la même facilité qu'une simple transmission de mouvement direct. Pour obtenir celle de l'organe envisagé, soit une broche par exemple, il suffit *de diviser le produit des diamètres des poulies, roues et tambours qui commandent, par celui des diamètres des poulies, roues et tambours commandés, le quotient sera la vitesse cherchée.*

Une machine compliquée demande un peu plus d'attention pour ne pas omettre de transmissions intermédiaires, et pour ne pas confondre dans le calcul celles qui impriment avec celles qui reçoivent l'action pour la fournir de proche en proche. Tous les traités élémentaires de mécanique donnant les méthodes et les applications de ces calculs, nous n'avons pas à nous y arrêter. Nous désirons seulement faire remarquer pour le moment les causes des différences entre la vitesse des broches calculée aussi exactement que possible et leur vitesse réelle. Ces causes tiennent à la commande universellement adoptée pour transmettre le mouvement des tambours du chariot du métier à la petite poulie ou noix placée sur la broche douée d'une vitesse de 6000 à 7000 *tours par minute*. Cette transmission a lieu par une corde qui, quelles que soient sa nature et sa parfaite exécution, ne peut transmettre intégralement la vitesse qui lui est imprimée. Le frottement résultant du mouvement rapide sur les deux corps de révolution, des irrégularités de tension plus ou moins fréquentes, même sous l'influence d'une température et un état hygrométrique constants, et à plus forte raison avec les variations des conditions atmosphériques, ralentissent évidemment l'action.

Détermination pratique entre la vitesse calculée et la vitesse réelle des broches. — Pour nous rendre compte d'une manière *palpable* de la perte de vitesse occasionnée par les causes qui viennent d'être mentionnées, nous avons cherché un moyen de compter directement le nombre de tours imprimés au fil dans l'unité de temps. Ce nombre, soustrait de celui calculé, nous a fixé sur l'étendue du ralentissement et par conséquent *sur la perte de vitesse.* A cet effet, nous nous sommes servi du métier à filer comme d'un métier à retordre. Nous avons fait passer, entre la dernière paire de cannelés, deux fils de grége très-fins de deux couleurs différentes, blanc et noir, la torsion simultanée de ces deux soies, choisies de préférence à cause de leur finesse et de leur régularité, nous a permis de compter le nombre de tours par mètre dans l'unité de temps, sans chance d'erreur. Sur un assez grand nombre d'expériences dans des conditions hygrométriques diverses, la différence des résultats n'a pas été aussi importante que nous le supposions. Nous croyons être aussi près que possible en admettant une différence de 11 à 13 pour 100 entre la vitesse théorique des broches et leur vitesse réelle. Bien entendu que nous ne comprenons pas dans ce chiffre les arrêts ordinaires, il ne constate que la conséquence du mode de transmission de mouvement des broches. Ainsi donc, si nous supposons un ralentissement moyen de 12 pour 100 dans la vitesse des broches, il s'ensuivra que, pour obtenir réellement 6000 tours à la minute, les transmissions doivent être calculées pour une vitesse de 6720 tours au moins.

Le temps et les facilités nous ont manqué pour poursuivre ces expériences et pour nous rendre un compte exact de la différence de mouvement de l'une à l'autre des broches, nous avons lieu de supposer qu'elle est très-sensible, surtout sur les métiers d'une grande longueur, et dans les ateliers dont les conditions atmosphériques ne sont pas très-uniformes. Il y a là un champ d'observations intéressantes, surtout pour le praticien intelligent, qui, sans se déranger, sans dépense ni perte de temps, peut enregistrer des résultats obtenus dans les conditions les plus variables, en employant le moyen ci-dessus ou tout autre qu'il jugera préférable. Celui que nous proposons a l'avantage de ne rien déranger. Il suffit sur ces 500 à 800 broches d'en faire fonctionner 4 ou 5 à différentes places, comme organes tordeurs.

Cette partie de la commande des broches a déjà été l'objet de recherches sérieuses, tant sous le rapport des transmissions des tambours que de celles de ceux-ci aux broches. Le Bulletin de la Société industrielle de Mulhouse contient des mémoires et des descriptions intéressantes à ce sujet. Nous avons nous-même fait un rapport à la Société d'encouragement, tome II, 54e année du Bulletin, sur une commande de broches par engrenages de la construction de M. Muller père. Ce système, adapté aux métiers mulle-jenny à vitesse modérée employés dans la filature de laine, n'a pu être appliqué encore aux métiers dont les broches vont à 6000 tours. Le frottement et le bruit occasionnés par ce genre de mouvement constituent les obstacles les plus sérieux qui s'opposent à sa propagation.

§ 5. — Formule de la production d'un métier à filer.

Soit T, la torsion par mètre de longueur.

V, le nombre de tours de broches par 1′.

L, la longueur de l'aiguillée.

N, le numéro du fil.

Le temps du filage est égal à :

$t_1 = \dfrac{TL}{V}$, t_1 est l'évaluation par minutes,

t' étant le temps en minutes nécessaire au renvidage, y compris le dépointage.

Le temps nécessaire pour une aiguillée évalué en minutes sera :

$$t_2 = t + t' = \frac{Tl + Vt'}{V},$$

et la production en grammes p' sera :

$$p' = \frac{L}{2N} \times \frac{1}{t2} = \frac{LV}{2N\,(TL + Vt')}.$$

Désignant par t_3 le temps nécessaire au poids d'une bobine en grammes p, on aura $t_3 = \dfrac{p}{p'} + t''$,

t'' étant le temps en minutes nécessaire à la levée et à remettre le métier en train.

Remplaçant p' par sa valeur, on a :

$$t_3 = \frac{2pN\,(TL + Vt')}{L \times V}\,t + '',$$

ou

$$t_3 = \frac{2pN\,(TL + Vt') + LVt''}{LV}.$$

Et la production en douze heures, en grammes et par broche, sera :

$$P = p \times \frac{12 \times 60}{t_3} \quad \text{ou} \quad P = p \times 720 \times \frac{LV}{2pN\,(TL + Vt') + LVt''}.$$

P est la production théorique à multiplier par un coefficient K de 0,92 en moyenne, pour obtenir le rendement effectif par broche.

Application de la formule au n° 28 chaîne.

Pour ce numéro, on a :

N = 28.
T = 865 en moyenne.
V = 6000.
L = 1^m,60.
p = 60 grammes.
t' = 0′,1.
t'' = 20¹.

La production théorique par jour sera par conséquent :

$$P = 60 \times 720 \; \frac{1,60 \times 6000}{2 \times 60 \times 28\;(865 \times 1,60 + 6000 \times 0,1 + 1,60 \times 6000 \times 20)} = 0^k,06047$$

Et P, et 60^g,47 × 0,92 = 55^g,63, pour la production pratique par jour de douze heures et par broche.

CHAPITRE XXVIII.

EXÉCUTION DES SUPPORTS DES CANETTES.

Le fil des métiers formant des canettes ne s'enroule par directement, on le sait, sur les broches. Celles-ci sont en général
coiffées d'un petit cône en papier, ou carton mince, et parfois
en bois dans certaines filatures, et reçoivent alors le nom d'*é-
peule*. C'est sur ce cône que le fil vient s'enrouler en canette.
Dans la filature du coton, ces petits tubes coniques sont en
général formés par un certain nombre de feuilles de papier superposées et adhérentes entre elles par un collage. Le nombre
considérable de ces cônes, leur placement et l'enlevage des broches, constituent une dépense qui ne laisse pas que d'avoir son
importance. Certains établissements exécutent eux-mêmes ces
tubes. Plusieurs systèmes de machines ont été proposés, nous
nous bornons à l'indication de l'une de celles qui nous ont paru
les plus simples et les plus efficaces.

§ 1. — Machine à faire les tubes des canettes, pl. XXXV.

L'on découpe dans des feuilles de papier un morceau d'une
forme particulière H (fig. 11 et 12, pl. XXXV) présentant d'un
bout une pointe aiguë et de l'autre une forme obtuse, chacune d'une longueur correspondante aux dimensions du tube à
exécuter.

L'organe principal de la machine est un axe ou mandrin de
dimensions correspondantes à la broche sur laquelle le tube
doit être monté, un mouvement de rotation est imprimé à cet

axe au moyen de poulies et d'engrenages disposés d'une manière convenable.

Sur ce moule ou mandrin, la pièce dont il est parlé plus haut, découpée suivant la surface voulue, est enroulée, pressée et collée au moyen d'une lanière sans fin passant entre des rouleaux, dont l'un est en contact d'un tambour tournant dans une boîte ou bac contenant la colle ou une substance analogue.

Quand la matière est complétement enroulée sur le mandrin et le tube formé, il est instantanément expulsé, et un nouveau tube commence.

La figure 1 est une élévation longitudinale de l'appareil.

La figure 2 est une élévation transversale du même appareil.

La figure 3 une coupe verticale en travers des principales pièces.

La figure 4 est un plan dans lequel la lanière sans fin et le rouleau sont supposés enlevés.

Les figures 5, 6 et 7, donnent les formes des tubes par rapport à celle de la canette cylindrique, et les figures 8, 9 et 10, celle de la forme de la canette avec tubes coniques ; cette dernière épouse mieux la forme du cône.

Dans les figures 1, 2, 3 et 4, le bâti de la machine est représenté en a, l'arbre moteur en b, il reçoit la vis sans fin c et la roue d. Celle-ci donne le mouvement à l'arbre f, à la roue dentée g et à celle du tambour qui tourne dans le bac à colle i.

La roue g engrène dans la roue k sur l'axe de laquelle est fixé le tambour ou rouleau l. La roue d'angle d' engrène avec une autre roue d'angle m, dont l'axe passe dans le support n, et porte à l'autre bout la roue à angle droit o engrenée dans une roue semblable p sur l'arbre q, dont l'extrémité forme l'embase du moulin ou mandrin du tube.

Sur une tringle s est fixé un bras t portant un tourillon (prisonnier) u sur lequel travaille le rouleau v, autour duquel, ainsi que du rouleau l, est enroulée la lanière sans fin u' pressant à sa partie inférieure contre le rouleau k, de manière que sa surface soit couverte par la colle.

La lanière sans fin, munie d'une garde x est maintenue à la tension propre au travail, par la tringle et le galet y, recevant l'action d'un ressort fixée en z'.

Au-dessous du mandrin est un guide d' qui peut être déplacé selon la dimension et la longueur du tube, de sorte que, lorsque la machine est en travail et le bout de la pièce placé entre le rouleau supérieur et le mandrin, ladite pièce est enroulée en spirale autour de ce dernier par suite de sa révolution simultanée avec la pression de la lanière sans fin : cette dernière, étant baignée d'une substance adhésive, colle ensemble chaque spire, l'enroulage, la pression et le collage ont lieu d'un seul coup et forment un tube d'une force et d'une netteté voulues.

Lorsque le tube est fait, le rouleau fixeur (tendeur) y est relâché, et le rouleau supérieur rejeté en arrière, emportant avec lui la bande sans fin, ainsi que le montrent les lignes pointillées, opération qui est accomplie au moyen d'une pédale agissant sur le levier b' fixé à l'une des extrémités de l'axe.

Sur l'arbre moteur est placée une came, qui vient rencontrer la partie inférieure du levier f', quand ce dernier est poussé en avant, il donne le mouvement et pousse la coulisse h' et aussi une plaque l' qui passe au-dessus du mandrin à tubes du côté de la base. Ce mouvement de la plaque chasse du mandrin le tube terminé, après quoi le pied laisse revenir la pédale; les rouleaux, la lanière sans fin et les leviers reprennent leur position primitive. Une tablette porte-main est disposée en m' pour faciliter le service et l'engagement des bandes de matériaux de préparation.

Nous ne savons si cette ingénieuse petite machine est en usage en France, mais elle l'est depuis longtemps en Angleterre et commence à être introduite en Belgique.

Garnissage des broches. — Pour retirer toute l'économie de cette fabrication des tubes, on a imaginé un moyen de les placer sur les broches avec une promptitude inimaginable. A cet effet l'enfant chargé de ce soin est muni d'une espèce de règle de 2 centimètres d'épaisseur environ, plus ou moins longue ; elle l'est ordinairement assez pour être percée de cent trous égaux pratiqués dans l'épaisseur et placés les uns à côté des autres. Ces trous ont des dimensions telles que les tubes puissent y entrer et sortir très-facilement ; ils tomberaient s'ils n'y étaient maintenus. Ils le sont par une espèce de bandelette plate, assemblée, fixe à une certaine distance de l'un des fonds de cette règle trouée, et de l'autre par un couvercle à charnière, que l'on ouvre et ferme très-facilement au moyen d'un ressort. Lorsque l'enfant a placé 100 tubes par exemple dans sa règle, il la ferme, vient la porter au-dessus d'autant de broches du métier à garnir, ouvre le couvercle, et les 100 tubes sont placés sur leurs broches respectives avec la rapidité de l'éclair, un métier de 1,000 broches peut ainsi recevoir les tubes dans un clin d'œil.

Quant au placement des tubes dans les règles, c'est la besogne de l'enfant chargé de garnir les bobines pleines et de retirer les vides des métiers à filer ; il utilise le temps à sa disposition dans l'intervalle.

La petite machine que nous venons de décrire nous a paru la plus simple de toutes celles dont on s'est proposé le même résultat. Nous regrettons de ne pas connaître le nom de son auteur.

CHAPITRE XXIX.

TITRAGE ET DÉVIDAGE DU FIL.

Le titrage ou numérotage des fils indique soit la longueur pour une unité de poids donné, soit le poids pour une unité de longueur déterminée, il fait par conséquent connaître le degré de finesse relative du fil. Le titrage du coton repose sur le premier système. Une ordonnance royale de 1819 a fixé l'unité de poids à 500 grammes et la valeur du numéro au nombre de kilomètres contenu dans le demi-kilogramme. Le numéro 1 indique une longueur de 1,000 mètres par 500 grammes ; 2,000 mètres pour le même poids sont du numéro 2 ; si elle est de 100,000 mètres, c'est du numéro 100, et si elle n'en atteint que 500, le numéro est du 0,50, etc. Pour la facilité des transactions l'on divise chaque écheveau d'un kilomètre en 10 longueurs ou *échevettes*, formées de 100 mètres par conséquent chacune. Les appareils à vérifier et à déterminer le numéro d'un fil sont fort simples, ce sont toujours des espèces de dévidoirs, dont un certain nombre de tours entiers représente le développement d'une échevette de 100 mètres, et dont dix réunies forment l'écheveau de 1,000 mètres. Le nombre d'échevettes de 100 mètres est par conséquent proportionnel au numéro du fil ; celui du numéro 100 en contiendra 100 fois autant que le numéro 1, et le poids d'une échevette du premier est $\frac{500}{100} = 5$ grammes, tandis que le poids d'une échevette du second est $\frac{500}{10} = 50$ grammes. La longueur de 100 étant donnée, on arrivera à son numéro en déterminant son poids.

Comme il est important de vérifier rapidement et facilement le titre d'un fil, pour s'assurer s'il est conforme aux prévisions, et si les transformations ont été convenablement réglées, chaque filature possède un petit dévidoir dit à échantillonner, et une romaine graduée en divisions représentant les numéros avec leurs poids correspondants. On peut arriver à l'établissement de l'échelle de la romaine par le calcul. Mais les constructeurs préfèrent étalonner expérimentalement. Ils opèrent en général de la manière suivante : connaissant le poids de l'écheveau de 1,000 mètres pour chaque numéro, ils suspendent un étalon de ce poids au crochet de la romaine et marquent par une ligne la direction imprimée à l'aiguille sous l'action de ce poids. Sachant, par exemple, que 1,000 mètres du numéro 16 pèsent 31^g,2, ils suspendent ce poids au crochet et désignent la place que prend l'aiguille sur l'arc par le nombre 16, et ainsi de suite pour chaque cas. Cette méthode, un peu plus longue que celle du calcul, est bien plus sûre et moins susceptible d'erreur, si elle est pratiquée avec les soins et la précision voulus.

. La figure 3, pl. XXXVIII, représente de profil le dévidoir à échantillonner, et la figure 4, la romaine généralement employée. Ce dévidoir est disposé de façon à produire 10 échevettes simultanément et parallèlement l'une à côté de l'autre, au moyen d'une alimentation de 10 broches de fil, afin d'arriver plus*rapidement à l'écheveau.

. L'appareil, fig. 3, qui peut se fixer sur une table, se compose d'un croisillon de six bras ou rayons R, terminés par des palettes arrondies et polies p, recevant le fil passé dans un guide g; ces rayons sont assemblés à l'arbre tournant a placé dans des coussinets assemblés au support A, B, C. Ce support reçoit un timbre t, qui résonne sous l'action d'un petit marteau m convenablement adapté à l'un des bras du dévidoir, et dont l'extrémité du manche est reliée par une articulation r à une tige n, destinée à recevoir l'impulsion d'un heurtoir h; le petit levier n est alors soulevé, le marteau m s'infléchit brusquement par suite et frappe un coup de timbre pour annoncer la formation des échevettes et de l'écheveau. Le ressort S a pour but de ramenér le petit levier à sa position initiale. Il s'agit donc, comme dans tous les compteurs, de régler le mouvement de la cheville h pour qu'elle actionne le timbre après le nombre de révolutions voulues du dévidoir. Cet effet s'obtient par une disposition bien connue, au moyen d'une roue o, sur une vis sans fin V, qui porte la tige ou doigt h.

Supposons un périmètre de 1 mètre au dévidoir ou $0^m,33$ de diamètre, et un rapport de 100 dents de la roue de la vis sans fin d'un coup de timbre à l'autre, chaque échevette sera par conséquent formée d'une longueur de 100 mètres, et la réunion des dix aura le développement de l'écheveau régulier de 1,000 mètres. Il suffira de le suspendre au crochet r, fig. 4, pour que l'indication de l'aiguille a donne le numéro sur l'arc gradué A B de la romaine.

Une balance exacte quelconque peut au besoin remplacer la romaine donnant directement le numéro, il suffit alors de faire un petit calcul dont les éléments sont connus, puisque la valeur de l'unité de titrage est déterminée. Supposons, par exemple, que l'écheveau des 500 mètres pèse 20 grammes, le numéro en sera donné par la proportion suivante :

$$20 \text{ grammes} : 1 :: \text{l'unité de poids } 500 : x.$$

D'où $$x = \frac{1 \times 500}{20} = 25, \text{ numéro du fil.}$$

La proportion pour établir ce poids étant :

$$25 \text{ grammes} : 500 \text{ grammes} :: 1 : x, \text{ on a} : x = \frac{500 \times 1}{25} = 20.$$

Donc le poids en grammes d'un numéro déterminé s'obtient

en divisant 500 par le numéro. Si c'est le numéro d'un poids déterminé, on divise la même unité de poids 500 par le poids.

Titrage anglais. — Le numéro anglais pour le titrage des fils de coton indique également le numéro d'écheveaux pour la livre anglaise. Or, la livre anglaise est de 450,5 grammes, et l'écheveau ou hank = 840 yards ou 768^m,098, donc le numéro 1 anglais représente 768^m,098 pour la livre dont le poids est 453,54 grammes. Le rapport entre un numéro anglais et français est par conséquent 0,8467. Un titre anglais étant donné, on aura donc le titre français correspondant en multipliant le premier par 0,8467, et le numéro français se convertira en numéro anglais en divisant le numéro anglais par 0,8467. Donc, le numéro 40 anglais = 40 × 0,8467 = 33,86, en pratique, on compte 34 en nombre rond, et celui-ci en anglais sera par conséquent $\frac{34}{0,8467}$ = 39, 97 ou 40 dans l'usage.

Au moyen de ces deux exemples, il sera facile de faire toutes conversions nécessaires et de composer un tableau donnant les deux titrages en regard pour toutes espèces de finesses.

Insuffisance du titrage pour constater le degré d'irrégularité d'un fil. — La vérification des titres telle qu'elle est pratiquée, donne bien le rapport entre la longueur et un poids déterminé, mais rien n'indique la constance de ce rapport pour des fractions infiniment petites. Si le titrage accuse 100 kilomètres pour 500 grammes, on saura que l'on a du numéro 100, et que chaque kilomètre doit peser $\frac{500}{100}$ ou cinq grammes, ou un poids de $\frac{5}{1000}$ = 0,005 pour 1 mètre. Il est évident que si cette constatation entre le poids et la longueur avait lieu par mètre, l'on trouverait des variations sensibles d'une unité à l'autre. Certaines des différences de qualités signalées dans la même partie proviennent en effet d'inégalités dans le diamètre d'un même fil, les grosseurs et les parties étranglées, qui existent presque toujours, même dans les meilleurs produits, ne se compensent pas en général. Se compenseraient-elles d'ailleurs, elles ne constitueraient pas moins des défauts graves qui échappent à la vérification des numéros. Cependant l'industriel a intérêt à se rendre compte du plus ou moins de degré d'uniformité du fil sur toute sa longueur, afin de s'éclairer d'une manière plus précise, tant sur la valeur de la matière employée que sur celle du mode de transformation suivi. Il faudrait, par conséquent, pouvoir *jauger* le fil dans tout son développement, le faire passer dans une espèce de calibre ou filière mobile d'une sensibilité extrême, dont les variations de mouvement détermineraient celle du fil en jauge. Une pareille opération paraît presque impossible *à priori*, et cependant elle est expérimentalement réalisée pour les fils de soie. Un Américain a imaginé un appareil à cet effet, il consiste dans une série de galets superposés et équilibrés entre eux par des leviers à contre-poids agissant sur leurs axes respectifs. Les contacts entre les galets sont réglés par une vis en raison de la finesse des fils qui doivent être jaugés en passant entre les galets et les embarrant en quelque sorte du premier galet inférieur au dernier supérieur. Lorsque le fil présente une partie plus fine ou plus grosse que celle pour laquelle l'appareil a été réglée, l'équilibre entre le système est rompu, les galets opèrent de proche en proche, leurs actions s'ajoutent et leur résultante se transmet à un levier unique à contre-poids agissant sur un débrayage qui arrête spontanément l'appareil. Le point du fil déterminant l'arrêt est par conséquent signalé, leur nombre pour une longueur donnée peut se compter, et le degré de régularité est parfaitement déterminé. Lorsque l'appareil est appliqué à l'opération désignée sous le nom de *parage* de la soie, l'ouvrière chargée de veiller au dévidage enlève la bobine lorsque l'appareil s'arrête, elle extirpe la partie irrégulière et rattache le fil avant de remettre en mouvement.

Nous avons décrit en détail cet ingénieux instrument de vérification des fils avec les dessins nécessaires à son intelligence dans les *Annales du Conservatoire des arts et métiers*, décembre 1863. Nous pensons que cet ingénieux appareil pourrait parfois servir utilement à des matières autres que la soie.

Dévidage ou transformation des canettes ou bobines en écheveaux. — Les fils pour la trame envidés par le métier mule-jenny sur des canettes sont placés directement dans la navette du tisserand sans nécessiter aucune transformation, mais lorsqu'il s'agit d'en former de la chaîne, ces canettes doivent être dévidées en échevettes et écheveaux, par petites longueurs de 100 mètres formant une échevette fixée par un fil; un dévidoir identique à celui de la figure 3, pl. XXXVIII, si ce n'est qu'il est plus long, sert à cette transformation. Afin de ranger les fils bien parallèlement les uns à côté des autres dans les échevettes et l'écheveau, le guide *g* reçoit un mouvement de translation de va-et-vient latéral imprimé à une règle au moyen de l'un des mécanismes ordinairement appliqués dans ce cas pour toute espèce de dévidage. Lorsque le fil est un peu gros, l'écheveau, au lieu de se composer de dix échevettes, ne l'est que de cinq. Deux de ces demi-écheveaux forment ce qu'on nomme les *torques*.

Les divers essais tentés pour faire disparaître le duvet ou petites fibrilles qui se manifestent à la surface de toutes espèces de fils simples non apprêtés faits avec des filaments de peu de longueur, ont été appliqués infructueusement jusqu'ici au dévidage. L'opération consiste à faire passer le fil dans un liquide plus ou moins adhésif, une dissolution de gomme, de graine de lin, de fécule de fibrine, etc. De toutes les préparations, la pratique ne paraît en avoir qu'une, celle qui consiste à faire passer les fils de chaîne à la vapeur, pour empêcher le vrillement trop sensible, et fixer en quelque sorte la torsion d'une manière plus complète. Le produit paraît en acquérir plus de solidité, une apparence plus avantageuse, et offrir plus de facilité au tissage.

§ 1. — Formule de la détermination théorique du numéro d'un fil et du nombre des transformations réalisées pour l'obtenir.

Le numéro représentant le rapport entre la longueur et le poids, il suffit de connaître le poids traité, et son allongement à chaque machine, de multiplier entre eux le nombre de ces allongements ou les rapports des vitesses à chaque passage de la première à la dernière, de diviser ce produit par celui des poids passés à chacune d'elle, pour obtenir l'allongement total correspondant au poids de la matière traitée, ou le numéro du fil. Pour atteindre le résultat avec autant de précision que possible, au lieu de déterminer le numéro par le calcul aux premières machines de la série, on le prend directement en pesant l'unité de longueur à la sortie des batteurs par exemple.

Si l'on désigne par n le poids pour l'unité de longueur de la première préparation ;

Par e, e_2, e_3, ... e les allongements ou étirages successifs ;

Par d, d_2, d_3, ... d les doublages correspondants et N le numéro du produit, l'on aura :

$$N = n \frac{e, \; e_2, \; e_3 \ldots e}{d, \; d_2, \; d_3 \ldots d}.$$

Le numéro N est toujours connu *à priori*, il faut, par conséquent, que les termes du second membre de l'équation soient réalisés de façon à répondre exactement au premier. Si, par exemple, il s'agit d'obtenir un fil du numéro 27, il faudra que l'on ait $n \times \frac{e, \; e_2, \; e_3 \ldots e}{d, \; d_2, \; d_3 \ldots d} = 27.$

Cette formule est invariable théoriquement avec les numéros

à produire; en effet, pour produire du numéro 100, elle restera $n \times \frac{e, e_2, e_3.... e}{d, d_2, d_3.... d} = 100$. Quoique l'expression théorique ne change pas, le nombre de passages représenté par $\frac{e}{d}$ varie, il est, en général, proportionnel à la finesse du produit. Donnons quelques exemples pratiques de l'application de la formule de la détermination des numéros, ils serviront à faire ressortir en même temps la multiplicité des transformations pratiques. Il suffit de remplacer les termes algébriques par leurs valeurs numériques; prenons la chaîne 27 ordinaire pour exemple, d'après les errements le plus généralement suivis.

On a en moyenne :

Pour le nombre du batteur.................... $n = 0,016$
Etirage à la carde. .... $e_1 = 80$
Etirage aux laminoirs, 3 passages............ $e_2 = 8$, $e_3 = 8$, $e_4 = 8$
Etirage aux trois bancs à broches............ $e_5 = 5$, $e_6 = 4,5$, $e_7 = 5$
Etirage au métier à filer sur une simple mèche.. $e = 9$

Doublages. — On aura :

Aux cardes, 12 rubans...................... $d_1 = 12$
A chaque passage d'étirage, 8, donc.......... $d_2 = 8$, $d_3 = 8$, $d_4 = 8$
Au premier banc à broches, 1, et aux autres, 2. $d_5 = 1$, $d_6 = 2$, $d_7 = 2$

D'où la formule devient :

$$0,0016 \times \frac{80 \times 8 \times 8 \times 8 \times 5 \times 4,5 \times 5 \times 9}{12 \times 8 \times 8 \times 8 \times 1 \times 2 \times 2} = 27.$$

L'étirage de la carde est souvent aujourd'hui plus grand que 80. Dans bien des filatures et en Angleterre surtout, il atteint jusqu'à 100.

La quantité d'étirage au métier à filer varie également, toutes choses égales d'ailleurs, suivant que l'on file de la chaîne ou de la trame, pour celle-ci la limite est bien plus élevée que pour la première. Ainsi, la même préparation peut, par exemple, servir pour obtenir un fil de 12 à 15 numéros plus élevés en trame qu'en chaîne. Avec de la mèche du dernier banc à broches d'un numéro 4,5 en moyenne, l'on fera à volonté du numéro 36 pour chaîne et du numéro 50 pour trame. La mèche simple sera par conséquent étirée au métier à filer de $\frac{36}{4,5} = 8$ dans le premier cas, et $\frac{50}{4,5} = 11$ dans le second cas.

Certains filateurs modifient parfois la combinaison des préparations en supprimant un passage d'étirage aux bancs à laminer en augmentant d'un au banc à broches, et donnent à ces derniers quatre au lieu de trois passages. Supposons, par exemple, qu'il s'agisse de produire la préparation des numéros 36 et 50 dont il vient d'être question.

Après le cardage, on étirera et doublera à deux bancs lamineurs successifs et combinés de façon à ce que le numéro de la mèche au banc en gros soit 0,6. Cette mèche subira les transformations suivantes aux quatre passages de bancs à broches :

1° au banc en gros........................ N° 0,6   Étirage.
2° doublé au banc suivant, on aura ....   0,3 $\times$ 3,33 = 1
3° triplé au troisième banc ....   0,33 $\times$ 4,50 = 1,5
4° Doublé de nouveau au quatrième........   0,75 $\times$ 6   = 4,50

C'est ce dernier qui, étiré à 8, donne le 36 chaîne, et à 11, le numéro 50 trame précédemment indiqué.

Les quatre préparations aux bancs-broches sont surtout appliquées aux numéros élevés, à partir de ceux dont il vient d'être question. Au lieu de travailler en alimentant le métier à filer d'une mèche simple, il est toujours préférable de doubler les mèches au filage, dès que la valeur du produit comporte la compensation de la dépense qu'entraîne cette manière d'opérer.

Remarques sur l'application de la formule pour la détermination des numéros [1]. — En théorie l'on peut arriver au résultat

---

[1] Ces remarques paraîtront peut-être une digression déplacée et un

en modifiant les termes des numérateurs et des dénominateurs de cette formule sans que le résultat change. Un seul terme pour chaque produit peut les remplacer tous. Ainsi si l'on fait e_1, e_2, e_3 ... etc., $= E$ et d_1, d_2, d_3, etc., $= D$, la formule deviendra $\frac{E}{D} = N$. Il y aurait évidemment un avantage considérable si dans la pratique l'on pouvait non-seulement réduire tous les étirages et les doublages, mais encore diminuer sensiblement leur nombre. Or il a été démontré, au chapitre XXIV des étirages, qu'ils sont limités, toutes choses égales d'ailleurs, en raison de la longueur des fibres et de leur masse. Celle-ci doit être limitée à son tour, pour se transformer convenablement. De là la nécessité de fractionner ces opérations connexes des étirages et des doublages, contrairement aux suppositions possibles de la théorie pure, de les multiplier proportionnellement à la finesse du produit et de choisir, pour les numéros les plus élevées, les fibres les plus longues, les plus fines, les plus susceptibles de se lier et de se condenser. En principe, le nombre des passages pour un même titre de fil sera, par conséquent, en raison inverse de la qualité des filaments. C'est-à-dire que si, pour un numéro donné, du 27, par exemple, on employait du coton jumel ou du géorgie longue-soie, au lieu de fibres ordinaires des États-Unis ou de l'Inde, il suffirait d'augmenter sensiblement la quantité d'étirage à chaque passage et de diminuer d'autant leur nombre. Mais la dépense pour la matière première serait bien plus élevée alors que celle occasionnée par l'augmentation du nombre des transformations.

Il est donc indispensable d'approprier la valeur de la matière

double emploi avec les considérations du même genre de la première partie. Nous ne l'avons pas pensé, connaissant la nécessité de revenir sous diverses formes et aux occasions les plus convenables sur les faits les plus simples, qui, malgré leur importance, ne sont souvent appréciés que parce qu'on insiste.

à celle du produit, et de régler la combinaison des préparations sur les caractères et qualités de la substance, dont l'expression ne peut être comprise dans la formule.

Ce sont ces considérations élémentaires qui ont déterminé d'une manière générale des *combinaisons-types*, pour ainsi dire, qui, sans être absolues, ne peuvent cependant varier que dans une limite assez restreinte, et dépendant presque toujours de la nature des cotons. Nous avons déjà vu, par exemple (chap. XXIV, § 4), que la quantité maxima d'étirage pour un même volume ne peut être aussi étendue pour les filaments de l'Inde que pour ceux de l'Amérique ; que ceux-ci, même à volumes égaux avec les premières, sont en quelque sorte plus malléables. L'importance de la connaissance parfaite des propriétés de la matière se démontre, par conséquent, à chaque pas, dans l'étude des questions techniques. Cette importance devient plus évidente encore si, des considérations sur les étirages et les doublages, nous passons à celles des opérations complètes qu'ils comprennent implicitement, et dont ils ne sont que l'un des éléments. Il n'y a, en effet, que les transformations aux laminages où les doublages et les étirages constituent les résultats principaux. Dans les préparations qui les précèdent, ils sont combinés à divers moyens d'épuration réalisés par les battages, le cardage et le peignage ; dans le filage qui les suit, ils sont combinés à la torsion.

Ces éléments essentiels du travail, épurations et torsions, doivent, par conséquent, entrer à leur tour en ligne de compte dans la détermination de l'ensemble des transformations, et dans celle de leur mode d'agencement le plus convenable. Ici encore, la nature de la matière influe considérablement sur les combinaisons techniques et sur les qualités des résultats. Jamais ce fait n'a été plus facile à démontrer qu'en ce moment. Il suffit de se reporter à ce qui a été dit précédemment sur les nécessités de modifier la plupart des transformations en raison de la

nature et des qualités de la matière; de se rappeler les difficultés qu'ont rencontrées et qu'éprouvent encore les préparations premières des cotons de l'Inde, les déchets et l'infériorité
des produits qui en résultent.

Les causes de ces difficultés sont complexes, avons-nous
dit dans l'introduction de ce traité. Une partie est inhérente
à la nature de la substance dont les caractères ne pourront
s'améliorer qu'à la longue, et une autre provient de l'insuffisance des moyens techniques; ceux-ci se perfectionneront rapidement, grâce aux efforts énergiques et rationnels
faits de toutes parts depuis le commencement de la crise cotonnière.

La filature des cotons inférieurs paraît se trouver aujour-
d'hui à peu près dans la situation de l'industrie des laines il n'y
a pas encore quarante ans, lorsqu'on essayait d'y introduire
les moyens auxquels celle du coton devait son élan mémorable.
Malgré l'identité des transformations à réaliser dans les deux
sortes de filature, les progrès de celle de la laine ont nécessité
des modifications importantes, quoique secondaires en apparence. Or il y a presque autant de différence entre certaines
laines, les laines courtes et lisses, et le coton, qu'entre les cotons de l'Inde et les bons cotons des Etats-Unis. Si la comparaison n'est pas exacte quant aux caractères naturels, elle l'est
quant à la différence des propriétés des filaments et de l'influence de ces propriétés sur les transformations techniques.
Il n'est pas plus possible, par exemple, de traiter identiquement le tinevelly ordinaire et le bon louisiane, et, à plus forte
raison, le jumel et le géorgie longue soie, que de transformer
de la même manière la laine et le coton. Seulement, le progrès
dans la production des fils avec les duvets nouveaux sera plus
rapide que par le passé, en raison de l'avancement de la science
et des nombreux moyens perfectionnés dont l'industrie dispose
actuellement. Il suffit de citer les services rendus par l'épura-

teur de M. Risler, à l'origine du traitement des cotons de l'Inde, et ceux plus considérables à espérer encore du peignage particulièrement favorable aux cotons d'inégales dimensions. Les peigneuses à coton que nous avons décrites, paraissent résoudre de la manière la plus heureuse le problème du traitement du coton de l'Inde. Elles ont l'avantage de ne rendre que des filaments d'égale longueur complétement purgés de boutons, et de faire disparaître, par conséquent, les deux plus grands défauts reprochés aux fibres de l'Inde. Aussi sommes-nous convaincu que les premiers essais faits avec succès dans cette direction du peignage se propageront, surtout si l'on continue à améliorer les machines sous le rapport de leur simplification, pour rendre leur réglage plus facile et de façon à abaisser leur prix. Il arrivera alors pour cette partie du travail, ce qui se réalise pour l'égrenage. Depuis que M. François Durand est parvenu à construire une bonne machine à égrener qu'il vend au-dessous de 100 francs, toutes les filatures l'appliquent. La solution du problème général de la production d'un fil d'un numéro déterminé, doit donc se scinder en deux aujourd'hui. S'agit-il de l'emploi d'un bon coton des Etats-Unis d'un classement bien défini, la manière de procéder est si bien établie expérimentalement, que la substitution des nombres aux termes généraux de la formule précédente sur la détermination du numéro pourra se faire sans hésiter. Mais s'il s'agit de l'une des nombreuses variétés de cotons de l'Inde, du Levant, de l'extrême Orient, etc., il sera prudent de bien étudier les modifications à apporter à chacune des opérations et la marche générale à suivre. Tout ce que nous avons dit à l'égard des diverses opérations décrites et étudiées précédemment, pourra servir de guide et de point de départ. Notre prétention dans nos appréciations à cet égard ne peut aller plus loin lorsqu'il s'agit d'une matière encore aussi neuve et d'un problème dont la solution dépend d'éléments aussi variables. Le seul moyen

de franchir des écueils, c'est de commencer par les faire connaître et de les éclairer.

§ 2. — Peloteuse, fig. 3, 4, 5 et 6 ; pl. XXVI.

L'appareil à faire des pelotes de fil, fort ancien et très-ingénieux, a pendant longtemps été un petit métier rustique employé dans les ménages, ou dans les filatures de laine modestes,
mus par un manége ou une chute d'eau. M. Saladin en a fait
un véritable mécanisme de précision par sa construction soignée. Il a sensiblement amélioré les transmissions, il a substitué des commandes à engrenages aux cordes de l'ancienne
peloteuse. Cette modification a permis de faire des dessins par
l'entre-croisement des fils, l'on peut en changeant les rapports
des commandes faire varier le volume et même les rapports
du grand et du petit axe de la pelote. Depuis que M. Saladin a
présenté cette élégante petite machine à la Société industrielle
de Mulhouse en 1846, l'on a eu l'idée dans le Nord d'en réunir
un certain nombre sur le même bâti et de les faire travailler
simultanément par le même arbre. Voici d'ailleurs la description de l'appareil.

Fig. 3. Élévation de la peloteuse ; prise du devant.

Fig. 4. Élévation latérale de la peloteuse et de son porte-
bobine.

Fig. 5. Projection horizontale.

Fig. 6. Élévation latérale, vue en coupe sur AB.

(Les mêmes lettres indiquent des pièces semblables dans les
différentes figures, qui, toutes, sont tracées moitié grandeur
d'exécution.)

a. Pied en fonte sur lequel repose la machine.

bb'. Colonnes creuses posées sur le pied *a*.

c. Châssis supporté par les colonnes *bb'*, et auquel est fixé tout le mécanisme de la machine.

dd'. Boutons d'assemblage qui lient entre eux le pied *a*, les colonnes *bb*, et le châssis *c*.

Le bouton *d* doit être ouvert à sa partie inférieure pour donner passage à une crémaillère circulaire.

e. Arbre principal de la machine.

f. Manivelle fixée à l'arbre *e*.

gg'. Supports de l'arbre *e*, fixés au châssis *c*, au moyen de boutons sur lesquels ils sont fondus.

h. Roue en fonte de fer, de quatre-vingt-six dents, taillée en hélice et inclinée à 45 degrés ; cette roue est fixée sur une extrémité de l'arbre.

i. Pignon de dents en fer trempé, aussi en hélice.

k. Axe creux sur lequel est fixé le pignon *i*.

l. Chapeau de l'axe *k*.

m. Ailette en cuivre, fixée à une extrémité de l'axe *k*.

n. Roue dentée de cinquante dents fixée sur l'arbre *e*.

o. Roue intermédiaire commandée par la roue *n*.

p. Coulisse à douille, dans laquelle passe, à frottement libre, l'axe de la roue *o*.

q. Plaque mobile ; épaulements assujettis au châssis, *c*, ainsi que la coulisse *p*, par un seul bouton.

r. Pignon de vingt-cinq dents, mû par la roue dentée *o*.

s. Axe du pignon *r*.

t. Pignon d'angle, de cinquante dents, commandé par le pignon *t*.

Axe de la roue *u*.

x. Tube en cuivre, monté sur l'axe *v*.

yy'. Support de l'axe *v*. Ce support est porté par le châssis *c*, se termine en longue douille *y*, et est traversé par l'axe *s*, qui y peut tourner librement.

zz'. Chapeaux qui maintiennent, à frottement libre, la douille *y'* sur le châssis *c*.

1. Crémaillère circulaire, portée, d'un bout, par le support *y*, de l'autre, par la colonne *b*.

2. Axe de la crémaillère 1, fixé au support *y*.

3. Bâti du porte-bobine.

4, 4', 4″. Traverses d'assemblage du porte-bobine.

5, 5'. Équerres en fer-blanc qui servent à coucher les bobines lorsqu'elles ne sont plus assez grosses pour être dévidées debout.

6. Broches dont le nombre est assujetti au doublage que l'on veut admettre.

7, 8, 9. Guides des fils.

10. Pelotes exécutées sur la machine.

Marche de la peloteuse et manière de s'en servir. — Après avoir préalablement garni de coton le porte-bobine, on réunit en un seul tous les fils dont on veut former la pelote; alors, au moyen d'une faible tringle, on fait passer ce fil dans l'intérieur de l'axe creux, puis dans les deux guides-fils 8, 9 de l'ailette *m*, et de là on l'enroule sur la bobine, sur laquelle doit se former la pelote. On fait ensuite marcher la manivelle, et la pelote se forme telle que l'indique le tracé, c'est-à-dire avec des dessins creux, en forme de pyramides, dont les sommets se dirigent vers le centre.

Lorsqu'on veut faire sur les pelotes des dessins moins grands que ceux indiqués par le tracé, on met le pignon *n* en *r* et *vice-versa*. On peut faire sur cette machine les mêmes pelotes que sur celles ordinaires, petites et grandes, et rendre au besoin les dessins moins profonds, en variant l'inclinaison de l'axe *v*, au moyen de la crémallière 1, ce qui, avec un peu d'habitude, se fait très-promptement; on peut aussi entièrement fermer ces dessins en mettant en *r* une roue dont le nombre de dents ne peut pas être divisé sans fraction par le pignon *n*, comme par exemple quarante-neuf ou cinquante et une dents.

CHAPITRE XXX.

APPRÊTS MÉCANIQUES, RETORDAGE, MOULINAGE, FLAMBAGE
ET FAÇONNAGE DES FILS.

§ 1. — Considérations générales.

Ce qu'on nomme en général apprêt des fils, comprend divers sortes de résultats, tantôt il consiste dans un doublage ou la réunion d'un plus grand nombre de fils simples et leur retordage simultané pour en faire un seul et même fil plus consistant, c'est le cas le plus ordinaire. Les produits ainsi obtenus sont employés dans une infinité de cas, pour former soit des fils à coudre, soit la chaîne de certains tissus, tels que les velours, les orléans, des spécialités d'étoffes pour coutil, pour pantalon, des tulles et en général des produits d'une grande résistance ; les reters composés de deux fils seulement sont suffisants à la confection des chaînes, et parfois comme fils à coudre, ceux-ci cependant se composent souvent d'un plus grand nombre de trois fils à six, et prennent alors plus particulièrement le nom de *cordonnet*. On finit parfois la préparation par l'enlevage du duvet de ces fils au moyen d'un flambage ; tantôt l'on se propose de donner un brillant particulier au fil simple, afin de le faire servir à des articles où l'on cherche à imiter le brillant de la soie. L'usage des fils apprêtés de cette dernière façon commençait à se propager dans certaines étoffes pour robes au moment de la crise cotonnière. L'élévation extraordinaire du prix du coton a ralenti l'emploi de ces fils.

Au lieu d'opérer sur des fils écrus ou blanchis on fait souvent intervenir, dans les retordages, des fils de couleurs différentes, le produit est alors plus spécialement désigné sous le nom de *mouliné*. Il est destiné à des tissus façonnés simples, à effet de chaîne ou de trame. Quelquefois aussi, au lieu de former un fil tordu où les fils composants apparaissent également, l'un des deux fils est entièrement recouvert par l'autre. Au lieu d'imprimer alors une torsion simultanée aux deux fils, l'un chemine en ligne droite sans torsions, et l'autre s'enroule en spires serrées autour du premier. Ce mode d'opérer, fréquemment employé dans l'art de la passementerie, est nommé *guipage*, et le fil qui en est résulté est dit *guipé*. La nature de la matière des deux éléments diffère en général dans ce cas, l'application la plus ordinaire de ce mode d'opérer se rencontre aussi dans certains articles de la bonneterie pour faire des bas élastiques. Le fil droit est alors en caoutchouc et recouvert en coton ou autre substance.

Fil façonné pour soutache. — L'on a cherché, il y a quelques années, à tirer un parti fort original du principe sur lequel repose le guipage. Au lieu de former des spires régulières autour de l'élément rectiligne jouant le rôle d'axe central, l'on a fourni le fil extérieur avec une vitesse différentielle à des distances régulières, de manière à former un fil présentant de place en place des espèces de petites olives, ou toute autre forme variable à volonté en raison des modifications qu'on pouvait apporter dans les vitesses relatives des deux fils, par le changement d'un simple pignon de commandes.

L'on destinait ces *fils façonnés* à faire des broderies et des soutaches. Nous citons cette application, surtout comme un essai digne d'être sérieusement étudié, et susceptible de bien des modifications par l'emploi de fils de même couleur et de nuances différentes, tant pour la passementerie que pour la fabrication des étoffes.

Fils retors. — L'industrie des fils retors, moins compliquée que celle des fils simples, dont elle dépend, puisqu'elle opère avec des produits de celles-ci, présente néanmoins certaines difficultés particulières. En supposant même qu'elle n'emploie que des fils simples relativement parfaits, et considérés à tort comme tels dans le commerce, il reste encore des causes d'imperfection inhérentes au travail du retordage. Il est moins aisé qu'on ne peut le supposer de réunir un certain nombre de fils, et de les faire cheminer simultanément sous une tension constante. Il suffit, en général, de voir travailler un métier à retordre ordinaire pour remarquer la *mollesse* tantôt dans l'un, tantôt dans l'autre brin (fil) qui concourt au produit. L'un des éléments est parfois prêt à rompre sous l'action qui l'appelle, pendant que l'autre est à peine redressé. Ces inconvénients ne sont pas toujours la conséquence des moyens mécaniques usités. Ils résultant parfois de l'inégalité de grosseur et de résistance signalée déjà, même dans les fils les plus soignés.

L'irrégularité de la torsion est la conséquence directe et apparente de ces difficultés. Le produit perd de sa valeur, non-seulement sous le rapport de son aspect, qui ne présente pas le caractère recherché lorsqu'il est destiné à des étoffes où la torsion doit concourir à former le *grain* de la surface, mais aussi en raison de l'infériorité de son usage dans certains autres cas, et notamment dans son application à la couture. S'il n'est pas parfait alors, il occasionne une double perte, celles résultant du déchet du produit et du temps d'arrêt. Cet inconvénient est si grave, lorsqu'il s'agit de coudre rapidement, avec des machines, par exemple, que la soie, malgré l'élévation de son prix, est souvent employée de préférence.

Mais il en est d'autres où cette matière ne peut se substituer au coton; la broderie et la dentelle, entre autres, en offrent des exemples.

Ces considérations justifient, ce nous semble, suffisamment

les nombreuses recherches dont les métiers à retordre, les plus simples de tous, ont cependant été l'objet. Malgré les perfectionnements apportés à plusieurs d'entre eux, aucun ne remédie encore d'une manière absolue aux inconvénients signalés, si on ne prend certains soins et précautions préalables.

Il est à peine nécessaire de dire combien la qualité des fils simples destinés au retordage est importante. En supposant celle-ci aussi parfaite que possible, il est néanmoins encore convenable d'assembler préalablement par un dévidage simultané les fils destinés à être retordus ensemble. Ce n'est pas ainsi que l'on procède en général : l'on a l'habitude de développer les fils des bobines en les tordant ; cette méthode a l'avantage d'économiser l'opération du dévidage préalable que nous recommandons. Mais cette économie est souvent factice si l'on considère les imperfections qui en résultent dans la plupart des cas. C'est surtout en procédant de cette façon sur des bobines dont les dimensions et les tensions sous lesquelles elles ont été formées ne peuvent être mathématiquement égales, que les inconvénients signalés précédemment se manifestent.

§ 2. — Description des diverses machines à retordre.

Le métier mule-jenny ordinaire est souvent utilisé comme machine à retordre. Il suffit alors de le faire fonctionner sans étirage, de faire, par conséquent, passer les fils à retordre seulement dans la dernière paire de cylindres, pour les faire livrer convenablement. L'exécution de la torsion et le renvidage du fil tordu ont lieu identiquement comme pour le filage.

Nous n'avons, par conséquent, pas à revenir sur la description du métier représenté pl. XXVI, précédemment décrit, et nous allons passer au système plus exclusivement réservé au retordage.

Machines à retordre, système continu. — La figure 2,

pl. XXVI, représente une vue de côté d'un métier à retordre les fils de différentes natures. Un des côtés représente une élévation et l'autre la coupe de la machine.

Les fils à retordre sont disposés sur les bobines E, mobiles sur leurs broches. Celles-ci reposent, comme on le voit, à leurs parties inférieure et supérieure, dans de petits trous ou pivots adaptés au montant du bâti général en fonte A. Ces fils se déroulent des bobines et vont passer sur des baguettes en verre ou en cuivre z, d'où ils sont dirigés à travers des barbins en fil de fer a, qui les dirigent dans l'eau contenue dans une petite auge F. Cette immersion facilite la torsion du fil de coton et surtout du fil de lin, mais on ne s'en sert pas pour la laine. De l'auge, les fils passent sur la partie antérieure des cylindres lamineurs inférieurs qui sont en fer, et sur la partie postérieure des cylindres supérieurs c qui sont ordinairement en buis. Ces derniers les conduisent dans les orifices-guides l, n, placés sur une tige destinée à leur imprimer un mouvement de va-et-vient dans le sens de la longueur, afin de les faire croiser sur les bobines I, I, qui doivent les recevoir à leur sortie des ailettes i, destinées à leur imprimer la torsion. Les bobines et les ailettes ont chacune un mouvement de rotation indépendant, afin que l'envidage puisse avoir lieu convenablement. C'est aussi dans ce but qu'outre les mouvements de rotation, la bobine reçoit un mouvement de translation vertical le long de la broche, comme cela a lieu pour tous les métiers de ce genre.

Mouvement général de la machine. — Ce mouvement se compose, comme nous l'avons dit, des différents mouvements des broches et de celui des cylindres fournisseurs c, sur lesquels les fils sont tendus.

Mouvement des broches. — La courroie du moteur communique l'impulsion à l'arbre P au moyen des poulies folle et fixe Q. Sur l'arbre P se trouve le tambour L, qui transmet la rotation aux broches de la manière suivante : une traverse D du métier porte de petits supports à coussinets, qui reçoivent les axes des cylindres ou poulies de renvoi M. Chacune d'elles, qui est commandée par le tambour L, mène à son tour quatre broches de chaque côté du bâti. La courroie qui passe en dessous du tambour L et d'une poulie M, vient embrasser deux noix K des broches disposées sur le côté gauche, et revient ensuite sur deux noix des broches du côté droit, pour retourner de là sur le tambour L. Les poulies M sont des rouleaux de tension, sur lesquels agissent les poids o, o, par l'intermédiaire des leviers p, n. Ces pressions servent à tendre également les courroies de manière à obtenir un mouvement régulier. C'est encore l'arbre P qui transmet le mouvement aux cylindres supérieurs e, e, qui amènent les fils; sa rotation est imprimée au pignon 1, qu'il porte et qui engrène avec la roue 2, dont l'axe reçoit le pignon 3. Le mouvement est communiqué de ce dernier à la roue 4, de celle-ci à celle 5, qui porte l'arbre des cylindres b.

Ceux-ci, dans leur rotation, font tourner ceux e par le contact qui existe entre eux.

Mouvement du chariot, translation des bobines. — Sur l'arbre des cylindres c se trouve le pignon 6, dont l'action est transmise à des roues droites et à un excentrique X, placé sur l'arbre de la dernière, et de celle-ci aux galets u, auxquels sont attachés les leviers à articulation s, qui agissent sur les tiges t, adaptées aux rebords inférieurs des bobines, afin de leur donner le mouvement de va-et-vient nécessaire le long de l'axe de la broche. La quantité de torsion produite se calcule comme à l'ordinaire, par le nombre de tours des broches imprimé à la longueur de fil, fournie par les cylindres lamineurs alimentaires c. Lorsqu'on veut augmenter ou diminuer la torsion, on n'a qu'à changer un pignon ou une roue, et à les faire varier dans le rapport de la modification qu'on veut obtenir.

Le produit dont il vient d'être question est le plus simple

parmi les retors, il consiste dans la réunion de deux fils seulement. Il est évident que la difficulté d'obtenir un résultat parfait augmente avec le nombre de fils dont il est composé. Lorsqu'il s'agit de fabriquer du cordonnet simple au moyen de trois fils par exemple, il n'est pas toujours facile d'atteindre la régularité désirable. Il existe plusieurs modifications du même système pour arriver au résultat. Nous donnons une espèce de rouet fort simple qui a subi divers perfectionnements par M. François Durand, dans le but de régler la tension uniforme des fils composants, et de distribuer la torsion avec une régularité remarquable sur toute la longueur du cordonnet.

L'appareil est si élémentaire, qu'une description succincte suffit pour le faire apprécier dans tous ses détails, et expliquer la cause de ses excellents résultats.

§ 3. — Machine à faire le cordonnet en deux ou trois bouts, pl. XXXVI.

Fig. 1. Élévation partielle de l'appareil.

Fig. 2. Plan de l'appareil débarrassé du montant du bâti qui l'entoure.

Fig. 3. Détails.

L'échelle d'exécution est variable.

U, bâti de l'appareil sur lequel s'élève un montant formant la moitié d'une arcade.

a, arbre central terminé à sa partie inférieure par un pivot qui tourne dans une crapaudine ménagée dans la table du bâti. Cet arbre est maintenu librement dans un collier que lui présente un bras Y attenant au bâti.

a', plateau circulaire tournant comme l'arbre a auquel il est fixé et sur lequel sont placés les étriers b et leurs bobines.

b, étriers à base circulaire, munis de bobines c et disposés sur le plateau a' de manière à pouvoir prendre chacun un mouvement de rotation vertical, tout en tournant avec le plateau. Leur nombre varie suivant les genres et spécialités des fils et suivant la nature du travail à opérer. Dans l'exemple pris ici, il y en a trois.

Les bobines c, chargées de fil (il y en a plusieurs sur chacune) et placées horizontalement dans les étriers, sont enfilées sur des broches qui leur permettent de tourner facilement pour opérer le dévidage, et qui sont maintenues entre les montants des étriers b par une disposition telle qu'on peut ôter et remettre à volonté les bobines pour les charger de matière.

Les brins que dévide chaque bobine sont maintenus dans une position de tension convenable par une pièce en fer d, qui les rejette en dehors de l'étrier, leur fait décrire un angle aigu et les oblige à rentrer pour sortir définitivement par une ouverture e située au sommet. Cette disposition a pour but d'empêcher que les brins n'opèrent leur torsion sur la bobine même, torsion qui, par conséquent, ne peut avoir lieu qu'en dehors de l'étrier par suite du mouvement de rotation qui lui est imprimé.

Pour empêcher que les brins sollicités ne se déroulent trop rapidement, chaque bobine est munie d'un petit frein modérant sa vitesse de rotation ; ce frein se compose d'un ressort, qui presse sur une palette g, laquelle transmet cette pression à l'une des joues de la bobine.

Au sortir des étriers, les fils n'en formant déjà plus qu'un pour chaque bobine, se dirigent vers le haut de l'arbre central a, qui les maintient tout en ne leur permettant de se réunir pour être tordus ensemble qu'à la sortie du cône i, dont il est surmonté.

h est l'embase de l'arbre a ; c'est sur cette embase qu'est vissé le cône i.

Entre ces deux pièces est placée une sorte de rondelle j, dite régulateur de tension ; elle porte à sa circonférence des encoches pour recevoir chaque fil (fig. 3) et son diamètre est assez grand pour lui laisser du jeu, elle peut se déplacer horizontalement dans un sens ou dans l'autre. Grâce à cette disposition, lorsqu'un fil se trouve plus tendu que son voisin, il repousse de lui-même la rondelle, et par suite, son angle se redressant, l'équilibre se rétablit dans les tensions respectives des fils.

k est une poulie suspendue au montant du bâti, sur laquelle passent les fils réunis par la torsion de l'arbre a.

De là le produit formé, corde ou cordonnet l, vient se croiser sur une bobine de renvoi m qui le fait passer sur la bobine où on le recueille.

Cela posé, le mouvement est communiqué aux différents organes de l'appareil de la manière suivante :

n est une double poulie qui, au moyen d'une corde, transmet le mouvement du moteur à l'arbre a sur lequel elle est fixée.

o, roue dentée fixe, dans l'intérieur de laquelle tourne l'arbre a et engrenant avec les roues p placées sur le plateau mobile a' ; celles-ci, à leur tour, commandent des pignons fixés aux étriers b, sous le plateau qui leur sert de base.

C'est donc le mouvement de l'arbre a et par conséquent le plateau a' qui, en tournant, met en prise avec la roue o les roues p qui, de leur côté, agissent sur les étriers b par le moyen de leurs pignons respectifs.

C'est également l'arbre a qui fait mouvoir la bobine de renvoi m, au moyen de la vis sans fin q placée sous la poulie n.

A cet effet, la vis sans fin q engrène avec un pignon r, dont l'axe horizontal tourne dans des collets vissés sur le bâti et porte une poulie à plusieurs gorges s. D'un autre côté, sur l'axe de la bobine m, disposé sur le bâti parallèlement à celui du pignon r, se trouve une poulie t analogue à la poulie s ; la rotation est produite à l'aide d'une corde w réunissant ces deux poulies dans un rapport de diamètres qui varient suivant le débit qu'on veut obtenir.

En résumé, l'appareil opère deux torsions ; l'une a lieu sur les brins de chaque bobine par suite de la rotation des étriers *b*, et l'autre sur les fils produits et réunis en cordonnet par le mouvement de l'arbre *a* qui se fait en sens inverse de celui des étriers.

§ 4. — Exécution du cordonnet câblé.

Le cordonnet, composé de plus de trois bouts, est en général exécuté en deux opérations ou câblé comme le sont les organsins de la soie, formés par la réunion de deux fils retordus ensemble dans un sens opposé à la torsion primitive de chacun d'eux.

Ces deux sortes de torsion ont lieu sur des moulins ou métiers analogues, au point de vue du principe, à celui de la planche XXVI. Ces machines n'offrant pas toutes les garanties voulues sous le rapport de la régularité du résultat, le mécanicien, dont nous venons de décrire le rouet à faire le cordonnet, a également modifié celles-ci, afin d'arriver plus sûrement au but, et éviter les conséquences de la rupture de l'un des fils, il a imaginé un mode de débrayage simple pour arrêter la machine instantanément dans ce cas. La description suivante des appareils en question va développer les divers points dignes d'être appréciés.

La figure 4, pl. XXXVI, est une vue de face ; la figure 5 une vue de côté, et la figure 6 un plan-coupe suivant la ligne horizontale 1-2 d'un élément de la machine, qui se compose d'autant d'éléments semblables qu'on le désire.

Un tambour, ou cylindre A, commande les deux côtés du métier, au moyen de courroies convenables B qui passent dans les poulies c, c', folle et fixe, montées sur un arbre vertical D, qui porte une roue dentée E, servant à la commande de la broche à retordre et des bobines à tordre et même à filer.

Le pignon de l'arbre g de la broche à retordre H est un peu plus grand que les pignons J, J des arbres j, j, qui portent les bobines L; de cette manière, la broche à retordre fait un moins grand nombre de tours que les bobines fournisseuses, et les mouvements des trois arbres verticaux g, j, j, sont toujours dans le même rapport, quelle que soit la vitesse initiale du tambour A et de la roue E.

Les bobines L, L, qui portent les fils à travailler, sont emmanchées sur l'embase inférieure l, de manière à tourner avec l'axe j, le fil est forcément et constamment écarté de la bobine par le disque m que l'on dispose à la partie supérieure et sur lequel il prend un point d'appui pour se retordre sur lui-même en même temps qu'il se dévide, attiré par le mouvement d'enroulement de la broche à retordre.

Chacun de ces fils des bobines L, L va faire un ou plusieurs tours sur la tringle P en verre ou matière convenable, cette tringle constitue un second point d'appui, et c'est dans la longueur comprise entre cette tringle et le disque m que le fil se retord sur lui-même avec une vitesse considérable et dans d'excellentes conditions de travail.

Les deux fils x, après avoir tourné autour de la tringle P, viennent passer dans un orifice q d'une tringle R pour se rendre ensuite sur la broche à retordre.

Les deux fils se tordent ensemble entre les deux points q de la tringle s de la broche à retordre, puis le produit terminé s'enroule à mesure sur la bobine horizontale t.

Les figures 7, 8, 9 et 10 donnent les détails d'un système mécanique qui permet de préparer les fils doublés en opérant automatiquement l'arrêt immédiat de l'organe si un des fils se brise, par quelque cause que ce soit.

La figure 7 est une vue en élévation qui montre l'ensemble d'un appareil. La figure 10 indique la partie supérieure du disque du plateau de torsion.

L'axe vertical porte deux plateaux X et Y et deux poulies folles et fixes v, dont l'une, celle inférieure par exemple, lui transmet un mouvement rapide de rotation qu'il reçoit par courroies d'un tambour situé dans l'axe longitudinal de la machine mû lui-même par une transmission quelconque.

Cet axe tourne dans une crapaudine a, encastrée dans la traverse b du bâti et dans un godet à huile c, encastré également dans une traverse du bâti.

Le plateau Y porte, par exemple, six bobines, semblables à celles indiquées figure 6, et dont les fils passent sept trous du disque supérieur X, vu à part en plan (fig. 8); ces fils sont guidés à leur sortie de ces trous par une pièce fixe e, et par une pièce mobile f, puis ils passent entre les rouleaux g, h, et se rendent sur la roue A pour s'enrouler, réunis par un petit trou de la tige j, sur un guindre qui est relié à la tringle k munie d'un œil conducteur K, et le fil, retordu légèrement, va s'enrouler sur un dévidoir M, possédant un mouvement de rotation dû à son frottement sur le tambour A.

Les rouleaux g h (fig. 9) sont montés à l'aide d'un support c, sur une traverse B, dont la coulisse permet de les éloigner ou rapprocher de la tangente à la roue A.

Le tambour A est monté sur un arbre D, qui reçoit le mouvement de rotation convenable pour appeler le fil tordu sur le guindre M ; l'arbre D porte autant de roues semblables qu'il y a d'appareils de torsion sur un des côtés du métier.

La roue A est calée sur l'arbre D par une pièce F constamment appuyée sur lui par la vis r et porte sur l'une de ses faces latérales une série de taquets placés à une distance convenable entre le centre et la circonférence extérieure (fig. 10); sur une traverse q est disposé un levier t oscillant, et dont le bras s porte une saillie *o* qui, lorsque la machine est en fonction, repose sur un autre saillie *i* de la tige *m*, la juxtaposition de la saillie *o* sur celle *i* est maintenue pas le ressort *y*, jusqu'à ce qu'un effort supérieur l'emporte sur l'effet du ressort. La tringle *m*, à sa partie inférieure, porte une queue *u* constamment appuyée sur la courroie de transmission et à sa partie supérieure elle est reliée à un balancier *p*, muni d'un contre-poids *a* d'un côté et de l'autre d'une saillie *b*, faisant l'office de taquet ; supposons que le fil *j* vienne à se casser, la pièce *f*, qui était retenue par ce fil, prendra, par l'action de la force centrifuge, la position ponctuée, buttera contre l'extrémité du levier *q* et l'entraînera sur une longueur suffisante pour obtenir le déchaussement de la saillie *o* et de celle *i* ; alors le contre-poids du balancier *p*, n'étant plus retenu dans sa position normale, descendra par sa pesanteur, en faisant remonter le taquet *b*, qui viendra s'introduire entre les saillies et arrêter tout mouvement, car la queue *u*, entraînée par la tringle *m*, transportera la courroie sur la poulie folle.

Il résulte de là que l'axe vertical cesse de tourner et que l'arbre D continue à entraîner toutes les roues A, dont le taquet n'est point rencontré, mais laissant fixes celles dont le taquet rencontre la saillie *b* comme obstacle. Il est donc facile de comprendre qu'il suffit de mettre en jeu la tige *q* et de lui faire décrire un petit arc de cercle pour que l'appareil de torsion se trouve arrêté jusqu'au moment où l'ouvrier voudra renouer le fil qui s'est rompu, attendu que l'arrêt est dû à la rupture même.

§ 5. — Fils moulinés ou jaspés.

Rien de plus facile et de plus simple que d'obtenir, au moyen des appareils décrits, des fils avec des spires de deux ou de plusieurs couleurs, il suffit, à cet effet, de retordre ensemble un nombre égal de fils teints conformément aux nuances désirées. Mais si l'exécution de ces fils façonnés n'offre aucune difficulté, leur production n'en est pas moins onéreuse, attendu que pour arriver alors à une finesse déterminée, il faut employer deux fils d'une finesse double. Si, par exemple, l'on veut produire un fil retordu quelconque blanc ou de couleur mesurant 50,000 mètres au kilogramme, il faudra nécessairement qu'il soit formée de deux fils d'un numéro 100 chacun. Son prix de revient se composera par conséquent de celui des deux fils du numéro 100 et de la dépense nécessitée pour leur réunion et leur retordage. Cette dépense est nécessairement proportionnelle à la finesse du fil retordu. On a poursuivi le même but plus économiquement en opérant par l'un des moyens suivants, en faisant teindre des boudins à part jusqu'au métier à filer, et réunir sur ce dernier des boudins de couleurs différentes ; le fil, quoique simple, sera par conséquent nuancé en raison des diverses teintes des mèches de la préparation.

Ce moyen simple et facile en apparence offre des inconvénients assez sérieux pour qu'il ne soit pas à recommander.

Ces inconvénients consistent : 1° dans la difficulté que présentent les transformations des cotons teints, ils se cardent très-difficilement et détériorent très-rapidement les garnitures, surtout lorsque les couleurs sont foncées ; les étirages et la torsion ont lieu également avec plus de difficulté. Il faut de plus un matériel spécial, puisque l'on ne pourrait carder des cotons non teints ou des couleurs claires sur des garnitures qui en ont travaillé des foncés.

A cette manière de procéder on a substitué avec raison des fils d'une très-faible torsion susceptibles néanmoins de supporter la manipulation de la teinture. L'on transforme les écheveaux en bobines, celles-ci, préparées de nouveau soit aux bancs à broches, soit à un métier à filer en gros, sont détordues et étirées pour former des mèches avec un léger degré de tors. Ce sont ces boudins de couleurs différentes dont on alimente le métier à filer, absolument comme lorsqu'on file les écrus à double mèche.

Il va sans dire que pour détordre les gros fils après leur teinture, on devra imprimer à la broche un mouvement de rotation en sens inverse à celui de la première torsion. Ce moyen a l'avantage de pouvoir donner un fil jaspé plus souple que s'il avait été composé par la torsion de deux fils ensemble. L'on pourra donc, suivant les caractères recherchés, employer l'un ou l'autre de ces systèmes. Pour des fils plus ou moins roides, et devant offrir une combinaison également répartie dans les nuances, le premier mode, la réunion des deux fils faits, sera préférable. Mais pour des jaspés proprement dits devant présenter toute la douceur désirable pour la confection des articles de la bonneterie en général, la méthode de la décomposition des gros fils pour en former des mèches après la teinture paraît plus avantageuse.

Une certaine catégorie de fils retors, surtout celle destinée à la fabrication des tulles et de la dentelle, a besoin d'être complétement débarrassée des petites fibrilles ou duvet de la surface ; cet effet est obtenu par le gazage.

§ 6. — Gazage ou grillage des fils.

Le moyen le plus efficace, le plus simple et le seul en usage maintenant pour flamber les fils consiste dans l'emploi d'un bec de gaz allumé, à travers la flamme duquel l'on fait passer le fil avec une grande rapidité, afin d'enlever seulement les fibrilles de la surface sans que le produit puisse être atteint. Pour que l'opération réussisse, il faut un tirage énergique au-dessus du lieu de la combustion, et faire passer le fil par la partie blanche de la flamme. Les métiers à flamber sont disposés d'une façon identique à celle d'un métier continu, c'est-à-dire qu'il y a un bâti garni d'un certain nombre de becs à griller de chaque côté, en moyenne 72, ou 144 pour autant de fils. Les bobines qui reçoivent les fils après le gazage tournent avec une grande rapidité (de 2500 à 3000 tours à la minute), chaque bec peut gazer de 3,000 à 4,000 mètres de fil par jour.

La figure 7, pl. XXXVIII, donne l'ensemble de la disposition de l'un des becs de la machine, sur une section transversale du bâti général. Le fil à griller est placé sur une broche ou axe libre de la bobine b; en se déroulant il passe sur une baguette en verre placée dans le petit montant p, puis dans une fente d'un levier z articulé, portant une encoche e à la partie inférieure pouvant s'engager dans un bouton saillant i du levier S, et vient se tendre convenablement ensuite sur les cylindres q' q' placés à cet effet de chaque côté de la flamme f du bec l, dont l'extrémité inférieure est nécessairement munie d'un robinet de service. Du cylindre q' le fil se dirige sur un second tube en verre v, puis dans un guide g adapté à la tige h, douée d'un mouvement de va-et-vient distributeur du fil sur la bobine G ; afin de faciliter le mouvement de la tringle h, elle roule sur des galets k. La transmission de rotation est imprimée à cette dernière par la révolution d'une poulie tournante E, F, dont la circonférence extérieure frotte contre un collet ou tourillon de la bobine. Il suffit par conséquent de soulever la bobine G, ou d'empêcher son contact d'une façon quelconque avec sa poulie motrice F, pour qu'elle cesse de tourner.

Le mécanisme de la transmission est combiné de façon à soustraire le fil à l'action de la flamme aussitôt qu'une grosseur, un nœud ou un obstacle quelconque s'oppose à son développement. A cet effet, les bobines G placées chacune à l'extrémité d'un levier S peuvent tourner autour d'un point d'appui t. Ce levier est lié à un second courbe et à manche u u', la liaison est telle entre les deux leviers, qu'en soulevant le dernier $u\,u'$, on soulève en même temps le premier S. Celui-ci est muni d'une fente horizontale qui reçoit la tige verticale recourbée $w\,y$ fixée en x qui soutient le tube du bec de gaz l.

Lorsque le mécanisme est en activité, que le fil se déroule, l'encoche e embrasse le bouton i du levier S, cette position maintient la bobine G qui forme l'extrémité opposée du levier S sur la poulie de friction E. A ce moment la position du bec de gaz est réglé de façon à se trouver dans le passage du fil. Mais dès qu'un obstacle, une boucle, une grosseur, etc., vient à se présenter à la fente du levier z, la résistence est suffisante pour dégager l'encoche e de son bouton i, l'extrémité libre du levier S qui s'infléchit vient dans ce cas frapper une planche L et imprimer une secousse au bras vertical recourbé $w\,y$ qui fait dévier le bec de gaz, en même temps que la bobine G a été soulevée par le basculement de l'extrémité du levier opposée à celle du bouton i. Il y a donc arrêt de la bobine et soustraction simultanée du fil à l'action de la flamme.

Ce mécanisme, délicat en apparence, fonctionne néanmoins avec précision et sûreté. Il est surtout employé pour les fils retors destinés à la fabrication des tulles. On s'en sert également pour les fils de laine à divers usages, et notamment pour ceux destinés aux popelines, aux harnais de tissage, etc.

§ 7. — Lustrage des fils.

Le lustrage a également pour but de coucher et de faire disparaître le duvet de la surface, de donner plus de corps ou de ténacité au fil et surtout de le rendre aussi brillant que possible. Les moyens employés se conçoivent aisément sans figures, ils consistent dans une espèce de frottement que l'on fait subir à froid ou à chaud au fil, sec ou humecté par un liquide gommeux, dont la nature peut varier; c'est en général une dissolution légère de gomme arabique, de graine de lin, de fécule, de farine, etc. Ces liquides sont purs ou mélangés suivant une certaine proportion entre eux ou à d'autres liquides analogues. Les appareils de tension et de pression pour faire cheminer le fil et agir sur lui peuvent également varier. En général, lorsque les liquides gommeux interviennent, les fils sont ensuite soumis à un brossage pour bien imprégner la gomme et incorporer le duvet en le couchant.

L'article a-t-il besoin d'une certaine roideur, comme les fils pour la couture, la cordonnerie ou autre emploi analogue, on lui fait nécessairement subir un gommage. S'il doit au contraire servir dans la confection des étoffes et conserver sa souplesse, le brillant lui est fourni par l'action d'un frottement déterminé par son passage entre deux corps chauffés, deux cylindres creux, dont l'un au moins reçoit une certaine température à l'intérieur. L'action est analogue à celle du *chevillage* des fils de la soie. Elle consiste dans le passage de l'écheveau à apprêter tendu sur une grosse cheville parfois métallique, creuse et chauffée à la vapeur. La manipulation a généralement lieu à la main; depuis quelques temps seulement l'on a commencé à opérer automatiquement.

Le moyen de lustrage à sec du coton que nous avons vu employer est le suivant :

L'écheveau de fil simple ou retors à lustrer est passé sous l'action d'une certaine tension sur deux rouleaux dont l'un est mobile dans une espèce de coulisse d'un bâti, afin de permettre d'agir sur des écheveaux de longueur différente, ou de produire une tension variable à volonté en éloignant plus ou moins les deux centres des cylindres. Le cylindre supérieur est ordinairement en métal creux et tourne en contact d'un cylindre de pression, plus ou moins chargé par un levier à poids, le cylindre tendeur inférieur est en bois. Le système ainsi disposé, l'écheveau tourne entre les circonférence des deux cylindres supérieurs en contact et autour de celle du rouleau en bois inférieur. En le retournant dans tous les sens on finit par le lustrer sur tous les points, le résultat est, bien entendu, plus rapidement obtenu pour un fil simple que pour un fil retors. La production d'un seul élément semblable à celui dont nous venons de donner une idée ne peut guère produire que 2 à 3 kilogrammes de fils apprêtés par jour. Une machine peut en contenir un plus ou moins grand nombre.

Le mode de frottement appliqué pour apprêter le fil n'est pas indifférent. Un frottement de glissement donnera une apparence cirée au fil, tandis que le frottement de roulement déterminera un brillant uniforme plus flatteur. Il est donc bon de faire tourner les deux cylindres entre les surfaces desquelles passe l'écheveau, et de leur imprimer une égale vitesse angulaire.

Ne pouvant traiter cette question des fils retors qu'accessoirement, nous croyons néanmoins devoir appeler l'attention des praticiens sur les résultats divers auxquels on arrive suivant que l'on fait usage de l'un ou l'autre mode de frottement.

Cette industrie des fils à coudre forme une branche spéciale assez importante et qui ne peut être traitée utilement qu'en parlant du blanchiment, de la teinture et des divers modes d'apprêts. Nous ne pourrions donc nous en occuper davantage ici sans sortir du sujet spécial de ce traité.

§ 8. — Nouvelle machine automate à bobiner.

Le dévidage ou transport d'un fil en écheveau ou en bobine sur une autre bobine est un travail des plus simples en apparence. Cependant le problème se complique si l'on considère que le fil dans son envidage doit rester constamment soumis à une tension uniforme, qu'il doit se disposer en circonférences successives avec une régularité mathématique, que l'ensemble des couches superposées, au lieu de former un cylindre régulier d'égale grosseur sur toute sa hauteur, doit se constituer d'un fût cylindrique, avec des rebords en talus qui simulent assez bien une embase et un chapiteau, que la quantité ou la longueur du fût d'une même bobine doit rester constante et être fixée sur la bobine au commencement de l'opération et arrêtée à la fin par une entaille faite au petit récepteur, que le fil doit être parfois lustré en s'enroulant; enfin que cette opération accessoire du dévidage est une charge dont il faut diminuer autant que possible la durée et les frais. Cette dernière condition, ajoutée à celle de la nécessité de la régularité de la forme, a fait imaginer depuis longtemps déjà des machines à tourner les bobines. La nature de celles-ci peut varier; on les fait en métal, en os, en ivoire, mais elles sont le plus généralement en bois. Les tours automatiques destinés à ces bobines mériteraient une description spéciale, si elle ne nous éloignait du sujet qui nous occupe. Pour donner une idée de leur utilité, il suffit de dire que l'une de ces machines, surveillée dans sa marche par un enfant, peut tourner 70 à 80 grosses bobines par jour.

La machine à bobiner exposée en 1862 par MM. Sharp Steward et Cⁱᵉ, de Manchester, est de l'invention de M. William Weild. La manière extrêmement ingénieuse dont il a résolu l'opération du dévidage automatique complet prouve à elle seule les connaissances spéciales et l'originalité de l'auteur. Aux conditions à remplir énoncées ci-dessus il faut ajouter celle du transport et du placement automatique de la bobine. La machine la prend en effet dans une auge où elle est disposée, la met en place sur son axe, et commence l'enroulement en spirales superposées du fil, tout en le frottant, lorsqu'il a besoin de lustre, jusqu'à ce que la longueur totale des spires représente un développement déterminé à l'avance, à 180 mètres par exemple. La machine pratique alors spontanément une entaille pour y engager l'extrémité du fil, puis la bobine va se placer dans la position qui lui est réservée en descendant le long d'un petit plan incliné. Une seule machine peut former simultanément un plus ou moins grand nombre de bobines, celle de l'exposition en avait six. La perfection du résultat ne laisse rien à désirer. La construction de cette machine et d'autres de ce genre, pour les besoins du tissage, prouvent combien l'industrie anglaise est familiarisée avec ces sortes d'appareils et attache d'importance à la réalisation de problèmes auxquels nous n'accordons qu'une médiocre attention.

Le Conservatoire des arts et métiers s'est empressé d'acheter pour ses galeries un magnifique modèle, sur une échelle réduite, qui fonctionne néanmoins avec la précision de la machine qui a été tant admirée à l'exposition. La description de cette machine va faire saisir l'intérêt qu'elle présente. Nous dirons seulement, pour faire apprécier son avantage, qu'avec ses six bobines, elle peut faire de 48 à 20 grosses par jour de dix heures de travail effectif. Une ouvrière ordinaire réalise le travail de 5 à 6 dévideuses habiles, travaillant à la main. Il a été calculé dans un compte rendu anglais, concernant les services rendus de cette petite machine, qu'elle pouvait faire économiser annuellement une somme de près de 100,000 livres ou 2 millions de francs, c'est-à-dire les cinq sixièmes de la main-d'œuvre de trois mille personnes employées jusqu'ici au dévidage des petites bobines. La machine et ses détails sont représentés dans la planche XXXVII.

La figure 1 est une élévation longitudinale de face.

La figure 2, une coupe verticale en travers de la machine.

La figure 3, un plan horizontal sur une échelle plus grande de l'un des éléments.

Les figures de 4 à 8 sont des détails.

1° *Transmission générale de mouvement.* — Le mouvement

est donné aux différents organes de la machine par l'intermédiaire d'un arbre horizontal, supporté par le bâti même, et mû par l'arbre de couche de l'atelier.

Cet arbre a été supposé placé, sur le dessin, sous le plancher, et, par conséquent, à la partie supérieure de l'atelier immédiatement inférieur, cette disposition se rencontre le plus souvent, les étages inférieurs étant employés à la préparation des matières, qu'il s'agisse du lin, du chanvre ou du coton.

Cet arbre intermédiaire porte une poulie d'une grande largeur. Une courroie transmet le mouvement à l'une des trois poulies, placées au-dessous, suivant la position de la fourche de débrayage.

La poulie P (fig. 1) est calée sur un axe et met en mouvement les différents engrenages nécessaires pour arriver à la vitesse voulue des broches, lesquelles sont toutes horizontales.

La poulie P' est placée sur un arbre creux, qui entoure le premier, et sert à transmettre un mouvement de rotation continu à la poulie O qui est l'organe essentiel du débrayage automatique.

La troisième poulie P″ est calée sur un arbre creux placé autour du premier, lequel commande, à l'aide d'engrenages droits et coniques, tous les systèmes des cames employés pour les différents mouvements de translation et ceux nécessaires à la préparation de la bobine, c'est-à-dire le mouvement de levage du couteau et des crochets.

2° *Description des différents organes mis en mouvement par la poulie P.* — La poulie P est calée sur l'arbre a' sur lequel se trouve aussi fixé un frein, dont l'usage sera expliqué à propos du débrayage, et une roue d'engrenage 1 d'un grand diamètre, commandant un petit pignon calé sur un arbre intermédiaire, lequel commande un pignon d'un même diamètre 2 calé sur l'arbre a''.

Cet arbre se prolonge dans toute la longueur de la machine

pour donner le mouvement aux pignons 3 montés sur le prolongement de chaque broche.

Pour pouvoir exécuter les divers mouvements de transport de la bobine, chaque broche est munie d'un pignon semblable recevant le mouvement d'une grande roue calée sur l'arbre a''.

Ce même arbre a'' commande, au moyen d'une série de trois engrenages, le guide g G (fig. 2 et 4), à mouvement de va-et-vient sur toute la longueur de la bobine.

Cet appareil-guide se compose (fig. 1, 5 et 5 *bis*) d'une vis sans fin V à deux pas, l'un à droite, l'autre à gauche, tournant avec une vitesse proportionnelle à la vitesse de rotation de la bobine ; de deux peignes p et p', l'un fileté à droite, l'autre fileté à gauche, et enfin d'un taquet T' placé entre les ressorts r et r'.

Ces deux peignes p et p' sont fixés sur la tringle t, et par conséquent tout mouvement de translation qui leur est transmis, est communiqué au guide G du fil que l'on doit bobiner.

Dans la position indiquée par la figure 5, le taquet T' est monté sur une pièce S, ayant la forme d'un trapèze, et par suite le peigne p est appuyé contre la vis, laquelle tournant entraîne tout le système de gauche à droite jusqu'à ce que le taquet T' soit arrivé à l'extrémité de S, le ressort z' agira pour forcer T' à passer en dessous de S; et le peigne p appuiera alors sur l'autre partie de la vis z. Le mouvement commencera à s'effectuer donc en sens contraire et il se continuera tout le temps que T' restera sous la pièce S.

Pour donner de la solidité à la bobine, et en même temps une meilleure apparence, tout en n'augmentant pas la quantité de fil enroulé, les filateurs donnent aux zones de la bobine une forte inclinaison, de telle sorte que la machine doit pouvoir varier la course à faire parcourir au fil depuis la longueur AB jusqu'à CD (fig. 3). Pour arriver à ce résultat, un cliquet y (fig. 1), fixé à la pièce qui relie les peignes au taquet T, agit sur une roue à rochet R et la fait tourner d'une dent pour chaque course du fil ; sur l'arbre de cette roue se trouve calée une came K qui agit sur la pièce S pour la faire avancer d'une certaine quantité, pendant chaque course, de gauche à droite du fil.

Il en résulte que la course du taquet au-dessus ou en dessous de la pièce S augmente d'une certaine quantité, et que, par conséquent, la course du guide G augmente de la même manière.

On arrive par ce moyen à faire varier les deux courses extrêmes du guide G, dans le rapport de AB à CD.

On peut donc, à l'aide de ces transmissions, ayant toutes pour point de départ la poulie P′, enrouler le fil d'une manière continue, en satisfaisant aux diverses conditions réclamées pour la forme des bobines.

3° *Description des différents organes mis en mouvement par la poulie* P″.— Les différents engrenages commandés par cette poulie ont tous pour but de ralentir la vitesse, tandis que ceux commandés par la poulie P l'augmentent graduellement depuis l'arbre de cette poulie jusqu'à la broche qui doit recevoir la bobine.

La poulie P″ fait corps avec un arbre creux ; un pignon, venu de fonte avec cet arbre, commande une roue dentée B, calée sur l'arbre b à l'extrémité duquel se trouve fixé un petit pignon $b′$. Ce pignon $b′$ commande une roue B′ calée sur l'arbre $b″$, qui porte un tambour G′ contenant trois cames.

L'arbre $b″$ sert lui-même à donner le mouvement à un autre tambour C′ au moyen de deux engrenages coniques et de l'arbre c.

Ces différentes cames ont toutes pour but d'amener les bobines sur la broche et de l'en retirer lorsque le fil est enroulé.

La bobine est placée sur le tablier T pendant qu'une autre est placée sur la broche et se garnit de fil. Celle-ci, une fois terminée, tombe sur une tablette en bois fixée sur le bâti, par suite de l'enlèvement de la broche qui rentre dans le manchon creux M venu de fonte avec l'engrenage E (fig. 3).

Le porte-fil G se lève pendant tout le temps nécessaire au placement de la bobine, la came d effectue ce mouvement à l'aide d'un balancier d' (fig. 2), d'une bielle d'', d'un levier d''' tournant autour de l'axe i qui règne dans toute la longueur de la machine, et qui porte un levier et une bielle d_4 se terminant par une manivelle calée sur la tringle t qui supporte les guides G. Deux contre-poids J' agissent sur l'axe i pour appuyer toujours le levier d' sur la came correspondante d.

La première et la troisième came du tambour G' agissent à leur tour, par l'intermédiaire des leviers tournant autour de o, sur la tige I fixée à la pièce L et sur la tige I' fixée à la pièce L' (fig. 4), pour faire avancer vers la gauche la contre-pointe M' fixée à L et la broche fixée sur L'; la broche se trouve ainsi ramenée dans sa position primitive, telle qu'elle est représentée sur la figure 3.

Par suite de ces deux mouvements, il reste donc entre l'extrémité de la broche et la contre-pointe un espace suffisant pour placer la bobine dans l'axe prolongé de la broche.

La came e agit alors sur le levier e' calé sur l'arbre e'', qui se prolonge dans toute la longueur de la machine, et qui porte vis-à-vis chaque broche un autre levier e''' auquel est fixé le tablier T.

Le tablier T soulève la bobine; puis la première came du tambour G' agit de nouveau pour ramener la contre-pointe dans sa position primitive en poussant la bobine et en l'enfonçant sur la broche.

Le tablier T redescend pour revenir dans sa position primitive, et l'ouvrier y pose une bobine qui sera placée sur la broche lorsque l'enroulement sera terminé sur celle qui la précède.

Une fois la bobine mise en place, l'embrayage automatique des mouvements de rotation s'effectue par suite du transport de la courroie de la poulie P'' sur la poulie P.

Lorsque l'enroulement du fil est terminé, en satisfaisant aux diverses conditions énoncées, le débrayage des mouvements de rotation s'effectue automatiquement et la courroie est ramenée sur la poulie P''. Ce débrayage n'a lieu que lorsque le fil est enroulé sur toute la longueur de la bobine et qu'il est arrivé contre la paroi droite de celle-ci.

La came d agit et relève le guide G du fil.

La deuxième came du tambour G' agit à son tour sur le levier correspondant et sur la tige I'', laquelle porte le crochet Q (fig. 3 *bis*). Ce crochet rencontre le fil et l'entraîne vers la droite, il force, par conséquent, ce dernier à passer sous le crochet R et sous le couteau S (fig. 3, 3 *bis* et 4).

La came f' fait marcher une série de leviers qui permettent au crochet R de descendre pour diriger le fil, et au couteau s de venir entailler la bobine, en forçant le fil f à pénétrer dans l'entaille formée.

Par l'intermédiaire d'un autre levier, un autre crochet u agit pour rabattre le fil, tenu d'une part dans l'entaille, et de l'autre par le guide G.

Ce crochet oblige le fil à pénétrer profondément dans l'entaille et rentre lui-même, en entraînant le fil, dans une sorte de gaîne X, portant un couteau x. Le fil, en passant sur ce couteau, est coupé ; la première came du tambour G' retire la broche (fig. 3 *bis*), et la bobine tombe sur la tablette.

Les divers mouvements de translation s'exécutent de nouveau pour placer une nouvelle bobine sur la broche.

Ce qui vient d'être dit pour une des broches peut se répéter pour toutes les autres, et, en faisant le métier suffisamment long, le même ouvrier pourra en même temps enrouler le fil sur 12 et même 20 bobines. Comme toutes les opérations peuvent s'effectuer mécaniquement, le temps économisé à l'aide de cette machine est très-considérable.

Le fil est fourni à chaque broche par une grande bobine J, placée sur une broche fixe, comme l'indique la figure 2.

Chaque guide G est muni d'une pince à ressort z qui a pour but de donner une certaine tension au fil s'enroulant sur la bobine.

La courroie servant à transmettre le mouvement ayant une largeur supérieure à celle des poulies correspondantes, il s'ensuit que cette courroie, en passant de P sur P″ ou réciproquement, restera toujours d'une manière continue sur la seconde P′ pendant les différents mouvements de translation ou pendant le mouvement de rotation.

Le dessin n'a pas pu reproduire complétement les divers organes constituant le débrayage automatique.

La figure 6 représente le plus important.

Sur l'arbre l se trouve fixé un manchon sur lequel on a tracé un sillon hélicoïdal, un goujon appartenant à la fourche de débrayage vient se loger dans cette rainure, de telle sorte qu'un demi-tour de l permet au débrayage de pousser la courroie de la poulie P sur P″ ou réciproquement.

Sur ce même arbre l se trouve aussi calée un tambour cylindrique N creusé légèrement suivant deux génératrices de sa surface en n et n'.

Ce tambour N s'appuie constamment sur une poulie pleine O garnie de cuir à sa surface et tournant continuellement. Soit que la courroie soit placée sur P ou P″, cette pression est augmentée par le ressort q agissant sur une petite cheville fixée sur le tambour N.

La poulie O, ayant toujours un mouvement de rotation assez rapide, entraînerait par simple contact le tambour N, si ce dernier n'était pas retenu par le taquet qui vient buter sur une pièce fixée au levier m.

Il faut donc, pour que l'entraînement ait lieu, que le levier *m* soit poussé vers la gauche ; c'est ce qui arrivera lorsque tout le fil aura été enroulé sur la bobine, car *m* est en relation directe avec la pièce S qui avance constamment, mais d'une petite quantité, pendant l'enroulement.

Dès que le taquet du levier *m'* sera libre, N tournera, mais S étant ramené brusquement par un ressort spécial, *m* suivra cette pièce dans son mouvement, et présentera son arrêt au taquet O″ diamétralement opposé à O. Le tambour N sera donc arrêté en n'ayant tourné que d'un-demi tour, *l* aura suivi ce mouvement, et par suite la courroie sera amenée de la poulie P sur P″.

Une came se trouve aussi calée sur l'arbre *l*, et agit sur le levier du frein dont il a été question précédemment. Ce frein a pour but d'arrêter plus rapidement le mouvement des broches lors du débrayage, le mouvement pouvant se continuer pendant assez longtemps, par suite de la vitesse acquise, si le frein n'agissait pas.

Cet arrêt brusque est d'autant plus nécessaire que c'est immédiatement après l'arrêt que le couteau agit pour entailler la bobine.

Lorsque les différents mouvements auront placé les nouvelles bobines sur les broches correspondantes, une roue à rochet et un cliquet agissent sur l'arbre de la came qui fait avancer la pièce S, *m* suit évidemment ce mouvement, le tambour N se trouve de nouveau libre, mais pour un demi-tour seulement. Pendant cette demi-révolution, la courroie a été reportée sur la poulie P, et le mouvement de rotation est transmis à toutes les bobines.

Ces divers mouvements, quoique assez compliqués, s'exécutent avec une très-grande exactitude, sans que les organes soient par trop délicats ni susceptibles d'être mis hors de service au bout d'un temps trop court, les dépenses de ce chef et les arrêts sont par conséquent moins fréquents qu'on pourrait le supposer.

Le travail s'effectue très-rapidement et beaucoup mieux qu'on ne pourrait le faire à la main, le transport du fil ainsi que sa tension étant très-réguliers.

CHAPITRE XXXI.

EMPAQUETAGE.

L'opération accessoire de l'empaquetage n'est pas sans importance. Il faut que les paquets contiennent le plus de produits sous le moindre volume possible, que les écheveaux s'y condensent très-régulièrement, et que la forme soit d'une manœuvre facile et d'un aspect convenable, que le travail enfin ait lieu aisément et rapidement.

Pour répondre à ces exigences, l'on a imaginé divers systèmes de presses. Nous donnons (fig. 5, pl. XXXVIII) l'une des plus répandues. Elle se compose de deux bâtis semblables au profil de la figure 5. La partie supérieure constitue la table mobile où le paquet est comprimé entre des côtés formés par des lames minces verticales L, L', L″, L‴. La partie inférieure forme le mécanisme presseur manœuvré à la main au moyen d'un croisillon I.

S est le support recevant les points d'appui de l'appareil.

A, l'arbre moteur.

M, un rochet placé sur l'arbre A extérieurement au bâti S, pour assurer l'arrêt du mouvement.

I, croisillon calé sur l'extrémité du même arbre A.

R, roue dentée sur une partie de sa circonférence correspondant au maximum du développement de la course qu'elle doit imprimer. Cette roue engrène avec un pignon placé sur l'arbre moteur A.

O, douille sur laquelle viennent s'articuler deux bielles D, une de chaque côté du bâti.

c, petit arbre, auquel l'autre extrémité des bielles est également assemblée, à articulation.

F, montant des glissières dans lesquelles se meuvent les coussinets.

H, montants attachés aux coussinets.

P, plateau mobile ponctué.

N, table en bois, avec un vide intérieur pour recevoir le plateau mobile P, lorsque celui-ci est au bas de sa course.

L, L', L", L''', lames limitant les deux côtés opposés de l'ouverture de la table fixe.

La figure 6 donne la façon dont les lames verticales sont maintenues et fermées à leur partie supérieure. Des lames horizontales articulées en a, sur l'une des lames verticales correspondantes L, passent sous une espèce de clanche à lame verticale placée en regard de la première. La direction de la pression s'exerce par conséquent contre les lames horizontales qui forment ainsi la partie supérieure d'un rectangle, résistant à l'action du plateau mobile.

Exécution du paquet. — Le paquet contient d'ordinaire un poids constant de 5 kilogrammes par exemple, formé, par conséquent, par un nombre d'écheveaux proportionnel au numéro. Ces écheveaux sont disposés par rangées horizontales les uns à côté des autres, perpendiculairement aux lames L, L', L", L'''. Chacune des rangées contient un nombre d'écheveaux superposés de la base en haut. Afin d'obtenir le rangement régulier désirable, chaque rangée d'écheveaux est enfilée à ses deux extrémités dans une tige métallique. C'est une espèce de brochette passée dans les boucles formées aux deux extrémités des écheveaux repliés, dont la longueur ne dépasse pas la largeur de la table mobile. Ces brochettes sont retirées, bien entendu, du paquet après sa formation; afin de faciliter le liage et l'empaquetage, le papier-enveloppe est placé au préalable sur la table, et les ficelles dans les rainures vides réservées entre les plaques L, L', L″, L‴. Une fois que la roue R a tourné, de manière à faire engrener successivement toutes ses dents, la course est terminée, on lie, on ouvre alors les clanches supérieures et on enlève le paquet.

CHAPITRE XXXII.

ÉTABLISSEMENT D'UNE FILATURE.

§ 1. — Considérations préliminaires.

Le but de l'industrie, en général, est d'atteindre la perfection au meilleur marché possible. Pour le travail à la main, le résultat dépend de l'habileté et de l'assiduité individuelles. Le prix de revient du produit, nous ne disons pas de la vente, se règle directement et principalement sur la dépense que nécessite l'existence du travailleur. Autrefois les salaires formaient l'élément presque exclusif des transformations; il en est encore ainsi chez les Orientaux et pour les industries qui s'exercent sans le secours des machines. L'importance de la main-d'œuvre a considérablement diminué, quoique son prix se soit sensiblement élevé dans les contrées manufacturières en général.

Le problème n'a pas varié au point de vue du but, il s'agit

toujours, toutes choses égales d'ailleurs, de produire aux conditions économiques les plus avantageuses, sous le régime du travail automatique, aussi bien que sous l'ancien régime; mais les moyens se sont tellement modifiés, dans les arts textiles surtout, que la question des salaires est devenue secondaire dans l'ensemble des dépenses, et l'outillage classique et élémentaire, d'une dépense insignifiante autrefois, s'est multiplié et compliqué au point d'occuper, pour sa construction seulement, un personnel plus considérable que celui des fileurs et des tisserands qu'occupait le travail domestique.

Les perfectionnements constants apportés aux machines à préparer et à filer, depuis quatre-vingt-trois ans, époque de la création du premier métier à broches multiples, ont fait de la construction de cet outillage une des branches les plus importantes des arts mécaniques de notre temps. Chaque jour amène un progrès marqué dans cette direction, et si la composition de ce qu'on nomme un *assortiment* varie encore, s'il n'était pas hier ce qu'il est aujourd'hui, s'il doit encore se modifier demain, c'est du moins en vue de principes qui paraissent complétement fixés. Ils permettent de prévoir désormais la direction dans laquelle les progrès doivent être tentés, de mesurer, en partie du moins, le chemin qu'ils ont à parcourir, et de déterminer la meilleure voie à suivre, pour qu'ils soient plus à désirer qu'à redouter, pour ceux-là mêmes dont le matériel devra être modifié.

Les questions à résoudre pour arriver à ce résultat sont techniques et économiques. Les premières comprennent le choix de la matière, des machines, leur réglage, leurs combinaisons, la détermination de la force motrice, du personnel et l'évaluation préalable de chacun des éléments qui concourent à la formation des prix de revient, du produit à transformer.

La fixation de la localité, l'importance de la production, du nombre et de l'étendue des marchés qu'elle peut espérer, des

causes qui peuvent influer sur les débouchés et sur le cours de
la matière première, le choix des variétés d'articles à préférer
dans la même branche, c'est-à-dire le genre de fil, par exemple, le plus avantageux à produire, l'ensemble de l'organisation
de l'établissement, etc., constituent les secondes. Leur examen détaillé nous éloignerait trop de notre sujet ; nous aborde-
rons directement celles qui sont en même temps techniques et
économiques, et, entre autres, les considérations sur la détermination de l'importance d'un établissement à créer, et sur le
choix du produit le plus avantageux, etc. Nous examinerons
ensuite les questions exclusivement techniques.

§ 2. — Éléments à prendre en considération pour fixer l'importance d'une filature.

L'importance d'une usine peut se mesurer de deux manières
différentes : au nombre de broches et à la valeur des produits.
Les frais d'établissement sont à peu près constants et proportionnels au nombre de broches, quels que soient d'ailleurs la finesse et le prix des fils confectionnés, leur différence pour du
numéro 30 ou du numéro 200, par exemple, est insignifiante. Le
capital de roulement pour l'achat de la matière première, pour les
salaires et l'intérêt de l'argent engagé, varie au contraire, il peut
tripler et quadrupler pour le même nombre de broches, suivant
qu'il est employé à la production de finesses ordinaires ou
élevées. La direction de la manufacture, la surveillance et les
soins à donner, sont évidemment aussi en raison de la perfection des produits.

Il est donc plus rationnel de raisonner l'importance de l'usine
en prenant le nombre de broches pour base. Où est, en effet,
la limite à laquelle s'arrête la catégorie des fils ordinaires, et
où commence, par conséquent, celle des produits fins ? Naguère
encore, avant l'application du peignage au coton, cette délimi-

tation était peu nette; bientôt, lorsque cette préparation au peigne sera plus généralisée, il sera de nouveau assez difficile de tracer cette ligne de démarcation que nous croyons pouvoir fixer aujourd'hui à partir du numéro 70. La matière destinée à des finesses plus élevées doit être traitée au peigne, et par les autres transformations spéciales aux produits fins.

Le cardage et les errements qui en sont la conséquence sont appliqués aux diverses catégories en deçà de ce titre de 70. L'on peut donc, selon nous, comprendre tous les fils dans deux grandes classes : celle de la filature en gros et ordinaire embrassant les soixante-dix premiers numéros, et celle des fils fins comprenant toutes les finesses au delà. Il est bien évident qu'il ne peut rien y avoir d'absolu dans la division que nous venons d'indiquer pour la première catégorie, le peignage tendant à s'appliquer journellement à des numéros au-dessous de 70, et restreindre, par conséquent, l'échelle des produits ordinaires, considérés au point de vue de leur traitement. La différence dans le mode de traitement des deux sortes va alors en s'effaçant, au point de vue des moyens employés, sinon sous le rapport de la multiplicité des opérations, c'est-à-dire que lors même que l'on peignerait également les cotons pour du numéro 30 et du numéro 200 par exemple, il est bien entendu que ce dernier subirait plus de passages et comporterait plus de frais de transformation que le premier. La différence se réduirait à plus de soins, à des modifications de réglage pour les mêmes machines. Ainsi, par exemple, on donnerait jusqu'à quatre passages de bancs à broches au numéro élevé, et on le filerait à double mèche. Ce qui est impossible sous le rapport des frais pour les numéros ordinaires.

Il résulte de ces considérations que, quel que soit le nombre maximum de broches reconnu possible pour une filature, il sera toujours moindre pour la production des fils fins que pour celle des numéros ordinaires.

Il nous suffit, par conséquent, de rechercher le nombre maximum de broches dont doit se composer, dans l'état actuel des choses, une usine destinée aux articles dits les plus courants. Or, il y a parmi ceux-là même des numéros et des sortes générales dont la consommation se fait par masse, et dont les cours sont régulièrement établis par une vente à peu près assurée dans les temps normaux. Il en est d'autres destinés à des produits de fantaisie. Le placement des premiers est le plus sûr en tous temps, mais les bénéfices sont les plus limités, et ne sont possibles que par la réunion d'un certain nombre de conditions économiques, parmi lesquelles il faut surtout signaler l'échelle de la production et la bonne administration, aussi importante à réaliser dans un grand établissement que la qualité du résultat. Il y a, en général, plus de chances de profits dans la production des seconds, mais leur débouché n'est pas toujours aussi assuré. Lorsque l'industrie s'est décidée pour l'espèce ou les espèces de produits à transformer, car, en France, il faut assez souvent réunir plusieurs variétés dans la même usine, il s'agit enfin de déterminer le nombre de broches nécessaires à un minimum de frais généraux. Ce résultat calculé, il s'agit alors de supputer les chances de la nouvelle exploitation en présence de celles avec lesquelles elle aura à lutter. Naguère encore, lorsque l'intervention et l'habileté de la main-d'œuvre avaient une importance que les transformations automatiques leur enlèvent chaque jour, on pouvait songer à monter des filatures sur une petite échelle, comme on en voyait tant en Normandie, où l'importance moyenne des usines ne s'élevait pas à 5,000 broches.

Or, une filature qui ne serait pas plus importante aujourd'hui, ne pourrait pas utiliser convenablement ni entièrement les machines à préparer les plus indispensables, elle aurait des frais généraux relativement plus élevés que des usines bien plus importantes, et serait moins favorisée pour les achats de la matière première et la vente des produits. Il faut donc plus que jamais agir d'après les errements suivis depuis longtemps en Alsace et dans le département du Nord, ne songer qu'à l'établissement de grandes usines [1], calculer les assortiments pour un minimum de broches, les multiplier au besoin, c'est-à-dire passer de ce chiffre au double, au triple, etc.; directement, pour ordonner le mieux possible l'ensemble des machines qui constituent l'établissement. Mais si l'on peut indiquer un chiffre minimum de broches au-dessous duquel il est bien difficile d'espérer des résultats, et pour lequel même ils sont encore peu importants, il nous paraît impossible de fixer la limite maxima. L'on a discuté ce point dans ces derniers temps, l'on a voulu poser la limite à 60,000 broches. Or, le raisonnement et les faits sont d'accord pour prouver qu'elle est dépassée avec succès par certains industriels, et que d'autres ne peuvent l'atteindre. La solution d'une semblable question dépend évidemment des connaissances, de l'aptitude, de l'activité, et, en un mot, de la valeur du chef de l'exploitation. L'industrie présente sous ce rapport bien de l'analogie avec l'art de la guerre, dans lequel la capacité du général en chef peut avoir une si grande influence sur le succès de l'entreprise qu'il dirige.

Ne pouvant dire d'une manière absolue *à priori* quel nombre de broches il faut atteindre, ni à quel nombre il faut se limiter, nous allons examiner toutes les questions techniques à résoudre pour pouvoir arriver à cette détermination dans chaque cas particulier. Elles donneront les dépenses à faire, les prix de revient des produits, dont les conditions de placement sont en général indiquées par des cours officiels. L'on pourra se

---

[1] L'Alsace possédant 1,237,314 broches réparties dans 88 usines, la moyenne est de 14,060. La moyenne des usines anglaises est à peu près la même, les trois royaumes possédant 32 millions de broches dans 2,210 filatures, tandis qu'en Normandie l'on ne compte que 1,287,738 broches dans 300 établissements ou 4,292 broches par filature en nombre rond.

fixer ainsi sur un minimum de production indispensable pour arriver à un résultat donné. Cette solution aura en même temps pour conséquence la fixation des autres éléments qui doivent être pris en considération dans la gestion de toute grande entreprise, tels que l'importance du personnel, son genre de compétence, l'étendue de la surveillance, les soins de détails qu'elle exige, etc., etc.

§ 3. — Questions techniques à résoudre.

1° La fixation des machines de l'assortiment.
2° Du personnel.
3° Des salaires.
4° De la force motrice.
5° De la dépense du combustible pour la force motrice.
6° Pour le chauffage.
7° De la construction de l'immeuble.
8° Des frais généraux.
9° De la dépense de la mise en train.

§ 4. — Détermination de l'assortiment.

L'assortiment comprend l'ensemble des machines nécessaires à la fabrication d'une quantité de fil déterminée ; sa composition doit être en général telle, que chacune des machines, ou chaque série de machines correspondant au même genre de transformation, travaille une égale quantité de substance ; leurs résultats, déduction faite du déchet, doivent par conséquent être égaux en poids. Ainsi donc le coton ouvré aux opérations du premier degré doit être complétement transformé aux préparations suivantes et au filage. Il arrive néanmoins parfois que les premières opérations ont un peu d'avance sur les suivantes, les batteurs et même les cardes font alors un peu plus que les machines qui les desservent, cela est tolérable et peut même avoir un certain avantage dans les petites filatures, ou pour celles dont les fils ne sont pas toujours les mêmes, mais le contraire, c'est-à-dire une quantité insuffisante de préparation dont la conséquence serait un chômage pour une partie des métiers à filer, ne peut avoir lieu sans qu'il y ait préjudice pour l'établissement. Pour arriver avec précision à la composition de l'assortiment, il faut donc connaître la production de chaque sorte de machine, mais pour certaines d'entre elles ce rendement varie, comme nous l'avons vu, non-seulement avec leur réglage, leur vitesse et le degré de perfection à atteindre, mais encore avec certaines modifications dans les organes et leur groupement. Avant de se décider, il faut donc peser, autant que possible, les avantages et les inconvénients des systèmes en présence. Nous allons nous efforcer de les analyser rapidement.

§ 5. — Revue comparée de diverses machines destinées aux mêmes transformations dans la filature.

Machines préparatoires du premier degré, première période. — Le coton, à la sortie de la balle, peut être ouvert et préparé par le battage aux baguettes, le démêlage aux machines et aux cardes, par les diverses ouvreuses à dents, par les batteurs à volant et à règles de diverses espèces, ou par les machines que nous avons désignées sous le nom de *système mixte*, et enfin par l'appareil ventilateur-trieur Lewandowski. Toutes ces machines, si on en excepte la dernière, qui n'a pas encore été suffisamment expérimentée pour être définitivement appréciée, présentent plus ou moins d'avantages ou d'inconvénients. Elles reposent presque toutes sur l'effet des actions brusques ou des chocs, dont l'emploi est certainement désavantageux sous le rapport de la conservation de la matière. Mais lorsqu'il s'agit de la transformation des fibres communes dures, destinées à des produits où la question économique domine, l'on ne peut se dispenser d'en faire usage dans l'état actuel de l'industrie, attendu que l'une de ces machines, un batteur, dont nous critiquons le principe, produit de dix à quinze fois plus que les machines les plus délicates, qui permettent de désagréger les fibres avec plus de ménagement. Il faudrait donc multiplier outre mesure les opérations, la dépense du matériel et l'emplacement, si on voulait adopter dans tous les cas les appareils paraissant, *à priori*, les meilleurs pour obtenir un travail parfait. Ce motif nous dispense de creuser davantage cette appréciation comparative. Elle suffit pour faire saisir la nécessité des machines à grandes vitesses et à chocs, lorsque la production est la question dominante. Lorsqu'au contraire il s'agit des magnifiques fibres longues du coton géorgie et jumel, destinées à des produits si fins, qu'une broche ne produit que 6 à 7 grammes à peine par jour, la considération de la qualité et de la conservation de la matière première dominent. L'on peut alors d'autant plus donner la préférence aux appareils délicats qui désagrégent les filaments avec soin, que là où il faudrait un grand nombre de ces appareils pour le service ordinaire de 8 à 10,000 broches filant des numéros de 25 à 30, un seul suffit, si ces mêmes broches filent du numéro 100 à 130 par exemple.

La force des choses détermine par conséquent le choix à faire dans les divers cas principaux; les machines dites ouvreuses et batteurs travaillent le coton dont les fils ne dépassent pas les numéros 60 à 70; celles à démêler demeurent acquises aux produits d'une finesse plus élevée. Quant aux choix à faire dans les divers types de chacune de ces catégories, les considérations qui accompagnent leurs descriptions respectives dans les chapitres qui les concernent, peuvent servir de guide.

Machines préparatoires du premier degré, deuxième période. Cardage et peignage. — Naguère encore il y avait une ligne de démarcation nette et tranchée entre les cotons préparés à la carde et ceux par lesquels l'on pouvait songer au peignage : l'on ne peignait alors que les plus belles qualités. Cette ligne s'efface peu à peu conformément à nos prévisions déjà anciennes. Si le peignage est encore essentiellement réservé aux fils d'une finesse assez élevée dépassant le numéro 70 par exemple, il commence cependant à être appliqué à des cotons ordinaires des États-Unis et même au surate, dont on peut tirer des numéros plus élevés qu'on aurait pu le supposer autrefois, grâce précisément à cette préparation du peignage dont la substitution au cardage s'étendra progressivement, à mesure que le prix des peigneuses s'abaissera et que leur rendement s'élèvera. Malgré les progrès sérieux réalisés dans cette direction, ils ne sont pas assez avancés encore pour pouvoir supprimer le cardage. Celui-ci demeure indispensable, au point de vue économique, pour tous les fils dont les finesses ne s'élèvent pas au delà du numéro précité. Il reste par conséquent appliqué à la grande masse des produits, mais le cardage lui-même peut se réaliser, comme nous l'avons vu, par un nombre assez varié de dispositions susceptibles de donner des résultats plus ou moins parfaits, et des rendements variables en quantité. Les cardes dites à hérissons produisent davantage, toutes choses égales d'ailleurs, que les cardes à chapeaux, et celles-ci donnent en général un travail plus parfait. Quoique l'expérience soit d'accord sur ces points, il ne serait cependant pas impossible d'obtenir d'une carde à hérissons, avec une bonne disposition de débourrage qui maintînt constamment toutes les surfaces dans un bon état de propreté, des résultats également favorables en qualité et en quantité et assez parfaits dans tous les cas pour présenter de l'avantage à être

exclusivement employée aux préparations des produits inférieurs ne dépassant pas le numéro 25 environ. A partir de ce
titre jusqu'aux préparations pour le peignage, c'est-à-dire pour
les numéros au delà de 70 à 80, il nous paraît préférable d'a-
dopter la carde mixte, c'est-à-dire composée de hérissons et
de chapeaux, toujours avec un système de débourrage automatique aussi complet que possible, pour tirer de la carde les
services dont elle est susceptible Ce n'est d'ailleurs que dans
ces conditions qu'elle pourra lutter pendant quelque temps
encore avec la préparation du peignage, et qu'un seul passage
suffit, ce qui est aussi avantageux sous le rapport de la conservation de la matière que de l'économie du travail. Le débourrage parfait est indispensable, et lors même qu'il n'aurait pas
d'inconvénient pour la santé des ouvriers, il serait encore à
réaliser automatiquement, à cause de la perfection à laquelle
certains systèmes de débourrage self-acting sont parvenus.
Lorsque les soins donnés aux préparations qui précèdent le
cardage n'étaient pas ce qu'ils sont devenus, on cardait presque
toujours deux fois, surtout les produits d'une certaine qualité, et on n'aurait osé songer aux cardes à hérissons. On se
servait alors de cardes à chapeaux pour les deux passages, l'on
est ensuite arrivé à un premier passage à la carde à hérissons,
et le second à la carde à chapeaux. Depuis que les premières
préparations sont mieux soignées, et surtout depuis que la
mode anglaise a pénétré chez nous, peut-être un peu plus que
de raison, la carde à hérissons a pris une bien plus large place,
et le double cardage a presque complétement disparu. Nous
avons vu dans certaines filatures ne faire qu'un seul cardage
avec des cardes à hérissons pour des préparations devant donner des fils numéro 70 à 80. Nous ne réclamons pas contre le
simple cardage, nous croyons, au contraire, qu'il y a avantage
à limiter l'action de la carde, mais nous préférerions probablement toujours les résultats de la carde à chapeaux à ceux de

la carde à hérissons, et afin de combiner l'action du nettoyage propre aux hérissons à celle du parallélisage des chapeaux ; et pour obtenir une bonne moyenne de rendement de la machine, nous pensons qu'il est convenable de donner la préférence à la carde mixte, pour la série des numéros compris entre les numéros 25 et 60.

Machines préparatoires du deuxième degré, première période. Etirages. — Les machines à laminer et à étirer restent à peu près invariables dans leurs composition et combinaison, les changements dans les dimensions des cylindres, leur nombre par tête, leur réglage et le nombre des passages par assortiment sont des modifications de détails n'apportant aucun changement sensible à la machine ; elle reste identique dans sa construction, qu'elle soit destinée à la transformation des matières les plus communes ou les plus belles, il n'y a alors de changé que la quantité d'étirage ou le rapport des vitesses des cylindres, leurs écartements et leurs pressions.

Les seules modifications apportées à ces machines consistent dans des additions, pour mieux assurer leurs services ; des *casse-mèches* à l'entrée et à la sortie des rubans ; un compteur pour indiquer les longueurs produites, tant pour s'assurer des résultats que pour pouvoir payer ce travail à façon. Dans le cas où les recherches persévérantes de M. Henri Schlumberger sur l'étirage à gills le rendrait tout à fait pratique, cette partie des transformations éprouverait à son tour une modification profonde.

Préparation du second degré, deuxième période. Banc à à broches, rotas frotteurs et bancs Abbeg. — Chacun de ces systèmes, qui a pour but de transformer les rubans en mèches cylindriques étirées, affinées, laminées et condensées, propres au filage, a reçu et est encore l'objet de perfectionnements, comme nous l'avons vu en les étudiant. Le rota n'a pu cependant se faire employer que chez certains filateurs de la Normandie comme appareil préparatoire au banc à broches, c'est-à-dire pour diminuer le nombre des transformations à cette machine préparatoire, qui reste finalement réservée au dernier passage. Le banc Abbeg s'est encore moins propagé, nous ne connaissons pas d'établissement en France où l'on en fasse usage, son principe est cependant séduisant. Nous nous bornerons, par conséquent, à faire entrer les bancs à broches dans la composition des assortiments. Nous donnerons néanmoins les éléments pour pouvoir se rendre un compte facile de la modification résultante de la substitution d'un ou deux rotas ou des bancs Abbeg aux bancs à broches, dans le cas où l'on fabriquerait des produits assez communs pour pouvoir le faire sans inconvénient.

Application respective des trois systèmes de métiers à filer. — Nous avons vu, chap. XXVI, § 1, que trois sortes de métiers se partagent aujourd'hui le filage dans des proportions indéterminées, ce sont : le métier auquel on a conservé le nom de mule-jenny ; le mule-jenny, complétement automatisé, ou self-acting, et enfin le métier continu. Au point de vue expérimental, chacun de ces systèmes peut produire des fils d'une finesse et d'un caractère quelconque, on s'efforce de les perfectionner tous de façon à rendre leur emploi pratique également avantageux. Mais, jusqu'à ce qu'il en soit réellement ainsi, on est obligé de tenir compte de leur aptitude spéciale, de leur assigner leur rôle respectif, et de déterminer le degré de services que l'on peut en attendre. La production pour chacun des assortiments d'un même nombre de broches sera nécessairement variable avec les finesses des fils, elle sera, toutes choses égales d'ailleurs, en raison inverse des numéros des produits. Ainsi donc, une même broche servie par les mêmes machines préparatoires, pour transformer des fils de même espèce destinés à des articles de même genre et ne différant entre eux que de titres, l'une rendra, par exemple, environ 48 kilogrammes par an, si c'est du numéro 10, et seulement 24, si c'est du numéro 20 ;

et si c'est la matière première, l'espèce et la destination des fils qui varient, les productions pour un même titre varieront en raison inverse de la quantité de torsion appliquée à l'unité de longueur. Ces divers résultats d'un même assortiment sont la conséquence d'une activité et de frais à peu près invariables, puisque le nombre de machines, leur genre, leurs vitesses ne changent pas sensiblement, et que toutes ont pour but de préparer la matière pour la transformation finale du métier à filer. Il suffit donc d'établir le prix de revient de l'un de ces organes représentant un simple rouet, et de ceux qui lui préparent la besogne, pour arriver à la dépense totale d'une filature par la multiplication du nombre de ces organes qu'elle renferme; et réciproquement, une quantité de broches étant donnée par assortiment, c'est-à-dire avec les machines préparatoires indispensables, on aura le prix de la broche en divisant la somme totale dépensée par le nombre composant l'assortiment. Pour déterminer celui-ci, nous avons pris pour point de départ les machines destinées à transformer les quantités minimas fournies par les premiers appareils préparatoires.

Nous avons suivi une méthode analogue pour arriver à la détermination du coût de la fabrication d'une quantité de fil déterminée, en cherchant les frais à faire pour le travail d'une broche par an.

Les considérations qui précèdent nous ont amené à la détermination de trois genres d'assortiments, l'un destiné aux fils les plus communs jusqu'au numéro 20, le second pour filer de ce numéro 20 au numéro 60 à 70 environ, et le troisième pour produire toutes espèces de finesses. Ces assortiments varient seulement dans les modifications de certaines machines, et conformément aux considérations précédemment exposées. Tantôt ces modifications ont pour but les rendements et la production économique, c'est surtout le cas relatif aux fils ordinaires; pour les fils fins au contraire, c'est en vue de la perfec-

tion que la préférence est principalement indiquée. Il suffit
d'examiner attentivement la composition respective de ces assortiments, pour se rendre un compte exact des causes déter-
minantes de leur choix. Nous n'avons d'ailleurs pas à répéter
qu'il ne peut rien y avoir d'absolu en pareille matière.

§ 6. — Composition de l'assortiment pour filer jusqu'au numéro 20.

La première machine de l'assortiment est l'ouvreuse ou le
batteur; c'est celle qui produit le plus, elle doit, par conséquent,
servir à déterminer le nombre des autres. On peut y faire passer
au moins 2,000 kilogrammes de coton par jour, en estimant
qu'il est en général nécessaire de le travailler deux fois pour le
préparer convenablement, le rendement est en moyenne de
1,000 kilogrammes, et même un peu moins à cause d'un déchet plus ou moins considérable ; mais comme il est bon,
avons-nous dit, d'avoir un peu d'avance dans la préparation,
il faut régler les vitesses et l'alimentation de façon à arriver à
ces 1,000 kilogrammes nets par jour, tout en ne comptant
que sur 800 kilogrammes. Or, le maximum de finesse à produire par l'assortiment dont nous nous occupons étant du numéro 20, et une broche pouvant filer environ 80 grammes
par jour $\frac{800^{k}}{0^{k},80} = 10,000$, nombre de broches par assortiment.
La filature devra, en général, se composer d'un nombre mul-
tiple de cette quantité pour fonctionner dans des conditions
rationnelles.

Tableau A des machines et des dépenses pour un assortiment de 10,024 broches pour filer jusqu'au numéro 20.

DÉSIGNATION DES MACHINES.	PRIX.	PERSONNEL.			SALAIRE PAR JOUR		OBSERVATIONS.
		Hommes.	Femmes.	Enfants.	par personne.	TOTAUX.	
	fr.				fr. c.	fr. c.	
Une ouvreuse..............	2,000	»	1	»	1,25	1,25	
Un batteur étaleur.........	2,700	»	2	»	1,25	2,50	
Un batteur doubleur.......	3,750	»	1	»	1,25	1,25	Pour des numéros très-bas on pourrait s'en passer.
15 grandes cardes à hérissons garnies, et débourrage automatique.......	20,000	»	1	»	1,25	1,25	S'il n'y avait pas de mécanisme débourreur il faudrait compter un homme en plus. Sur les cardes il n'y en a que 13 qui fonctionnent.
Dresseur....................	»	1	»	»	3,00	3,00	
3 étir. à 6 têtes (avec pots	4,500	»	3	»	1,50	4,50	
1 étir. à 8 têtes (tournants	2,900						
2 bancs à broches de 72....	6,384	»	2	»	1,50	3,00	En Normandie elles seraient remplacées par des rotds.
2 bancs à broches de 138...	10,152	»	2	»	1,25	2,50	
				4	0,80	3,00	
4 bancs à broches de 200...	21,420	»	4	»	1,50	6,00	
14 métiers de 716 broches = 10,024 broches à 7,3..	73,175	7	»	»	4,00	28,00	Ce nombre n'est pas toujours celui des constructeurs, mais la différence ne change rien au calcul.
Rattacheurs...............	»	»	»	14	1,50	21,00	
Bobineuses.	»	»	8	»	0,85	6,80	
Accessoires, tubes, brochettes, machines à aiguiser, à échantillonner, balances, etc...............	10,000	»	»	»	»	»	
TOTAL....	156,981	8	30	18	»	84,05	

Ou 15.^c8 la broche [1].

---

[1] Pour donner une idée des progrès réalisés dans la construction si compliquée et si délicate des machines de la filature, il suffit de dire qu'un assortiment de 10,024 broches exécuté dans de bonnes conditions de solidité pèse en moyenne 160,384 kilogrammes ; leur prix étant 156,981 francs, le prix du kilogramme de machine est $\frac{156,981}{160,384} = 0^f,972$.

§ 7. — Prix de revient de l'assortiment précédent avec des rotas frotteurs, au lieu de bancs à broches.

Les huit bancs à broches de l'assortiment coûtant 37,956 fr.
pourraient être remplacés par onze rotas frotteurs de 18,000 »

ce qui constitue une différence de . . . . . . , 19,956 fr.

L'assortiment complet du tableau coûterait, par conséquent,
156,836 — 19,956 = 136,960, ou environ 12,70 pour 100 de
moins.

Quant aux salaires pour la main-d'œuvre, ils sont sensiblement
les mêmes depuis que l'on est arrivé à faire des bancs à broches
de 200 broches pouvant être surveillés par une ouvrière.
L'avantage consiste donc dans cette différence de 12,70 , qui
sur une somme de 19,956 francs représente annuellement un
chiffre de 2,943 fr. 40 c. pour intérêt et amortissement à raison
de 15 pour 100. Reste à rechercher si cette somme, sur une
production moyenne d'environ 180,000 kilogrammes de fils
ou 0ᶠ,01 par kilogramme, ne sera pas compensée par une infériorité de qualité et une différence dans le déchet?

Tableau B des machines et des dépenses pour un assortiment de 11,900 broches pour filer du numéro 20 jusqu'au numéro 70.

DÉSIGNATION DES MACHINES.	PRIX.	PERSONNEL.			SALAIRE PAR JOUR		OBSERVATIONS.
		Hommes.	Femmes.	Enfants.	par personne.	TOTAUX.	
	fr.				fr. c.	fr. c.	
Une ouvreuse............	2,000	»	1	»	1,25	1,25	
1 batteur étaleur.........	2,700	»	2	»	1,25	2,50	
1 batteur doubleur........	3,750	»	1	»	1,25	1,25	
25 cardes mixtes avec débourrage automatique...	30,400	»	8	»	1,25	10,00	Dont 2 de rechange.
Repasseur...............	»	1	»	»	3,00	3,00	Si, à la place des self-actings, l'assortiment devait comprendre en tout ou en partie des métiers continus, la détermination du nombre de broches pour faire une quantité déterminée de fils aurait toujours lieu d'après la formule, la composition de l'assortiment resterait d'ailleurs à peu près invariable et le prix de la broche s'élèverait de 1 franc en moyenne.
4 étirages à 6 têtes........	6,000	} »	4	»	1,25	5,00	
2 étirages à 8 têtes........	5,712						
2 B. B. en gros de 72.......	6,884	»	2	»	1,50	3,00	
2 B. B. intermédiaires de 138	10,152	»	2	»	1,50	3,00	
Bobineur...............	»	1	»	»	1,00	1,00	
Bobineuses...............		»	4	»	1,50	6,00	
4 B. B. en fin de 200.......	21,420	»	4	4	0,80	3,20	
14 métiers self-acting de 850 broches = 11,900 broches à 7 fr. 30 c.............	86,870	7	»	»	4,00	28,00	
Rattacheurs...............	»	»	»	14	1,50	21,00	
Bobineuses...............	»	»	»	8	0,85	6,80	
Une machine à aiguiser....	1,100	»	»	»	»	»	
Une machine à empaqueter.	600	»	»	»	»	»	
Ou $\frac{1,775\,38}{11.900} = 14$ fr. 91 c. la broche =	177,538	9	28	26	»	95,00	

Tableau C des machines et des dépenses pour un assortiment pour filer du numéro 70 à 300.

DÉSIGNATION DES MACHINES.	PRIX.	PERSONNEL.			SALAIRE PAR JOUR		Observations.
		Hommes.	Femmes.	Enfants.	par personne.	TOTAUX.	
	fr.				f. c.	f. c.	
2 déméloirs, construction Schlumb.	1,500	»	1	»	1,50	1,50	Dont une de rechange.
13 cardes...............	15,600	3	3	»	1,50	4,50	
1 dresseur...............	»	»	»	»	3,00	3,08	
2 peigneurs à 6 têtes........	10,000	»	2	»	1,50	3,00	
3 étirages à 6 têtes chaque.......	4,500	»	2	»	1,25	2,50	
1 banc à broches de 24 broches...	1,700	»	1	»	1,50	1,50	
1 banc à broches de 48 broches...	2,400	»	1	»	1,50	1,50	
1 banc à broches de 104 broches..	3,800	»	1	»	1,00	1,50	
1 banc à broches de 176 broches..	6,000	»	1	»	1,50	1,50	
Bobineurs...............	»	»	»	4	1,00	4,00	
13 métiers à filer à bras de 500 broches = 6,500 broches.........	42,500	7	»	»	4,00	28,00	
Accessoires...............	6,500	»	»	14	»	14,00	
TOTAUX......	94,500	10	12	18	»	66,58	

Ou 14 fr. 53 c. la broche.

Personnel général d'une filature.

Aux personnes indiquées dans les tableaux précédents directement employées à la transformation de la matière il faut ajouter un certain nombre d'ouvriers nécessaires au graissage, aux réparations et à l'entretien des machines. Leur nombre n'a rien d'absolu, cependant il varie assez peu. Dans la plupart des cas il se compose de :

1 graisseur............................	2f,50	par jour.
1 serrurier	4 ,00	—
1 menuisier...........................	3 ,50	—
1 homme de peine.....................	2 ,25	—
1 conducteur..........................	5 ,00	—
1 contre-maître de carderie	6 ,00	—
1 contre-maître de filature...........	6 ,00	—
1 portier surveillant.................	2 ,50	—
1 chauffeur...........................	3 ,00	—
Total................	34f,75	—

§ 8. — Salaires totaux par broche.

Si l'on ajoute cette somme constante de 34 fr. 75 c. aux salaires journaliers afférents à chaque assortiment, conformément aux tableaux qui précèdent, les gages, pour le premier assortiment, deviennent :

Pour le tableau A.................. 84f,05 + 34f,75 = 118f,80
Pour le 1er tableau B.............. 95 ,80 + 34 ,75 = 130 ,55
Pour le 2e tableau C.............. 66 ,50 + 34 ,75 = 101 ,25

Ces dépenses par broche et par jour seront, en raison du nombre des broches, par assortiment, pour le premier :

$$\frac{118,80}{10,024} = 0f,0118 \text{ ou } 3f,54 \text{ par broche et par an.}$$

Pour le deuxième :

$$\frac{130,55}{11,900} = 0^f,0106 \text{ ou } 3^f,18 \text{ par broche et par an.}$$

Pour le troisième :

$$\frac{101,25}{6,500} = 0^f,0157 \text{ ou } 4^f,71, \text{ par broche et par an.}$$

La répartition des salaires se divise, pour les diverses séries d'opérations, de la manière suivante pour chaque assortiment par jour :

§ 9. — Répartitions et rapports des salaires des diverses préparations et filage.

Tableau D.

	1er Assortiment A	RAPPORT p. 100.	2e Assortiment B	RAPPORT p. 100.	3e Assortiment C	RAPPORT p. 100.
	fr. c.	fr. c.	fr. c.	fr. c.	fr. c.	fr. c.
Préparations du 1er degré, 1re période. Ouvrage et battage..	5,00	5,90	5,00	5,25	6,00	9,03
— 1er degré, 2e période. Cardage et peignage.	4,25	5,00	13,00	13,70	6,00	9,03
— 2e degré, 1re période. Étirages............	4,50	5,33	5,00	5,25	2,50	3,75
— 2e degré, 2e période. Bancs à broches.....	14,50	17,35	16,20	17,00	10,00	15,04
— Filage............	55,80	66,42	55,80	58,80	42,00	63,15
Totaux.....	84,05	100,00	95,90	100,00	66,50	100,00

Un coup d'œil suffit pour se rendre compte des opérations qui réclament le plus de main-d'œuvre, malgré l'automatisation complète des métiers à filer ; les salaires pour le filage varient encore, suivant les cas, de 58,80 à 66,42 pour 100 des salaires totaux nécessités par l'assortiment. L'on remarque que la proportion la plus faible correspond à l'assortiment dont les métiers sont munis du plus grand nombre de broches.

§ 10. — Dépenses du bâtiment de la filature.

Ces dépenses comprennent le terrain et les constructions; les
prix du premier varient en général de 40 centimes à 1 fr. 50 c.
le mètre carré, suivant les localités. Dans les vallées de la Normandie, où sont les filatures de coton, il est facile d'obtenir des
terrains à bâtir à 400 francs l'hectare; dans les faubourgs des
villes industrielles, comme Mulhouse par exemple, la valeur
s'élève jusqu'à 15,000 francs. Pour établir ces dépenses, nous
supposerons une moyenne de 95 centimes par mètre carré.

*Détermination de la surface d'une filature et de la dépense
de sa construction.* — Pour résoudre cette question, il faut être
fixé sur celle du mode de bâtiment le plus convenable à adopter; d'une usine à étages superposés ou d'un rez-de-chaussée, les éléments variant avec le genre de bâtiment. La dépense pour le terrain sera évidemment moins chère dans le
premier que dans le second cas. Celle de la construction ont
été également pendant quelque temps en faveur du bâtiment à
étages. Aujourd'hui l'on est arrivé à établir des usines en rez-
de-chaussée à des conditions au moins aussi avantageuses. Il
ne reste donc plus en défaveur du genre de disposition le plus
récent que l'étendue qu'il réclame et la dépense du terrain,
d'ailleurs relativement insignifiante; elle ne s'élève en effet,
dans le cas le plus onéreux, qu'à quelques centimes par broches, mais lorsque cet élément entraînerait à une dépense plus
élevée, il serait encore rationnel de donner la préférence aux
filatures de plain-pied, par les motifs que nous allons énu-
mérer.

Avantages des filatures en rez-de-chaussée. — S'il est vrai
que rien ne remplace l'œil du maître, il n'est pas moins vrai
que le matériel et le personnel d'une usine ne peuvent être si-

multanément inspectés et surveillés, s'ils ne sont réunis dans un même plan horizontal. Il suffit, dans ce cas, d'un cabinet un peu exhaussé au milieu de l'établissement pour permettre au directeur de porter ses regards sur tous les points de la salle sans perdre un instant, et de se rendre compte de ce qui s'y passe. Lors même qu'il ne profiterait pas directement de cette possibilité, l'idée seule du don d'ubiquité, dont il est en quelque sorte en possession, suffirait pour empêcher certains désordres ou négligences. Les déplacements des ouvriers, du personnel de l'état-major et le transport aux métiers d'un établissement sont également plus prompts, moins fatigants et plus économiques au rez-de-chaussée que dans un bâtiment à étages.

La stabilité des machines s'obtient plus facilement et plus économiquement et sa persistance est bien mieux assurée dans un rez-de-chaussée. Les transmissions de mouvement y sont directes, et y occasionnent par conséquent un minimum de perte en dépense première et en frottement permanent.

Le degré uniforme dans la température et l'hygrométrie d'une filature ne peut s'obtenir d'une manière assurée que dans un rez-de-chaussée. Cette condition si importante à réaliser explique : 1° comment il est possible, toutes choses égales d'ailleurs, d'arriver à des résultats de près de dix numéros plus fins dans ce genre d'ateliers que dans ceux à étages, et comment les filés se transforment plus aisément et n'ont pas besoin d'être humectés pour ne pas se détordre, comme cela arrive parfois dans les ateliers supérieurs. La production d'une même machine sera plus élevée au rez-de-chaussée, sa vitesse pouvant être augmentée à cause de sa grande stabilité et aussi parce qu'il y a dans un atelier de ce genre un stimulant particulier; le plus habile est donné et pris pour exemple, on s'efforce d'autant plus à marcher sur ses traces qu'il y a profit à le faire.

Il y a plus de facilité de maintenir l'atelier en parfait état, les accidents et les sinistres sont certainement plus rares dans les usines au rez-de-chaussée que dans les ateliers superposés. Quant à la condition de présenter moins de distraction aux ouvriers qui ne peuvent, surtout dans les établissements éclairés par dessus, communiquer avec l'extérieur par la vue, elle est considérée diversement, les uns la croient défavorable, tandis que d'autres la supposent avantageuse. Il nous a été difficile de nous fixer sur ce point, cependant il nous semble, en général, préférable de prendre les jours au moins en partie par les côtés. Nous allons d'ailleurs citer divers exemples de ce qui s'est fait dans différentes localités dans cette direction.

Divers spécimens de filatures au rez-de-chaussée. — Il y a quelques années encore l'on discutait le pour et le contre des deux systèmes. Pour les hommes compétents, industriels et ingénieurs spéciaux d'usines, il ne peut plus y avoir de doute sur la préférence à donner aux rez-de-chaussée, surtout depuis que l'on est parvenu à remédier à certains inconvénients reprochés autrefois à ce dernier mode de construction. Il existe aujourd'hui plusieurs grandes usines de ce genre, offrant une série de types depuis le plus riche jusqu'au plus économique ; nous citerons, au premier rang des types les plus confortablement et les plus élégamment établis, le magnifique établissement de M. Gast, d'Isenheim, contenant 26,000 broches filant des numéros 80 à 250 dans une seule salle, d'une surface de 3,500 mètres carrés et d'une hauteur de 4^m,25 sous la clef des voûtes, éclairée par le toit au moyen d'ouvertures rectangulaires, recouvertes par des cloches en verre de la forme de cônes tronqués. Cet établissement avec ses moteurs (deux machines horizontales), dont les études ont servi à beaucoup d'autres, car le propriétaire le laisse visiter avec une grande libéralité, est l'œuvre tout entière du filateur lui-même, qui est l'un des anciens élèves les plus distingués de l'École centrale. Dans les genres économiques, nous citerons : 1° l'usine construite à Romilly (Eure) par M. Peynaud; cet établissement de 10,000 broches à filer des numéros de 25 à 30 et 212 métiers à tisser, avec les bâtiments accessoires, tels que magasins de la matière première, des produits et emplacement des moteurs, embrasse une surface de 4,762 mètres, dont 3,000 mètres pour l'emplacement des machines à filer susindiquées; ce bâtiment a $4^m,60$ de hauteur, éclairé par les côtés. 2° La filature en construction de MM. Bourcard, de Guebwiller, sous la direction de l'un des ingénieurs et architectes les plus compétents, M. J.-J. Ziégler, qui est parvenu par une étude spéciale à satisfaire aux diverses exigences des ateliers de ce genre de la manière la plus heureuse et la plus économique. Nous citerons encore l'établissement de M. Leyherr, de Laval; celui de MM. Fauquet-Lemaître à Oissel, exécuté par M. Émile Muller, l'habile ingénieur des premières cités de Mulhouse. Nous avons déjà dit que les conditions spéciales les plus difficiles à remplir pour ces établissements consistent dans les dispositions et un mode de construction qui permette de maintenir une température à peu près uniforme en toutes saisons. Divers moyens ont été adoptés, suivant les genres de construction, pour mettre l'atelier à l'abri des causes particulières de refroidissement ou d'élévation de température auxquelles il est exposé. Dans l'établissement de M. Gast, toutes les surfaces qui laissent passer le jour sont en verre double. La toiture est bitumée et drainée de façon à faciliter constamment l'écoulement des eaux et à ne laisser transpirer aucune espèce d'humidité.

M. Peynaud a trouvé plus économique et plus simple d'isoler le rez-de-chaussée de la toiture par une espèce de ravalement, et d'éclairer la filature par les côtés. Dans les constructions économiques dirigées par M. Ziégler, il éclaire l'atelier par le toit, en interposant dans les intervalles une couche de sciure de bois pour isoler et diminuer la conductibilité.

Dallage. — Un autre point important est l'établissement du sol des rez-de-chaussée. Il y a plusieurs systèmes en présence, leur dépense peut varier du simple au double et s'élever de 1/8 à 1/7 de la construction, le mode adopté peut d'ailleurs avoir une influence sur la stabilité des machines et leur entretien. Il est bon, par conséquent, de les résumer.

Nous les distinguerons d'abord en dallages pratiques, dont les résultats sont parfaitement connus et appréciés, et en dallages en expérimentation, dont l'usage n'a pas encore assez duré pour que l'on puisse se prononcer d'une manière définitive sur leur valeur. On emploie : 1° le dallage en grès bigaré séduisant en apparence seulement, parce qu'il se détériore rapidement, surtout par le transport des pots, et parce que l'usure de ces dalles donne lieu à une poussière fine, nuisible à la santé des ouvriers et à la bonne marche des machines ; 2° le dallage en briques comprimées, cannelées en dessous pour augmenter l'adhérence avec les couches de ciment sur laquelle elles reposent. Ce dallage a l'avantage d'être économique (de 2 fr. 70 c. à 3 francs le mètre carré), de ne pas laisser dégager de poussière, mais il a l'inconvénient de nécessiter des scellements de pierre dans le pavage pour y fixer les machines d'une manière immuable ; 3° celui qui réunit tous les avantages, s'il est fait avec soin, c'est le dallage au ciment de Portland. Il consiste dans une première assise d'une épaisseur de 8 à 10 millimètres d'éclats de pierres coulées en ciment, et recouvert d'une chape de $0^m,02$. Ce dallage est formé dans des moules en fonte de $0^m,50$ carrés ; chacun de ces moules établit un carré analogue à celui d'un damier, il est bon de former les carrés dans un certain ordre pour empêcher le dallage de se fendiller après son exécution. Il suffit, à cet effet, pour laisser à chaque compartiment la possibilité d'opérer son retrait sans agir sur le voisin, d'alterner leur confection. En supposant pour un moment qu'ils représentent les deux séries, blanc et noir, d'un damier, on exécutera d'abord, successivement en lignes diagonales, tous ceux d'une couleur, puis ceux de l'autre dans le même ordre, et on réunit ces divers carreaux en coulant du ciment pur dans les interstices. Une fois la surface sèche, le dallage se perce comme la pierre pour y établir les pieds des machines, les y sceller par des boulons, la surface est ensuite unie en y coulant du ciment. Ce dallage, le plus adopté, est parfait lorsqu'il est bien fait et ne coûte guère que 4 francs le mètre carré, ce n'est presque pas plus cher que les précédents à cause de l'addition des points d'appui en pierre qu'ils nécessitent.

Parmi les dallages en expérimentation on a essayé des surfaces en béton de $0^m,08$ à $0^m,09$ sur une couche de goudron de gaz (coaltar), cette composition paraît surtout recommandable pour les sols exposés à l'humidité, dans les usines près des rivières, mues par un moteur hydraulique. Enfin il s'est fait des rez-de-chaussée formés : 1° d'une couche de $0^m,06$ en machefer mélangé à environ 1/7 de mortier, sur lequel est appliqué une couche de $0^m,03$ de béton, de gravier et de ciment de Portland dans les proportions de 1 volume de ciment pour 10 de gravier. Enfin les deux couches parfaitement exécutées sont recouvertes d'une troisième espèce de chape de $0^m,01$ à $0^m,015$ d'épaisseur formée de 1 de ciment et de 3 de gravier fin criblé à la grosseur d'un plomb de bouteille. Cette dernière doit être bien lissée à la truelle et bien unie, les trois surfaces ou couches doivent être exécutées le même jour par parties plus ou moins étendues, de 1 à 2 mètres carrés par exemple.

Le prix de ce dallage varie nécessairement avec les localités, il est tantôt meilleur marché et tantôt plus cher que celui que nous avons recommandé. Si nous donnons la préférence à l'autre, c'est qu'on saura le faire partout, tandis que celui-ci, qui ne souffre pas de médiocrité, est d'une exécution que les ouvriers ne réussissent pas toujours,

§ 11. — Prix du mètre carré d'une construction d'un rez-de-chaussée.

Le prix du mètre carré de construction peut varier suivant son importance. Les bâtiments voûtés sont naturellement plus chers que ceux à charpente et à plafond plat. Les murs en briques sont d'un prix en général plus élevé que ceux en moellons, ou en pierre. Chacun des éléments peut ainsi varier, suivant la qualité et le prix des matériaux, la quantité plus ou moins grande de fer et de fonte employée, selon que les vitrages sont simples ou doubles, que l'établissement est plus ou moins élevé, que les fondations se trouvent dans un terrain solide, ou dans un sol à consolider, etc., etc. Mais pour le genre de rez-de-chaussée dont nous avons indiqué les divers types, on trouve que les dépenses varient de 28 à 36 francs le mètre carré selon les soins donnés aux travaux. Nous pouvons donc admettre en moyenne une dépense de 32 francs par mètre carré de construction pour des bâtiments en moellons de pierre, 36 francs en briques avec colonnes en fonte à l'intérieur, couverts en tuiles, et avec des vitrages en verre double, ou en double vitrage. Si nous recherchons le nombre de mètres carrés nécessaire par assortiment de 10,000 broches, ou en d'autres termes le nombre de broches par unité de surface, nous arrivons à des différences sensibles en raison surtout du genre de métiers à filer, il faut évidemment un espace différent pour un même nombre de broches du système continu et du mule-jenny, et pour ceux-ci le nombre pour unité de surface sera moindre pour des broches filant des numéros ordinaires, nécessitant plus de distance entre elles, que pour des numéros dont les broches peuvent être sensiblement rapprochées, et dont les commandes des transmissions de mouvement du métier exigent moins de place.

Surface nécessaire aux passages entre les machines. — Dans des établissements bien entendus, convenablement montés, l'on peut estimer qu'il faut pour les passages entre les machines une surface à peu près égale à la moitié de celle occupée par ces machines, et que les métiers à filer mule-jenny occupent dans un assortiment une place environ égale à celle des machines préparatoires. Pour un assortiment de métiers continus il y a une économie de surface de 1/3 sur l'emplacement total de l'assortiment, y compris les passages, par suite de la différence d'emplacement nécessaire aux métiers à filer, celui des machines préparatoires restant le même dans les deux cas.

Les calculs faits sur un très-grand nombre d'établissements convenablement installés nous ont donné une moyenne de trois broches par mètre carré, pour le système mule self-acting, 3,10 pour mule en fin, et 4 pour le système continu, y compris, bien entendu, l'espace nécessaire aux préparations et aux passages. La moyenne des prix de la construction par mètre carré étant de 32 francs, la dépense de la construction par broche sera par conséquent pour le système *mule-jenny* $\frac{32}{3.10} = 10.32$, pour le système *self-acting* $\frac{32}{3} = 10,66$ au maximum, et pour le système *continu* $\frac{32}{4} = 8,00$. Nous donnons cette proportion comme un maximum, attendu que l'on pourra en général dans la pratique ajouter une petite fraction de broches par mètre carré, en diminuant légèrement les rapports entre les passages et la surface des machines, mais nous avons préféré donner pour exemple des bases larges, sachant par expérience qu'il reste toujours assez de causes de dépenses imprévues, qui peuvent venir compenser la libéralité des appréciations premières.

Dépenses des transmissions de mouvement par broche. — Les transmissions pour un bâtiment au rez-de-chaussée de

3,500 mètres carrés par exemple et un assortiment d'environ 10,000 broches, peuvent varier suivant le mode adopté, la vitesse des moteurs, celles des arbres de couche et la direction choisie. C'est-à-dire suivant que le point de départ des commandes a lieu à l'extrémité ou au milieu du bâtiment, avec le rapprochement des points d'appui des arbres de transmission. Il est évident que le nombre de rouages sera en raison inverse de celui des coups de piston du moteur, que le poids des arbres augmentera à son tour en raison inverse de leur propre vitesse. Mais si les transmissions générales des mouvements sont établies d'après les règles généralement adoptées par la science et l'expérience, elles pèseront au maximum pour les 10,000 broches 15,000 kilogrammes. Soit $1^k,500$ par broche, le prix de revient sera de 90 francs les 100 kilogrammes, ce qui portera par conséquent la dépense par broche à 1 fr. 35 c.

Dépenses des tuyaux de chauffage et d'éclairage. — Cette dépense pour les conduites principales et accessoires, les tiges des flammes, les robinets, reviennent en moyenne, après leur mise en place, prêts à fonctionner, à 0 fr. 90 c. par broche, en supposant un chauffage à la vapeur, et le gaz fourni par un établissement public. Nous avons admis ces conditions comme les plus favorables aux résultats et les plus économiques. Le chauffage à l'air chaud est plus difficile à régulariser, et donne en général une température moins douce et moins uniforme que le chauffage à la vapeur, et la fabrication directe du gaz dans l'établissement même revient presque toujours plus chère que l'achat du gaz à un établissement public. La démonstration de ces divers faits serait ici hors de place, et nous conduirait trop loin. Nous nous bornons par conséquent à des énonciations de résultats, d'un contrôle d'ailleurs facile pour les industriels compétents.

Détermination de la force motrice. — La force motrice nécessaire pour faire marcher un même nombre de broches peut varier, toutes choses égales d'ailleurs, avec le système de machines, les vitesses de leurs organes, le degré de préparation et la finesse des fils, avec la disposition plus ou moins rationnelle des transmissions générales, etc. Si l'on ne considère que les métiers à filer, la force motrice absorbée pour un même nombre de broches à vitesse égale peut varier du simple au quadruple presque, suivant que l'on compare les métiers mule-jenny à la main aux métiers continus ordinaires. Le nombre de broches pourra varier encore du simple au double à peu près suivant les finesses ; pour la production des fils du numéro 25, un cheval de force pourra conduire moitié moins de broches que pour filer du numéro 100 par exemple, toujours, bien entendu, en ne comprenant que les métiers à filer, abstraction faite des machines préparatoires.

En réunissant toutes les machines composant l'assortiment et en déterminant le rapport de la force motrice aux nombres de broches, y compris les machines préparatoires, nous estimons que l'on peut admettre les moyennes suivantes par force de cheval :

De 100 à 110 broches en métiers continus ordinaires à 4,800 tours avec les machines à préparer.

De 120 à 125 broches self-acting automates à 6,000 tours, filant du 27/30.

De 190 à 200 broches demi-self-acting à 5,500 tours, filant du numéro 70/80.

De 280 à 290 broches mule-jenny ordinaire à 5,500 tours en moyenne filant du numéro 100 et au delà.

Ces appréciations sont des moyennes, résultant d'expériences directes, et de nombreuses données patiques recueilllies dans presque tous les centres où se file le coton en France et à l'étranger, chez les industriels les plus compétents dont les renseignements concordent d'une façon assez précise.

Il est assez difficile d'établir avec la même approximation les rapports entre la force motrice nécessaire à chaque genre de préparation et le filage. Cependant nous croyons ne pas nous éloigner de la vérité en établissant des rapports déduits d'un ensemble de constatations établies dans des filatures produisant du numéro 20 à 30. Nous répartissons les proportions conformément à notre classification générale. Nous trouvons sur 100 de force motrice les rapports suivants :

Machines préparatoires du 1er degré, 1re période		(batteurs)...	11,36 p. %
—	2e	—	(cardes).....	11,30
—	2e	2e	(étir. et bat.).	8,84
—	—	—	(filage).......	58,20
Transmissions de mouvement...........................				10,30
				100,00

Le filage absorbe par conséquent à lui seul plus de la moitié de la force motrice, et cependant il y a peu de réduction de force à espérer de ce côté, il y a au contraire une tendance à augmenter encore les vitesses déjà si considérables des broches. Il n'en est pas de même pour les autres machines et surtout pour les batteurs, le travail qui leur incombe sera modifié au profit d'un allégement et d'une économie de force, si nous ne nous trompons ; quant aux bancs à broches, à mesure qu'on modifiera leur poids, on augmentera sans doute leur vitesse en proportion, il n'y a donc rien à espérer, sous le rapport du gain, de la force motrice de ces machines. Les transmissions générales constituent évidemment l'élément le moins fixe, la proportion que nous donnons ne peut être considérée que comme une moyenne, variable suivant les localités et les combinaisons plus ou moins heureuses et rationnelles.

§ 11. — Détermination des frais nécessaires au travail d'une broche.

Ces frais se composent : 1° de l'intérêt et de l'amortissement de toutes les dépenses faites pour son établissement ;

2° Du combustible nécessaire à la force motrice et au chauffage ;

3° De la dépense de l'éclairage ;

4°   id.   des salaires de toutes espèces ;

5°   id.   des impôts et des primes d'assurance contre l'incendie ;

6° De l'intérêt du capital de roulement ;

7° De la dépense d'entretien et des réparations ;

8° D'une part de frais occasionnée par la mise en train de l'établissement.

Disons un mot sur la manière de déterminer chacun de ces éléments. Le mode de compter l'intérêt de la somme dépensée ne peut être controversé que pour le taux ; les uns le comptent à 5 et d'autres à 6 pour 100 par an, sur la totalité du capital engagé. Le taux et la répartition de l'amortissement diffèrent souvent, il doit être nécessairement en raison inverse de la durée de cet amortissement. En apparence il ne devrait pas être le même pour l'outillage industriel et les bâtiments, attendu que ces derniers résistent en général bien plus longtemps que le premier, dont les progrès incessants exigent le remplacement presque aussi souvent que l'usure. L'usage le plus généralement adopté consiste à compter l'intérêt de toutes les dépenses au taux légal de 5 pour 100 et d'amortir à 10 pour 100. Il est évident que de cette façon l'établissement se trouve en général payé bien avant qu'il soit hors de service, et que les constructions immobilières surtout conservent une valeur sérieuse bien longtemps après leur amortissement. Le propriétaire retrouve donc bientôt la compensation de la charge qu'il s'est d'abord imposée. Ce mode d'opérer n'a aucune espèce d'inconvénient lorsque l'industriel est complétement indépendant et propriétaire de l'établissement. Mais lorsqu'il a ses comptes à rendre à des cointéressés, la manière de répartir les frais n'est pas indifférente. Des actionnaires en général désireux d'arriver le plus promptement possible à des revenus et un gérant intéressé dans une entreprise dont la réputation de capacité dépend des résultats de son exploitation, préfèrent répartir les frais d'amortissement sur une période d'années maxima. Quoi qu'il en soit, nous adopterons pour nos calculs le système classique qui consiste à compter 5 pour 100 d'intérêt et 10 d'amortissement sur toutes les dépenses, y compris même celle du terrain, presque insignifiante.

Or c⋅ ⋅épenses de toutes sortes détaillées dans le tableau suiva.. .èvent, selon le genre de métier, à 34,88, 32,90 et 33, 19 la broche.

L'intérêt sera, par conséquent pour la première..	1f,74	} 5f,22
L'amortissement........................	3 ,48	
L'intérêt pour la seconde.................	1 ,64	} 4 ,97
Amortissement.........................	3 ,29	
L'intérêt pour la troisième...............	1 ,66	} 4 ,98
Amortissement.........................	3 ,32	

Ces données nous permettront de compléter plus loin les dépenses par broche et par an.

Résumé de l'ensemble des dépenses par broche classées par systèmes.

C

DÉSIGNATION DE LA NATURE DES DÉPENSES.	POUR LES SYSTÈMES		
	SELF-ACTING.	MULE-JENNY ordinaires.	CONTINUS.
	fr. c.	fr. c.	fr. c.
Dépense du terrain..............................	0,32	0,30	0,24
Pour la construction de l'atelier...................	10,66	10,00	8,00
Pour la construction des moteurs et magasins.........	0,75	0,75	0,75
Pour l'ensemble des machines de l'assortiment........	14,50	14,50	15,00
Moteur et générateur..............................	4,90	3,75	5,45 [1]
Transmissions....................................	1,35	1,20	1,35
Tuyaux, robinets, etc., pour le chauffage et l'éclairage.	0,90	0,90	0,90
Accessoires, tels que courroies, cordes, appareils de pesage, mobilier, imprévu........................	1,50	1,50	1,50
TOTAUX......	34,88	32,90	33,19

A ces chiffres il est parfois nécessaire d'ajouter des frais
d'emballage et de transport, les prix des machines du tableau
étant ceux des constructeurs.

§ 13. — Dépense du combustible par unité de poids et de longueur de fil.

La force motrice varie conformément aux données ci-dessus,
avec le système de métiers employés, et ceux-ci avec le genre
de fil ; la moyenne des broches par force de cheval est de 105
pour les métiers continus, tandis qu'elle est de 285 pour les
mule-jenny ordinaires. Or le continu ordinaire, avons-nous
dit, n'est jamais employé pour les fils d'une certaine finesse, et
les titres élevés sont encore exclusivement filés au mule-jenny

[1] Ces chiffres sont obtenus sur le prix des meilleures machines à vapeur,
et en raison du nombre de broches déterminé par force de cheval.

sans renvidage automatique. Mais certains titres, le numéro 30 par exemple mesurant 60,000 mètres au kilogramme, pouvant être produits indistinctement sur les différents systèmes de machines, si l'on compare la force motrice réclamée par broche et par an, on trouvera, en supposant 2 kilogrammes par heure et par force de cheval, une consommation annuelle de 7,200 kilogrammes par force de cheval, et par conséquent les chiffres suivants pour consommation d'une broche pour chaque système :

Pour les métiers continus avec les préparations. $\dfrac{7,200}{105} = 68^k,500$

Pour les self-actings..................... $\dfrac{7,200}{122} = 59$

Pour les 1/2 self-actings.................. $\dfrac{7,200}{195} = 35,500$

Pour les mule-jenny ordinaires............ $\dfrac{7,200}{285} = 25$

Les rapports sont donc entre eux comme les chiffres 68,5, 59, 35,5, et 25 pour une production qui diffère en raison de la différence des vitesses des broches de 1/6, c'est-à-dire que les métiers entièrement self-actings atteignent facilement 6,500 tours, et les mule-jenny ordinaires dépassent rarement 5,500. Aussi la production des premiers peut-elle être calculée en moyenne à 18 kilogrammes par an, tandis que celle des seconds est bornée à 15 kilogrammes. La consommation du combustible pour 1 kilogramme de fil, dans le premier cas, est donc de $3^k,800$ et $3^k,290$, et de $2^k,36$ et $1^k,66$ dans le second. Il n'y aurait donc pas à hésiter sur le choix du système, si on le considérait d'une manière abstraite. Mais l'on fera immédiatement la remarque, que les métiers qui ne demandent qu'une dépense de $1^k,66$, par kilogramme de fil, sont ceux qui ne sont pas entièrement automatiques, et pour lesquels la dépense de la main-d'œuvre fait plus que compenser celle du combustible. D'autres faits déjà discutés, sur le choix des métiers les plus avantageux, sont à prendre en considération.

Si maintenant nous recherchons la dépense du combustible pour

1 kilogramme de fil d'un titre élevé, pour du numéro 120 par exemple, on trouve qu'une broche de mule-jenny, généralement employée à ce travail, ne produit que 2 kilogrammes par an. Or, la consommation en charbon étant, d'après les chiffres ci-dessus, de 25 kilogrammes par broche et par an, $\frac{25}{2} = 12^k,500$ quantité de combustible nécessaire à 1 kilogramme de fil du numéro 120. Comme nous avons trouvé une consommation de $1^k,388$ pour le numéro 30, il faut donc neuf fois plus de force motrice pour filer 1 kilogramme de fil du numéro 120 que du numéro 30. Si l'on compare cette même dépense par rapport aux longueurs des deux titres, qui sont, par kilogramme, 60,000 mè-tres pour le premier et 240,000 pour le second, la différence ne sera plus que comme 1 : 4, c'est-à-dire qu'une même longueur demande un poids quadruple de combustible pour du numéro 120 que pour du numéro 30. Cette anomalie apparente d'une force motrice quatre fois moindre pour obtenir un fil quatre fois plus gros, s'explique naturellement en faisant intervenir le temps nécessaire à appliquer les torsions. Or, celles-ci sont entre elles, on se le rappelle, à peu près comme les racines carrées des numéros, et comme ce rapport du numéro 30 au numéro 120 est comme 5,4 : 10,8, c'est-à-dire : : 1 : 2, la dépense qui paraissait varier de 1 à 9 n'est donc de fait que de 1 à 2 ; le motif de cet écart réel provient de ce que le nombre de broches et des pré-parations nécessaires à la production de l'unité de longueur, est proportionnel à la finesse des produits. Le temps employé à transformer l'unité, le nombre d'organes à mettre en mou-vement et les frottements augmentant par conséquent avec les titres des fils.

Avec les chiffres qui précèdent, et le prix du charbon pour chaque localité, il est facile de calculer la dépense du combus-tible pour la force motrice, suivant les divers cas qui peuvent se présenter. Nous croyons que *deux centimes et demi* du kilogramme de charbon sont à peu près la moyenne, pour les principales localités françaises où l'on file du coton. Cette moyenne varie, bien entendu, avec la qualité de la houille, mais elle paraît rester à peu près constante quant au résultat, c'est-à-dire eu égard à sa capacité calorifique.

§ 14. — Dépense pour le chauffage.

La dépense du combustible pour le chauffage de l'usine dans la saison froide peut varier, avec les années plus ou moins rigoureuses, avec les localités, avec le genre de construction, et surtout la combinaison plus ou moins bien calculée des appareils de chauffage, et même avec la nature des machines et les finesses des fils fabriqués.

Ces frais sont plus élevés en général pour un bâtiment en rez-de-chaussée que pour une construction à étages ; dans les pays où la neige est abondante et pour les bâtiments où elle est susceptible de séjourner que dans les contrées où elle est rare et pour des dispositions qui facilitent sa fonte et son écoulement. Les ateliers avec de doubles fenêtres, des toitures peu conductrices, des murs épais nécessiteront naturellement une dépense moindre pour l'entretien de la chaleur que ceux qui seront dans de moins bonnes conditions sous ce rapport. Les préparations et surtout le cardage et le peignage ont besoin d'une température plus élevée que le reste de l'usine. Les gros numéros et les numéros intermédiaires ne nécessitent pas en général une température aussi élevée que les fils fins. Nous avons eu l'occasion de constater que, pour des établissements d'un même nombre de broches (10,000), travaillant dans des conditions différentes, l'un des fils fins de 80 à 150 en moyenne, et l'autre des produits ordinaires ne dépassant pas le numéro 30, la consommation pour le premier était de 50 tonnes et de

80 pour le second dans la même année. Il est juste de faire remarquer que pour bien filer les grandes finesses, la température est généralement maintenue à 26 degrés centigrades. Elle peut baisser de 5 à 6 degrés pour les produits d'une finesse moindre, il sera donc prudent de compter sur une dépense de 50 à 80 tonnes par an pour chaque assortiment de 10,000 broches. Si l'on compare cette dépense à celle du combustible de la force motrice, l'on trouve un rapport de 8 à 9 pour 100 pour les fils communs et ordinaires, et de 25 à 33 pour 100 pour les numéros élevés, il y a donc là un élément très-variable, pouvant être estimé en moyenne en France à 18 pour 100. Les Anglais comptent en général que les frais du combustible, pour le chauffage représentent 14 pour 100 de celui de la force motrice. Quoi qu'il en soit, il est inutile de faire remarquer que la consommation du combustible pour le chauffage est nécessairement en raison des capacités des ateliers, du volume d'air à chauffer et à renouveler, et de la différence entre la température extérieure de l'atmosphère et celle à maintenir dans l'intérieur des ateliers. On sait que les traités de la chaleur, et notamment celui de notre regrettable maître M. Péclet, les remarquables travaux récents du général Morin, donnent les moyens de déterminer les surfaces de chauffage nécessaires dans les divers cas. Il ne nous appartient de nous étendre sur cette question que pour indiquer les éléments pratiques en notre possession. Ces résultats ne peuvent être tout à fait d'accord avec la théorie, la première rencontre une foule d'éléments imprévus et incalculables *à priori*. La disposition des usines, surtout dans les ateliers en rez-de-chaussée, presque identiques en apparence, est souvent profondément modifiée par le genre de construction ; la nature des matériaux, l'épaisseur des murs, l'exposition des fenêtres, leur exécution, la hauteur, sont autant de causes qui peuvent faire varier la dépense. Nous avons donc tenu à publier les résultats pratiques concernant les établisse-

ments les plus rationnellement entendus. L'on peut estimer à 70 tonnes de houille nécessaires en moyenne au chauffage d'un établissement de 10,000 broches, ou 7 kilogrammes par broche et par an, qui, à raison de 0,025 = 0,1175 par an et par broche.

Si nous résumons les divers éléments de dépenses qui précèdent, et si nous y ajoutons ceux relatifs aux frais d'assurances contre l'incendie, aux contributions et aux réparations, nous arriverons au tableau suivant :

Tableau. — Résumé du prix de revient du travail d'une broche pendant 300 jours.

D

DÉPENSES DIVERSES.	POUR LES ASSORTIMENTS					
	Assortiment A	RAPPORT P. 100.	Assortiment B	RAPPORT P. 100.	Assortiment C	RAPPORT P. 100.
	fr. c.	fr. c.	fr. c.	fr. c.	fr. c.	fr. c.
Intérêt de l'immeuble et des machines à 5 pour 100...	1,74	12,756	1,64	13,344	1,66	12,161
Amortissement à 10 pour 100...	3,48	25,524	3,29	26,934	3,32	24,344
Salaires totaux...	3,54	25,953	3,18	25,874	4,71	34,527
Dépense pour force motrice...	1,50	10,997	0,80	6,509	0,55	4,043
— chauffage. ...	0,18	1,329	0,18	1,466	0,20	1,466
— éclairage [1]...	0,40	2,932	0,40	3,254	0,40	2,932
Impôts et assurance...	0,40	2,932	0,40	3,254	0,40	2,932
Intérêt du capital de roulement à 6 pour 100.	0,60	4,388	0,60	4,898	0,60	4,398
Entretien et réparations...	1,80	13,180	1,80	14,467	1,80	13,197
TOTAUX.....	13,64	100,000	12,29	100,000	13,64	100,000

[1] Cette dépense est calculée sur 2m.c.,5 de gaz pour 1000 becs à l'heure et pour 550 heures d'éclairage ; le gaz à raison de 0f.,30 le mètre cube.

Il résulte de ce tableau que la dépense par broche pour l'assortiment des fils les plus ordinaires est la même que pour l'assortiment des fils les plus fins. Les éléments qui constituent cette dépense diffèrent seuls. Dans l'assortiment *A* les frais pour la force motrice dominent ; dans l'assortiment *C* ce sont les salaires. L'assortiment *B* a le double avantage d'exiger moins de force motrice que l'assortiment *A*, et moins de salaire que l'assortiment *C*.

Perte des intérêts pendant la construction.— Pour compléter les éléments qui constituent les dépenses de l'établissement, on aura dans chaque cas à ajouter la dépense d'intérêts de la mise de fonds improductive pendant la durée des constructions, variable nécessairement avec cette durée, mais on peut l'estimer à un an, avec payements à termes : ces intérêts perdus s'élèvent en général pendant ce temps à la moitié des intérêts de la dépense totale par an. Cette dépense étant en moyenne par broche à 33 fr. 32 c., à 3 pour 100 l'an font 90 centimes, soit 1 franc à amortir par broche.

Perte des intérêts pendant le temps nécessaire à la mise en activité. — Il est prudent également de porter à la somme à amortir la différence de production des machines dans la première année de l'installation, il y a une série de causes de ralentissement provenant du matériel et surtout du personnel, qui se traduisent en résumé par le rapport entre la quantité produite et les faits, l'industriel qui, pendant le premier semestre, ne trouvera pas ses frais généraux surélevés d'au moins 20 pour 100, pourra s'estimer heureux et habile, c'est-à-dire que, pendant cette période, il ne faudra guère calculer que sur un rendement de 75 à 80 pour 100 de production normale de l'établissement.

Connaissant les frais occasionnés et la production par broche, l'établissement du prix de revient se borne à une division. Supposons que la filature produise du numéro 27-29 dans l'état actuel de l'industrie, la broche rend moyennement 18 kilogrammes par an de ce numéro, or la dépense par broche étant en moyenne 13 fr. 73 c., le prix du kilogramme de façon sera $\frac{13,73}{18} = 0^f,762$, non compris les déchets.

Perte résultant des déchets. — Les déchets varient non-seulement de quantité, en raison de la matière première et des préparations qui les donnent, mais encore en qualité, suivant la période des transformations; il est évident que ces déchets augmentent de valeur en raison de l'avancement du travail, ceux des batteurs, par exemple, valent moins que ceux des machines suivantes. Les déchets varient encore suivant que l'on fait subir le cardage ou le peignage aux cotons. Nous pensons ne pouvoir mieux faire que d'indiquer les résultats pour les deux genres de préparations, puisés aux sources les plus respectables.

Ils sont compris dans le tableau suivant.

E

DÉSIGNATION DES MACHINES.	ESPÈCE DE COTON.	PRODUIT DU DÉCHET P. 100.	PRIX DU DÉCHET au kilogr.	PRIX DU DÉCHET.	ESPÈCE DE COTON	POIDS DU DÉCHET P. 100.	PRIX DU DÉCHET. au kilogr,	PRIX DU DÉCHET.
		k.	fr.	fr.		k.	fr.	fr.
Batteur..............	Amérique.	1,60	à 0,30	à 0,48	Inde.	6,15	à 0,20	à 1,23
Cardes débourrage du tambour dit hérisson.	Id.	3,80	} 3,90	26,13	Id.	5,50	} 2,77	24,93
Cardes débourrage du tambour dur et propre	Id.	2,90				3,50		
Déchets gros de diverses machines...........	Id.	0,36	4,48	1,61	Id.	1,70	»	»
Déchets gros des fileurs.	Id.	1,16	4,48	5,19	Id.	1,05	3,36	25,67
Evaporation..........	Id.	3,00	»	13,44	»	4,89	»	»
Totaux......		12,82		46,85		22,79		51,83

Ainsi donc le déchet en poids du coton des Etats-Unis valant 560 francs les 100 kilogrammes, moins la bonification de $3^k,75$ à 5 fr. 60 c. représentant 24 francs, mettent les 100 kilogrammes à $560 - 21 = 539$ francs. La perte en argent s'élève à la différence entre 46 fr. 85 c., valeur de $12^k,82$ de déchet qui comme coton neuf valait $12,82 \times 5^r,60 = 71^r,79$, perte réelle $71^r,79 - 46^r,85 = 24^r,94$ ou 4,62 pour 100.

Le coton de l'Inde valait dans le même moment 420 francs les 100 kilogrammes, et 405 fr. 55 c., défalcation faite de $3^k,44$ de bonification, sur lesquels il y a une perte en argent de $92^c,29 - 51^c,83 = 40^c,46$ ou 10 pour 100.

Tableau des déchets résultants de divers cotons peignés.

F

DÉSIGNATION DES MACHINES.	JUMEL.	GÉORGIE LONG.	Louisiane.	COTON DE L'INDE.	OBSERVATIONS GÉNÉRALES.
	K.	K.	K.	K.	Nous avons à peine besoin de faire remarquer que ces chiffres sont loin d'être absolus suivant les cotons et les classements.
Ouvreuse...............	1,00	0,80	0,75	3,70	
Battage à la main.........	1,60	1,80	1,25	4,00	
Duvets de cardes..........	4,20	3,30	3,70	4,50	
Duvets des tambours......	0,80	2,70	0,90	0,90	
Chapeaux.................	1,80	3,70	1,50	1,60	
Duvets...................	1,80	0,40	1,50	1,80	
Peigneuse................	18,00	19,50	15,00	35,00	
Déchets perdus...........	4,00	4,00	4,00	6,00	
TOTAUX......	33,20	35,70	28,60	37,50	
Ces mêmes cotons cardés donneraient moyennement les déchets ci-contre.........	22,00	25,00	11,00	27,00	

Pour déterminer l'importance de la valeur de ces déchets, il suffira de connaître le prix de chacun de ces cotons sur le marché et la valeur des déchets du peignage pour arriver, par des calculs identiques, à ceux ci-dessus pour les déchets des fils cardés. Nous faisons ces observations pour ne passer aucun élément pratique sous silence. Les prix de revient de l'industriel doivent donc être établis en comptant la matière première, si c'est du coton des Etats-Unis, avec une surcharge de 4 fr. 62 c. pour 100 de son cours, et de 10 fr. 00 c. en moyenne pour les cotons de l'Inde. Enfin, à ces frais il y a toujours une dépense de transport à ajouter, variable en raison des distances des ports où les achats ont lieu à l'usine. Si, dans l'état actuel des choses,

il s'agissait de calculer le prix de revient de 1 kilogramme de
fil d'un numéro déterminé pour du numéro 26, 27, chaîne par
exemple, si on emploie du coton des Etats-Unis, ou aura :

1 kilogramme de coton..........................	5f,60
Déchet, 4,62,............................	0 ,26
	5f,86
Frais généraux et de fabrication................	0f,763
Prix total du produit par kilogramme.............	6f,623

*Comparaison entre les frais d'une broche mue à la vapeur et
ceux d'une broche mue par la force motrice hydraulique.* —
Le prix de revient de la force motrice à vapeur se compose :

1° De l'intérêt et de l'amortissement d'une valeur d'achat
de 600 francs, divisés par le nombre moyen de broches
qu'un cheval peut mener, soit $\frac{600}{125} = 4^f$ et 4×15 p. 100
d'intérêt et d'amortissement, 0f,60, ci................. 0f,60
2° Pour la dépense du combustible en moyenne......... 0 ,95
3° Pour le chauffeur, le graissage, garnissage, entretien, etc., pour la broche........................ 1 ,00

Total de la dépense pour la machine à vapeur, par broche
et par an................................. 2f,55

Or, la dépense de la force motrice hydraulique est très-variable avec les localités, les frais plus ou moins considérables
qu'occasionnent les travaux hydrauliques. Le moyen le plus
précis d'établir la comparaison entre les prix de revient des
deux genres de moteurs, est de prendre autant que possible
la moyenne des loyers des établissements hydrauliques par
force de cheval. Cette moyenne, avec la part afférente aux constructions du bâtiment et à la dépense des transmissions, nous
paraît devoir être estimée à 300 francs la force de cheval par
an. Le prix de la broche hydraulique sera donc en moyenne

$\frac{300}{125}$ =2,40. Il y a par conséquent une économie brute de 2,55 —2,40 =0,15 à l'avantage de la force de l'eau. Nous disons une économie brute, car elle entraîne la conséquence d'un emplacement en général excentrique, et d'une augmentation pour frais de transport et de déplacement de toutes sortes, de plus il y a peu de cours d'eau d'une force constante, ils nécessitent, en conséquence, l'adjonction d'une machine à vapeur, dont les dépenses pour un travail intermittent sont plus que proportionnelles à la dépense normale.

Les avantages des chutes d'eau ne sont donc pas tout à fait aussi importants que les calculs théoriques le peuvent faire supposer, surtout si on ne fait pas entrer en ligne de compte le travail de nuit, qui doit être tout à fait exceptionnel, selon nous, attendu qu'il est plus fatigant et plus pénible pour tout le personnel, et sensiblement moins profitable que le travail de jour.

L'on peut considérer qu'un moteur hydraulique peut offrir une économie réelle de 10 à 12 centimes par broche par an en moyenne; ce serait donc une différence de 0^f,11, ou un peu plus de $\frac{1}{2}$ centime par kilogramme de fil du numéro 30. Ce résultat démontre que, pour donner la préférence à la force motrice hydraulique sur la vapeur, il est nécessaire de trouver réunis un certain nombre d'éléments que l'on rencontre assez rarement. Il est convenable : 1° que le moteur à eau soit considérable et à peu de chose près constant pendant toute l'année ; 2° que son prix de revient ne dépasse jamais la somme de 300 francs que nous avons indiquée précédemment comme valeur locative de la force de cheval par an ; 3° que l'éloignement de sa situation des centres d'achat de la matière première, de la vente du produit, et des populations ouvrières, ou que l'insuffisance des voies de transport qui mettent l'établissement en rapport avec les marchés, ne viennent compenser l'avantage du bas prix de la force motrice, qui serait alors plus apparent que réel. L'irrégularité fréquente du volume d'eau est surtout si intolérable, qu'il existe peu d'usines hydrauliques aujourd'hui qui n'aient une machine à vapeur pour auxiliaire. Cette condition est imposée par la nécessité de produire régulièrement sur une échelle aussi vaste que possible, afin de diminuer proportionnellement les frais généraux. La réduction de ces frais à un minimum permettra seule désormais d'établir les produits à des prix tels qu'ils multiplient presque instantanément et spontanément la consommation.

Que l'industrie cotonnière continue donc à marcher résolûment dans cette voie, et bientôt, lorsque l'extension universelle de la culture du précieux textile et les progrès dans le traitement des diverses espèces nouvelles auront complétement fait disparaître les perturbations causées par la guerre américaine, cette intéressante et précieuse industrie se relèvera avec énergie, et deviendra plus importante et plus prospère que jamais.

FIN.

TABLE DES MATIERES.

PREMIÈRE PARTIE.

DEUXIÈME PARTIE.

ÉTUDE COMPARÉE DES MACHINES ET DES MOYENS TECHNIQUES DE LA FILATURE.

FIN DE LA TABLE DES MATIÈRES.

Paris. — Typographie Hennuyer et fils, rue du Boulevard, 7.